巧学巧用
Excel
函数

掌握核心技能
秒变数据分析高手

凌祯 安迪◎著

北京大学出版社
PEKING UNIVERSITY PRESS

内 容 简 介

本书摒弃以往说明式的教学方式，从工作中的真实案例出发，介绍工作中常用的几类函数，意在解决实际工作中经常会遇到的问题。

本书分为10章，从函数公式入门到了解函数的结构，然后对逻辑判断函数、文本处理函数、信息提取函数、数据统计函数、数学计算函数、日期时间函数、查找引用函数分别进行介绍，建立起对函数的正确认知，最后实现系统级工资表的综合制作。

本书适用于想要系统学习 Excel 函数知识，利用函数解决问题的所有读者。

图书在版编目(CIP)数据

巧学巧用Excel函数：掌握核心技能，秒变数据分析高手 / 凌祯, 安迪著. — 北京：北京大学出版社, 2022.9

ISBN 978–7–301–33171–2

Ⅰ.①巧… Ⅱ.①凌… ②安… Ⅲ.①表处理软件… Ⅳ.①TP391.13

中国版本图书馆CIP数据核字（2022）第133048号

书　　　名	巧学巧用Excel函数：掌握核心技能，秒变数据分析高手	
	QIAOXUE QIAOYONG EXCEL HANSHU: ZHANGWO HEXIN JINENG, MIAOBIAN SHUJU FENXI GAOSHOU	
著作责任者	凌　祯　安　迪　著	
责 任 编 辑	王继伟	
标 准 书 号	ISBN 978–7–301–33171–2	
出 版 发 行	北京大学出版社	
地　　　址	北京市海淀区成府路205号　100871	
网　　　址	http://www.pup.cn　　　新浪微博:@北京大学出版社	
电 子 信 箱	pup7@pup.cn	
电　　　话	邮购部 010–62752015　发行部 010–62750672　编辑部 010–62570390	
印 刷 者	三河市博文印刷有限公司	
经 销 者	新华书店	
	787毫米×1092毫米　16开本　25.25印张　608千字	
	2022年9月第1版　2022年9月第1次印刷	
印　　　数	1–3000册	
定　　　价	89.00元	

从很久以前，你是不是就经常听到一个词——大数据时代，什么意思？简单理解就是，给你一大堆杂乱无章的数据，你能否在里面找到规律并得出结论，指导你下一步的工作。

最近你可能又经常听到一个词——人工智能时代，什么意思？简单来说就是，未来的很多工作可以用自动化的程序去完成，不再需要人了。

不管是大数据时代还是人工智能时代，都在传递着一个强烈的信号：如果你不会使用工具帮你处理工作、进行数据分析，那么你势必会被这个时代狠狠甩在后面！

Excel 用得好，做事效率一定高。甚至很多人都觉得，Excel 用得好，一定是有数据思维、擅长分析、逻辑性强的人。的确，这个时代，Excel 真的太重要了，试问，凡是用计算机办公的人，谁不会用到 Excel？然而，会用 Excel 且具有数据分析能力的人真的很"稀缺"！

在 Excel 中，函数公式无疑是最具有魅力的应用之一。使用函数公式能帮助我们完成多种要求的数据运算、汇总、提取等工作。函数公式与数据验证功能相结合，能限制数据的输入内容或类型。函数公式与条件格式功能相结合，能根据单元格的内容，显示出不同的自定义格式。在高级图表、数据透视表等应用中，也少不了函数公式的身影。

利用函数高效办公，别人几天也做不完的工作，只需要几个公式就可以批量瞬间完成，把省出的时间拿去享受生活或寻求升职加薪，难道不是更好的选择吗？

为什么函数学起来会感觉特别难？

在刚刚接触函数公式时，陌生的函数名称和密密麻麻的参数的确会令人心生畏惧。担心自己英语不好难以驾驭，担心自己不会编程看不懂函数，担心难以完全掌握众多函数。表格本身结构乱，利用函数来填"坑"真是难上加难。

以往学习函数的经历中你有没有过这样的经历：将函数当作专注讲解的"说明书"，学完不会调用，无法应用到实际问题中；不讲思路，题海战术，无法举一反三，越学越晕；神话函数，万事函数解决，为简单问题平添难度……

这些情况都是典型的：学偏了，越学越累；没学透，越做越乱。

有什么轻松学好函数的秘诀吗？

其实学习函数只需要搞懂一套"Excel 的说话方法"就能一通百通，快速解锁这个技巧。

例如，将公式比作一列自动计算的小"火车"，这列火车必须要开在"轨道"上，也就是要以"="（等号）开头，如下图所示。我们小学时学的"1+1="就是最基础的公式。只不过在 Excel 的语言中要将"="写在最前面，公式必须写成"=1+1"。

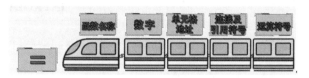

Excel 中的函数有几千个，工作中最常用的函数大概有 80 个，而只需要掌握其中的二三十个就可以衍生出一连串的其他函数。

本书的理念是教会大家用函数解决问题的思路，提出三段学习法，举一反三，用母函数快速学习兄弟函数，真正做到会一个、会一串，利用多个简单函数组合解决一个问题。本书还提出了火车套娃法，轻松完成多个函数的多级嵌套，如下图所示。

例如，查找函数除了有 LOOKUP、VLOOKUP、HLOOKUP，还有 INDEX、MATCH、OFFSET、INDIRECT 等。在 Excel 函数分类中，常用函数分为逻辑判断函数、文本处理函数、信息提取函数、数据统计函数、数学计算函数、日期时间函数、查找引用函数，可以将其延伸到专业领域，如财务、工程、数据库等，举一反三，快速延伸引用。

我们提倡会用函数，但不迷信函数是万能的，我们想做的是真正解决工作中遇到的问题。最重要的是要有做表的思路，有数据思维。让函数为我们所用，而不是做函数的搬运工。

📖 这本 Excel 书和其他同类书有什么区别？

本书所有的案例都来源于企业中真实的工作需求，让你学完即用，迅速成为办公室里的 Excel 高手。

⚙️ 软件版本与安装

本书编写采用的示范版本是 Excel 2016，如果用 Excel 2013 或 Office 365 也是可以的。但需要注意的是，至少保证用到 Excel 2010 及以上的版本。因为使用其他的版本，如 Excel 2003、Excel 2007 或 WPS 的版本，可能在功能上会有一些小的缺失。但大部分情况下也不会影响使用，只是有些按钮的位置可能不太一样。

👆 资源下载

本书所赠送的相关资源已上传到百度网盘，供读者下载。请读者关注封底"博雅读书社"微信公众号，找到"资源下载"栏目，输入图书 77 页的资源下载码，根据提示获取。

最后，感谢郭媛仪、周爽两位参编者在本书编写过程中的大力支持！

目 录
CONTENTS

第 3 篇　实战应用篇　　331

第 1 篇

基础知识篇

第1章 函数公式入门

本章我们一起走进 Excel 的函数世界，共同认识函数，了解函数的说话方法，最后轻松驾驭函数，使函数为我们所用。

1.1 认识函数公式

打开“素材文件 /01- 函数公式入门 /01- 函数公式入门 : SUM 求和 .xlsx”源文件。

在“求和”工作表中，图 1-1 所示的 2019 年度业绩汇总表中包括各个人员各个季度的业绩情况，这里要统计各个人员的业绩及各个季度的业绩情况。

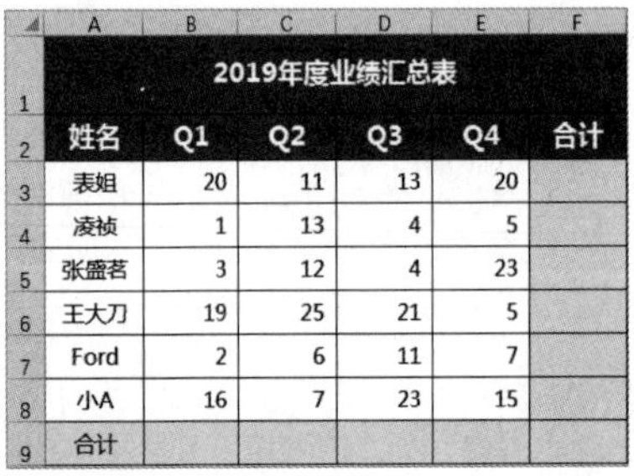

2019年度业绩汇总表					
姓名	Q1	Q2	Q3	Q4	合计
表姐	20	11	13	20	
凌祯	1	13	4	5	
张盛茗	3	12	4	23	
王大刀	19	25	21	5	
Ford	2	6	11	7	
小A	16	7	23	15	
合计					

图 1-1

为了解决这个问题，以下五位同学分别用了五种方法来计算。

A 同学（手动计算法）：首先借助计算器，手动将每个数据相加，然后将结果输入表格中。

点评： 这样的方法可以，但是费时、费力，还有可能会输错。

B 同学（数学计算法）：如图 1-2 所示，在单元格中输入“1+13+4+5=”，按 <Enter> 键确认，但是怎么不出结果呢？

F4 1+13+4+5=

2019年度业绩汇总表					
姓名	Q1	Q2	Q3	Q4	合计
表姐	20	11	13	20	64
凌祯	1	13	4	5	3+4+5=
张盛茗	3	12	4	23	
王大刀	19	25	21	5	
Ford	2	6	11	7	
小A	16	7	23	15	
合计					

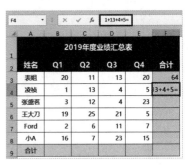

图 1-2

点评： 这是因为 Excel 中的公式是以“=”开头的，没有了解 Excel 的说话方式，沟通方式不对。

纠正： 将【F4】单元格（第 F 列第 4 行）中最末尾的“=”删除→在“1”前面输入“=”→按 <Enter> 键确认，如图 1-3 所示。

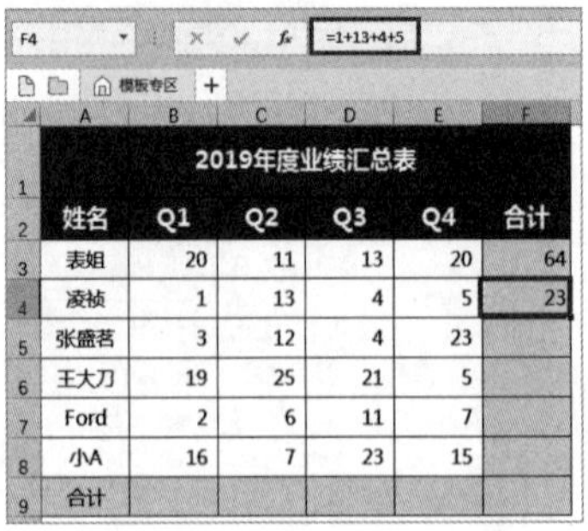

F4 =1+13+4+5

2019年度业绩汇总表					
姓名	Q1	Q2	Q3	Q4	合计
表姐	20	11	13	20	64
凌祯	1	13	4	5	23
张盛茗	3	12	4	23	
王大刀	19	25	21	5	
Ford	2	6	11	7	
小A	16	7	23	15	
合计					

图 1-3

C 同学（点选函数法）：在【F5】单元格（第 F 列第 5 行）中输入 "=B5+C5+D5+E5"→按 <Enter> 键确认，如图 1-4 所示。

温馨提示

编写公式时，可以通过鼠标点选的方法选中【B5】【C5】【D5】【E5】单元格，提高公式书写效率。

D 同学（插入公式法）：选中【F6】单元格（第 F 列第 6 行）→选择【开始】选项卡→单击【自动求和】按钮→在下拉菜单中选择【求和】

选项，如图 1-5 所示。

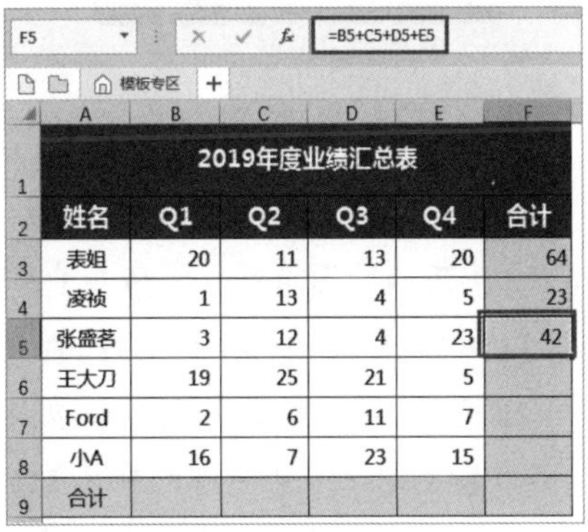

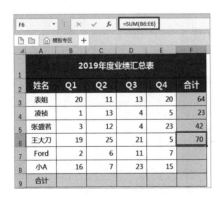

图 1-4

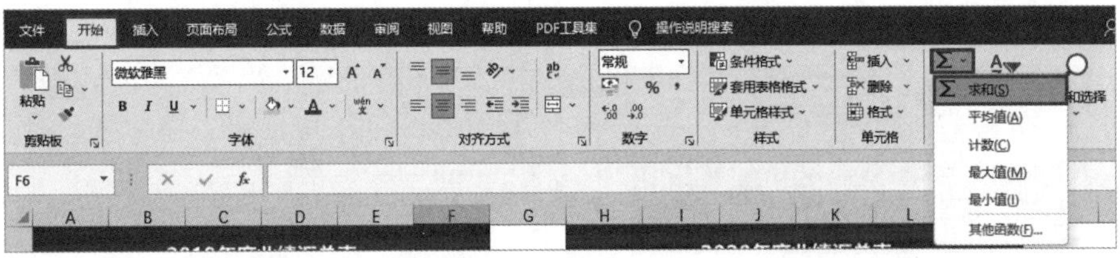

图 1-5

选中【B6】单元格（第 B 列第 6 行），按住鼠标左键并向右拖曳至【E6】单元格（第 E 列第 6 行），即拖曳选中【B6:E6】单元格区域→按 <Enter> 键确认，如图 1-6 所示。

图 1-6

此时就完成了利用 SUM 函数的求和。如图 1-7 所示，公式以 "=" 开头，后面跟着函数名称 "SUM"，函数名称带着括号，括号中是参数，即计算的单元格区域。

图 1-7

选中【F6】单元格（第 F 列第 6 行）→单击编辑栏左侧的【fx】按钮→在弹出的【函数参数】对话框中可以查看当前使用的函数的详细说明，如图 1-8 所示。对应的函数公式如图 1-9 所示。

图 1-8

```
=SUM(Number 1 ,Number2 ,...)
=SUM(数值 1,数值 2 ,...)
```

图 1-9

E 同学（输入公式法）：选中【F7】单元格（第 F 列第 7 行）→输入函数名称 "=SUM"，在单元格下方出现函数提示框，如图 1-10 所示。

按 <Tab> 键，可快速补充左括号→按 <Ctrl+A> 键打开【函数参数】对话框，如图 1-11 所示，可以看到 Excel 已经自动将函数的右括号补齐（在函数公式的录入中，左右括号是成对出现的）。

	2019年度业绩汇总表				
姓名	Q1	Q2	Q3	Q4	合计
表姐	20	11	13	20	64
凌祯	1	13	4	5	23
张盛茗	3	12	4	23	42
王大刀	19	25	21	5	70
Ford	2	6	11	7	=SUM
小A	16	7	23	15	
合计					

图 1-10

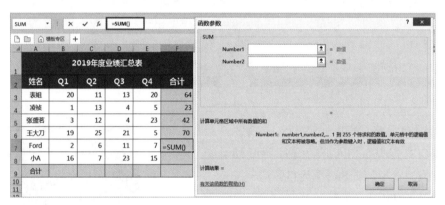

图 1-11

在弹出的【函数参数】对话框中单击第一个文本框将其激活→输入第一个条件参数：选中【B7】单元格（第 B 列第 7 行），按住鼠标左键并向右拖曳至【E7】单元格（第 E 列第 7 行），即拖曳选中【B7:E7】单元格区域→单击【确定】按钮，如图 1-12 所示。

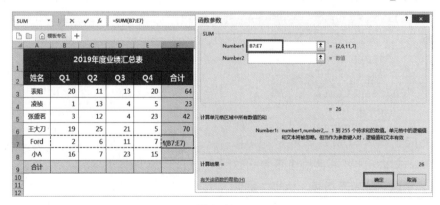

图 1-12

将光标放在【F7】单元格（第 F 列第 7 行）右下角，当其变成十字句柄时，按住鼠标左键并向下拖曳至【F9】单元格（第 F 列第 9 行），如图 1-13 所示。

2019年度业绩汇总表					
姓名	Q1	Q2	Q3	Q4	合计
表姐	20	11	13	20	64
凌祯	1	13	4	5	23
张盛茗	3	12	4	23	42
王大刀	19	25	21	5	70
Ford	2	6	11	7	26
小A	16	7	23	15	61
合计					-

图 1-13

将光标放在【F9】单元格右下角，当其变成十字句柄时，按住鼠标左键并向上拖曳至【F3】单元格，如图 1-14 所示，【F3:F9】单元格区域均利用 SUM 函数完成求和计算。

2019年度业绩汇总表					
姓名	Q1	Q2	Q3	Q4	合计
表姐	20	11	13	20	64
凌祯	1	13	4	5	23
张盛茗	3	12	4	23	42
王大刀	19	25	21	5	70
Ford	2	6	11	7	26
小A	16	7	23	15	61
合计					-

图 1-14

选中【B9】单元格→选择【开始】选项卡→单击【自动求和】按钮→在下拉菜单中选择【求和】选项，如图 1-15 所示。

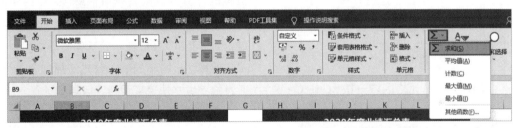

图 1-15

按 <Enter> 键确认，或者单击编辑栏左侧的【√】按钮完成公式编辑，如图 1-16 所示。

图 1-16

将光标放在【B9】单元格右下角，当其变成十字句柄时，按住鼠标左键并向右拖曳至【F9】单元格，如图 1-17 所示，已经完成了各个人员的业绩及各个季度的业绩的统计。

2019年度业绩汇总表					
姓名	Q1	Q2	Q3	Q4	合计
表姐	20	11	13	20	64
凌祯	1	13	4	5	23
张盛茗	3	12	4	23	42
王大刀	19	25	21	5	70
Ford	2	6	11	7	26
小A	16	7	23	15	61
合计	61	74	76	75	286

图 1-17

接下来继续完成 2020 年度业绩汇总表的统计。选中【F3:F9】单元格区域→右击，在弹出的快捷菜单中选择【复制】选项，如图 1-18 所示。

2019年度业绩汇总表				
姓名	Q1	Q2	Q3	Q4
表姐	20	11	13	20
凌祯	1	13	4	5
张盛茗	3	12	4	23
王大刀	19	25	21	5
Ford	2	6	11	7
小A	16	7	23	15
合计	61	74	76	75

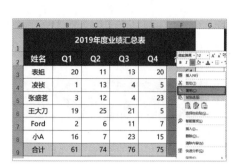

图 1–18

选中【M3】单元格→右击，在弹出的快捷菜单中选择【粘贴】选项，如图 1–19 所示。

2020年度业绩汇总表				
姓名	Q1	Q2	Q3	Q4
表姐	20	11	13	20
凌祯	1	13	4	5
张盛茗	3	12	4	23
王大刀	19	25	21	5
Ford	2	6	11	7
小A	16	7	23	15
合计				

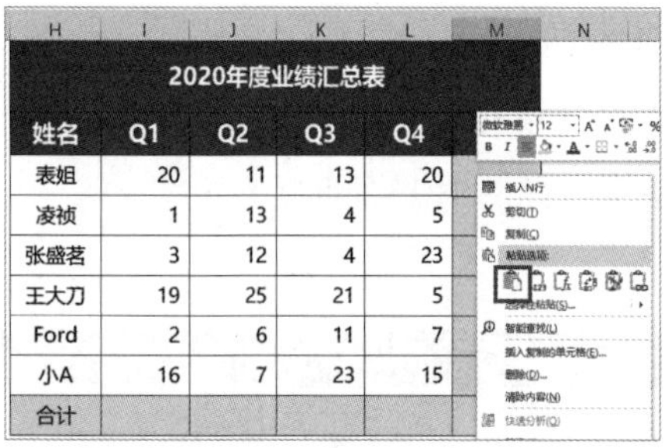

图 1–19

选中【B9:F9】单元格区域→按 <Ctrl+C> 键复制→选中【I9】单元格→按 <Ctrl+V> 键粘贴，此时即可完成 2020 年度业绩汇总表的统计，如图 1–20 所示。

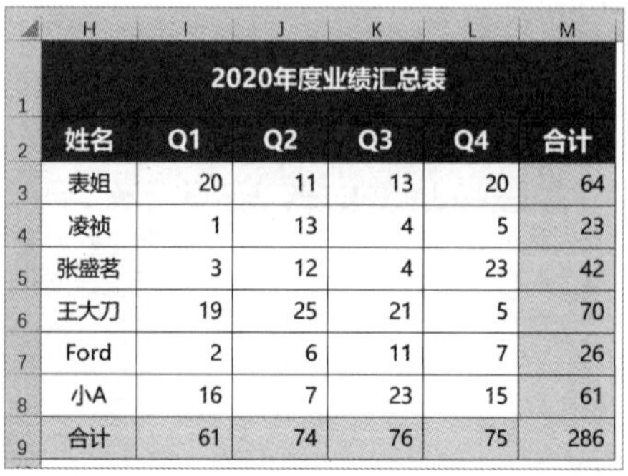

2020年度业绩汇总表					
姓名	Q1	Q2	Q3	Q4	合计
表姐	20	11	13	20	64
凌祯	1	13	4	5	23
张盛茗	3	12	4	23	42
王大刀	19	25	21	5	70
Ford	2	6	11	7	26
小A	16	7	23	15	61
合计	61	74	76	75	286

图 1–20

以上五位同学的计算方式虽然都可以达到统计目的，但如果数据较多，显然 A、B 同学机械的计算方式就会显得很麻烦。C 同学通过鼠标点选参数的方法效率也不高，而 D 同学通过“自动求和”直接插入公式的方法就可以提高工作效率。E 同学的输入公式法更加容易理解，通过拖曳方式快速实现指定区域的计算。

1.2 SUM 的兄弟函数

通过前文的介绍我们知道，利用“自动求和”直接插入公式的方法可以实现数据的快速求和计算。除此之外，SUM 函数还有很多兄弟函数可以实现数据的其他统计计算，例如，平均值、计数、最大值、最小值等，接下来就一起来看一下。

1. SUM 函数求和

在“兄弟函数”工作表中，选中【F3】单元格→选择【开始】选项卡→单击【自动求和】按钮→在下拉菜单中选择【求和】选项，如图 1–21 所示→按 <Enter> 键确认。

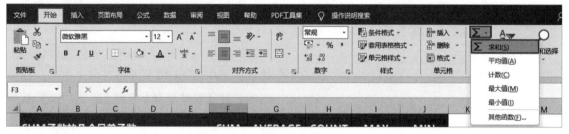

图 1–21

将光标放在【F3】单元格右下角，当其变成十字句柄时，双击鼠标将公式向下填充至【F8】单元格，如图 1-22 所示。

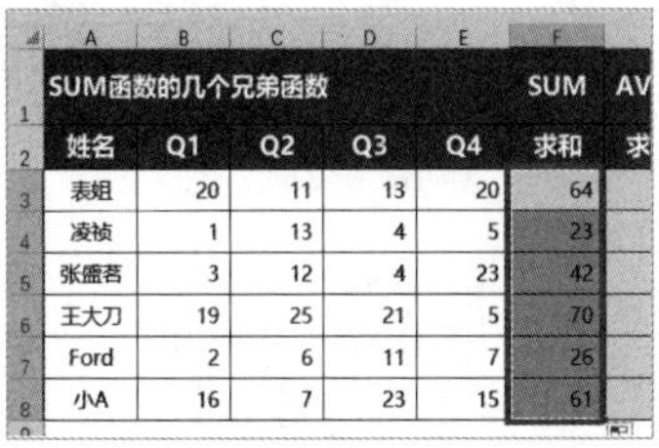

图 1-22

2. AVERAGE 函数求平均值

选中【G3】单元格→选择【开始】选项卡→单击【自动求和】按钮→在下拉菜单中选择【平均值】选项，如图 1-23 所示。

选中【B3】单元格，按住鼠标左键并向右拖曳至【E3】单元格，即拖曳选中【B3:E3】单元格区域，如图 1-24 所示→按 <Enter> 键确认。

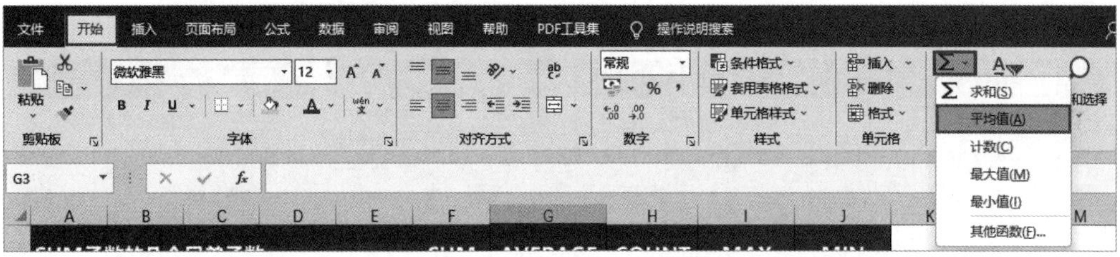

图 1-23

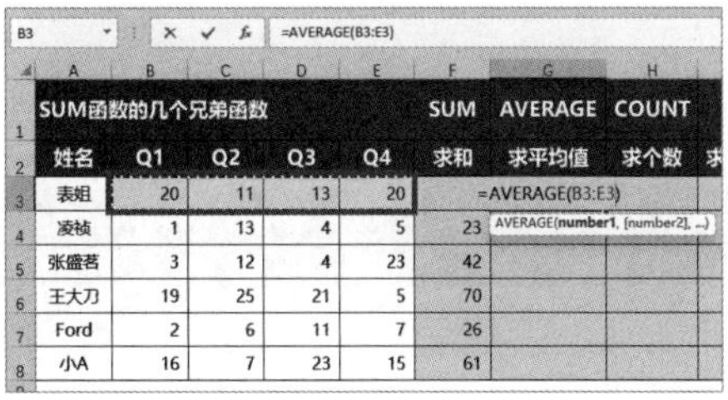

图 1-24

图 1-25

将光标放在【G3】单元格右下角，当其变成十字句柄时，双击鼠标将公式向下填充至【G8】单元格，如图 1-25 所示。

3. COUNT 函数计数

选中【H3】单元格→选择【开始】选项卡→单击【自动求和】按钮→在下拉菜单中选择【计数】选项，如图 1-26 所示。

图 1-26

拖曳选中【B3:E3】单元格区域，如图 1-27 所示→按 <Enter> 键确认。

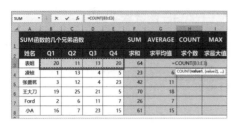

图 1-27

将光标放在【H3】单元格右下角，当其变成十字句柄时，双击鼠标将公式向下填充至【H8】单元格，如图 1-28 所示。

图 1-28

4. MAX 函数求最大值

选中【I3】单元格→选择【开始】选项卡→单击【自动求和】按钮→在下拉菜单中选择【最大值】选项，如图 1-29 所示。

图 1-29

拖曳选中【B3:E3】单元格区域，如图 1-30 所示→按 <Enter> 键确认。

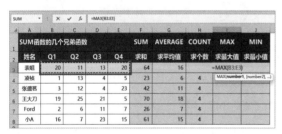

图 1-30

将光标放在【I3】单元格右下角，当其变成十字句柄时，双击鼠标将公式向下填充至【I8】单元格，如图 1-31 所示。

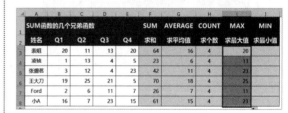

图 1-31

5. MIN 函数求最小值

选中【J3】单元格→选择【开始】选项卡→单击【自动求和】按钮→在下拉菜单中选择【最小值】选项，如图 1-32 所示。

图 1-32

拖曳选中【B3:E3】单元格区域，如图 1-33 所示→按 <Enter> 键确认。

A	B	C	D	E	F	G	H	I	J
SUM函数的几个兄弟函数					SUM	AVERAGE	COUNT	MAX	MIN
姓名	Q1	Q2	Q3	Q4	求和	求平均值	求个数	求最大值	求最小值
表姐	20	11	13	20	64	16	4	=MIN(B3:E3)
凌祯	1	13	4	5	23	6	4	13	MIN(number1,...)
张盛君	3	12	4	23	42	11	4	23	
王大刀	19	25	21	5	70	18	4	25	
Ford	2	6	11	7	26	7	4	11	
小A	16	7	23	15	61	15	4	23	

图 1-33

将光标放在【J3】单元格右下角，当其变成十字句柄时，双击鼠标将公式向下填充至【J8】单元格，如图 1-34 所示。

A	B	C	D	E	F	G	H	I	J
SUM函数的几个兄弟函数					SUM	AVERAGE	COUNT	MAX	MIN
姓名	Q1	Q2	Q3	Q4	求和	求平均值	求个数	求最大值	求最小值
表姐	20	11	13	20	64	16	4	20	11
凌祯	1	13	4	5	23	6	4	13	1
张盛君	3	12	4	23	42	11	4	23	3
王大刀	19	25	21	5	70	18	4	25	5
Ford	2	6	11	7	26	7	4	11	2
小A	16	7	23	15	61	15	4	23	7

图 1-34

如图 1-35 所示，利用 SUM 函数的兄弟函数，AVERAGE 求平均值，COUNT 求个数，MAX 求最大值，MIN 求最小值，完成了表格中指定统计方式的计算。

A	B	C	D	E	F	G	H	I	J
SUM函数的几个兄弟函数					SUM	AVERAGE	COUNT	MAX	MIN
姓名	Q1	Q2	Q3	Q4	求和	求平均值	求个数	求最大值	求最小值
表姐	20	11	13	20	64	16	4	20	11
凌祯	1	13	4	5	23	6	4	13	1
张盛君	3	12	4	23	42	11	4	23	3
王大刀	19	25	21	5	70	18	4	25	5
Ford	2	6	11	7	26	7	4	11	2
小A	16	7	23	15	61	15	4	23	7

图 1-35

类似这样的兄弟函数还有很多，可以选择【公式】选项卡，在【函数库】功能组中查看所有公式按钮，根据需要直接选择目标函数，提高工作效率，如图 1-36 所示。

图 1-36

1.3 单元格的引用方式

在"绝对引用与相对引用"工作表中，想要按照公式"利润金额＝销售金额＊预计利润率－固定成本"，计算出图 1-37 所示的在不同利润率下每个人的利润总额是多少，该如何操作呢？

A	B	C	D	E	F
请计算目标利润金额，其中，固定成本为：					3,500
产品名称	销售金额		预计利润率		
		5.5%	8.0%	10.5%	12.0%
表姐	85,000				
凌祯	125,000				
张盛君	70,000				
王大刀	63,500				
Ford	100,000				

图 1-37

选中【C4】单元格→单击函数编辑区将其激活→输入公式"=B4*C3-F1"→按 <Enter> 键确认，如图 1-38 所示，已经完成了【C4】单元格的计算。

温馨提示

公式中【B4】【C3】【F1】可以通过选中相应的单元格快速录入。

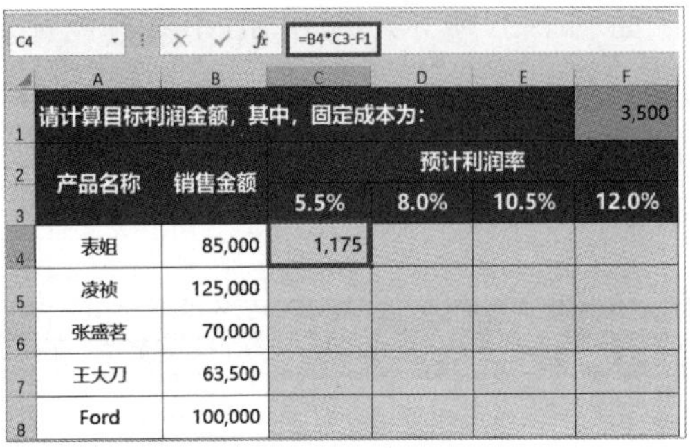

图 1-38

将光标放在【C4】单元格右下角，当其变成十字句柄时，按住鼠标左键并向下拖曳至【C8】单元格→将光标放在【C8】单元格右下角，当其变成十字句柄时，按住鼠标左键并向右拖曳至【F8】单元格，可以看到单元格的内容出现很多错误值，如图 1-39 所示。

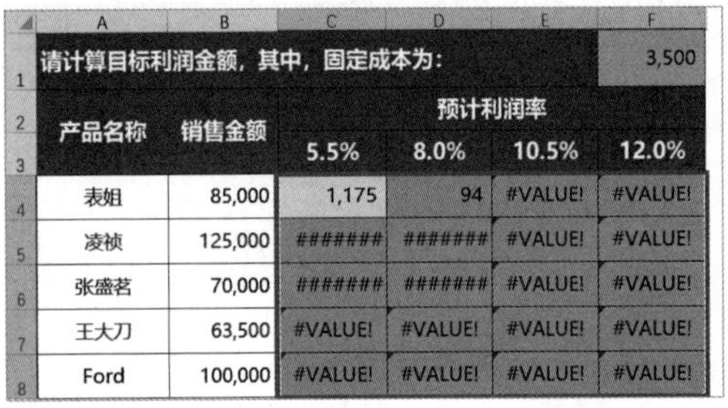

图 1-39

选中【D4】单元格→单击函数编辑区将其激活，如图 1-40 所示，可以看到【D4】单元格中的公式为 "=C4*D3-G1"。函数编辑区中的【C4】是蓝色的，【D3】是红色的，【G1】是紫色的，这个颜色与单元格地址的颜色是一样的。

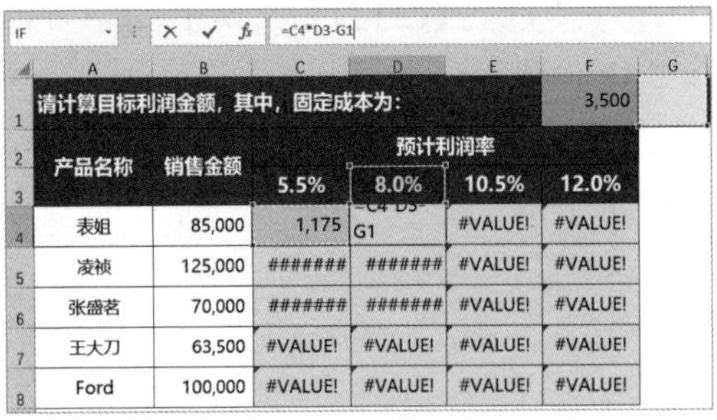

图 1-40

但是，【D4】单元格中的公式应该是 "=B4*D3-F1"。所以，将光标放在【C4】单元格左侧，当光标变成十字箭头时，按住鼠标左键并向左拖曳至【B4】单元格，即将蓝色方块拖曳至【B4】单元格→将光标放在【G1】单元格左侧，当光标变成十字箭头时，按住鼠标左键并向左拖曳至【F1】单元格，即将紫色方块拖曳至【F1】单元格→按 <Enter> 键确认，如图 1-41 所示，就完成了【D4】单元格的计算。

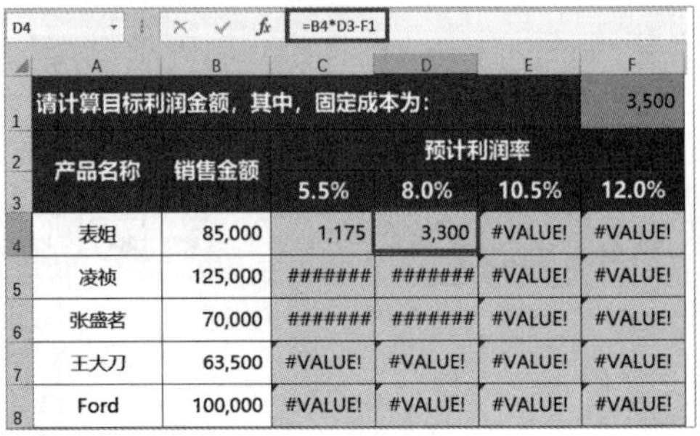

图 1-41

如果每个错误结果的单元格都要这样一个一个地手动修改，未免太麻烦。所以，当需要通过拖曳将公式填充至整个单元格区域时，就需要考虑公式编写中非常重要的单元格引用。

单元格的引用方式一共有三种：相对引用、绝对引用和混合引用。

首先分析【C4】单元格中的公式，我们希望公式中的【B4】永远锁定在【B】列不动，【C3】永远锁定在第 3 行不动，【F1】永远锁定在【F1】单元格不动，如图 1-42 所示。

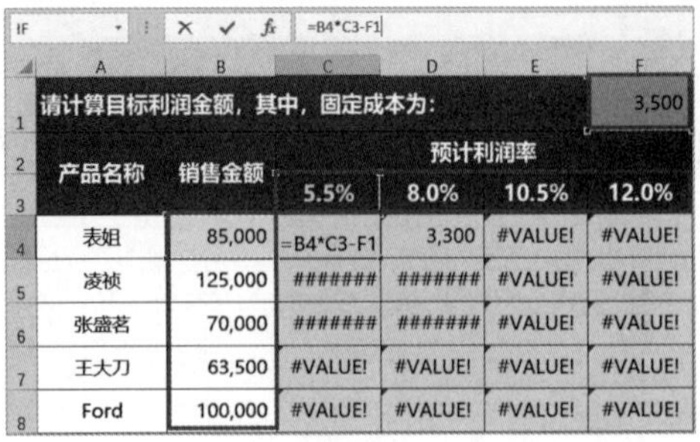

图 1-42

单元格地址：在 Excel 中，用字母表示列，用数字表示行，当光标放在任意一个单元格中，即可在名称框中看到该单元格地址，如图 1-43 所示。在输入函数公式时，对于单元格地址的录入可以通过选中相应的单元格快速录入。

图 1-43

1. 相对引用

"相对引用"这种引用方式是"相对于单元格引用位置"变动而变动的引用方式。

输入公式。在"引用方式"工作表中，选中【F3】单元格→单击函数编辑区将其激活→输入公式"=B3"，如图 1-44 所示→按 <Enter> 键确认。

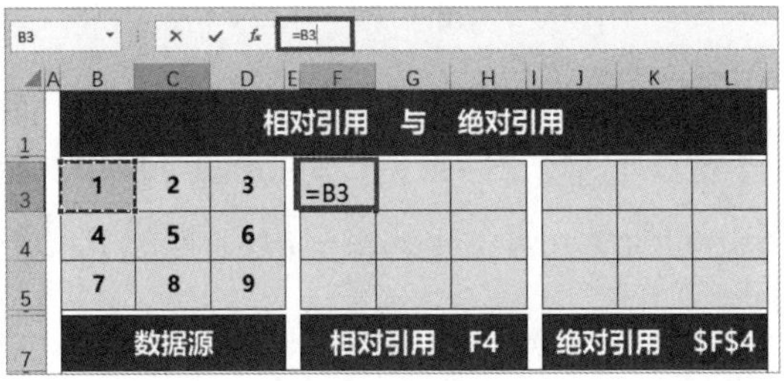

图 1-44

填充公式。将光标放在【F3】单元格右下角，当其变成十字句柄时，向右拖曳填充至【H3】单元格→将光标放在【H3】单元格右下角，当其变成十字句柄时，向下拖曳填充至【H5】单元格。如图 1-45 所示，【F3:H5】单元格区域显示出与【B3:D5】单元格区域相同的结果。

图 1-45

如图 1-46 所示，【F3】单元格对应【B3】单元格，【F3】单元格向右移动一个单元格至【G3】单元格，【B3】单元格向右移动一个单元格至【C3】单元格，所以【G3】单元格的值就是【C3】单元格的值；【F3】单元格向下移动一个单元格至【F4】单元格，【B3】单元格向下移动一个单元格至【B4】单元格，所以【F4】单元格的值就是【B4】单元格的值。

图 1-46

也就是说，引用的单元格地址相对于原来基础的位置，是相对固定的。

显示公式。也可以通过显示公式的方法来验证拖曳后各单元格引用的值。选中【F3:H5】单元格区域→选择【公式】选项卡→单击【显示公式】按钮，如图 1-47 所示，可以看到【F3:H5】单元格区域引用的都是【B3:D5】单元格区域相对应的位置。

图 1-47

2.绝对引用

"绝对引用"是在行和列上都进行锁定，固定地、绝对地引用某个单元格的值。

在 Excel 中，通过在列标（字母）和行号（数字）前使用 "$" 符号对单元格进行绝对引用，即锁定。

绝对引用（锁定），即在字母和数字前面都挂上锁头。

输入公式。选中【J3】单元格→输入公式 "=B3"→按 <Enter> 键确认→分别在列标 B 和

行号 3 前面，按 <Shift+4> 键输入 "$" 符号→将光标放在【J3】单元格右下角，当其变成十字句柄时，向右拖曳填充至【L3】单元格→将光标放在【L3】单元格右下角，当其变成十字句柄时，向下拖曳填充至【L5】单元格，如图 1-48 所示。

图 1-48

如图 1-49 所示，可以看到无论怎样拖曳鼠标填充公式，公式中的单元格地址都绝对引用【B3】单元格。

图 1-49

显示公式。选中【J3:L5】单元格区域→选择【公式】选项卡→单击【显示公式】按钮，如图 1-50 所示，每个单元格引用的都是【B3】单元格。

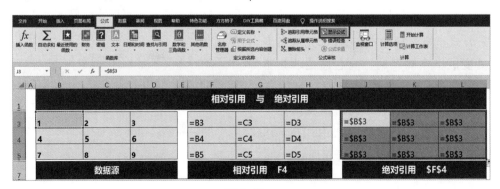

图 1-50

3. 混合引用

"混合引用"是只对行或只对列进行的绝对引用，即在列标（字母）或行号（数字）前使用"$"符号，对其进行绝对引用，即锁定。

混合引用（锁定），即在字母或数字前面挂上锁头。

（1）只锁定列。

输入公式。选中【F11】单元格→输入公式"=B11"→按 <F4> 键可以快速切换锁头的位置，将锁头 "$" 符号切换到列标 B 前面→按 <Enter> 键确认→将光标放在【F11】单元格右下角，当其变成十字句柄时，向右拖曳填充至【H11】单元格→将光标放在【H11】单元格右下角，当其变成十字句柄时，向下拖曳填充至【H13】单元格，如图 1-51 所示。

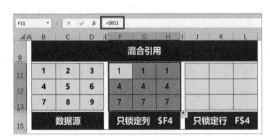

图 1-51

如图 1-52 所示，可以看到列标是不变的，只有行号随着位置的相对变化而变化，这是因为只锁定了列，而行是动态的。

图 1-52

显示公式。选中【F11:H13】单元格区域→选择【公式】选项卡→单击【显示公式】按钮，如图 1-53 所示。

图 1-53

锁定列：无论单元格移动到哪一列中，永远都是锁定【B】列，但行会随着单元格的变化而变化。

（2）只锁定行。

输入公式。选中【J11】单元格→输入公式"=B11"→按 <F4> 键，将锁头切换到行号 11 前面→按 <Enter> 键确认→将光标放在【J11】单元格右下角，当其变成十字句柄时，向右拖曳填充至【L11】单元格→将光标放在【L11】单元格右下角，当其变成十字句柄时，向下拖曳填充至【L13】单元格，如图 1-54 所示。

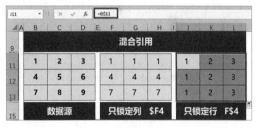

图 1-54

如图 1-55 所示，可以看到由于只锁定了行号，所以向右填充公式列标会随着位置的相对变化而变化，向下填充公式行号依然固定在第 11 行。

图 1-55

显示公式。选中【J11:L13】单元格区域→选择【公式】选项卡→单击【显示公式】按钮，如图 1-56 所示。

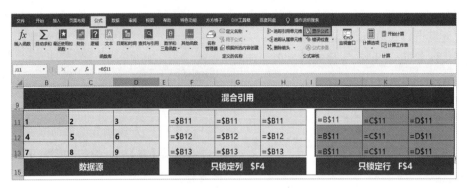

图 1-56

锁定行：无论单元格移动到哪一行中，永远都是锁定第 11 行，但列会随着单元格的变化而变化。

对于相对引用、绝对引用和混合引用这三种引用方式的结果如图 1-57 所示。当公式输入完成后，如果只将公式应用在一个单元格，可以不用考虑引用方式，但如果需要拖曳鼠标将公式应用到整个单元格区域，就一定要考虑应该使用哪种引用方式。

图 1-57

温馨提示

公式批量运用时，必须要考虑单元格的引用方式。

相对引用：相对位置不变。绝对引用：绝

对位置不变。混合引用：只保持行或列之一的绝对位置不变。

单元格的引用记忆方法如图 1-58 所示。

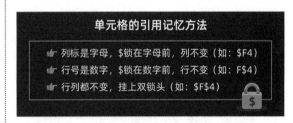

单元格的引用记忆方法

- 列标是字母，$ 锁在字母前，列不变（如：$F4）
- 行号是数字，$ 锁在数字前，行不变（如：F$4）
- 行列都不变，挂上双锁头（如：$F$4）

图 1-58

接下来回过头来看看"相对引用与绝对引用"工作表中计算利润的案例。

【C4】单元格中的公式为"=B4*C3-F1"，其中 B4、C3、F1 都没有进行锁定，如图 1-59 所示。

请计算目标利润金额，其中，固定成本为：					3,500
产品名称	销售金额	预计利润率			
		5.5%	8.0%	10.5%	12.0%
表姐	85,000	1,175	3,300	#VALUE!	#VALUE!
凌祯	125,000	########	########	#VALUE!	#VALUE!
张盛茗	70,000	########	########	#VALUE!	#VALUE!
王大刀	63,500	#VALUE!	#VALUE!	#VALUE!	#VALUE!
Ford	100,000	#VALUE!	#VALUE!	#VALUE!	#VALUE!

图 1-59

而实际上我们需要引用的是【B4】单元格所在的列、【C3】单元格所在的行、【F1】单元格所在的单元格，故需要重新设置单元格的引用方式。

锁定 B4 所在的列：$B4。

锁定 C3 所在的行：C$3。

锁定 F1 所在的单元格：$F$1。

选中【C4】单元格→单击函数编辑区将其激活→分别选中每一个参数，按 <F4> 键切换行与列间的锁定方式→切换为 "=$B4*C$3-$F$1"→按 <Enter> 键确认，如图 1-60 所示。

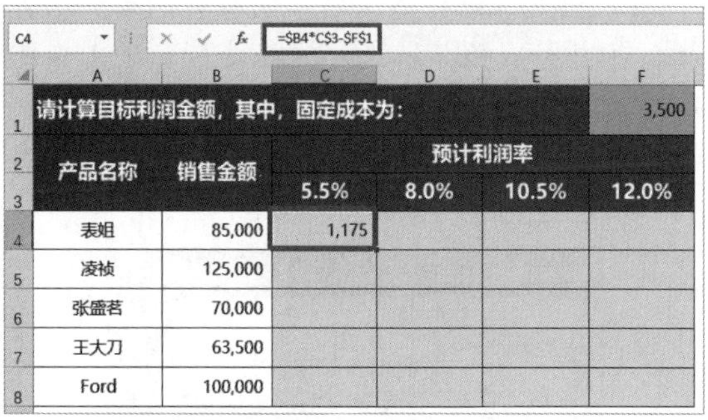

图 1-60

这里再介绍一种公式批量填充非常好用的方法。选中【C4】单元格→拖曳鼠标选中【C4:F8】单元格区域→单击函数编辑区将其激活，如图 1-61 所示→按 <Ctrl+Enter> 键快速批量填充公式。

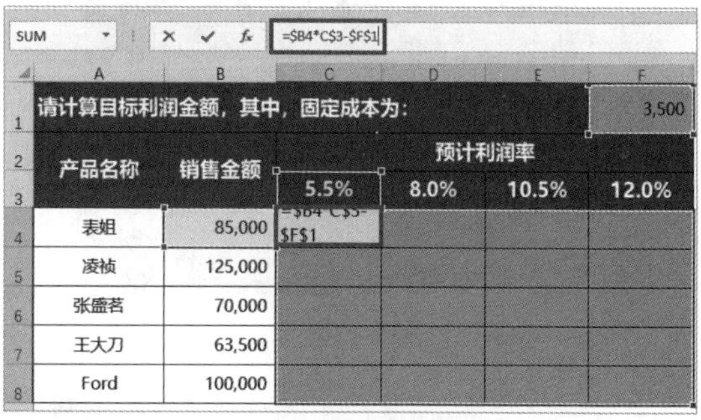

图 1-61

如图 1-62 所示，所有单元格的结果就显示出来了。

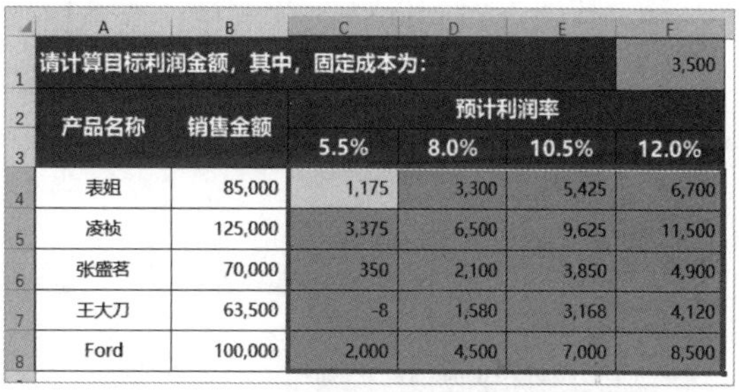

图 1-62

温馨提示

快速填充方法：（1）双击单元格右下角的黑色十字键；（2）向下拖曳；（3）按 <Ctrl+Enter> 键。

1.4 利用快捷键快速求和

前文介绍了要想将每个人的业绩做求和计算，不仅可以使用鼠标点选参数的方法手动求和，还可以通过直接插入公式的方法提高工作效率。这里再介绍一个更加快捷的方法对目标数据进行求和计算——快捷键快速求和法。

在 "Alt+=" 工作表中，选中【B3:F9】单元格区域→按 <Alt+=> 键，可以快速将表格中的对应数据进行求和计算，如图 1-63 所示。

		Alt+=，快捷键快速求和			
姓名	Q1	Q2	Q3	Q4	求和
表姐	20	11	13	20	64
凌祯	1	13	4	5	23
张盛茗	3	12	4	23	42
王大刀	19	25	21	5	70
Ford	2	6	11	7	26
小Y	16	7	23	15	61
合计	61	74	76	75	286

图 1-63

温馨提示

<Alt+=> 键的快速求和方法不仅适用于连续区域，对于不连续的表格区域同样适用。

在"快速求和 Alt+="工作表中，选中【C2:F17】单元格区域→按 <Ctrl+G> 键调出【定位】对话框→单击【定位条件】按钮，如图 1-64 所示。

图 1-64

在弹出的【定位条件】对话框中选中【空值】单选按钮→单击【确定】按钮，如图 1-65 所示。

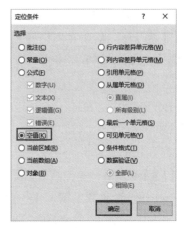

图 1-65

【C2:F17】单元格区域中所有空白单元格处于选中状态→按 <Alt+=> 键快速将表格中对应数据进行求和计算，如图 1-66 所示。

公司名称	部门	差旅费	会务费	管理费	总计
第一季度	营销部	731	288	557	1576
	技术部	673	529	533	1735
	行政部	938	763	364	2065
小计		2342	1580	1454	5376
第二季度	营销部	455	150	535	1140
	技术部	226	796	449	1471
	行政部	167	673	614	1454
小计		848	1619	1598	4065
第三季度	营销部	709	252	594	1555
	技术部	417	327	112	856
	行政部	994	340	420	1754
小计		2120	919	1126	4165
第四季度	营销部	334	553	780	1667
	技术部	307	705	413	1425
	行政部	217	311	242	770
小计		858	1569	1435	3862

图 1-66

这个快捷键是 Excel 自带的，当光标放在【开始】选项卡下【自动求和】按钮上时，Excel 会提示"求和（Alt+=）"，如图 1-67 所示。

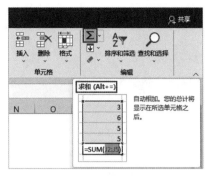

图 1-67

通过这样的方式，读者也可以快速地找到其他的快捷键。例如，收起工具栏，当鼠标放在图 1-68 所示的位置时，Excel 会提示"折叠功能区（Ctrl+F1）"。

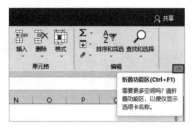

图 1-68

学会了 Excel 的说话方式就像是学会了一门外语，只有使用了正确的语言才能够有效沟通，使函数为我们所用，在工作中发挥价值，这就是利用函数高效办公的第一步——学会说话。

第2章 了解函数的结构

通过第 1 章的介绍，相信读者已经收获了不少 Excel 的新技能。本章将会进一步介绍函数的构成，深入了解函数。将函数应用到实际工作中，利用函数解决工作中遇到的问题。

2.1 初见 IF 函数

打开"素材文件 /02- 了解函数的结构 /02-了解函数的结构：初见 IF 函数 .xlsx"源文件。

在图 2-1 所示的评价得分表中，想要根据员工的绩效得分情况，判定此员工是否合格。如果绩效得分大于 9.0 分，就为合格，否则为不合格。

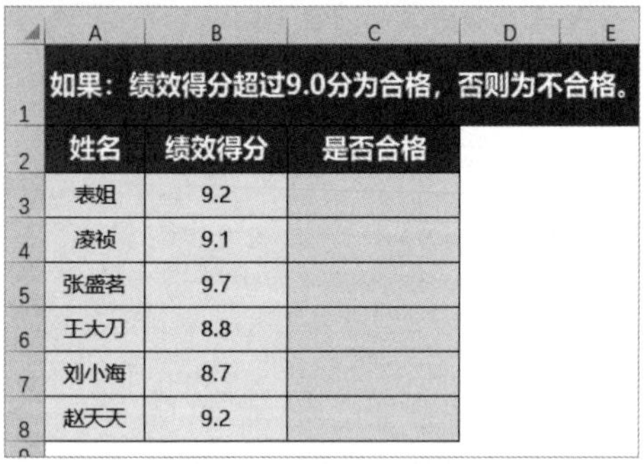

姓名	绩效得分	是否合格
表姐	9.2	
凌祯	9.1	
张盛茗	9.7	
王大刀	8.8	
刘小海	8.7	
赵天天	9.2	

如果：绩效得分超过9.0分为合格，否则为不合格。

图 2-1

像这样包含"如果满足条件，就…，否则…"的判断，就要利用 IF 函数来解决。

本节就来介绍逻辑函数，利用逻辑函数轻松判断。

在"IF 导入"工作表中，要判断绩效得分是否 >9.0，如果 >9.0，就合格，否则不合格。

在实际应用解决问题时，推荐大家使用图 2-2 所示的逻辑思路。通过绘制逻辑思路图，可以帮助我们提高函数的编写效率。

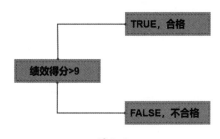

图 2-2

找出需求中的关键词。如遇到"如果满足条件，就…，否则…"的判断，它对应的就是 Excel 中的 IF 函数。

选中【C3】单元格→输入函数名称"=IF"，如图 2-3 所示，单元格下方的函数提示框中出现 IF 开头的函数→按 <↑+↓> 键选中【IF】→按 <Tab> 键补充左括号。

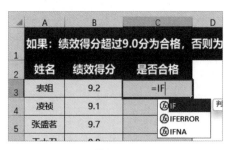

图 2-3

18

按 <Ctrl+A> 键→在弹出的【函数参数】对话框中单击第一个文本框将其激活→输入第一个条件参数，选中【B3】单元格→输入 ">9"，如图 2-4 所示，可以看到条件的判断结果为 TRUE。

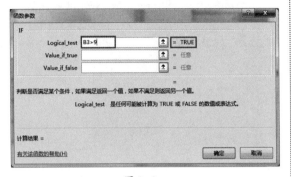

图 2-4

单击第二个文本框将其激活→输入 "合格"（第二个参数是 Value_if_true，即代表条件判断结果为 TRUE 时返回的结果），如图 2-5 所示。

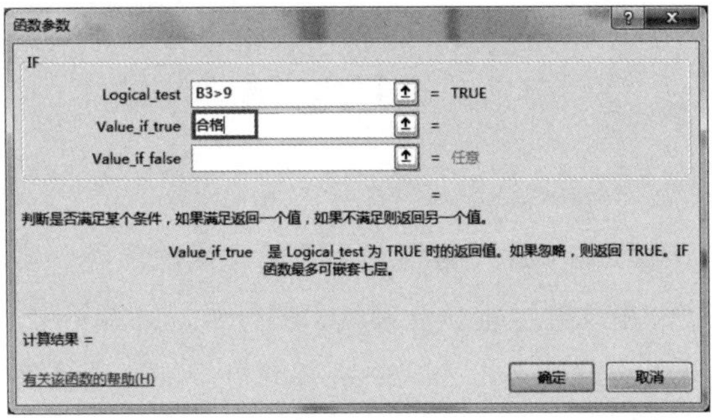

图 2-5

单击第三个文本框将其激活，如图 2-6 所示，可以看到第二个文本框中 "合格" 两端自动加上英文状态下的双引号。

这是因为公式允许录入的元素中不包含文本字符串，Excel 会强制加上英文状态下的双引号，否则这个公式会报错。

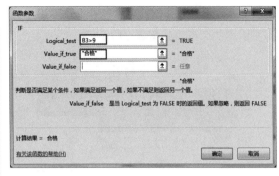

图 2-6

单击第三个文本框将其激活→输入 "不合格"，此时 "不合格" 两端并没有加上英文状态下的双引号，只需单击其他任意一个文本框即可自动添加→单击【确定】按钮，如图 2-7 所示。

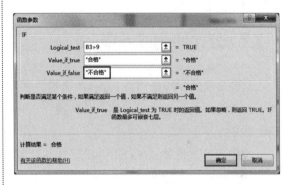

图 2-7

如图 2-8 所示，【C3】单元格中就显示出判断结果为 "合格"。

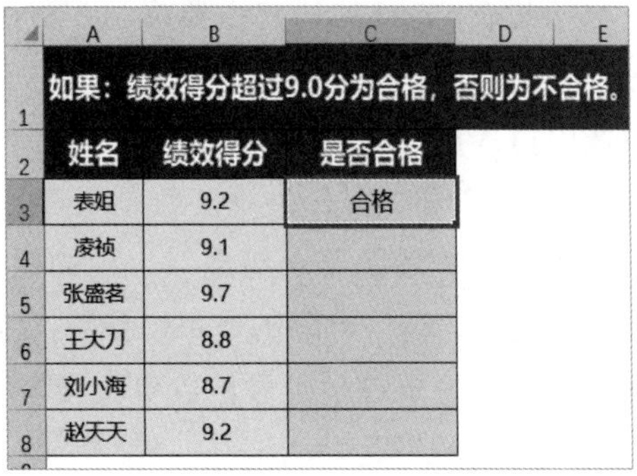

	A	B	C	D	E
1	如果：绩效得分超过9.0分为合格，否则为不合格。				
2	姓名	绩效得分	是否合格		
3	表姐	9.2	合格		
4	凌祯	9.1			
5	张盛茗	9.7			
6	王大刀	8.8			
7	刘小海	8.7			
8	赵天天	9.2			

图 2-8

如果尝试将【C3】单元格公式中 ""合格"" 的双引号删除，那么【C3】单元格就会出现报错提醒，显示 "#NAME?"，这是因为公式中包含不可识别的文本，如图 2-9 所示。

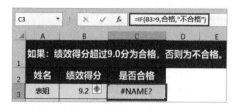

图 2-9

温馨提示

如果公式中含有文本字符串，以及不想被改变的英文内容等，一定要加英文状态下的双引号，否则公式会报错。

选中【C3】单元格→在"合格"两端加上英文状态下的双引号→将光标放在【C3】单元格右下角，当其变成十字句柄时，双击鼠标将公式向下填充至【C8】单元格，如图 2-10 所示。

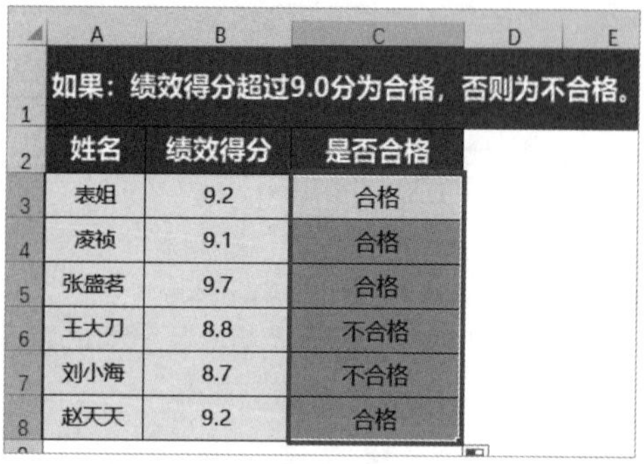

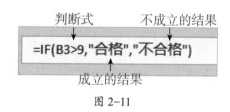

图 2-10

2.2 公式的构成元素

学好公式的前提是懂得 Excel 的说话方式，只有使用正确的说话方式才能有效沟通，玩转函数公式。

如果将公式比喻成 Excel 中实现自动计算的一列"火车"，这列火车必须在"轨道"上行驶，那么 "=" 就相当于火车轨道，所以函数公式要以 "="（等号）开头。

我们小学时学习的 "1+1=" 就是最基础的公式。只不过在 Excel 的语言中要将 "=" 写在最前面，公式必须写成 "=1+1"。

选中【C3】单元格，如图 2-11 所示，可以看到公式由等号 "=" 开头，接着是函数名称 "IF"，函数名称后跟着一组成对出现的括号，括号中有逗号，逗号分隔的是每个参数，包括单元格地址，大于或小于号，数字及文本（两端加英文状态下的双引号）。

判断式　　　　　　不成立的结果

=IF(B3>9,"合格","不合格")

成立的结果

图 2-11

可见，公式的构成元素包含函数名称、数字、单元格地址、连接及引用符号、运算符号。需要注意的是，公式中所有的符号都必须要在英文状态下录入，如图 2-12 和图 2-13 所示。

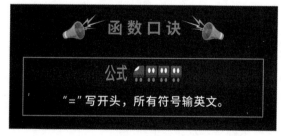

图 2-12

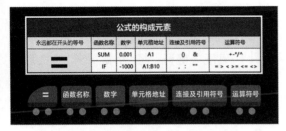

图 2-13

如果遇到不包含的元素，是不允许它直接上这列"公式火车"的。在 Excel 公式中，非公式中的元素要关到英文的双引号的"笼子"中，如文本、符号等。

此外，Excel 中的绝大部分运算符号与数学运算符号是一致的，部分写法略有差异，如图 2-14 所示。

数学符号与Excel符号

公式： 用"="开头的一个算式

		运算符号								
	加	减	乘	除	幂方开方	大于	小于	大于等于	小于等于	不等于
数学符号	+	-	×	÷	x^2 $\sqrt{}$	>	<	≥	≤	≠
Excel运算符	+	-	*	/	X^2	>	<	>=	<=	<>

图 2-14

以数据"1"和"2"为例，分别做数学运算和函数运算，公式和结果如图 2-15 所示。

需要计算的数据	1	2			
符号名称	数学符号	Excel运算符	数学计算公式	Excel计算公式	Excel计算结果
加	+	+	1+2=3	=C1+D1	3
减	-	-	1-2=-1	=C1-D1	-1
乘	×	*	1×2=2	=C1*D1	2
除	÷	/	1÷2=0.5	=C1/D1	0.5
幂方、开方	x^2 $\sqrt{}$	X^2	1^2=1	=C1^D1	1
大于	>	>	1>2判断的结果是：错误	=C1>D1	FALSE
小于	<	<	1<2判断的结果是：正确	=C1<D1	TRUE
大于等于	≥	>=	1≥2判断的结果是：错误	=C1>=D1	FALSE
小于等于	≤	<=	1≤2判断的结果是：正确	=C1<=D1	TRUE
不等于	≠	<>	1≠2判断的结果是：正确	=C1<>D1	TRUE

图 2-15

2.3 绘制逻辑思路图

在"IF 嵌套"工作表中，想要按照公司的绩效的计算规则——如果绩效得分超过 9.5 分奖金 1000 元，低于 9.5 分但高于 9.0 分（含）奖金 500 元，低于 9.0 分无奖金，计算出图 2-16 所示的每一位销售员的绩效奖金。

图 2-16

这样的计算看似比较复杂，但只要拆解清楚不难发现，它只是"火车函数"的"套娃"。

1. 拆分需求

这里我们想要的是：如果绩效得分 >9.5，

奖金显示为"1000"。

否则继续判断：如果 9.5> 绩效得分 >=9.0，奖金显示为"500"；否则，无奖金。

在实际应用解决问题时，可能没有办法通过一个函数就解决，最重要的是要有一个逻辑思路。

推荐大家学习函数时使用图 2-17 所示的逻辑思路。通过绘制逻辑思路图，可以帮助我们提高函数的编写效率。

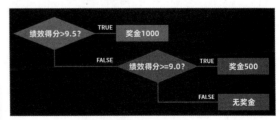

图 2-17

如图 2-18 所示，首先将 9.5> 将绩效得分 >=9.0 的输出结果设置为"未满足"。

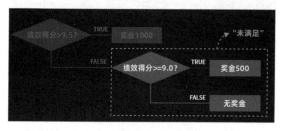

图 2-18

这样通过"分解条件"将问题转化为：如果绩效得分 >9.5，奖金 1000；否则，未满足，如图 2-19 所示。

图 2-19

其中未满足为：如果绩效得分 >=9.0，奖金 500；否则，无奖金，对应的逻辑思路如图 2-20 所示。

图 2-20

2. 选择函数类型

找出需求中的关键词。如遇到"如果满足条件，就…，否则…"的判断，它对应的就是 Excel 中的 IF 函数。

到这里有的读者可能会想到："如果联想到 IF，这个可以理解。但是，如果有比较复杂的公式计算需求，要怎么找到关键词，从而确定该用哪个函数呢？"

这里笔者推荐给大家两个确定函数的方法。

（1）百度关键词。将"拆解需求"中梳理出的关键词在百度中搜索一下，即可直接获取答案，如图 2-21 所示。

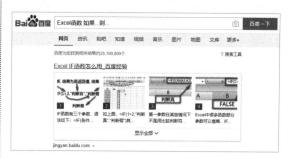

图 2-21

（2）使用本书赠送的福利包中的"函数快速查询手册"进行查询确认，如图 2-22 所示。

图 2-22

在本章后面的内容中，将会给大家介绍工作中常用的五类函数。只要掌握了这五类函数，就能解决工作中 80% 的问题，如图 2-23 所示。

图 2-23

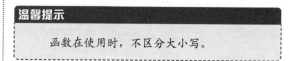

温馨提示

函数在使用时，不区分大小写。

3. 录入函数公式

选中【C3】单元格→输入函数名称“=IF”→按 <Tab> 键补充左括号→按 <Ctrl+A> 键→在弹出的【函数参数】对话框中单击第一个文本框将其激活→输入第一个条件参数，选中【B3】单元格→输入“>9.5”，如图 2-24 所示。

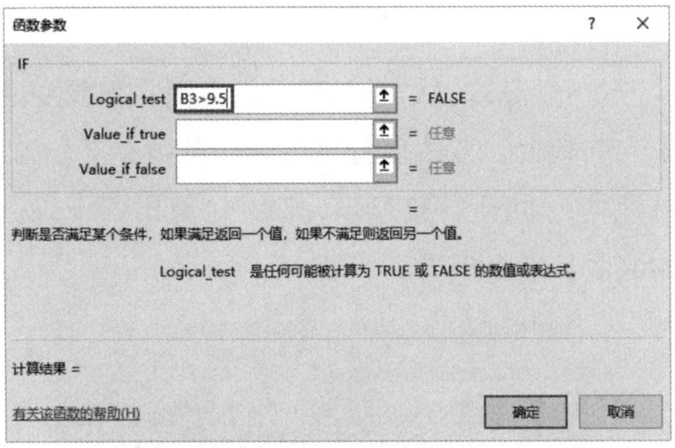

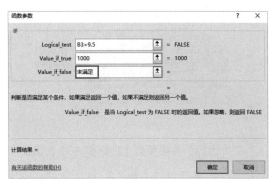

图 2-24

单击第二个文本框将其激活→输入第二个条件参数“1000”，如图 2-25 所示。

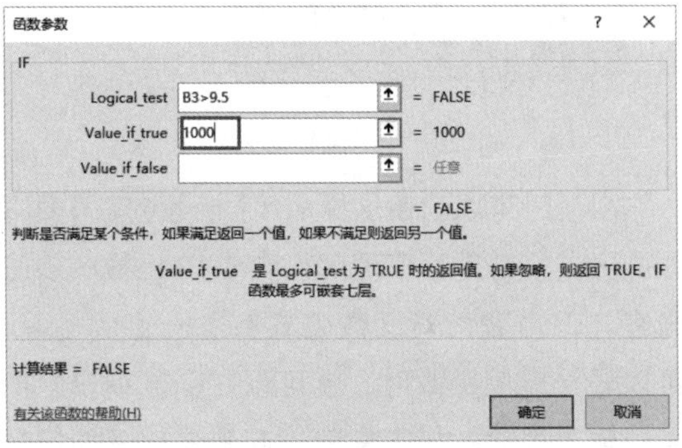

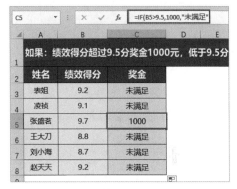

图 2-25

单击第三个文本框将其激活→这里暂且输入“未满足”，如图 2-26 所示。由于“未满足”是文本字符串，所以单击其他任意一个文本框可以自动将其括上英文状态下的双引号→单击【确定】按钮。

图 2-26

将光标放在【C3】单元格右下角，当其变成十字句柄时，双击鼠标将公式向下填充至【C8】单元格，如图 2-27 所示，只有张盛茗的绩效得分超过了 9.5 分。

姓名	绩效得分	奖金
袁姐	9.2	未满足
凌祯	9.1	未满足
张盛茗	9.7	1000
王大刀	8.8	未满足
刘小海	8.7	未满足
赵天天	9.2	未满足

图 2-27

当将函数编辑区中的参数输入完成后，可以发现 Excel 自动在每个参数中间加入了一个“,”。鼠标定位在函数中，当选中下方函数参数提示框中的参数时，可以快速切换到对应的不同参数，如图 2-28 所示。

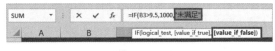

图 2-28

选中【C3】单元格→单击函数编辑区将其激活→将“"未满足"”删除，进行二级嵌套→输入“IF”→按 <Tab> 键→输入“)”→单击【*fx*】按钮调出【函数参数】对话框，如图 2-29 所示。

图 2-29

在弹出的【函数参数】对话框中单击第一个文本框将其激活→输入第一个条件参数，选中【B3】单元格→输入 ">=9"，如图 2-30 所示。

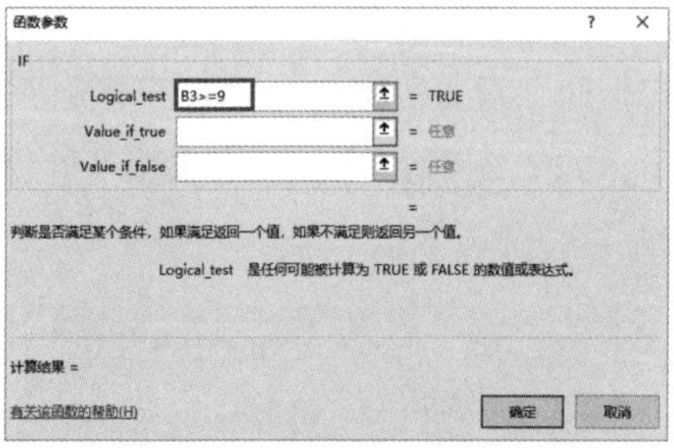

图 2-30

单击第二个文本框将其激活→输入第二个条件参数 "500"，如图 2-31 所示。

图 2-31

单击第三个文本框将其激活→输入第三个条件参数 "0"→单击【确定】按钮，如图 2-32 所示。

图 2-32

将光标放在【C3】单元格右下角，当其变成十字句柄时，双击鼠标将公式向下填充至【C8】单元格，如图 2-33 所示，已经计算出各个人员的奖金分别是多少。

图 2-33

初学时可以利用这样调用【函数参数】对话框的方式来帮助我们理解，完成 IF 函数的多级嵌套。但当我们对函数公式有了一定的了解，可以轻松驾驭函数时，就可以在函数编辑区中直接输入公式。接下来就一起来看一下如何在函数编辑区中直接输入公式。

4. 学会写函数公式

（1）输入函数名称：=IF()。

选中【C3】单元格→单击函数编辑区将其激活→输入函数名称 "=IF"→按 <Tab> 键，Excel 会自动在函数名称 "IF" 后添加一个左括号，并且在下方出现函数参数提示框，如图 2-34 所示。

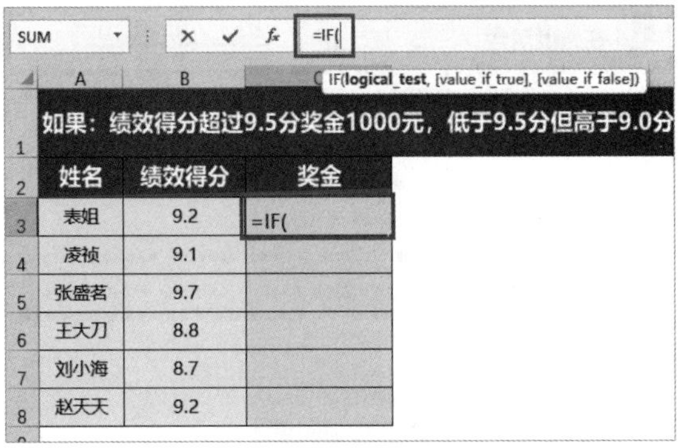

图 2-34

温馨提示

在编写函数公式时，可以通过函数参数提示框帮助我们理解函数。

前文讲到，公式就是 Excel 帮助我们快速到达目的地的一列火车。在这列火车中如果有函数（如 IF），就需要在函数名称后添加一对英文状态下的括号“()”，这样 Excel 才会将它视为一个整体，作为这列“公式火车”的一个完整“工作包”，如图 2-35 所示。

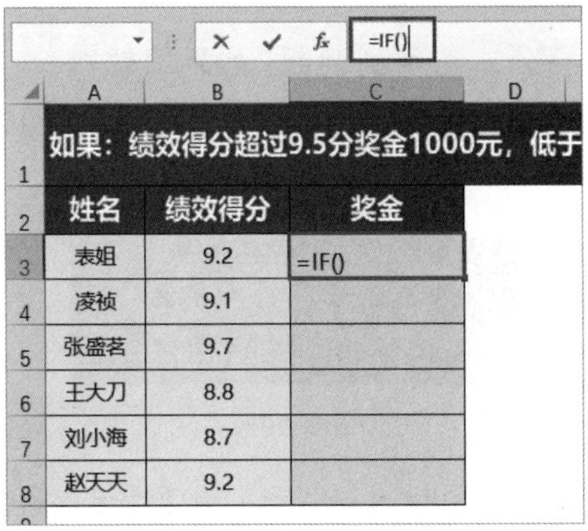

图 2-35

温馨提示

公式中的括号都是成对出现的。因此，在输入函数名称后，应立即输入一对括号，避免括号丢失，造成报错。

（2）补充连接符：=IF(,,)。

在这个“工作包”中，再挂上不同的“车厢”，也就是 Excel 函数中的不同“参数”。

火车的两节车厢之间有 1 个“连接符”，将两个参数“连接”起来。在 Excel 中，这个连接符就是英文状态下的逗号“,”。

如图 2-36 所示，在 IF 函数下方的函数参数提示框中可以看到，IF 函数括号中一共有 3 节“车厢”（参数），2 个“连接符”（逗号）。将 IF 函数名称的左右括号补齐后，在括号中添加两个“,”，即写为“=IF(,,)”。

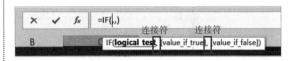

图 2-36

温馨提示

所有的符号都要是英文状态下的。

下面就要往 IF 函数的三节车厢中加内容了，即填写函数“参数”。在每个逗号“,”之间进行点选和切换时可能不太方便，可以通过选中函数参数提示框中不同的参数内容，来完成每个“车厢”（参数）位置的快速切换，并且当选中某个参数时，这个函数的参数会以“加粗字体”的效果进行突出显示。

（3）理解参数。

到这里有的读者可能会头疼，函数中所有的参数都是用英文编写的，英语不好该怎么办？别担心，笔者给大家提供了快速理解参数含义的 3 种方法。

① 英语单词，直译理解。

Logical_test：判断句、条件语句。

Value_if_true：条件成立（为真）时的结果。

Value_if_false：条件不成立（为假）时的结果。

② 通过函数参数文本框，帮助理解。

输入完函数名称后，单击编辑栏左侧的【*fx*】按钮，或者按 <Ctrl+A> 键打开【函数参数】对话框。在【函数参数】对话框中，每个参数应该填写什么内容，只需移动鼠标单击文本框，底部的说明栏中就会有明确的提示，如图 2-37 所示。

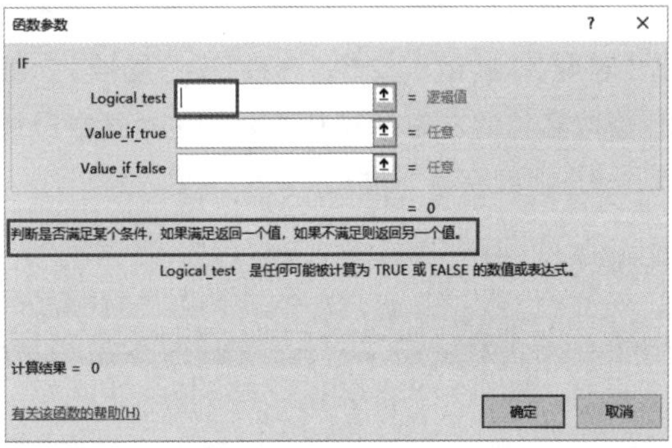

图 2-37

温馨提示

因为函数在日常使用时，经常涉及多级嵌套的应用，而【函数参数】对话框在编辑时并不方便，所以建议大家只将它作为初学时的帮助工具，编写具体公式时，还是在编辑栏中进行书写。

③ 通过一句通俗的话，理解参数含义。

在本书赠送的福利包中，笔者给大家提供了"函数快速查询手册"，其中已经将大部分函数都整理成了一句通俗易懂的话，方便大家理解参数的含义，如图 2-38 所示。

图 2-38

（4）录入参数。

IF 函数的公式原理如图 2-39 所示。

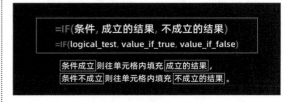

图 2-39

将公式应用到判断"如果绩效得分 >9.5，奖金 1000；否则，未满足"的问题中，如图 2-40 所示。

图 2-40

这里要判断的条件是：绩效得分是否大于 9.5。

在表格中，绩效得分对应【B3】单元格，所以 IF 函数的第一个参数就是 B3>9.5。

第二个参数"成立的结果"："1000"。

第三个参数"不成立的结果"："未满足"。

代入函数公式中就是 "=IF(B3>9.5,1000, 未满足)",如图 2-41 所示。

图 2-41

需要注意的是,公式的第三个参数 "未满足" 是一个文本。前文介绍过,公式中的元素不包含文本。在 Excel 公式中,这样的文本属于非公式中的元素,要将它关到英文的双引号的 "笼子" 中,如 " 未满足 "。

所以,补充 """" 后的函数公式如图 2-42 所示。

图 2-42

按 <Enter> 键,或者单击函数编辑区左侧的【√】按钮,确认录入→将光标放在【C3】单元格右下角,当其变成十字句柄时,双击鼠标将公式向下填充,如图 2-43 所示。

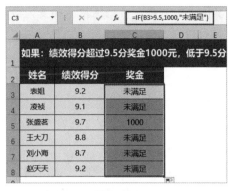

图 2-43

(5)二级嵌套。

此时不要忘记,公式 "=IF(B3>9.5,1000," 未满足 ")" 中的 "未满足" 为 "如果绩效得分 >= 9.0,奖金 500;否则,无奖金"。所以,做二级嵌套,将未满足的函数 IF(B3>=9.0,500,0) 嵌套到一级函数中,如图 2-44 所示。

图 2-44

选中【C3】单元格→单击函数编辑区将其激活→输入公式 "=IF(B3>9.5,1000,IF(B3>=9, 500,0))"→按 <Enter> 键确认→将光标放在【C3】单元格右下角,当其变成十字句柄时,向下拖曳填充至【C8】单元格,如图 2-45 所示。

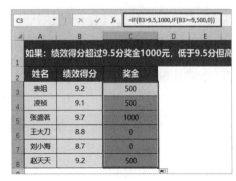

图 2-45

实际上公式是一个把抽象事物变为数学模型，通过建模落地的过程。公式难学，主要是逻辑思路不清晰。有了清晰的逻辑思路，后面无论怎样写函数都不是难事。

完成这个案例中的函数嵌套后，发现整个过程中最难的其实是函数中的每个参数该填什么。

对于函数参数提示框中的英文单词，每一次都去百度搜索也比较麻烦。笔者给大家总结了 Excel 函数参数中常见的五种类型，只要能熟悉这五种英文单词代表的意义，再填函数参数时也就不那么迷茫了，如图 2-46 所示。

图 2-46

本节给大家介绍了 Excel 函数世界中最常用的 IF 函数，一同解锁了函数的使用秘诀。

需要注意的是，输入公式时，所有的符号都必须是英文状态下的，如果遇到文本，就必须要加上英文状态下的双引号（""），如图 2-47 所示。另外，输入函数名称时要注意函数名称是否输入正确，如将 "IF" 写成 "IIF" 等。

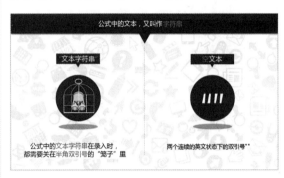

图 2-47

虽然 Excel 中的函数有几百个，但其实只要熟练掌握二三十个，就能够轻松应对工作中 80% 的问题了。

2.4　查看函数参数的技巧

当录入完公式之后，或者拿到别人写的公式，我们该如何进行查看呢？这里介绍一种火车套娃的方法，如图 2-48 所示。

图 2-48

选中【C3】单元格→单击函数编辑区将其激活→单击最后一个括号，如图 2-49 所示，出现函数参数提示框→单击第一个参数，编辑栏中对应的参数就会显示出灰色样式。这是第一个

IF 函数的判断条件：如果【B3】单元格的数值 >9.5。

图 2-49

单击第二个参数：如果成立就是 1000，如图 2-50 所示。

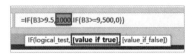

图 2-50

单击第三个参数，如图 2-51 所示，进入函数公式嵌套的另一列火车。

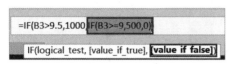

图 2-51

单击编辑栏中倒数第二个右括号→在函数参数提示框中单击第一个参数，如图 2-52 所示，这是第二个 IF 函数的判断条件：如果【B3】单元格的数值 >=9。

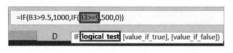

图 2-52

单击第二个参数：如果成立就是 500，如图 2-53 所示。

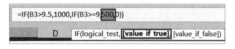

图 2-53

单击第三个参数：如果不成立就是 0，如图 2-54 所示。

图 2-54

再来整理一下思路，如图 2-55 所示，就是将第二个 IF 函数的整个公式放在第一个 IF 函数的第三节车厢中，这就是嵌套。

图 2-55

本章介绍了公式的构成元素，在公式的世界中就像开往目的地的火车，但这列火车必须有一个 "=" 在前面开头，当开出火车时可以按 <Tab> 键补充函数名称，函数的每个参数是用逗号隔开的。细心的读者一定会发现，在函数参数提示框中有些参数有方括号，而有些参数没有。没有方括号的参数是必填参数；有方括号的参数是选填参数，可以填也可以不填。如果填写上，就会按照填上的参数进行计算；如果没有填写上，就会取它的默认值。

第 2 篇

函数演练篇

第3章 逻辑判断函数

从本章开始正式走进函数的世界，从图 3–1 所示的七种基础函数和五种专用函数角度逐一进行介绍，逐个攻破，解决工作中遇到的问题。

本章就来介绍逻辑函数，利用逻辑函数轻松判断。

图 3–1

3.1 多条件组合判断函数：AND、OR

打开"素材文件 /03– 逻辑判断函数 /03–01–多条件组合判断函数：AND、OR.xlsx"源文件。

在图 3–2 所示的评价得分表中，想要根据员工的各项评分情况，判定此员工为优秀员工还是淘汰员工。如果所有得分均大于 9.5 分，则此员工为"优秀员工"。如果有一个得分小于 8 分，则此员工为"淘汰员工"。

【优秀】所有评分均>9.5分；【淘汰】有一个得分<8分						
姓名	评价得分				是否优秀员工	是否淘汰
	自评得分	互评得分	直属领导评分	相关部门领导评分		
袁姐	9.3	8.2	8.9	9.8		
凌桢	9.6	9.8	9.9	10.0		
张盛茗	9.5	9.6	9.9	9.9		
王大刀	9.0	8.0	8.0	7.5		
Ford	9.2	8.3	9.9	9.3		

图 3–2

像这样包含"如果满足条件，就…，否则…"的判断可以利用 IF 函数来解决。那么，要求"全部满足"或"有一项满足即可"的问题还要套用 AND 或 OR 函数来解决，如图 3–3 和如图 3–4 所示。

AND 函数像体检，所有项目通过才合格

图 3–3

OR函数例子：高考加分政策

少数民族、竞赛得奖、烈士子女等，有任意条件都加分

图 3–4

1. AND 函数

在"导入"工作表中，要判断【F4】单元格中的"表姐"是否为"优秀员工"，就是要判断【B4】【C4】【D4】【E4】单元格的值是否全都">9.5"，如果都满足，则为"优秀员工"。

像这样每一项都要满足条件的问题，笔者称为"全票通过"的问题，可以利用 AND 函数来解决，如图 3-5 所示。

图 3-5

将公式应用到"优秀员工"的问题中，如图 3-6 所示。

图 3-6

输入公式。选中【F4】单元格→单击函数编辑区将其激活→输入函数名称"=AND"→按 <Tab> 键自动补充左括号，如图 3-7 所示。

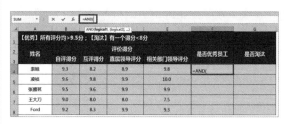

图 3-7

按 <Ctrl+A> 键→在弹出的【函数参数】对话框中单击第一个文本框将其激活→输入第一个条件参数，选中【B4】单元格→输入">9.5"，如图 3-8 所示。

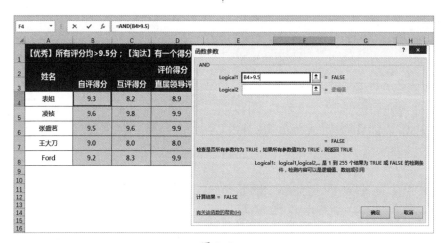

图 3-8

单击第二个文本框将其激活→选中【C4】单元格→输入">9.5"，如图 3-9 所示。

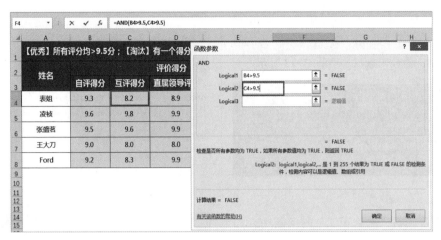

图 3-9

同理，在第三个文本框中输入"D4>9.5"，在第四个文本框中输入"E4>9.5"。由于 AND 函数的运算规则为"全票通过"，即所有条件（Logical）返回"TRUE"时结果为"TRUE"，

如图 3-10 所示，前三个逻辑判断式的结果为"FALSE"，所以函数运算最终结果为"FALSE"→单击【确定】按钮。

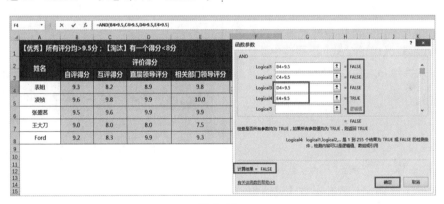

图 3-10

设置完函数后，【F4】单元格显示为"FALSE"，如图 3-11 所示，这是因为【B4】【C4】和【D4】单元中的数值都不满足 >9.5 的条件。

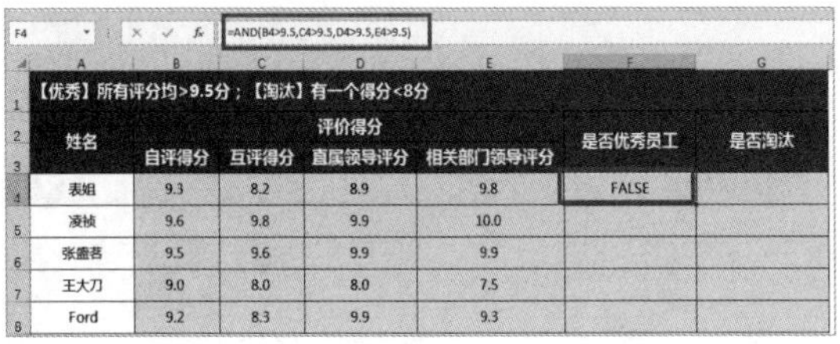

将光标放在【F4】单元格右下角，当其变成十字句柄时，双击鼠标将公式向下填充至【F8】单元格，如图 3-12 所示，每一位员工是否为优秀员工就已经计算出来了。

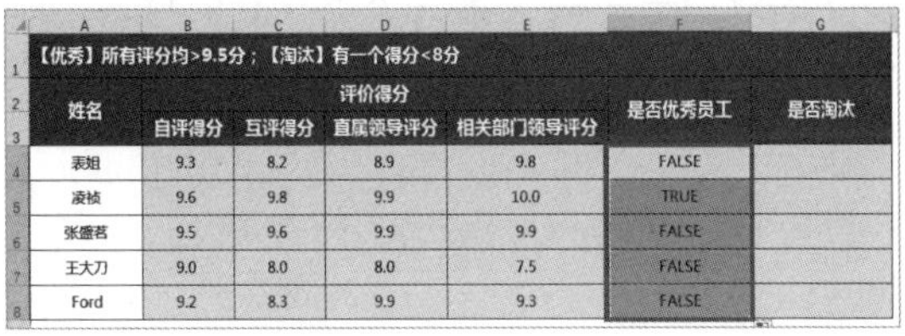

图 3-11

图 3-12

接下来将优秀员工显示为"优秀员工"，否则显示为空。对于"如果…就…，否则…"的问题可以利用 IF 函数来解决，如图 3-13 所示。

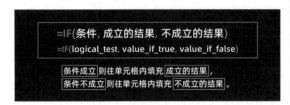

图 3-13

将公式应用到"优秀员工"的问题中，如图 3-14 所示。

图 3-14

选中【F4】单元格→单击函数编辑区将其激活→选中函数编辑区中的公式（不要选中"="），如图 3-15 所示→按 <Ctrl+X> 键剪切。

图 3-15

输入函数名称"IF"→按 <Tab> 键补充左括号→按 <Ctrl+A> 键调出【函数参数】对话框→单击第一个文本框将其激活→输入第一个判断条件，按 <Ctrl+V> 键粘贴→单击第二个文本框将其激活→输入第二个成立的结果，即"优秀员工"→单击第三个文本框将其激活，此时第二个文本框中"优秀员工"两端自动加上英文状态下的双引号→输入第三个不成立的结果，即""""→单击【确定】按钮，如图 3-16 所示。

图 3-16

文本两端加英文状态下的双引号，空白文本用英文状态下的双引号表示。

如图 3-17 所示，【F4】单元格显示为空白。在函数编辑区中可以看到，"优秀员工"两端用英文状态下的双引号括上，空白内容用英文状态下的双引号表示，并且参数之间用逗号（,）分隔。

【优秀】所有评分均>9.5分；【淘汰】有一个得分<8分					
姓名	评价得分				是否优秀员工
	自评得分	互评得分	直属领导评分	相关部门领导评分	
表姐	9.3	8.2	8.9	9.8	
凌祯	9.6	9.8	9.9	10.0	TRUE
张盛茗	9.5	9.6	9.9	9.9	FALSE
王大刀	9.0	8.0	8.0	7.5	FALSE
Ford	9.2	8.3	9.9	9.3	FALSE

图 3-17

将光标放在【F4】单元格右下角，当其变成十字句柄时，双击鼠标将公式向下填充至【F8】单元格，如图 3-18 所示，非优秀员工已经变为空白了。

【优秀】所有评分均>9.5分；【淘汰】有一个得分<8分					
姓名	评价得分				是否优秀员工
	自评得分	互评得分	直属领导评分	相关部门领导评分	
表姐	9.3	8.2	8.9	9.8	
凌祯	9.6	9.8	9.9	10.0	优秀员工
张盛茗	9.5	9.6	9.9	9.9	
王大刀	9.0	8.0	8.0	7.5	
Ford	9.2	8.3	9.9	9.3	

图 3-18

2. OR 函数

接下来要判断【G4】单元格中的"表姐"是否为"淘汰员工",就是要判断【B4】【C4】【D4】【E4】单元格的值是否至少有一项"<8",如果有,则为"淘汰员工"。

像这样至少有一项满足条件的问题,笔者称为"一票通过"的问题,可以利用 OR 函数来解决,如图 3-19 所示。

图 3-19

将公式应用到"淘汰员工"的问题中,如图 3-20 所示。

图 3-20

输入公式。选中【G4】单元格→单击函数编辑区将其激活→输入公式"=OR(B4<8,C4<8,D4<8,E4<8)"→按 <Enter> 键确认,如图 3-21 所示,【G4】单元显示为"FALSE"。

G4				*f*	=OR(B4<8,C4<8,D4<8,E4<8)		
	【优秀】所有评分均>9.5分;【淘汰】有一个得分<8分						
	姓名		评价得分			是否优秀员工	是否淘汰
		自评得分	互评得分	直属领导评分	相关部门领导评分		
	表姐	9.3	8.2	8.9	9.8		FALSE
	凌祯	9.6	9.8	9.9	10.0	优秀员工	
	张盛茗	9.5	9.6	9.9	9.9		
	王大刀	9.0	8.0	8.0	7.5		
	Ford	9.2	8.3	9.9	9.3		

图 3-21

> **温馨提示**
>
> 单元格地址可以通过选中单元格快速录入。

将光标放在【G4】单元格右下角,当其变成十字句柄时,双击鼠标将公式向下填充至【G8】单元格,如图 3-22 所示,每一位员工是否为淘汰员工就已经计算出来了。

	【优秀】所有评分均>9.5分;【淘汰】有一个得分<8分						
	姓名		评价得分			是否优秀员工	是否淘汰
		自评得分	互评得分	直属领导评分	相关部门领导评分		
	表姐	9.3	8.2	8.9	9.8		FALSE
	凌祯	9.6	9.8	9.9	10.0	优秀员工	FALSE
	张盛茗	9.5	9.6	9.9	9.9		FALSE
	王大刀	9.0	8.0	8.0	7.5		TRUE
	Ford	9.2	8.3	9.9	9.3		FALSE

图 3-22

接下来将淘汰员工显示为"淘汰员工",否则显示为空。对于"如果…就…,否则…"的问题可以利用 IF 函数来解决,如图 3-23 所示。

图 3-23

将公式应用到"淘汰员工"的问题中,如图 3-24 所示。

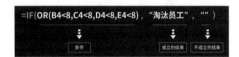

图 3-24

选中【G4】单元格→单击函数编辑区将其激活→选中函数编辑区中的公式(不要选中"="),如图 3-25 所示→按 <Ctrl+X> 键剪切。

图 3-25

输入函数名称"IF"→按 <Tab> 键补充左括号→手动补充右括号→在括号中录入两个英文状态下的逗号,将 IF 函数的三个参数先做分割,如图 3-26 所示。

图 3-26

单击第一个参数位置，按 <Ctrl+V> 键粘贴→单击第二个参数位置，输入""淘汰员工""→单击第三个参数位置，输入""""→单击【√】按钮完成公式录入，如图 3-27 所示。

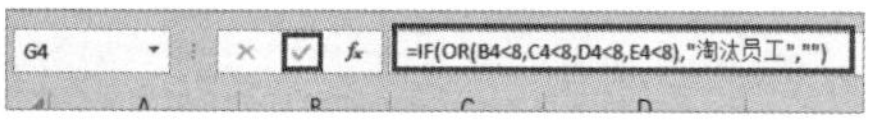

图 3-27

将光标放在【G4】单元格右下角，当其变成十字句柄时，双击鼠标将公式向下填充至【G8】单元格，如图 3-28 所示，非淘汰员工已经变为空白了。

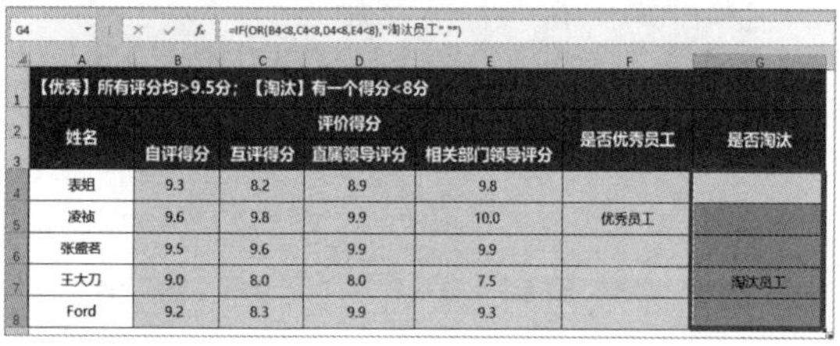

图 3-28

3. 逻辑函数组合

通过前文的案例，相信大家已经对逻辑函数有了一定的了解，涉及"如果…就…，否则…"的问题就使用 IF 函数，如图 3-29 所示；涉及"全票通过"的问题就使用 AND 函数；涉及"一票通过"的问题就使用 OR 函数，接下来就利用 IF 函数与 AND、OR 函数联合起来解决问题。

图 3-29

在"综合练习"工作表中，要根据生产产品的质检重量判断它们是否为合格产品，如图 3-30 所示。

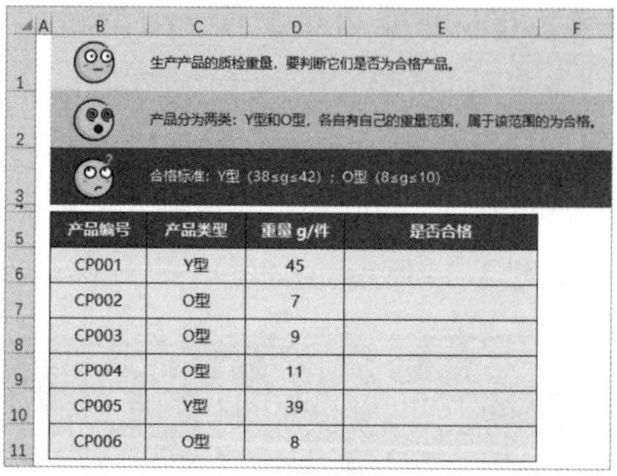

图 3-30

其中产品类型分为"Y 型"和"O 型"两类。Y 型和 O 型产品的合格重量范围分别为 $38 \leq g \leq 42$ 和 $8 \leq g \leq 10$，当产品重量在合格重量范围内时为合格产品。

（1）拆解需求。

首先分析需求，假设令"Y 型产品重量合格"为"条件 1"；"O 型产品重量合格"为"条件 2"。接下来最重要的步骤，就是根据问题绘制一个逻辑思路图，如图 3-31 所示。

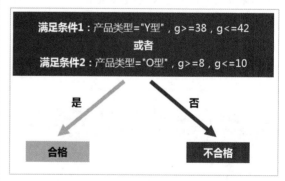

图 3-31

如果满足条件（"条件 1"和"条件 2"中有一项满足），则为"合格"。

其中"条件 1"要满足三个条件同时成立：产品类型为 Y 型，重量 >=38，重量 <=42。

"条件 2"要满足三个条件同时成立：产品

类型为 O 型，重量 >=8，重量 <=10。

需要特别强调的是，在 Excel 中，"g>=38，g<=42"及"g>=8，g<=10"与数学中的表示方法"38 ≤ g ≤ 42，8 ≤ g ≤ 10"不一样。数学中的表示方法为"小区间 ≤ g ≤ 大区间"，而在 Excel 中需要将其拆开为"g>= 小区间，g<= 大区间"，表示为两个条件，这是初学 Excel 时容易出错的地方。

（2）选择函数类型。

像这样涉及"如果…就…，否则…"的问题，对应的就是 Excel 中的 IF 函数。

其中条件为条件 1 和条件 2 中至少有一项满足，像这样涉及"一票通过"的问题，对应的就是 Excel 中的 OR 函数。

每个条件要同时满足对应的三个子条件，像这样涉及"全票通过"的问题，对应的就是 Excel 中的 AND 函数。

进一步梳理图 3-31 所示的逻辑关系，可以表示为图 3-32。

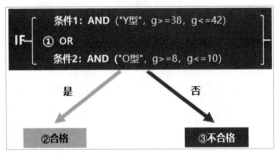

图 3-32

厘清思路后将逻辑图用 Excel 语言表达出来，公式的整体架构是 IF 语句的多层条件嵌套。

（3）参数分析并编写函数公式。

① IF 函数。选中【E6】单元格→单击函数编辑区将其激活→输入函数名称"=IF"（函数的

火车头)→按 <Tab> 键补充左括号→根据函数参数提示框可见 IF 函数共有三个参数，将三个参数看成三节车厢，车厢之间用","连接，那么三节车厢需要两个","连接，所以在函数编辑区中先输入","，将火车车厢构造好，如图 3-33 所示。

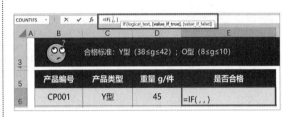

图 3-33

② OR 函数。接下来进行 IF 函数第一节车厢的编写。根据图 3-32 所示的逻辑图，IF 函数第一节车厢是由 OR 函数连接的两个条件构成。首先在 IF 函数的第一个参数（第一节车厢）位置输入 OR 函数及左右括号→单击 OR 函数左右括号之间→案例中有两个条件，则输入一个","连接符，如图 3-34 所示。

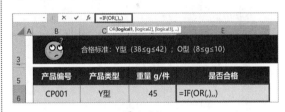

图 3-34

③ AND 函数。接下来根据图 3-32 所示的逻辑图完成 OR 函数参数的录入。OR 函数的第一个参数（第一节车厢）是产品类型为"Y型"，且重量满足"38 ≤ g ≤ 42"，逻辑关系为"并且"的问题用 AND 函数将条件连接。输入"=AND()"→单击【fx】按钮调出【函数参数】对话框，如图 3-35 所示。

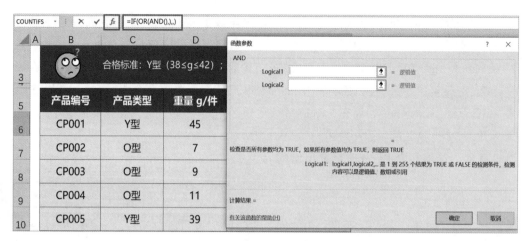

图 3-35

根据合格产品的"条件 1"：产品类型为"Y 型"且重量满足区间"38 ≤ g ≤ 42"，录入 AND 函数的参数，录入完成后如图 3-36 所示。然后单击【确定】按钮，此时完成"OR 函数第一节车厢"的编辑。

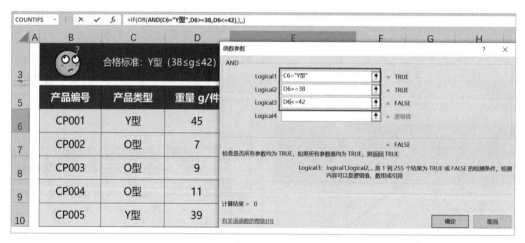

图 3-36

其中第一个参数中的产品类型"Y 型"为文本字符，在录入公式时要加上英文状态下的双引号（""）。第二、三个参数中数学符号"≥"及"≤"的书写，在 Excel 中分别对应">="及"<="。

温馨提示

文本两端要加英文状态下的双引号（""）。

OR 函数的第二个参数（第二节车厢）根据合格产品的"条件 2"：产品类型为"O 型"且重量满足区间"8 ≤ g ≤ 10"录入，录入完成后如图 3-37 所示。然后单击【确定】按钮，此时完成"OR 函数第二节车厢"的编辑。

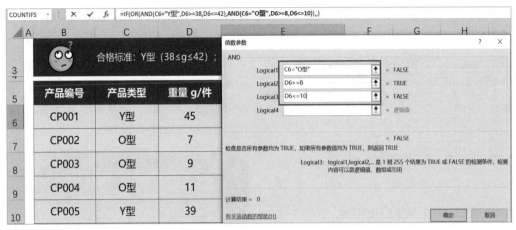

图 3-37

完成了 OR 函数的录入也就是完成了 IF 函数第一节车厢的设置。单击 IF 函数参数提示框中的第二、三个参数，光标会自动跳转至函数编辑区中的相应位置，根据图 3-32 所示的逻辑图完成 IF 函数第二、三个参数的录入→单击【√】按钮完成公式编辑，如图 3-38 所示。

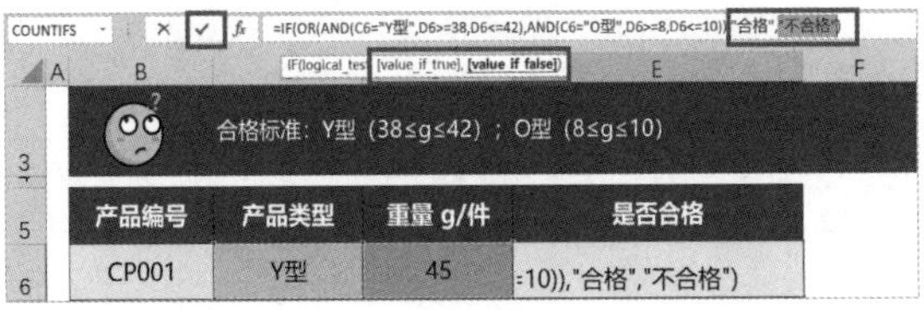

图 3-38

【E6】单元格中函数的运算结果为"不合格"。将光标放在【E6】单元格右下角，当其变成十字句柄时，双击鼠标将公式向下填充，如图 3-39 所示。

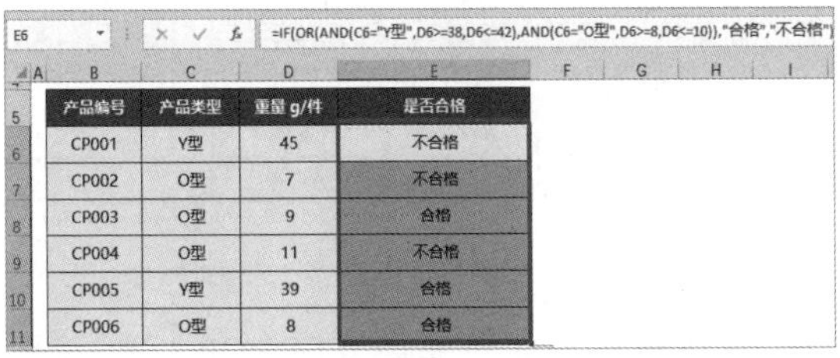

图 3-39

温馨提示

对于多级嵌套的公式可以借助函数参数提示框，利用火车查车厢的方法进行检查，即火车尾巴找括号，一点一节查车厢。需要注意的是，内部嵌套的函数使用的括号要成对出现，如图 3-40 所示。

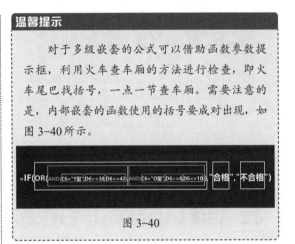

图 3-40

4. 兄弟函数：NOT、XOR

除前文介绍的 IF、AND、OR 函数外，逻辑判断函数还包括图 3-41 所示的 NOT 和 XOR 函数。NOT 和 XOR 函数在平时工作中的应用并不广泛，只需简单了解其基本用法即可。

图 3-41

NOT 函数对判断结果返回相反的值，实例如图 3-42 所示。

NOT函数，对判断结果返回相反的值				
式子	逻辑判断结果	左侧公式	用NOT反向后结果	左侧公式
2>5	FALSE	=2>5	TRUE	=NOT(2>5)
1=1	TRUE	=1=1	FALSE	=NOT(1=1)
3-2<0	FALSE	=3-2<0	TRUE	=NOT(3-2<0)
"男"=""	FALSE	="男"=""	TRUE	=NOT("男"="")
1+1=2	TRUE	=1+1=2	FALSE	=NOT(1+1=2)
A1=A1	TRUE	=A1=A1	FALSE	=NOT(A1=A1)

图 3-42

XOR 函数计算结果返回值实例，如图 3-43 所示。

XOR函数，只有1个为真时，取真。				
数据1	数据2	异或运算结果	左侧公式	N
1	1	FALSE	=XOR(1,1)	0
0	1	TRUE	=XOR(0,1)	1
0	0	FALSE	=XOR(0,0)	0
5>2	0>1	TRUE	=XOR(5>2,0>1)	1
1+1=2	1+1=2	FALSE	=XOR(1+1=2,1+1=2)	0
1+1=2	2+2=4	FALSE	=XOR(1+1=2,2+2=4)	0

图 3-43

5. 简介两个函数：IFS、SWITCH

IFS 和 SWITCH 函数都是 Excel 2019 版本中的新函数，在低版本 Excel 中不仅没有这两个函数，而且不兼容包含它们的文件，所以这里只做提示性介绍，简单了解其基本用法即可。IFS 函数公式如图 3-44 所示。

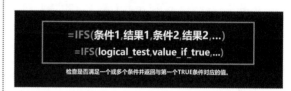

图 3-44

SWITCH 函数公式如图 3-45 所示。

图 3-45

3.2 错误美化函数：IFERROR、IFNA

通过前面章节的介绍，相信大家已经掌握了一些逻辑判断函数的用法。那么，大家在工作中是否遇到过这样的情况：完成函数的录入后没有得到想要的结果，而是在表格中出现了"乱码"的现象。这种"乱码"是什么原因造成的，又该如何解决呢？

在图 3-46 所示的业绩数据对比表中，公式录入没有问题却出现了乱码（错误值）的情况，难道是 Excel 中了病毒？

	姓名	今年业绩	去年业绩	增幅	IFERROR
	表姐	1850	2000	-7.5%	
	凌祯	2130	2250	-5.3%	
	张盛茗	3580		#DIV/0!	
	王大刀	650	635	2.4%	
	刘小海	2288	2000	14.4%	
	赵天天	138		#DIV/0!	

图 3-46

本节将介绍如何使用 IFERROR、IFNA 函数（错误美化函数）来解决"乱码"问题。

1. IFERROR 函数

打开"素材文件 /03- 逻辑判断函数 /03-02-错误美化函数：IFERROR、IFNA.xlsx"源文件。

（1）解密乱码原因。

在"错误美化 IFERROR"工作表中，选中【E8】乱码单元格，单元格左侧会出现带黄色叹号的图标，将鼠标移至该图标上会显示此单元格的错误提示。此表中，【E8】【E11】单元格中的"#DIV/0!"错误均提示为"公式或函数被零或空单元格除"，即"除零错误"，如图 3-47 所示。

	姓名	今年业绩	去年业绩	增幅	IFERROR
6	表姐	1850	2000	-7.5%	
7	凌祯	2130	2250	-5.3%	
8	张盛茗	3580	⊕	#DIV/0!	
9	王大刀	650	635	2.4%	
10	刘小海	2288	2000	14.4%	
11	赵天天	138		#DIV/0!	

图 3-47

经以上分析可知，表中的"#DIV/0!"乱码实际上是 Excel 公式计算的一个错误值，它产生的原因是除数或分母为 0。

像这类"#DIV/0!"错误可以用错误美化函数 IFERROR 来解决。它的功能是如果一个计算结果是错误的 value，那么就显示一个想显示的结果 value_if_error，否则显示 value 本身，IFERROR 函数公式如图 3-48 所示。

图 3-48

（2）输入公式。

选中【F6】单元格→单击函数编辑区将其激活→输入函数名称"=IF"，根据函数提示按 <↑+↓> 键选中【IFERROR】→按 <Tab> 键自动补充左括号→按 <Ctrl+A> 键→在弹出的【函数参数】对话框中单击第一个文本框将其激活→输入第一个条件参数，可直接选中【E6】单元格完成第一个参数的输入→单击第二个文本框将其激活→输入""""（此处可以输入任何想显示的结果，也可以是其他文字）→单击【确定】按钮，如图 3-49 所示。

图 3-49

选中【F6】单元格，将光标放在【F6】单元格右下角，当其变成十字句柄时，双击鼠标将公式向下填充，如图 3-50 所示，【E8】【E11】单元格中的错误值经过 IFERROR 函数美化后得到空值，其他非错误值仍显示其本身值。

A	B	姓名	C 今年业绩	D 去年业绩	E 增幅	F IFERROR
		😲 我整理的这份两年业绩数据对比，明明公式都没有问题呀。				
		😵 为什么会出现这样的乱码？这是不是我的Excel中病毒了呀？				
		😵 有没有什么方法，让计算错误的结果不显示，给它美化一下？				
		表姐	1850	2000	-7.5%	-7.5%
		凌祯	2130	2250	-5.3%	-5.3%
		张盛茗	3580		#DIV/0!	
		王大刀	650	635	2.4%	2.4%
		刘小海	2288	2000	14.4%	14.4%
		赵天天	138		#DIV/0!	

图 3-50

2. ISERROR 函数

前文介绍了错误美化函数 IFERROR，但在低版本 Excel（如 Excel 2003）中并没有这个函数，那么在低版本 Excel 中如果出现了错误值，又该如何处理呢？下面就来介绍 ISERROR 函数。

在低版本 Excel 中想实现 IFERROR 函数的功能，可以通过 "IF+ISERROR" 组合函数来完成。通过前面内容的介绍，读者已经了解 IF 函数解决的是 "如果…就…，否则…" 的问题，而 ISERROR 函数则是用来判断值是否为错误的，函数公式如图 3-51 所示。

图 3-51

"IF+ISERROR" 可以解读成 "如果经 ISERROR 函数判断是错误值，就显示任何想显示的值，否则显示 value 本身"，下面将这个组合函数应用到前面的业绩数据对比表中。

由于 ISERROR 函数只有一个参数比较简单，而 IF 函数前文已详细进行了介绍，所以此处不再赘述，直接输入公式。

在 "低版本的 ISERROR 函数" 工作表中，选中【F3】单元格→单击函数编辑区将其激活→输入公式 "=IF(ISERROR(E3),"",E3)"→按 <Enter> 键确认，如图 3-52 所示。

F3 | =IF(ISERROR(E3),"",E3)

A	B 姓名	C 今年业绩	D 去年业绩	E 增幅	F IF+ISERROR
	表姐	1850	2000	-7.5%	-7.5%
	凌祯	2130	2250	-5.3%	
	张盛茗	3580		#DIV/0!	
	王大刀	650	635	2.4%	
	刘小海	2288	2000	14.4%	
	赵天天	138		#DIV/0!	

图 3-52

选中【F3】单元格，将光标放在【F3】单元格右下角，当其变成十字句柄时，双击鼠标将公式向下填充，得到【F】列计算结果，如图 3-53 所示。

A	B 姓名	C 今年业绩	D 去年业绩	E 增幅	F IF+ISERROR
	表姐	1850	2000	-7.5%	-7.5%
	凌祯	2130	2250	-5.3%	-5.3%
	张盛茗	3580		#DIV/0!	
	王大刀	650	635	2.4%	2.4%
	刘小海	2288	2000	14.4%	14.4%
	赵天天	138		#DIV/0!	

图 3-53

"IF+ISERROR" 组合函数美化后的结果如图 3-53 所示，与图 3-50 所示的 IFERROR 函数计算的结果相同，由此可以说明 "IF+ISERROR" 组合函数与 IFERROR 函数的功能相同。

在 Excel 中，像 ISERROR 这样的函数可以统称为 "IS 类" 函数，功能是判断是否为某一事项，计算结果为 TRUE 或 FALSE。Excel 中的 "IS 类" 函数有很多，常用 IS 类函数功能举例如图 3-54 所示。

常用IS类函数				
函数名称	说明	举例		公式
	判断单元格的值为以下内容时，返回TRUE	被判断的单元格	结果	
ISBLANK函数	空白单元格		TRUE	=ISBLANK(D5)
ISERR函数	除#N/A外的任意错误值	#DIV/0!	TRUE	=ISERR(D6)
ISERROR函数	任意错误值	#DIV/0!	TRUE	=ISERROR(D7)
ISLOGICAL函数	逻辑值	TRUE	TRUE	=ISLOGICAL(D8)
ISNA函数	#N/A的错误值	#N/A	TRUE	=ISNA(D9)
ISNONTEXT函数	不是文本的任意项	123	TRUE	=ISNONTEXT(D10)
ISNUMBER函数	数值	123	TRUE	=ISNUMBER(D11)
ISREF函数	引用		TRUE	=ISREF(D12)
ISTEXT函数	文本	表姐凌祯	TRUE	=ISTEXT(D13)
ISEVEN函数	数字为偶数	2	TRUE	=ISEVEN(D14)
ISODD函数	数字为奇数	1	TRUE	=ISODD(D15)
ISFORMULA函数	包含公式的单元格引用	表姐凌祯	TRUE	=ISFORMULA(D16)

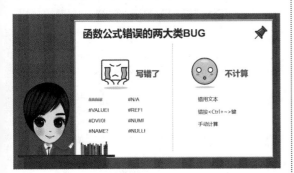

图 3–54

3. 公式错误指南

前文介绍了两种错误美化函数，那么 Excel 函数公式的错误都有哪些？接下来逐个进行介绍。

函数公式的错误分为两类：一类为“写错了”，另一类为“不计算”，如图 3–55 所示。

图 3–55

（1）“写错了”错误。

此类错误共八种，利用 ERROR.TYPE 函数可以判断出其中七种错误类型和两种额外的错误类型，函数公式如图 3–56 所示。

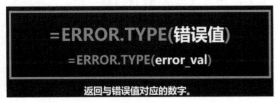

图 3–56

ERROR.TYPE 函数只有一个参数，函数公式写法简单易学，九种错误类型及返回值对应关系如图 3–57 所示。

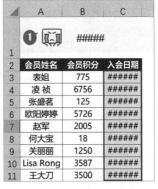

使用ERROR.TYPE函数判断错误值类型		
错误值类型	ERRPR.TYPE返回值	公式
#NULL!	1	=ERROR.TYPE(B4)
#DIV/0!	2	=ERROR.TYPE(B5)
#VALUE!	3	=ERROR.TYPE(B6)
#REF!	4	=ERROR.TYPE(B7)
#NAME?	5	=ERROR.TYPE(B8)
#NUM!	6	=ERROR.TYPE(B9)
#N/A	7	=ERROR.TYPE(B10)
#GETTING_DATA	8	=ERROR.TYPE(B11)
#UNKNOWN!	12	=ERROR.TYPE(B12)

图 3–57

了解了函数公式的错误类型后，笔者将结合案例分别介绍这几种常见错误及其改正方法。

① ##### 错误。

错误原因：列宽不够显示数字；负数的日期或时间。

解决方法：调大列宽；修改为正确的日期或时间。

如图 3–58 所示，在“1–#####”工作表中，【C】列数据显示为“#####”。

	A	B	C
1	❶	#####	
2	会员姓名	会员积分	入会日期
3	表姐	775	######
4	凌 祯	6756	######
5	张盛茗	125	######
6	欧阳婷婷	5726	######
7	赵军	2005	######
8	何大宝	18	######
9	关丽丽	1250	######
10	Lisa Rong	3587	######
11	王大刀	3500	######

图 3–58

错误修正：将鼠标移至【C】列和【D】列之间→当光标变成十字箭头时，双击鼠标→自动调整【C】列列宽，此时除【C3】单元格外，【C】

列其他单元格显示正常，如图 3-59 所示。

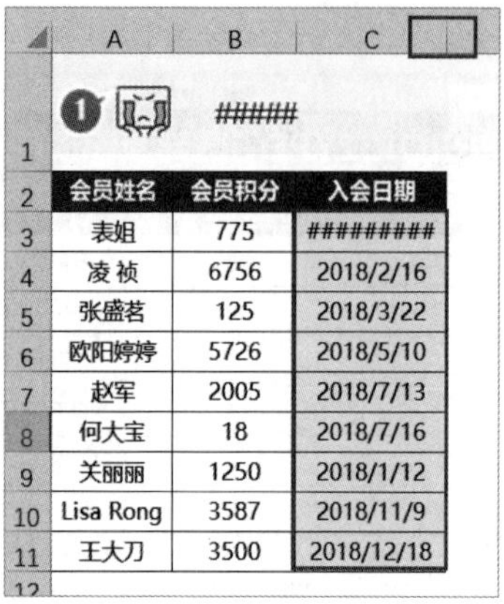

会员姓名	会员积分	入会日期
表姐	775	#########
凌 祯	6756	2018/2/16
张盛茗	125	2018/3/22
欧阳婷婷	5726	2018/5/10
赵军	2005	2018/7/13
何大宝	18	2018/7/16
关丽丽	1250	2018/1/12
Lisa Rong	3587	2018/11/9
王大刀	3500	2018/12/18

图 3-59

选中【C3】单元格→单击函数编辑区将其激活，如图 3-60 所示，编辑栏中显示该单元格为负数日期。

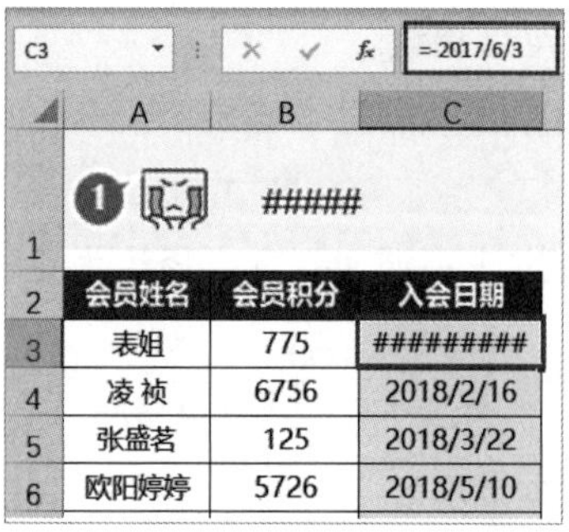

会员姓名	会员积分	入会日期
表姐	775	#########
凌 祯	6756	2018/2/16
张盛茗	125	2018/3/22
欧阳婷婷	5726	2018/5/10

图 3-60

删除公式中的“=-”→按 <Enter> 键确认，如图 3-61 所示，【C3】单元格数据显示正常。

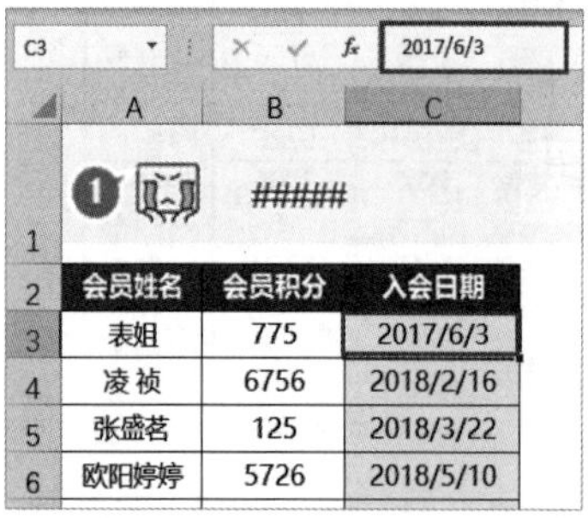

会员姓名	会员积分	入会日期
表姐	775	2017/6/3
凌 祯	6756	2018/2/16
张盛茗	125	2018/3/22
欧阳婷婷	5726	2018/5/10

图 3-61

② #VALUE! 错误。

错误原因：参数类型错误。

解决方法：选择正确的参数类型。

如图 3-62 所示，在“2-#VALUE!”工作表中，【D】列数据显示为“#VALUE!”。选中【D】列中的任意单元格，这里选中【D3】单元格→单击函数编辑区将其激活→函数编辑区中的公式显示为“=IF($D$2,"是","否")”。

IF 函数的第一个参数应为“logical_text”（逻辑判断型），而此时图 3-62 所示的公式中第一个参数为绝对引用的【D2】单元格值，为“文本型”。因此，参数类型错误。

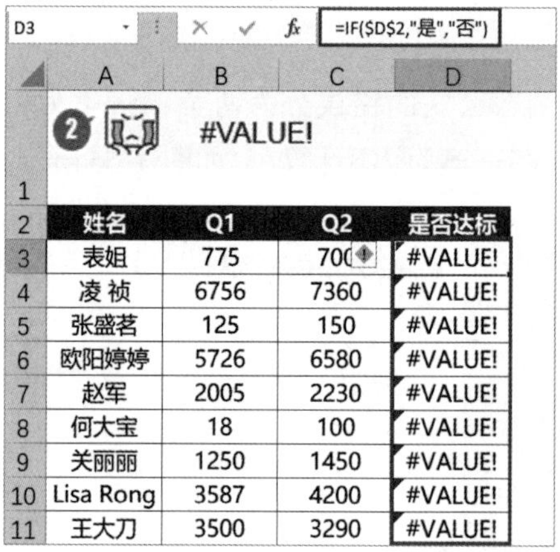

姓名	Q1	Q2	是否达标
表姐	775	700	#VALUE!
凌 祯	6756	7360	#VALUE!
张盛茗	125	150	#VALUE!
欧阳婷婷	5726	6580	#VALUE!
赵军	2005	2230	#VALUE!
何大宝	18	100	#VALUE!
关丽丽	1250	1450	#VALUE!
Lisa Rong	3587	4200	#VALUE!
王大刀	3500	3290	#VALUE!

图 3-62

错误修正：将 IF 函数的第一个参数修改为逻辑判断型“B3<C3”。

选中【D3】单元格→单击函数编辑区将其激活→选中 IF 函数第一节车厢（第一个参数）“$D$2”→将“$D$2”修改为“B3<C3”→按 <Enter> 键确认→选中【D3】单元格，将光标放在【D3】单元格右下角，当其变成十字句柄时，双击鼠标将公式向下填充，【D】列数据显示正常，如图 3-63 所示。

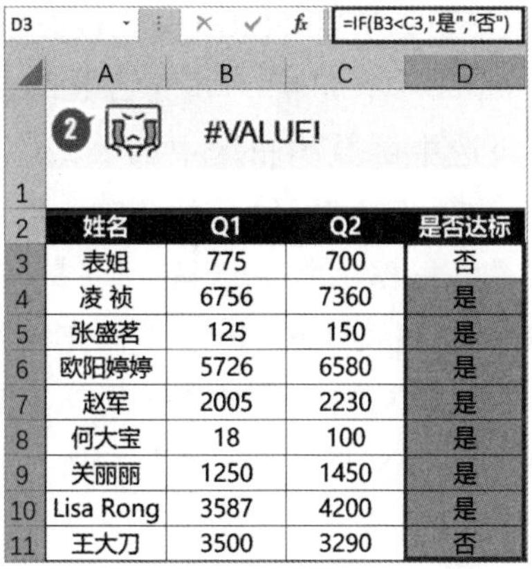

图 3-63

图 3-65

③ #DIV/0! 错误。

错误原因：除数或分母为 0。

解决方法：使用 IFERROR 函数美化错误。

如图 3-64 所示，在"3-#DIV-0!"工作表中，【D3】【D8】单元格显示为"#DIV/0!"，这是因为这两个单元格中的公式分母【C3】【C8】单元格的值为"0"。

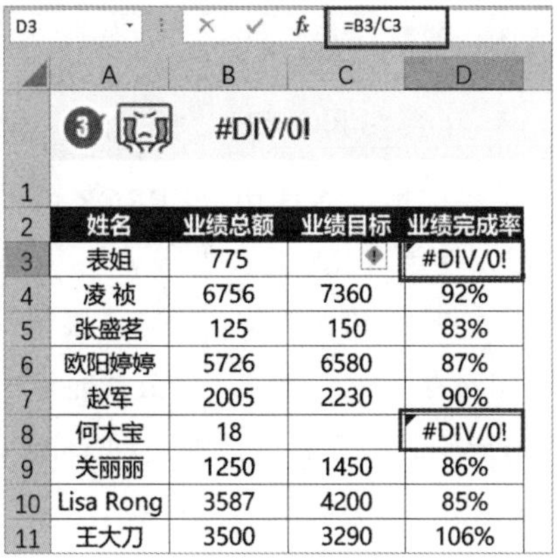

图 3-64

错误修正：使用 IFERROR 函数进行美化，IFERROR 函数前文已进行过详细介绍，这里不再赘述，IFERROR 函数公式写法及美化后的表格如图 3-65 所示。

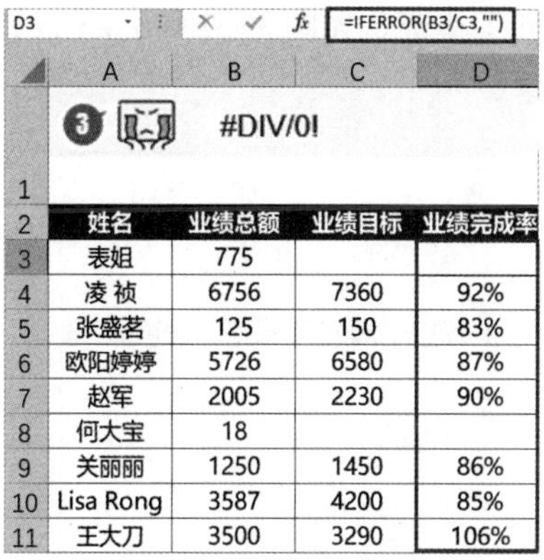

④ #NAME? 错误。

错误原因：函数名称写错了；使用了未定义的名称区域。

解决方法：将函数名称修改正确，善用<Tab> 键。

如图 3-66 所示，在"4-#NAME!"工作表中，【D】列数据显示为"#NAME?"，选中【D】列中的任意单元格，这里选中【D3】单元格→单击函数编辑区将其激活→函数编辑区中的公式显示为"=IFF(B3>C3," 是 "," 否 ")"，显然函数名称书写错误，错将函数 IF 写成了 IFF。

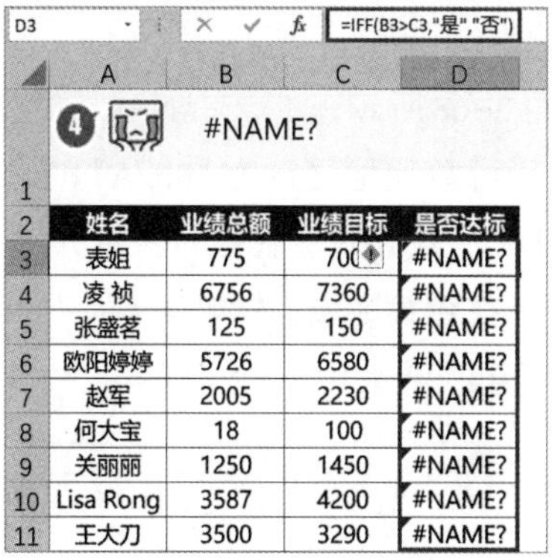

图 3-66

错误修正：选中【D3】单元格→单击函数编辑区将其激活→将函数名称"IFF"修改为"IF"→按 <Enter> 键确认→将光标放在【D3】单元格右下角，当其变成十字句柄时，双击鼠标将公式向下填充，如图 3-67 所示，【D】列数据显示正常。

姓名	业绩总额	业绩目标	是否达标
表姐	775	700	是
凌祯	6756	7360	否
张盛茗	125	150	否
欧阳婷婷	5726	6580	否
赵军	2005	2230	否
何大宝	18	100	否
关丽丽	1250	1450	否
Lisa Rong	3587	4200	否
王大刀	3500	3290	是

图 3-67

温馨提示

善用 <Tab> 键以防输入错误，最好的函数公式书写方法是输入 "=+ 函数首字母" 后，根据下方的函数提示框按 <↑+↓> 键选择函数名称，按 <Tab> 键补全函数名称。

⑤ #N/A 错误。

错误原因：找不到，这个错误经常出现在 VLOOKUP 查找函数中，当未找到目标值时，返回 #N/A 错误。

解决方法：检查被查找值；使用错误美化函数美化。

如图 3-68 所示，在 "5-#N-A" 工作表中，【C9】【C10】单元格显示为 "#N/A"，这是因为 VLOOKUP 函数公式查找的对象（【A9】单元格的内容），在查找区域（右侧表格的 "姓名" 列）中查找不到。

fx =VLOOKUP(A9,$E$3:$F$8,2,0)

姓名	系统账	人工账		姓名	人工账
表姐	775	775		凌祯	6756
凌祯	6756	6756		表姐	775
张盛茗	125	3587		何大宝	18
欧阳婷婷	5726	1250		欧阳婷婷	1250
赵军	2005	3500		张盛茗	3587
何大宝	18	18		赵军	3500
Lisa Rong	358	#N/A			
王大刀	3500	#N/A			

图 3-68

错误修正：使用 IFERROR 函数进行美化。

选中【C9】单元格→单击函数编辑区将其激活→选中函数编辑区中的公式（不要选中 "="）→按 <Ctrl+X> 键剪切公式→输入函数名称 "IF"，根据函数提示按 <↑+↓> 键选中【IFERROR】→按 <Tab> 键自动补充左括号→按 <Ctrl+V> 键粘贴原公式，得到 "=IFERROR(VLOOKUP(A9,$E$3:$F$8,2,0)"→输入参数分隔符 ","→输入第二个参数 ""无此人""（此处可以输入任何想显示的值）→手动补充右括号→按 <Enter> 键确认，如图 3-69 所示。

fx =IFERROR(VLOOKUP(A9,$E$3:$F$8,2,0),"无此人")

姓名	系统账	人工账		姓名	人工账
表姐	775	775		凌祯	6756
凌祯	6756	6756		表姐	775
张盛茗	125	3587		何大宝	18
欧阳婷婷	5726	1250		欧阳婷婷	1250
赵军	2005	3500		张盛茗	3587
何大宝	18	18		赵军	3500
Lisa Rong	358	无此人			
王大刀	3500	#N/A			

图 3-69

#N/A 错误情况除使用 IFERROR 函数美化外，还可以使用 IFNA 函数进行美化。IFNA 函数是只针对 #N/A 错误的美化函数，表示一个计算结果 value 是 #N/A 错误，那么就显示一个想显示的结果 value_if_na，否则返回 value 本身，函数公式如图 3-70 所示。

=IFNA(值, 屏蔽错误后显示值)
=IFNA(value, value_if_na)

屏蔽公式返回的错误值，与 IFERROR 功能类似，但只能屏蔽计算结果为 #N/A 的错误值。

图 3-70

接下来使用 IFNA 函数美化【C10】单元格的 #N/A 错误值。

选中【C10】单元格→单击函数编辑区将

其激活→选中函数编辑区中的公式（不要选中“=”）→按 <Ctrl+X> 键剪切公式→输入函数名称“IF”，根据函数提示按 <↑+↓> 键选中【IFNA】→按 <Tab> 键自动补充左括号→按 <Ctrl+V> 键粘贴原公式，得到“=IFNA(VLOOKUP(A10,$E$3:$F$8,2,0)”→输入参数分隔符“,”→输入第二个参数“"无此人"”（此处可以输入任何想显示的值）→手动补充右括号→按 <Enter> 键确认，如图 3–71 所示。

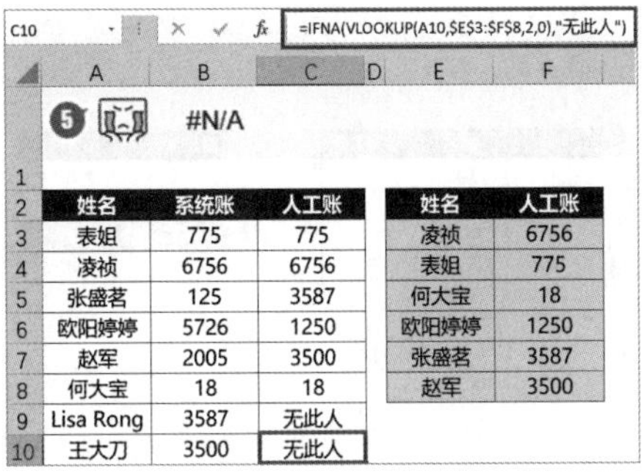

姓名	系统账	人工账
表姐	775	775
凌祯	6756	6756
张盛茗	125	3587
欧阳婷婷	5726	1250
赵军	2005	3500
何大宝	18	18
Lisa Rong	3587	无此人
王大刀	3500	无此人

姓名	人工账
凌祯	6756
表姐	775
何大宝	18
欧阳婷婷	1250
张盛茗	3587
赵军	3500

图 3–71

VLOOKUP 函数进行查找时，除因为数据不存在未找到目标值而返回 #N/A 错误外，还有一种情况是查找值与目标值数据类型不匹配而返回 #N/A 错误。

如图 3–72 所示，左侧表格“卡号”列的值在右侧表格“卡号”列有相同值，但利用 VLOOKUP 函数进行查找后返回 #N/A 错误。

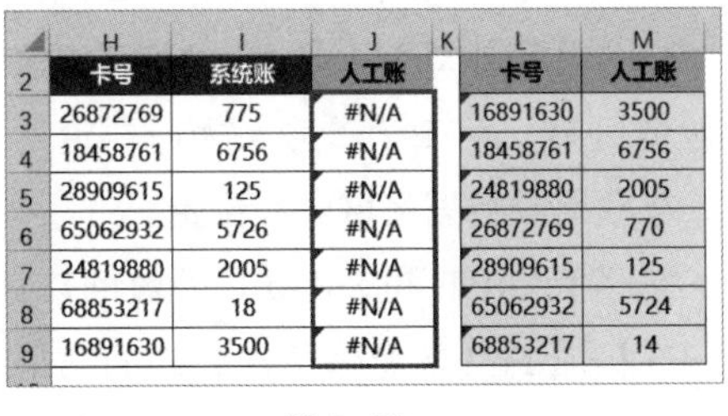

卡号	系统账	人工账
26872769	775	#N/A
18458761	6756	#N/A
28909615	125	#N/A
65062932	5726	#N/A
24819880	2005	#N/A
68853217	18	#N/A
16891630	3500	#N/A

卡号	人工账
16891630	3500
18458761	6756
24819880	2005
26872769	770
28909615	125
65062932	5724
68853217	14

图 3–72

左侧表格中的“卡号”列值为数值型数字，而右侧表格中的“卡号”列值为文本型数字（每个单元格左上角显示绿色三角符，当选中单元格时，左侧弹出黄色叹号图标，将鼠标移至该图标上方，会提示“此单元格中的数字为文本格式，或者其前面有撇号”）。虽然表面看似相同，但在 Excel 中却是两列不同的数据。

错误修正：将右侧表格中的“卡号”列数据更改为数值型数字。

选中右侧表格“卡号”列单元格→单击单元格左侧弹出的黄色叹号图标→在弹出的菜单中选择【转换为数字】选项，如图 3–73 所示，完成将文本转数字。

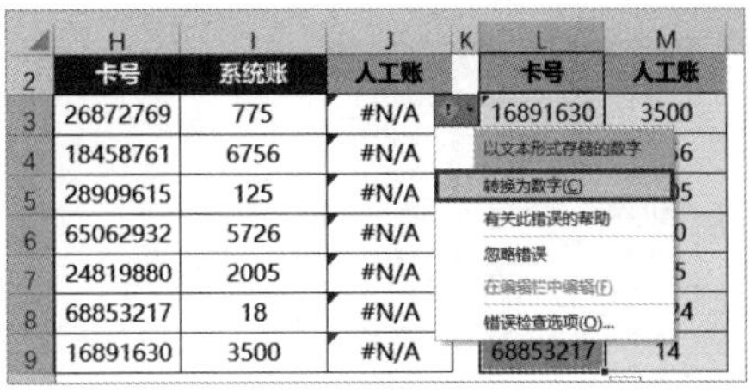

卡号	系统账	人工账
26872769	775	#N/A
18458761	6756	#N/A
28909615	125	#N/A
65062932	5726	#N/A
24819880	2005	#N/A
68853217	18	#N/A
16891630	3500	#N/A

图 3–73

如图 3–74 所示，表格中数据自动刷新，VLOOKUP 函数查找结果显示出来了。

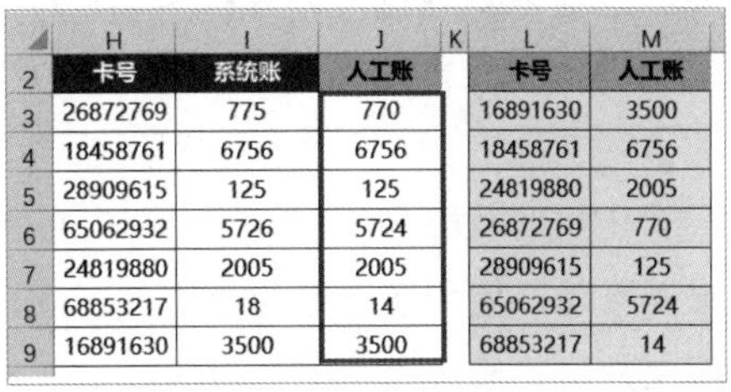

卡号	系统账	人工账
26872769	775	770
18458761	6756	6756
28909615	125	125
65062932	5726	5724
24819880	2005	2005
68853217	18	14
16891630	3500	3500

卡号	人工账
16891630	3500
18458761	6756
24819880	2005
26872769	770
28909615	125
65062932	5724
68853217	14

图 3–74

⑥ #REF! 错误。

错误原因：公式引用的单元格被删除。

解决方法：找回单元格并重新编写公式。

在“6–#REF!”工作表中，将【C】列数据删除，【D】列数据显示为 #REF! 错误，如图 3–75 和图 3–76 所示，这是因为公式中所引用的数据丢失了。

姓名	业绩总额	业绩目标	是否达标
表姐	775	700	是
凌祯	6756	7360	否
张盛茗	125	150	否
欧阳婷婷	5726	6580	否
赵军	2005	2230	否
何大宝	18	100	否
关丽丽	1250	1450	否
Lisa Rong	3587	4200	否
王大刀	3500	3290	是

图 3-75

姓名	业绩总额	是否达标
表姐	775	#REF!
凌祯	6756	#REF!
张盛茗	125	#REF!
欧阳婷婷	5726	#REF!
赵军	2005	#REF!
何大宝	18	#REF!
关丽丽	1250	#REF!
Lisa Rong	3587	#REF!
王大刀	3500	#REF!

图 3-76

错误修正：最快捷的方法为按 <Ctrl+Z> 键撤销删除操作恢复数据。如果按 <Ctrl+Z> 键恢复数据失败，则只能重新整理表格数据并编写公式。

⑦ #NUM! 错误。

错误原因：使用了无效的数值。

解决方法：修改为正确的数值。

在"7-#NUM!"工作表中，【F3】【F6】单元格显示为 #NUM! 错误，选中【F3】【F6】单元格，在函数编辑区中可见分别使用了 LARGE、SMALL 函数，如图 3-77 和图 3-78 所示。

图 3-77

图 3-78

LARGE 函数的功能是返回数组中第 k 个最大值。LARGE(Array,k) 共有两个参数，第一个参数 Array 用来计算第 k 个最大值点的数值数组或数值区域，第二个参数 k 为所要返回的最大值点在数组或数据区域中的位置（从最大值开始）。

SMALL 函数的功能是返回数组中第 k 个最小值。SMALL(Array,k) 共有两个参数，第一个参数 Array 用来计算第 k 个最小值点的数值数组或数值区域，第二个参数 k 为所要返回的最小值点在数组或数据区域中的位置。

了解了 LARGE 和 SMALL 函数的功能后，可知【F3】和【F6】单元格函数公式的功能分别为计算【C3:C11】单元格区域中第 10 个最大值和第 10 个最小值，而【C3:C11】单元格区域中只有 9 个数据，显然函数引用了无效数据。

错误修正：修改函数的第二个参数值，即将【E3】和【E6】单元格的值修改为 1~9 中的任意数。

⑧ #NULL! 错误。

介绍 #NULL! 错误这个错误前，先来了解一下 Excel 中公式区域的表示法。

单个单元格表示法：当选中表格中的任意单元格时，"名称框"（位于函数编辑区左侧）中会显示该单元格的名称，如"H8"，即当前表格中激活的为【H8】单元格。

不连续的单元格表示法：Excel 的"名称框"中只显示当前表格中激活的单元格，如果要在名称框中表示两个不连续的单元格，可将两个单元格用英文状态下的","连接，如"E6,H8"。

连续单元格表示法：如果将名称框中的内容修改为"E6:H8"，则表示【E6:H8】单元格区域。

相交区域表示法：在 Excel 中，用"区域 1 区域 2"表示区域 1 与区域 2 相交的位置。

例如，在名称框中输入"C3:F11"，表格中会选中【C3】至【F11】单元格。继续在名称框中输入空格加一个区域，如"C3:F11 A3:D3"→按 <Enter> 键确认，此时【C3:D3】单元格区域被选中。【C3】【D3】单元格为【C3:F11】单元格区域和【A3:D3】单元格区域相交的结果，如图 3-79 所示。

图 3-79

错误原因：计算了不相交的两个区域。

解决方法：修改为正确的引用区域。

如图 3-80 所示，在"8-#NULL!"工作

表中，【F3】单元格显示为 #NULL! 错误，选中【F3】单元格，在函数编辑区中可见公式为"=SUM(C:C D:D)"，"C:C D:D"显然为不相交区域，故显示为错误值。

图 3-80

错误修正：更改函数公式参数"C:C D:D"为"C:D"，表示【C】列和【D】列两列数据区域，如图 3-81 所示，公式计算结果显示正常。

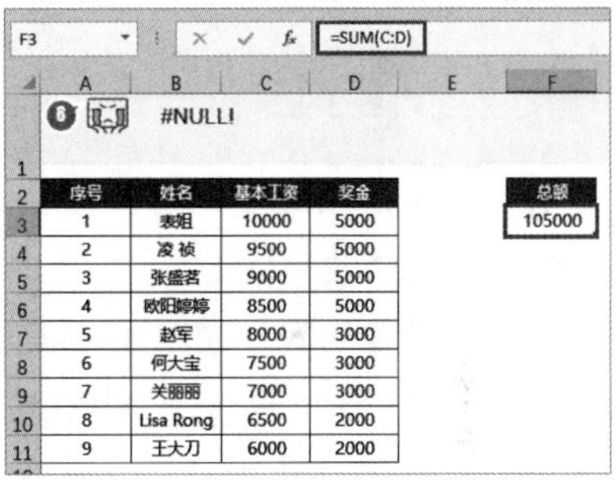

图 3-81

以上为几种常见的"写错了"错误介绍，为方便读者查询，将其汇总成公式错误（BUG）指南，如图 3-82 所示。

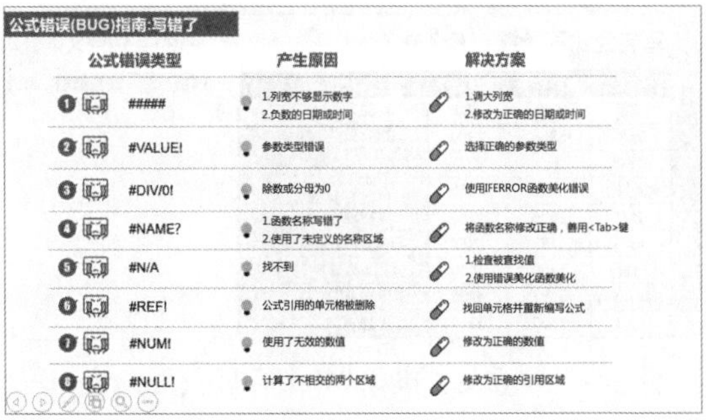

图 3-82

（2）"不计算"错误。

前文介绍了几种常见的"写错了"错误，接下来介绍三种"不计算"错误。

① 错用文本。

错误原因：错用文本格式。

解决方法：修改为常规，再批量替换等号（＝）。

在 Excel 单元格中输入一定长度的数字，如身份证号码或银行卡号等，按 <Enter> 键确认后，默认会以数学中的"科学记数法"显示。

例如，数字 12345674567895600 会显示为"1.23457E+16"，如图 3-83 所示。

图 3-83

这种情况如果想要显示全部数字，可以将单元格的数字格式修改为【文本】类型。但如果需要在单元格中设置函数，如图 3-84 所示，直接将【D3:D11】单元格区域的数字格式修改为【文本】类型，此时单元格只显示计算公式而不进行计算。

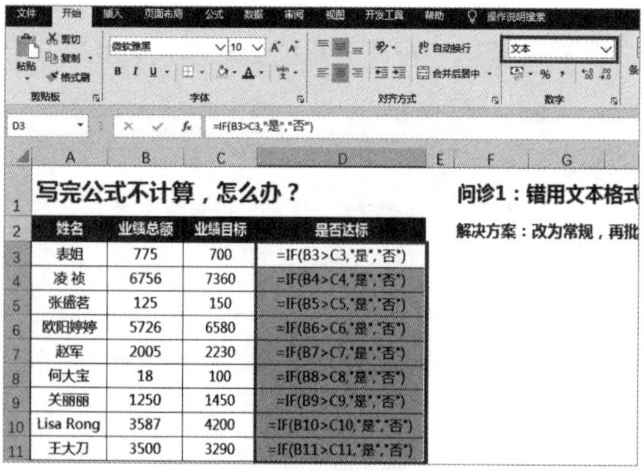

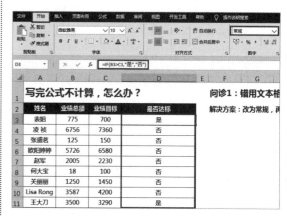

图 3-84

错误修正：在"不计算 -1- 错用文本"工作表中，选中【D3:D11】单元格区域→选择【开始】选项卡→单击【数字】功能组中的下拉按钮→将单元格的数字格式由【文本】修改为【常规】→单击函数编辑区将其激活→按 <Enter> 键确认，如图 3-85 所示，计算结果显示出来了。

图 3-85

温馨提示

在修改单元格格式为【常规】后，如需批量激活单元格中的公式，可按 <Ctrl+Enter> 键确认，批量激活。或者按 <Ctrl+H> 键打开【查找和替换】对话框→在【查找内容】和【替换为】文本框中都输入"＝"→单击【全部替换】按钮，完成公式中"＝"的批量替换，所有不计算的公式将恢复计算，如图 3-86 所示。

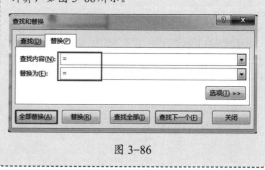

图 3-86

② 错按 <Ctrl+~> 键。

错误原因：错按 <Ctrl+~> 键，即相当于单击了【公式】选项卡下的【显示公式】按钮，如图 3-87 所示。

图 3-87

解决方法：再按一次 <Ctrl+~> 键。

在"不计算 -2- 错按 <Ctrl+~> 键"工作表中，表格中的公式以文本形式显示，如图 3-88 所示。

	A	B	C	D
1	写完公式不计算			
2	姓名	业绩总额	业绩目标	是否达标
3	表姐	775	700	=IF(B3>C3,"是","否")
4	凌祯	6756	7360	=IF(B4>C4,"是","否")
5	张盛茗	125	150	=IF(B5>C5,"是","否")
6	欧阳婷婷	5726	6580	=IF(B6>C6,"是","否")
7	赵军	2005	2230	=IF(B7>C7,"是","否")
8	何大宝	18	100	=IF(B8>C8,"是","否")
9	关丽丽	1250	1450	=IF(B9>C9,"是","否")
10	Lisa Rong	3587	4200	=IF(B10>C10,"是","否")
11	王大刀	3500	3290	=IF(B11>C11,"是","否")

图 3-88

错误修正：按 <Ctrl+~> 键关闭【显示公式】，如图 3-89 所示，公式计算结果显示正常。

	A	B	C	D
1	写完公式不计算，怎么办？			
2	姓名	业绩总额	业绩目标	是否达标
3	表姐	775	700	是
4	凌祯	6756	7360	否
5	张盛茗	125	150	否
6	欧阳婷婷	5726	6580	否
7	赵军	2005	2230	否
8	何大宝	18	100	否
9	关丽丽	1250	1450	否
10	Lisa Rong	3587	4200	否
11	王大刀	3500	3290	是

图 3-89

③ 手动计算。

表格中的公式没有任何错误，但每次都需要对公式所在单元格进行双击并按 <Enter> 键确认，或者按 <Ctrl+S> 键进行保存时公式才进行计算。

错误原因：【公式】选项卡下的【计算选项】按钮中选择了【手动】选项，如图 3-90 所示。

图 3-90

解决方法：将【公式】选项卡下的【计算选项】修改为【自动】。

错误修正：在"不计算 -3- 手动计算"工作表中，选择【公式】选项卡→单击【计算选项】按钮→在下拉菜单中选择【自动】选项，如图 3-91 所示。

图 3-91

以上为几种常见的"不计算"错误介绍，为方便读者查询，同样将其汇总成公式错误（BUG）指南，如图 3-92 所示。

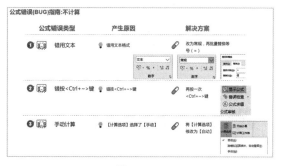

图 3-92

4. 公式的验证与保护

平时的工作中大家是否遇到过这样的情况：表格中只允许修改没有公式的单元格，而对于带有公式的单元格进行了保护，无法修改，这样的问题如何解决？

首先工作表的保护常见的方式有两种，即全表保护和部分保护。

（1）全表保护。

① 设置保护工作表。选择【审阅】选项卡→单击【保护工作表】按钮→在弹出的【保护工作表】对话框中输入密码（如输入"1"）→根据需要保护的类别选中复选框选项→单击【确定】按钮→在弹出的【确认密码】对话框中再次输入密码→单击【确定】按钮，工作表的密码保护生效，如图 3-93 所示。

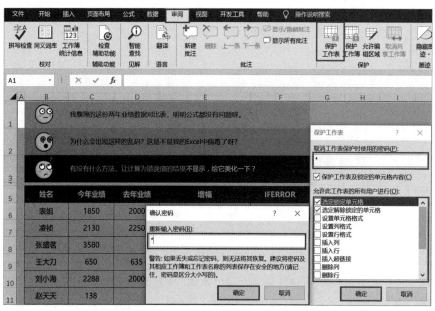

图 3-93

测试效果：在表格的任意单元格中输入内容，Excel 会弹出报错提示对话框，提示正在修改受保护的工作表，如图 3-94 所示。

图 3-94

同时，在这种保护状态下，功能区中的部分按钮变为灰色状态无法使用，如图 3-95 所示。

图 3-95

② 取消保护工作表。如果想对设置了保护的工作表进行编辑，就要取消保护工作表。选择【审阅】选项卡→单击【撤销工作表保护】按钮→在弹出的【撤销工作表保护】对话框中输入之前设置的密码（如输入"1"）→单击【确定】按钮，工作表的密码即可解除，同时功能区中的按钮恢复为可用状态，如图 3-96 所示。

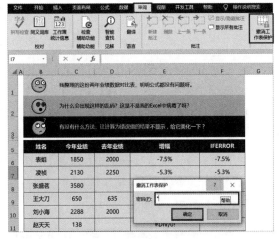

图 3-96

以上即为全表保护的操作方法，那么如何只保护设置了公式的区域呢？接下来介绍部分保护的操作方法。

（2）部分保护。

在介绍部分保护的操作方法前，先来分析一下单元格被保护的原因。单元格之所以被保护，是因为单元格拥有了被保护的属性。查看这个属性可以进行以下操作：按 <Ctrl+1> 键打开【设置单元格格式】对话框→选择【保护】选项卡，可以看到【锁定】复选框打了"√"，如图 3-97 所示。

图 3-97

如果想保护设置了公式的区域，只需将这部分单元格进行锁定即可。

① 关闭所有单元格保护。按 <Ctrl+A> 键选中整个工作表→按 <Ctrl+1> 键打开【设置单元格格式】对话框→选择【保护】选项卡→取消选中【锁定】复选框→单击【确定】按钮，此时已将所有单元格的"保护"取消了，如图 3-98 所示。

图 3-98

② 定位含公式的区域。按 <Ctrl+G> 键打开【定位】对话框→单击【定位条件】按钮→在弹出的【定位条件】对话框中选中【公式】单选按钮→单击【确定】按钮→返回【定位】对话框→单击【确定】按钮，如图 3-99 所示。

图 3-99

完成含公式单元格的定位，可以看到表格中所有包含公式的单元格被选中，如图 3-100 所示。

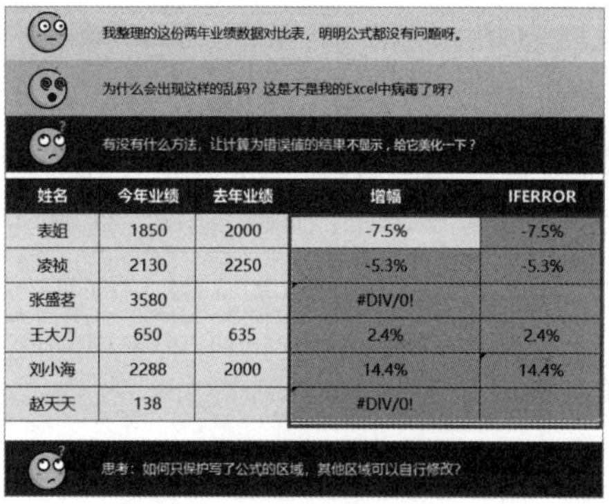

图 3-100

③ 局部锁定。按 <Ctrl+1> 键打开【设置单元格格式】对话框→选择【保护】选项卡→选中【锁定】复选框（如果想实现含公式的单元格不仅不能修改而且公式隐藏不显示，可以选中【隐

藏】复选框）→单击【确定】按钮，如图 3-101 所示。

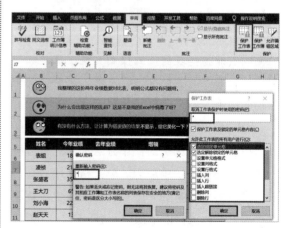

图 3-101

④ 添加工作表保护。选择【审阅】选项卡→单击【保护工作表】按钮→在弹出的【保护工作表】对话框中输入密码（如输入"1"）→根据需要选中下面的复选框选项→单击【确定】按钮→在弹出的【确认密码】对话框中再次输入密码→单击【确定】按钮，如图 3-102 所示。

图 3-102

测试效果：双击任意一个带公式的单元格，如双击【F7】单元格，Excel 会弹出报错提示对话框，提示正在修改受保护的工作表，并且【F7】单元格中的公式在编辑栏中未显示，实现了隐藏，如图 3-103 所示。

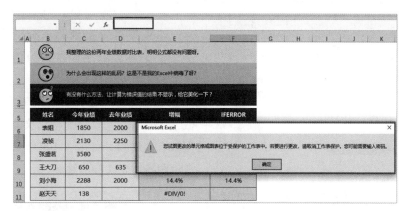

图 3-103

如果想修改带公式的单元格，可按上述"取消保护工作表"的步骤进行操作。

（3）公式验证。

了解了公式的保护后，接下来介绍公式验证的两种方法：抹黑计算和公式求值。

抹黑计算：选中公式所在单元格，在编辑栏中选中某一参数抹黑后，按 <F9> 键显示公式抹黑部分的计算结果。

公式求值：选中公式所在单元格，选择【公式】选项卡，单击【公式求值】按钮，在弹出的【公式求值】对话框中单击【求值】按钮，对公式进行分步计算，查看每步的计算结果。

3.3 其他逻辑函数：N 函数与文本数字处理技巧

接下来继续介绍逻辑判断函数，本节介绍的是一个功能强大的最短 Excel 函数，只有一个字母，就是 N 函数。

1. 认识 N 函数

打开"素材文件 /03- 逻辑判断函数 /03-03- 其他逻辑函数：N 函数与文本数字处理技巧 .xlsx"源文件。

N 函数的功能是完成数据的转换，它可以将错误值之外的内容转换为数值，函数公式如图 3-104 所示。

图 3-104

如图 3-105 所示，在"N 函数"工作表中，表内"源数据"列（【B】列）经 N 函数处理后得到"转换后"列（【C】列）。对比转换前后的数据不难发现，数值经转换不变，错误值返回其本身，日期返回日期序列，文本返回 0，逻辑值 TRUE 返回 1，逻辑值 FALSE 返回 0，文本型数字返回 0。

	A	B	C	D	E
1		N函数转化结果：			
3		源数据	转换后	公式	说明
4		12345	12345	=N(B4)	数值经转换不变
5		#N/A	#N/A	=N(B5)	错误值返回其本身
6		2020/1/30	43860	=N(B6)	日期返回日期序列
7		表姐凌祯	0	=N(B7)	文本返回0
8		TRUE	1	=N(B8)	逻辑值TRUE返回1
9		FALSE	0	=N(B9)	逻辑值FALSE返回0
10		0830	0	=N(B10)	文本型数字返回0

图 3-105

2. 文本型数字与数值型数字

那么，什么是"文本型数字"呢？其实在介绍 #N/A 错误时已经接触过这个概念。案例中用 VLOOKUP 函数进行"卡号"查找时，源表及目标表数字相同却返回了 #N/A 错误，就是因为源表（左侧表格）中"卡号"列为数值型数字，目标表（右侧表格）中"卡号"列为文本型数字，虽然数字相同，但 Excel 判断两者并不相等。

如图 3-106 所示，在【C8】单元格中应用 SUM 函数对【C2:C7】单元格区域进行求和，得到的结果是 0，这是因为【C2:C7】单元格区域为文本型数字，可见文本型数字不能进行计算。在 Excel 中，文本型数字靠左显示，它的标志是单元格左上角显示绿色三角符，当选中单元格时，左侧弹出黄色叹号图标，将鼠标移至该图标上方，会提示"此单元格中的数字为文本格式，或者其前面有撇号"。

C8			×	✓	fx	=SUM(C2:C7)
	A	B	C	D		
1		姓名	销售额			
2		表姐	1500			
3		凌祯	2000			
4		张盛茗	800			
5		王大刀	1300			
6		刘小海	300			
7		赵天天	600			
8		合计	0			

图 3-106

如果想得到正确的求和结果，需要将表格中的文本型数字转换为数值型数字。选中【C2:C7】单元格区域→单击单元格左侧弹出的黄色叹号图标→在弹出的菜单中选择【转换为数字】选项，完成单元格由文本型数字至数值型数字的转换，如图 3-107 所示→【C8】单元格自动刷新得到正确的结果。

图 3-107

Excel 中的文本包括汉字、字母、文本型数字、空文本。空文本即英文状态下的双引号("")，此处需要特别说明的是，空文本("") ≠ 空格（ ），虽然二者都显示为空白，但空文本是空白的文本，即单元格中什么都没有，而空格是通过单击键盘上的空格键得到的。

那么，在 Excel 的世界中如何准确判断单元格的数据类型呢？仅通过单元格对齐方式进行目测是不够准确的，借助 TYPE 函数的"火眼金睛"才能准确识别出数据的本来面目，它的功能是以整数形式返回值的数据类型，如图 3-108 所示。

图 3-108

在"TYPE 函数"工作表中，数据类型及 TYPE 函数返回结果的对应关系如图 3-109 所示。

数据类型	示例	TYPE函数返回的结果	左侧的公式
数字	123	1	=TYPE(C5)
文本	123	2	=TYPE(C6)
逻辑值	TRUE	4	=TYPE(C7)
错误值	#DIV/0!	16	=TYPE(C8)
数组		64	{=TYPE(D5:D8)}

图 3-109

为进一步认识"文本型数字"与"数值型数字"，下面介绍一个"1<>1"的案例。在 Excel 中，文本型数字通常以小撇（英文状态下的单引号）开头，且单元格格式为【文本】，数值型数字的单元格格式通常为【常规】或【数字】。

在"1<>1"工作表中，选中【E3】单元格，在函数编辑区中可见"'1"，即以小撇（'）开头的数字 1，单元格左上角有绿色的三角符，表明【E3】单元格为文本型数字 1，如图 3-110 所示。

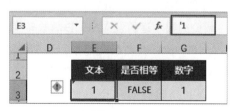

图 3-110

【G3】单元格为数值型数字 1。【E3】【G3】

单元格都显示 1，在【F3】单元格中输入公式 "=E3=G3"来判断两个单元格的内容是否相等，得到的结果是"FALSE"，这表明 Excel 认为两者并不相等，即"文本格式的数字 1"与"数字格式的数字 1"不相等，如图 3-111 所示。

图 3-111

通过以上案例已经了解到"文本型数字"是无法计算的，而从以往的工作经验中，笔者得知"数值型数字"在导入 ERP 系统时会报错，所以要完成以上操作，就要掌握"文本型数字"与"数值型数字"的互相转化方法。接下来就介绍几种数据的互相转换方法。

（1）"文本型数字"转换为"数值型数字"的方法。

如图 3-112 所示，在"文本型数字转化"工作表中，对表内各列数据分别求和。

数据1	数据2	数据3	乘法	除法	加法	减法	减负运算	函数转化
			*1	/1	0	0	--	VALUE
1	1	1						
2	2	2						
3	3	3						
4	4	4						
5	5	5						
6	6	6						
7	7	7						
8	8	8						
9	9	9						
10	10	10						

图 3-112

选中【A14】单元格→选择【开始】选项卡→单击【自动求和】按钮→在下拉菜单中选择【求和】选项，如图 3-113 所示→按 <Enter> 键确认。

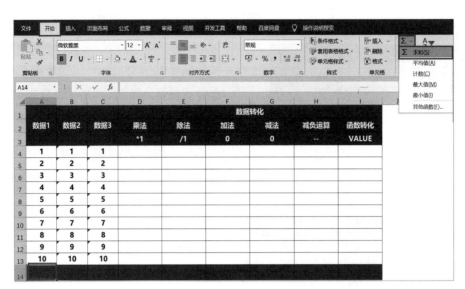

图 3-113

【A14】单元格得到结果"55"→将光标放在【A14】单元格右下角，当其变成十字句柄时，向右拖曳填充至【I14】单元格，【B14:I14】单元格区域得到结果"0"，如图 3-114 所示。

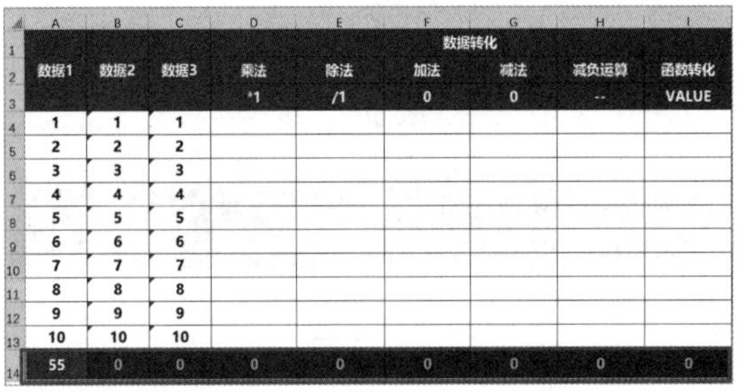

图 3-114

【B:C】列为文本型数字，不进行计算，想得到正确的计算结果，需完成文本型数字的转化。下面介绍第一种数据转化的方法：转换为数字，即利用错误检查选项完成数据的转化，操作方法如下。

选中【B4:B13】单元格区域→单击单元格左侧弹出的黄色叹号图标→在弹出的菜单中选择【转换为数字】选项，完成单元格由文本型数字至数值型数字的转换，如图 3-115 所示→【B14】单元格自动刷新得到正确的结果"55"。

图 3-115

当数据量较大时，这种操作方法会发生卡顿，接下来将介绍第二种数据转换的方法：运算法，即对文本型数字进行加 0、减 0、乘 1、除 1、减负的数学运算及 VALUE 函数转换。因加、减、乘、除、减负公式简单，故不做赘述，此处仅对 VALUE 函数进行简单介绍。

VALUE 函数只有一个参数，函数公式如图 3-116 所示。它的功能是将表示数字的文本字符串转换为数字，文本可以是 Excel 可识别的任意常量数字、日期或时间格式。如果文本不是这些格式中的一种，VALUE 函数将返回 #VALUE! 错误值。

图 3-116

将 VALUE 函数应用于表格，输入公式。选中【I4】单元格→单击函数编辑区将其激活→输入函数名称"=VALUE"→按 <Tab> 键自动补充左括号→手动补充右括号→选中【C4】单元格作为函数参数，得到公式"=VALUE(C4)"→按 <Enter> 键确认→将光标放在【I4】单元格右下角，当其变成十字句柄时，双击鼠标将公式向下填充至【I13】单元格，【I】列数据转换完成，【I14】单元格得到计算结果"55"，如图 3-117 所示。

	数据1	数据2	数据3	乘法	除法	加法	减法	减负运算	函数转化
				*1	/1	0	0	--	VALUE
1	1	1	1	1	1	1	1	1	1
2	2	2	2	2	2	2	2	2	2
3	3	3	3	3	3	3	3	3	3
4	4	4	4	4	4	4	4	4	4
5	5	5	5	5	5	5	5	5	5
6	6	6	6	6	6	6	6	6	6
7	7	7	7	7	7	7	7	7	7
8	8	8	8	8	8	8	8	8	8
9	9	9	9	9	9	9	9	9	9
10	10	10	10	10	10	10	10	10	10
55	55	55		0	0	0	0	0	55

图 3-117

还有第三种比较简便的转化方法：选择性粘贴法，即利用"选择性粘贴"完成，操作方法如下。

在任意一个单元格中输入数字"1"→右击，在弹出的快捷菜单中选择【复制】选项→选中要转化数据所在单元格→右击，在弹出的快捷菜单中选择【选择性粘贴】选项→在弹出的【选择性粘贴】对话框中选中【粘贴】组中的【数值】单选按钮及【运算】组中的【乘】单选按钮→单击【确定】按钮完成转换，如图 3-118 所示。

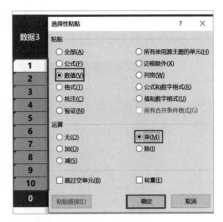

图 3-118

（2）"数值型数字"转换为"文本型数字"的方法。

如图 3-119 所示，在"数字转化为文本 - 分列"工作表中，将表中数值型数字（单元格格式通常为【常规】或【数字】）直接导入 ERP 系统会报错，因此要将数值型数字转化为文本型数字。

	物料编码	物料名称	物料规格	材质	数量	转为文本&""
1	物料编码	物料名称	物料规格	材质	数量	转为文本&""
2	10148	圆钢	Φ100	45	6987	
3	10272	圆钢	Φ105	45	8679	
4	10436	圆钢	Φ110	45	5427	
5	10461	圆钢	Φ115	20	2045	
6	10795	圆钢	Φ120	20	8248	
7	10355	圆钢	Φ125	40CrMo	6562	
8	20524	无缝管	Φ100/110-65	45	1580	
9	20880	无缝管	Φ100/110-65	20	2469	
10	30918	钢板	4mm	Q235	5472	
11	30884	钢板	5mm	Q345	8509	

图 3-119

第一种方法：利用剪贴板进行粘贴。

操作步骤：选中【A2:E11】单元格区域→选择【开始】选项卡，将单元格格式由【常规】修改为【文本】→右击，在弹出的快捷菜单中选择【复制】选项→选择【开始】选项卡→单击【剪贴板】功能组右下角的【右下箭头】打开剪贴板→单击要粘贴的项目，即可完成表中数值型数字与文本型数字的转化。与图 3-119 所示的原数值型数字相比，单元格左上角都出现了绿色三角符，表明已经转换为文本型数字，如图 3-120 所示。

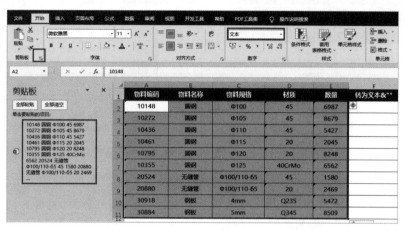

图 3-120

第二种方法：利用分列。

操作步骤：选中【E】列单元格→选择【开始】选项卡，将单元格格式由【常规】修改为【文本】→右击，在弹出的快捷菜单中选择【复制】选项→选择【数据】选项卡→单击【分列】按钮→在弹出的【文本分列向导 – 第 1 步，共 3 步】对话框中单击两次【下一步】按钮→在【文本分列向导 – 第 3 步，共 3 步】对话框中选中【文本】单选按钮→单击【完成】按钮，如图 3-121 所示，【E】列单元格左上角出现了绿色三角符，表明已经转换为文本型数字。

图 3-121

第三种方法：利用空文本（&""），并选择性粘贴为数值。

操作步骤：选中【F2】单元格→输入公式 "=E2&""" （表示 E2 连接一个空文本）→按 <Enter> 键确认→将光标放在【F2】单元格右下角，当其变成十字句柄时，双击鼠标将公式向下填充至【F11】单元格→右击，在弹出的快捷菜单中选择【复制】选项→再次右击，在弹出的快捷菜单中选择【粘贴选项】下的【值】选项，即粘贴为数值，如图 3-122 所示，【F】列单元格左上角出现了绿色三角符，表明已经转换为文本型数字。

图 3-122

3. 认识单元格格式

前文详细介绍了"文本型数字"与"数值型数字","文本型数字"的单元格格式为【文本】,"数值型数字"的单元格格式通常为【常规】或【数字】。在 Excel 中,常见的单元格格式还有【时间】【日期】等。

那么,如何理解单元格格式和单元格的值的区别呢?

其实单元格的值是本质,单元格格式是美化后的效果。如果要改变其本质,就需按前文介绍的方法进行数据类型的转化。

例如,把水放在瓶子中,水仍然是水而不是牛奶,水就相当于单元格的值,瓶子相当于单元格格式,它只是一个盛放水的容器而不改变水的本质。

为进一步理解单元格的值及单元格格式,

下面探究"日期型数据"。"日期型数据"的本质是数字,单元格格式为【日期】,它表示距离 1900 年 1 月 1 日(1900 年 1 月 1 日转换为数值是数字"1")的天数。日期型数据可以通过设置单元格格式将其设置成其他格式,如【数字】【货币】格式等。无论设置成何种单元格格式,其本质都是数字,并不会随着设置的单元格格式有任何变化,如图 3-123 所示。

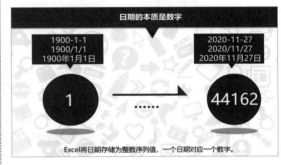

图 3-123

3.4 逻辑函数综合实战:制作分公司业绩动态图表

前几节详细介绍了常见逻辑函数的用法,本节将应用这些函数解决实际问题,制作图 3-124 所示的某公司业绩动态图表。

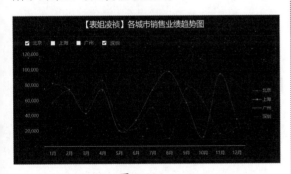

图 3-124

动态图表之所以能"动"起来,原因是制作图表的数据源随着"人机交互"的变化而发生改变,从而引起图表的变动。其中"人机交互"的方式主要分为以下两种。

(1)动态交互方式:点选不同项目(按钮)。

(2)数据变动方式:通过函数构造新的作图数据。

如图 3-125 所示,两个折线图是根据数据源表制作的"动"起来前后的对比效果,上方的静态折线图看起来杂乱无章,下方的动态折线图看起来更清晰直观。

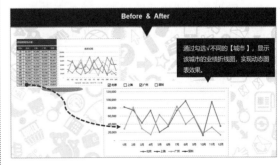

图 3-125

在制作动态图表前，首先厘清制作思路。动态图表的实现路线主要是通过交互按钮的变动实现图表的联动，如图 3-126 所示。

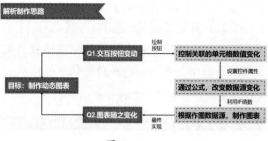

图 3-126

打开"素材文件 /03- 逻辑判断函数 /03-04- 逻辑函数综合实战：制作分公司业绩动态图表 .xlsx"源文件。

厘清制作思路后，下面开始绘制图表。

（1）选择作图数据源。在"数据源"工作表中，选中【B3:F15】单元格区域。

（2）制作基础图表。选择【插入】选项卡→在【图表】功能组中单击【插入折线图或面积图】按钮→在下拉菜单中选择【带数据标记的折线图】选项，生成折线图→单击选中折线图→拖曳图表四周，调整图表位置使其对齐单元格，如图 3-127 所示。

> **温馨提示**
>
> 选中图表，按 <Alt> 键拖曳图表四周可使图表强制对齐单元格。

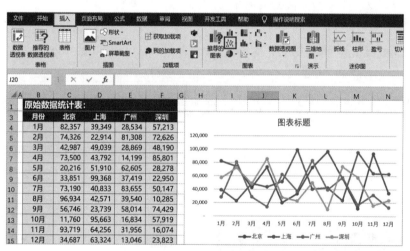

图 3-127

（3）重新构建作图数据源。为使图表能动起来，需重新构建作图数据源，选中原始数据区域【B1:F15】单元格区域→按 <Ctrl+C> 键复制→选中【H1】单元格，按 <Ctrl+V> 键粘贴→将原表名称"原始数据统计表"修改为"作图数据表"。

（4）更改折线图数据源。选中折线图→选择【设计】选项卡→在【数据】功能组中单击【选择数据】按钮→在弹出的【选择数据源】对话框中单击【图表数据区域】文本框将其激活→删除原数据区域，选中【H3:L15】单元格区域→文本框中得到新的数据区域"=Sheet1!$H$3:$L$15"→单击【确定】按钮，如图 3-128 所示。

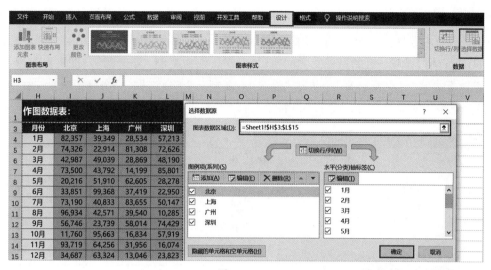

图 3-128

（5）制作交互按钮。制作交互按钮要使用控件，控件在【开发工具】选项卡中选取，如果菜单栏中没有【开发工具】选项卡，可以通过以下操作方法找到。

选择【文件】选项卡→单击【选项】按钮→

弹出【Excel 选项】对话框→选择左侧【自定义功能区】选项→在右侧的列表框中找到【开发工具】并选中该复选框→单击【确定】按钮，【开发工具】选项卡即可出现在菜单栏中，如图 3-129 所示。

图 3-129

选择【开发工具】选项卡→单击【插入】按钮→在下拉菜单中选择【表单控件】下的第三个图标，即【复选框】选项→在折线图上方的空白位置拖曳鼠标绘制一个"复选框"→更改"复选框"的默认名称"复选框 1"为"北京"→右击，

选中当前复选框→按 <Ctrl+Shift> 键加鼠标左键，向右移动鼠标→在表格空白处释放鼠标左键，快速复制"复选框"→重复复制操作三次，复制三个"复选框"→分别更改复选框的名称为"上海""广州""深圳"，如图 3-130 所示。

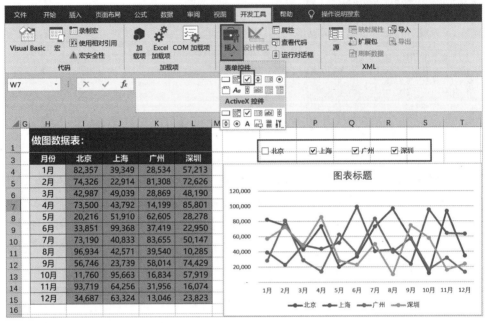

图 3-130

（6）控制关联的单元格数值变化。此时无论是否选中复选框，折线图并不发生变化，这是因为复选框没有关联单元格。将复选框分别关联单元格，操作方法如下。

右击复选框→在弹出的快捷菜单中选择【设置控件格式】选项→在弹出的【设置控件格式】对话框中选择【控制】选项卡→单击【单元格链接】文本框将其激活→选中链接的单元格→单击【确定】按钮，如图 3-131 所示。

图 3-131

重复这个操作，分别将"北京""上海""广州""深圳"复选框关联至【N1】【O1】【P1】【Q1】单元格。此时选中或取消选中复选框，关联的单元格值会随之发生变化，当选中复选框时，关联的单元格值为"TRUE"；当取消选中复选框时，关联的单元格值为"FALSE"，如图 3-132 所示。

FALSE	TRUE	TRUE	TRUE
☐ 北京	☑ 上海	☑ 广州	☑ 深圳

图 3-132

（7）通过公式改变数据源，实现图表的联动。在 Excel 图表中，#N/A 错误值（可通过输入 Na() 函数得到）不显示，可以利用这个特点，配合复选框来实现图表的人机互动。在本案例中，折线图要实现的效果是，如果选定复选框，就显示真实值，否则不显示任何信息。像这种涉及"如果…就…，否则…"的问题，前面已介绍过要用 IF 函数，下面就利用 IF 函数重新构造作图数据源，首先清空【I4:L15】单元格区域的数据。

输入公式。选中【I4】单元格→单击函数编辑区将其激活→直接输入公式"=IF(N1,C4,NA())"→选中公式中的"N1"，按 <F4> 键切换为混合引用"N$1"，公式变为"=IF(N$1,C4,NA())"→单击【√】按钮完成公式编辑→将光标放在【I4】单元格右下角，当其变成十字句柄时，双击鼠标将公式向下、向右填充，完成整张数据表的公式录入。此时如果切换复选框的选定模式，表格中的数据在原值与错误值间切换，折线图也会随着数据的变化而变化，如图 3-133 所示。

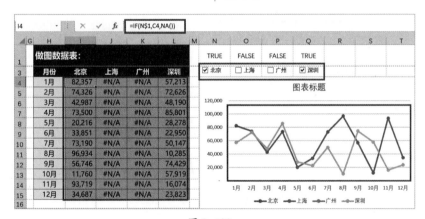

图 3-133

为使图表看起来更美观，一般生成图表后会选择隐藏数据源表。选中【A:L】列→右击，在弹出的快捷菜单中选择【隐藏】选项，图表区域即可变成空白，如图 3-134 所示。

图 3-134

如图 3-135 所示，隐藏数据源后图表会变成空白的，这是因为设计图表时没有打开"显示隐藏的数据"这个功能。

打开"显示隐藏的数据"功能的操作方法如下。

选中折线图→选择【设计】选项卡→在【数据】功能组中单击【选择数据】按钮→在弹出的【选择数据源】对话框中单击【隐藏的单元格和空单元格】按钮→单击【确定】按钮，如图 3-136 所示。

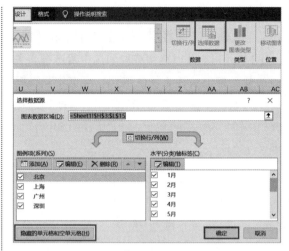

图 3-136

图 3-135

在弹出的【隐藏和空单元格设置】对话框中选中【显示隐藏行列中的数据】复选框→单击【确定】按钮，图表区域显示正常，如图 3-137 所示。

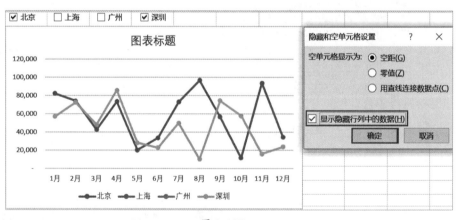

图 3-137

（8）图表的美化。

将突兀的折线变平滑。选中折线图中的任意一条折线（以黄色折线为例）→右击，在弹出的快捷菜单中选择【设置数据系列格式】选项→在弹出的【设置数据系列格式】任务窗格中单击【填充与线条】按钮→选中页面最下方的【平滑线】复选框，黄色折线变得平滑，如图 3-138 所示。依次选中图中其余折线，按以上步骤将其分别设置成"平滑线"。

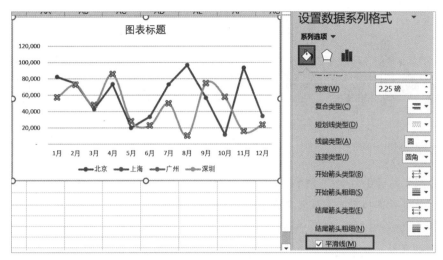

图 3-138

设置图表所在单元格的背景色。单击表格左上角选中整张工作表→选择【开始】选项卡→单击【填充颜色】按钮→选择【黑色】。

设置图表自身的背景填充颜色。选中图表→选择【格式】选项卡→单击【形状填充】按钮→选择任意一个喜欢的颜色→单击【形状轮廓】按钮→选择颜色更改图表轮廓。

设置图表字体及字体颜色。选中图表→选择【开始】选项卡→单击【字体】按钮→选择【微软雅黑】选项→单击【字体颜色】按钮→选择【白色】。

关于图表美化的其他技巧,此处不再赘述,笔者将在实战应用篇中进行详细介绍,本案例美化后的图表如图 3-139 所示,读者可参考配色方案进行练习。

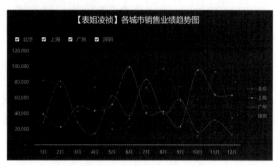

图 3-139

第4章 文本处理函数

第 3 章介绍了基础函数中的逻辑判断函数，本章将带大家领略文本处理函数的魅力。掌握了文本处理函数，就能快速搞定所有与文字计算相关的问题。

文本处理函数虽然较多，但每个函数的用法都非常简单。它常常与其他函数联合使用，以嵌套的方式出现在公式中，文本处理函数的难点在于各函数的组合及联动。

说明：本书所涉及的电话、传真、地址、邮箱、账号、身份证号等个人隐私信息均为虚拟的。

4.1 计算文本长度的两把尺子

日常工作中，大家是否遇到过这样的难题：在海量数据的工作表中校验身份证号码。在这种情况下，如果通过手动逐条计数来校验，是难以保证检验结果的正确率的，本节介绍的 LEN 和 LENB 函数能轻松解决这个难题。

1. 认识 LEN 函数

打开"素材文件 /04- 文本处理函数 /04-01-计算文本长度：LEN、LENB.xlsx"源文件。

如图 4-1 所示，在"LEN"工作表中，判断表格中的身份证号码长度是否正确。

	A	B	C
1	谁的身份证号码录错了？		
2	姓名	身份证号码	身份证号码长度
3	表姐	110227196810150087	
4	凌祯	11022719610414011	
5	张盛茗	110227198404280134	
6	王大刀	110227196303150150	
7	刘小海	11022719661003029X	
8	赵天天	11022719890117701953	

图 4-1

计算文本字符串的长度可以使用 LEN 函数，函数公式如图 4-2 所示。

返回文本字符串中字符的个数，文本字符串包括空格。

图 4-2

输入公式。选中【C3】单元格→输入函数名称"=LEN"→按 <Tab> 键自动补充左括号→按 <Ctrl+A> 键→在弹出的【函数参数】对话框中单击文本框将其激活→输入条件参数，可直接选中【B3】单元格完成参数的输入→单击【确定】按钮，如图 4-3 所示。

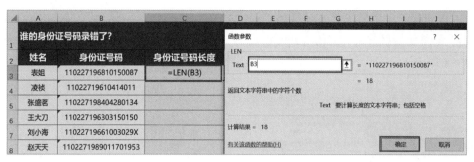

图 4-3

选中【C3】单元格，将光标放在【C3】单元格右下角，当其变成十字句柄时，双击鼠标将公式向下填充，如图 4-4 所示，表中"凌祯"和"赵天天"的身份证号码长度分别是"17"和"19"，显然是错误的。

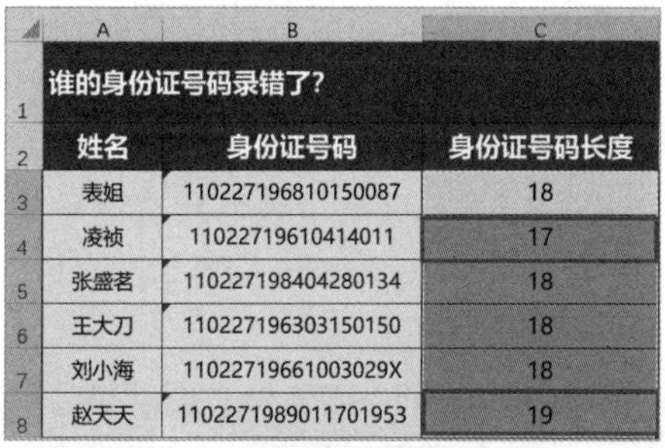

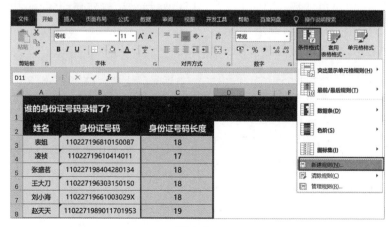

图 4-4

温馨提示

在 Excel 表格中可以通过设置条件格式突出显示重点关注的数据，以便查看。

突出显示错误的身份证号码长度。选中【C3:C8】单元格区域→选择【开始】选项卡→单击【条件格式】按钮→在下拉菜单中选择【新建规则】选项，如图 4-5 所示。

在弹出的【编辑格式规则】对话框中选择【使用公式确定要设置格式的单元格】选项→单击【为符合此公式的值设置格式】文本框将其激活→输入公式"=$C3<>18"（本例要判断表格中【C】列各行数据，因此行号是变量，单元格要用锁定列的混合引用方式）→单击【格式】按钮→在弹出的【设置单元格格式】对话框中选择一个喜欢的填充颜色，单击【确定】按钮→单击【确定】按钮。

图 4-5

规则设置完成后，表格中身份证号码长度不等于"18"的单元格已按所设置的填充颜色显示，如图 4-6 所示。

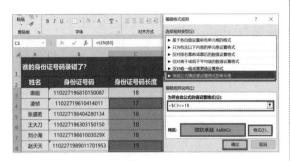

图 4-6

2. 认识 LENB 函数

通过计算身份证号码长度的案例认识了 LEN 函数，了解了它的功能是返回文本字符串中字符的个数。本节将继续介绍它的兄弟函数 LENB，它的功能是返回文本字符串中字节的个数，函数公式如图 4-7 所示。

图 4-7

将简体中文设置为默认语言时，LENB 函数会将每个字符按 2 个字节计数。例如，一个中文，用 LENB 函数求其长度得到的结果为"2"；一个英文或数字，用 LENB 函数求其长度得到的结果为"1"。而对于单个的中文、英文、数字，LEN 函数求得的结果都为"1"。

如图 4-8 所示，在"LEN-LENB"工作表中，【B】列为 LEN 函数计算【A】列姓名的长度，【C】列为 LENB 函数计算【A】列姓名的长度。观察两列数据，将有助于更好地理解字符与字节及 LEN、LENB 函数的区别。

A	B	C	D
LEN: 计算字符长度。		LENB: 计算字节长度。	
姓名	LEN	LENB	
表姐	2	4	
lingzhen	8	8	
188	3	3	
Lisa王。	6	8	
张盛茗	4	7	
邮编: 332000	9	12	
	0	0	

图 4-8

需要特别注意的是，【A9】单元格是空文本（第3章已经介绍过空文本不是空格），LEN 和 LENB 函数求得的结果都为"0"。

3. LEN 和 LENB 函数的组合应用

前文介绍了 LEN 和 LENB 函数，下面的案例中将运用这两个函数来解决问题。

如图 4-9 所示，在"LEN-LENB"工作表中，分别求出【E】列单元格中姓名和电话号码的长度，即【E】列单元格中文本和数字的长度。

E	F	G
LEN: 计算字符长度。		LENB: 计算字节长度。
姓名电话	姓名长度	电话号码长度
表姐: 13913650404		
凌祯: 18645823965		
张盛茗: 18890474189		
王大刀: 13839563922		
刘小海: 15945819835		
诸葛天天: 13179688810		

图 4-9

思路分析。【E】列单元格由姓名、冒号、电话号码组成。LENB（姓名）=LEN（姓名）*2，LENB（冒号）=LEN（冒号）*2，LENB（电话号码）=LEN（电话号码），将以上等式相加移项后不难得出姓名和电话号码长度的计算方法，如图 4-10 所示。

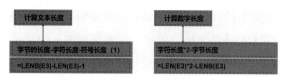

图 4-10

输入公式。选中【F3】单元格→输入公式"=LENB(E3)−LEN(E3)−1"→按 <Enter> 键确认→将光标放在【F3】单元格右下角,当其变成十字句柄时,双击鼠标将公式向下填充,【F】列得到姓名长度。

选中【G3】单元格→输入公式"=LEN(E3)*2−LENB(E3)"→按 <Enter> 键确认→将光标放在【G3】单元格右下角,当其变成十字句柄时,

双击鼠标将公式向下填充,【G】列得到电话号码长度,如图 4-11 所示。

E	F	G
LEN:计算字符长度。	**LENB:计算字节长度。**	
姓名电话	**姓名长度**	**电话号码长度**
表姐:13913650404	2	11
凌祯:18645823965	2	11
张盛茗:18890474189	3	11
王大刀:13839563922	3	11
刘小海:15945819835	3	11
诸葛天天:13179688810	4	11
公式:	=LENB(E9)-LEN(E9)-1	=LEN(E9)*2-LENB(E9)

图 4-11

4.2 截文本的三把剪刀

4.1 节介绍的 LEN 和 LENB 函数可以准确地计算出字符串的长度,如果将它们比作尺子,那么本节介绍的三个函数就是剪刀,它们能准确截取想要的内容。接下来就分别介绍 LEFT、RIGHT、MID 三个函数。

打开"素材文件 /04− 文本处理函数 /04−02−三把剪刀截文本:LEFT、RIGHT、MID.xlsx"源文件。

如图 4-12 所示,在"截取字符串函数"工作表中,分别提取【A】列单元格中的"电话号码"和"姓名"。【B】【C】列分别是利用 LEN 和 LENB 函数计算出的"姓名"和"电话号码"的长度。

提取文本或数字,可以利用 LEFT、RIGHT、MID 函数来解决,函数公式如图 4-13 所示。

图 4-13

输入公式。第一把剪刀 RIGHT 函数提取电话号码,选中【D3】单元格→单击函数编辑区将其激活→输入函数名称"=RIGHT"→按 <Tab>

	A	B	C	D
	截取字符串函数:			RIGHT
	姓名电话	姓名长度	电话号码长度	电话号码
3	表姐:13913650404	2	11	
	凌祯:18645823965	2	11	
5	张盛茗:18890474189	3	11	
	王大刀:13839563922	3	11	
	刘小海:15945819835	3	11	
	诸葛天天:13179688810	4	11	
9		=LENB(E9)-LEN(E9)-1	=LEN(E9)*2-LENB(E9)	

图 4-12

键自动补充左括号→按 <Ctrl+A> 键→在弹出的【函数参数】对话框中单击第一个文本框将其激活→输入第一个条件参数（要提取的字符串），可直接选中【A3】单元格完成第一个参数的输入→单击第二个文本框将其激活→输入第二个条件参数（要提取的字符数量），【C3】单元格的值即电话号码长度，可直接选中【C3】单元格完成第二个参数的输入→单击【确定】按钮，如图 4-14 所示→选中【D3】单元格，将光标放在【D3】单元格右下角，当其变成十字句柄时，双击鼠标将公式向下填充，成功提取电话号码。

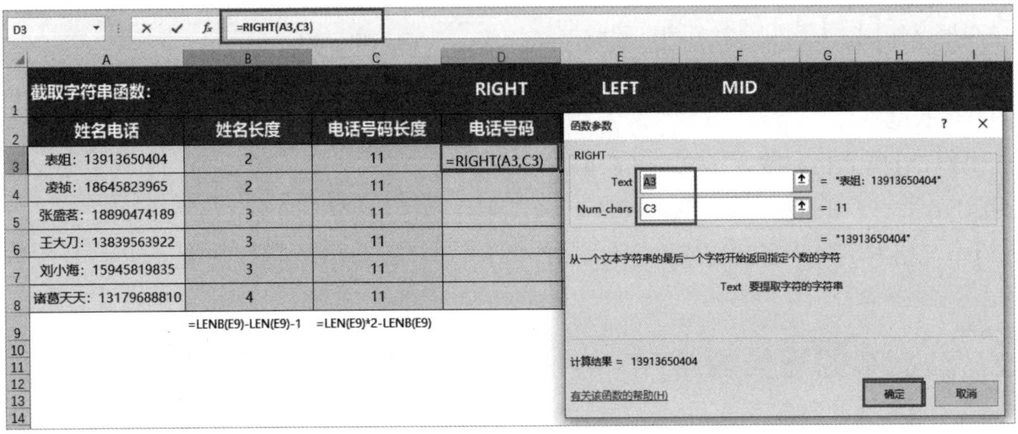

图 4-14

第二把剪刀 LEFT 函数提取姓名，选中【E3】单元格→单击函数编辑区将其激活→输入公式"=LEFT(A3,B3)"。函数公式写法与 RIGHT 函数基本相同，只是第二个参数取【B】列单元格姓名长度的值，此处不再赘述，如图 4-15 所示。

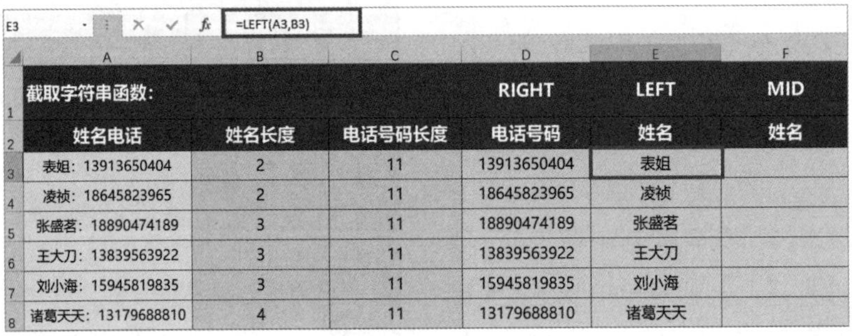

图 4-15

第三把剪刀 MID 函数提取姓名，选中【F3】单元格→单击函数编辑区将其激活→输入函数名称"=MID"→按 <Tab> 键自动补充左括号→按 <Ctrl+A> 键→在弹出的【函数参数】对话框中单击第一个文本框将其激活→输入第一个条件参数（要要提取的字符串），可直接选中【A3】单元格完成第一个参数的输入→单击第二个文本框将其激活→输入第二个条件参数（起始位置），输入"1"→单击第三个文本框将其激活→输入第三个条件参数（要提取的字符数量），【B3】单元格的值即姓名长度，可直接选中【B3】单元格完成第三个参数的输入→单击【确定】按钮，如图 4-16 所示。

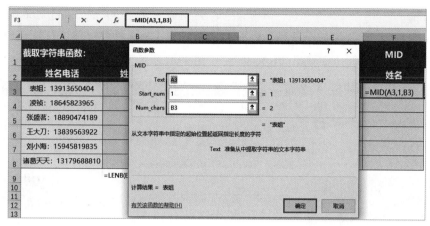

图 4-16

在"三把剪刀"函数公式书写过程中，要提取的字符数量参数（num_chars）笔者直接引用了存储姓名或电话号码长度的单元格，还可以通过函数嵌套的方式来完成。

【F3】单元格的函数引用了【B3】单元格，首先复制【B3】单元格的函数公式以备完成函数嵌套，函数嵌套方法如下。

选中【B3】单元格→单击函数编辑区将其激活→选中函数编辑区中的公式（不要选中"＝"）→按 <Ctrl+C> 键复制公式，如图 4-17 所示。

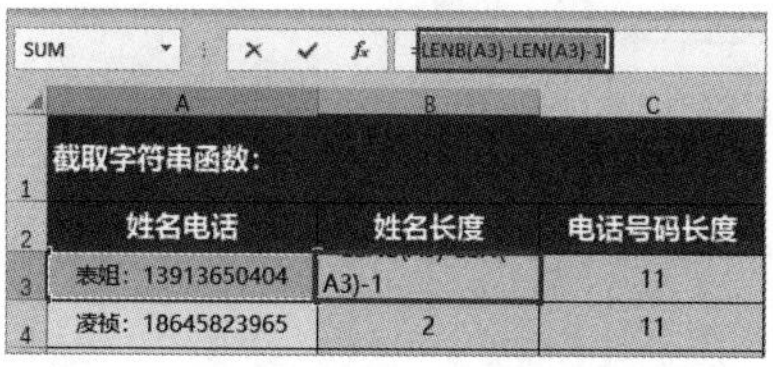

图 4-17

选中【F3】单元格→单击函数编辑区将其激活→单击下方出现的函数参数提示框中的第三个参数"num_chars"，编辑栏中对应的第三个参数"B3"被选中，如图 4-18 所示。

图 4-18

按 <Ctrl+V> 键粘贴公式→单击编辑栏左侧的【√】按钮完成公式编辑，如图 4-19 所示。

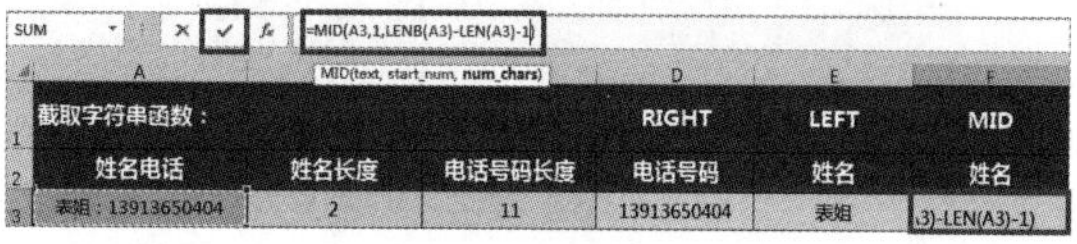

图 4-19

将光标放在【F3】单元格右下角，当其变成十字句柄时，双击鼠标将公式向下填充，成功提取姓名，如图 4-20 所示。

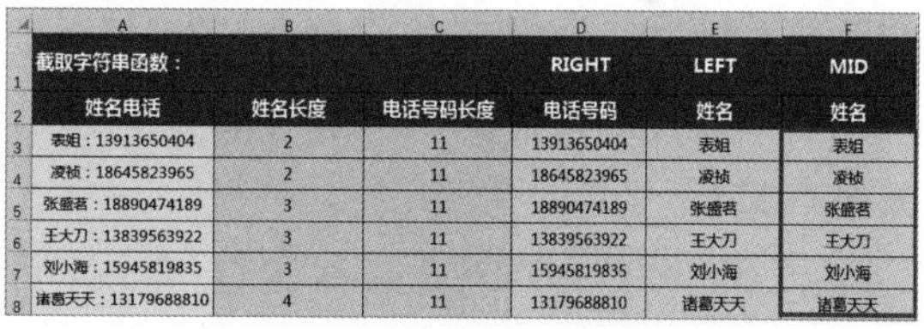

图 4-20

温馨提示

在完成嵌套函数公式书写时，可以先构建辅助列，完成部分函数公式书写再进行函数的嵌套；可以利用前面章节介绍的火车套娃法，一点一节查车厢来查找函数公式书写中的错误或检验各参数是否完整。

以上介绍的是用函数方法提取文本或数字，还有一种方法可以在单元格中提取文本或数字，即"分列大法"。

选中【A3:A8】单元格区域→选择【数据】选项卡→单击【分列】按钮→在弹出的【文本分列向导－第1步，共3步】对话框中选中【分隔符号】单选按钮→单击【下一步】按钮，如图4-21所示。

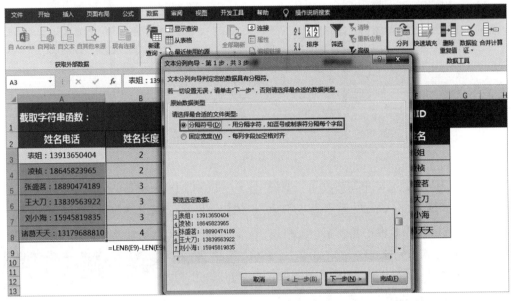

图4-21

【A3:A8】单元格区域中文本与数字间的分隔符号是"："，所以选中【分隔符号】下的【其他】复选框→在后面的文本框中输入分隔符"："→在【数据预览】区中，"姓名"和"电话号码"间出现一条分隔线→单击【下一步】按钮，如图4-22所示。

"姓名"列数据格式保持默认的"常规"格式即可→选中【数据预览】区中的"电话号码"列，选中后呈黑色显示→选中【列数据格式】下的【文本】单选按钮，"电话号码"被设置成"文本"格式→单击【目标区域】文本框将其激活→选中【G3】单元格，即姓名和电话号码存放位置→单击【完成】按钮，如图4-23所示。

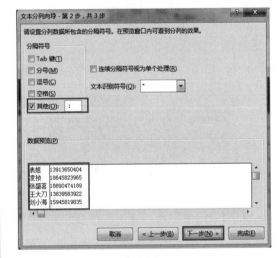

图4-22

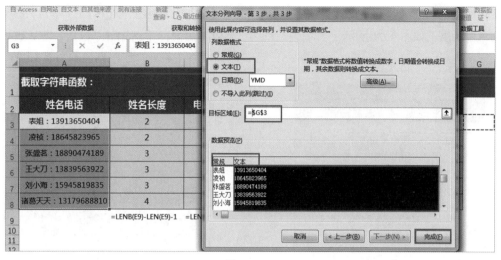

图 4-23

分列结果如图 4-24 所示。

截取字符串函数：			RIGHT	LEFT	MID		
姓名电话	姓名长度	电话号码长度	电话号码	姓名	姓名		
表姐：13913650404	2	11	13913650404	表姐	表姐	表姐	13913650404
凌祯：18645823965	2	11	18645823965	凌祯	凌祯	凌祯	18645823965
张盛茗：18890474189	3	11	18890474189	张盛茗	张盛茗	张盛茗	18890474189
王大刀：13839563922	3	11	13839563922	王大刀	王大刀	王大刀	13839563922
刘小海：15945819835	3	11	15945819835	刘小海	刘小海	刘小海	15945819835
诸葛天天：13179688810	4	11	13179688810	诸葛天天	诸葛天天	诸葛天天	13179688810

图 4-24

温馨提示

当数据源发生变化时，利用分列得到的数据不会随着数据的变化而变化，如果要得到新数据只能重复分列操作，而利用函数提取到的数据是可以联动变化的。

练习一：接下来熟练运用三把剪刀，在"练习"工作表中分别提取数据源中的"单位"和"数值"，如图 4-25 所示。

请提取数据源中的单位和数值		
数量单位	单位	数值
100公斤		
50千克		
306克		
12.38吨		
500千米		
3.5米		
123.45万元		
1分钟		
2小时		
3个月		
4季度		
5年		
1001夜		

图 4-25

计算"单位"长度。选中【B3】单元格→输入公式"=LENB(A3)−LEN(A3)"→按 <Enter> 键确认→将光标放在【B3】单元格右下角，当其变

75

成十字句柄时，双击鼠标将公式向下填充，【B】列得到单位长度，如图 4-26 所示。

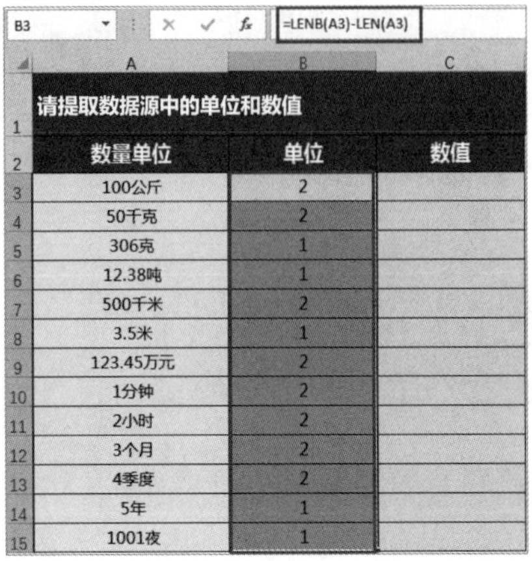

图 4-26

截取"单位"。保持选中【B】列状态→单击函数编辑区将其激活→在"="后单击鼠标→输入函数名称"=RIGHT"→按 <Tab> 键自动补充左括号→输入第一个条件参数（要提取的字符串），可直接选中【A3】单元格，输入参数分隔符","完成第一个参数的输入→"LENB(A3)–LEN(A3)"为 RIGHT 函数的第二个参数→将鼠标移至函数尾部，输入")"→按 <Ctrl+Enter> 键批量填充公式，【B】列单元格截取到【A】列单元格中的"单位"，如图 4-27 所示。

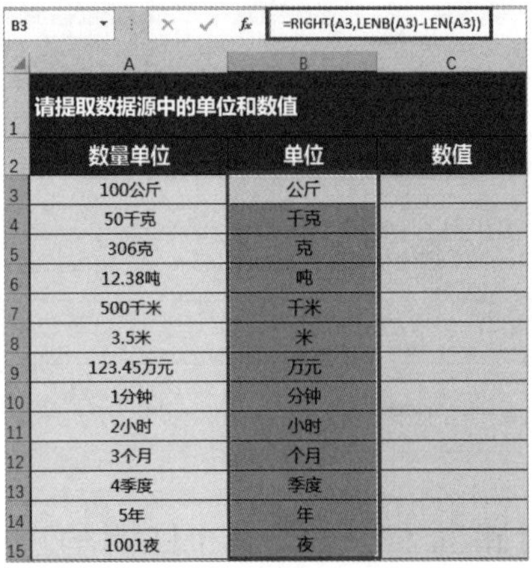

图 4-27

【C】列"数值"与【B】列"单位"的提取方法基本相同，不同的是"数值"需从数据源的左向右方向截取，所以用的剪刀是 LEFT 函数。截取长度的计算方法是数据源的长度减去"单位"的长度，即"LEN(A3)–LEN(B3)"，操作步骤完全相同，这里不再赘述，计算结果如图 4-28 所示。

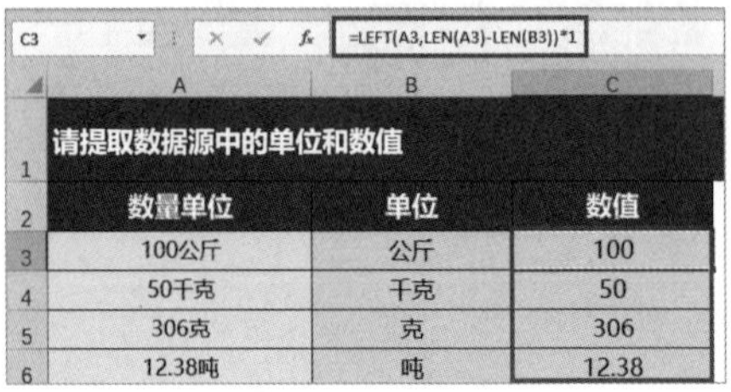

图 4-28

需要特别说明的是，通过 LEFT、RIGHT 函数截取得到的【C3:C15】单元格区域的"数值"均为"文本型数字"，可以利用 SUM 函数对其求和进行验证，"文本型数字"求和后得到的结果是"0"。要想完成"文本型数字"向"数值型数字"的转换，可以对"文本型数字"进行加 0、减 0、乘 1、除 1 等数学运算，关于两者的转换笔者在 3.3 节中进行过详细介绍，此处不再赘述。

练习二：从身份证号码中取出"出生年月日"，如图 4-29 所示。

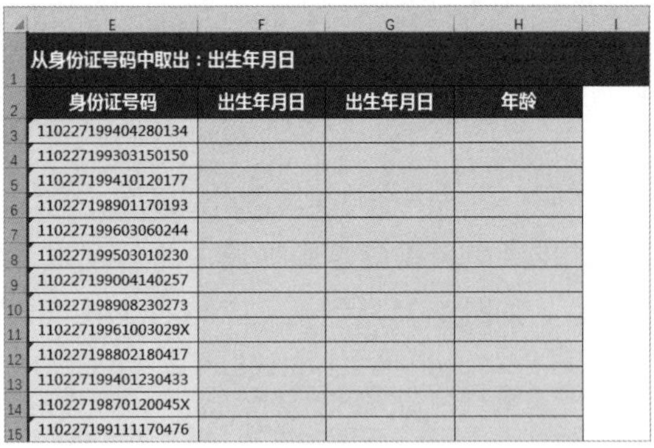

图 4-29

相信大家一定知道一个常识，身份证号码中第七位开始的连续八位数就是出生年月日。

从第某位开始取 N 位数，可以用 MID 函数来解决。

（1）提取出生日期。

输入公式。选中【F3】单元格→输入函数名称 "=MID"→按 <Tab> 键自动补充左括号→下方出现函数参数提示框，可以看到有三节火车车厢，即三个参数→先输入 ",,"分隔三节车厢，并补充右括号→单击下方函数参数提示框的第一节火车车厢（text）→输入第一个条件参数（要提取的字符串），可直接选中【E3】单元格完成第一个参数的输入→单击下方函数参数提示框的第二节火车车厢（start_num）→输入第二个条件参数（起始位置），输入 "7"→单击下方函数参数提示框的第三节火车车厢（num_chars）→输入第三个条件参数（要提取的字符数量），输入 "8"，如图 4-30 所示→按 <Enter> 键完成公式输入。

	E	F	G	H
1	从身份证号码中取出：出生年月日			
2	身份证号码	出生年月日	出生年月日	年龄
3	110227199404280134	=MID(E3,7,8)		
4	110227199303150150	MID(text, start_num, num_chars)		

图 4-30

选中【F3】单元格，将光标放在【F3】单元格右下角，当其变成十字句柄时，双击鼠标将公式向下填充，即可提取出生年月日，如图 4-31 所示。

	E	F	G	H
1	从身份证号码中取出：出生年月日			
2	身份证号码	出生年月日	出生年月日	年龄
3	110227199404280134	19940428		
4	110227199303150150	19930315		
5	110227199410120177	19941012		
6	110227198901170193	19890117		
7	110227199603060244	19960306		
8	110227199503010230	19950301		
9	110227199004140257	19900414		
10	110227198908230273	19890823		
11	11022719961003029X	19961003		
12	110227198802180417	19880218		
13	110227199401230433	19940123		
14	11022719870120045X	19870120		
15	110227199111170476	19911117		

图 4-31

用 MID 函数提取得到的出生年月日是 "文本型数字"，要将其转换成 "日期型"，可以先用 TEXT 函数转换成指定格式文本，再用 *1 的方法将文本转换成数字，日期型的本质就是数字。TEXT 函数的功能是按指定格式美化为文本，将在 4.5 节中进行详细介绍，此处不展开介绍。

输入公式。选中【G3】单元格→输入函数名称 "=TEXT"→按 <Tab> 键补充左括号→输入第一个条件参数（要美化的文本），可直接选中【F3】单元格完成第一个参数的输入→输入参数分隔符 ","→输入第二个条件参数（指定格式年 - 月 - 日），输入 ""0000-00-00""（指定格式外要加英文状态下的双引号）→补充右括号→输入 "*1"→按 <Enter> 键完成文本型数字转数值型数字→选中【G3】单元格，将光标放在【G3】单元格右下角，当其变成十字句柄时，双击鼠标将公式向下填充，如图 4-32 所示。

G3		× ✓ fx	=TEXT(F3,"0000-00-00")*1	
	E	F	G	H
1	从身份证号码中取出：出生年月日			
2	身份证号码	出生年月日	出生年月日	年龄
3	110227199404280134	19940428	34452	
4	110227199303150150	19930315	34043	
5	110227199410120177	19941012	34619	
6	110227198901170193	19890117	32525	
7	110227199603060244	19960306	35130	
8	110227199503010230	19950301	34759	
9	110227199004140257	19900414	32977	
10	110227198908230273	19890823	32743	
11	11022719961003029X	19961003	35341	
12	110227198802180417	19880218	32191	
13	110227199401230433	19940123	34357	
14	11022719870120045X	19870120	31797	
15	110227199111170476	19911117	33559	

图 4-32

选中【G3:G15】单元格区域→选择【开始】选项卡→将单元格格式由【常规】修改为【日期】，即可完成日期型的转换，如图 4-33 所示。

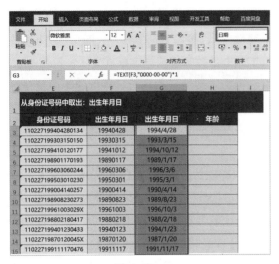

图 4-33

得到日期型数据的出生年月日后想要求"年龄"，可以利用 DATEDIF 函数，它是 Excel 的内置函数，将在第 8 章中进行详细介绍，此处不展开介绍。

（2）计算年龄。

输入公式。选中【H3】单元格→输入公式"=DATEDIF(G3,TODAY(),"Y")"→按 <Enter> 键确认→将光标放在【H3】单元格右下角，当其变成十字句柄时，双击鼠标将公式向下填充，【H】列得到年龄，如图 4-34 所示。

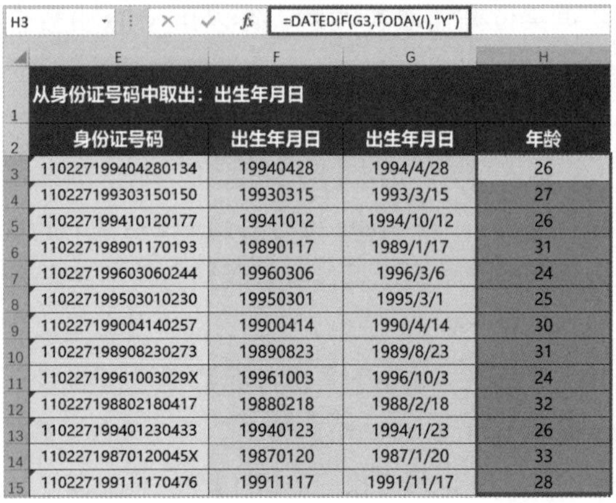

图 4-34

DATEDIF 函数的介绍如下。

① 作为内置函数，在输入公式时括号要手动输入，不能用 <Tab> 键补充括号。

② 第一个参数表示给定期间的第一个或开始日期的日期，此案例取出生年月日。

③ 第二个参数表示时间段的最后一个（结束）日期的日期，此案例取当前日期，当前日期用 TODAY() 函数得到。

④ 第三个参数表示希望返回的信息类型，年龄应为年 "Y"。

从身份证号码中截取"出生年月日"并"计算年龄"是文本处理函数应用的一个经典案例。可以分为三步实现：首先利用 MID 函数从身份证号码中截取文本型出生年月日；然后利用 TEXT 函数美化文本再 *1，得到日期型出生年月日；最后利用 DATEDIF 函数计算年龄。

4.3 文本查找函数

前两节介绍了文本的"两把尺子"和"三把剪刀"配合使用可以截取定量长度的数据。但如果截取的字符串不规则，"剪刀"应该怎么精准定位并截取数据呢？本节介绍的 FIND、SEARCH、FINDB 和 SEARCHB 函数将为大家找到答案。

1. 认识 FIND、SEARCH 函数

打开"素材文件 /04- 文本处理函数 /04-03-

文本查找函数：FIND、SEARCH.xlsx" 源文件。

如图 4-35 所示，在 "FIND" 工作表中，【C】列数据成品零件尺寸由 "规格 / 数量单位" 几部分构成，想要根据【C】列数据分别提取出规格、数量、单位。

分列规格、数量和单位：					
产品编号	零件名称	成品零件尺寸	规格	数量	单位
202001001	内齿	1.8*189*3490/1件			
202001002	内齿	4.6*162*5340/35件			
202001003	外齿	3.3*267*950/46件			
202001004	外齿	4.6*166*1860/1套			
202001005	半钢手	1.3*237*9940/1付			
202001006	半钢手	3*180*2270/10付			
202001007	轴套	1.5*155*8210/3件			
202001008	扁方轴套	4.4*345*4010/5套			

图 4-35

提取零件的 "规格" 就是从【C】列单元格第 1 位开始提取 N 位，可以用 MID 函数来解决。由于零件规格多样，所以 N 不是常量。观察【C】列数据不难发现其构成规律，每个零件规格与数量单位中间都有分隔符 "/"，所以找到 "/" 的位置，就可以得出 N 的数值。N 的数值就是 "/" 的位置减 1。

温馨提示

截取的长度不固定，可以定位分隔符号位置。

查找指定字符串的起始位置可以用 FIND 或 SEARCH 函数来解决，函数公式如图 4-36 所示。

图 4-36

FIND 和 SEARCH 函数的用法基本相同，第三个参数 start_num 缺省时默认值为 "1"。它们的区别是 FIND 函数要查找的文本区分大小写且不支持通配符搜索，SEARCH 函数要查找的文本不区分大小写且支持通配符搜索。

提取零件 "规格" 思路分析：先用 FIND 函数查找到 "/" 位置，再用 MID 函数从第一位截取到 "/" 的前一位，如图 4-37 所示。

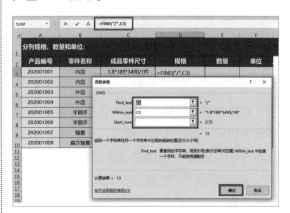

图 4-37

查找 "/" 的位置。选中【D3】单元格→输入函数名称 "=FIND"→按 <Tab> 键自动补充左括号→按 <Ctrl+A> 键→在弹出的【函数参数】对话框中单击第一个文本框将其激活→输入第一个条件参数（要查找的文本），输入 "/"（文本字符串要用英文状态下的双引号括起来）→单击第二个文本框将其激活→输入第二个条件参数（从哪里查找），可直接选中【C3】单元格完成第二个参数的输入→单击第三个文本框将其激活→输入第三个条件参数（从第几位开始查找），输入 "1"，也可以不输入任何值，参数缺省默认从第 1 位开始查找→单击【确定】按钮，如图 4-38 所示。

图 4-38

选中【D3】单元格→将光标放在【D3】单元格右下角，当其变成十字句柄时，双击鼠标将公式向下填充，【D】列得到"/"的位置，如图 4-39 所示。

	A	B	C	D	E	F
1	分列规格、数量和单位：					
2	产品编号	零件名称	成品零件尺寸	规格	数量	单位
3	202001001	内齿	1.8*189*3490/1件	13		
4	202001002	内齿	4.6*162*5340/35件	13		
5	202001003	外齿	3.3*267*950/46件	12		
6	202001004	外齿	4.6*166*1860/1套	13		
7	202001005	半钢手	1.3*237*9940/1付	13		
8	202001006	半钢手	3*180*2270/10付	11		
9	202001007	轴套	1.5*155*8210/3件	13		
10	202001008	扁方轴套	4.4*345*4010/5套	13		

图 4-39

提取零件规格。选中【D3】单元格→单击函数编辑区将其激活→选中函数编辑区中的公式（不要选中"="）→按 <Ctrl+X> 键剪切公式→输入"MID("→选中【C3】单元格完成第一个参数的输入→输入参数分隔符","→输入第二个参数"1"→输入参数分隔符","→按 <Ctrl+V> 键粘贴公式→输入"-1)"→单击编辑栏左侧的【√】按钮完成公式编辑→选中【D3】单元格，将光标放在【D3】单元格右下角，当其变成十字句柄时，双击鼠标将公式向下填充，【D】列得到零件规格，如图 4-40 所示。

D3 =MID(C3,1,FIND("/",C3)-1)

	A	B	C	D	E	F
1	分列规格、数量和单位：					
2	产品编号	零件名称	成品零件尺寸	规格	数量	单位
3	202001001	内齿	1.8*189*3490/1件	1.8*189*3490		
4	202001002	内齿	4.6*162*5340/35件	4.6*162*5340		
5	202001003	外齿	3.3*267*950/46件	3.3*267*950		
6	202001004	外齿	4.6*166*1860/1套	4.6*166*1860		
7	202001005	半钢手	1.3*237*9940/1付	1.3*237*9940		
8	202001006	半钢手	3*180*2270/10付	3*180*2270		
9	202001007	轴套	1.5*155*8210/3件	1.5*155*8210		
10	202001008	扁方轴套	4.4*345*4010/5套	4.4*345*4010		

图 4-40

提取零件"数量"思路分析：根据成品零件尺寸构成，可得零件数量在"/"后一位开始，位数不定。在上一步骤已成功提取零件的"规格"，所以零件的"数量"可以从"规格"的后 2 位开始截取，截取长度为"总字符长度 – 规格

长度 –/ 和单位的长度"，如图 4-41 所示。

图 4-41

选中【E3】单元格→输入公式"=MID(C3, FIND("/",C3)+1,LEN(C3)−LEN(D3)−2)*1"→按 <Enter> 键确认→将光标放在【E3】单元格右下角，当其变成十字句柄时，双击鼠标将公式向下填充，【E】列得到零件数量，如图 4-42 所示。

E3 =MID(C3,FIND("/",C3)+1,LEN(C3)-LEN(D3)-2)*1

	A	B	C	D	E	F
1	分列规格、数量和单位：					
2	产品编号	零件名称	成品零件尺寸	规格	数量	单位
3	202001001	内齿	1.8*189*3490/1件	1.8*189*3490	1	
4	202001002	内齿	4.6*162*5340/35件	4.6*162*5340	35	
5	202001003	外齿	3.3*267*950/46件	3.3*267*950	46	
6	202001004	外齿	4.6*166*1860/1套	4.6*166*1860	1	
7	202001005	半钢手	1.3*237*9940/1付	1.3*237*9940	1	
8	202001006	半钢手	3*180*2270/10付	3*180*2270	10	
9	202001007	轴套	1.5*155*8210/3件	1.5*155*8210	3	
10	202001008	扁方轴套	4.4*345*4010/5套	4.4*345*4010	5	

图 4-42

提取零件的"单位"比较简单：在【C】列单元格中从右向左提取 1 位即可得到，从右向左提取字符可用 RIGHT 函数来解决。

选中【F3】单元格→输入公式"=RIGHT(C3,1)"→按 <Enter> 键确认→将光标放在【F3】单元格右下角，当其变成十字句柄时，双击鼠标将公式向下填充，【F】列得到零件单位，如图 4-43 所示。

F3 =RIGHT(C3,1)

	A	B	C	D	E	F
1	分列规格、数量和单位：					
2	产品编号	零件名称	成品零件尺寸	规格	数量	单位
3	202001001	内齿	1.8*189*3490/1件	1.8*189*3490	1	件
4	202001002	内齿	4.6*162*5340/35件	4.6*162*5340	35	件
5	202001003	外齿	3.3*267*950/46件	3.3*267*950	46	件
6	202001004	外齿	4.6*166*1860/1套	4.6*166*1860	1	套
7	202001005	半钢手	1.3*237*9940/1付	1.3*237*9940	1	付
8	202001006	半钢手	3*180*2270/10付	3*180*2270	10	付
9	202001007	轴套	1.5*155*8210/3件	1.5*155*8210	3	件
10	202001008	扁方轴套	4.4*345*4010/5套	4.4*345*4010	5	套

图 4-43

2. 认识兄弟函数

如图 4-44 所示，在 "SEARCHB" 工作表中，从 "物料描述" 中提取 "零件号"，通过【B】列单元格数据可以看到零件号是不规则的且不含中文，即提取的零件号是不固定长度的英文字母或数字，这就需要利用 FINDB 和 SEARCHB 函数来解决。

	A	B	C
1	提取文本中的字母和数字		
2	采购日期	物料描述	提取零件号
3	2020/1/1	支架ABC23u992-021398组	
4	2020/1/2	法兰盘SOEM2389-d2010个	
5	2020/1/3	端子板02930SAC-001套	
6	2020/1/4	达克罗螺栓GB10390-NCW箱	

图 4-44

在本案例中，要提取零件号，首先要定位第一个英文字母或数字即单字节的位置，然后计算单字节的个数，最后截取字符串。查找单字节的起始位置可以用 FINDB 或 SEARCHB 函数来解决，函数公式如图 4-45 所示。

=FINDB(要查找的文本,从哪里查找,从第几位开始查找)
=FINDB(find_text,within_text,start_num)

查找指定字节的起始位置，区分大小写。

=SEARCHB(要查找的文本,从哪里查找,从第几位开始查找)
=SEARCHB(find_text,within_text,start_num)

查找指定字节的起始位置，并不区分大小写。

图 4-45

FINDB 和 SEARCHB 函数的区别是，FINDB 函数要查找的文本区分大小写且不支持通配符搜索，SEARCHB 函数要查找的文本不区分大小写且支持通配符搜索。

本案例中要查找的是任一字母或数字，用通配符表示，所以选用 SEARCHB 函数来解决，思路分析如图 4-46 所示。

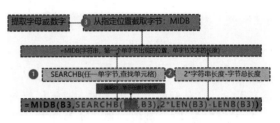

图 4-46

为使大家更直观地理解函数实现路线，笔者在表格中构建了【D:F】三列辅助列，分步展示提取过程，如图 4-47 所示。

	A	B	C	D	E	F
1	提取文本中的字母或数字					
2	采购日期	物料描述	提取零件号	查找第一个单字节的位置	计算单字节个数	利用MIDB截取数字串
3	2020/1/1	支架ABC23u992-021398组				
4	2020/1/2	法兰盘SOEM2389-d2010个				
5	2020/1/3	端子板02930SAC-001套				
6	2020/1/4	达克罗螺栓GB10390-NCW箱				

图 4-47

查找第一个单字节的位置。选中【D3】单元格→输入函数名称 "=SEARCHB"→按 <Tab> 键自动补充左括号→按 <Ctrl+A> 键→在弹出的【函数参数】对话框中单击第一个文本框将其激活→输入第一个条件参数，输入 ""?""→单击第二个文本框将其激活→输入第二个条件参数，可直接选中【B3】单元格完成第二个参数的输入→单击第三个文本框将其激活→输入第三个条件参数（从第几位开始查找），输入 "1"，也可以不输入任何值，参数缺省默认从第 1 位开始查找→单击【确定】按钮，如图 4-48 所示。

函数参数

SEARCHB

Find_text	"?"	= "?"
Within_text	B3	= "支架ABC23u992-021398组"
Start_num		= 数值

= 5

返回特定字符或文字串从左到右第一个被找到的字符数值(不区分大小写)。与双字节字符集(DBCS)一起使用

Within_text 需要在其中进行搜索的文本

计算结果 = 5

有关该函数的帮助(H)　　　　　　　　　　确定　　取消

图 4-48

选中【D3】单元格，将光标放在【D3】单元格右下角，当其变成十字句柄时，双击鼠标将公式向下填充，【D】列得到第一个单字节的位置，如图 4-49 所示。

图 4-49

计算单字节的个数。选中【E3】单元格→输入公式 "=2*LEN(B3)–LENB(B3)"→按 <Enter> 键确认→将光标放在【E3】单元格右下角，当其变成十字句柄时，双击鼠标将公式向下填充，【E】列得到单字节的个数，如图 4-50 所示。

图 4-50

截取字符串。选中【F3】单元格→输入公式 "=MIDB(B3,D3,E3)"→按 <Enter> 键确认→将光标放在【F3】单元格右下角，当其变成十字句柄时，双击鼠标将公式向下填充，【F】列得到零件号，如图 4-51 所示。

图 4-51

温馨提示

在书写比较复杂的公式时，可以借助辅助列分步实现后，再通过火车套娃法一点一节查车厢完成函数的嵌套。

函数的嵌套。选中【C3】单元格→输入公式 "=MIDB(B3,D3,E3)"→按 <Enter> 键确认→选中【D3】单元格→单击函数编辑区将其激活→选中函数编辑区中的公式（不要选中"="），按 <Ctrl+C> 键复制公式→选中【C3】单元格→单击函数编辑区将其激活→单击下方出现的函数参数提示框中的第二个参数"start_num"，可以选中 MIDB 函数的第二个参数"B3"→按 <Ctrl+V> 键粘贴公式→按 <Enter> 键确认→同理，选中【E3】单元格→选中函数编辑区中的公式（不要选中"="）→按 <Ctrl+C> 键复制公式→选中【C3】单元格→单击下方出现的函数参数提示框中的第三个参数"num_bytes"，可以选中 MIDB 函数的第三个参数"E3"→按 <Ctrl+V> 键粘贴公式→单击编辑栏左侧的【√】按钮完成公式编辑→选中【C3】单元格，将光标放在【C3】单元格右下角，当其变成十字句柄时，双击鼠标将公式向下填充，【C】列得到零件号，如图 4-52 所示。

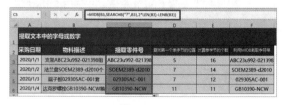

图 4-52

3. 含有换行符的数据分列

4.2 节介绍过数据的“分列大法”，利用该方法可以根据数据间的“分隔符”将数据拆分成 N 列数据。那么，当分隔符为换行符时，如何使用“分列大法”进行数据分列呢？

如图 4–53 所示，在“巧用分列的方法”工作表中，提取【C】列单元格中的各零件名称，【C】列各单元格中的零件名称通过强制回车符（<Alt+Enter> 键）分行展示。

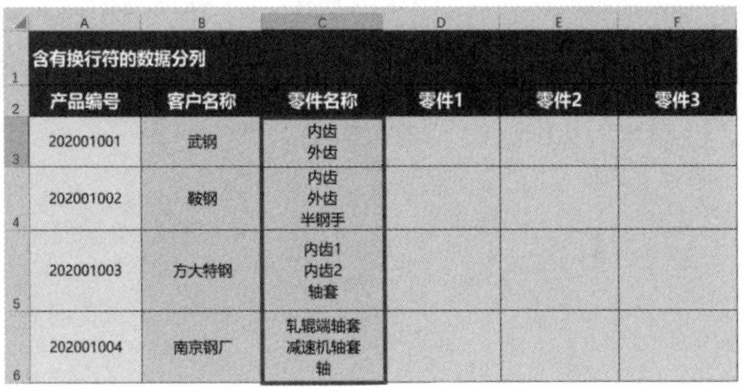

含有换行符的数据分列					
产品编号	客户名称	零件名称	零件1	零件2	零件3
202001001	武钢	内齿 外齿			
202001002	鞍钢	内齿 外齿 半钢手			
202001003	方大特钢	内齿1 内齿2 轴套			
202001004	南京钢厂	轧辊端轴套 减速机轴套 轴			

图 4–53

从【C】列这样格式的单元格中提取数据，使用函数方法比较复杂，如果利用“分列大法”就能快速得到结果。但强制回车符在“分列大法”的分隔符中无法输入，所以要使用“分列大法”先将强制分隔符转换成“；”，再进行分列。

选中【C3:C6】单元格区域→按 <Ctrl+H> 键打开【查找和替换】对话框→单击【查找内容】文本框将其激活→按 <Ctrl+J> 键输入强制换行符（光标闪动，当前文本框中依然为空白）→单击【替换为】文本框将其激活→输入“；”→单击【全部替换】按钮，完成强制换行符的批量替换，如图 4–54 所示。

含有换行符的数据分列					
产品编号	客户名称	零件名称	零件1	零件2	零件3
202001001	武钢	内齿；外齿			
202001002	鞍钢	内齿；外齿；半钢手			
202001003	方大特钢	内齿1；内齿2；轴套			
202001004	南京钢厂	轧辊端轴套；减速机轴套；轴			

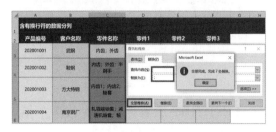

图 4–54

批量替换后，【C】列单元格数据的分隔符变成了“；”，可应用“分列大法”将其分成 3 列。详细的操作方法在 4.2 节中进行过介绍，此处不再赘述。注意，在分列过程中数据存放区域选择【D3】单元格，以免当前数据区域被覆盖，分列结果如图 4–55 所示。

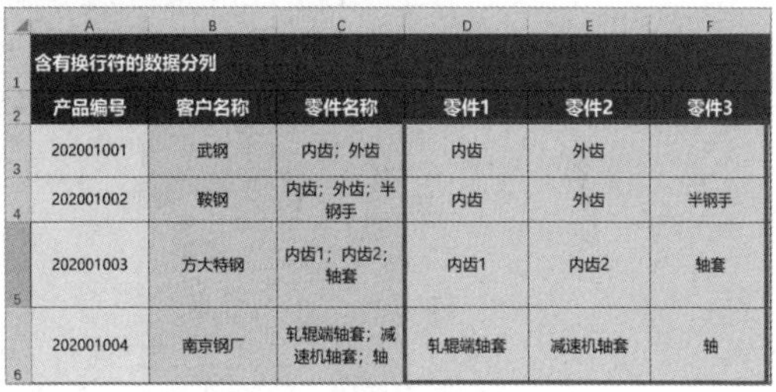

含有换行符的数据分列					
产品编号	客户名称	零件名称	零件1	零件2	零件3
202001001	武钢	内齿；外齿	内齿	外齿	
202001002	鞍钢	内齿；外齿；半钢手	内齿	外齿	半钢手
202001003	方大特钢	内齿1；内齿2；轴套	内齿1	内齿2	轴套
202001004	南京钢厂	轧辊端轴套；减速机轴套；轴	轧辊端轴套	减速机轴套	轴

图 4–55

4.4 文本替换函数

4.3 节介绍了在海量数据的表格中如何快速查找定位，那么如果在表格中发现错误，需要替换某个位置的文本又应该怎么操作呢？接下来就一起来认识一下 SUBSTITUTE、REPLACE、REPT、TRIM、CLEAN 这些改正错误的文本替换函数吧！

1. 认识文本替换函数的基本用法

打开“素材文件 /04– 文本处理函数 /04–04– 文本替换函数：SUBSTITUTE、REPLACE、REPT、TRIM、CLEAN.xlsx”源文件。

如图 4–56 所示，在“SUBSTITUTE”工作表中，想要将邮箱后缀从 qq.com 修改为 vip.163.com，像这种想要替换的内容明确而具体位置不明确的情况，可以使用 SUBSTITUTE 函数来实现。

图 4-56

SUBSTITUTE 函数可以将字符串中指定的字符替换为新的文本字符串，函数公式如图 4-57 所示。

图 4-57

选中【C3】单元格→输入函数名称 "=SU"，单元格下方的函数提示框中出现 SU 开头的函数→按 <↑+↓> 键选中【SUBSTITUTE】→按 <Tab> 键补充左括号→按 <Ctrl+A> 键→在弹出的【函数参数】对话框中单击第一个文本框将其激活→输入第一个条件参数，可直接选中【B3】单元格完成第一个参数的输入→单击第二个文本框将其激活→输入第二个条件参数 ""qq.com""→单击第三个文本框将其激活→输入第三个条件参数 ""vip.163.com""→要替换的字符串只出现了一次，第四个参数省略→单击【确定】按钮，如图 4-58 所示。

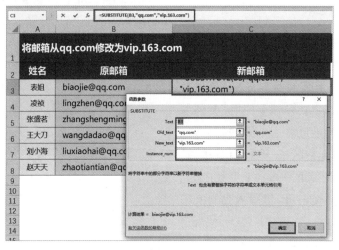

图 4-58

选中【C3】单元格，将光标放在【C3】单元格右下角，当其变成十字句柄时，双击鼠标将公式向下填充，如图 4-59 所示。

图 4-59

通过按 <Ctrl+H> 键打开【查找和替换】对话框,分别输入"旧文本"及"新文本",也可以完成查找替换的操作。但这种方法没有 SUBSTITUTE 函数灵活,如果数据源发生变化,替换的数据不会随着数据的变化而变化,而利用函数得到的数据可以联动变化;另外,【查找和替换】的方法容易覆盖原有数据,尤其当数据发生错误时,无法追踪数据的源头。因此,建议通过函数的方法,并重新存储新数据区域,完成数据的替换。

如图 4-60 所示,在"SUBSTITUTE"工作表中,将委托"有效期"格式修改为"2020 年 × 月至 × 月"。

修改委托期限格式为:2020年×月至×月		
委托号	有效期	新格式
LZ202001001	2020年1月至2020年6月	
LZ202001002	2020年2月至2020年10月	
LZ202001003	2020年3月至2020年8月	
LZ202001004	2020年1月至2020年12月	
LZ202001005	2020年4月至2020年9月	
LZ202001006	2020年3月至2020年12月	

图 4-60

思路分析。将【F】列有效期由"2020 年 × 月至 2020 年 × 月"格式修改为"2020 年 × 月至 × 月",需要将单元格中第二次出现的"2020 年"替换成空值,利用 SUBSTITUTE 函数将第四个参数设置为"2"。

选中【G3】单元格→输入函数名称"=SU",单元格下方的函数提示框中出现 SU 开头的函数→按 <↑+↓> 键选中【SUBSTITUTE】→按 <Tab> 键补充左括号→按 <Ctrl+A> 键→在弹出的【函数参数】对话框中单击第一个文本框将其激活→输入第一个条件参数,可直接选中【F3】

单元格完成第一个参数的输入→单击第二个文本框将其激活→输入第二个条件参数 ""2020 年""→单击第三个文本框将其激活→输入第三个条件参数 """"(英文状态下的一对双引号表示空值)→单击第四个文本框将其激活→输入第四个条件参数 "2"→单击【确定】按钮,如图 4-61 所示。

图 4-61

选中【G3】单元格,将光标放在【G3】单元格右下角,当其变成十字句柄时,双击鼠标将公式向下填充,如图 4-62 所示。

修改委托期限格式为:2020年×月至×月		
委托号	有效期	新格式
LZ202001001	2020年1月至2020年6月	2020年1月至6月
LZ202001002	2020年2月至2020年10月	2020年2月至10月
LZ202001003	2020年3月至2020年8月	2020年3月至8月
LZ202001004	2020年1月至2020年12月	2020年1月至12月
LZ202001005	2020年4月至2020年9月	2020年4月至9月
LZ202001006	2020年3月至2020年12月	2020年3月至12月

图 4-62

2. 利用 SUBSTITUTE 函数计算指定字符出现次数

如图 4-63 所示,在"SUBSTITUTE(2)"工作表中,计算各省份有几个分公司。

计算各省份有几个分公司		
省份	分公司	分公司数量
北京	朝阳；海淀；西城	
广东	广州；深圳；佛山；中山；珠海	
江西	南昌；九江；	
河北	石家庄	
湖北	武汉；黄冈	
福建	三明；龙岩；厦门	

图 4-63

思路分析。【B】列单元格中各分公司间用分号"；"分隔。因此，分公司的数量就是"分号的数量 +1"。应用此计算方法的前提是，数据必须规范，即符合同一个规律，只有这样才能用函数得到正确的结果。假如某个数据不符合规范，例如，图 4-63 中【B5】单元格的数据末尾多了一个"；"，这时利用函数计算得到的结果一定是错误的。因此，在进行函数计算前应先进行数据的整理，使数据统一规范。

在本案例中，先删除【B5】单元格数据末尾的"；"，再进行函数计算。"；"的数量的计算方法如图 4-64 所示。

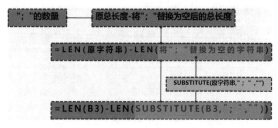

图 4-64

选中【C3】单元格→输入公式 "=LEN(B3)-LEN(SUBSTITUTE(B3,"；",""))+1"→按 <Enter> 键确认→将光标放在【C3】单元格右下角，当其变成十字句柄时，双击鼠标将公式向下填充，【C】列得到分公司的数量，如图 4-65 所示。

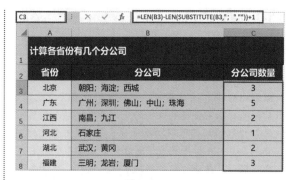

C3				fx	=LEN(B3)-LEN(SUBSTITUTE(B3,"；",""))+1	

计算各省份有几个分公司		
省份	分公司	分公司数量
北京	朝阳；海淀；西城	3
广东	广州；深圳；佛山；中山；珠海	5
江西	南昌；九江	2
河北	石家庄	1
湖北	武汉；黄冈	2
福建	三明；龙岩；厦门	3

图 4-65

同样的思路也可以应用于公司员工签到表，使用以上方法计算出各个部门员工的签到人数。

如图 4-66 所示，在 "SUBSTITUTE（2）"工作表中，统计各选项出现的次数。

各选项出现的次数					
年份	选择题答案	A	B	C	D
2014	CCACBACDCBADDAADAABD				
2015	DBCDDDABADDBABABACAA				
2016	ACCAACDDDCCDADCBBADC				
2017	DCBACCBAADDADACABACA				
2018	CDACBDBABBDADBCBBBAD				
2019	BDCBCCAADCACCCABACBC				

图 4-66

思路分析：统计某个选项的数量可以使用替换的思路，即用原字符长度减去将某选项替换为空的长度，得到选项数量。以 A 选项为例，如图 4-67 所示。

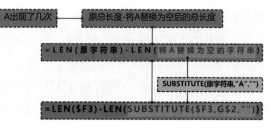

图 4-67

需要特别注意的是，函数公式中单元格的引用方式。因为要完成函数公式的快速填充，既要向右又要向下拖曳鼠标，所以函数公式中的单元格要选择正确的锁定列或锁定行的混合引用方式。

选中【G3】单元格→输入公式"=LEN($F3)-LEN(SUBSTITUTE($F3,G$2,""))"→ 按 <Enter> 键确认→将光标放在【G3】单元格右下角，当其变成十字句柄时，向右拖曳至【J】列完成向右填充，然后向下拖曳鼠标完成【G3:J8】单元格区域公式填充，得到各选项的数量，如图4-68所示。

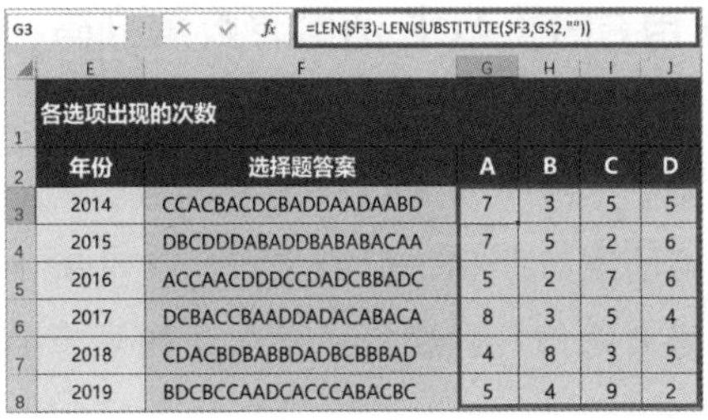

图 4-68

突出显示每年出现最多的选项。选中【G3:J3】单元格区域→选择【开始】选项卡→单击【条件格式】按钮→在下拉菜单中选择【最前 / 最后规则】选项→选择【前 10 项】选项，如图 4-69 所示。

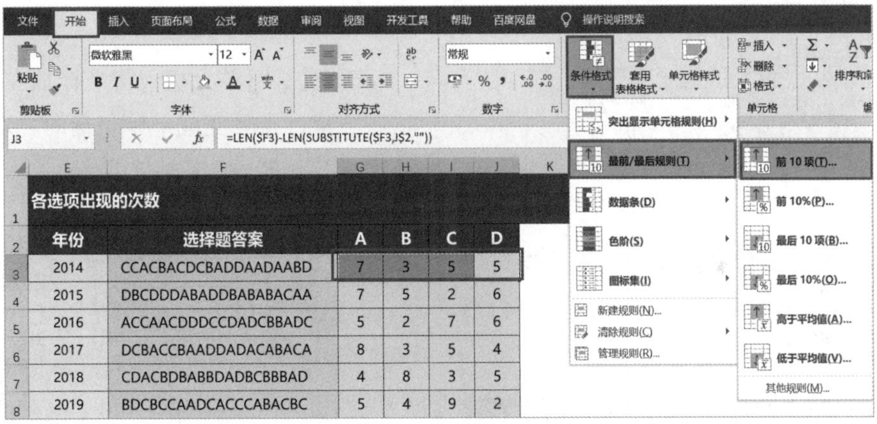

图 4-69

在弹出的【前 10 项】对话框中将"10"修改为"1"→单击【确定】按钮，【G3:J3】单元格区域出现次数最多的 A 选项所在【G3】单元格已设置为"浅红填充色深红色文本"的样式，如图 4-70 所示。

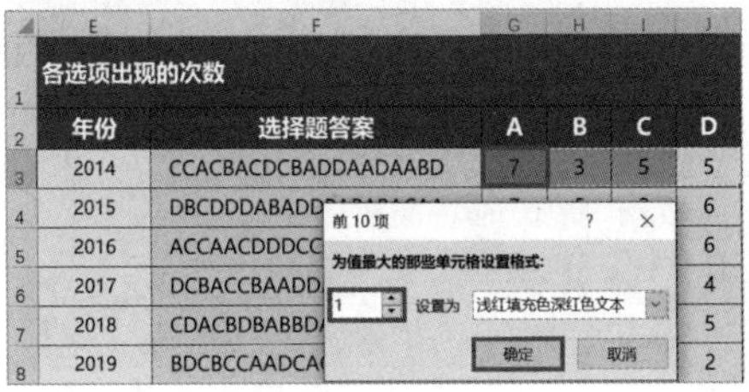

选择【开始】选项卡→单击【格式刷】按钮→逐行单击【G4】【G5】【G6】【G7】【G8】单元格，将条件格式进行复制。同理，完成【G3:J3】单元格区域中其他列的格式套用，如图 4-71 所示。

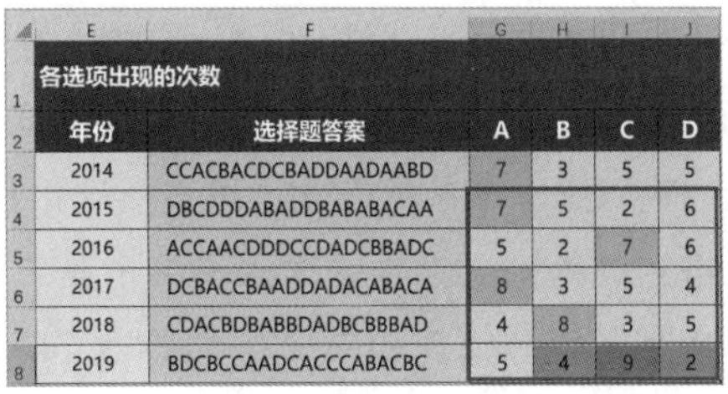

图 4-70

图 4-71

3. 利用 REPLACE 函数将数据打码、分段显示

前面介绍的 SUBSTITUTE 函数实现的是想要替换的字符明确，但所在原始字符串中的具体位置未知情况的替换。那么，如果想要替换的字符不固定，但其在字符串中的具体位置明确的情况，又该如何解决？

在"REPLACE"工作表中，想要将手机号码中间 4 位打码，即将手机号码第 4 位开始的 4 位数字替换成"****"，实现图 4-72 所示的效果。

为手机号打码		
姓名	手机号码	给中间4位打码
表姐	18842894002	188****4002
凌祯	18965162331	189****2331
张盛茗	13826859078	138****9078
王大刀	13966706986	139****6986
刘小海	15173708254	151****8254
赵天天	13567076249	135****6249

图 4-72

这种明确知道具体替换位置的操作，可以利用 REPLACE 函数来实现，函数公式如图 4-73 所示。

图 4-73

选中【C3】单元格→输入函数名称"=RE"，单元格下方的函数提示框中出现 RE 开头的函数→按<↑+↓>键选中【REPLACE】→按<Tab>键补充左括号→按<Ctrl+A>键→在弹出的【函数参数】对话框中单击第一个文本框将其激活→输入第一个条件参数，可直接选中【B3】单元格完成第一个参数的输入→单击第二个文本框将其激活→输入第二个条件参数"4"→单击第三个文本框将其激活→输入第三个条件参

数"4"→单击第四个文本框将其激活→输入第四个条件参数"****"，单击其他任意一个文本框即可自动添加英文状态下的双引号→单击【确定】按钮，如图 4-74 所示。

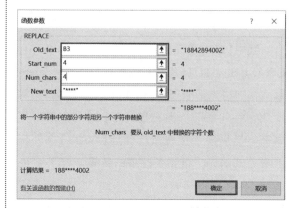

图 4-74

选中【C3】单元格，将光标放在【C3】单元格右下角，当其变成十字句柄时，双击鼠标将公式向下填充，如图 4-75 所示。

为手机号打码		
姓名	手机号码	给中间4位打码
表姐	18842894002	188****4002
凌祯	18965162331	189****2331
张盛茗	13826859078	138****9078
王大刀	13966706986	139****6986
刘小海	15173708254	151****8254
赵天天	13567076249	135****6249

图 4-75

接下来在"REPLACE"工作表中，将身份证号码分段显示，即在出生日期前后各加一个空格分段显示，实现图 4-76 所示的效果。

为身份证号码分段		
姓名	身份证号码	分段显示效果
表姐	110227199404280134	110227 1994042 80134
凌祯	110227199303150150	110227 1993031 50150
张盛茗	110227199410120177	110227 1994101 20177
王大刀	110227198901170193	110227 1989011 70193
刘小海	110227199603060244	110227 1996030 60244
赵天天	110227199503010230	110227 1995030 10230

图 4-76

思路分析：可以分两步实现，第一步在身份证号码第 7 位前插入一个"空格"；由于以上一步操作的结果为源数据，因此第二步在倒数第 5 位前加一个"空格"。

温馨提示

REPLACE 函数的第三个参数如果省略或为"0"，则不进行替换操作而是进行插入操作。

在身份证号码第 7 位前插入一个空格。选中【G3】单元格→输入公式 "=REPLACE(F3,7,0," ")"→按 <Enter> 键确认→将光标放在【G3】单元格右下角，当其变成十字句柄时，双击鼠标将公式向下填充，【G】列完成第一次分段操作，如图 4-77 所示。

图 4-77

以上一步操作的结果为源数据，在倒数第 5 位前加一个"空格"。选中【G3】单元格→输入公式 "=REPLACE(REPLACE(F3,7,0," "),16,0," ")"→按 <Enter> 键确认→将光标放在【G3】单元格右下角，当其变成十字句柄时，双击鼠标将公式向下填充，【G】列得到身份证号码最终分段结果，如图 4-78 所示。

图 4-78

4. 利用 REPT 函数制作微图表，并认识条件格式

文不如表，表不如图。图表作为 Excel 中重要的数据展现方式，其数据展现力是其他方式所无法比拟的。在 Excel 中，除常见的普通图表外，还有一种微图表，它可以直接以图的形式在单元格中展示数据，实现数据与图表的一体化衔接。

如图 4-79 所示，在"REPT-条件格式"工作表中，以微图表形式展示数据。

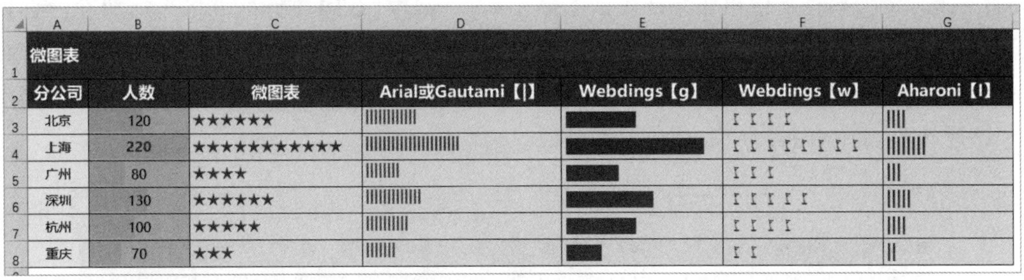

图 4-79

条件格式中自带的数据条、色阶及图标集，是一种非常实用而简单的可视化技巧。

（1）利用"条件格式"的数据条显示【B】列数据。

选中【B3:B8】单元格区域→选择【开始】选项卡→单击【条件格式】按钮→在下拉菜单中选择【数据条】选项→选择【实心填充】组中的【橙色数据条】选项，如图 4-80 所示，【B3:B8】单元格区域展示方式发生变化。

图 4-80

（2）利用 REPT 函数在【C:G】列分别生成微图表。

利用 REPT 函数，再使用诸如☆、◆等字符，就可以在单元格中显示与数值同比例的长度，REPT 函数公式如图 4-81 所示。

图 4-81

选中【C3】单元格→输入函数名称 "=REPT"→按 <Tab> 键补充左括号→按 <Ctrl+A> 键→在弹出的【函数参数】对话框中单击第一个文本框将其激活→输入第一个条件参数 "★"（在【插入】选项卡的【符号】中可以找到该字符），单击第二个文本框即可自动添加英文状态下的双引号→单击第二个文本框将其激活→输入第二个条件参数 "B3/20"（此参数可根据单元格显示长度灵活设置，以各单元格能完全显示为宜）→单击【确定】按钮，如图 4-82 所示。

图 4-82

选中【C3】单元格，将光标放在【C3】单元格右下角，当其变成十字句柄时，双击鼠标将公式向下填充，【C】列得到微图表，如图 4-83 所示。

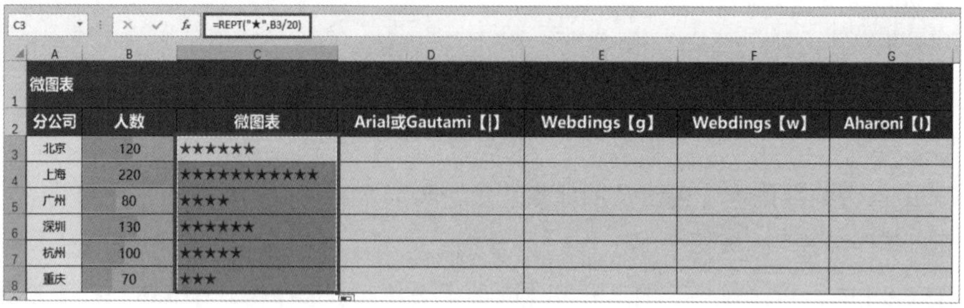

图 4-83

【D:G】列的微图表操作步骤与【C】列基本相同,【D2:G2】各单元格是字体提示,可以按照提示的字体为 REPT 函数的第一个参数选择喜欢的图形,然后根据图形长度设置 REPT 函数第二个参数的重复次数,设置方法不再赘述,各单元格通过字体变化得到的微图表如图 4-84 所示。

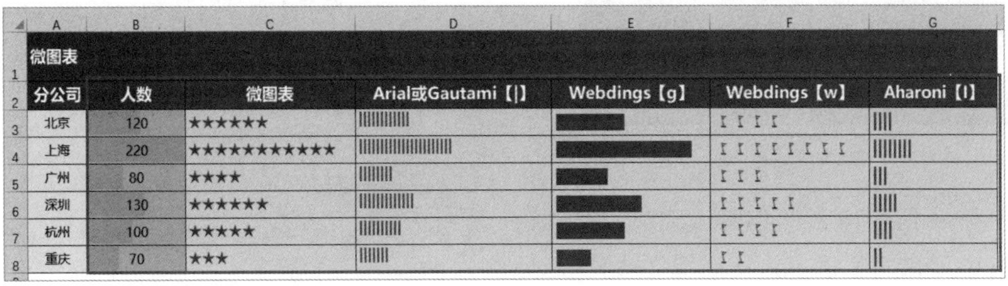

微图表						
分公司	人数	微图表	Arial或Gautami【|】	Webdings【g】	Webdings【w】	Aharoni【l】
北京	120	★★★★★★	‖‖‖‖‖‖	▬	I I I I	‖‖
上海	220	★★★★★★★★★★★	‖‖‖‖‖‖‖‖‖‖‖	▬▬	I I I I I I I	‖‖‖‖
广州	80	★★★★	‖‖‖‖	▬	I I I	‖
深圳	130	★★★★★★	‖‖‖‖‖‖	▬	I I I I I	‖‖
杭州	100	★★★★★	‖‖‖‖‖	▬	I I I I	‖‖
重庆	70	★★★	‖‖‖	▬	I I	‖

图 4-84

(3)利用"条件格式"将"人数"最多所在的行显示为红色加粗字体。

选中【A3:G8】单元格区域→选择【开始】选项卡→单击【条件格式】按钮→在下拉菜单中选择【新建规则】选项→在弹出的【新建格式规则】对话框中选择【使用公式确定要设置格式的单元格】选项→单击【为符合此公式的值设置格式】文本框将其激活→输入条件"=$B3=MAX($B$3:$B$8)"(判断当前单元格的值是否为最大)→单击【格式】按钮,在弹出的【设置单元格格式】对话框中设置字体为红色加粗,单击【确定】按钮→单击【确定】按钮,如图 4-85 所示。

如图 4-86 所示,表中人数最多所在的行以红色加粗字体显示。

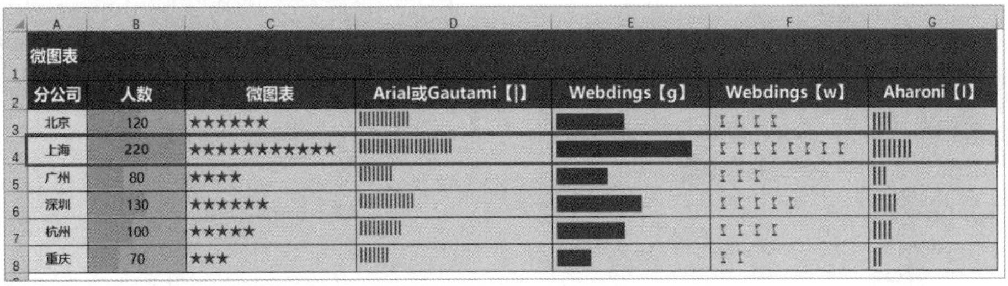

图 4-85

微图表						
分公司	人数	微图表	Arial或Gautami【|】	Webdings【g】	Webdings【w】	Aharoni【l】
北京	120	★★★★★★	‖‖‖‖‖‖	▬	I I I I	‖‖
上海	220	★★★★★★★★★★★	‖‖‖‖‖‖‖‖‖‖‖	▬▬	I I I I I I I	‖‖‖‖
广州	80	★★★★	‖‖‖‖	▬	I I I	‖
深圳	130	★★★★★★	‖‖‖‖‖‖	▬	I I I I I	‖‖
杭州	100	★★★★★	‖‖‖‖‖	▬	I I I I	‖‖
重庆	70	★★★	‖‖‖	▬	I I	‖

图 4-86

5. 认识 TRIM、CLEAN 函数

了解了文本查找函数、文本替换函数后,接下来介绍两个文本清理函数——TRIM 和 CLEAN。

（1）认识 TRIM 函数。

TRIM 函数用法简单，只有一个参数，它的功能是清除冗余的空格，如图 4-87 所示。

图 4-87

如图 4-88 所示，在"TRIM"工作表中，清除单元格中冗余的空格，并按桌牌格式分散对齐姓名。

清除单元格中冗余的空格		
会员姓名	清除会员姓名前后的空格	分散对齐 打印桌牌
表姐		
王大壮		
西门吹雪		
Zhang xin		
Lisa Zhang		
凌祯		

图 4-88

删除单元格中冗余的空格。选中【B3】单元格→输入公式"=TRIM(A3)"→按 <Enter> 键确认→将光标放在【B3】单元格右下角，当其变成十字句柄时，双击鼠标将公式向下填充，如图 4-89 所示。

清除单元格中冗余的空格		
会员姓名	清除会员姓名前后的空格	分散对齐 打印桌牌
表姐	表姐	
王大壮	王大壮	
西门吹雪	西门吹雪	
Zhang xin	Zhang xin	
Lisa Zhang	Lisa Zhang	
凌祯	凌祯	

图 4-89

将姓名设置成桌牌的格式。复制【B3:B8】

单元格区域中的内容至【C3:C8】单元格区域→选中【C3:C8】单元格区域→按 <Ctrl+1> 键打开【设置单元格格式】对话框→选择【对齐】选项卡→在【水平对齐】下拉列表中选择【分散对齐】选项→单击【确定】按钮，如图 4-90 所示。

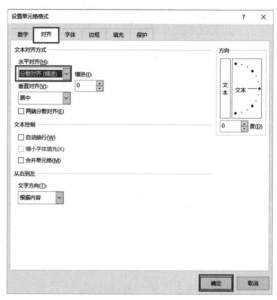

图 4-90

选择【开始】选项卡→单击【增加缩进量】按钮，调整缩进尺寸至适中，如图 4-91 所示。

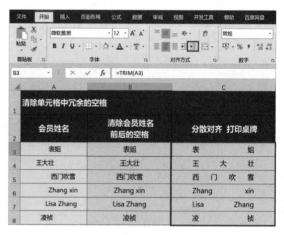

图 4-91

（2）认识 CLEAN 函数。

如图 4-92 所示，在"CLEAN"工作表中，

【C】列计算的【B】列的字符长度，显然与我们肉眼看到的字符长度不相等，这是因为【B】列单元格中含有肉眼不可见的字符，导致字符长度异常。想要清除这些肉眼不可见的字符，可以用 CLEAN 函数来解决。

	A	B	C	D
1	清除非打印字符			
2	姓名	业绩金额	计算字符长度LEN	清除非打印字符
3	表姐	92	3	
4	凌祯	129	4	
5	张盛茗	1823	5	
6	王大刀	52321	6	
7	刘小海	12471	6	
8	赵天天	6289	5	
9	合计	0		-

图 4-92

由于 CLEAN 函数得到的结果是文本型数字，如果需要进行求和计算，可利用文本型数字转数值型数字的方法来转化，例如，*1 将其转化为数值型数字，即为删除不可见字符后的效果。

CLEAN 函数用法简单，只有一个参数，它的功能是清除非打印字符（ASCII 码的值为 0~31），如图 4-93 所示。

=CLEAN(要处理的文本字符串)
=CLEAN(text)
清除非打印字符，ASCII码的值为0~31。

图 4-93

选中【D3】单元格→输入公式"=CLEAN(B3)*1"→按 <Enter> 键确认→将光标放在【D3】单元格右下角，当其变成十字句柄时，双击鼠标将公式向下填充，【D9】单元格得到正确的求和结果，如图 4-94 所示。

D3		fx	=CLEAN(B3)*1	
	A	B	C	D
1	清除非打印字符			
2	姓名	业绩金额	计算字符长度LEN	清除非打印字符
3	表姐	92	3	92
4	凌祯	129	4	129
5	张盛茗	1823	5	1,823
6	王大刀	52321	6	52,321
7	刘小海	12471	6	12,471
8	赵天天	6289	5	6,289
9	合计	0		73,125

图 4-94

6. 综合应用：提取指定分隔符中的内容

REPT 函数除可以制作微图表外，与其他文本处理函数组合使用时还能实现更强大的按需拆分数据功能。

如图 4-95 所示，在"REPT"工作表中分段提取数据。

	A	B	C	D	E
1	提取指定分隔符中的内容				
2	导出信息	第1段	第2段	第3段	第4段
3	202001g-ANC-北区001-2				
4	202011-SDdF-南区-40m				
5	202301-WEG01-东区N-001				
6	202401M-S888DO-西8区-6XS				
7	20280-I8809KJ-华中总厂-89J				
8	2111-DFH-老5厂-90x				

图 4-95

仔细观察不难发现，表中【A】列单元格的数据由 4 段组成，每段数据间用"-"分隔，像这种有规律的数据，用 4.2 节介绍的"分列大法"即可轻松实现数据的拆分。但如果当数据源变化后结果不能自动更新，就需要重新分列，所以一劳永逸的方法是使用函数进行拆分，下面将详细介绍函数公式写法。

（1）第 1 段的数据截取：先用 FIND 函数查找到第 1 个 "–" 的位置，再用 LEFT 或 MID 函数从第一位截取到 "–" 的前一位即可。

选中【B3】单元格→输入公式 "=LEFT(A3, FIND("–",A3)–1)"→按 <Enter> 键确认→将光标放在【B3】单元格右下角，当其变成十字句柄时，双击鼠标将公式向下填充，【B】列得到第 1 段数据，如图 4-96 所示。

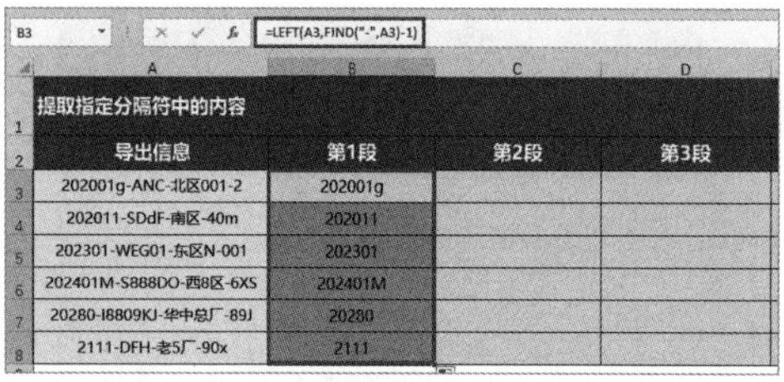

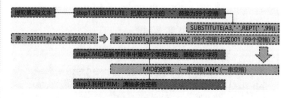

图 4-96

（2）第 2、3、4 段的数据截取思路相同，因为每段要截取的数据长度不定，所以需要将几个文本函数组合使用。

思路分析。首先利用 SUBSTITUTE 和 REPT 函数组合将原【A】列单元格数据中的所有 "–" 用 99 个空格替换，然后将得到的新数据作为 MID 函数提取的数据源。MID 函数要提取的第 2 段数据的位置原本是在第 1 个 "–" 之后，由于已经将 "–" 换成 99 个空格，所以要提取的位置前面至少有一组空格，也就是 1*99 个字符；第 3 段要提取的位置是 2*99，第 4 段要提取的位置是 3*99。MID 函数的最后一个参数是要取几个字符，保险起见，统一提取 99 个字符。也就是说，经过 MID(SUBSTITUTE(REPT()),n*99,99) 这部分公式运算后，得到的结果是实际需要的各段数据包含在前后空格中。最后要删除大量冗余的空格，因此在最外层嵌套一个 TRIM 函数清除这

些空格。第 2、3、4 段文本提取思路相同，以【A3】单元格为源数据提取第 2 段文本为例，画思路分析图，如图 4-97 所示。

图 4-97

选中【C3】单元格→输入公式 "=TRIM(MID(SUBSTITUTE(A3,"–",REPT(" ",99)),99,99))"→按 <Enter> 键确认→将光标放在【C3】单元格右下角，当其变成十字句柄时，双击鼠标将公式向下填充，【C】列得到第 2 段数据，如图 4-98 所示。

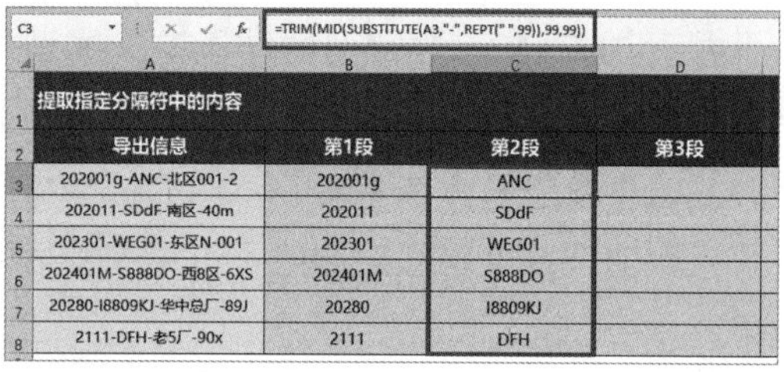

图 4-98

选中【D3】单元格→输入公式 "=TRIM(MID(SUBSTITUTE(A3,"–",REPT(" ", 99)), 99*2,99))"→按 <Enter> 键确认→将光标放在【D3】单元格右下角，当其变成十字句柄时，双击鼠标将公式向下填充，【D】列得到第 3 段数据，如图 4-99 所示。

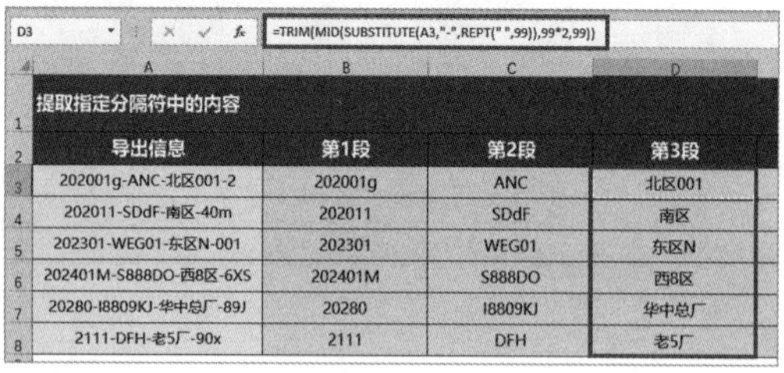

图 4-99

选中【E3】单元格→输入公式 "=TRIM

(MID(SUBSTITUTE(A3,"-",REPT(" ",99)),
99*3,99))"→按 <Enter> 键确认→将光标放在
【E3】单元格右下角,当其变成十字句柄时,双
击鼠标将公式向下填充,【E】列得到第 3 段数
据,如图 4-100 所示。

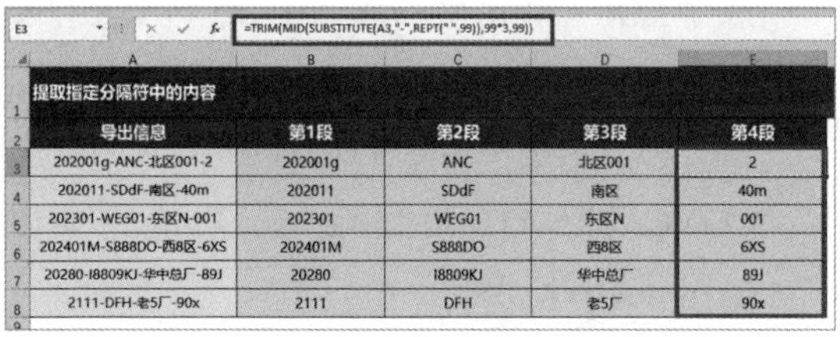

图 4-100

7. 快速填充快捷键:<Ctrl+E>

利用函数对数据进行分列提取确实灵活方
便,但有时书写函数公式稍显复杂。接下来
就介绍一个更加简便快捷的方法,利用 <Ctrl+
E> 快速填充快捷键来完成字符串的分列,如
图 4-101 所示。

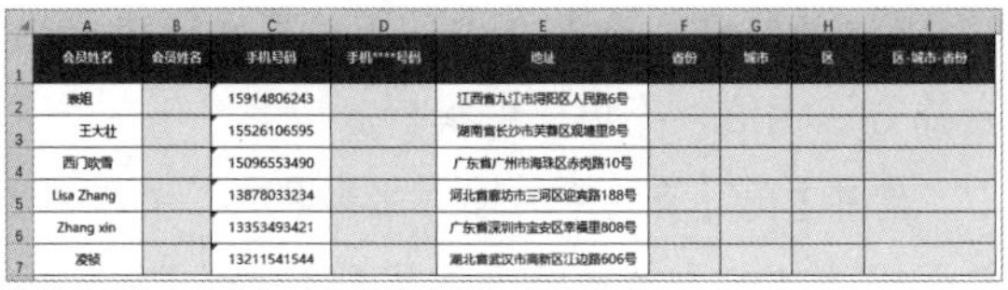

图 4-101

在 "Ctrl+E" 工作表中,选中【B2】单元格→
输入 "表姐"→将光标放在【B2】单元格右下角,
当其变成十字句柄时,向下拖曳填充至【B7】单
元格→单击单元格右下角出现的【自动填充选
项】按钮→选择【快速填充】选项,如图 4-102
所示。

图 4-102

在【D2】单元格中输入 "159****6243",再
参照【B】列的填充方法完成【D】列数据的填充
即可,这里不再赘述。

在【F2】单元格中输入 "江西"→选中【F3】
单元格→按<Ctrl+E>键完成【F】列的快速填充。
在【G2】【H2】【I2】单元格中分别输入 "九江"
(城市)、"浔阳区"(区)、"浔阳区 - 九江市 - 江
西省"(区 - 城市 - 省份),按 <Ctrl+E> 键完成
快速填充,如图 4-103 所示。

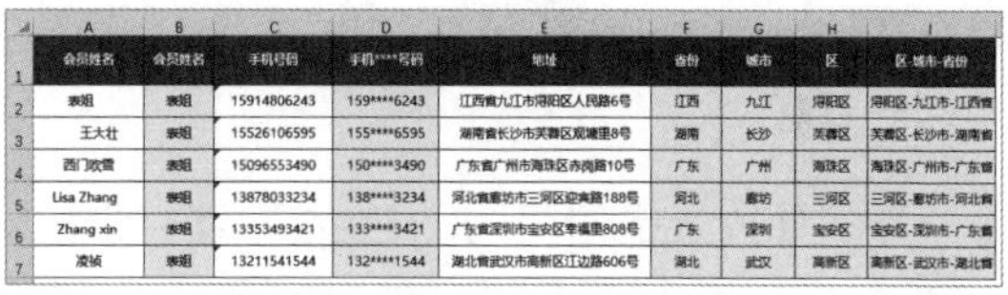

图 4-103

温馨提示

快速填充只适合处理规律性比较强的数据,
而且只能在 Excel 2013 以上的版本中使用。它的
优点是操作便捷,缺点是数据源变化后,结果同
样不能自动更新,需要重新处理。

4.5 文本合并函数

了解了文本拆分函数后,本节将介绍文本
合并函数。

在日常工作中,有时需要将多行或多列的
内容合并,如果通过 Excel 中 "合并单元格" 的

操作完成合并，可能会影响后续的数据计算、数据透视表分析等操作。那么，如何将单元格中的内容合并到一起呢？

接下来就介绍几个文本合并函数：&、CONCATENATE、CHAR、CODE、TEXT，这些文本合并函数可以轻松解决问题。

1. 认识文本合并函数

打开"素材文件 /04- 文本处理函数 /04-05-文本的合并：&、CONCATENATE、CHAR、CODE、TEXT.xlsx"源文件。

（1）认识文本连接符"&"及 CONCATENATE 函数。

如图 4-104 所示，在"&、CONCATENATE"工作表中，将【A:B】列单元格组合至【C】列。

将字符串进行组合				
字符串1	字符串2	组合后效果	&	CONCATENATE
表姐	凌祯	表姐凌祯		
电话	18870208888	电话: 18870208888		
江西省	九江市	江西省·九江市		
检验标准	350mm	检验标准: 350mm±5		
0	6	适用于0~6个月宝宝		
Ford	Zhang	Ford Zhang		

图 4-104

第一种方法是使用"&"连接。"&"的输入方法是在键盘的英文输入状态下按 <Shift+7> 键，它的功能是实现文本的合并。使用"&"连接单元格的内容可以直接引用单元格地址，连接文本字符要将文本用英文状态下的双引号括起来。

【D3:D8】单元格区域的操作方法如下。

选中【D3】单元格→输入公式 "=A3&B3"→按 <Enter> 键确认。

选中【D4】单元格→输入公式 "=A4&":"&B4"→按 <Enter> 键确认。

选中【D5】单元格→输入公式 "=A5&"-"&B5"→按 <Enter> 键确认。

选中【D6】单元格→输入公式 "=A6&":"&B6&"±5""→按 <Enter> 键确认。

选中【D7】单元格→输入公式 "="适用于"&A7&"~"&B7&"个月宝宝""→按 <Enter> 键确认。

选中【D8】单元格→输入公式 "=A8&" "&B8"→按 <Enter> 键确认。

第二种方法是使用 CONCATENATE 函数连接。CONCATENATE 函数与"&"功能完全相同，如图 4-105 所示。

图 4-105

因"&"操作更便捷，所以 CONCATENATE 函数常常被替代，这里只做简单的了解即可。

下面以合并【A7】【B7】单元格为例，解析 CONCATENATE 函数公式写法，其他行单元格合并方法相似，不再逐个解析。

选中【E7】单元格→输入函数名称 "=CON"，单元格下方的函数提示框中出现 CON 开头的函数→按 <↑+↓> 键选中【CONCATENATE】→按 <Tab> 键补充左括号→按 <Ctrl+A> 键→在弹出的【函数参数】对话框中单击第一个文本框将其激活→输入第一个条件参数 ""适用于""→单击第二个文本框将其激活→输入第二个条件参数，可直接选中【A7】单元格完成第二个参数的输入→单击第三个文本框将其激活→输入第三个条件参数 ""~""→单击第四个文本框将其激活→输入第四个条件参数，可直接选中【B7】单元格完成第四个参数的输入→单击第五个文本框将其激活→输入第五个条件参数 ""个月宝宝""→单击【确定】按钮，如图 4-106 所示。

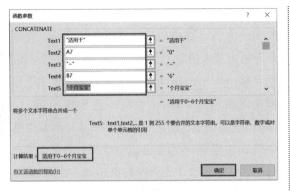

图 4-106

如图 4-107 所示，利用 "&" 和 CONCATENATE 函数的操作方法虽然不同，但所得结果完全相同。

将字符串进行组合			=A3&B3	=CONCATENATE(A3,B3)
字符串1	字符串2	组合后效果	&	CONCATENATE
表姐	凌祯	表姐凌祯	表姐凌祯	表姐凌祯
电话	18870208888	电话: 18870208888	电话: 18870208888	电话: 18870208888
江西省	九江市	江西省-九江市	江西省-九江市	江西省-九江市
检验标准	350mm	检验标准: 350mm±5	检验标准: 350mm±5	检验标准: 350mm±5
1	10	适用于0~6个月宝宝	适用于1~10个月宝宝	适用于1~10个月宝宝
Ford	Zhang	Ford Zhang	Ford Zhang	Ford Zhang

图 4-107

（2）认识 CHAR、CODE 函数。

如图 4-108 所示，CHAR 函数的功能是根据本机中的字符集，返回由代码数字指定的字符。CODE 函数的功能是返回文本字符串第一个字符在本机所用字符集中的数字代码。

=CHAR(1~255任一数字)
=CHAR(number)

根据本机中的字符集，返回由代码数字指定的字符。

=CODE(要取的第一个字符对应代码的字符串)
=CODE(text)

返回文本字符串第一个字符在本机所用字符集中的数字代码。

图 4-108

CHAR 和 CODE 函数都只有一个参数，比较容易掌握，图 4-109 所示是大小写字母和 ASCII 码的对应关系，ASCII 码的 65~90 为 26 个大写英文字母，97~122 为 26 个小写英文字母。表中【C:D】列区域是分别应用 CHAR 和 CODE 函数实现的大小字母和 ASCII 码的互相转换，例如，在单元格中输入公式 "=CHAR(65)"，得到的结果是大写字母 "A"，输入公式 "=CODE("A")"，得到的结果是 ASCII 码的 65。

生成自定义序列A~Z				生成自定义序列a~z			
序号	字母	CHAR	CODE	序号	字母	CHAR	CODE
65	A	A	65	97	a	a	97
66	B	B	66	98	b	b	98
67	C	C	67	99	c	c	99
68	D	D	68	100	d	d	100
69	E	E	69	101	e	e	101
70	F	F	70	102	f	f	102
71	G	G	71	103	g	g	103
72	H	H	72	104	h	h	104
73	I	I	73	105	i	i	105
74	J	J	74	106	j	j	106
75	K	K	75	107	k	k	107
76	L	L	76	108	l	l	108
77	M	M	77	109	m	m	109
78	N	N	78	110	n	n	110
79	O	O	79	111	o	o	111
80	P	P	80	112	p	p	112
81	Q	Q	81	113	q	q	113
82	R	R	82	114	r	r	114
83	S	S	83	115	s	s	115
84	T	T	84	116	t	t	116
85	U	U	85	117	u	u	117
86	V	V	86	118	v	v	118
87	W	W	87	119	w	w	119
88	X	X	88	120	x	x	120
89	Y	Y	89	121	y	y	121
90	Z	Z	90	122	z	z	122

图 4-109

ASCII（American Standard Code for Information Interchange，美国信息交换标准代码）是基于拉丁字母的一套电脑编码系统，主要用于显示现代英语和其他西欧语言。它是最通用的信息交换标准，并等同于国际标准 ISO/IEC 646。ASCII 第一次以规范标准的类型发表是在 1967 年，最后一次更新则是在 1986 年，到目前为止共定义了 128 个字符。

CHAR 函数比较经典的应用有，与 ROW、COLUMN 函数组合得到动态的字母序列，或者为一些查找函数找到单元格地址等，ROW、COLUMN 函数将在第 5 章中进行详细介绍。

2. 单元格格式与 TEXT 函数用法详解

3.3 节介绍过"日期型数据"的本质是数字。如图 4-110 所示，左侧的"43880"是单元格的值，右侧的"2020 年 2 月 19 日"是单元格格式设置为【日期】的显示形式。

图 4-110

（1）认识 TEXT 函数。

TEXT 函数的功能是格式化文本，将数值转化为按指定数字格式所表示的文本，如图 4-111 所示。

图 4-111

如图 4-112 所示，在"TEXT"工作表中，将【A】列单元格按【B】列所给出的显示效果显示。

数值	显示结果	TEXT	说明
0.985	98.50%		
2020/2/19	星期三		
100000	100吨		
123500	12.4万元		0!.0,万元
-1	<0		
-1	Off		"On";"Off";"Lod"
12345	盈利12,345		"盈利"#,##0;"亏损"-#,##0;"平衡"
123	合同号：00123		
12345	壹万贰仟叁佰肆拾伍		[DBNum2][$-zh-CN]G/通用格式
开始时间			
2020/2/19 8:00:00			显示两个时间之差："d天h小时m分钟s秒"
结束时间			
2020/2/29 14:10:36			

图 4-112

获得 TEXT 函数第二个参数（format_text）代码的方法：选中显示效果所在单元格，查看单元格格式中的自定义格式。例如，选中【B16】单元格→右击，在弹出的快捷菜单中选择【设置单元格格式】选项（也可以直接按 <Ctrl+1>键）→在弹出的【设置单元格格式】对话框中选中位置为当前单元格格式→选择【分类】列表框中的【自定义】选项→右侧被选中的格式为当前单元格格式代码，可复制该代码以备书写 TEXT 函数，其他单元格的格式代码都可以通过此方法查看，如图 4-113 所示。

图 4-113

温馨提示

在书写 TEXT 函数时，第二个参数（format_text）必须写成文本字符串形式。例如，【A18】单元格通过以上方法得到的单元格格式代码为"#0,"吨""，在书写函数公式时一定要写成""#0,"&"吨""，如果直接书写就会报错。

在【C16:C28】单元格区域中分别输入以下公式。

选中【C16】单元格→输入公式 "=TEXT (A16,"0.00%")"→按 <Enter> 键确认。

选中【C17】单元格→输入公式 "=TEXT (A17,"aaaa")"→按 <Enter> 键确认。

选中【C18】单元格→输入公式 "=TEXT (A18,"#0,"&" 吨 ")"→按 <Enter> 键确认。

选中【C19】单元格→输入公式 "=TEXT (A19,"0!.0, 万元 ")"→按 <Enter> 键确认。

选中【C20】单元格→输入公式 "=TEXT (A20,"""">0"""&";"&""""<0"""&";"&""""=0""")"→ 按 <Enter> 键确认。

选中【C21】单元格→输入公式 "=TEXT (A21,""""On"""&";"&""""Off"""&";"& """Lod""")"→按 <Enter> 键确认。

选中【C22】单元格→输入公式 "=TEXT (A22,"""" 盈利 """&"#,##0"&";"&"""" 亏损 """&"-#, ##0"&";"&"""" 平衡 """")"→按 <Enter> 键确认。

选中【C23】单元格→输入公式 "=TEXT (A23,"""" 合同号：""""&"00000")"→按 <Enter> 键确认。

选中【C24】单元格→输入公式 "=TEXT (A24,"[DBNum2][$-zh-CN]G/ 通用格式 ")"→按 <Enter> 键确认。

选中【C25】单元格→输入公式 "=TEXT (A28-A26,"d 天 h 小 时 m 分 钟 s 秒 ")"→ 按 <Enter> 键确认。

输入完公式后，TEXT 函数的运算结果如 图 4-114 所示。

TEXT函数			
数值	显示结果	TEXT	说明
0.985	98.50%	98.50%	
2020/2/19	星期三	星期三	
100000	100吨	100吨	
123500	12.4万元	12.4万元	0!.0,万元
-1	<0	<0	>0;<0;=0
-1	Off	Off	"On";"Off";Lod
12345	盈利12,345	盈利12,345	"盈利"#,##0,"亏损"-#,##0,"平衡"
出库单号:0000000123	合同号：00123	合同号：00123	
123.45	壹佰贰拾叁.肆伍	壹佰贰拾叁.肆伍	[DBNum2][$-zh-CN]G/通用格式
开始时间			
2020/2/19 8:00:00		10天6小时10分钟36秒	显示两个时间之差："d天h小时m分钟s秒"
结束时间			
2020/2/29 14:10:36			

图 4-114

（2）TEXT 函数的其他应用。

利用 TEXT 函数自定义格式，可以实现按 照规则显示数据。例如，上个案例中的【C20】 【C21】单元格就实现了此功能。TEXT 函数自 定义格式时，第二个参数（format_text）用分号 ";" 分段，从左到右依次表示 (">0";"<0";"=0")， 还可以定义成其他规则，例如，表示 "On"、 "Off"、" 盈利 "、" 亏损 " 等，如图 4-115 所示。

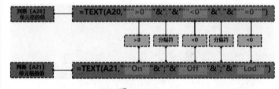

图 4-115

当【A20】单元格的值为 "-1" 时，【C20】单 元格的运算结果为 "<0"；当【A21】单元格的值 为 "-1" 时，【C21】单元格的运算结果为 "Off"。

TEXT 函数还可以与条件格式的【图标集】 组合使用，创建特殊显示效果。

选中【B21】单元格→选择【开始】选项卡→ 单击【条件格式】按钮→在下拉菜单中选择【新 建规则】选项→在弹出的【新建格式规则】对 话框中选择【基于各自值设置所有单元格的格

式】选项→在【格式样式】下拉列表中选择【图标集】选项→在【图标样式】下拉列表中选择任意一组喜欢的图标→在【类型】下拉列表中选择【数字】选项→第一个图标后选择【>】选项→第二个图标后选择【>=】选项→单击【确定】按钮，如图 4-116 所示。

修改【A21】单元格的值，【B21】单元格的显示效果也随之变化，如图 4-117 所示。

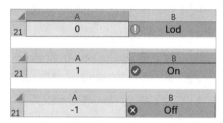

图 4-117

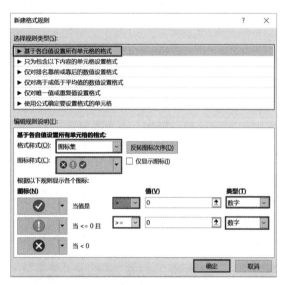

图 4-116

温馨提示

利用 TEXT 函数设置单元格格式，得到的结果与原值不相等。但通过按 <Ctrl+1> 键设置单元格格式，得到的结果与原值相等。

几个复杂 TEXT 函数的应用。函数逻辑比较复杂，如有需要可直接复制函数公式进行使用，【G】列为函数应用效果，【H】列为函数公式写法，如图 4-118 所示。

原格式	转换后数据	函数公式写法
1*12*234*254	0001*0012*0234*0254	=TEXT(SUM(MID(SUBSTITUTE(F16,"*",REPT(" ",14)),{1,9,29,43},15)*10^{12,8,4,0}),REPT("0000*",3)&"0000")
0001*0012*0234*0254	1*12*234*254	=SUBSTITUTE(G16,"0","")
123559.5	壹拾贰万叁仟伍佰伍拾玖元伍角整	=SUBSTITUTE(SUBSTITUTE(TEXT(TRUNC(FIXED(F18)),"[dbnum2]G/通用格式元;负[dbnum2]G/通用格式元;"&IF(F18>-0.5%,,"负"))&TEXT(RIGHT(FIXED(F18),2),"[dbnum2]0角0分;;"&IF(ABS(F18)>1%,"整",)),"零角",IF(ABS(F18)<1,,"零")),"零分","整")

图 4-118

（3）制作动态报告。

接下来在"制作动态报告"工作表中，制作图 4-119 所示的热力地图效果，并且当数据发生变化时，"说明"部分的内容也可以随着数据变化而同步更新。

大区	营销经理	业绩总额	唇妆					底妆			香氛		礼盒		大区小计
			方管	圆管	小金条	唇釉	润唇膏	粉底液	气垫	遮瑕	女士	男士	口红套装	底妆旅行	
华北	表姐	8841	800	695	870	774	902	919	869	597	626	613	524	652	27,487.00
	凌祯	9416	650	792	556	616	905	719	897	796	916	899	803	867	
	孙建国	9230	956	851	639	985	556	545	851	698	893	594	716	946	
华南	赵一涵	5940	370	561	380	643	774	399	350	489	483	644	384	463	18,337.00
	李伟	6114	618	680	484	315	699	499	494	365	530	632	398	400	
	林婷婷	6283	548	753	314	525	435	396	559	487	765	535	548	418	
华中	徐硕	2415	129	257	285	223	277	199	214	121	114	107	265	224	5,246.00
	张盛茗	2831	300	326	135	238	235	294	282	134	342	223	198	124	
汇总		51,070.00	4371	4915	3663	4319	4783	3970	4516	3687	4669	4247	3836	4094	51,070.00

美妆事业部 营销业绩总额汇总统计表　　年度: 2020年　年度业绩指标: 50,800.00元

说明:
【1】2020年美妆事业部营销业绩总额为51,070.00元, 占年度业绩指标: 50,800.00元的100.53%, 已完成年度业绩目标。
【2】2020年华北大区完成的总额为27,487.00元, 占年度业绩总额的比例为: 53.82%。
【3】2020年唇妆产品线营销业绩总额为22,051.00元, 占年度业绩总额的比例为: 43.18%。

图 4-119

① 为【D】列"业绩总额"设置条件格式。选中【D4:D11】单元格区域(注意, 不要选择汇总行)→选择【开始】选项卡→单击【条件格式】按钮→在下拉菜单中选择【数据条】选项→选择【实心填充】组中的【橙色数据条】选项,【D4:D11】单元格区域展示方式发生变化。

② 为明细数据区域设置"热力计"效果图。选中【E4:P11】单元格区域→选择【开始】选项卡→单击【条件格式】按钮→在下拉菜单中选择【色阶】选项→选择【其他规则】选项→在弹出的【新建格式规则】对话框中选择【基于各自值设置所有单元格的格式】选项→在【格式样式】下拉列表中选择【双色刻度】选项→在【最小值】下的【颜色】下拉列表中选择【淡橙色】选项→在【最大值】下的【颜色】下拉列表中选

择【橙色】选项→单击【确定】按钮, 如图 4-120所示。

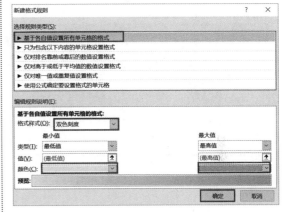

图 4-120

热力地图效果如图 4-121 所示, 通过颜色的浓淡可以清楚地看到业绩的高低。

大区	营销经理	业绩总额	唇妆					底妆			香氛		礼盒		大区小计
			方管	圆管	小金条	唇釉	润唇膏	粉底液	气垫	遮瑕	女士	男士	口红套装	底妆旅行	
华北	表姐	8803	762	695	870	774	902	919	869	597	626	613	524	652	27,449.00
	凌祯	9416	650	792	556	616	905	719	897	796	916	899	803	867	
	孙建国	9230	956	851	639	985	556	545	851	698	893	594	716	946	
华南	赵一涵	5940	370	561	380	643	774	399	350	489	483	644	384	463	18,337.00
	李伟	6114	618	680	484	315	699	499	494	365	530	632	398	400	
	林婷婷	6283	548	753	314	525	435	396	559	487	765	535	548	418	
华中	徐硕	2415	129	257	285	223	277	199	214	121	114	107	265	224	5,167.00
	张盛茗	2752	221	326	135	238	235	294	282	134	342	223	198	124	
汇总		50953	4254	4915	3663	4319	4783	3970	4516	3687	4669	4247	3836	4094	50,953.00

美妆事业部 营销业绩总额汇总统计表　　年度: 2017年　年度业绩指标: 67,800.00元

图 4-121

③ 制作动态说明：先按需输入静态说明，再制作动态说明。

动态说明的制作原理：变动的文本选单元格，不变的文本用双引号（""）括上，文本间用连接符（&）连接，特定的显示格式用 TEXT 函数，其中可灵活嵌套函数。方便起见，单元格内换行可按 <Alt+Enter> 键。

选中"说明"区域的文字，将现有静态文字修改为"=【1】"&L1&" 美妆事业部营销业绩总额为 "&TEXT(D12," * #,##0.00")&" 元，"&" 占年度业绩指标："&TEXT(P1," * #,##0.00")&" 元的 "&TEXT(D12/P1,"0.00%")&"，"&IF(D12>= P1," 已完成年度业绩目标。"," 未完成年度业绩目标。")&CHAR(10)&"【2】"&L1&" 华北大区完成的总额为 "&TEXT(Q4,"*#,##0.00")&" 元，占年度业绩总额的比例为："&TEXT(Q4/D12,"0.00%。")&CHAR(10)&"【3】"&L1&" 唇妆产品线营销业绩总额为 "&TEXT(SUM(E12:I12)," * #,##0.00")&" 元，占年度业绩总额的比例为："&TEXT(SUM(E12: I12)/D12,"0.00%。")"。

套用公式后，效果如图 4-122 所示。

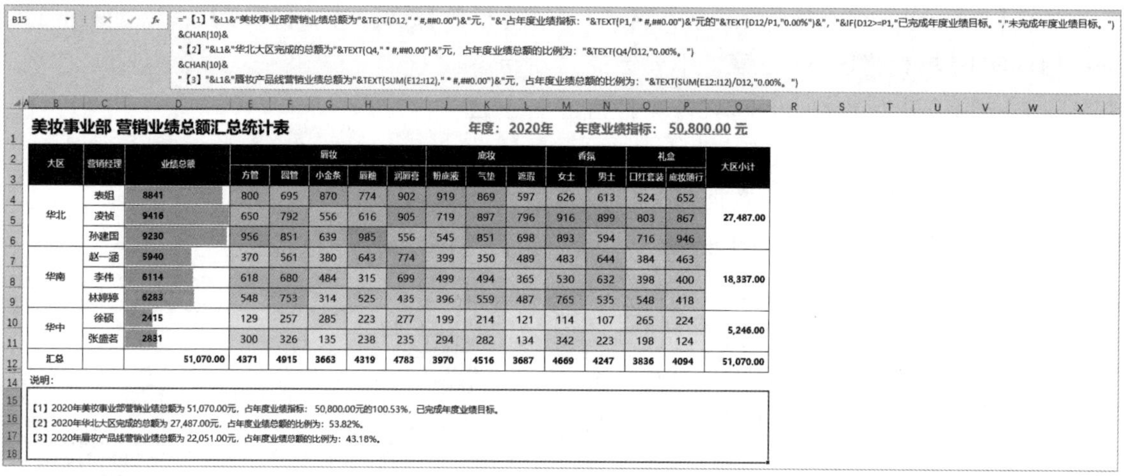

图 4-122

动态说明制作完成后，表格中单元格值发生变化时，"说明"区域的文字会随之变化，这种动态说明既能保证正确率，也能大大提高工作效率。

3. 高版本函数：PHONETIC、CONCAT、TEXTJOIN

PHONETIC、CONCAT、TEXTJOIN 函数都是 Excel 2019 版本中的新函数，在低版本的 Excel 中是没有的。这三个函数实现的功能都是文本合并，函数公式写法都比较简单，不再展开介绍。PHONETIC 函数在合并文本时，既不能合并数字也不能忽略空单元格，CONCAT 函数能合并数字但不能忽略空单元格，这两个函数不太常用。相较之下，TEXTJOIN 函数最灵活，比较常用，既能合并数字也能忽略空单元格，当第二个参数是"1"时忽略空单元格。

如图 4-123 所示，在"高版本 PHONETIC、CONCAT、TEXTJOIN"工作表中对比以上三个函数合并后的结果，有助于区分三个函数。

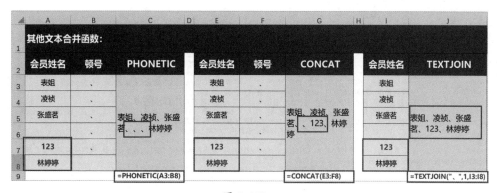

图 4-123

4.6 文本转化函数

在工作中经常会遇到一些字符转换的需求，例如，将文档中的大写字符全部变成小写字符，或者将全角字符转换成半角字符等。除手动转换外，有没有什么好的方法能快速实现这一需求呢？

接下来将介绍 Excel 中的文本转化函数：LOWER、UPPER、PROPER、WIDECHAR、ASC。

打开"素材文件/04-文本处理函数/04-

06-文本的转化：LOWER、UPPER、PROPER、WIDECHAR、ASC.xlsx"源文件。

这几个文本转化函数非常简单，只有一个参数，各函数的使用说明如图 4-124 所示。表中【A】列为原数据，【B】列为应用各函数后的效果，【C】列为函数公式写法，【D】列为各函数的功能说明，读者可参照表中说明了解其基本用法。

原文本	转化后效果	公式	说明
EXCEL	excel	=LOWER(A3)	将所有字母转化为小写
china	CHINA	=UPPER(A4)	将所有字母转化为大写
I love you	I Love You	=PROPER(A5)	将单词的首字母转换为大写，其余字母为小写
BiaoJie ling zHEN	Biaojie Ling Zhen	=PROPER(A6)	
Ford-张盛茗-100	Ｆｏｒｄ－张盛茗－１００	=WIDECHAR(A7)	将半角字符转化为全角字符
Ｆｏｒｄ－张盛茗－１００	Ford-张盛茗-100	=ASC(A8)	将全角字符转化为半角字符

大小写、全半角转换

图 4-124

4.7 文本函数综合实战：查找关键数据

如图 4-125 所示，表格中数据来源于淘宝后台数据库。如果按某些关键词查找数据，例如，男款、女款、秋季、冬季等，通过 Excel 的筛选操作显然是无法完成的。像这种判断文

本中是否包含多个关键词的功能应该如何实现呢？本节以"疫情排查日报"为例，利用查找多个关键词的方法来比对每日新增数据。

KU	产品名称关键词
KU828824	去盒子发货 秋季老北京布鞋男款单鞋面料加棉版透气防滑运动休闲鞋厚底防臭大码鞋48
KU925319	没有目标的 去盒子发货 打腊PU 秋季老北京布鞋男款单鞋透气防滑运动休闲鞋厚底防臭大码鞋
KU549827	网站SKU510142 (去盒发货)优先核审 女 2016秋冬保暖棉鞋 防水软底老北京棉鞋毛口 二棉手工雪地靴
KU763241	下给挺固家!! 男 (去盒子发货工作鞋 透气 飞织棉网布 黑色 红色 9-11码
KU748831	去盒子发货 夏季爆款厚底平底凉拖民族糖果色彩女士家居拖鞋批发
KUD40577	ae不上国内专利 多功能无线充 闹钟 时钟温度LED显示 桌面无线充
KU950989	四季 女 无孔 医用 防滑 轻便 食品 车间 手术 厨房 厨师 圆头 厚底 舒适 工作鞋 黑 白 36-42码
KU732980	去鞋盒发货 春秋新款单鞋 中老年妈妈鞋平底温州女鞋 老人鞋外贸
KU464950	(去盒发货)厂家批发新时尚透气男士拉链单鞋英伦pu皮男鞋板鞋豆豆鞋男鞋潮
KU903380	四季 女 蹀交叉 玛丽珍 女 室内外 鞋 成人 5.5cm 中跟 酒杯跟 广场舞 交谊舞 鞋 黑 红 银 金 37-42码
KU884708	去鞋盒发货 2018春季新款鞋人一脚蹬女士休闲单鞋透气老北京布鞋女时尚平底潮
KUA79990	原SKU791228去盒子发货 秋季老北京布鞋男款单鞋透气防滑运动休闲鞋厚底防臭大码鞋
KU861351	(去盒发货)(入库检验绣花的牢固程度) 运动鞋夏韩版2017潮百搭休闲内增高厚底女鞋12cm超高跟坡跟松糕鞋
KUB83386	只下单巨邦!! 黑色绿色灰色 (去盒发货)自动收缩鞋带 劳保鞋男夏季 防砸防刺穿安全鞋 钢包头钢底防滑工作鞋
KUC14921	5.5cm 橡胶底 新款拉丁舞鞋女成人广场舞鞋中高跟交谊跳舞鞋
KU647767	去盒子发货 春秋手工鞋湖女鞋真皮民族风女单鞋软底浅口圆头妈妈鞋平底豆豆鞋

图 4-125

1. FIND 函数查找关键词

打开 "素材文件 /04- 文本处理函数 /04-07- 文本的综合应用 1：每日新增数据比对 – 是否包含 N 个关键词 .xlsx" 源文件。

如图 4-126 所示，表中的数据是某地庐山区疫情日报上报情况统计表，要求只统计 9 个乡镇和街道的数据，9 个乡镇和街道分别为姑塘、威家、海会、新港、赛阳、莲花、五里、十里、虞家河，确定表中 "庐山区 – 某乡镇" 列是否归属以上 9 个乡镇和街道，如归属显示乡镇和街道的名称，如不归属显示 "非辖区"。判断表中 "庐山区 – 某乡镇" 列是否归属以上 9 个乡镇和街道的方法可通过在 "庐山区 – 某乡镇" 列查找是否包含 9 个乡镇和街道的名称。

2月3日数据		2月4日数据		2月5日数据		2月6日数据	
电话号码	庐山区-某乡镇	电话号码	庐山区-某乡镇	电话号码	庐山区-某乡镇	电话号码	庐山区-某乡镇
15527538803	庐山区虞家河乡镇区	18671435281	市区城西港区	15171753705	虞家河乡	18627098127	庐山区赛阳镇
13217258965	庐山区莲花镇	18671206350	市区城西港区	13807129671	虞家河乡	15926401159	庐山区德化路
17507137095	庐山区姑塘镇镇区	13227291539	市区城西港区	15507177569	庐山区姑塘镇镇区	13872087927	生态工业园
13177357906	庐山区海会镇	13476597769	生态工业园	13297005386	庐山区新港镇	13227329239	市区联通大楼
13636125972	庐山区海会镇	15527538803	生态工业园	13100666082	庐山区新港镇	13264830366	市区城西港区
13409933122	庐山区海会镇	13636125972	市区城西港区	13297577015	庐山区新港镇	15607101967	庐山区虞家河乡镇区
18672011075	庐山区姑塘镇镇区	15623584807	市区城西港区	18571156887	庐山区新港镇	15671025426	庐山区虞家河乡镇区
18571572437	庐山区虞家河乡镇区	18571572437	生态工业园	18694076920	庐山风景区	18571473026	市区新市政府
18627798712	海会镇			13212758402	庐山区新港镇	13297116390	市区新市政府
15623584807	市区德化路			13212757536	庐山区新港镇	15172811104	市区新市政府
17671773757	市区德化路			15572991739	庐山区新港镇	15571358905	市区城西港区
15549517179	市区德化路			13212736516	庐山区新港镇	13117187387	市区联通大楼
				15571358905	庐山风景区	13886414576	市区金三角
				18571740373	庐山风景区	13235434080	市区德化路
				13227436267	庐山区虞家河乡镇区		
				18871439378	海会镇		
				15586597087	海会镇		
				18627974591	庐山区新港镇		
				13296589849	庐山区新港镇		
				18571572437	庐山区海会镇		

图 4-126

为方便查找，需先将数据整理为清单的格式，如图 4-127 所示。

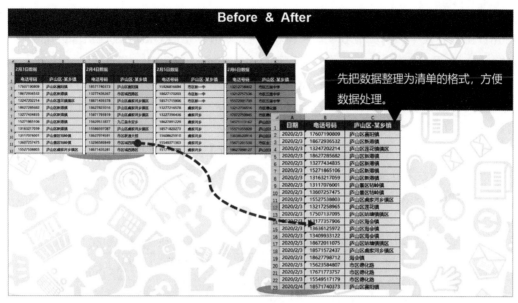

图 4-127

制作思路如图 4-128 所示。

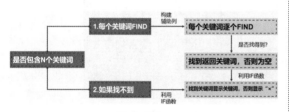

图 4-128

（1）构建辅助列。在"每日电话数据源－清单"工作表中，插入 10 列空单元格，在列首行分别输入"归属地"及 9 个乡镇和街道的名称，用格式刷复制格式，如图 4-129 所示（数据量较大，图中只展示部分数据）。

日期	电话号码	庐山区-某乡镇	归属地	姑塘	威家	海会	新港	赛阳	莲花	五里	十里	虞家河
2020/2/3	17607190809	庐山区赛阳镇										
2020/2/3	18672936532	庐山区新港镇										
2020/2/3	13247202214	庐山区莲花镇镇区										
2020/2/3	18627285682	庐山区新港镇										
2020/2/3	13277434835	庐山区新港镇										
2020/2/3	15271865106	庐山区新港镇										
2020/2/3	13163217059	庐山区新港镇										
2020/2/3	13117076001	庐山景区牯岭镇										
2020/2/3	13607257475	庐山景区牯岭镇										
2020/2/3	15527538803	庐山区虞家河乡镇区										
2020/2/3	13217258965	庐山区莲花镇										
2020/2/3	17507137095	庐山区姑塘镇镇区										
2020/2/3	13177357906	庐山区海会镇										
2020/2/3	13636125972	庐山区海会镇										
2020/2/3	13409933122	庐山区海会镇										
2020/2/3	18672011075	庐山区姑塘镇镇区										
2020/2/3	18571572437	庐山区虞家河乡镇区										
2020/2/3	18627798712	海会镇										
2020/2/3	15623584807	市区德化路										
2020/2/3	17671773757	市区德化路										
2020/2/3	15549517179	市区德化路										
2020/2/4	18571740373	庐山区赛阳镇										
2020/2/4	13277436267	市区城西港区										

图 4-129

105

查找关键词即 9 个乡镇和街道的名称。首先用 FIND 函数在表中【C】列查找 9 个乡镇和街道的名称。如果 FIND 函数查找结果返回数值，表示查找成功，显示对应的乡镇和街道的名称；否则 FIND 函数返回错误值，表示查找失败，显示为空值。

像这样涉及"如果…就…，否则…"的问题，需要利用 IF 函数来解决，错误值的美化则可以利用 ISERROR 函数。

（2）输入公式。选中【E2】单元格→输入公式 "=IF(ISERROR(FIND(E\$1,\$C2)),"",E\$1)"→按 <Enter> 键确认→将光标放在【E2】单元格右下角，当其变成十字句柄时，向右拖曳填充至【M2】单元格→将光标放在【M2】单元格右下角，当其变成十字句柄时，向下拖曳填充至【M91】单元格（文件尾，由于表格数据量较大，截图只能展示部分数据），如图 4-130 所示。

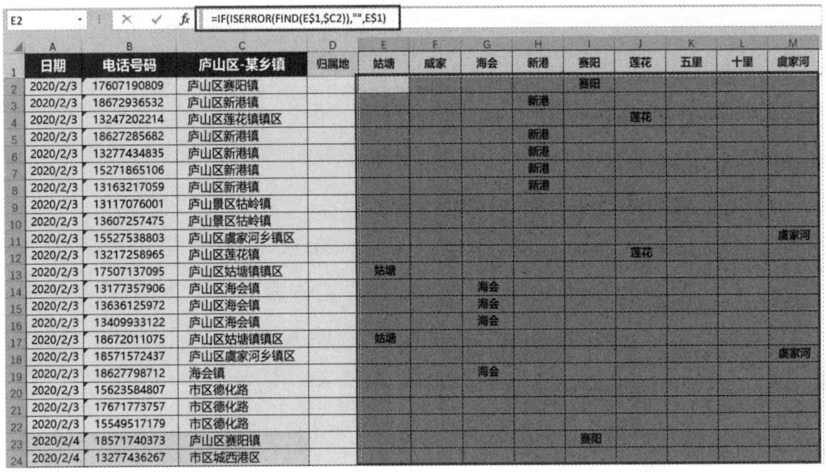

图 4-130

（3）根据查找结果判断归属地。完成【E:M】列区域数据的拼接，即可得到归属地。

选中【D2】单元格→输入公式 "=E2&F2&G2&H2&I2&J2&K2&L2&M2"→按 <Enter> 键确认→将光标放在【D2】单元格右下角，当其变成十字句柄时，双击鼠标将公式向下填充，【D】列得到归属地，如图 4-131 所示。

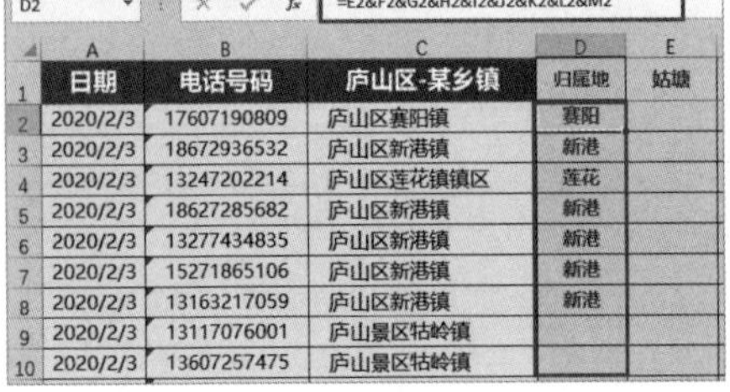

图 4-131

（4）将【D】列空值显示为"非辖区"。完成上步的操作后可以发现【D】列有一些单元格值为空，这说明空值对应的地区为"非辖区"，嵌套 IF 函数完成是否属于辖区的判断。

选中【D2】单元格→将函数公式替换为 "=IF(E2&F2&G2&H2&I2&J2&K2&L2&M2="","非辖区",E2&F2&G2&H2&I2&J2&K2&L2&M2)"→按 <Enter> 键确认→将光标放在【D2】单元格右下角，当其变成十字句柄时，双击鼠标将公式向下填充，【D】列空值全部显示为"非辖区"，如图 4-132 所示。

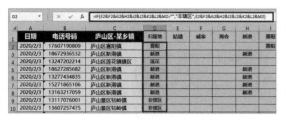

图 4-132

（5）突出显示"非辖区"。选中【D】列单元格区域→选择【开始】选项卡→单击【条件格式】按钮→在下拉菜单中选择【突出显示单元格规则】选项→选择【等于】选项→在弹出的【等于】对话框中单击文本框，输入"非辖区"→单击【确定】按钮，如图 4-133 所示。

图 4-133

查找的最终效果如图 4-134 所示。

图 4-134

2. 查找函数 LOOKUP 的灵活应用

FIND 函数查找关键词的思路理解起来很容易，但操作烦琐，LOOKUP 函数查找则更灵活。

LOOKUP 函数将在 9.5 节中进行详细介绍，这里只"剧透"它的使用方法，不做展开介绍，如果需要可直接复制函数公式进行使用，函数公式写法及效果呈现如图 4-135 所示。

图 4-135

3.删除重复值

当数据量较大且有重复值时，肉眼很难判断，手动删除重复值效率较低，通过【数据】选项卡下的【删除重复值】按钮可以快速完成重复值的删除，操作步骤如下。

（1）选中【B】列单元格区域→选择【数据】选项卡→单击【删除重复值】按钮→在弹出的【删除重复项警告】对话框中选中【扩展选定区域】单选按钮→单击【删除重复项】按钮，如图 4-136 所示。

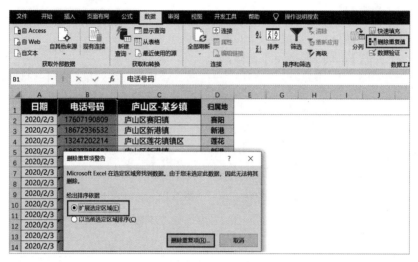

图 4-136

（2）在弹出的【删除重复值】对话框中单击【取消全选】按钮→选中【数据包含标题】复选框→在下方的列表框中选中【电话号码】复选框→单击【确定】按钮，如图 4-137 所示。

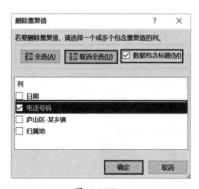

图 4-137

（3）最后在弹出的对话框中显示操作结果→单击【确定】按钮，如图 4-138 所示。

图 4-138

第5章 信息提取函数

在 Excel 中，所有函数都涉及单元格的引用，直接引用单元格地址在前面的章节中曾多次出现，简单易操作，那么怎样实现更加灵活的单元格引用呢？本章介绍的信息提取函数将为大家提供有效的帮助。

5.1 信息提取函数：ROW、COLUMN

1. 认识 ROW、COLUMN 函数

打开"素材文件 /05- 信息提取函数 /05-01- 信息提取函数：ROW、COLUMN.xlsx"源文件。

如图 5-1 所示，在"ROW COLUMN"工作表中，【B】列为应用 ROW 和 COLUMN 函数的计算结果，【C】列为【B】列对应单元格的函数公式。

ROW COLUMN		
函数名称	输出结果	公式
ROW	3	=ROW()
	2	=ROW(A1)+1
COLUMN	2	=COLUMN()
	10	=COLUMN(K100)-1

图 5-1

表中【B3】【B5】单元格中的公式分别为"=ROW()""=COLUMN()"，当 ROW 和 COLUMN 函数参数缺省时，表示返回当前单元格的行或列。【B3】单元格行号为 3，【B5】单元格列标为 2，所以计算结果分别为 3 和 2，【B】列其他单元格的值均可根据【C】列函数公式计算得出。

由图 5-1 中的输出结果可知，ROW 函数的

功能是返回引用的行号，COLUMN 函数的功能是返回引用的列标，如图 5-2 所示。

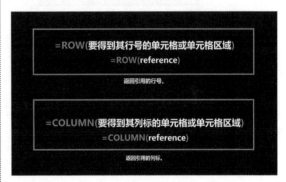

图 5-2

2. ROW、COLUMN 函数的经典应用

（1）生成连续序号。

使用 Excel 时，经常会进行插入或删除行的操作，当插入或删除行时手动输入的序号会断序，应用 ROW 函数生成的序号在插入或删除行后将自动变更为连续序号。

在"ROW- 制作连续序号"工作表中，【A】列序号为手动输入，当删除表格第 5~7 行时序号断序，表格删除前后对比如图 5-3 所示。

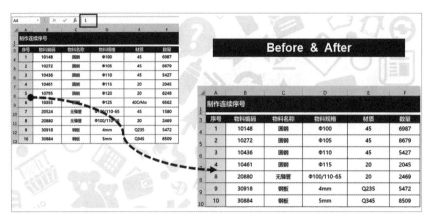

图 5-3

应用 ROW 函数可保证插入或删除行时序号的连续性。选中【A4】单元格→拖曳鼠标选中【A4:A13】单元格区域→单击函数编辑区将其激活→输入公式"=ROW()-3"→按 <Ctrl+Enter> 键快速批量填充公式，此时删除其中的某些行，序号仍能保持连续，如图 5-4 所示。

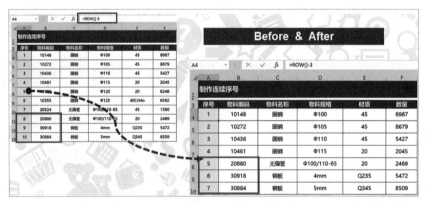

图 5-4

（2）生成递增序列。

如图 5-5 所示，在"ROW- 经典应用 1"工作表中，应用 ROW 函数生成四个表格的序号。

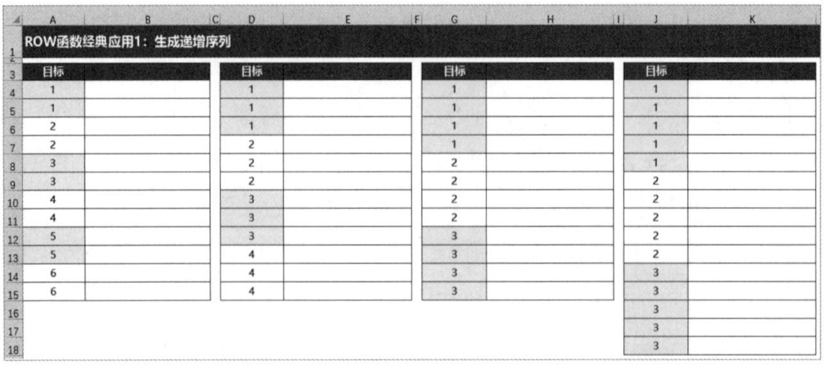

图 5-5

图 5-5 中四个表格的序号均为递增序列，只是每个序号重复次数不同，像这种规律的序号可用“=INT(ROW 函数生成的递增自然数序列 /n)”函数来解决。

例如，重复 2 次的递增序号的方法：先用 ROW 函数生成递增自然数序列，重复次数（n）为 2 且起始序号为 1，首个单元格 ROW 函数的参数取“A2”，向下拖曳单元格，参数“A2”会随之变成参数“Ax”，ROW 函数得到递增自然数序列，为使序号重复 2 次且为连续整数，需用 ROW 函数除以重复次数（n）并取整，首个单元格公式为“=INT(ROW(A2)/2)”，向下拖曳单元格得到重复 2 次的递增序号，如图 5-6 所示。

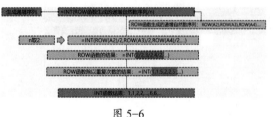

图 5-6

重复 3 次的递增序号，首个单元格公式为“=INT(ROW(A3)/3)”，重复 n 次的以此类推。

分步解析函数。将公式应用于第 1 个表格，先用 ROW 函数生成递增序列后除以重复次数，输入公式。选中【B4】单元格→单击函数编辑区将其激活→输入公式“=ROW(A2)/2”→按 <Enter> 键确认→将光标放在【B4】单元格右下角，当其变成十字句柄时，双击鼠标将公式向下填充，如图 5-7 所示。

B4 | fx =ROW(A2)/2

	A	B	C	D
1	ROW函数经典应用1：生成递增序列			
3	目标			目标
4	1	1		1
5	1	1.5		1
6	2	2		1
7	2	2.5		2
8	3	3		2
9	3	3.5		2
10	4	4		3
11	4	4.5		3
12	5	5		3
13	5	5.5		4
14	6	6		4
15	6	6.5		4

图 5-7

对 ROW 函数计算结果取整，输入公式。选中【B4】单元格→单击函数编辑区将其激活→输入公式“=INT(ROW(A2)/2)”→按 <Enter> 键确认→将光标放在【B4】单元格右下角，当其变成十字句柄时，双击鼠标将公式向下填充，如图 5-8 所示。

B4 | fx =INT(ROW(A2)/2)

	A	B	C	D
1	ROW函数经典应用1：生成递增序列			
3	目标	=INT(ROW(A2)/2)		目标
4	1	1		1
5	1	1		1
6	2	2		1
7	2	2		2
8	3	3		2
9	3	3		2
10	4	4		3
11	4	4		3
12	5	5		3
13	5	5		4
14	6	6		4
15	6	6		4

图 5-8

重复 3 次、4 次、5 次的递增序号的函数公式写法相似，这里不再赘述，函数公式写法如图 5-9 所示。

K4 　 fx =INT(ROW(A5)/5)

ROW函数经典应用1：生成递增序列					=INT(ROW函数生成的递增自然数序列/n)					
目标	=INT(ROW(A2)/2)		目标	=INT(ROW(A3)/3)		目标	=INT(ROW(A4)/4)		目标	=INT(ROW(A5)/5)
1	1		1	1		1	1		1	1
1	1		1	1		1	1		1	1
2	2		1	1		1	1		1	1
2	2		2	2		1	1		1	1
3	3		2	2		2	2		2	2
3	3		2	2		2	2		2	2
4	4		3	3		2	2		2	2
4	4		3	3		2	2		2	2
5	5		3	3		3	3		2	2
5	5		4	4		3	3		2	2
6	6		4	4		3	3		3	3
6	6		4	4		3	3		3	3
									3	3
									3	3
									3	3

图 5-9

（3）生成循环序列。

如图 5-10 所示，在 "ROW- 经典应用 2（1）" 工作表中，应用 ROW 函数生成四个表格的序号。

ROW函数经典应用2：生成循环序列							
目标		目标		目标		目标	
1		1		1		1	
2		2		2		2	
1		3		3		3	
2		1		4		4	
1		2		1		5	
2		3		2		1	
1		1		3		2	
2		2		4		3	
1		3		1		4	
2		1		2		1	
1		2		3		2	
2		3				3	
						4	
						5	

图 5-10

图 5-10 中四个表格的序号均为顺序循环序列，只是循环长度不同，像这种规律的序号可用 "=MOD(ROW 函数生成的递增自然数序列 −1,n)+1" 函数来解决。MOD 函数将在第 7 章中进行详细介绍，它的功能是返回两数相除的余数。

以 n 取 2 为例，思路分析如图 5-11 所示。

图 5-11

输入公式。选中【B4】单元格→单击函数编辑区将其激活→输入公式 "=MOD(ROW(A1)−1,2)+1"，如图 5-12 所示→按 <Enter> 键确认。

COUNTIFS | =MOD(ROW(A1)-1,2)+1

	A	B	C	D
1	ROW函数经典应用2：生成循环序列			
3	目标	=MOD(ROW(A1)-1,2)+1		目标
4	1	=MOD(ROW(A1)-1,2)+1		1

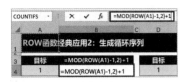

图 5-12

选中【B4】单元格，将光标放在【B4】单元格右下角，当其变成十字句柄时，双击鼠标将公式向下填充，如图 5-13 所示。

B4 | =MOD(ROW(A1)-1,2)+1

	A	B	C	D
1	ROW函数经典应用2：生成循环序列			
3	目标	=MOD(ROW(A1)-1,2)+1		目标
4	1	1		1
5	2	2		2
6	1	1		3
7	2	2		1
8	1	1		2
9	2	2		3
10	1	1		1
11	2	2		2
12	1	1		3
13	2	2		1
14	1	1		2
15	2	2		3

图 5-13

当 n 取 3,4,5,…时实现路线相同，函数公式书写也基本相同，函数公式写法如图 5-14 所示。

K4 | =MOD(ROW(A1)-1,5)+1

	A	B	C	D	E	F	G	H	I	J	K
1	ROW函数经典应用2：生成逆循环序列				=MOD(ROW函数生成的递增自然数序列-1,n)+1						
3	目标	=MOD(ROW(A1)-1,2)+1		目标	=MOD(ROW(A1)-1,3)+1		目标	=MOD(ROW(A1)-1,4)+1		目标	=MOD(ROW(A1)-1,5)+1
4	1	1		1	1		1	1		1	1
5	2	2		2	2		2	2		2	2
6	1	1		3	3		3	3		3	3
7	2	2		1	1		4	4		4	4
8	1	1		2	2		1	1		5	5
9	2	2		3	3		2	2		1	1
10	1	1		1	1		3	3		2	2
11	2	2		2	2		4	4		3	3
12	1	1		3	3		1	1		4	4
13	2	2		1	1		2	2		5	5
14	1	1		2	2		3	3		1	1
15	2	2		3	3		4	4		2	2
16										3	3
17										4	4
18										5	5

图 5-14

（4）生成逆循环序列。

如图 5-15 所示，在“ROW- 经典应用 2（2）”工作表中，应用 ROW 函数生成四个表格的序号。

	A	B	C	D	E	F	G	H	I	J	K
1	ROW函数经典应用2：生成逆循环序列										
3	目标			目标			目标			目标	
4	2			3			4			5	
5	1			2			3			4	
6	2			1			2			3	
7	1			3			1			2	
8	2			2			4			1	
9	1			1			3			5	
10	2			3			2			4	
11	1			2			1			3	
12	2			1			4			2	
13	1			3			3			1	
14	2			2			2			5	
15	1			1			1			4	
16										3	
17	应用场景：特种变压器，段子序列反置排序									2	
18										1	

图 5-15

图 5-15 中四个表格的序号均为逆循环序列，只是循环长度不同，像这种规律的序号可用“=n-MOD(ROW 函数生成的递增自然数序列 -1,n)”函数来解决。这种逆循环序列主要应用于特种变压器、段子序列反置排序等。

以 n 取 2 为例，思路分析如图 5-16 所示。

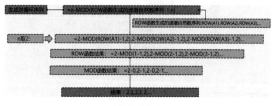

图 5-16

输入公式。选中【B4】单元格→单击函数编辑区将其激活→输入公式“=2-MOD(ROW(A1)-1,2)”，如图 5-17 所示→按 <Enter> 键确认。

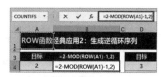

图 5-17

选中【B4】单元格，将光标放在【B4】单元格右下角，当其变成十字句柄时，双击鼠标将公式向下填充，如图 5-18 所示。

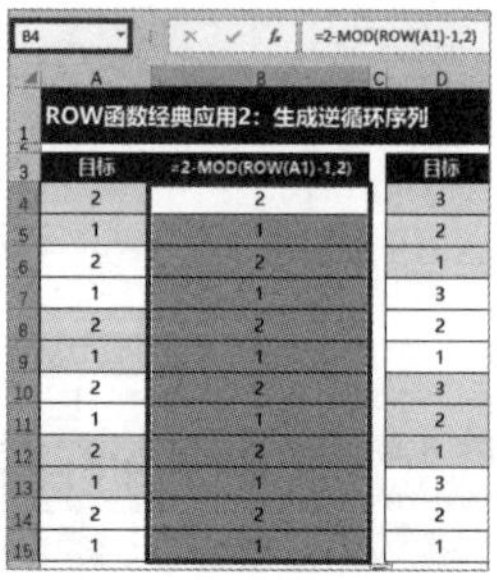

图 5-18

当 n 取 3,4,5,…时实现路线相同，函数公式书写也基本相同，函数公式写法如图 5-19 所示。

K4 =5-MOD(ROW(A1)-1,5)

ROW函数经典应用2：生成逆循环序列　　=n-MOD(ROW函数生成的递增自然数序列-1,n)

行	目标	=2-MOD(ROW(A1)-1,2)	目标	=3-MOD(ROW(A1)-1,3)	目标	=4-MOD(ROW(A1)-1,4)	目标	=5-MOD(ROW(A1)-1,5)
4	2	2	3	3	4	4	5	5
5	1	1	2	2	3	3	4	4
6	2	2	1	1	2	2	3	3
7	1	1	3	3	1	1	2	2
8	2	2	2	2	4	4	1	1
9	1	1	1	1	3	3	5	5
10	2	2	3	3	2	2	4	4
11	1	1	2	2	1	1	3	3
12	2	2	1	1	4	4	2	2
13	1	1	3	3	3	3	1	1
14	2	2	2	2	2	2	5	5
15	1	1	1	1	1	1	4	4
16							3	3
17	应用场景：特种变压器，段子序列反置排序						2	2
18							1	1

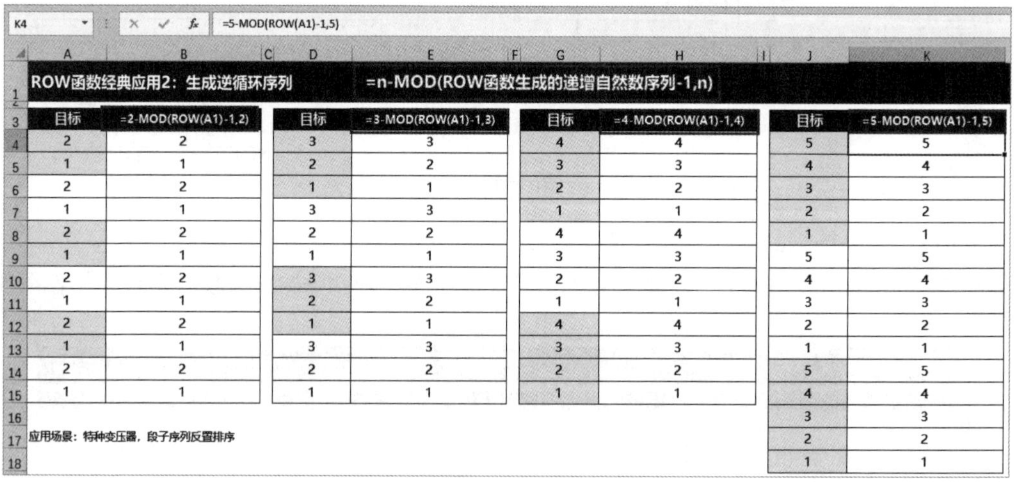

图 5-19

5.2 信息提取函数：ADDRESS、CELL

1. 认识 ADDRESS 函数

打开“素材文件 /05- 信息提取函数 /05-02- 信息提取函数:ADDRESS、CELL.xlsx”源文件。

ADDRESS 函数的功能是获取单元格地址，

它共有 5 个参数。在应用函数时，第一、二个参数是必填项，第三个参数可以分为绝对引用、相对引用、混合引用三种类型，第四个参数分为 A1 或 R1C1 两种类型，第五个参数只有在获取外部工作表信息时才需填写，如图 5-20 所示。

图 5-20

如图 5-21 所示，在"ADDRESS"工作表中，获取表中单元格的列标号。

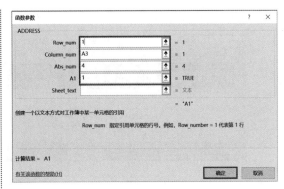

图 5-21

思路分析。先用 ADDRESS 函数获取单元格地址，再用 SUBSSTITUTE 函数将行号替换为空。

（1）应用 ADDRESS 函数获取单元格地址，

输入公式。选中【A4】单元格→单击函数编辑区将其激活→输入函数名称"=ADD"，根据函数提示按 <↑+↓> 键选中【ADDRESS】→按 <Tab> 键自动补充左括号，如图 5-22 所示。

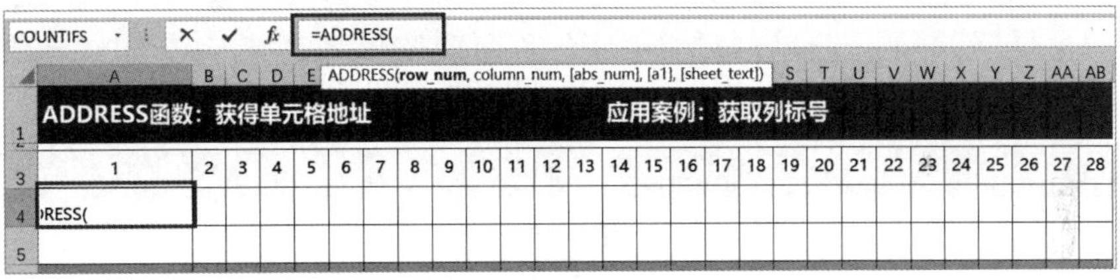

图 5-22

按 <Ctrl+A> 键→在弹出的【函数参数】对话框中单击第一个文本框将其激活→输入第一个条件参数，引用的行号"1"→单击第二个文本框将其激活→输入第二个条件参数，可直接选中【A3】单元格完成第二个参数的输入→单击第三个文本框将其激活→输入第三个条件参数，单元格的引用方式，选相对引用方式，输入"4"→单击第四个文本框将其激活→输入第四个条件参数，单元格样式类型，输入"1"→单击【确定】按钮，如图 5-23 所示。

图 5-23

选中【A4】单元格→将光标放在【A4】单元格右下角，当其变成十字句柄时，向右拖曳填充至【AB4】单元格。

（2）应用 SUBSSTITUTE 函数将行号替换为空，输入公式。选中【A5】单元格→单击函数编辑区将其激活→输入公式“=SUBSTITUTE(A4,"1","")”，如图 5-24 所示→按 <Enter> 键确认。

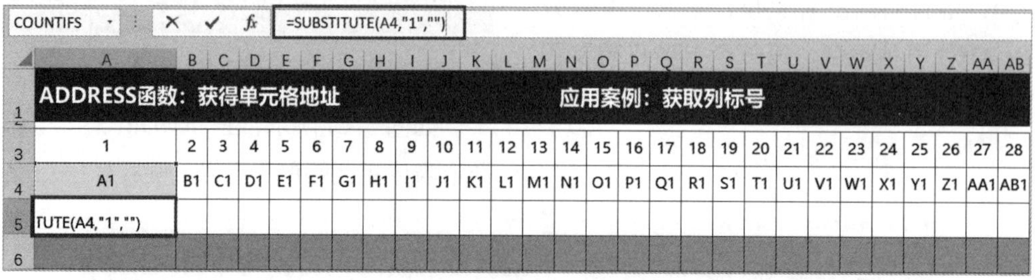
COUNTIFS =SUBSTITUTE(A4,"1","")

	A	B	C	D	E	F	G	H	I	J	K	L	M	N	O	P	Q	R	S	T	U	V	W	X	Y	Z	AA	AB
1	ADDRESS函数：获得单元格地址													应用案例：获取列标号														
3	1	2	3	4	5	6	7	8	9	10	11	12	13	14	15	16	17	18	19	20	21	22	23	24	25	26	27	28
4	A1	B1	C1	D1	E1	F1	G1	H1	I1	J1	K1	L1	M1	N1	O1	P1	Q1	R1	S1	T1	U1	V1	W1	X1	Y1	Z1	AA1	AB1
5	TUTE(A4,"1","")																											
6																												

图 5-24

选中【A5】单元格→将光标放在【A5】单元格右下角，当其变成十字句柄时，向右拖曳填充至【AB5】单元格。

（3）将前两步进行整合，完成函数嵌套。选中【A6】单元格→单击函数编辑区将其激活→输入公式“=SUBSTITUTE(ADDRESS(1,COLUMN(),4,1),"1","")”→按 <Enter> 键确认，如图 5-25 所示。

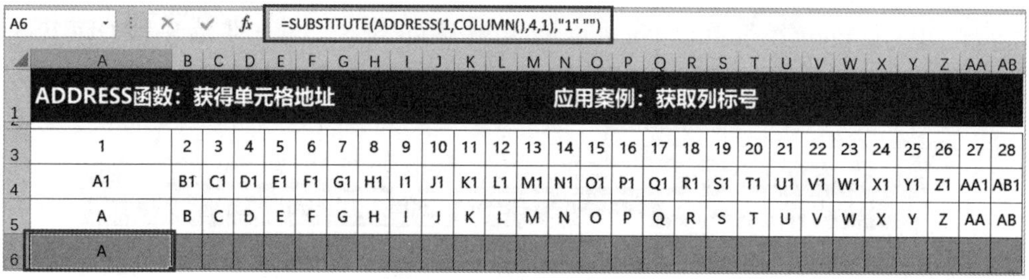
A6 =SUBSTITUTE(ADDRESS(1,COLUMN(),4,1),"1","")

	A	B	C	D	E	F	G	H	I	J	K	L	M	N	O	P	Q	R	S	T	U	V	W	X	Y	Z	AA	AB
1	ADDRESS函数：获得单元格地址													应用案例：获取列标号														
3	1	2	3	4	5	6	7	8	9	10	11	12	13	14	15	16	17	18	19	20	21	22	23	24	25	26	27	28
4	A1	B1	C1	D1	E1	F1	G1	H1	I1	J1	K1	L1	M1	N1	O1	P1	Q1	R1	S1	T1	U1	V1	W1	X1	Y1	Z1	AA1	AB1
5	A	B	C	D	E	F	G	H	I	J	K	L	M	N	O	P	Q	R	S	T	U	V	W	X	Y	Z	AA	AB
6	A																											

图 5-25

选中【A6】单元格→将光标放在【A6】单元格右下角，当其变成十字句柄时，向右拖曳填充至【AB6】单元格，如图 5-26 所示，可将公式应用于表中任何单元格，均可得到列标。

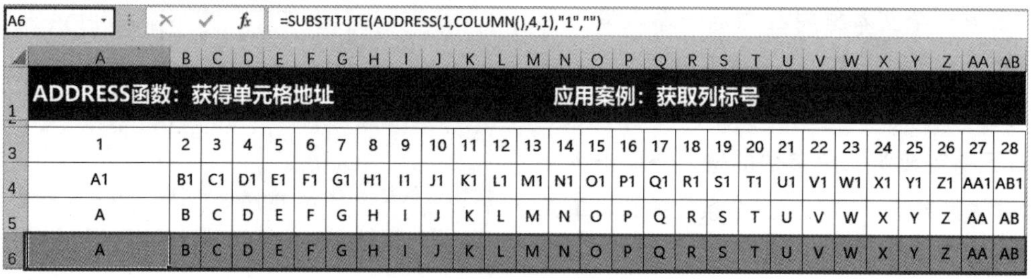
A6 =SUBSTITUTE(ADDRESS(1,COLUMN(),4,1),"1","")

	A	B	C	D	E	F	G	H	I	J	K	L	M	N	O	P	Q	R	S	T	U	V	W	X	Y	Z	AA	AB
1	ADDRESS函数：获得单元格地址													应用案例：获取列标号														
3	1	2	3	4	5	6	7	8	9	10	11	12	13	14	15	16	17	18	19	20	21	22	23	24	25	26	27	28
4	A1	B1	C1	D1	E1	F1	G1	H1	I1	J1	K1	L1	M1	N1	O1	P1	Q1	R1	S1	T1	U1	V1	W1	X1	Y1	Z1	AA1	AB1
5	A	B	C	D	E	F	G	H	I	J	K	L	M	N	O	P	Q	R	S	T	U	V	W	X	Y	Z	AA	AB
6	A	B	C	D	E	F	G	H	I	J	K	L	M	N	O	P	Q	R	S	T	U	V	W	X	Y	Z	AA	AB

图 5-26

2. 认识三维引用方式

CELL 函数的功能是获取单元格信息，单元格的信息涵盖很广，包含单元格的地址、当前文件的路径、工作表名等，如图 5-27 所示。

图 5-27

在 "CELL" 工作表中，表中【A】列为 CELL 函数第一个参数可获取的各种信息类别，【B】列为 CELL 函数返回值，【C】列为示例，【D】列为【C】列对应单元格的函数公式展示，如图 5-28 所示。

获取信息类别	返回值	示例	公式
address	单元格地址	$A$1	=CELL("address",A1)
col	列标	1	=CELL("col",A1)
color	负值是否显示不同的颜色	1	=CELL("color",F5)
contents	单元格区域左上角单元格的内容（值）	CELL函数：获取单元格信息	=CELL("contents",A1)
filename	文件路径	C:\Users\72059\Desktop\26天\课程素材示例文件\05-信息提取函数\[05-02-信息提取函数]：ADDRESS、CELL.xlsx]CELL	=CELL("filename",A1)
parentheses	是否使用了自定义格式	0	=CELL("parentheses",A1)
prefix	文本的对齐方式	'	=CELL("prefix",A1)
protect	是否锁定	1	=CELL("protect",A1)
row	行号	1	=CELL("row",A1)
type	数据类型	l	=CELL("type",A1)
width	取证后的列宽值	16	=CELL("width",A1)

表标题：CELL函数：获取单元格信息

图 5-28

（1）CELL 函数的应用：玩转两表核对。

当 CELL 函数的参数 1 为 contents 时，可以获取单元格的内容（值），CELL(contents) 与条件格式结合，可以轻松玩转两表间的比对。

如图 5-29 所示，A、B 两组数据，选中【A】列或【B】列的某一单元格，另一列相同内容的单元格被自动找到。

A组数据		B组数据
address		width
col		type
color		row
contents		protect
filename		prefix
parentheses		parentheses
prefix		filename
protect		contents
row		color
type		col
width		address

图 5-29

设置条件格式。选中【B3:B13】【D3:D13】单元格区域→选择【开始】选项卡→单击【条件格式】按钮→在下拉菜单中选择【新建规则】选项→在弹出的【新建格式规则】对话框中选择【使用公式确定要设置格式的单元格】选项→单击【为符合此公式的值设置格式】文本框将其激活→输入条件 "=B3=CELL("contents")"（判断单元格的内容是否相同）→单击【格式】按钮，在弹出的【设置单元格格式】对话框中设置填充色为橙色，单击【确定】按钮→单击【确定】按钮。

双击【D12】单元格，按 <Ctrl+Enter> 键，【B4】单元格被找到，条件格式规则设置及两表对比呈现效果如图 5-30 所示。

图 5-30

（2）三维引用方式。

当 CELL 函数的参数 1 为 filename 时，可以获取文件路径。

以桌面上名为"新建 Microsoft Excel 工作表"的 Excel 工作簿为例，这个工作簿的"Sheet1"工作表的【A1】单元格的三维路径表示方法为"='C:\Users\ 凌祯 \Desktop\[新建 Microsoft Excel 工作表 .xlsx]Sheet1'!\$A\$1"，如图 5-31 所示。

图 5-31

温馨提示

文件的三维路径表示方法为"='路径 [工作簿名 .xlsx] 工作表名 '! 单元格地址"。

3. 认识兄弟函数：INFO

当打开 Excel 文件，想获取某些信息时，如"工作表的当前目录""文件路径""操作系统版本""Excel 的版本""全部内存""可用内存"等，正常的操作步骤需要在计算机的属性中逐个去查看。如果应用 INFO 函数，可以很轻松地知晓，它的功能是返回当前操作环境相关信息，如图 5-32 所示。

图 5-32

在"INFO"工作表中，表中【B】列为 INFO 函数可获取的各种信息类别，【C】列为 INFO 函数返回值，【D】列为示例，【E】列为【D】列对应单元格的函数公式展示。INFO 函数用法简单，此处不再展开介绍，可结合图 5-33 所示的示例进行了解。

获取信息类别	返回值	示例	公式
INFO函数：返回当前操作环境相关信息			
directory	当前目录或文件夹路径	C:\Users\72059\Documents\	=INFO("DIRECTORY")
numfile	打开的工作簿中活动工作表的数量	73	=INFO("NUMFILE")
oring	顶部和最左侧的可见单元格	$A:$B$1	=INFO("ORIGIN")
osversion	操作系统版本	Windows (32-bit) NT 10.00	=INFO("OSVERSION")
recalc	当前的重新计算模式	自动	=INFO("RECALC")
release	Microsoft Excel 的版本号	16.0	=INFO("RELEASE")
system	操作系统名称	pcdos	=INFO("SYSTEM")

图 5-33

5.3 信息函数综合实战：批量获取多个工作簿内容

前面介绍了文本处理函数和信息提取函数，本节将应用这些函数解决实际问题，批量获取多个工作簿内容并实现动态刷新内容。

打开"素材文件 /05- 信息提取函数 /05-03-文本信息函数综合实战：批量获取多个工作簿内容"文件夹，里面有 12 个 Excel 文件，其中 11 个以公司名称命名的文件均为各供应商上交的评价表，这些表结构相同，待汇总至供应商汇总台账，如图 5-34 所示。

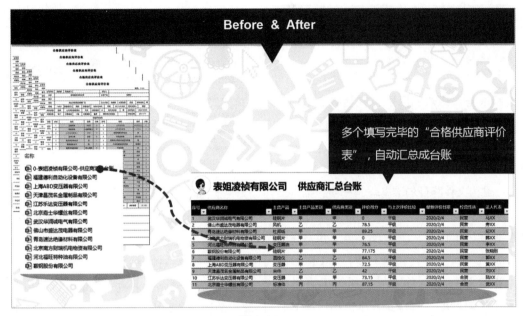

图 5-34

如进行手动汇总，耗时耗力且容易出错，当某些供应商的数据发生变化时还需要重复汇总。利用文本处理函数和信息提取函数的组合，通过单元格的三维引用方式实现批量汇总数据，不仅能动态更新，而且事半功倍。

分析思路如图 5-35 所示。

打开"素材文件 /05- 信息提取函数 /05-03-文本信息函数综合实战：批量获取多个工作簿内容 /0- 表姐凌祯有限公司 - 供应商汇总台账 .xlsx"源文件。

如图 5-36 所示，在"汇总台账"工作表中，选项卡中有一个【设计】选项卡，这样的表格是一张"超级表"。

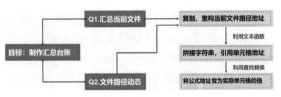

图 5-35

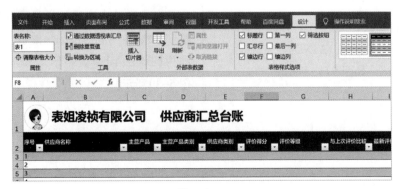

图 5-36

超级表与普通表的区别：在超级表中选中超级表区域中的任意单元格时，功能区顶部会出现【表格工具 – 设计】选项卡，而普通表无此选项卡。

（1）重构文件路径的准备。第一步，插入三列辅助列，列标题分别为复制的原始路径、新的当前路径、工作簿 + 工作表；第二步，在列标题上插入一行空白行；第三步，用 CELL 函数获取当前文件信息；第四步，用 MID 函数截取当前工作簿地址；第五步，根据承包商上交的评价表，确定各列单元格的数据来源，即数据源表中的单元格地址及工作表名。

输入公式。选中【A2】单元格→单击函数编辑区将其激活→输入公式 "=CELL("filename",A2)"→按 <Enter> 键确认，如图 5-37 所示。

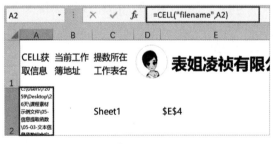

图 5-37

选中【B2】单元格→单击函数编辑区将其激活→输入公式 "=MID(A2,1,FIND("[",A2)-1)"→按 <Enter> 键确认，如图 5-38 所示。

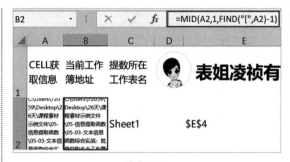

图 5-38

（2）重构文件路径。第一步，复制原始路径。打开"素材文件 /05- 信息提取函数 /05-03- 文本信息函数综合实战：批量获取多个工作簿内容"文件夹→选中 11 个供应商上交的评价表（原评价表存储路径）→按 <Shift> 键并右击→在弹出的快捷菜单中选择【复制为路径】选项→粘贴至汇总表第 1 列（列标题为复制的原始路径）；第二步，用 SUBSTITUTE 函数把【A】列单元格中的旧地址替换成当前工作簿地址，即【B2】单元格的值；第三步，根据已求得的文件路径、11 个供应商评价表名、工作表名（Sheet1），按文件的三维路径表示方法 "='路径 [工作簿名 .xlsx] 工作表名 '! 单元格地址"，用字符拼接符 "&" 构建文件路径（不含单元格地址）。

输入公式。选中【B4】单元格→单击函数编辑区将其激活→输入公式 "=SUBSTITUTE(A4,"E:\02- 课程开发 \12-Excel 函数课 \3- 跟表姐学函数 2020\05- 信息提取函数 \05-03- 文本信息函数综合实战：批量获取多个工作簿内容 \",$B$2)"→按 <Enter> 键确认，超级表自动为【B5:B14】单元格区域添加函数公式，如图 5-39 所示。

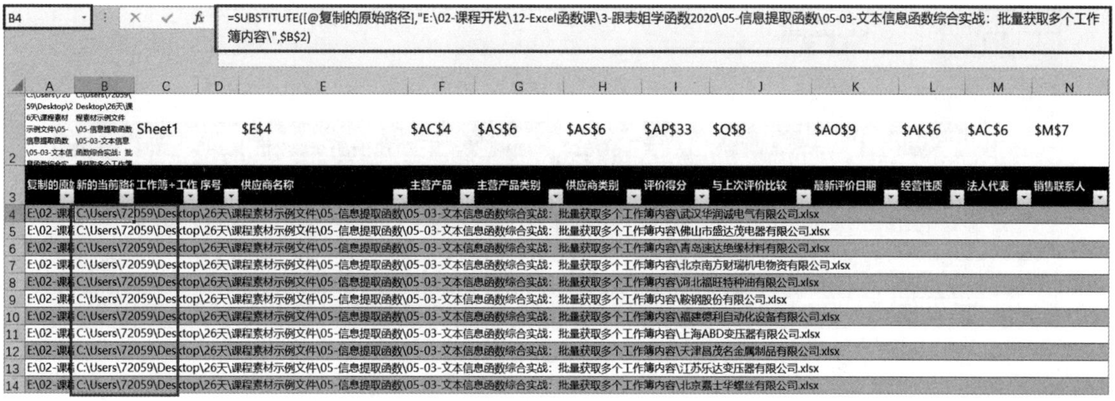

图 5-39

输入公式。选中【C4】单元格→单击函数编辑区将其激活→输入公式 "="="&MID(B4,1,
LEN(B4)−LEN(TRIM(RIGHT(SUBSTITUTE(B4,"\",REPT(" ",LEN(B4))),LEN(B4)))))&"["&TRIM
(RIGHT(SUBSTITUTE(B4,"\",REPT(" ",LEN(B4))),LEN(B4)))&"]"&$C$2&"'!'"" →按 <Enter> 键确认，
超级表自动为【C5:C14】单元格区域添加函数公式，如图 5-40 所示。

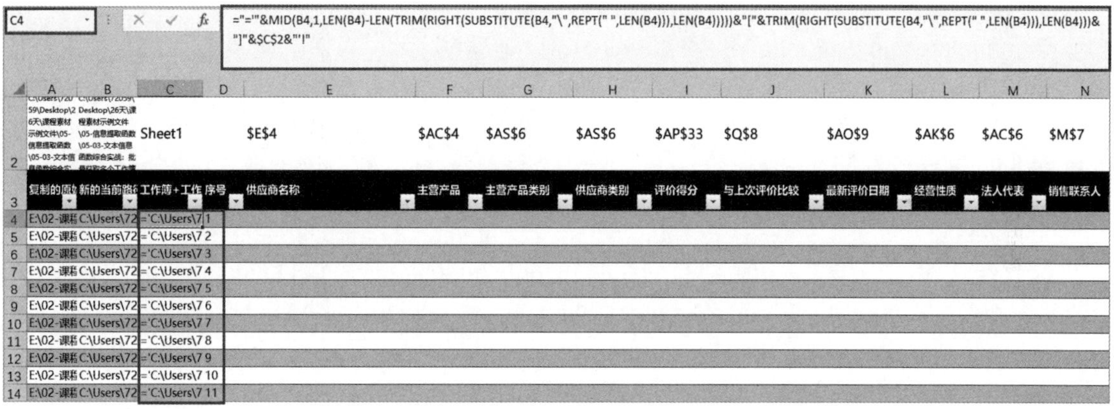

图 5-40

（3）引用单元格地址。在重构文件路径的准备步骤中，已将各列的数据源即 11 个供应商评价
表中的各数据单元格地址整理至汇总表第 2 行，此处只需直接将【C】列路径与各单元格地址拼接
即可。

输入公式。选中【E4】单元格→单击函数编辑区将其激活→输入公式 "=C4&$E$2"→按 <Enter>
键完成超级表函数公式自动填充，如图 5-41 所示。

121

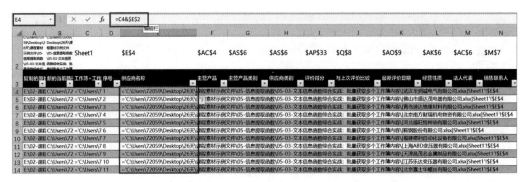

图 5-41

【F】至【T】列操作方法相同。

（4）将地址转化成实际单元格的值。选中【F:T】列区域→右击，在弹出的快捷菜单中选择【粘贴选项】下的【值】选项→按 <Ctrl+H> 键打开【查找和替换】对话框→在【查找内容】和【替换为】文本框中都输入"="→单击【全部替换】按钮完成公式中 "=" 的批量替换，被选中的【F:T】列区域的公式进行计算得到单元格的值。隐藏无用辅助列，批量获取数据完成。

第6章 数据统计函数

Excel 的数据统计分析能力非常强大，数据统计函数、数据透视表都能实现数据统计功能。本章将结合经典实例逐一介绍 Excel 中的数据统计函数及如何利用数据透视表进行数据统计。

6.1 基础条件统计函数

第 1 章介绍了一些统计函数：SUM 求和、AVERAGE 求平均值、COUNT 求个数、MAX 求最大值、MIN 求最小值，这些都是简单的统计函数。那么，一些较复杂的统计需要对满足多个条件的数据进行求和、求个数、求平均值，又该如何解决？掌握多条件统计函数"三兄弟"——SUMIFS、COUNTIFS、AVERAGEIFS 函数，快速搞定求和、求个数、求平均值。

1. 认识 SUMIFS、COUNTIFS、AVERAGEIFS 函数

打开"素材文件 /06- 数据统计函数 /06-01- 条件统计函数：SUMIFS、COUNTIFS、AVERAGEIFS.xlsx"源文件。

如图 6-1 所示，在"基础应用"工作表中，根据左表销售清单的相关信息，按条件统计销售总额、订单笔数、订单平均单价。

	销售日期	订单编号	分公司	销售经理	订单金额	文本条件统计		
						分公司	销售总额	订单笔数	订单平均单价
2	2020/3/4	C0070	广州分公司	表姐	8,300	北京分公司			
3	2020/3/5	A0285	北京分公司	凌祯	6,800	上海分公司			
4	2020/3/7	C0070	深圳分公司	张盛茗	6,900	广州分公司			
5	2020/3/7	C0886	北京分公司	李彤	5,100	深圳分公司			
6	2020/3/10	B0566	上海分公司	原欣宇	3,800				
7	2020/3/11	C0125	北京分公司	赵凡舒	9,200	数字条件统计			
8	2020/3/12	B0130	北京分公司	孙慕佳	9,300	订单金额	销售总额	订单笔数	订单平均单价
9	2020/3/13	C0668	深圳分公司	王怡玲	5,400	大额订单≥8000			
10	2020/3/15	B0434	广州分公司	李宣霖	2,500	8000>普通订单>1000			
11	2020/3/15	B0233	深圳分公司	朱雨莹	9,600	小额订单1000及以内			
12	2020/3/15	A0760	上海分公司	罗柔佳	6,400				
13	2020/3/15	A0230	广州分公司	姚延瑞	8,500				
14	2020/3/16	B0058	北京分公司	陈磊滋	3,900	思考：5月份，北京分公司，销售总额：			
15	2020/3/16	A0089	上海分公司	朱赫	2,500				

图 6-1

多条件求和、求个数、求平均值的函数分别为 SUMIFS、COUNTIFS、AVERAGEIFS，如图 6-2 所示。

图 6-2

（1）文本条件统计：求各分公司销售总额、订单笔数、订单平均单价。

求各分公司销售总额，可以利用 SUMIFS 函数进行求和。选中【J3】单元格→单击函数编辑区将其激活→输入函数名称"=SUM"，根据函数提示按 <↑+↓> 键选中【SUMIFS】→按 <Tab> 键自动补充左括号，如图 6-3 所示。

	A	B	C	D	E	F	G	I	J	K	L
1		销售日期	订单编号	分公司	销售经理	订单金额		文本条件统计			
								分公司	销售总额	订单笔数	订单平均单价
2		2020/3/4	C0070	广州分公司	表姐	8,300		北京分公司	=SUMIFS(		
3		2020/3/5	A0285	北京分公司	凌祯	6,800		上海分公司			
4		2020/3/7	C0070	深圳分公司	张盛茗	6,900		广州分公司			
5		2020/3/7	C0886	北京分公司	李彤	5,100		深圳分公司			
6		2020/3/10	B0566	上海分公司	原欣宇	3,800					

图 6-3

按 <Ctrl+A> 键→在弹出的【函数参数】对话框中单击第一个文本框将其激活→输入第一个条件参数，求和区域 "F:F"→单击第二个文本框将其激活→输入第二个条件参数，条件区域 1 "D:D"→单击第三个文本框将其激活，填入满足的条件 1，可直接选中【I3】单元格完成第三个条件参数的输入→单击【确定】按钮，如图 6-4 所示。

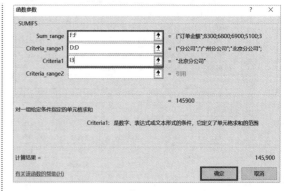

图 6-4

选中【J3】单元格，将光标放在【J3】单元格右下角，当其变成十字句柄时，双击鼠标将公式向下填充，得到各分公司销售总额，如图 6-5 所示。

| | J3 | ▾ | : | × | ✓ | fx | =SUMIFS(F:F,D:D,I3) |

▲	A	B	C	D	E	F	G	H	I	J	K	L
1		销售日期	订单编号	分公司	销售经理	订单金额			文本条件统计			
2		2020/3/4	C0070	广州分公司	表姐	8,300			分公司	销售总额	订单笔数	订单平均单价
3		2020/3/5	A0285	北京分公司	凌祯	6,800			北京分公司	145,900		
4		2020/3/7	C0070	深圳分公司	张盛茗	6,900			上海分公司	128,800		
5		2020/3/7	C0886	北京分公司	李彤	5,100			广州分公司	86,700		
6		2020/3/10	B0566	上海分公司	原欣宇	3,800			深圳分公司	107,200		

图 6-5

求各分公司订单笔数，即利用 COUNTIFS 函数计算个数。选中【K3】单元格→单击函数编辑区将其激活→输入函数名称 "=COU"，根据函数提示按 <↑+↓> 键选中【COUNTIFS】→按 <Tab> 键自动补充左括号，如图 6-6 所示。

| | COUNTIFS | ▾ | : | × | ✓ | fx | =COUNTIFS(|

▲	A	B	C	D	E	F	G	H	I	J	K	L
					COUNTIFS(**criteria_range1**, criteria1, ...)							
1		销售日期	订单编号	分公司	销售经理	订单金额			文本条件统计			
2		2020/3/4	C0070	广州分公司	表姐	8,300			分公司	销售总额	订单笔数	订单平均单价
3		2020/3/5	A0285	北京分公司	凌祯	6,800			北京分公司		=COUNTIFS(	
4		2020/3/7	C0070	深圳分公司	张盛茗	6,900			上海分公司	128,800		
5		2020/3/7	C0886	北京分公司	李彤	5,100			广州分公司	86,700		
6		2020/3/10	B0566	上海分公司	原欣宇	3,800			深圳分公司	107,200		

图 6-6

按 <Ctrl+A> 键→在弹出的【函数参数】对话框中单击第一个文本框将其激活→输入第一个条件参数，条件区域 1 "D:D"→单击第二个文本框将其激活，填入满足的条件 1，可直接选中【I3】单元格完成第二个条件参数的输入→单击【确定】按钮，如图 6-7 所示。

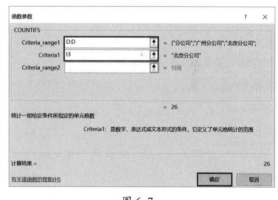

图 6-7

选中【K3】单元格，将光标放在【K3】单元格右下角，当其变成十字句柄时，双击鼠标将公式向下填充，得到各分公司订单笔数，如图 6-8 所示。

| | K3 | ▾ | : | × | ✓ | fx | =COUNTIFS(D:D,I3) |

▲	A	B	C	D	E	F	G	H	I	J	K	L
1		销售日期	订单编号	分公司	销售经理	订单金额			文本条件统计			
2		2020/3/4	C0070	广州分公司	表姐	8,300			分公司	销售总额	订单笔数	订单平均单价
3		2020/3/5	A0285	北京分公司	凌祯	6,800			北京分公司	145,900	26	
4		2020/3/7	C0070	深圳分公司	张盛茗	6,900			上海分公司	128,800	29	
5		2020/3/7	C0886	北京分公司	李彤	5,100			广州分公司	86,700	14	
6		2020/3/10	B0566	上海分公司	原欣宇	3,800			深圳分公司	107,200	21	

图 6-8

求各分公司订单平均单价，即利用 AVERAGEIFS 函数求平均值。选中【L3】单元格→单击函数编辑区将其激活→输入函数名称 "=AVER"，根据函数提示按 <↑+↓> 键选中【AVERAGEIFS】→按 <Tab> 键自动补充左括号，如图 6-9 所示。

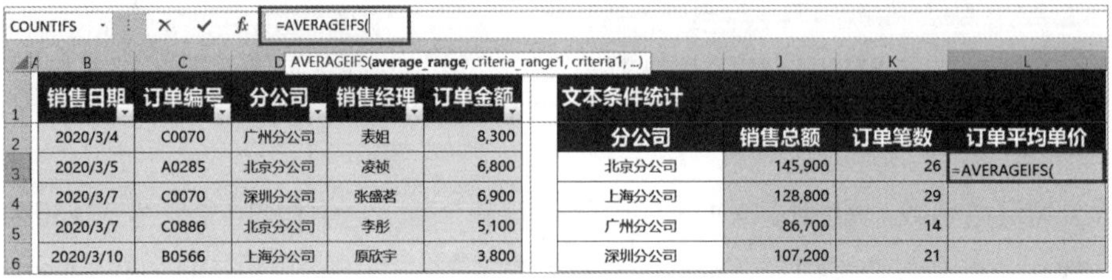

COUNTIFS	× ✓ fx	=AVERAGEIFS(			
	AVERAGEIFS(average_range, criteria_range1, criteria1, ...)				

销售日期	订单编号	分公司	销售经理	订单金额	文本条件统计		
					分公司	销售总额	订单笔数	订单平均单价
2020/3/4	C0070	广州分公司	表姐	8,300	北京分公司	145,900	26	=AVERAGEIFS(
2020/3/5	A0285	北京分公司	凌祯	6,800	上海分公司	128,800	29	
2020/3/7	C0070	深圳分公司	张盛茗	6,900	广州分公司	86,700	14	
2020/3/7	C0886	北京分公司	李彤	5,100	深圳分公司	107,200	21	
2020/3/10	B0566	上海分公司	原欣宇	3,800				

图 6-9

按 <Ctrl+A> 键→在弹出的【函数参数】对话框中单击第一个文本框将其激活→输入第一个条件参数，求平均值区域 "F:F"→单击第二个文本框将其激活→输入第二个条件参数，条件区域 1 "D:D"→单击第三个文本框将其激活，填入满足的条件 1，可直接选中【I3】单元格完成第三个条件参数的输入→单击【确定】按钮，如图 6-10 所示。

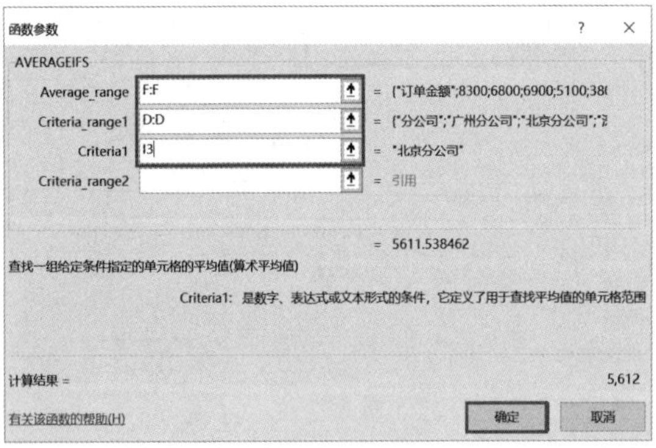

函数参数

AVERAGEIFS

Average_range	F:F	↑	{"订单金额";8300;6800;6900;5100;38
Criteria_range1	D:D	↑	{"分公司";"广州分公司";"北京分公司";
Criteria1	I3	↑	"北京分公司"
Criteria_range2		↑	引用

= 5611.538462

查找一组给定条件指定的单元格的平均值（算术平均值）

Criteria1: 是数字、表达式或文本形式的条件，它定义了用于查找平均值的单元格范围

计算结果 = 5,612

有关该函数的帮助(H)　　　　　　　　　　　确定　　取消

图 6-10

选中【L3】单元格，将光标放在【L3】单元格右下角，当其变成十字句柄时，双击鼠标将公式向下填充，得到各分公司订单平均单价。

各公司销售总额、订单笔数、订单平均单价，如图 6-11 所示。

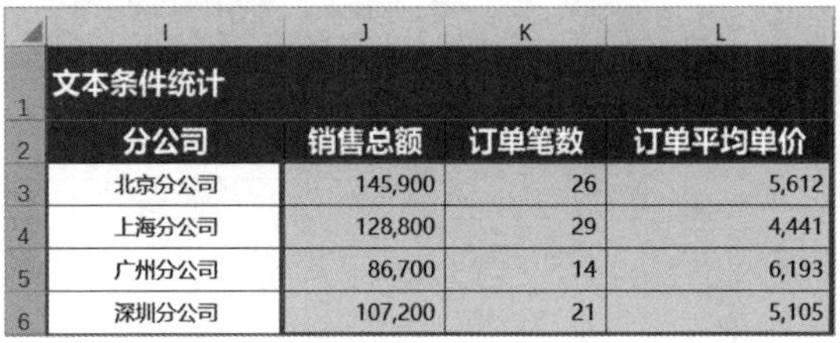

文本条件统计			
分公司	销售总额	订单笔数	订单平均单价
北京分公司	145,900	26	5,612
上海分公司	128,800	29	4,441
广州分公司	86,700	14	6,193
深圳分公司	107,200	21	5,105

图 6-11

（2）数字条件统计：按订单金额求销售总额、订单笔数、订单平均单价。

按订单金额求销售总额、订单笔数、订单平均单价。订单按金额分为大额订单、普通订单及小额订单，此处均以普通订单（8000> 普通订单 >1000）为例，其他两个订单函数公式写法相似，这里不再赘述。

按订单金额求销售总额。选中【J11】单元格→单击函数编辑区将其激活→输入函数名称 "=SUM"，根据函数提示按 <↑+↓> 键选中【SUMIFS】→按 <Tab> 键自动补充左括号，如图 6-12 所示。

	销售日期	订单编号	分公司	销售经理	订单金额		文本条件统计			
							分公司	销售总额	订单笔数	订单平均单价
2	2020/3/4	C0070	广州分公司	表姐	8,300		北京分公司	145,900	26	5,612
3	2020/3/5	A0285	北京分公司	凌祯	6,800		上海分公司	128,800	29	4,441
4	2020/3/7	C0070	深圳分公司	张盛茗	6,900		广州分公司	86,700	14	6,193
5	2020/3/7	C0886	北京分公司	李彤	5,100		深圳分公司	107,200	21	5,105
6	2020/3/10	B0566	上海分公司	原欣宇	3,800					
7	2020/3/11	C0125	北京分公司	赵凡舒	9,200		数字条件统计			
8	2020/3/12	B0130	北京分公司	孙慕佳	9,300		订单金额	销售总额	订单笔数	订单平均单价
9	2020/3/13	C0668	深圳分公司	王怡玲	5,400		大额订单≥8000	189,100		
10	2020/3/15	B0434	广州分公司	李宣霖	2,500		8000>普通订单>1000	=SUMIFS(		
11	2020/3/15	B0233	深圳分公司	朱雨莹	9,600		小额订单1000及以内			
12	2020/3/15	A0760	上海分公司	罗柔佳	6,400					

图 6-12

按 <Ctrl+A> 键→在弹出的【函数参数】对话框中单击第一个文本框将其激活→输入第一个条件参数，求和区域 "F:F" →单击第二个文本框将其激活→输入第二个条件参数，条件区域1 "F:F" →单击第三个文本框将其激活→输入第三个条件参数，满足的条件 1 "<8000"（当鼠标焦点离开此单元格时，条件 "<8000" 会被自动添加 ""，这是 Excel 函数公式书写的自动纠正功能，在以下函数公式的书写中不再强调）→单击第四个文本框将其激活→输入第四个条件参数，条件区域 2 "F:F" →单击第五个文本框将其激活→输入第五个条件参数，满足的条件 2 ">1000" →单击【确定】按钮，如图 6-13 所示。

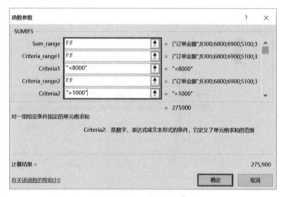

图 6-13

按订单金额求订单笔数。选中【K11】单元格→单击函数编辑区将其激活→输入函数名称 "=COU"，根据函数提示按 <↑+↓> 键选中【COUNTIFS】→按 <Tab> 键自动补充左括号，如图 6-14 所示。

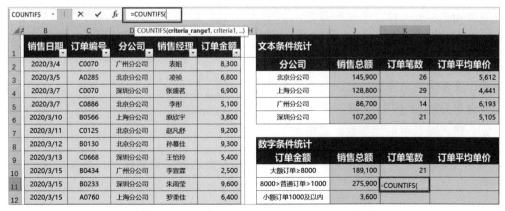

图 6-14

按 <Ctrl+A> 键→在弹出的【函数参数】对话框中单击第一个文本框将其激活→输入第一个条件参数，条件区域 1 "F:F"→单击第二个文本框将其激活→输入第二个条件参数，满足的条件 1 "<8000"→单击第三个文本框将其激活→输入第三个条件参数，条件区域 2 "F:F"→单击第四个文本框将其激活→输入第四个条件参数，满足的条件 2 ">1000"→单击【确定】按钮，如图 6-15 所示。

按订单金额求订单平均单价。选中【L11】单元格→单击函数编辑区将其激活→输入函数名称 "=AVER"，根据函数提示按 <↑+↓> 键选

中【AVERAGEIFS】→按 <Tab> 键自动补充左括号，如图 6-16 所示。

图 6-15

图 6-16

按 <Ctrl+A> 键→在弹出的【函数参数】对话框中单击第一个文本框将其激活→输入第一个条件参数，求平均值区域 "F:F"→单击第二个文本框将其激活→输入第二个条件参数，条件区域 1 "F:F"→单击第三个文本框将其激活→输入第三个条件参数，满足的条件 1 "<8000"→单击第四个文本框将其激活→输入第四个条件参数，条件区域 2 "F:F"→单击第五个文本框将其激活→输入第五个条件参数，满足的条件 2 ">1000"→单击【确定】按钮，如图 6-17 所示。

图 6-17

当函数应用熟练时，可不再借助【函数参数】对话框，直接输入公式。下面以小额订单为例求订单平均单价。

选中【L12】单元格→单击函数编辑区将其激活→直接输入公式 "=AVERAGEIFS(F:F,F:F, "<=1000")" ，如图 6-18 所示→按 <Enter> 键确认。

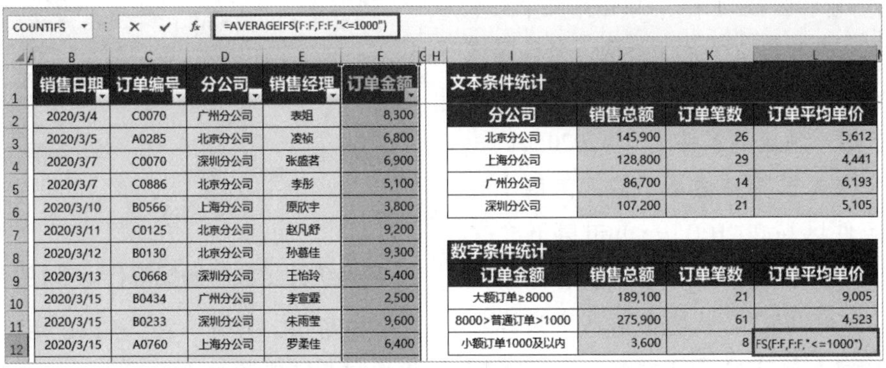

图 6-18

按订单金额求出的销售总额、订单笔数、订单平均单价，如图 6-19 所示。

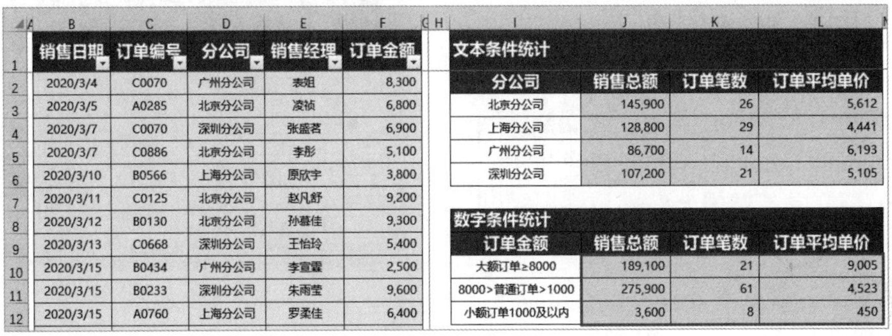

图 6-19

（3）文本、数字组合条件统计：求 5 月份北京分公司销售总额 。

选中【L14】单元格→单击函数编辑区将其激活→输入函数名称 "=SUM"，根据函数提示按 <↑+↓> 键选中【SUMIFS】→按 <Tab> 键自动补充左括号，如图 6-20 所示。

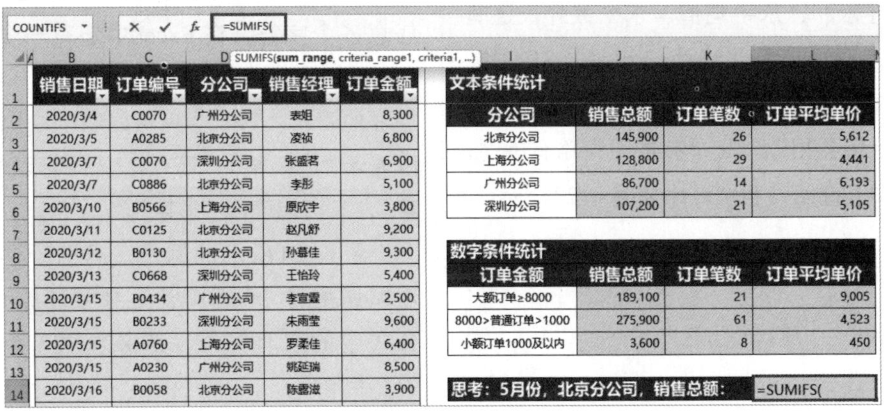

图 6-20

按 <Ctrl+A> 键→在弹出的【函数参数】对话框中单击第一个文本框将其激活→输入第一个条件参数，求和区域“F:F”→单击第二个文本框将其激活→输入第二个条件参数，条件区域1“B:B”→单击第三个文本框将其激活→输入第三个条件参数，满足的条件1“>=2020/5/1”→单击第四个文本框将其激活→输入第四个条件参数，条件区域2“B:B”→单击第五个文本框将其激活→输入第五个条件参数，满足的条件2“<=2020/5/31”→单击第六个文本框将其激活→输入第六个条件参数，条件区域3“D:D”→单击第七个文本框将其激活→输入第七个条件参数，满足的条件3“北京分公司”→单击【确定】按钮，如图 6-21 所示。

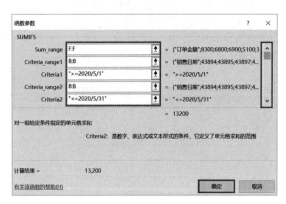

图 6-21

在 Excel 中，除简单求和、求平均值、求个数及多条件求和、求平均值、求个数外，还有一类函数能实现单条件统计，分别为 SUMIF、AVERAGEIF、COUNTIF，它们的使用方法和多条件统计函数相似，只是参数顺序略有不同，此处不再展开介绍，差别对比如图 6-22 所示。

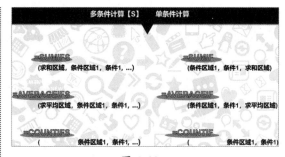

图 6-22

2. 条件统计函数中通配符（*、?）的使用技巧

如图 6-23 所示，在“基础应用”工作表中，根据左表销售清单的相关信息，分别按订单类别、销售经理统计数量。

销售日期	订单编号	分公司	销售经理	订单金额
2020/3/4	C0070	广州分公司	表姐	8,300
2020/3/5	A0285	北京分公司	凌祯	6,800
2020/3/7	C0070	深圳分公司	张盛茗	6,900
2020/3/7	C0886	北京分公司	李彤	5,100
2020/3/10	B0566	上海分公司	原欣宇	3,800
2020/3/11	C0125	北京分公司	赵凡舒	9,200
2020/3/12	B0130	北京分公司	孙慕佳	9,300
2020/3/13	C0668	深圳分公司	王怡玲	5,400
2020/3/15	B0434	广州分公司	李宣霖	2,500
2020/3/15	B0233	深圳分公司	朱雨莹	9,600
2020/3/15	A0760	上海分公司	罗柔佳	6,400

使用通配符 订单类别	笔数
A	
B	
C	

通配符"*"表示任意多个字符

使用通配符 销售经理	笔数
朱*	
朱?	

通配符"?"表示任意一个字符

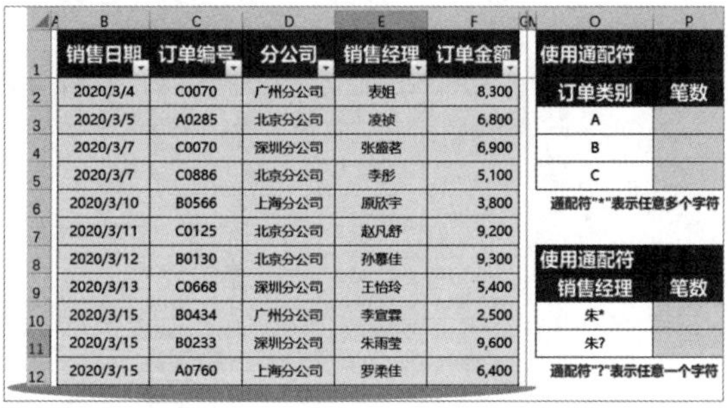

图 6-23

在左表销售清单中，订单编号分别以 A、B、C 开头，现在要分别求出以 A、B、C 开头的订单笔数。像这样以 A、B、C 开头的订单编号可以用通配符“*”来表示，例如，所有以 A 开头的订单编号可以表示为“A*”。通配符“*”表示任意多个字符，在 Excel 中还有一个常用的通配符“?”，它表示任意一个字符。例如，销售经理的表示，“朱 ?”只可以表示“朱某”，不可以表示“朱某某”，而“朱 *”既可以表示“朱某某”，又可以表示“朱某”。

图 6-24 所示的例子，有助于读者更好地理解通配符“*”和“?”。需要特别说明的是，公式中的所有符号，都必须输入英文状态下的（半角）。

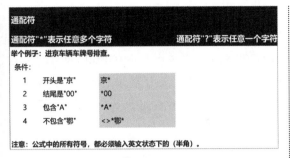

图 6-24

按订单类别求订单笔数用 COUNTIFS 函数，参数中通配符的连接要用 "&"，输入公式。选中【P3】单元格→单击函数编辑区将其激活→输入公式 "=COUNTIFS(C:C,O3&"*")"，如图 6-25 所示→按 <Enter> 键确认。

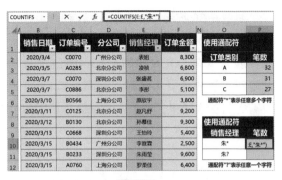

图 6-27

选中【P11】单元格→单击函数编辑区将其激活→输入公式 "=COUNTIFS(E:E," 朱 ?")"，如图 6-28 所示→按 <Enter> 键确认。

（左侧图6-25）

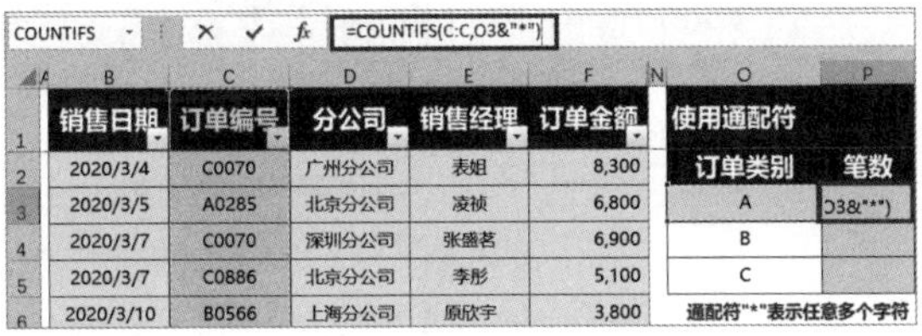

图 6-25

选中【P3】单元格，将光标放在【P3】单元格右下角，当其变成十字句柄时，双击鼠标将公式向下填充，如图 6-26 所示。

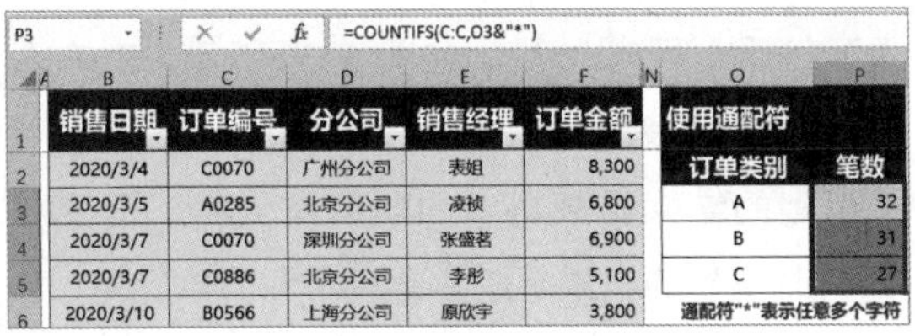

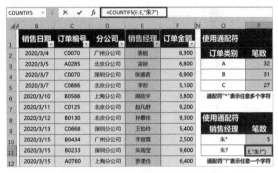

图 6-28

3. 条件统计函数的应用错误指南

下面介绍条件统计函数中与通配符相关的三个错误。

（1）错误 1：长文本字符串的统计。

如图 6-29 所示，这是百度知道的一个问题，正如问题所描述的，在低版本 Excel 中，当单元格长度超过 15 位时，用 COUNTIFS 函数直接统计重复项，结果经常出现错误。

（左侧图6-26）

图 6-26

按销售经理求订单笔数，输入公式。选中【P10】单元格→单击函数编辑区将其激活→输入公式 "=COUNTIFS(E:E," 朱 *")"，如图 6-27 所示→按 <Enter> 键确认。

图 6-29

如图 6-30 所示，在"BUG 指南 1"工作表中，【A】列为 18 位的身份证号码，当【B】列应用函数公式"=COUNTIFS(A:A,A4)"统计身份证号码出现的重复次数时，在低版本 Excel 中没有得到正确结果（笔者使用的是 Excel 2016，已修复了此类错误）。

图 6-30

错误产生原因是，在低版本 Excel 中，数字的计算精度只限制在 15 位以内。

解决方法：将长文本强制视作文本参与计算，在 COUNTIFS 函数的第二个参数后连接通配符"*"。在本案例中，可将函数公式修改为"=COUNTIFS(A:A,A4&"*")"，即可得到正确的统计结果。

（2）错误 2：数据源中含通配符。

如图 6-31 所示，在"BUG 指南 2"工作表中，应用函数公式"=SUMIFS($C$4:$C$15,$B$4:$B$15,E4)"统计"10*100*50"尺寸的包装箱的最终结算量，在低版本 Excel 中没有得到正确结果（笔者使用的是 Excel 2016，已修复了此类错误）。

图 6-31

错误产生原因是，低版本 Excel 把数据源包装箱尺寸"10*100*50"中含有的"*"识别成了通配符。

解决方法：将通配符转化为字符串，方法是在通配符前加"~"，即通配符"*"写成"~*"，通配符"?"写成"~?"。如图 6-32 所示，左右两图分别为查找"*"和"~*"的结果，在查找"*"时得到的结果是表格中的所有单元格，而查找"~*"时得到的结果是所有含有"*"的单元格。

图 6-32

在本案例中，可将函数公式修改为“=SUMIFS($C$4:$C$15,$B$4:$B$15,SUBSTITUTE(E10,"*","~*"))”，用 SUBSTITUTE 函数将“*”替换成“~*”，即可得到正确的统计结果。

（3）错误 3：数据源中含比较运算符。

如图 6-33 所示，在“BUG 指南 3”工作表中，应用函数公式“=SUMIFS($C$4:$C$15,$B$4:$B$15,E4)”统计各学历年龄段“<30”的人数时没有得到正确结果，用此种方法统计“>55”的年龄段结果也是错误的，其他两个年龄区间的统计结果正确。

F4 =SUMIFS($C$4:$C$15,$B$4:$B$15,E4)

条件统计函数应用BUG指南					
BUG3.比较运算符				"="&条件	
学历	年龄段	人数		年龄段	总人数
本科	<30	34		<30	0
	30~45	11		30~45	80
	45~55	40		45~55	132
	>55	44		>55	0
大专	<30	54			
	30~45	49		年龄段	总人数
	45~55	43		<30	
	>55	13		30~45	
中专	<30	5		45~55	
	30~45	20		>55	
	45~55	49			
	>55	38			

图 6-33

错误产生原因是，Excel 将“<30”“>55”中的“<”或“>”识别成了比较运算符“小于”或“大于”并运算。

解决方法：将条件视作常量而非条件表达式，用连接符连接等号和条件，即 "="&条件。在本案例中，可将函数公式修改为“=SUMIFS(C:C,B:B,"="&E10)”并向下填充，即可得到正确的统计结果，如图 6-34 所示。

F10 =SUMIFS(C:C,B:B,"="&E10)

条件统计函数应用BUG指南					
BUG3.比较运算符				"="&条件	
学历	年龄段	人数		年龄段	总人数
本科	<30	34		<30	0
	30~45	11		30~45	80
	45~55	40		45~55	132
	>55	44		>55	0
大专	<30	54			
	30~45	49		年龄段	总人数
	45~55	43		<30	93
	>55	13		30~45	80
中专	<30	5		45~55	132
	30~45	20		>55	95
	45~55	49			
	>55	38			

图 6-34

4. SUMIFS 函数的应用 1：小计项求和、隔行隔列求和

如图 6-35 所示，在“SUMIFS”工作表中，在左表中求出各小计、总计项，在右表中求出各分公司全年的预算、实际、差异项。

公司名称	部门	差旅费	会务费	管理费	总计
第一季度	营销部	731	288	557	
	技术部	673	529	533	
	行政部	938	763	364	
	小计				
第二季度	营销部	455	150	535	
	技术部	226	796	449	
	行政部	167	673	614	
	小计				
第三季度	营销部	709	252	594	
	技术部	417	327	112	
	行政部	994	340	420	
	小计				
第四季度	营销部	334	553	780	
	技术部	307	705	413	
	行政部	217	311	242	
	小计				
总计					

分公司	全年合计			第1季度			第2季度			第3季度			第4季度		
	预算	实际	差异	预算	实际	差异	预算	实际	差异	预算	实际	差异	预算	实际	差异
北京分公司				204	455		298	298		127	150		413	413	
上海分公司				284	128		103	171		242	242		100	400	
广州分公司				364	364		392	392		215	112		220	220	
深圳分公司				137	137		134	404		344	294		360	169	

图 6-35

（1）<Alt+=> 键求小计。

选中【B3:F18】单元格区域→按 <Ctrl+G> 键调出【定位】对话框→单击【定位条件】按钮→在弹出的【定位条件】对话框中选中【空值】单选按钮→单击【确定】按钮，如图 6-36 所示。

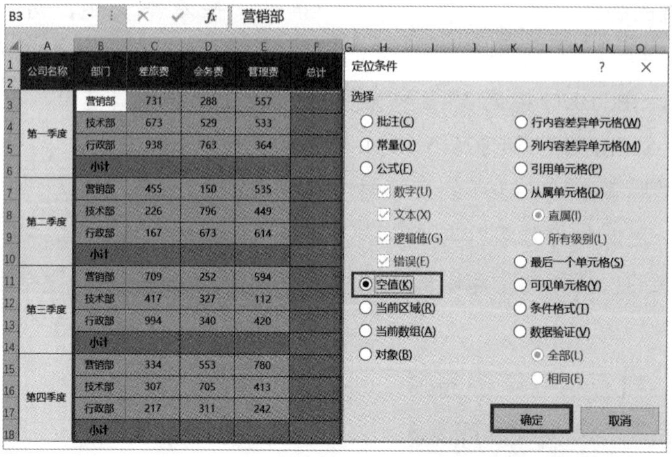

图 6-36

【B3:F18】单元格区域中所有空白单元格处于选中状态→按 <Alt+=> 键快速将表格中对应数据进行求和计算，得到各小计项结果，如图 6-37 所示。

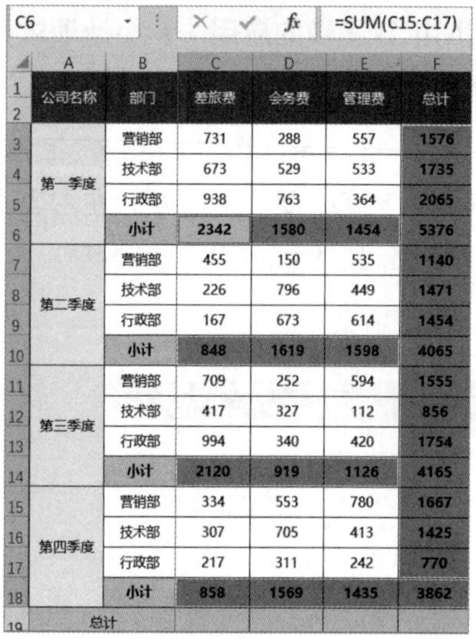

C6 =SUM(C15:C17)

公司名称	部门	差旅费	会务费	管理费	总计
第一季度	营销部	731	288	557	1576
	技术部	673	529	533	1735
	行政部	938	763	364	2065
	小计	2342	1580	1454	5376
第二季度	营销部	455	150	535	1140
	技术部	226	796	449	1471
	行政部	167	673	614	1454
	小计	848	1619	1598	4065
第三季度	营销部	709	252	594	1555
	技术部	417	327	112	856
	行政部	994	340	420	1754
	小计	2120	919	1126	4165
第四季度	营销部	334	553	780	1667
	技术部	307	705	413	1425
	行政部	217	311	242	770
	小计	858	1569	1435	3862
总计					

图 6-37

（2）SUMIFS 函数求总计。

用 SUMIFS 函数求所有小计项的总和即可得到总计，书写函数公式需要注意【B】列单元格要用绝对引用方式，防止向右拖曳鼠标时单元格地址引用错误。

输入公式。选中【C19】单元格→单击函数编辑区将其激活→输入公式“=SUMIFS(C3:C18,$B$3:$B$18,"小计")”，如图 6-38 所示→按 <Enter> 键确认。

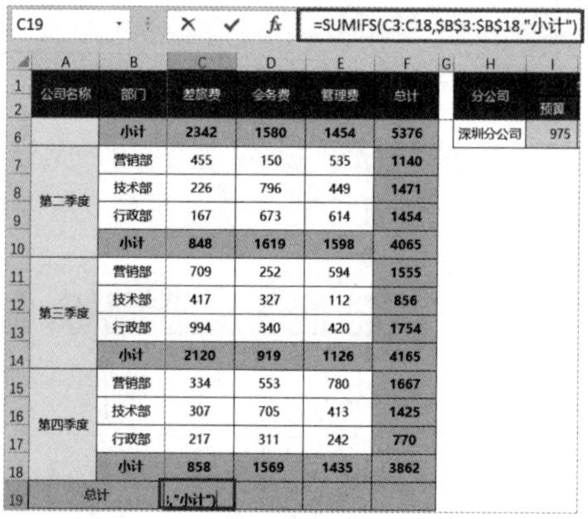

公司名称	部门	差旅费	会务费	管理费	总计
	小计	2342	1580	1454	5376
第二季度	营销部	455	150	535	1140
	技术部	226	796	449	1471
	行政部	167	673	614	1454
	小计	848	1619	1598	4065
第三季度	营销部	709	252	594	1555
	技术部	417	327	112	856
	行政部	994	340	420	1754
	小计	2120	919	1126	4165
第四季度	营销部	334	553	780	1667
	技术部	307	705	413	1425
	行政部	217	311	242	770
	小计	858	1569	1435	3862
总计		;,"小计")			

图 6-38

选中【C19】单元格，将光标放在【C19】单元格右下角，当其变成十字句柄时，向右拖曳填充至【F19】单元格，得到各总计项，如图 6-39 所示。

图 6-39

图 6-40

选中【I3】单元格，将光标放在【I3】单元格右下角，当其变成十字句柄时，向右拖曳填充至【K3】单元格，然后向下拖曳填充至【K6】单元格，完成公式填充，如图 6-41 所示。

图 6-41

（3）SUMIFS 函数隔行隔列求和。

在图 6-40 的右表中，首先用各季度的"实际"列减去各季度的"预算"列求出各季度的差异。然后用 SUMIFS 函数求全年的预算、实际、差异项，因需要向右、向下拖曳鼠标，所以书写函数公式需要特别注意单元格的引用方式，防止向右、向下拖曳鼠标时单元格地址引用错误。

输入公式。选中【I3】单元格→单击函数编辑区将其激活→输入公式 "=SUMIFS($L3:$W3, $L$2:$W$2,I$2)"，如图 6-40 所示→按 <Enter> 键确认。

5. SUMIFS 函数的应用 2：区域错位法下的特殊计算

在本章前面介绍的用 SUMIFS 函数求和的案例中，求和区域及条件区域都是规范的，那么如果求和区域或条件区域不规范，有什么解决方法呢？请看以下两个案例。

（1）案例 1。

如图 6-42 所示，在"区域错位法 1"工作表中，左表为每位员工的各研发项目奖金，请在右表汇总每位员工的项目奖金总额。

图 6-42

图 6-42 中左表每位员工在各研发项目中的序号都不相同，像这种条件区域不规则的汇总求和，可以用区域错位法。如图 6-43 所示，SUMIFS 函数的第一个参数求和区域从第一个"项目奖金"列起始单元格开始选择至最后一个"项目奖金"列最末单元格，即【C3:R12】单元格区域，第二个参数条件区域从第一个"姓名"列起始单元格开始选择至最后一个"姓名"列最末单元格，即【B3:Q12】单元格区域，第三个参数为每位员工的姓名，即右表中各员工姓名所在单元格。因每位员工的求和区域和条件区域均相同，所以本案例中的两个单元格区域均应采用单元格的绝对引用，变化的只是员工姓名。

	A	B	C	D	E	F	G	H	I	J	K	L	M	N	O	P	Q	R
1		研发项目1			研发项目2			研发项目3			研发项目4			研发项目5			研发项目6	
2	序号	姓名	项目奖金	序号	姓名	项目奖金	序号	姓名	项目奖金	序号	姓名	项目奖金	序号	姓名	项目奖金	序号	姓名	项目奖金
3	1	凌祯	1,000	1	朱雨莹	950	1	王怡玲	980	1	凌祯	1,000	1	原欣宇	850	1	张盛苦	780
4	2	王怡玲	930	2	王怡玲	930	2	表姐	770	2	赵凡舒	850	2	李宣霖	850	2	李宣霖	780
5	3	李宣霖	920	3	原欣宇	880	3	张盛苦	740	3	王怡玲	820	3	李彤	760	3	孙慕佳	650
6	4	李彤	610	4	李宣霖	700	4	凌祯	590	4	李彤	720	4	孙慕佳	500	4	凌祯	580
7	5	原欣宇	460	5	李彤	650	5	李宣霖	510	5	李宣霖	710	5	朱雨莹	410	5	李彤	440
8	6	赵凡舒	440	6	孙慕佳	610	6	孙慕佳	450	6	原欣宇	650	6	王怡玲	370	6	原欣宇	430
9	7	朱雨莹	430	7	表姐	600	7	朱雨莹	400	7	孙慕佳	520	7	表姐	340	7	王怡玲	430
10	8	张盛苦	270	8	赵凡舒	520	8	赵凡舒	350	8	朱雨莹	350	8	张盛苦	250	8	表姐	230
11	9	孙慕佳	170	9	凌祯	430	9	李彤	280	9	张盛苦	340	9	赵凡舒	140	9	朱雨莹	190
12	10	表姐	100	10	张盛苦	190	10	原欣宇	220	10	表姐	320	10	凌祯	100	10	赵凡舒	150
13	小计		5,330	小计		6,460	小计		5,290	小计		6,280	小计		4,570	小计		4,660

图 6-43

输入公式。选中【V3】单元格→单击函数编辑区将其激活→输入公式 "=SUMIFS($C$3:$R$12,$B$3:$Q$12,U3)"，如图 6-44 所示→按 <Enter> 键确认。

COUNTIFS			×	✓	fx	=SUMIFS($C$3:$R$12,$B$3:$Q$12,U3)																

图 6-44

选中【V3】单元格，将光标放在【V3】单元格右下角，当其变成十字句柄时，向下拖曳填充至【V12】单元格，如图 6-45 所示。

图 6-45

（2）案例 2。

如图 6-46 所示，在"区域错位法 2"工作表中，计算产品试验数据中最后一次性能参数的总和值。

图 6-46

图 6-46 中左表每个零件试验的次数均不同，条件区域不规则时应采用区域错位法。求每个零件最后一次实验性能参数的总和，即求每行最后一个非空单元格的总和。

实现思路：将单元格向右移动一个，判断是否为空，如果右侧单元格为空，则判定当前单元格为最后一个非空单元格，两个单元格区域为【C3:L7】和【D3:M7】单元格区域，如图 6-47 所示。

图 6-47

输入公式。选中【N3】单元格→单击函数编辑区将其激活→输入公式 "=SUMIFS(C3:L7, D3:M7,"")"，如图 6-48 所示→按 <Enter> 键确认，求得结果为 192。

COUNTIFS | =SUMIFS(C3:L7,D3:M7,"")

	A	B	C	D	E	F	G	H	I	J	K	L	M	N
1	计算产品试验数据中最后一次性能参数的总和值													
2	零件类别	零件名称	第1次试验	第2次试验	第3次试验	第4次试验	第5次试验	第6次试验	第7次试验	第8次试验	第9次试验	第10次试验		求和
3	主件	内齿	76	90	30	50	38	93	30	10				',D3:M7,"")
4		外齿	68	89	40	98	90	41						
5		半钢手	79	31	47	33	44							
6	辅件	托架	41	93	68	55								
7		辅键管	98	32	99	65	42							

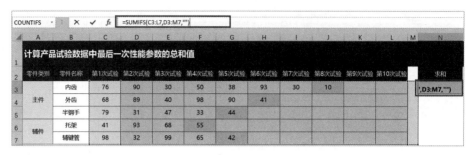

图 6-48

6. 初级数组的应用：多条件同时成立的计算

如图 6-49 所示，在“数组与多条件求和”工作表中，根据左表销售清单的相关信息，统计北京、上海分公司的销售总额。

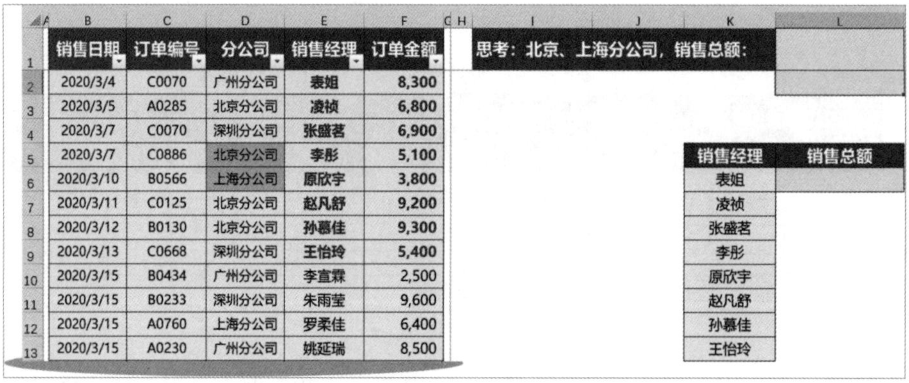

	B	C	D	E	F
1	销售日期	订单编号	分公司	销售经理	订单金额
2	2020/3/4	C0070	广州分公司	表姐	8,300
3	2020/3/5	A0285	北京分公司	凌祯	6,800
4	2020/3/7	C0070	深圳分公司	张盛茗	6,900
5	2020/3/7	C0886	北京分公司	李彤	5,100
6	2020/3/10	B0566	上海分公司	原欣宇	3,800
7	2020/3/11	C0125	北京分公司	赵凡舒	9,200
8	2020/3/12	B0130	北京分公司	孙慕佳	9,300
9	2020/3/13	C0668	深圳分公司	王怡玲	5,400
10	2020/3/15	B0434	广州分公司	李宣霖	2,500
11	2020/3/15	B0233	深圳分公司	朱雨莹	9,600
12	2020/3/15	A0760	上海分公司	罗柔佳	6,400
13	2020/3/15	A0230	广州分公司	姚延瑞	8,500

思考：北京、上海分公司，销售总额：

销售经理	销售总额
表姐	
凌祯	
张盛茗	
李彤	
原欣宇	
赵凡舒	
孙慕佳	
王怡玲	

图 6-49

实现思路：可以分别求出北京、上海分公司的销售总额，再将两者相加。

输入公式。选中【L1】单元格→单击函数编辑区将其激活→输入公式“=SUMIFS(F:F,D:D,"北京分公司")+SUMIFS(F:F,D:D,"上海分公司")”，如图 6-50 所示→按 <Enter> 键确认，得到结果“274700”。

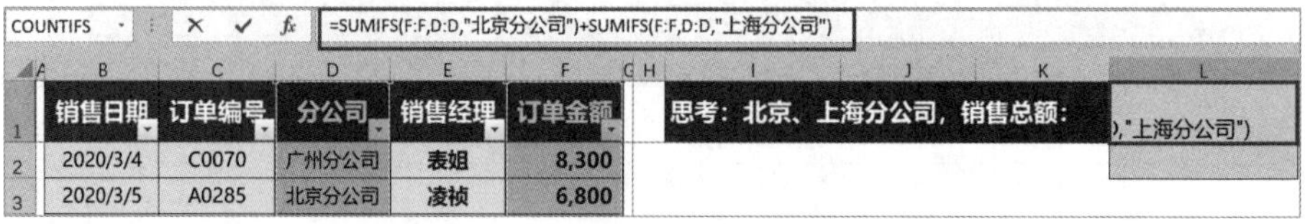

COUNTIFS | =SUMIFS(F:F,D:D,"北京分公司")+SUMIFS(F:F,D:D,"上海分公司")

	B	C	D	E	F
1	销售日期	订单编号	分公司	销售经理	订单金额
2	2020/3/4	C0070	广州分公司	表姐	8,300
3	2020/3/5	A0285	北京分公司	凌祯	6,800

思考：北京、上海分公司，销售总额：　),"上海分公司")

图 6-50

以上方法当条件较多时，函数公式会很冗长。例如，统计图 6-50 中左表各位销售经理的销售总额，需要进行 8 个 SUMIFS 函数的累加，怎么能让函数公式书写得更简洁呢？在函数公式中引用数组，能使函数公式简洁高效。

数组的表示法：数组就是一组数，把这一组数看成一个整体，从而进行整体运算。在 Excel 中，一行数组成的数组，表示方法为中间用英文逗号隔开，例如，{1,2,3,4}。一列数组成的数组，表示方法为中间用英文分号隔开，例如，{1;2;3;4}。一个区域的数组，表示方法为分号分隔列，逗号分隔行，例如，{1,2,3,4;1,2,3,4}。

数组的书写可以借助 <F9> 键完成，例如，在任一空白单元格中输入 "="，选中表中的 "北京分公司""上海分公司"，按 <F9> 键，当前单元格中会显示选中单元格的数组表示法，如图 6-51 所示。

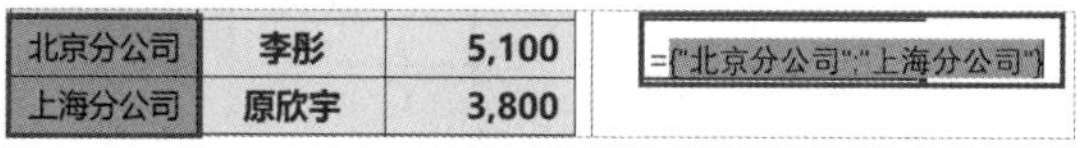

| 北京分公司 | 李彤 | 5,100 | ={"北京分公司";"上海分公司"} |
| 上海分公司 | 原欣宇 | 3,800 | |

图 6-51

【K6:K13】单元格区域的销售经理用数组表示为 "={" 表姐 ";" 凌祯 ";" 张盛茗 ";" 李彤 ";" 原欣宇 ";" 赵凡舒 ";" 孙慕佳 ";" 王怡玲 "}"。

下面应用数组求北京、上海分公司的销售总额。

输入公式。选中【L2】单元格→单击函数编辑区将其激活→输入公式 "=SUM(SUMIFS(F:F,D:D,{" 北京分公司 ";" 上海分公司 "}))"→按 <Enter> 键确认，得到结果 "274700"，与未应用数组的计算结果相同，如图 6-52 所示。

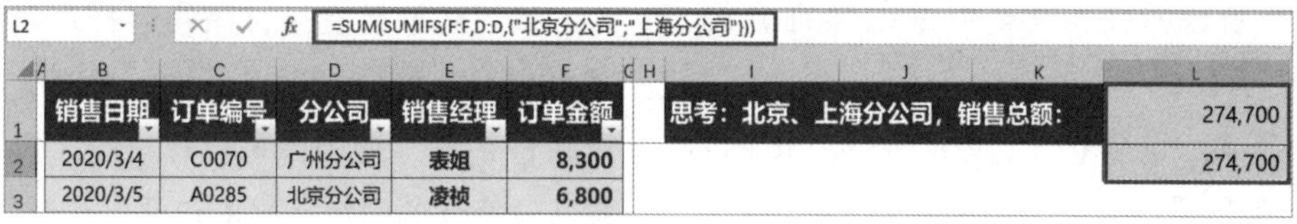

图 6-52

下面应用数组求各位销售经理的销售总额。

输入公式。选中【L6】单元格→单击函数编辑区将其激活→输入公式 "=SUM(SUMIFS(F:F, E:E,{" 表姐 ";" 凌祯 ";" 张盛茗 ";" 李彤 ";" 原欣宇 ";" 赵凡舒 ";" 孙慕佳 ";" 王怡玲 "}))"→按 <Enter> 键确认，得到结果 "54800"，如图 6-53 所示。

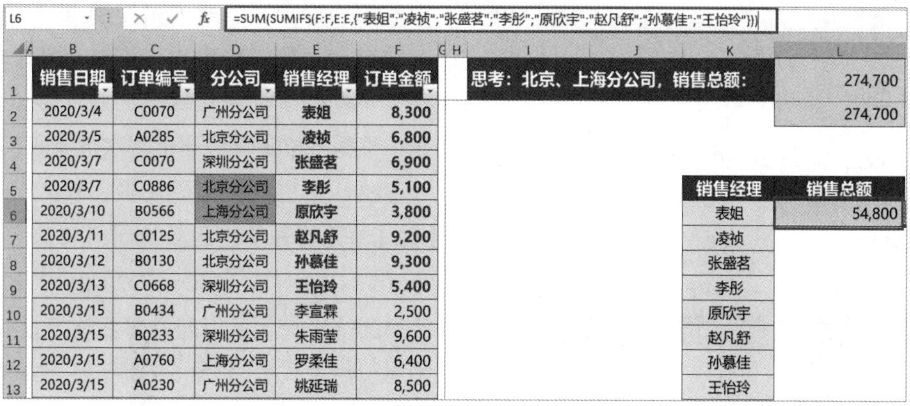

图 6-53

温馨提示

可以借助【公式】选项卡下的【公式求值】按钮，在弹出的【公式求值】对话框中单击【求值】按钮，对公式进行分步计算，查看每步的计算结果，进一步理解数组的运算。

7. 综合应用

如图 6-54 所示，在 "计算唯一值" 工作表中，根据左表销售清单的相关信息，统计各位销售经理的销售总额并与销售目标对比，计算实际销售额与目标值的差异。

销售日期	订单编号	销售经理	订单金额	销售目标		销售经理	销售目标
2020/3/4	C0070	表姐	8,300			表姐	65,000
2020/3/5	A0285	凌祯	6,800			凌祯	88,800
2020/3/7	C0070	张盛茗	6,900			张盛茗	30,000
2020/3/7	C0886	李彤	5,100			李彤	42,700
2020/3/10	B0566	张盛茗	3,800			原欣宇	54,700
2020/3/11	C0125	张盛茗	9,200			赵凡舒	63,400
2020/3/12	B0130	凌祯	9,300			孙慕佳	45,100
2020/3/13	C0668	凌祯	5,400			王怡玲	81,100
2020/3/15	B0434	表姐	2,500				
2020/3/15	B0233	王怡玲	9,600				
2020/3/15	A0760	赵凡舒	6,400				
2020/3/15	A0230	孙慕佳	8,500				

图 6-54

先在左表中填入各位销售经理的销售目标，然后使用 VLOOKUP 函数在右表中查找，VLOOKUP 函数将在第 9 章中进行详细介绍，此处不展开介绍。

输入公式。选中【F2】单元格→单击函数编辑区将其激活→输入公式 "=VLOOKUP(D2,H:I,2,0)"→按 <Enter> 键确认，如图 6-55 所示。

F2 fx =VLOOKUP(D2,H:I,2,0)

销售日期	订单编号	销售经理	订单金额	销售目标		销售经理	销售目标
2020/3/4	C0070	表姐	8,300	65,000		表姐	65,000
2020/3/5	A0285	凌祯	6,800			凌祯	88,800
2020/3/7	C0070	张盛茗	6,900			张盛茗	30,000
2020/3/7	C0886	李彤	5,100			李彤	42,700
2020/3/10	B0566	张盛茗	3,800			原欣宇	54,700
2020/3/11	C0125	张盛茗	9,200			赵凡舒	63,400
2020/3/12	B0130	凌祯	9,300			孙慕佳	45,100
2020/3/13	C0668	凌祯	5,400			王怡玲	81,100

图 6-55

选中【F2】单元格，将光标放在【F2】单元格右下角，当其变成十字句柄时，双击鼠标将公式向下填充，如图 6-56 所示。

销售日期	订单编号	销售经理	订单金额	销售目标		销售经理	销售目标
2020/3/4	C0070	表姐	8,300	65000		表姐	65,000
2020/3/5	A0285	凌祯	6,800	88800		凌祯	88,800
2020/3/7	C0070	张盛茗	6,900	30000		张盛茗	30,000
2020/3/7	C0886	李彤	5,100	42700		李彤	42,700
2020/3/10	B0566	张盛茗	3,800	30000		原欣宇	54,700
2020/3/11	C0125	张盛茗	9,200	30000		赵凡舒	63,400
2020/3/12	B0130	凌祯	9,300	88800		孙慕佳	45,100
2020/3/13	C0668	凌祯	5,400	88800		王怡玲	81,100
2020/3/15	B0434	表姐	2,500	65000			
2020/3/15	B0233	王怡玲	9,600	81100			
2020/3/15	A0760	赵凡舒	6,400	63400			
2020/3/15	A0230	孙慕佳	8,500	45100			

图 6-56

此时选中左表数据区域，利用数据透视表

进行数据分析汇总时，发现各位销售经理的销售目标发生了错误，如图 6-57 所示。

行标签	求和项:订单金额	求和项:销售目标
表姐	64900	715000
李彤	44700	384300
凌祯	85800	1420800
孙慕佳	44100	405900
王怡玲	78100	1054300
原欣宇	52700	601700
张盛茗	30100	180000
赵凡舒	68200	951000
总计	468600	5713000

图 6-57

错误的原因在于，销售目标在每位销售经理对应单元格中出现了多次，数据透视表分别对每位销售经理的销售目标进行了累加，而实际每位经理的销售目标应该是一个常量。因此，要想得到正确的分析数据，每位销售经理的销售目标应该只填写一次，"销售目标"列的其他单元格填写 0。

解决方法：可以在首次出现的销售经理对应单元格中填写销售目标，也可以在最后一次出现的销售经理对应单元格中填写销售目标。为方便统计销售经理出现的次数，在左表中插入一列辅助列统计销售经理出现次数，然后在左表中根据各位销售经理出现次数修正销售目标。

统计销售经理出现次数，输入公式。选中【F2】单元格→单击函数编辑区将其激活→输入公式 "=COUNTIFS($D$1:D2,D2)"（要保证从起始单元格统计，所以起始单元格地址 D1 要采用绝对引用方式），如图 6-58 所示→按 <Enter> 键确认。

COUNTIFS fx =COUNTIFS($D$1:D2,D2)

销售日期	订单编号	销售经理	订单金额	第几次出现	销售目标
2020/3/4	C0070	表姐	8,300	1:D2,D2)	65,000
2020/3/5	A0285	凌祯	6,800		88,800
2020/3/7	C0070	张盛茗	6,900		30,000

图 6-58

选中【F2】单元格，将光标放在【F2】单元格右下角，当其变成十字句柄时，双击鼠标将公式向下填充，如图 6-59 所示。

图 6-59

在最后一次出现的销售经理对应单元格中填写销售目标，修改【G】列公式。选中【G2】单元格→单击函数编辑区将其激活→输入公式"=IF(F2=COUNTIFS(D:D,D2),VLOOKUP(D2,I:J,2,0),0)"→按 <Enter> 键确认，如图 6-60 所示。

图 6-60

选中【G2】单元格，将光标放在【G2】单元格右下角，当其变成十字句柄时，双击鼠标将公式向下填充，如图 6-61 所示。

图 6-61

也可以在第一次出现的销售经理对应单元

格中填写销售目标，此种函数公式写法应为"=IF(F2=1,VLOOKUP(D2,I:J,2,0),0)"。

此时刷新数据透视表，销售目标得到正确值，数据透视表的制作将在本章最后一节中进行详细介绍，此处不展开介绍，如图 6-62 所示。

图 6-62

在数据透视表中添加计算字段，分析实际销售额和销售目标间的差异，计算方法为"订单金额－销售目标"，最后通过条件格式美化数据透视表并降序排列，如图 6-63 所示。

图 6-63

除用数据透视表进行数据分析汇总外，也可以使用数据统计函数实现相同的功能。例如，数据透视表中凌桢的订单金额可以使用 SUMIFS 函数得出，函数公式写法为"=SUMIFS(E:E,D:D,L2)"，销售目标可通过 VLOOKUP 函数查询，差异项可以用订单金额和销售目标相减得到。

那么，数据透视表和统计函数应该如何选

择呢？数据透视表分析数据效率更高，但当数据源中有通配符或条件区域不规则时，数据透视表是无法进行数据分析的，这时更适合用数据统计函数。

6.2 高级条件统计函数

1. 认识 LARGE、SMALL、MAXIFS、MINIFS 函数

打开"素材文件 /06- 数据统计函数 /06-02- 条件统计函数：LARGE、SMALL、MAXIFS、MINIFS、RANK.xlsx"源文件。

如图 6-64 所示，在"LARGE、SMALL"工作表中，根据左表销售清单的相关信息，统计出业绩前 3 笔及倒数 3 笔。

销售日期	订单编号	分公司	销售经理	订单金额		业绩前3笔	销售总额		业绩倒数3笔	销售总额
2020/3/4	C0070	广州分公司	表姐	8,300		1			1	
2020/3/5	A0285	北京分公司	凌祯	6,800		2			2	
2020/3/7	C0070	深圳分公司	张盛茗	6,900		3			3	
2020/3/7	C0886	北京分公司	李彤	5,100						
2020/3/10	B0566	上海分公司	原欣宇	3,800						
2020/3/11	C0125	北京分公司	赵凡舒	9,200						
2020/3/12	B0130	北京分公司	孙慕佳	9,300						
2020/3/13	C0668	深圳分公司	王怡玲	5,400						
2020/3/15	B0434	广州分公司	李宣霖	2,500						
2020/3/15	B0233	深圳分公司	朱雨莹	9,600						
2020/3/15	A0760	上海分公司	罗柔佳	6,400						
2020/3/15	A0230	广州分公司	姚延瑞	8,500						
2020/3/16	B0058	北京分公司	陈露滋	3,900						
2020/3/16	A0089	上海分公司	朱赫	2,400						
2020/3/21	B0583	北京分公司	帅小扬	2,200						

图 6-64

求一组数中的第几大值或第几小值的函数是 LARGE 或 SMALL 函数，如图 6-65 所示。

=LARGE(要找到第K大的数据区域，第K大)
=LARGE(array,k)
返回数据集中第K大的值。

=SMALL(要找到第K小的数据区域,第K小)
=SMALL(array,k)
返回数据集中第K小的值。

图 6-65

求业绩前 3 笔，输入公式。选中【J2】单元格→单击函数编辑区将其激活→输入函数名

称"=LARGE"→按 <Tab> 键补充左括号，如图 6-66 所示。

图 6-66

按 <Ctrl+A> 键→在弹出的【函数参数】对话框中单击第一个文本框将其激活→输入第一个条件参数"$F$2:$F$16"（数据区域固定，所以要用单元格的绝对引用方式）→单击第二个文本框将其激活→输入第二个条件参数，可直接

选中【I2】单元格完成第二个参数的输入→单击
【确定】按钮，如图 6-67 所示。

图 6-67

选中【J2】单元格，将光标放在【J2】单元格右
下角，当其变成十字句柄时，双击鼠标将公式向
下填充，如图 6-68 所示。

图 6-68

突出显示业绩前 3 笔。选中【F】列单元格
区域→选择【开始】选项卡→单击【条件格式】
按钮→在下拉菜单中选择【最前 / 最后规则】选
项→选择【前 10 项】选项→在弹出的【前 10 项】
对话框中将 "10" 修改为 "3"→单击【确定】按
钮，如图 6-69 所示。

图 6-69

求业绩倒数 3 笔，输入公式。选中【M2】
单元格→单击函数编辑区将其激活→输入公式
"=SMALL($F$2:$F$16,L2)"→按 <Enter> 键确
认→将光标放在【M2】单元格右下角，当其变
成十字句柄时，双击鼠标将公式向下填充，如
图 6-70 所示。

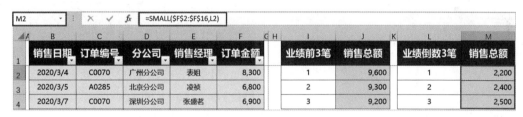

图 6-70

突出显示业绩倒数 3 笔。选中【F】列单元格区域→选择【开始】选项卡→单击【条件格式】按
钮→在下拉菜单中选择【最前 / 最后规则】选项→选择【最后 10 项】选项→在弹出的【最后 10 项】
对话框中将 "10" 修改为 "3"→颜色选择【黄填充色深黄色文本】选项→单击【确定】按钮，效果如
图 6-71 所示。

	销售日期	订单编号	分公司	销售经理	订单金额			业绩前3笔	销售总额		业绩倒数3笔	销售总额
2	2020/3/4	C0070	广州分公司	袁姐	8,300			1	9,600		1	2,200
3	2020/3/5	A0285	北京分公司	凌祯	6,800			2	9,300		2	2,400
4	2020/3/7	C0070	深圳分公司	张盛者	6,900			3	9,200		3	2,500
5	2020/3/7	C0886	北京分公司	李彤	5,100							
6	2020/3/10	B0566	上海分公司	原欣宇	3,800							
7	2020/3/11	C0125	北京分公司	赵凡舒	9,200							
8	2020/3/12	B0130	北京分公司	孙慕佳	9,300							
9	2020/3/13	C0668	深圳分公司	王怡玲	5,400							
10	2020/3/15	B0434	广州分公司	李宣霖	2,500							
11	2020/3/15	B0233	深圳分公司	朱雨莹	9,600							
12	2020/3/15	A0760	上海分公司	罗柔佳	6,400							
13	2020/3/15	A0230	广州分公司	姚延瑞	8,500							
14	2020/3/16	B0058	北京分公司	陈露滋	3,900							
15	2020/3/16	A0089	上海分公司	朱赫	2,400							
16	2020/3/21	B0583	北京分公司	帅小场	2,200							

图 6-71

如图 6-72 所示，在 "MAXIFS、MINIFS" 工作表中，根据左表销售清单的相关信息，统计出各分公司最高订单及非零最小订单金额。

	分公司	销售经理	订单金额			分公司	最高	非零最小值
2	北京分公司	孙慕佳	9,300			北京分公司		
3	北京分公司	赵凡舒	9,200			广州分公司		
4	北京分公司	凌祯	6,800			上海分公司		
5	北京分公司	李彤	5,100			深圳分公司		
6	北京分公司	陈露滋	-					
7	北京分公司	帅小场	2,200					
8	广州分公司	姚延瑞	8,500					
9	广州分公司	袁姐	8,300					
10	广州分公司	李宣霖	2,500					
11	上海分公司	罗柔佳	6,400					
12	上海分公司	原欣宇	3,800					
13	上海分公司	朱赫	2,400					
14	深圳分公司	朱雨莹	9,600					
15	深圳分公司	张盛者	6,900					
16	深圳分公司	王怡玲	5,400					

图 6-72

求满足某些条件的最大值、最小值，要用 MAXIFS、MINIFS 函数，如图 6-73 所示。

=MAXIFS(要找到最大值的数据区域,条件所在区域,要满足的判定条件)
=MAXIFS(max_range,criteria_range,criteria,...)
返回给定条件下，数据区域中的最大值。

=MINIFS(要找到最小值的数据区域,条件所在区域,要满足的判定条件)
=MINIFS(min_range,criteria_range,criteria,...)
返回给定条件下，数据区域中的最小值。

图 6-73

求各分公司最高订单金额，输入公式。选

中【H2】单元格→单击函数编辑区将其激活→输入函数名称 "=MAXIFS"→按 <Tab> 键补充左括号→按 <Ctrl+A> 键→在弹出的【函数参数】对话框中单击第一个文本框将其激活→输入第一个条件参数，订单金额最大值所在数据区域 "D:D"→单击第二个文本框将其激活→输入第二个条件参数，分公司所在区域 "B:B"→单击第三个文本框将其激活→输入第三个条件参数，要满足的判定条件，可直接选中【G2】单元格完成第三个参数的输入→单击【确定】按钮，如图 6-74 所示→选中【H2】单元格，将光标放在【H2】单元格右下角，当其变成十字句柄时，双击鼠标将公式向下填充。

图 6-74

求各分公司非零最小订单金额（在判断最小的基础上再判断是否非零），输入公式。选中【I2】单元格→输入函数名称"=MINIFS"→按 <Tab> 键补充左括号→按 <Ctrl+A> 键→在弹出的【函数参数】对话框中单击第一个文本框将其激活→输入第一个条件参数，订单金额最小值所在数据区域"D:D"→单击第二个文本框将其激活→输入第二个条件参数，分公司所在区域"B:B"→单击第三个文本框将其激活→输入第三个条件参数，要满足的判定条件，可直接选中【G2】单元格完成第三个参数的输入→单击第四个文本框将其激活→输入第四个条件参数，订单金额最小值所在数据区域"D:D"→单击第五个文本框将其激活→输入第五个条件参数">0"，判断是否非零→单击【确定】按钮，如图 6-75 所示→选中【I2】单元格，将光标放在【I2】单元格右下角，当其变成十字句柄时，双击鼠标将公式向下填充。

图 6-75

2. LARGE、SMALL 函数在图表中的应用技巧

如图 6-76 所示，在"LARGE、SMALL- 重构数据源作图"工作表中，以左表销售清单为数据源制作的簇状条形图，数据条长短不一，并不美观。那么，是否能不改变数据源数据，使簇状条形图按数据降序作图呢？用 LARGE 及查找函数重构数据源，能实现此功能。

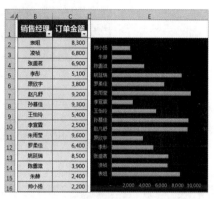

图 6-76

（1）用 LARGE 函数将订单金额从高到低排序，输入公式。选中【I2】单元格→单击函数编辑区将其激活→输入公式"=LARGE($C$2:$C$16,G2)"→按 <Enter> 键确认→将光标放在【I2】单元格右下角，当其变成十字句柄时，双击鼠标将公式向下填充，如图 6-77 所示。

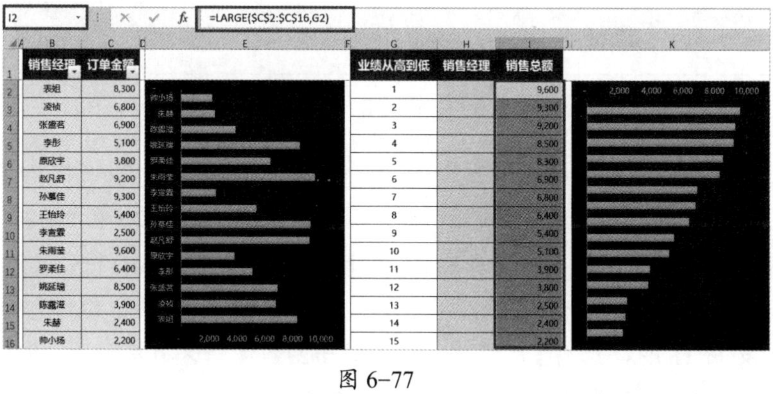

图 6-77

（2）根据订单金额用 INDEX+MATCH 函数查找销售经理，重构数据源。选中【H2】单元格→输入公式 "=INDEX($B$2:$B$16,MATCH(I2,$C$2:$C$16,0),1)"→按 <Enter> 键确认→将光标放在【H2】单元格右下角，当其变成十字句柄时，双击鼠标将公式向下填充，簇状条形图以数据降序方式呈现，如图 6-78 所示。

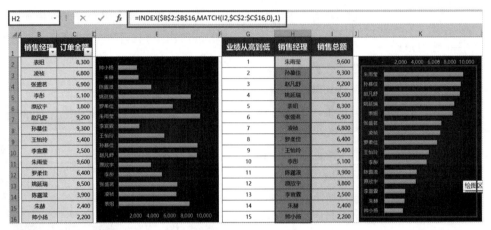

图 6-78

温馨提示

在簇状条形图中要突出显示某数据条，可以单独选中该数据条更改颜色。

3. 非零最小值与条件格式的综合应用

如图 6-79 所示，在"非零最小值 - 应用"工作表中，查询各位客户的第一次发货日期及最后一次发货日期，如果某客户未发货，则突出显示该行数据。

	B	C	D	E	F	G	H	I	J	K	L
1	合同号	客户名称	合同金额	客户经理	发货日期1	发货日期2	发货日期3	发货日期4	发货日期5	第一次发货日期	最后一次发货日期
2	LZ0001	北京商贸	4,300	表姐	2020/3/4	2020/3/7	2020/3/15	2020/3/16		2020/03/04	2020/03/16
3	LZ0002	上海富川	2,600	凌祯	2020/3/11	2020/3/13	2020/3/15			2020/03/11	2020/03/15
4	LZ0003	广州东风	2,500	张盛茗	2020/3/21	2020/3/25	2020/4/1	2020/4/24		2020/03/21	2020/04/24
5	LZ0004	石家庄路安腾	2,100	李彤	2020/3/29	2020/4/8	2020/4/13	2020/4/17	2020/5/11	2020/03/29	2020/05/11
6	LZ0005	深圳新飞达	8,900	原欣宇	2020/3/15	2020/5/30				2020/03/15	2020/05/30
7	LZ0006	南昌浔味	1,800	赵凡舒						未发货	未发货
8	LZ0007	重庆宝安	9,600	孙慕佳	2020/5/25	2020/5/29	2020/6/4			2020/05/25	2020/06/04
9	LZ0008	杭州盛昌	1,600	王怡玲	2020/6/15					2020/06/15	2020/06/15

图 6-79

思路分析。第一次发货日期即所有发货日期中的非零最小值，最后一次发货日期即所有发货日期中的最大值。如果求得第一次及最后一次发货日期均为 0，说明该客户未发货。

求第一次发货日期。选中【K2】单元格→单击函数编辑区将其激活→输入公式 "=MINIFS(F2:J2,F2:J2,">0")"→按 <Enter> 键确认→将光标放在【K2】单元格右下角，当其变成十字句柄时，双击鼠标将公式向下填充。

求最后一次发货日期。选中【L2】单元格→单击函数编辑区将其激活→输入公式 "= MAX (F2:J2)"→按 <Enter> 键确认→将光标放在【L2】

单元格右下角，当其变成十字句柄时，双击鼠标将公式向下填充。

当第一次及最后一次发货日期均为 0 时，单元格显示"未发货"。选中【K2:L9】单元格区域→按 <Ctrl+1> 键打开【设置单元格格式】对话框→选择【分类】列表框中的【自定义】选项→在【类型】文本框中输入"yyyy/mm/dd;;"未发货""（表示"单元格的值 >0"时显示日期型数据；"单元格的值 <0"时未设置格式；"单元格的值 =0"时显示"未发货"）→单击【确定】按钮，如图 6-80 所示。

图 6-80

设置完成后，突出显示"未发货"数据行。即当【K】列的某单元格值为 0 时，突出显示该行数据，效果如图 6-81 所示。

	合同号	客户名称	合同金额	客户经理	发货日期1	发货日期2	发货日期3	发货日期4	发货日期5	第一次发货日期	最后一次发货日期
2	LZ0001	北京商贸	4,300	表姐	2020/3/4	2020/3/7	2020/3/15	2020/3/16		2020/03/04	2020/03/16
3	LZ0002	上海富川	2,600	凌祯	2020/3/11	2020/3/13	2020/3/15			2020/03/11	2020/03/15
4	LZ0003	广州东风	2,500	张盛茗	2020/3/21	2020/3/25	2020/4/1	2020/4/24		2020/03/21	2020/04/24
5	LZ0004	石家庄路安腾	2,100	李彤	2020/3/29	2020/4/8	2020/4/13	2020/4/17	2020/5/11	2020/03/29	2020/05/11
6	LZ0005	深圳新飞达	8,900	顾欣宇	2020/3/15	2020/5/30				2020/03/15	2020/05/30
7	LZ0006	南昌寻味	1,800	赵凡舒						未发货	未发货
8	LZ0007	重庆宝安	9,600	孙慕佳	2020/5/25	2020/5/29	2020/6/4			2020/05/25	2020/06/04
9	LZ0008	杭州盛昌	1,600	王怡玲	2020/6/15					2020/06/15	2020/06/15

图 6-81

选中【B2:L9】单元格区域→选择【开始】选项卡→单击【条件格式】按钮→在下拉菜单中选择【新建规则】选项，如图 6-82 所示。

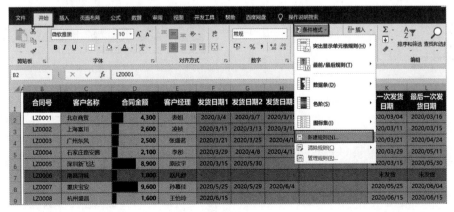

图 6-82

在弹出的【新建格式规则】对话框中选择【使用公式确定要设置格式的单元格】选项→单击【为符合此公式的值设置格式】文本框将其激活→输入"=$K2=0"（本例要判断表格中【K】列各行数据，因此行号是变量，单元格要用锁定列的混合引用方式）→单击【格式】按钮，如图6-83所示。

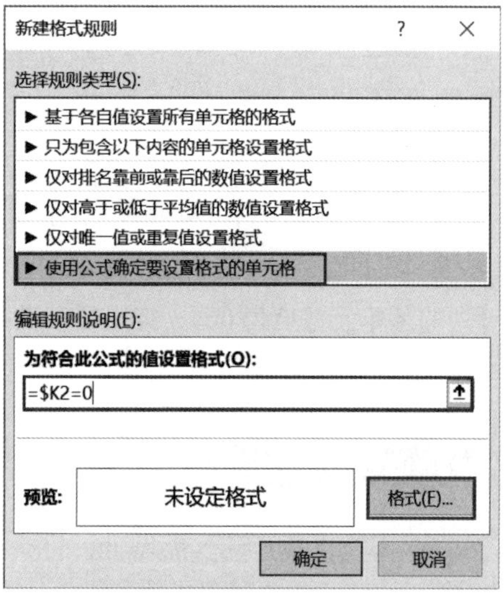

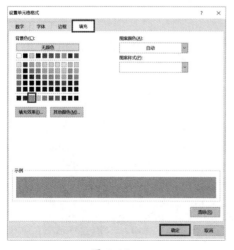

图 6-83

在弹出的【设置单元格格式】对话框中选择一个喜欢的填充颜色→单击【确定】按钮，如图6-84所示。

图 6-84

4. 排名问题、中国式排名应用

如图6-85所示，在"RANK 排名"工作表中，按不同方式对订单金额进行排序。

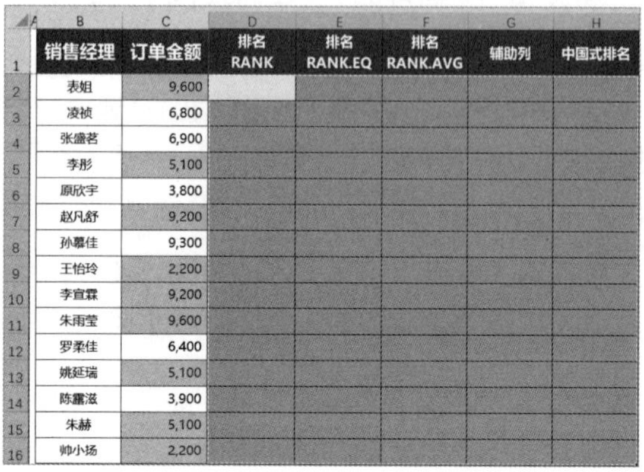

图 6-85

返回一个数，在某一数组区域中所排名次用 RANK 函数，如图6-86所示。

图 6-86

普通排名。选中【D2】单元格→单击函数编辑区将其激活→输入函数名称"=RAN"，根据函数提示按<↑+↓>键选中【RANK】→按<Tab>键补充左括号，如图6-87所示。

图 6-87

按<Ctrl+A>键→在弹出的【函数参数】对话框中单击第一个文本框将其激活→输入第一个条件参数，可直接选中【C2】单元格完成第一个参数的输入→单击第二个文本框将其激活→输入第二个条件参数，选中【C2:C16】单元格区域，并按<F4>键完成第二个参数的输入→第三个参数缺省，即不输入任何值，表示以降序排列（输入"0"也表示相同的意思）→单击【确定】按钮，如图 6-88 所示。

图 6-88

选中【D2】单元格，将光标放在【D2】单元格右下角，当其变成十字句柄时，双击鼠标将公式向下填充，如图 6-89 所示。

	B	C	D	E	F	G	H
1	销售经理	订单金额	排名 RANK	排名 RANK.EQ	排名 RANK.AVG	辅助列	中国式排名
2	表姐	9,600	1				
3	凌祯	6,800	7				
4	张盛茗	6,900	6				
5	李彤	5,100	9				

图 6-89

RANK 函数有两个兄弟函数——RANK.EQ 和 RANK.AVG，功能略有不同，如图 6-90 所示。

图 6-90

RANK.EQ 和 RANK.AVG 函数与 RANK 函数的参数完全相同，函数公式写法此处不再赘述，可通过对比图 6-91 中的结果，体会三个函数的不同，只有按正常排序出现名次并列时，

三个函数的计算结果才会不同。RANK.EQ 和 RANK.AVG 函数应用较少，只需简单了解即可。

	B	C	D	E	F	G	H
1	销售经理	订单金额	排名 RANK	排名 RANK.EQ	排名 RANK.AVG	辅助列	中国式排名
2	表姐	9,600	1	1	1.5		
3	凌祯	6,800	7	7	7		
4	张盛茗	6,900	6	6	6		
5	李彤	5,100	9	9	10		
6	顾欣宇	3,800	13	13	13		
7	赵凡舒	9,200	4	4	4.5		
8	孙郡佳	9,300	3	3	3		
9	王怡玲	2,200	14	14	14.5		
10	李宜霖	9,200	4	4	4.5		
11	朱雨莹	5,100	9	9	1.5		
12	罗柔佳	6,400	8	8	8		
13	姚延瑞	5,100	9	9	10		
14	陈露滋	3,900	12	12	12		
15	朱赫	5,100	9	9	10		
16	帅小扬	2,200	14	14	14.5		

图 6-91

从图 6-91 中可以看到，当订单金额相同时，用 RANK 函数排名会产生并列名次，如果想实现所有名次唯一，即名次相同时排名序号顺延，该如何实现呢？可以借助 RAND 函数重新构造数据源。

在表中插入两列数据，列标题分别为"金额 - 随机数"和"排名名次"。

用 RAND 函数重构数据源，输入公式。选中【G2】单元格→单击函数编辑区将其激活→输入公式"=C2+RAND()"→按 <Enter> 键确认→将光标放在【G2】单元格右下角，当其变成十字句柄时，双击鼠标将公式向下填充，如图 6-92 所示。

G2			fx	=C2+RAND()			
	B	C	D	E	F	G	H
1	销售经理	订单金额	排名 RANK	排名 RANK.EQ	排名 RANK.AVG	金额-随机数	排名名次
2	表姐	9,600	1	1	1.5	9600.83	
3	凌祯	6,800	7	7	7	6800.54	
4	张盛茗	6,900	6	6	6	6900.51	
5	李彤	5,100	9	9	10	5100.06	

图 6-92

用 RANK 函数排序，输入公式。选中【H2】单元格→单击函数编辑区将其激活→输入公式"=RANK(G2,$G$2:$G$16,0)"→按 <Enter> 键确认→将光标放在【H2】单元格右下角，当其变成十字句柄时，双击鼠标将公式向下填充，名次唯一，如图 6-93 所示。

销售经理	订单金额	排名 RANK	排名 RANK.EQ	排名 RANK.AVG	金额-随机数	排名名次	辅助列	中国式排名
表姐	9,600	1	1	1.5	9600.61	1		
凌祯	6,800	7	7	7	6800.51	7		
张盛茗	6,900	6	6	6	6901.00	6		
李彤	5,100	9	9	10	5100.87	9		
原欣宇	3,800	13	13	13	3800.99	13		
赵凡舒	9,200	4	4	4.5	9200.55	5		
孙秦佳	9,300	3	3	3	9300.61	3		
王怡玲	2,200	14	14	14.5	2200.29	14		
李宣霖	9,200	4	4	4.5	9200.93	4		
朱雨荟	9,600	1	1	1.5	9600.61	2		
罗柔佳	6,400	8	8	8	6400.55	8		
姚延瑞	5,100	9	9	10	5100.09	11		
陈磊滋	3,900	12	12	12	3900.87	12		
朱赫	5,100	9	9	10	5100.21	10		
帅小扬	2,200	14	14	14.5	2200.05	15		

图 6-93

在进行排序时，无论有几个并列名次，后续排名都会顺延产生，我们把这种排序叫作"中国式排序"。那中国式排序该如何实现呢？巧用辅助列，搞定"中国式排名"。

思路分析。如果想让重复出现的数据不占用名次，只需将首次出现的数据进行排序，使重复出现的数据名次与首次出现的数据名次相同即可。用 COUNTIF 函数统计数据出现的次数，当数据重复出现时显示为"FALSE"，再用 COUNTIF 函数判断，当前数据在辅助列中有几个比它大，如图 6-94 所示。

构建辅助列，把重复的数据用IF显示为FALSE

用COUNTIF判断，当前数据在辅助列中有几个比它大

图 6-94

用 COUNTIF 函数统计数据出现的次数，当数据重复出现时显示为"FALSE"，输入公式。选中【I2】单元格→单击函数编辑区将其激活→输入公式"=IF(COUNTIF($C$2:C2,C2)=1,C2)"→按 <Enter> 键确认→将光标放在【I2】单元格右下角，当其变成十字句柄时，双击鼠标将公式向下填充，如图 6-95 所示。

销售经理	订单金额	排名 RANK	排名 RANK.EQ	排名 RANK.AVG	金额-随机数	排名名次	辅助列	中国式排名
表姐	9,600	1	1	1.5	9600.49	1	9600	
凌祯	6,800	7	7	7	6800.62	7	6800	
张盛茗	6,900	6	6	6	6900.25	6	6900	
李彤	5,100	9	9	10	5100.74	10	5100	
原欣宇	3,800	13	13	13	3800.58	13	3800	

图 6-95

用 COUNTIF 函数判断，当前数据在辅助列中有几个比它大，输入公式。选中【J2】单元格→输入公式"=COUNTIF(I:I,">="&C2)"→按 <Enter> 键确认→将光标放在【J2】单元格右下角，当其变成十字句柄时，双击鼠标将公式向下填充，如图 6-96 所示。

销售经理	订单金额	排名 RANK	排名 RANK.EQ	排名 RANK.AVG	金额-随机数	排名名次	辅助列	中国式排名
表姐	9,600	1	1	1.5	9600.34	2	9600	1
凌祯	6,800	7	7	7	6800.14	7	6800	5
张盛茗	6,900	6	6	6	6900.25	6	6900	4
李彤	5,100	9	9	10	5100.34	11	5100	7
原欣宇	3,800	13	13	13	3800.38	13	3800	9
赵凡舒	9,200	4	4	4.5	9200.15	5	9200	2
孙秦佳	9,300	3	3	3	9300.35	3	9300	2
王怡玲	2,200	14	14	14.5	2200.80	14	2200	10
李宣霖	9,200	4	4	4.5	9200.79	4	FALSE	3
朱雨荟	9,600	1	1	1.5	9600.00	1	FALSE	1
罗柔佳	6,400	8	8	8	6400.41	8	6400	6
姚延瑞	5,100	9	9	10	5100.14	10	FALSE	7
陈磊滋	3,900	12	12	12	3900.97	12	3900	8
朱赫	5,100	9	9	10	5100.78	9	FALSE	7
帅小扬	2,200	14	14	14.5	2200.65	15	FALSE	10

图 6-96

6.3 以一当 N 做统计

在 Excel 函数中，有两个函数能"以一当十"，既能求和、求平均值，又能计数、求最值等，这两个函数就是 SUBTOTAL 和 AGGREGATE。

1. 认识 SUBTOTAL、AGGREGATE 函数

打开"素材文件 /06- 数据统计函数 /06-03-以一当 N 做统计：SUBTOTAL、AGGREGATE.

xlsx”源文件。

SUBTOTAL 和 AGGREGATE 函数的功能都是实现筛选隐藏状态下的统计，但 AGGREGATE 函数可以忽略错误值。

如图 6–97 所示，在“基本语法”工作表中，笔者详细列出了 SUBTOTAL 和 AGGREGATE 函数各参数的详细说明，这两个函数可将不同的聚合函数应用于列表或数据库，并提供忽略隐藏行和错误值的选项。

=SUBTOTAL(function_num,ref1,...)

function_num		对应函数	计算功能说明
包含隐藏行	排除隐藏行		
1	101	AVERAGE	平均值
2	102	COUNT	数值的个数
3	103	COUNTA	非空单元格的个数
4	104	MAX	最大值
5	105	MIN	最小值
6	106	PRODUCT	数值的乘积
7	107	STDEV.S	样本标准偏差
8	108	STDEV.P	总体标准偏差
9	109	SUM	求和
10	110	VAR.S	样本的方差
11	111	VAR.P	总体方差

=AGGREGATE(function_num,options,ref1,...)

function_num	对应函数	功能说明
1	AVERAGE	平均值
2	COUNT	数值的个数
3	COUNTA	非空单元格的个数
4	MAX	最大值
5	MIN	最小值
6	PRODUCT	数值的乘积
7	STDEV.S	样本标准偏差
8	STDEV.P	总体标准偏差
9	SUM	求和
10	VAR.S	样本估算方差
11	VAR.P	样本总体方差
12	MEDIAN	给定数值的中值
13	MODE.SNGL	出现频率最多的数值
14	LARGE	第K个最大值
15	SMALL	第K个最小值
16	PERCENTRANK.INC	第K个百分点的值
17	QUARTILE.EXC	四分位数
18	PERCENTILE.EXC	第K个百分点的值（不包括0和1）
19	QUARTILE.EXC	四分位数（不包括0和1）

options	功能说明
0或省略	忽略嵌套SUBTOTAL函数和AGGREGATE函数
1	忽略隐藏行、嵌套SUBTOTAL函数和AGGREGATE函数
2	忽略错误值、嵌套SUBTOTAL函数和AGGREGATE函数
3	忽略隐藏行、错误值、嵌套SUBTOTAL函数和AGGREGATE函数
4	忽略空值
5	忽略隐藏行
6	忽略错误值
7	忽略隐藏行和错误值

图 6–97

如图 6–98 所示，在“SUBTOTAL、AGGREGATE”工作表中，第 13 行数据分别为应用 SUM、COUNT、SUBTOTAL、AGGREGATE 函数统计汇总的结果。

	A	B	C	D	E
1	普通SUM、COUNT				
2	序号	销售日期	分公司	销售经理	订单金额
3	1	2020/3/4	广州分公司	表姐	8,300
4	2	2020/3/5	北京分公司	凌祯	6,800
5	3	2020/3/7	深圳分公司	张盛茗	6,900
6	4	2020/3/10	上海分公司	原欣宇	3,800
7	5	2020/3/11	北京分公司	赵凡舒	9,200
8	6	2020/3/12	北京分公司	孙慕佳	9,300
9	7	2020/3/13	深圳分公司	王怡玲	5,400
10	8	2020/3/15	广州分公司	李宣霖	2,500
11	9	2020/3/16	上海分公司	朱赫	2,400
12	10	2020/3/21	北京分公司	帅小扬	2,200
13	汇总	10			56,800
14		=COUNT(B3:B12)			
15		=SUM(E3:E12)			
16					

	G	H	I
1	SUBTOTAL	1~11,包含隐藏行	
2	序号	销售日期	订单金额
3	1	2020/3/4	8,300
4	2	2020/3/5	6,800
5	3	2020/3/7	6,900
6	4	2020/3/10	3,800
7	5	2020/3/11	9,200
8	6	2020/3/12	9,300
9	7	2020/3/13	5,400
10	8	2020/3/15	2,500
11	9	2020/3/16	2,400
12	10	2020/3/21	2,200
13	汇总	10	56,800
14	=SUBTOTAL(2,H3:H12)		
15	=SUBTOTAL(9,I3:I12)		
16			

	K	L	M
1	SUBTOTAL	101~111,排除隐藏行	
2	序号	销售日期	订单金额
3	1	2020/3/4	8,300
4	2	2020/3/5	6,800
5	3	2020/3/7	6,900
6	4	2020/3/10	3,800
7	5	2020/3/11	9,200
8	6	2020/3/12	9,300
9	7	2020/3/13	5,400
10	8	2020/3/15	2,500
11	9	2020/3/16	2,400
12	10	2020/3/21	2,200
13	汇总	10	56,800
14	=SUBTOTAL(102,L3:L12)		
15	=SUBTOTAL(109,M3:M12)		
16			

	O	P	Q
1	AGGREGATE		忽略错误值
2	序号	销售日期	订单金额
3	1	2020/3/4	8,300
4	2	2020/3/5	6,800
5	3	2020/3/7	6,900
6	4	2020/3/10	3,800
7	5	2020/3/11	9,200
8	6	2020/3/12	9,300
9	7	2020/3/13	5,400
10	8	2020/3/15	2,500
11	9	2020/3/16	2,400
12	10	#N/A	#N/A
13	汇总	9	54,600
14	=AGGREGATE(2,7,P3:P12)		
15	=AGGREGATE(9,7,Q3:Q12)		
16			

图 6–98

在表中全部数据正常显示时，用 SUM、COUNT、SUBTOTAL 函数统计的结果是完全相同的，AGGREGATE 函数忽略了错误值。但当进行数据筛选后，统计结果是不同的，如图 6–99 所示。

	A	B	C	D	E	G	H	I	K	L	M	O	P	Q
1	普通SUM、COUNT					SUBTOTAL		1~11,包含隐藏行	SUBTOTAL	101~111,排除隐藏行		AGGREGATE		忽略错误值
2	序号	销售日期	分公司	销售经理	订单金额	序号	销售日期	订单金额	序号	销售日期	订单金额	序号	销售日期	订单金额
3	1	2020/3/4	广州分公司	表姐	8,300	1	2020/3/4	8,300	1	2020/3/4	8,300	1	2020/3/4	8,300
10	8	2020/3/15	广州分公司	李宣霖	2,500	2	2020/3/15	2,500	2	2020/3/15	2,500	2	2020/3/15	2,500
13	汇总	10			56,800	汇总	2	10,800	汇总	2	10,800	汇总	2	10,800
14		=COUNT(B3:B12)				=SUBTOTAL(2,H3:H12)			=SUBTOTAL(102,L3:L12)			=AGGREGATE(2,7,P3:P12)		
15		=SUM(E3:E12)				=SUBTOTAL(9,I3:I12)			=SUBTOTAL(109,M3:M12)			=AGGREGATE(9,7,Q3:Q12)		
16														

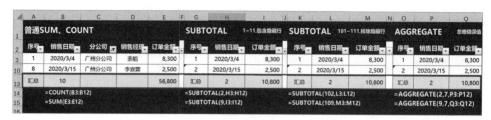

图 6-99

当“分公司”列筛选为“广州分公司”时，用 SUM、COUNT 函数统计的结果是不随之联动的，而 SUBTOTAL 函数的两组统计结果及 AGGREGATE 函数的统计结果都随筛选这个动作发生了联动，得到了正确的统计结果。SUBTOTAL 的第一个表中，函数公式的第一个参数是“2”和“9”时，是包含隐藏行的求个数、求和统计；第二个表中，函数公式的第一个参数是“102”和“109”时，是不包含隐藏行的求个数、求和统计。所以，如果隐藏表中数据，SUBTOTAL 函数的两组统计结果是不同的，隐藏第 3~6 行数据，如图 6-100 所示。

	A	B	C	D	E	G	H	I	K	L	M	O	P	Q
1	普通SUM、COUNT					SUBTOTAL		1~11,包含隐藏行	SUBTOTAL	101~111,排除隐藏行		AGGREGATE		忽略错误值
2	序号	销售日期	分公司	销售经理	订单金额	序号	销售日期	订单金额	序号	销售日期	订单金额	序号	销售日期	订单金额
7	5	2020/3/11	北京分公司	赵凡舒	9,200	1	2020/3/11	9,200	1	2020/3/11	9,200	1	2020/3/11	9,200
8	6	2020/3/12	北京分公司	孙慕佳	9,300	2	2020/3/12	9,300	2	2020/3/12	9,300	2	2020/3/12	9,300
9	7	2020/3/13	深圳分公司	王怡玲	5,400	3	2020/3/13	5,400	3	2020/3/13	5,400	3	2020/3/13	5,400
10	8	2020/3/15	广州分公司	李宣霖	2,500	4	2020/3/15	2,500	4	2020/3/15	2,500	4	2020/3/15	2,500
11	9	2020/3/16	上海分公司	朱赫	2,400	5	2020/3/16	2,400	5	2020/3/16	2,400	5	2020/3/16	2,400
12	10	2020/3/21	北京分公司	帅小扬	2,200	6	2020/3/21	2,200	6	2020/3/21	2,200	6	#N/A	#N/A
13	汇总	10			56,800	汇总	10	56,800	汇总	6	31,000	汇总	5	28,800
14		=COUNT(B3:B12)				=SUBTOTAL(2,H3:H12)			=SUBTOTAL(102,L3:L12)			=AGGREGATE(2,7,P3:P12)		
15		=SUM(E3:E12)				=SUBTOTAL(9,I3:I12)			=SUBTOTAL(109,M3:M12)			=AGGREGATE(9,7,Q3:Q12)		
16														

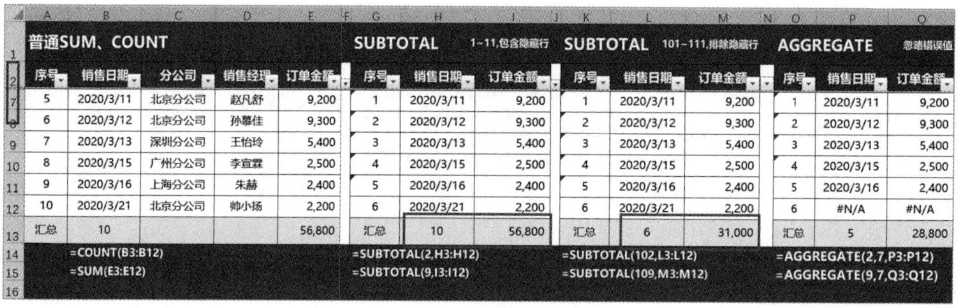

图 6-100

AGGREGATE 函数除能排除隐藏行外，还能忽略错误值。在表中将最后一列数据改成错误值，SUM、SUBTOTAL 函数统计的结果是错误值，而 AGGREGATE 函数能忽略错误值，得到结果，如图 6-101 所示。

	A	B	C	D	E	G	H	I	K	L	M	O	P	Q
1	普通SUM、COUNT					SUBTOTAL		1~11,包含隐藏行	SUBTOTAL	101~111,排除隐藏行		AGGREGATE		忽略错误值
2	序号	销售日期	分公司	销售经理	订单金额	序号	销售日期	订单金额	序号	销售日期	订单金额	序号	销售日期	订单金额
7	5	2020/3/11	北京分公司	赵凡舒	9,200	1	2020/3/11	9,200	1	2020/3/11	9,200	1	2020/3/11	9,200
8	6	2020/3/12	北京分公司	孙慕佳	9,300	2	2020/3/12	9,300	2	2020/3/12	9,300	2	2020/3/12	9,300
9	7	2020/3/13	深圳分公司	王怡玲	5,400	3	2020/3/13	5,400	3	2020/3/13	5,400	3	2020/3/13	5,400
10	8	2020/3/15	广州分公司	李宣霖	2,500	4	2020/3/15	2,500	4	2020/3/15	2,500	4	2020/3/15	2,500
11	9	2020/3/16	上海分公司	朱赫	2,400	5	2020/3/16	2,400	5	2020/3/16	2,400	5	2020/3/16	2,400
12	10	#N/A	北京分公司	帅小扬	#N/A	6	#N/A	#N/A	6	#N/A	#N/A	6	#N/A	#N/A
13	汇总	9			#N/A	汇总	9	#N/A	汇总	5	#N/A	汇总	5	28,800
14		=COUNT(B3:B12)				=SUBTOTAL(2,H3:H12)			=SUBTOTAL(102,L3:L12)			=AGGREGATE(2,7,P3:P12)		
15		=SUM(E3:E12)				=SUBTOTAL(9,I3:I12)			=SUBTOTAL(109,M3:M12)			=AGGREGATE(9,7,Q3:Q12)		
16														

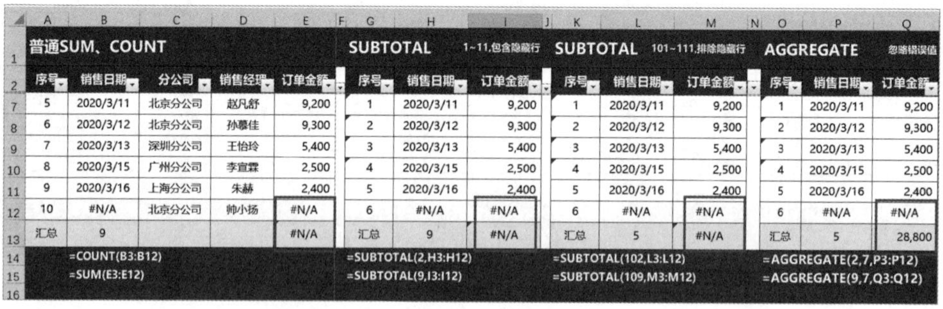

图 6-101

SUBTOTAL 和 AGGREGATE 函数的分类汇总功能在超级表中不借助公式也能实现。在“超级表”工作表中，选择【设计】选项卡→在【表格样式选项】功能组中选中【汇总行】复选框，表中会生成汇总结果，如图 6-102 所示。

超级表				
序号	销售日期	分公司	销售经理	订单金额
1	2020/3/4	广州分公司	表姐	8,300
2	2020/3/5	北京分公司	凌祯	6,800
3	2020/3/7	深圳分公司	张盛茗	6,900
4	2020/3/10	上海分公司	原欣宇	3,800
5	2020/3/11	北京分公司	赵凡舒	9,200
6	2020/3/12	北京分公司	孙慕佳	9,300
7	2020/3/13	深圳分公司	王怡玲	5,400
8	2020/3/15	广州分公司	李宣霖	2,500
9	2020/3/16	上海分公司	朱赫	2,400
10	2020/3/21	北京分公司	帅小扬	2,200
汇总			10	56,800

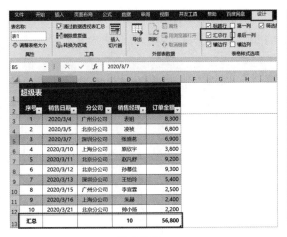

图 6-102

在超级表中筛选或隐藏数据时，汇总结果会随之联动。因此，建议读者将数据源制作成超级表格式，可简化统计工作量。

2. 分类汇总的应用

如图 6-103 所示，在“分类汇总”工作表中，实现数据的分类汇总。

分类汇总								
序号	销售日期	分公司	销售经理	订单金额	基本工资	提成金额	补贴金额	收入总额
1	2020/3/4	广州分公司	表姐	8,300	5,000	830	500	6,330
2	2020/3/5	北京分公司	凌祯	6,800	5,000	680	500	6,180
3	2020/3/7	深圳分公司	张盛茗	6,900	5,000	690	500	6,190
4	2020/3/10	上海分公司	原欣宇	3,800	5,000	380	500	5,880
5	2020/3/11	北京分公司	赵凡舒	9,200	6,500	920	1,000	8,420
6	2020/3/12	北京分公司	孙慕佳	9,300	6,500	930	1,000	8,430
7	2020/3/13	深圳分公司	王怡玲	5,400	6,500	540	1,000	8,040
8	2020/3/15	广州分公司	李宣霖	2,500	6,500	250	1,000	7,750
9	2020/3/16	上海分公司	朱赫	2,400	4,000	240	600	4,840
10	2020/3/21	北京分公司	帅小扬	2,200	4,000	220	600	4,820

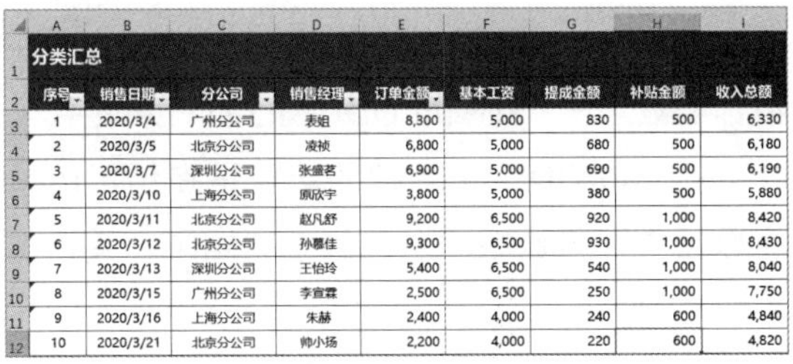

图 6-103

在进行数据分类汇总前，首先要进行数据排序。为保证序号能随着排序结果联动，可以借助 SUBTOTAL 函数来解决。

输入公式。选中【A3】单元格→单击函数编辑区将其激活→输入公式“=SUBTOTAL(103,B$3:$B3)*1”（函数的功能是计算从【B3】单元格到当前行共有多少非空单元格）→按 <Enter> 键确认→将光标放在【A3】单元格右下角，当其变成十字句柄时，双击鼠标将公式向下填充，此时的序号能随着数据的排序而联动，如图 6-104 所示。

分类汇总				
序号	销售日期	分公司	销售经理	订单金额
1	2020/3/4	广州分公司	表姐	8,300
2	2020/3/5	北京分公司	凌祯	6,800
3	2020/3/7	深圳分公司	张盛茗	6,900
4	2020/3/10	上海分公司	原欣宇	3,800
5	2020/3/11	北京分公司	赵凡舒	9,200
6	2020/3/12	北京分公司	孙慕佳	9,300
7	2020/3/13	深圳分公司	王怡玲	5,400
8	2020/3/15	广州分公司	李宣霖	2,500
9	2020/3/16	上海分公司	朱赫	2,400
10	2020/3/21	北京分公司	帅小扬	2,200

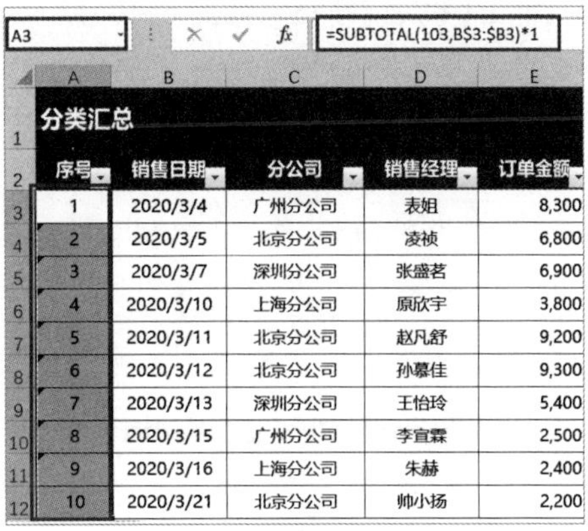

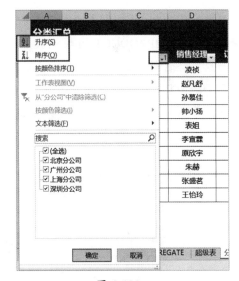

图 6-104

按分类汇总字段进行排序。例如，按各分公司分类汇总，就按分公司字段进行排序。单击“分公司”列标题行右下角的下拉按钮，在弹出的菜单中选择【升序】或【降序】选项，完成数据的排序，如图 6-105 所示。

图 6-105

分类汇总数据。选中【A2:I12】单元格区域→选择【数据】选项卡→单击【分类汇总】按钮→弹出【分类汇总】对话框→【分类字段】下选择【分公司】选项→【汇总方式】下选择【求和】选项→【选定汇总项】下选中【基本工资】

【提成金额】【补贴金额】【收入总额】这四个复选框→单击【确定】按钮，如图 6-106 所示。

汇总结果如图 6-107 所示，可以按左上角的"1,2,3"展开或合并分类汇总结果。

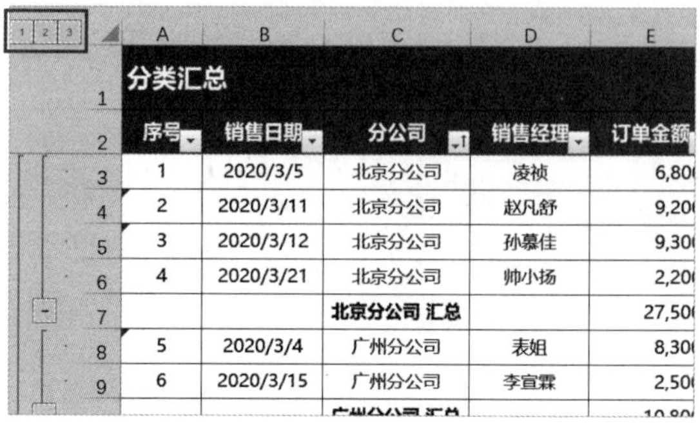

图 6-106

图 6-107

6.4 统计函数之王

求和、多条件求和、计数、排序都有专门的函数，而 SUMPRODUCT 函数能集这些功能于一身，功能不可谓不强大。但在 Excel 中，SUMPRODUCT 函数应用频率并不高，究其原因，是计算速度慢，而且使用该函数需要熟练使用条件表达式并与其他函数综合应用，才能发挥最大功效。

1. 认识 SUMPRODUCT 函数

打开"素材文件 /06- 数据统计函数 /06-04-统计函数之王：SUMPRODUCT.xlsx"源文件。

SUMPRODUCT 函数的功能是在给定的几组数组中，将数组间对应的元素相乘，并返回乘积之和。

如图 6-108 所示，在"SUMPRODUCT 函数原理"工作表中，结合两个实例进一步理解 SUMPRODUCT 函数功能。

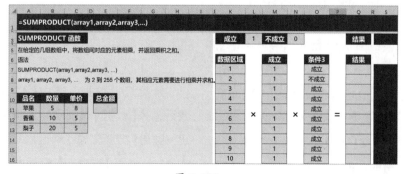

图 6-108

第一个实例，求苹果、香蕉、梨子的总金额，传统的算法是分别将数量 * 单价后再求和，即分别将 5*8、10*5、20*5 后用 SUM 函数求和，结果是 190。应用 SUMPRODUCT 函数公式为"=SUMPRODUCT(B11:B13,C11:C13)"，求得的结果也是 190。

第二个实例，分别有三组数，成立用 1 表示，不成立用 0 表示（通过单元格格式设置成当单元格值为 1 时显示"成立"，当单元格值为 0 时显示"不成立"），先将【S3】【S7】单元格格式改成"常规"，计算结果并体会 SUMPRODUCT 函数的计算原理。

分别求积再求和，输入公式。选中【Q7】单元格→单击函数编辑区将其激活→输入公式"=K7*M7*O7"→按 <Enter> 键确认→将光标放在【Q7】单元格右下角，当其变成十字句柄时，双击鼠标将公式向下填充，如图 6-109 所示。

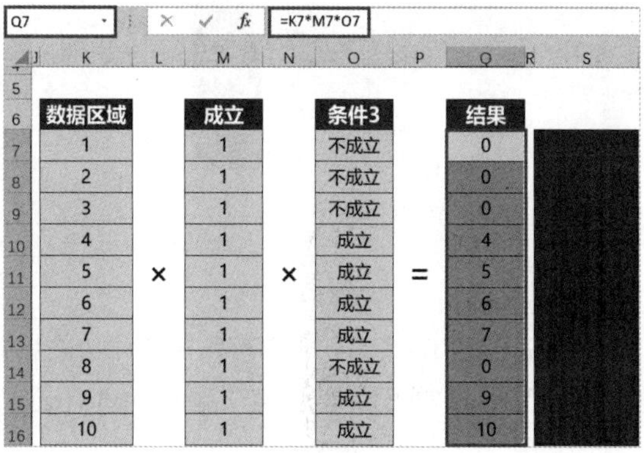

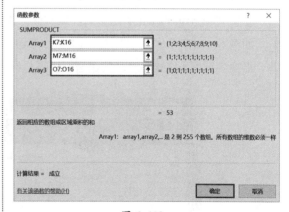

图 6-109

选中【S7】单元格→单击函数编辑区将其激活→输入公式"=SUM(Q7:R16)"→按 <Enter> 键确认，如图 6-110 所示。

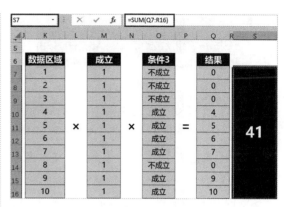

图 6-110

使用 SUMPRODUCT 函数，输入公式。选中【S3】单元格→单击函数编辑区将其激活→输入函数名称"=SUM"，根据函数提示按 <↑+↓> 键选中【SUMPRODUCT】→按 <Tab> 键自动补充左括号，如图 6-111 所示。

图 6-111

按 <Ctrl+A> 键→在弹出的【函数参数】对话框中分别选择三组数据区域→单击【确定】按钮，如图 6-112 所示。

图 6-112

如图 6-113 所示，【S3】单元格的计算结果为"41"。

图 6-113

选中【S3】【S7】单元格→按 <Ctrl+1> 键打开【设置单元格格式】对话框→选择【分类】列表框中的【自定义】选项→在【类型】文本框中输入 ""成立";;"不成立""（表示"单元格的值 >0"时显示"成立"；"单元格的值 <0"时未设置格式；"单元格的值 =0"时显示"不成立"）→单击【确定】按钮，如图 6-114 所示。

图 6-114

如图 6-115 所示，【S3】【S7】单元格的结果均为"成立"。

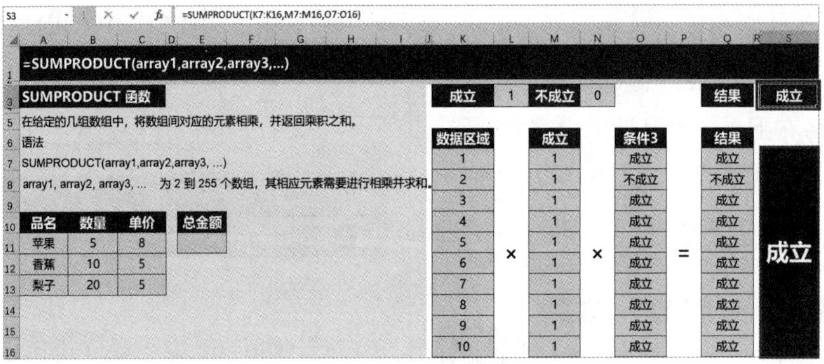

图 6-115

2. 解锁 SUMPRODUCT 函数的各种统计功能

了解了 SUMPRODUCT 函数的计算原理，下面将解锁 SUMPRODUCT 函数的各种统计功能。

如图 6-116 所示，在"计算提成"工作表中，左表是不同的销售员销售不同产品的不同提成比率，根据各销售员销售各产品的销售额计算总提成。

图 6-116

输入公式。选中【F5】单元格→单击函数编辑区将其激活→输入函数名称 "=SUM"，根据函数提示按 <↑+↓> 键选中【SUMPRODUCT】→按 <Tab> 键自动补充左括号，如图 6-117 所示。

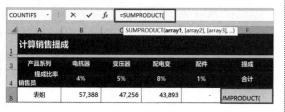

图 6-117

按 <Ctrl+A> 键→在弹出的【函数参数】对话框中分别选择两组数据区域→第一组数据区域选择提成比率【B4:E4】单元格区域，因函数公式要向下填充，故此区域需采用绝对引用方式，按 <F9> 键为单元格区域加锁→第二组数据区域选择【B5:E5】单元格区域→单击【确定】按钮，如图 6-118 所示。

图 6-118

选中【F5】单元格，将光标放在【F5】单元格右下角，当其变成十字句柄时，双击鼠标将公式向下填充，如图 6-119 所示。

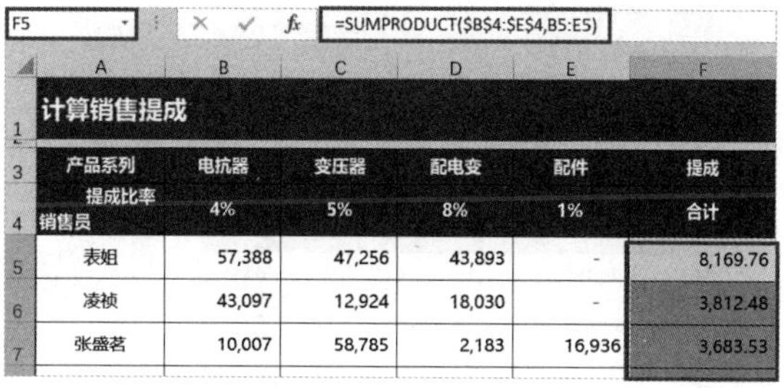

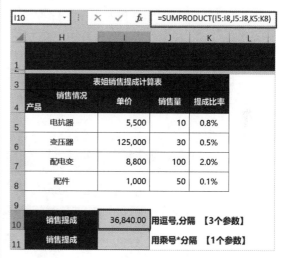

图 6-119

在 "计算提成" 工作表中，右表是销售员表姐销售产品的单价、销售量及提成比率，计算销售员表姐的销售提成。

输入公式。选中【I10】单元格→单击函数编辑区将其激活→输入公式 "=SUMPRODUCT(I5:I8,J5:J8,K5:K8)" → 按 <Enter> 键确认，如图 6-120 所示。

图 6-120

输入公式。选中【I11】单元格→输入公式 "=SUMPRODUCT(I5:I8*J5:J8*K5:K8)" →按 <Enter> 键确认，如图 6-121 所示。

| I11 | : | × ✓ | fx | =SUMPRODUCT(I5:I8*J5:J8*K5:K8) |

表姐销售提成计算表

产品	销售情况			
		单价	销售量	提成比率
电抗器		5,500	10	0.8%
变压器		125,000	30	0.5%
配电变		8,800	100	2.0%
配件		1,000	50	0.1%
销售提成	36,840.00	用逗号,分隔	【3个参数】	
销售提成	36,840.00	用乘号*分隔	【1个参数】	

图 6-121

由图 6-121 中的结果可以看出，虽然两种函数公式写法略有不同，但结果相同。【I10】单元格的函数公式中各数据区域间用 "," 分隔，用火车套娃法一点一节查车厢是三节车厢，即函数有三个参数。【I11】单元格的函数公式中各数据区域间用 "*" 分隔，用火车套娃法一点一节查车厢是一节车厢，即函数有一个参数。在函数公式上按 <F9> 键进行选中，可以看到【I10】单元格是三组数间的计算，【I11】单元格是一组

数间的计算，如图 6-122 所示。

图 6-122

同一个函数的两种写法不同，对应的应用场景也不同。例如，用 SUMPRODUCT 函数求个数，可将各条件进行连乘，求和时将各条件连乘后，用逗号与求和列连接。如图 6-123 所示，牢记这两种用法来解决相关问题。

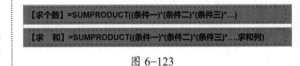

图 6-123

如图 6-124 所示，在 "SUMPRODUCT 函数 – 统计应用合集" 工作表中，应用 SUMPRODUCT 函数解决各种统计问题。

SUMPRODUCT函数：统计应用合集

	A	B	C	D	E	F	G	H	I	J
1	求个数:	=SUMPRODUCT((条件一)*(条件二)*(条件三)*...)								
2	求和:	=SUMPRODUCT((条件一)*(条件二)*(条件三)*...,求和列)								
5	业务日期	对方公司	类别	金额		【1】单条件计数	统计应付的数量			
6	2020/1/1	北京A公司	应付	19,480						
7	2020/1/16	B公司	应付	42,715		【2】多条件计数	统计应付且金额>5万的数量			
8	2020/1/22	C（北京）公司	应收	60,135						
9	2020/3/18	D公司	应付	40,130		【3】多条件求和	统计应付且金额>5万的金额合计			
10	2020/3/19	E公司	应收	3,340						
11	2020/4/19	F公司	应付	54,826		【4】多条件统计	统计1月份应收、应付的金额			1月份
12	2020/4/29	G公司	应收	45,373				应收		
13	2020/5/1	H公司（北京）	应付	74,342				应付		
14	2020/6/3	I公司	应收	47,261						
15	2020/6/23	北京-J公司	应付	84,592		【5】模糊条件求和	统计公司中包含 "北京" 的应付总额			
16	2020/7/23	K公司	应收	53,157				北京应付之和		

图 6-124

（1）单条件计数，统计应付的数量，输入公式。选中【J5】单元格→单击函数编辑区将其激活→输入公式 "=SUMPRODUCT(N(C6:C16=" 应付 "))" →按 <Enter> 键确认，如图 6-125 所示。

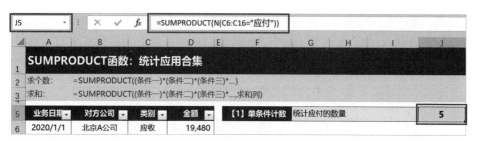

图 6-125

（2）多条件计数，统计应付且金额 >5 万的数量。两个不同的条件求个数，条件中间要用 "*"
连接。

输入公式。选中【J7】单元格→单击函数编辑区将其激活→输入公式 "=SUMPRODUCT(N(C6:
C16=" 应付 ")*(D6:D16>50000))" →按 <Enter> 键确认，如图 6-126 所示。

图 6-126

（3）多条件求和，统计应付且金额 >5 万的金额合计。两个不同的条件求和，条件中间要用 "*"
连接，然后与求和列用 "," 连接。

输入公式。选中【J9】单元格→单击函数编辑区将其激活→输入公式 "=SUMPRODUCT(N(C6:
C16=" 应付 ")*(D6:D16>50000),(D6:D16))" →按 <Enter> 键确认，如图 6-127 所示。

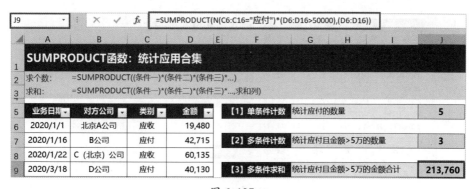

图 6-127

（4）多条件统计，统计 1 月份应收、应付的金额。第一个条件为【A】列日期月份为 1 月份，可
用 MONTH 函数求日期，第二个条件为类别等于 "应收" 或 "应付"，求金额即求和。前两个条件用
"*" 连接，与金额列用 "," 连接。

输入公式。选中【J12】单元格→单击函数编辑区将其激活→输入公式“=SUMPRODUCT(MONTH($A$6:$A$16=1)*($C$6:$C$16=I12),($D$6:$D$16))”→按 <Enter> 键确认→将光标放在【J12】单元格右下角，当其变成十字句柄时，双击鼠标将公式向下填充，如图 6–128 所示。

J12 =SUMPRODUCT(MONTH($A$6:$A$16=1)*($C$6:$C$16=I12),($D$6:$D$16))

SUMPRODUCT函数：统计应用合集

求个数: =SUMPRODUCT((条件一)*(条件二)*(条件三)*...)

求和: =SUMPRODUCT((条件一)*(条件二)*(条件三)*...,求和列)

业务日期	对方公司	类别	金额			
2020/1/1	北京A公司	应收	19,480	【1】单条件计数	统计应付的数量	5
2020/1/16	B公司	应付	42,715	【2】多条件计数	统计应付且金额>5万的数量	3
2020/1/22	C（北京）公司	应收	60,135			
2020/3/18	D公司	应付	40,130	【3】多条件求和	统计应付且金额>5万的金额合计	213,760
2020/3/19	E公司	应收	3,340			
2020/4/19	F公司	应付	54,826	【4】多条件统计	统计1月份应收、应付的金额	1月份
2020/4/29	G公司	应收	45,373		应收	228,746
2020/5/1	H公司（北京）	应付	74,342		应付	296,605

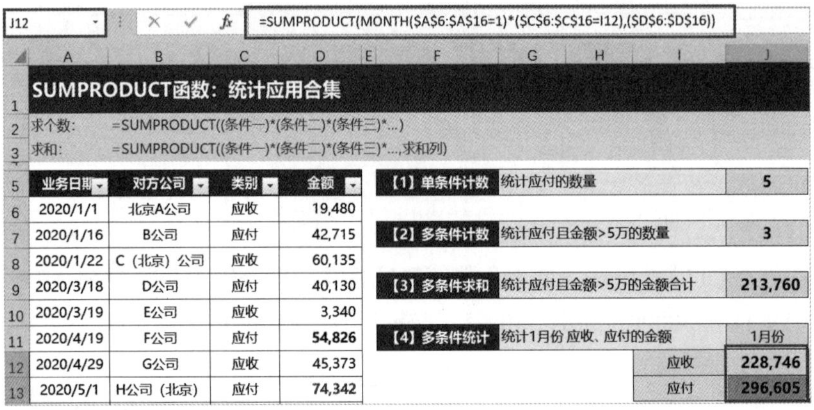

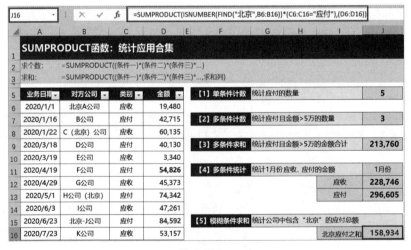

图 6–128

（5）模糊条件求和，统计公司中包含“北京”的应付总额。第一个条件为对方公司包含“北京”，可用 ISNUMBER 和 FIND 函数组合进行判断，第二个条件为类别等于“应付”，求金额即求和。前两个条件用“*”连接，与金额列用“,”连接。

输入公式。选中【J16】单元格→单击函数编辑区将其激活→输入公式“=SUMPRODUCT(ISNUMBER(FIND("北京",B6:B16))*(C6:C16="应付"),(D6:D16))”→按 <Enter> 键确认，如图 6–129 所示。

J16 =SUMPRODUCT(ISNUMBER(FIND("北京",B6:B16))*(C6:C16="应付"),(D6:D16))

SUMPRODUCT函数：统计应用合集

求个数: =SUMPRODUCT((条件一)*(条件二)*(条件三)*...)

求和: =SUMPRODUCT((条件一)*(条件二)*(条件三)*...,求和列)

业务日期	对方公司	类别	金额			
2020/1/1	北京A公司	应收	19,480	【1】单条件计数	统计应付的数量	5
2020/1/16	B公司	应付	42,715	【2】多条件计数	统计应付且金额>5万的数量	3
2020/1/22	C（北京）公司	应收	60,135			
2020/3/18	D公司	应付	40,130	【3】多条件求和	统计应付且金额>5万的金额合计	213,760
2020/3/19	E公司	应收	3,340			
2020/4/19	F公司	应付	54,826	【4】多条件统计	统计1月份应收、应付的金额	1月份
2020/4/29	G公司	应收	45,373		应收	228,746
2020/5/1	H公司（北京）	应付	74,342		应付	296,605
2020/6/3	I公司	应收	47,261			
2020/6/23	北京-J公司	应付	84,592	【5】模糊条件求和	统计公司中包含“北京”的应付总额	
2020/7/23	K公司	应收	53,157		北京应付之和	158,934

图 6–129

3. SUMPRODUCT 函数实战应用：4 个经典案例

（1）隔行隔列求和。

如图 6–130 所示，在“隔行隔列求和”工作表中，求各行的应收、应付金额。

SUMPRODUCT函数：隔行隔列求和

序号	合计		1月		2月		3月		4月		5月	
	应收	应付	应收	应付	应收	应付	应收	应付	应收	应付	应收	应付
1			19	37	78	95	10	78	88	6	10	31
2			84	87	15	11	63	76	26	12	88	29
3			51	52	78	57	57	85	56	28	82	2
4			89	96	27	21	67	70	34	93	73	96
5			79	83	22	80	45	81	13	42	11	67
6			9	82	81	64	60	51	50	17	58	98
7			27	13	24	99	91	64	69	54	49	63
8			47	86	60	8	74	51	69	84	79	62
9			51	18	7	23	3	41	63	63	37	98
10			92	54	97	80	20	21	62	57	64	85

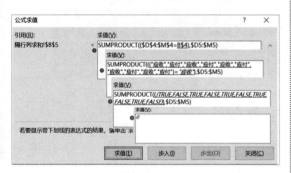

图 6-130

思路分析。分析 SUMPRODUCT 函数的条件，条件 1 为第四行单元格的内容为“应收”，条件 2 为金额行。写公式“=SUMPRODUCT(($D$4:$M$4=B$4),$D5:$M5)”（需要拖曳单元格进行公式填充，因此要注意单元格的引用方式），公式计算结果为“0”，显然结果是错误的。选择【公式】选项卡，单击【公式求值】按钮，在弹出的【公式求值】对话框中单击【求值】按钮，对公式进行分步计算，查看每步的计算结果。如图 6-131 所示，函数公式求值第 3 步条件 1 得到的是逻辑值与条件区域 2 相乘，结果是 0，显然是错误的。

图 6-131

解决方法：可以借助 N 函数把逻辑值转换成数值，也可以把中间的分隔符“,”改成“*”。

输入公式。选中【B5】单元格→单击函数编辑区将其激活→输入公式“=SUMPRODUCT(($D$4:$M$4=B$4)*$D5:$M5)”或“=SUMPRODUCT(N($D$4:$M$4=B$4),$D5:$M5)”→按 <Enter> 键确认，如图 6-132 所示。

B5 =SUMPRODUCT(N($D$4:$M$4=B$4),$D5:$M5)

SUMPRODUCT函数：隔行隔列求和

序号	合计		1月		2月	
	应收	应付	应收	应付	应收	应付
1	205		19	37	78	95

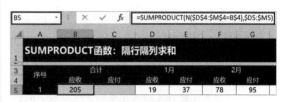

图 6-132

选中【B5】单元格，将光标放在【B5】单元格右下角，当其变成十字句柄时，向右拖曳填充至【C5】单元格，再向下拖曳填充至【C14】单元格，完成函数公式的填充，如图 6-133 所示。

C14 =SUMPRODUCT(N($D$4:$M$4=C$4),$D14:$M14)

SUMPRODUCT函数：隔行隔列求和

序号	合计		1月		2月		3月		4月		5月	
	应收	应付	应收	应付	应收	应付	应收	应付	应收	应付	应收	应付
1	205	247	19	37	78	95	10	78	88	6	10	31
2	276	215	84	87	15	11	63	76	26	12	88	29
3	324	224	51	52	78	57	57	85	56	28	82	2
4	290	376	89	96	27	21	67	70	34	93	73	96
5	170	353	79	83	22	80	45	81	13	42	11	67
6	258	312	9	82	81	64	60	51	50	17	58	98
7	260	293	27	13	24	99	91	64	69	54	49	63
8	329	291	47	86	60	8	74	51	69	84	79	62
9	161	243	51	18	7	23	3	41	63	63	37	98
10	335	297	92	54	97	80	20	21	62	57	64	85

图 6-133

如图 6–134 所示，在“隔行隔列求和”工作表中，根据各月份的销量及单价求总金额。

SUMPRODUCT函数：隔行隔列求和

序号	合计金额		1月		2月		3月		4月		5月	
	传统做法	SUMPRODUCT	数量	单价	数量	单价	数量	单价	数量	单价	数量	单价
1	9,731		19	37	78	95	10	78	88	6	10	31
2	15,125		84	87	15	11	63	76	26	12	88	29
3	13,675		51	52	78	57	57	85	56	28	82	2
4	23,971		89	96	27	21	67	70	34	93	73	96
5	13,245		79	83	22	80	45	81	13	42	11	67
6	15,516		9	82	81	64	60	51	50	17	58	98
7	15,364		27	13	24	99	91	64	69	54	49	63
8	18,990		47	86	60	8	74	51	69	84	79	62
9	8,797		51	18	7	23	3	41	63	63	37	98
10	22,122		92	54	97	80	20	21	62	57	64	85

图 6–134

传统做法是用各月份的数量 * 单价后再求各月的金额和。SUMPRODUCT 函数的条件区域 1 为标题行为“数量”的单元格 * 数量的值所在单元格，条件区域 2 为标题行为“单价”的单元格 * 单价的值所在单元格，两个条件用“,”连接。

输入公式。选中【C18】单元格→单击函数编辑区将其激活→输入公式“=SUMPRODUCT((($D$17:$L$17=" 数量 ")*D18:L18),(($E$17:$M$17=" 单价 ")*E18:M18))”（需要拖曳单元格进行公式填充，因此要注意单元格的引用方式）→按 <Enter> 键确认→将光标放在【C18】单元格右下角，当其变成十字句柄时，双击鼠标将公式向下填充，如图 6–135 所示。

C18　=SUMPRODUCT((($D$17:$L$17="数量")*D18:L18),(($E$17:$M$17="单价")*E18:M18))

SUMPRODUCT函数：隔行隔列求和

序号	合计金额		1月		2月		3月		4月	
	传统做法	SUMPRODUCT	数量	单价	数量	单价	数量	单价	数量	单价
1	9,731	9,731	19	37	78	95	10	78	88	6
2	15,125	15,125	84	87	15	11	63	76	26	12
3	13,675	13,675	51	52	78	57	57	85	56	28
4	23,971	23,971	89	96	27	21	67	70	34	93
5	13,245	13,245	79	83	22	80	45	81	13	42
6	15,516	15,516	9	82	81	64	60	51	50	17
7	15,364	15,364	27	13	24	99	91	64	69	54
8	18,990	18,990	47	86	60	8	74	51	69	84
9	8,797	8,797	51	18	7	23	3	41	63	63
10	22,122	22,122	92	54	97	80	20	21	62	57

图 6–135

（2）二维交叉统计。

如图 6–136 所示，在“销售额统计”工作表中，根据左表的销售数据，统计不同的销售员销售不同产品的销售额。

	销售员	产品	销售业绩
4	凌祯	电抗器	16,155
5	钱佳佳	电抗器	1,975
6	张亮	配件	49,838
7	钱佳佳	配电变	10,169
8	赵六	配电变	31,520
9	张亮	配电变	31,055
10	钱佳佳	电抗器	25,752
11	赵六	配电变	4,571
12	李四	变压器	49,423
13	王五	配电变	2,162
14	凌祯	变压器	22,735
15	王五	电抗器	28,371
16	王五	变压器	10,938

产品系列 / 销售员	电抗器	变压器	配电变	配件	小计
凌祯					
张三					
李四					
王五					
赵六					
钱佳佳					
张亮					
陈斌					
合计					

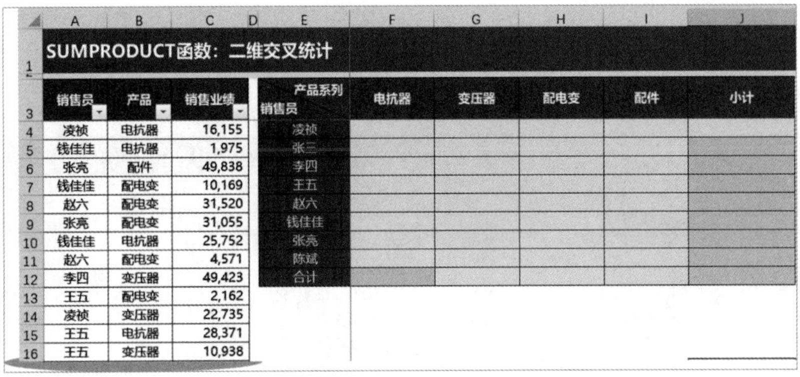

图 6-136

为方便对比统计结果，先用数据透视表进行数据统计。选定数据源工作表区域，选择【插入】选项卡，单击【数据透视表】按钮，按向导操作得到数据透视表，然后调整数据行顺序，如图 6-137 所示。

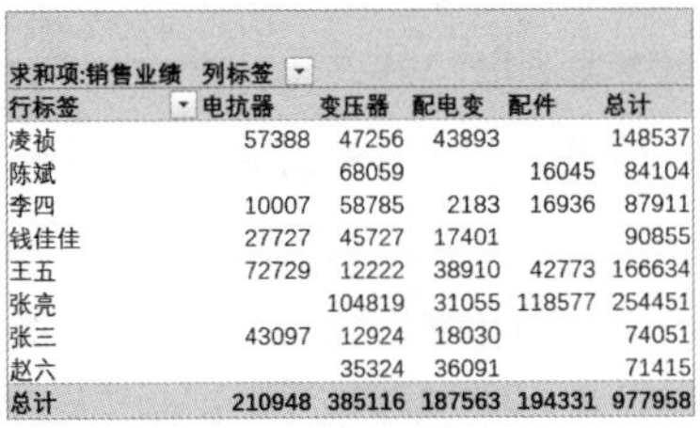

求和项:销售业绩 列标签

行标签	电抗器	变压器	配电变	配件	总计
凌祯	57388	47256	43893		148537
陈斌		68059		16045	84104
李四	10007	58785	2183	16936	87911
钱佳佳	27727	45727	17401		90855
王五	72729	12222	38910	42773	166634
张亮		104819	31055	118577	254451
张三	43097	12924	18030		74051
赵六		35324	36091		71415
总计	210948	385116	187563	194331	977958

图 6-137

应用 SUMPRODUCT 函数统计，适用于 SUMPRODUCT 函数的求和公式，即求和时将各条件连乘后，用逗号与求和列连接。条件区域 1 为姓名，条件区域 2 为产品类别，两个条件区域用“*”连接，然后与求和列销售业绩用“,”连接。可按此框架搭建函数公式，再逐个补充括号内容。

输入公式。选中【F4】单元格→单击函数编辑区将其激活→输入公式“=SUMPRODUCT(()*(),())”，如图 6-138 所示。

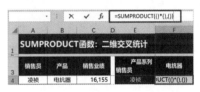

图 6-138

分别单击三个括号将函数公式补充完整，输入“=SUMPRODUCT(($A$4:$A$45=$E4)*($B$4:$B$45=F$3),($C$4:$C$45))”（按 <Ctrl+Shift+↓> 键可以快速选择单元格区域）→按 <Enter> 键确认→将光标放在【F4】单元格右下角，当其变成十字句柄时，向右拖曳填充至【I4】单元格，再向下拖曳填充至【I11】单元格，完成函数公式的填充，如图 6-139 所示。

产品系列 / 销售员	电抗器	变压器	配电变	配件	小计
凌祯	57,388	47,256	43,893	-	
张三	43,097	12,924	18,030	-	
李四	10,007	58,785	2,183	16,936	
王五	72,729	12,222	38,910	42,773	
赵六	-	35,324	36,091	-	
钱佳佳	27,727	45,727	17,401	-	
张亮	-	104,819	31,055	118,577	
陈斌	-	68,059	-	16,045	
合计					

图 6-139

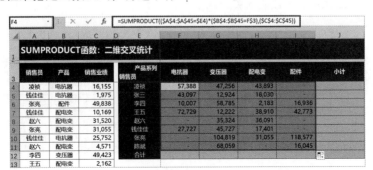

选中【F4:J12】单元格区域→按 <Alt+=> 键，一键快速求和，函数公式统计结果与数据透视表统计结果完全相同，如图 6-140 所示。

图 6-140

（3）多条件"或"的统计。

如图 6-141 所示，在"材料明细表"工作表中，根据左表的销售数据，统计各年份不同产品的销售额及各年份主材的销售额，其中铜材、铝材、硅钢片为主材，绝缘材料和其他材料为辅材。

图 6-141

统计各年份不同产品的销售额是二维交叉统计，适用于 SUMPRODUCT 函数的求和公式，

即求和时将各条件连乘后，用逗号与求和列连接。条件区域 1 为年份（可用 YEAR 函数求得），条件区域 2 为材料类别，两个条件区域用"*"连接，然后与求和列材料金额用","连接。可按此框架搭建函数公式，再逐个补充括号内容。

输入公式。选中【F4】单元格→单击函数编辑区将其激活→输入公式"=SUMPRODUCT(()*(),())"→分别单击三个括号将函数公式补充完整，输入"=SUMPRODUCT((YEAR($A$4:$A$1420)=F$3)*($B$4:$B$1420=$E4),($C$4:$C$1420))"（按 <Ctrl+Shift+↓> 键可以快速选择单元格区域）→按 <Enter> 键确认→将光标放在【F4】单元格右下角，当其变成十字句柄时，向右拖曳填充至【I4】单元格，再向下拖曳填充至【I8】单元格，完成函数公式的填充，如图 6-142 所示。

图 6-142

统计各年份主材的销售额，仍然适用于 SUMPRODUCT 函数的求和公式，条件区域用 "*" 连接，然后与求和列材料金额用 "," 连接。条件区域 1 为年份（可用 YEAR 函数求得），条件区域 2 为主材，主材有三种，因此条件区域 2 的三种主材要相加。

输入公式。选中【G12】单元格→单击函数编辑区将其激活→输入公式 "=SUMPRODUCT ((YEAR($A$4:$A$1420)=E12)*(($B$4:$B$1420= "铜材")+($B$4:$B$1420="铝材")+($B$4: $B$1420="硅钢片")),($C$4:$C$1420))"（为方便函数公式编写，可在每个条件区域后按 <Alt+ Enter> 键分行）→按 <Enter> 键确认→将光标放在【G12】单元格右下角，当其变成十字句柄时，双击鼠标将公式向下填充，如图 6-143 所示。

图 6-143

以上这种方法为传统的函数公式写法，也可以借助数组来完成函数公式。选中任意单元格输入 "="，选中表中的主材（铜材、铝材、硅钢片），即【E4:E6】单元格区域，按 <F9> 键，得到主材的纵向数组 "={" 铜材 ";" 铝材 ";" 硅钢片 "}"。但因左表中的【B】列材料类别为纵向，如果两个纵向数组运算会报 #N/A 错误。因此，需要把主材的纵向数组转换成横向数组，将数据间的分隔符改成 "," ，得到主材的横向数组 "={" 铜材 "," 铝材 "," 硅钢片 "}"。数组应用于

SUMPRODUCT 函数时，条件间要用 "*" 连接。

输入公式。选中【F12】单元格→单击函数编辑区将其激活→复制并粘贴【G12】单元格的函数公式→将原公式的条件区域 2 改成数组，并将 "," 连接符改成 "*"→函数公式修改为 "=SUMPRODUCT((YEAR($A$4:$A$1420)=E12)* ($B$4:$B$1420={" 铜材 "," 铝材 "," 硅钢片 "})* ($C$4:$C$1420))"→按 <Enter> 键确认→将光标放在【F12】单元格右下角，当其变成十字句柄时，双击鼠标将公式向下填充，如图 6-144 所示。

图 6-144

（4）计算组内排名。

如图 6-145 所示，在"组内排名"工作表中，根据订单金额计算各位销售经理在本分公司内的排名，并计算共有几家分公司。

序号	分公司	销售经理	订单金额	组内排名
1	北京分公司	凌祯	6,800	
2	北京分公司	赵凡舒	9,200	
3	北京分公司	孙慕佳	9,300	
4	北京分公司	帅小扬	2,200	
5	广州分公司	表姐	8,300	
6	广州分公司	李宜霖	2,500	
7	上海分公司	原欣宇	3,800	
8	上海分公司	朱赫	2,400	
9	深圳分公司	张盛煜	6,900	
10	深圳分公司	王怡玲	5,400	
			共几家分公司	

图 6-145

计算组内排名，思路分析。满足在组内（相同分公司下）且金额 >= 当前值的个数。SUMPRODUCT 函数计算个数时，各条件区域间要用 "*" 连接。

输入公式。选中【E4】单元格→单击函数编辑区将其激活→输入公式 "=SUMPRODUCT(($B$4:$B$13=B4)*($D$4:$D$13>=D4))"→按 <Enter> 键确认→将光标放在【E4】单元格右下角，当其变成十字句柄时，双击鼠标将公式向下填充，如图 6-146 所示。

	A	B	C	D	E	F	G	H
	序号	分公司	销售经理	订单金额	组内排名			
	1	北京分公司	凌祯	6,800	3			
	2	北京分公司	赵凡舒	9,200	2			
	3	北京分公司	孙慕佳	9,300	1			
	4	北京分公司	帅小扬	2,200	4			

图 6-146

计算共有几家分公司。比较简单的做法，是利用 4.7 节介绍的删除重复值的方法。

选中分公司所在列的【B4:B13】单元格区域复制至表格中任一空白区域（复制至【G】列空白区域），单击【数据】选项卡下的【删除重复值】按钮，在弹出的【删除重复值】对话框中单击【确定】按钮，即可快速完成重复值的删除，如图 6-147 所示。

图 6-147

删除重复值后的结果显示非重复值数量，即分公司数量，如图 6-148 所示。

图 6-148

应用函数也可以计算出共有几家分公司。首先应用 COUNTIF 函数求每个数据项出现的次数；然后求出出现次数的倒数，即 "1/ 出现次数"，例如，每一个 "北京分公司" 的计算结果为 1/4=0.25；最后用 SUMPRODUCT 函数对每个数进行求和，汇总结果，同类的总和为 1。任一统计不重复数据的个数的问题，都可以应用这个思路进行解决。

输入公式。选中【E15】单元格→单击函数编辑区将其激活→输入公式 "=SUMPRODUCT (1/COUNTIF(B4:B13,B4:B13))" → 按 <Enter> 键确认，如图 6-149 所示。

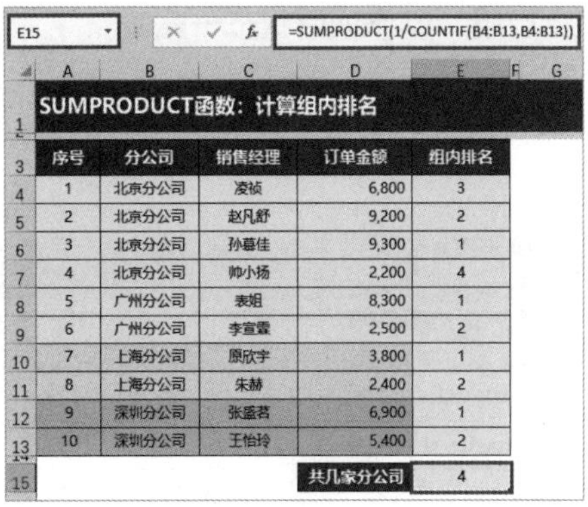

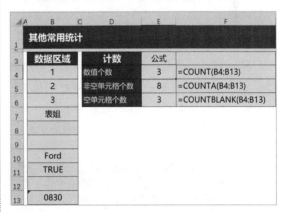

图 6-149

6.5 其他常用统计函数

Excel 中统计个数的函数有很多，前面章节介绍了 COUNT 函数的功能是统计数字单元格的个数；COUNTIF 函数的功能是单条件统计，即统计满足一个条件的单元格个数；COUNTIFS 函数的功能是多条件统计，即统计满足多个条件的单元格个数。本节将介绍两个常用统计函数 COUNTA 和 COUNTBLANK。

1. 认识 COUNTA、COUNTBLANK 函数

打开 "素材文件 /06- 数据统计函数 /06-05-其他常用统计函数：COUNTA、COUNTBLANK. xlsx" 源文件。

COUNTA 函数的功能是统计非空单元格的个数，COUNTBLANK 函数的功能是统计空单元格的个数，如图 6-150 所示，在使用时可以根据需求选择相应的函数。

图 6-150

如图 6-151 所示，在 "COUNTA、COUNTBLANK" 工作表中，【E】列分别是应用相应函数求得的数值个数、非空单元格个数及空单元格个数。【F】列为【E】列对应单元格的函数公式，大家可结合公式进一步理解函数功能。需要强调的是，若单元格中含有空格，则此单元格将不被计为空单元格，即 "空格不等于空值"。

图 6-151

2. 综合应用：制作项目状态一览表

如图 6-152 所示，在"综合应用"工作表中，制作项目状态一览表。项目状态运用条件格式进行图标集展示，投入人天情况运用迷你图方式进行展示。

序号	项目名称	实施阶段1 需求调研	实施阶段2 实施方案	实施阶段3 系统建设	实施阶段4 系统测试	实施阶段5 交付上线	项目状态	投入人天情况
1	北京商贸-3D设计项目	17	33	31	13	35		
2	上海富川-MES项目	28	30	38	40			
3	广州东风-ERP项目	13	14	35	23	25		
4	石家庄路安腾-CRM项目	44	46	12				
5	杭州盛昌-PLM项目	29	27	36	33			

制作项目状态一览表

图 6-152

思路分析。当实施的 5 个阶段对应单元格有空值时，表示该项目正在"进行中"，当实施的 5 个阶段对应单元格均为非空单元格时，表示该项目"已完成"。空白单元格数量的统计可以使用 COUNTBLANK 函数。由于条件格式不适用于文字，因此可利用 IF 函数根据项目完成情况将单元格的值设置成"0"或"1"后再套用条件格式，逻辑思路如图 6-153 所示。

图 6-153

输入公式。选中【H4】单元格→单击函数编辑区将其激活→输入公式"=IF(COUNTBLANK(C4: G4)=0,1,0)"→按 <Enter> 键确认→将光标放在【H4】单元格右下角，当其变成十字句柄时，双击鼠标将公式向下填充，如图 6-154 所示。

H4　　　×　√　fx　=IF(COUNTBLANK(C4:G4)=0,1,0)

序号	项目名称	实施阶段1 需求调研	实施阶段2 实施方案	实施阶段3 系统建设	实施阶段4 系统测试	实施阶段5 交付上线	项目状态	投入人天情况
1	北京商贸-3D设计项目	17	33	31	13	35	1	
2	上海富川-MES项目	28	30	38	40		0	
3	广州东风-ERP项目	13	14	35	23	25	1	
4	石家庄路安腾-CRM项目	44	46	12			0	
5	杭州盛昌-PLM项目	29	27	36	33		0	

制作项目状态一览表

图 6-154

设置项目状态图标集效果。选中【H4:H8】单元格区域→选择【开始】选项卡→单击【条件格式】按钮→在下拉菜单中选择【新建规则】选项→在弹出的【新建格式规则】对话框中选择【基于各自值设置所有单元格的格式】选项→在【格式样式】下拉列表中选择【图标集】选项→在【图标样式】下拉列表中选择任意一组喜欢的图标→在【类型】下拉列表中选择【数字】选项→第一个图标后选择【>=】选项→在【值】下方的第一个文本框中输入"1"→第二个图标后选择【>=】选项→在【值】下方的第二个文本框中输入"0"→单击【确定】按钮，如图 6-155 所示。

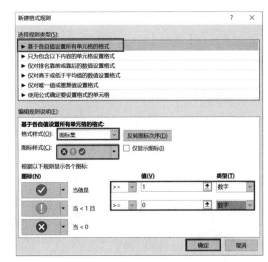

图 6-155

此时项目状态的展示效果如图 6-156 所示。

序号	项目名称	实施阶段1 需求调研	实施阶段2 实施方案	实施阶段3 系统建设	实施阶段4 系统测试	实施阶段5 交付上线	项目状态	投入人天情况
1	北京商贸-3D设计项目	17	33	31	13	35	✓ 1	
2	上海富川-MES项目	28	30	38	40		! 0	
3	广州东风-ERP项目	13	14	35	23	25	✓ 1	
4	石家庄路安腾-CRM项目	44	46	12			! 0	
5	杭州盛昌-PLM项目	29	27	36	33		! 0	

制作项目状态一览表

图 6-156

前面的章节介绍过，把项目状态的"1"和"0"显示为"已完成"或"进行中"可通过自定义单元格格式来完成。

选中【H4:H8】单元格区域→按 <Ctrl+1> 键打开【设置单元格格式】对话框→选择【分类】列表框中的【自定义】选项→在【类型】文本框中输入""已完成";;"进行中""（表示"单元格的值 >0"时显示"已完成"；"单元格的值 <0"时未设置格式；"单元格的值 =0"时显示"进行中"）→单击【确定】按钮，效果如图 6-157 所示。

序号	项目名称	实施阶段1 需求调研	实施阶段2 实施方案	实施阶段3 系统建设	实施阶段4 系统测试	实施阶段5 交付上线	项目状态	投入人天情况
1	北京商贸-3D设计项目	17	33	31	13	35	✓ 已完成	
2	上海富川-MES项目	28	30	38	40		! 进行中	
3	广州东风-ERP项目	13	14	35	23	25	✓ 已完成	
4	石家庄路安腾-CRM项目	44	46	12			! 进行中	
5	杭州盛昌-PLM项目	29	27	36	33		! 进行中	

制作项目状态一览表

图 6-157

设置投入人天情况的迷你图展示效果。选中【I4】单元格→选择【插入】选项卡→在【迷你图】功能组中单击【柱形】按钮（可任选样式）→在弹出的【创建迷你图】对话框中填入【数据范围】→单击【数据范围】文本框将其激活→选中【C4:G4】单元格区域→单击【确定】按钮，如图 6-158 所示。

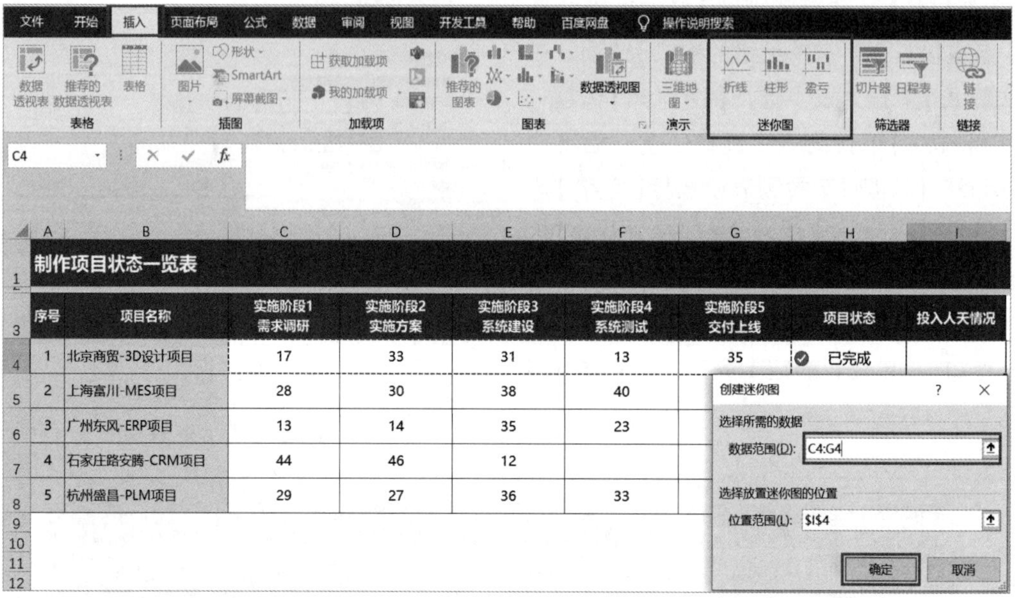

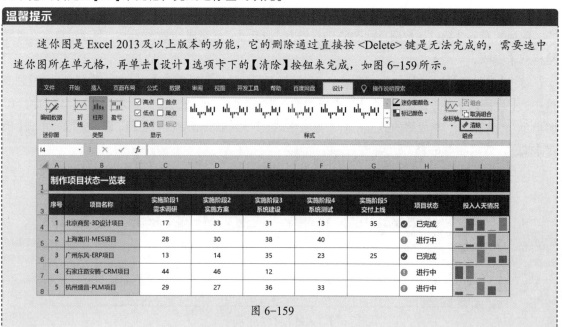

图 6-158

选中【I4】单元格→选择【设计】选项卡→可通过【迷你图颜色】和【标记颜色】两个按钮为迷你图设置自己喜欢的颜色→选中【I4】单元格，将光标放在【I4】单元格右下角，当其变成十字句柄时，向下拖曳填充至【I8】单元格，完成迷你图的填充。

温馨提示

迷你图是 Excel 2013 及以上版本的功能，它的删除通过直接按 <Delete> 键是无法完成的，需要选中迷你图所在单元格，再单击【设计】选项卡下的【清除】按钮来完成，如图 6-159 所示。

图 6-159

6.6 特定统计函数

打开 "素材文件 /06- 数据统计函数 /06-06- 特定统计函数：一大波统计函数来袭 .xlsx" 源文件。

如图 6-160 所示，在 "目录" 工作表中，笔者列出了一些统计函数的说明，单击链接可进入相应工作表进一步了解该函数。

其他统计函数				
类别	函数	公式	说明	链接
中位数函数	MEDIAN	=MEDIAN(number1,number2,...)	计算一组数值的中间数	√
四分位函数	QUARTILE	=QUARTILE(array,quart)	计算一组数值的四分位点	√
内部平均值函数	TRIMMEAN	=TRIMMEAN(array,percent)	去掉头尾一定比率的数据，计算的平均值	√
几何平均值函数	GEOMEAN	=GEOMEAN(number1,number2,...)	返回数值区域的几何平均值	√
计算方差	VAR.P	=VAR.P(number1,number2,...)	计算基于整个样本总体的方差	√
计算标准差	STDEV.P	=STDEV.P(number1,number2,...)	计算基于整个样本总体的标准差	√
频率函数	FREQUENCY	=FREQUENCY(data_array,bins_array)	数值在某个区域中出现的频率，返回的是一个数组	√

图 6-160

单击 "目录" 工作表中的【F4】单元格的 "√" 打开 "MEDIAN" 工作表，【F5】单元格是求得的中位数工资，【G5】单元格是【F5】单元格的函数公式显示，通过平均值和中位数两组数据来描述工资水平，更能反映真实情况，如图 6-161 所示。

中位数函数	=MEDIAN(number1,number2,...)			计算一组数值的中间数
姓名	工资	计算类别	计算结果	
表姐	9,300	平均工资	5,680	=AVERAGE(C4:C13)
凌祯	9,200	中位数工资	6,100	=MEDIAN(C4:C13)
张盛茗	8,300			
原欣宇	6,900			
赵凡舒	6,800			
孙慕佳	5,400	参数区域为奇数，取中间的1个数		
王怡玲	3,800	参数区域为偶数，取中间的2个数的平均值		
李宣霖	2,500			
朱赫	2,400			
帅小扬	2,200			

图 6-161

单击 "目录" 工作表中的【F5】单元格的 "√" 打开 "QUARTILE" 工作表，四分位点的计算常应用于制造类企业核定计件标准工时。在

企业计件工时核定效率时，是以 75% 的人能够达到的标准为参考线。【F10】单元格中标准工时的函数公式为 "=QUARTILE(C4:C13,3)"，当函数公式的第二个参数为 "3" 时，计算的是 "75% 分位数"，如图 6-162 所示。

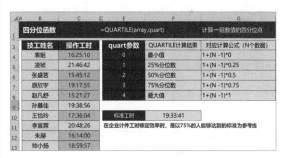

四分位函数		=QUARTILE(array,quart)		计算一组数值的四分位点
技工姓名	操作工时	quart参数	QUARTILE计算结果	对应计算公式（N个数据）
表姐	16:25:10	0	最小值	1+(N -1)*0
凌祯	21:46:42	1	25%分位数	1+(N -1)*0.25
张盛茗	15:45:12	2	50%分位数	1+(N -1)*0.5
原欣宇	19:17:55	3	75%分位数	1+(N -1)*0.75
赵凡舒	15:21:27	4	最大值	1+(N -1)*1
孙慕佳	19:38:56			
王怡玲	17:36:04		标准工时	19:33:41
李宣霖	20:48:26		在企业计件工时核定效率时，是以75%的人能够达到的标准为参考线	
朱赫	16:14:00			
帅小扬	18:59:57			

图 6-162

单击 "目录" 工作表中的【F】列其他单元格的 "√" 打开对应工作表，查看各函数用法，如图 6-163~ 图 6-167 所示，因函数用法简单且在平时工作中的应用并不广泛，故此处不再进行展开介绍。

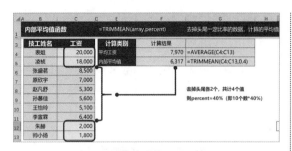

图 6-163

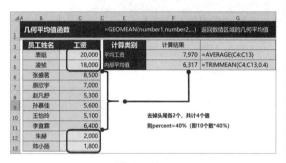

图 6-164

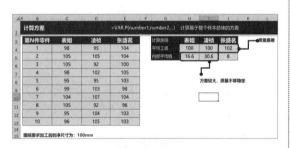

图 6-165

图 6-166

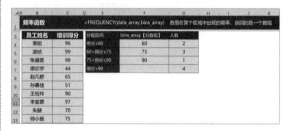

图 6-167

6.7 统计函数综合实战：制作销售业绩自动统计表

谈到 Excel 的统计功能，不得不提到的一个统计神器——"数据透视表"。本节将介绍如何应用数据透视表实现销售业绩自动统计。

1. 认识数据透视表

数据透视表是 Excel 的强大数据处理和分析工具，它可以帮助用户快速实现数据处理、数据分析、分类汇总、数据比对等需求。

数据透视表可以不写函数公式就完成统计，而且可以随着数据的增加、变更一键刷新。

2. 一套口诀，搞懂数据透视表

为帮助读者更快、更好地掌握数据透视表，笔者总结了一套关于数据透视表的口诀，读者可结合实际案例来体会口诀的含义，以掌握数据透视表的使用，如图 6-168 所示。

图 6-168

打开"素材文件 /06- 数据统计函数 /06-07-
统计函数综合实战：数据透视表 – 实现销售业
绩自动统计 – 数据源空白表 .xlsx"源文件。

如图 6-169 所示，在"06-07- 统计函数综

合实战：数据透视表 – 实现销售业绩自动统计 –
呈现效果 .xlsx"工作簿中为本节综合实战案例
的效果图。

图 6-169

在"06-07- 统计函数综合实战：数据透视表 – 实现销售业绩自动统计 – 数据源空白表 .xlsx"
工作簿中，有三张提前制作好的表格分别存储在三张工作表中，三张工作表的名称分别为"销售日
志""业绩分析""参数管理"。下面笔者将结合数据透视表的"口诀"介绍数据透视表的制作方法。

如图 6-170 所示，在"销售日志"工作表中，表中有 306R*12C（306 行 12 列）的销售流水，此
表为一张"超级表"。

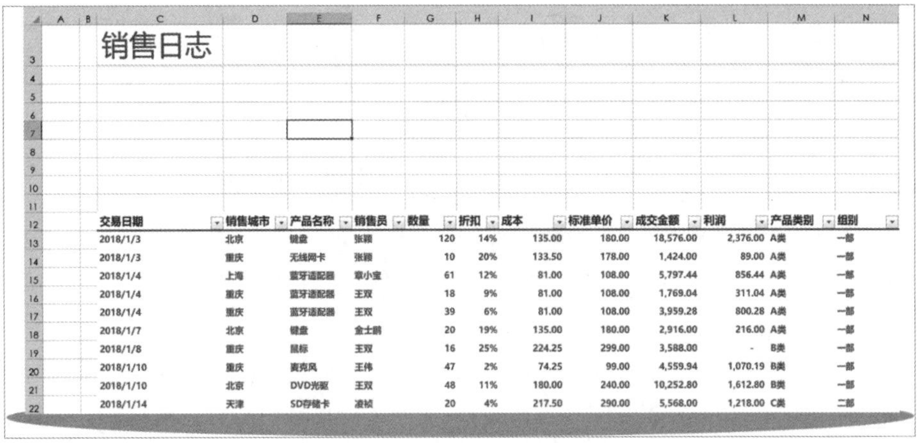

图 6-170

通过【开始】选项卡下的【套用表格格式】按钮可以为表格选择喜欢的颜色及样式，默认的配色
方案是根据数据表主题设定的，如图 6-171 所示。

图 6-171

通过【页面布局】选项卡下的【主题】按钮可以查看各主题配色，如图 6-172 所示。

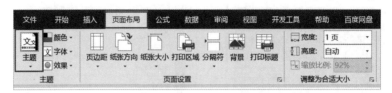

图 6-172

创建数据透视表。选中当前超级表中的任意单元格→选择【插入】选项卡→单击【数据透视表】按钮→弹出【创建数据透视表】对话框→Excel 会自动将当前超级表的所有数据区域选中，作为数据来源→在【表/区域】文本框中自动填入当前超级表名称"销售日志"（如需更改超级表名称，可选择【设计】选项卡，在【表名称】下的文本框中输入文字更改超级表的表名）→继续设置【选择放置数据透视表的位置】→选中【现有工作表】单选按钮→单击【位置】文本框将其激活→选择"业绩分析"工作表，单击表中任意空白单元格，如【C70】单元格→单击【确定】按钮，如图 6-173 所示。

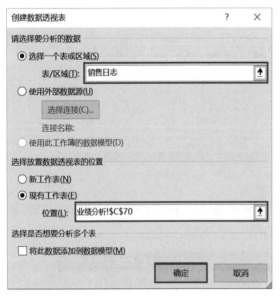

图 6-173

此时"业绩分析"工作表中以【C70】单元格

作为起始位置的区域，出现了一个数据透视表，并且在右侧出现设置数据透视表的工具箱，即【数据透视表字段】任务窗格。仔细观察不难发现，数据透视表的字段就是数据源超级表的标题行。

如图 6-174 所示，在"业绩分析"工作表中有制作好的数据透视表模板，对照"口诀"继续完成数据透视表。

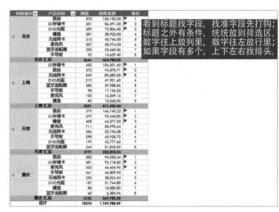

图 6-174

"口诀"的第一句"看到标题找字段，找准字段先打钩"：按照数据透视表模板标题行，在数据透视表的工具箱的字段列表中，找到"销售城市""产品名称""数量""成交金额"字段，在前面的复选框中打钩→"排名"字段是根据"成交金额"字段计算得出的，如果对"成交金额"字段二次打钩，该字段会处于未选中状态，所以需要拖曳"成交金额"字段至【值】区域完成该字段的二次选中，此时生成的数据透视表如图 6-175 所示。

图 6-175

"口诀"的第二句"标题之外有条件,统统放到筛选区"。根据"效果图"最终展现效果,有A、B、C 三个分类。在数据透视表的工具箱的字段列表中,找到"产品类别"字段→将其拖曳至【筛选】区域,数据透视表就增加了"产品类别"筛选区。

"口诀"的第三句"数字往上放列里,数字往左放行里"。数据透视表模板中数字的左边是"销售城市"和"产品名称",这两个字段已在【行】标签中。

"口诀"的第四句"如果字段有多个,上下左右找排头"。现在数据透视表的工具箱的【行】标签列表中有两个字段,即"销售城市"和"产品名称",可以根据分类汇总级别单击【行】标签中的字段名上下拖曳更改字段顺序,此时数据透视表制作完成,如图 6-176所示。此时的数据透视表格式与最终呈现效果还未一致,需进一步调整格式。

图 6-176

3. 数据透视表的美化

（1）设置数据透视表样式。选中数据透视表中的任意单元格→选择【设计】选项卡→单击【数据透视表样式】功能区的滚动条→在弹出的【数据透视表样式】组中选择喜欢的样式，如【水绿色，数据透视表样式中等深浅 10】，如图 6-177 所示。

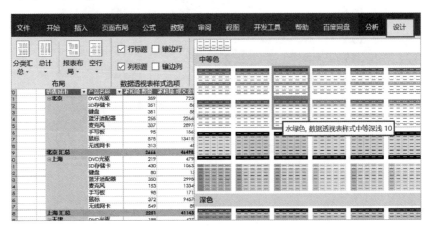

图 6-177

（2）调整数据透视表布局。目前数据透视表的字段"销售城市"（如北京）和"产品名称"为上下排列，即【以大纲形式显示】的布局，最终呈现效果中这两个字段是左右排列并有合并单元格的效果。

选中数据透视表中的任意单元格→选择【设计】选项卡→单击【报表布局】按钮→在下拉菜单中选择【以表格形式显示】选项，如图 6-178 所示。

图 6-178

右击数据透视表中的任意单元格→在弹出的快捷菜单中选择【数据透视表选项】选项→在【数据透视表选项】对话框中选中【合并且居中排列带标签的单元格】复选框。

如果此时数据源发生变动，刷新数据透视表时会发现数据透视表的列宽会变回初始状态。若要保持设置好的数据透视表列宽不变，则需取消选中【数据透视表选项】对话框中的【更新时自动调整列宽】复选框，如图 6-179 所示。

图 6-179

（3）更改数据透视表标题栏。直接选中标题栏文字进行更改，会弹出"已有相同数据透视表字段名存在"错误提示框，不允许更改。究其原因，是"数量"字段已存在于数据透视表工具栏字段列表中。

选中标题栏中的"求和项："→按 <Ctrl+C>键复制→按 <Ctrl+H>键打开【查找和替换】对话框→单击【查找内容】文本框将其激活→按 <Ctrl+V>键粘贴"求和项："→单击【替换为】文

本框将其激活→输入空格" "→单击【全部替换】按钮完成标题栏的批量替换，如图 6-180所示。此时标题栏的原"求和项：数量"变成了"数量"，即数量前有一个空格，标题栏变得更加整洁，但与数据透视表工具栏字段列表中的"数量"并不相等。标题栏中的"成交金额"和"成交金额 2"可以直接更改为"销售总金额"和"排名"。这两个字段在数据透视表工具栏字段列表中无重复字段。

图 6-180

（4）数据透视表按"销售总金额"生成"排名"。右击数据透视表"排名"列中的任意单元格→在弹出的快捷菜单中选择【值显示方式】下的【降序排列】选项→在弹出的【值显示方式（排名）】对话框中选择基本字段→单击【确定】按钮，此时"排名"列数据显示为名次，如图 6-181 所示。

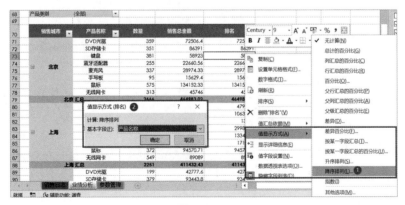

图 6-181

右击数据透视表"销售总金额"列中的任意单元格→在弹出的快捷菜单中选择【排序】中的【降序】选项，如图 6-182 所示。

	B	C	D	E	F	G	H
68		产品类别	(全部)				
69							
70		销售城市	产品名称	数量	销售总金额	排名	
71			DVD光驱	359	72506.4	3	
72			SD存储卡	351	86391	2	
73			键盘	381	58923	4	
74		北京	蓝牙适配器	255		7	
75			麦克风	337		6	
76			手写板	95		8	
77			鼠标	575		1	
78			无线网卡	313		5	
79		北京 汇总		2666			
80			DVD光驱	219			
81			SD存储卡	430			
82			键盘	80			
83		上海	蓝牙适配器	350		7	
84			麦克风	153		7	
85			手写板	98		6	
86			鼠标	372		2	
87			无线网卡	549		1	
88		上海 汇总		2251			
89			DVD光驱	199		2	
90			SD存储卡	379		2	
91		天津	键盘	405		3	
92			蓝牙适配器	244			
93			麦克风	711		1	
94			手写板	298		2	
95			鼠标	579			
96			无线网卡	356	52734.28	5	

右键菜单：
- 复制(C)
- 设置单元格格式(F)...
- 数字格式(T)...
- 刷新(R)
- 排序(S) ▸
  - 升序(S)
  - 降序(O)
  - 其他排序选项(M)...
- 删除"销售总金额"(V)
- 值汇总依据(M) ▸
- 值显示方式(A) ▸
- 显示详细信息(E)
- 值字段设置(N)...
- 数据透视表选项(O)...
- 隐藏字段列表(D)

销售日志 | 业绩分析 | 参数管理

图 6-182

（5）将数据透视表中销量"排名"前3的单元格插上小红旗。选中"排名"列中的单元格区域→选择【开始】选项卡→单击【条件格式】按钮→在下拉菜单中选择【图标集】选项→选择【标记】组中的【三色旗】选项，此时的展示效果与最终展示效果略有不同→继续单击【条件格式】按钮→在下拉菜单中选择【管理规则】选项→弹出【条件格式规则管理器】对话框→单击【编辑规则】按钮→弹出【编辑格式规则】对话框→在【类型】下拉列表中选择【数字】选项→第一个和第三个图标处选择【无单元格图标】选项→第二个图标处选择【红色小红旗】选项→在【值】下方的第一个文本框中输入"4"→在【值】下方的第二个文本框中输入"0"→单击【确定】按钮，如图6-183所示。

图 6-183

此时数据透视表的呈现效果如图6-184所示。

产品类别	(全部)	▼		
销售城市 ▼	产品名称 ↓↑	数量	销售总金额	排名
	鼠标	575	134152.33 ▶	1
	SD存储卡	351	86391 ▶	2
	DVD光驱	359	72506.4 ▶	3
北京	键盘	381	58923	4
	无线网卡	313	45746	5
	麦克风	337	28974.33	6
	蓝牙适配器	255	22660.56	7
	手写板	95	15629.4	8
北京 汇总		2666	464983.02	
	SD存储卡	430	106331.4 ▶	1
	鼠标	372	94570.71 ▶	2
	无线网卡	549	89089 ▶	3
上海	DVD光驱	219	47901.6	4
	蓝牙适配器	350	29988.36	5
	手写板	98	17134.2	6
	麦克风	153	13349.16	7
	键盘	80	13068	8
上海 汇总		2251	411432.43	
	鼠标	579	146743.22 ▶	1
	SD存储卡	379	93443.8 ▶	2
	键盘	405	64377 ▶	3
天津	麦克风	711	55970.64	4
	无线网卡	356	52734.28	5
	手写板	298	45928.7	6
	DVD光驱	199	42777.6	7
	蓝牙适配器	244	21843	8
天津 汇总		3171	523818.24	
	鼠标	382	94053.44 ▶	1
	SD存储卡	381	92718.8 ▶	2
	麦克风	533	46434.96 ▶	3
重庆	手写板	261	44309.9	4
	无线网卡	255	38524.54	5
	DVD光驱	157	31744.8	6
	键盘	88	15580.8	7
	蓝牙适配器	65	6384.96	8
重庆 汇总		2122	369752.2	
总计		10210	1769985.89	

图 6-184

（6）移动数据透视表。数据透视表制作完成后，如需更改存放位置，可选中数据透视表中的任意单元格→选择【分析】选项卡→单击【选择】按钮→在下拉菜单中选择【整个数据透视表】选项→再次选择【分析】选项卡→单击【移动数据透视表】按钮，如图 6-185 所示→在弹出的【移动数据透视表】对话框中选中【现有工作表】单选按钮→单击【位置】文本框将其激活→选择表格中的任意空白单元格→单击【确定】按钮。

（7）删除数据透视表。选中数据透视表中的任意单元格→选择【分析】选项卡→单击【选择】按钮→在下拉菜单中选择【整个数据透视表】选项→再次选择【分析】选项卡→单击【清除】按钮→在下拉菜单中选择【全部清除】选项。

图 6-185

"业绩分析"工作表中的其他数据透视表的制作方法基本相同，笔者不再逐个进行介绍，读者可对照"口诀"进行练习。

需要说明的是，同一字段在同一工作簿中遵循同一分组原则，例如，"日期"字段的分组，按"年、月、季度"分组后，同一工作表均遵循同一原则而联动变化。

4. 制作切片器、数据透视图

如图 6-186 所示，在制作右侧数据透视表时，无法完成筛选字段的设置，原因在于筛选字段"产品类别"已位于【行】标签下。

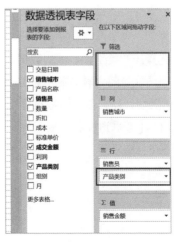

图 6-186

在"业绩分析"工作表的最终效果图中，有应用于整个工作表的筛选区，即"产品类别"筛选区。像这种应用于全局的筛选可以通过"切片器"工具来实现。

（1）插入切片器。选中右侧数据透视表中的任意单元格→选择【分析】选项卡→单击【插入切片器】按钮→在弹出的【插入切片器】对话框中选中【产品类别】复选框→单击【确定】按钮，如图 6-187 所示。

（2）为切片器更改样式。选中切片器→选择【选项】选项卡→在【切片器样式】功能区中选择一个喜欢的样式，如图 6-188 所示。

图 6-187

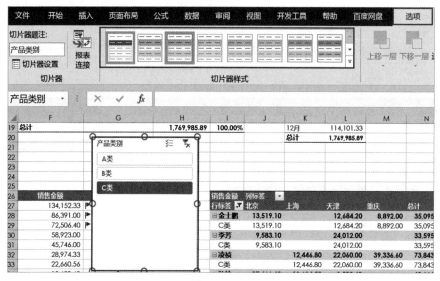

图 6-188

此时选择任意类别，右侧的数据透视表数据会随之联动。那么，怎样能使切片器控制工作表中的多张数据透视表随之联动呢？通过"报表连接"功能可以实现。

（3）设置切片器控制多张数据透视表。选中切片器→选择【选项】选项卡→单击【报表连接】按钮→在弹出的【数据透视表连接（产品类别）】对话框中选择欲连接的数据透视表表名→单击【确定】按钮，如图 6-189 所示。数据透视表表名可以在【分析】选项卡的【数据透视表名称】下的文本框中查看。

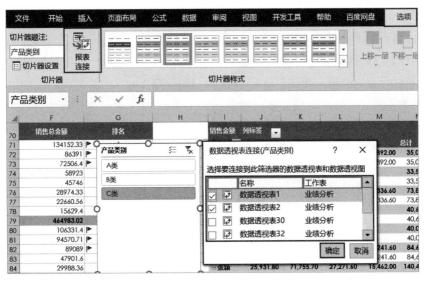

图 6-189

（4）更改切片器布局。选中切片器→选择【选项】选项卡→更改【按钮】功能区【列】后的数字为"3"→更改【大小】功能区的【高度】和【宽度】值调整切片器大小，如图 6-190 所示。

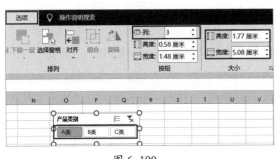

图 6-190

（5）快速排版多个切片器。在"销售日志"工作表中，选择【视图】选项卡→单击【显示】功能区的【网格线】复选框，取消选中状态，工作表中的网格线隐藏→参照"销售日志"工作表的最终呈现效果批量插入切片器→任选其中两个切片器分别放置在工作表的左、右两端→按 <Ctrl> 键逐个选中切片器→选择【选项】选项卡→单击【对齐】按钮→在下拉菜单中选择【顶端对齐】【横向分布】选项，快速排版切片器，逐个调整切片器布局，使其更美观，如图 6-191所示。

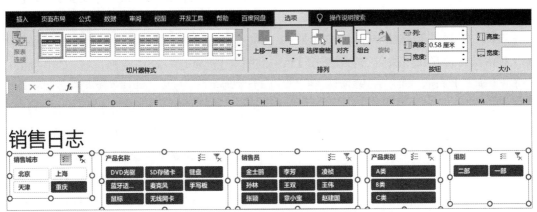

图 6-191

（6）隐藏切片器没有的数据项。选中切片器→选择【选项】选项卡→单击【切片器设置】按钮→在弹出的【切片器设置】对话框中选中【隐藏没有数据的项】复选框→单击【确定】按钮，如图 6-192 所示。逐个选中切片器，按此步骤进行设置。

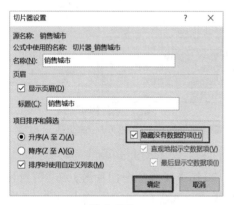

图 6-192

（7）清除所有筛选。选中超级表中的任意单元格→选择【开始】选项卡→单击【排序和筛选】按钮→在下拉菜单中选择【清除】选项，超级表数据完全显示，所有筛选被清除。

（8）插入数据透视图。在"业绩分析"工作表中，参照"业绩分析"工作表的最终呈现效果，排布各数据透视表的位置，并为切片器设置报表连接。对比呈现效果，为"产品类别"数据透视表添加数据透视图。选中"产品类别"数据透视表中的任意单元格→选择【分析】选项卡→单击【数据透视图】按钮→在弹出的【插入图表】对话框中选择图表类型为【圆环图】选项→单击【确定】按钮，如图 6-193 所示。

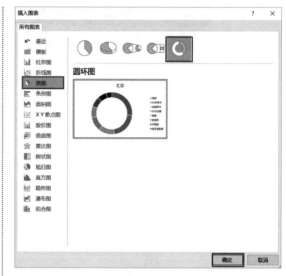

图 6-193

参照上述步骤，再插入图表类型为【柱形图】的数据透视图。拖动数据透视图至工作表中合适位置，按 <Alt> 键快速对齐工作表单元格，参照呈现效果美化数据透视图。

（9）制作左侧数据标签，实现各工作表的链接。在"销售日志"工作表中，选中【A】列单元格区域，填充灰黑色→选择【插入】选项卡→单击【形状】按钮→在下拉菜单中选择【圆顶角矩形】选项→在工作表中的任意空白区域拖曳鼠标绘制图形→右击该图形，在弹出的快捷菜单中选择【编辑文字】选项→输入"销售日志"→设置文字水平及垂直居中对齐→设置字体为【微软雅黑】→选中图形，逆时针旋转 90 度→将图形拖曳至【A】列合适位置，并调整图形大小以适应【A】列宽度→选中图形，按 <Ctrl+Shift> 键向下拖曳鼠标 2 次，完成 2 次图形复制→将 2 个图形的文字修改为"业绩分析""参数管理"→选中 3 个图形，选择【格式】选项卡→单击【对齐】按钮→在下拉菜单中选择【纵向分布】选项→分别选中 3 个图形，按 <Ctrl+K> 键打开【插入超链接】对话框→在【链接到】下选择【本文档中的位置】选项→分别为 3 个图形选择超链接，选择【单元格引用】下的对应工作表名→单击【确定】按钮,如图 6-194 所示。

图 6-194

选中【A】列单元格区域,复制并粘贴至"业绩分析"及"参数管理"工作表→在"销售日志"工作表中,将后两个图形的填充颜色修改为【黑色】→在"业绩分析"工作表中,将文字为"业绩分析"的图形填充为与当前页面一致的颜色,即【水绿色】,其他两个图形填充为【黑色】→在"参数管理"工作表中,将文字为"参数管理"的图形填充为与当前页面一致的颜色,即【绿色】,其他两个图形填充为【黑色】。通过以上步骤的操作,此时数据透视表的呈现效果与最终呈现效果基本相同。

在本节的最后,笔者为读者带来一个数据透视表的小技巧——显示报表筛选页。

当数据透视表的某个字段为筛选项时,生成筛选项的子数据透视表。以"销售员"字段作为筛选项为例,生成各销售员的销售明细表,如图 6-195 所示。

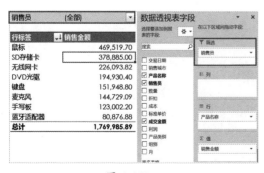

图 6-195

选择【分析】选项卡→单击【选项】按钮→在下拉菜单中选择【显示报表筛选页】选项→弹出【显示报表筛选页】对话框→对话框的列表框中的字段为数据透视表的筛选字段→单击【确定】按钮,如图 6-196 所示。

图 6-196

此时会批量生成以筛选字段各销售员名字命名的多个子数据透视表,数据透视表格式与母版数据透视表保持一致,如图 6-197 所示。

图 6-197

　　双击表中任意单元格数据，将打开此单元格数据的构成明细。例如，单击"金士鹏"工作表中的鼠标销售金额"22798.75"，将在一张新工作表中自动打开此金额的各条数据明细，如图 6-198 所示。

	A	B	C	D	E	F	G	H	I	J	K	L
1	交易日期	销售城市	产品名称	销售员	数量	折扣	成本	标准单价	成交金额	利润	产品类别	组别
2	2018/11/21	上海	鼠标	金士鹏	12	0.05	224.25	299	3408.6	717.6	B类	一部
3	2018/11/21	北京	鼠标	金士鹏	15	0.15	224.25	299	3812.25	448.5	B类	一部
4	2018/3/24	上海	鼠标	金士鹏	56	0.15	224.25	299	14232.4	1674.4	B类	一部
5	2018/1/23	天津	鼠标	金士鹏	6	0.25	224.25	299	1345.5	0	B类	一部

图 6-198

第 7 章 数学计算函数

通过前面几章的介绍，相信读者应该已经可以利用函数完成绝大多数的计算了。从本章开始将进入数学计算函数的学习，这类函数常为辅助类函数，可以利用这类函数构建辅助数据，帮助我们完成统计计算。

7.1 常用舍入函数

如图 7–1 所示，在“采购入库单”中，【J7】单元格小数点后为“09”，【J8】单元格小数点后为“52”，合计为“61”。但利用 SUM 函数求和后的结果“115384.62”的小数点后为“62”，二者之间相差 0.01，即 1 分钱。本节就来揭密出现这一现象的原因。

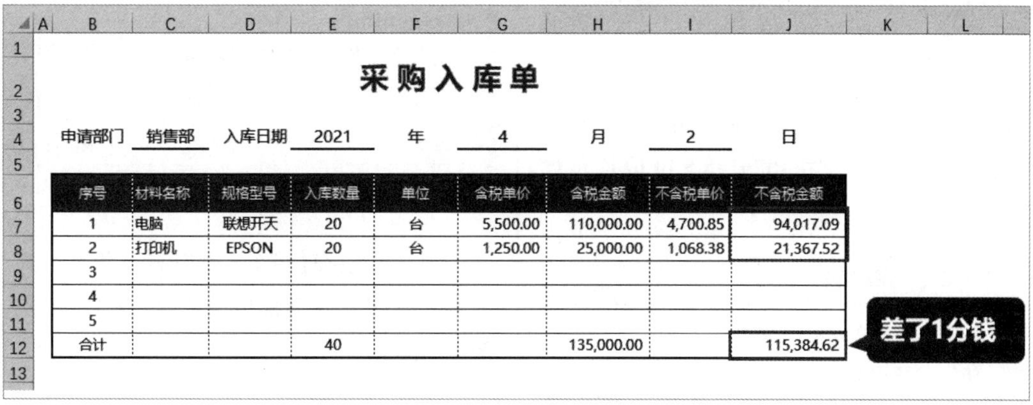

采购入库单

申请部门 销售部 入库日期 2021 年 4 月 2 日

序号	材料名称	规格型号	入库数量	单位	含税单价	含税金额	不含税单价	不含税金额
1	电脑	联想开天	20	台	5,500.00	110,000.00	4,700.85	94,017.09
2	打印机	EPSON	20	台	1,250.00	25,000.00	1,068.38	21,367.52
3								
4								
5								
合计			40			135,000.00		115,384.62

图 7–1

下面就来逐一介绍几类舍入函数：ROUND、ROUNDUP、ROUNDDOWN、MROUND、CEILING、FLOOR、INT、TRUNC、EVEN 和 ODD。

1. 认识舍入函数

打开“素材文件/07–数学计算函数/07–01–常用舍入函数：ROUND、ROUNDUP、ROUNDDOWN、MROUND、CEILING、FLOOR、INT、TRUNC、EVEN、ODD.xlsx”源文件。

在“ROUND 一分不差”工作表中，选中【J7:J8】单元格区域→选择【开始】选项卡→单击【增加小数位数】按钮，如图 7–2 所示，可以看到后面还有很多位数，所以合计的结果差了一分钱。

图 7-2

这时可以利用图 7-3 所示的 ROUND 四舍五入函数，将数据全部保留两位小数。

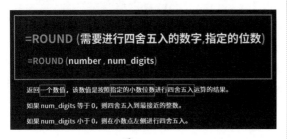

图 7-3

选中【I7】单元格→单击函数编辑区将其激活→选中"G7/1.17"→按 <Ctrl+X> 键剪切，如图 7-4 所示。

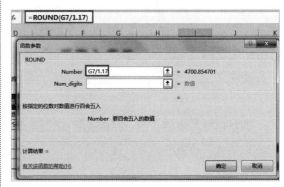

图 7-4

输入"ROUND"→按 <Tab> 键补充左括号→按 <Ctrl+A> 键→在弹出的【函数参数】对话框中选中第一个文本框，可以看到第一个参数是要四舍五入的数值→按 <Ctrl+V> 键粘贴，如图 7-5 所示。

图 7-5

在第二个文本框中输入"2"，表示要保留两位小数，单击【确定】按钮，如图 7-6 所示。

图 7-6

将光标放在【I7】单元格右下角，当其变成十字句柄时，向下拖曳填充至【I8】单元格，如图 7-7 所示。

图 7-7

选中【J7】单元格→单击函数编辑区将其激活→将光标定位在“=”后面→输入“ROU”→根据函数提示按 <↑+↓> 键选中【ROUND】→按 <Tab> 键补充函数名称和左括号，如图 7-8 所示。

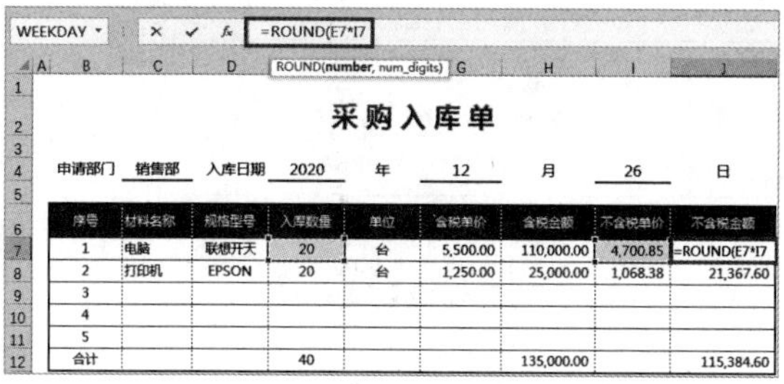

WEEKDAY =ROUND(E7*I7

ROUND(number, num_digits)

采购入库单

申请部门 销售部 入库日期 2020 年 12 月 26 日

序号	材料名称	规格型号	入库数量	单位	含税单价	含税金额	不含税单价	不含税金额
1	电脑	联想开天	20	台	5,500.00	110,000.00	4,700.85	=ROUND(E7*I7
2	打印机	EPSON	20	台	1,250.00	25,000.00	1,068.38	21,367.60
3								
4								
5								
合计			40			135,000.00		115,384.60

图 7-8

将光标定位在“I7”后面→输入英文状态下的“,2)”，如图 7-9 所示→按 <Enter> 键确认。

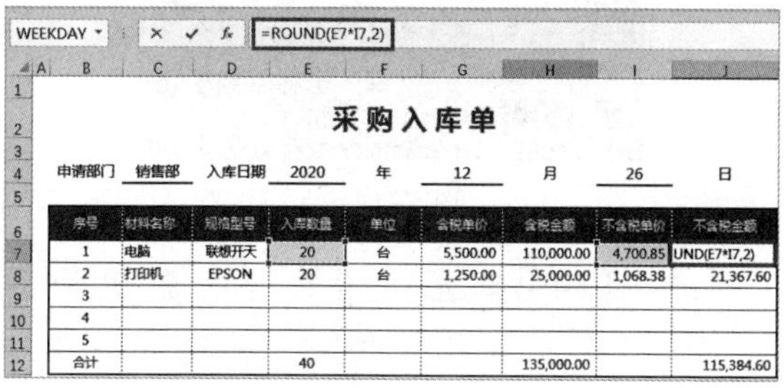

WEEKDAY =ROUND(E7*I7,2)

采购入库单

申请部门 销售部 入库日期 2020 年 12 月 26 日

序号	材料名称	规格型号	入库数量	单位	含税单价	含税金额	不含税单价	不含税金额
1	电脑	联想开天	20	台	5,500.00	110,000.00	4,700.85	UND(E7*I7,2)
2	打印机	EPSON	20	台	1,250.00	25,000.00	1,068.38	21,367.60
3								
4								
5								
合计			40			135,000.00		115,384.60

图 7-9

将光标放在【J7】单元格右下角，当其变成十字句柄时，向下拖曳填充至【J8】单元格，如图 7-10 所示，保留两位小数后，差一分钱的问题就解决了。

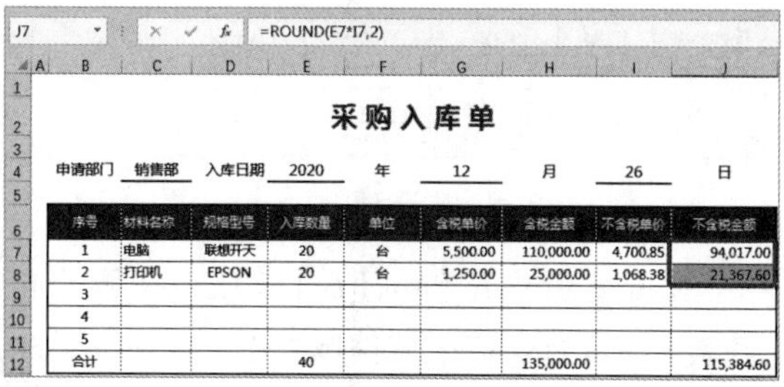

J7 =ROUND(E7*I7,2)

采购入库单

申请部门 销售部 入库日期 2020 年 12 月 26 日

序号	材料名称	规格型号	入库数量	单位	含税单价	含税金额	不含税单价	不含税金额
1	电脑	联想开天	20	台	5,500.00	110,000.00	4,700.85	94,017.00
2	打印机	EPSON	20	台	1,250.00	25,000.00	1,068.38	21,367.60
3								
4								
5								
合计			40			135,000.00		115,384.60

图 7-10

2. 舍入函数的基本语法

（1）=ROUND(number,num_digits)：将数字四舍五入到指定位数。

① num_digits>0，表示小数点后 N 位，如 1 代表保留小数点后 1 位，2 代表保留小数点后 2 位，以此类推。

② num_digits<0，表示小数点前 N 位，如 –1 代表取整到十位，–2 代表取整到百位，以此类推。

③ num_digits=0，表示保留到整数位。

（2）ROUND 函数的兄弟函数。

① =ROUNDUP(number,num_digits)：将数字向上舍入到指定位数。

② =ROUNDDOWN(number,num_digits)：将数字向下舍入到指定位数。

③ =MROUND(number,multiple)：将数字按指定基数进行四舍五入。

④ =CEILING(number,significance)：将数字向上舍入到指定倍数 significance 最接近的数。

⑤ =FLOOR(number,significance)：将数字向下舍入到指定倍数 significance 最接近的数。

⑥ =INT(number)：取整函数，小数点后的全部不保留。

⑦ =TRUNC(number,num_digits)：保留小数点后 num_digits 位，其后位数都不保留，不考虑是否四舍五入。

⑧ =EVEN(number)：将正数向上舍入、负数向下舍入为最接近的偶数。

⑨ =ODD(number)：将正数向上舍入、负数向下舍入为最接近的奇数。

以上这些函数用法及说明都整理到图 7-11 所示的“基本语法”工作表中了。

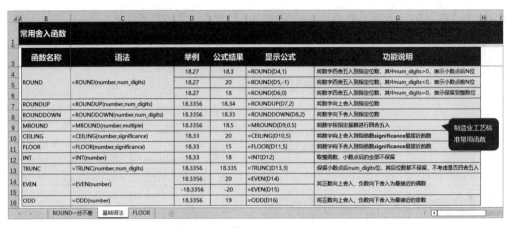

图 7-11

3. FLOOR 函数：准确计算加班时长

工作中想要计算出每位员工的加班时长，可以通过"下班打卡时间 – 规定下班时间"来计算。在"FLOOR"工作表中，选中【F4】单元格→输入公式"=D4–E4"→按 <Enter> 键确认，即可计算出加班了几小时几分钟几秒，如图 7-12 所示。

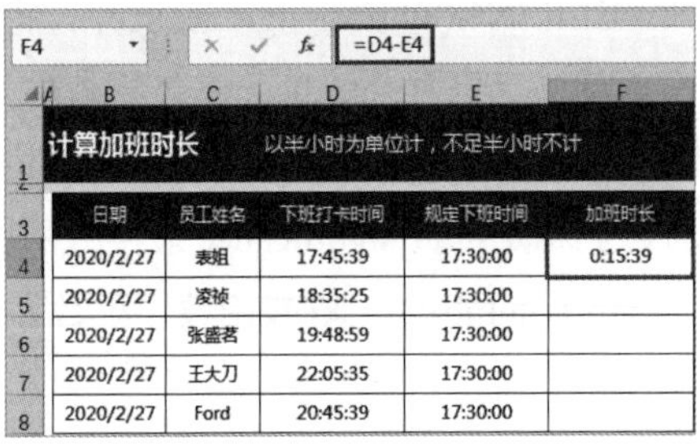

图 7-12

将光标放在【F4】单元格右下角，当其变成十字句柄时，双击鼠标将公式向下填充，如图 7-13 所示。

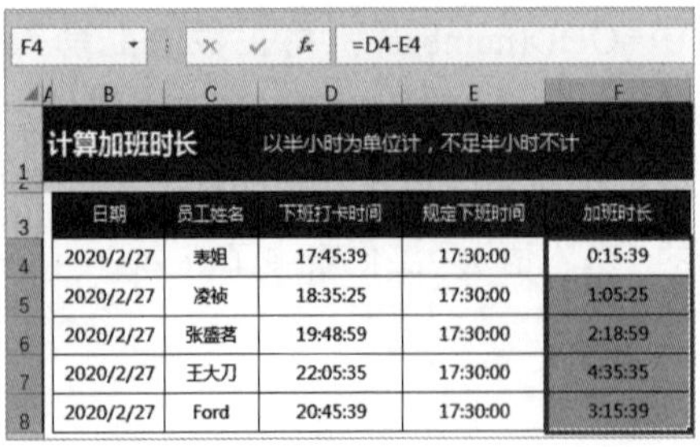

图 7-13

但如果公司要求"以半小时为单位计，不足半小时不计"，这时就要利用图 7-14 所示的向下舍入到指定倍数的 FLOOR 函数来解决了。

图 7-14

选中【F4】单元格→单击函数编辑区将其激活→将光标定位在"="后面→输入"FLOOR"→按 <↓> 键选中 FLOOR 函数，如图 7-15 所示→按 <Tab> 键补充左括号。

图 7-15

单击编辑栏左侧的【fx】按钮→在弹出的【函数参数】对话框中单击第二个文本框将其激活→输入"0.5/24"，半小时是 0.5，一天是 24小时，"0.5/24"表示每 0.5 小时中有多少个 24小时，即将 0.5 小时转化为"天"→单击【确定】

按钮，如图 7–16 所示。

WEEKDAY
=FLOOR(D4-E4,0.5/24)
计算加班时长
函数参数
FLOOR
Number D4-E4 = 0.010868056
Significance 0.5/24 = 0.020833333
= 0
计算结果 = 0:00:00
确定
取消

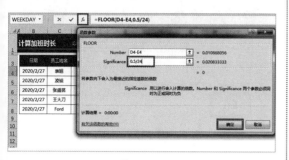

图 7–16

如图 7–17 所示，原【F4】单元格的值为“15 分钟 39 秒”，不足半小时不算加班，所以结果为“0:00:00”。将光标放在【F4】单元格右下角，当其变成十字句柄时，向下拖曳填充至【F5】单元格，原【F5】单元格的值为“1 小时 5 分钟 25 秒”，5 分钟不足半小时，所以忽略不计，结果为“1:00:00”。

F4
=FLOOR(D4-E4,0.5/24)
计算加班时长
以半小时为单位计，不足半小时不计
日期
员工姓名
下班打卡时间
规定下班时间
加班时长
2020/2/27 表姐 17:45:39 17:30:00 0:00:00
2020/2/27 凌祯 18:35:25 17:30:00 1:00:00
2020/2/27 张盛茗 19:48:59 17:30:00 2:18:59
2020/2/27 王大刀 22:05:35 17:30:00 4:35:35
2020/2/27 Ford 20:45:39 17:30:00 3:15:39

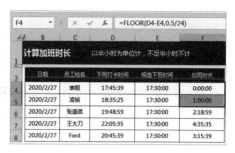

图 7–17

将光标放在【F5】单元格右下角，当其变成十字句柄时，向下拖曳填充至【F7】单元格，如图 7–18 所示，原【F7】单元格的值“4 小时 35 分钟 35 秒”变为“4:30:00”。

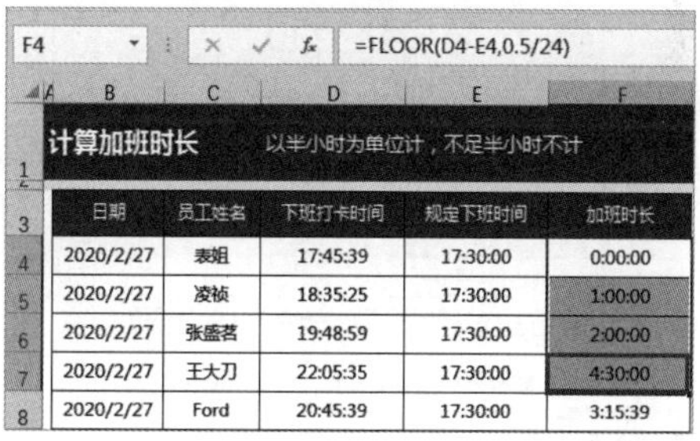

F4
=FLOOR(D4-E4,0.5/24)
计算加班时长
以半小时为单位计，不足半小时不计
日期
员工姓名
下班打卡时间
规定下班时间
加班时长
2020/2/27 表姐 17:45:39 17:30:00 0:00:00
2020/2/27 凌祯 18:35:25 17:30:00 1:00:00
2020/2/27 张盛茗 19:48:59 17:30:00 2:00:00
2020/2/27 王大刀 22:05:35 17:30:00 4:30:00
2020/2/27 Ford 20:45:39 17:30:00 3:15:39

图 7–18

7.2 随机、除余、绝对值函数

年底公司要以抽奖的形式来为员工添加福利，大家有没有为了制作抽奖小系统而烦恼过？本节将介绍 RAND 和 RANDBETWEEN 随机函数、QUOTIENT 和 MOD 除余函数，以及 ABS 绝对值函数来解决这个问题。

1. 认识 RAND、RANDBETWEEN 函数

打开“素材文件 /07– 数学计算函数 /07–02– 随机、除余、绝对值函数：RAND、RANDBETWEEN、QUOTIENT、MOD、ABS.xlsx”源文件。

（1）RAND() 函数：随机生成 1 个 0≤X<1 的小数，如图 7–19 所示。

=RAND()
随机生成1个0≤X<1的小数。

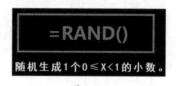

图 7–19

在“随机函数”工作表中，选中【E4】单元格→输入函数名称“=RAND”→按 <Tab> 键补充左括号，如图 7–20 所示。

图 7-20

接着输入 "）" → 按 <Enter> 键确认，如图 7-21 所示。

图 7-21

（2）RANDBETWEEN(bottom,top)：随机生成 1 个 bottom 下限值 ≤ X ≤ top 上限值的整数，如图 7-22 所示。

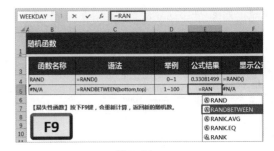

图 7-22

选中【E5】单元格→输入 "=RAN" →按 <↓> 键选中 RANDBETWEEN 函数，如图 7-23 所示→按 <Tab> 键补充函数名称和左括号。

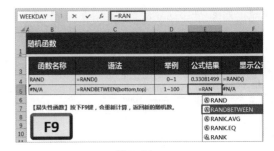

图 7-23

接着输入 "1,100)"，如图 7-24 所示→按 <Enter> 键确认。

图 7-24

> **温馨提示**
>
> 按 <F9> 键即可刷新函数结果。

当数据量不够又需要模拟数据时，可以使用这两个随机函数帮助我们模拟数据。

2. RAND 随机函数的妙用

如图 7-25 所示，想要对订单金额进行排名。

	销售日期	订单编号	分公司	销售经理	订单金额	+rand%	排名
2	2020/3/4	C0070	广州分公司	麦姐	8,300	8,300.00	6
3	2020/3/5	A0285	北京分公司	凌祯	6,800	6,800.01	9
4	2020/3/7	C0070	深圳分公司	张盛茗	6,900	6,900.00	8
5	2020/3/7	C0886	北京分公司	李彤	5,100	5,100.00	12
6	2020/3/10	B0566	上海分公司	原欣宇	6,800	6,800.01	10
7	2020/3/11	C0125	北京分公司	赵凡舒	9,200	9,200.00	3
8	2020/3/12	B0130	北京分公司	孙雄佳	9,300	9,300.00	2
9	2020/3/13	C0668	深圳分公司	王怡玲	5,400	5,400.00	11
10	2020/3/15	B0434	广州分公司	李宣媛	2,500	2,500.01	13
11	2020/3/15	B0233	北京分公司	朱雨萱	9,600	9,600.01	1
12	2020/3/15	A0760	上海分公司	罗柔佳	6,900	6,900.00	7
13	2020/3/15	A0230	广州分公司	姚延端	8,500	8,500.00	4
14	2020/3/16	B0058	北京分公司	陈露滢	8,300	8,300.01	5
15	2020/3/16	A0089	上海分公司	朱赫	2,500	2,500.00	14
16	2020/3/21	B0583	北京分公司	帅小扬	2,200	2,200.00	15

图 7-25

像这样的情况可以使用图 7-26 所示的 RANK 函数来解决。

=RANK(number，ref，[order])

number：要查找排名的数字。

ref：数字列表的数组，对数字列表的引用，非数字值会被忽略。

order：一个指定数字排位方式的数字。

图 7-26

在“RAND 应用”工作表中，选中【H2】单元格→输入“=RANK”→按 <↓> 键选中 RANK 函数，如图 7-27 所示→按 <Tab> 键补充左括号。

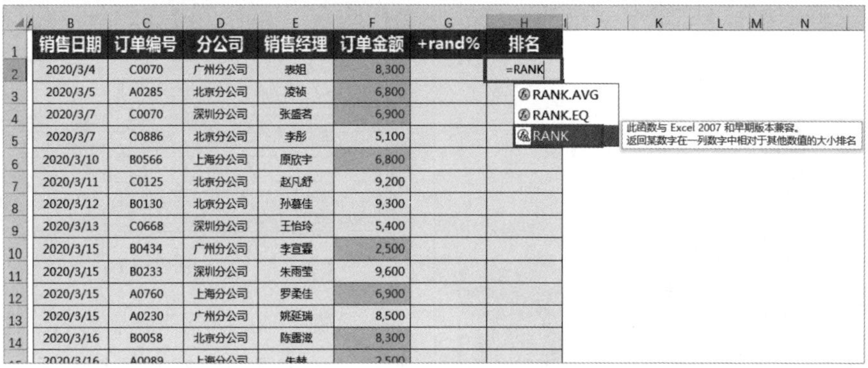

	销售日期	订单编号	分公司	销售经理	订单金额	+rand%	排名
2	2020/3/4	C0070	广州分公司	表姐	8,300		=RANK
3	2020/3/5	A0285	北京分公司	凌祯	6,800		
4	2020/3/7	C0070	深圳分公司	张盛茗	6,900		
5	2020/3/7	C0886	北京分公司	李彤	5,100		
6	2020/3/10	B0566	上海分公司	原欣宇	6,800		
7	2020/3/11	C0125	北京分公司	赵凡舒	9,200		
8	2020/3/12	B0130	北京分公司	孙慕佳	9,300		
9	2020/3/13	C0668	深圳分公司	王怡玲	5,400		
10	2020/3/15	B0434	广州分公司	李宣霖	2,500		
11	2020/3/15	B0233	深圳分公司	朱雨莹	9,600		
12	2020/3/15	A0760	上海分公司	罗柔佳	6,900		
13	2020/3/15	A0230	广州分公司	姚延瑞	8,500		
14	2020/3/16	B0058	北京分公司	陈露滢	8,300		

图 7-27

接着输入“F2,$F$2:$F$16)”，表示在【F2:F16】单元格区域中，F2 的数值排第几→按 <Enter> 键确认，如图 7-28 所示。

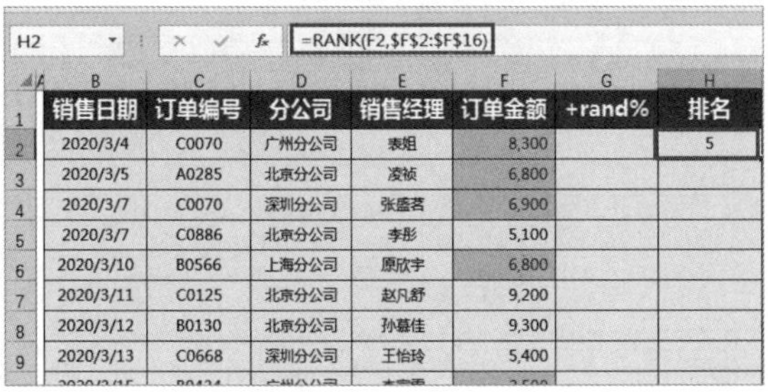

	销售日期	订单编号	分公司	销售经理	订单金额	+rand%	排名
2	2020/3/4	C0070	广州分公司	表姐	8,300		5
3	2020/3/5	A0285	北京分公司	凌祯	6,800		
4	2020/3/7	C0070	深圳分公司	张盛茗	6,900		
5	2020/3/7	C0886	北京分公司	李彤	5,100		
6	2020/3/10	B0566	上海分公司	原欣宇	6,800		
7	2020/3/11	C0125	北京分公司	赵凡舒	9,200		
8	2020/3/12	B0130	北京分公司	孙慕佳	9,300		
9	2020/3/13	C0668	深圳分公司	王怡玲	5,400		

图 7-28

将光标放在【H2】单元格右下角，当其变成十字句柄时，向下拖曳填充至【H16】单元格，如图 7-29 所示。

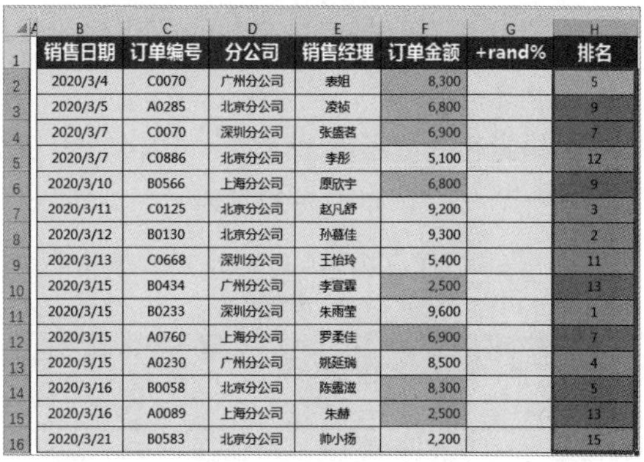

	销售日期	订单编号	分公司	销售经理	订单金额	+rand%	排名
2	2020/3/4	C0070	广州分公司	表姐	8,300		5
3	2020/3/5	A0285	北京分公司	凌祯	6,800		9
4	2020/3/7	C0070	深圳分公司	张盛茗	6,900		7
5	2020/3/7	C0886	北京分公司	李彤	5,100		12
6	2020/3/10	B0566	上海分公司	原欣宇	6,800		9
7	2020/3/11	C0125	北京分公司	赵凡舒	9,200		3
8	2020/3/12	B0130	北京分公司	孙慕佳	9,300		2
9	2020/3/13	C0668	深圳分公司	王怡玲	5,400		11
10	2020/3/15	B0434	广州分公司	李宣霖	2,500		13
11	2020/3/15	B0233	深圳分公司	朱雨莹	9,600		1
12	2020/3/15	A0760	上海分公司	罗柔佳	6,900		7
13	2020/3/15	A0230	广州分公司	姚延瑞	8,500		4
14	2020/3/16	B0058	北京分公司	陈露滢	8,300		5
15	2020/3/16	A0089	上海分公司	朱赫	2,500		13
16	2020/3/21	B0583	北京分公司	帅小扬	2,200		15

图 7-29

如图 7-29 所示，可以看到订单金额中有部分数据相同，造成排名的结果也相同，这种情况可以在数值后面先加上一个极小的数，然后再进行排名。

首先选中【G2】单元格→输入公式 "=F2+RAND()"，如图 7-30 所示→按 <Enter> 键确认。

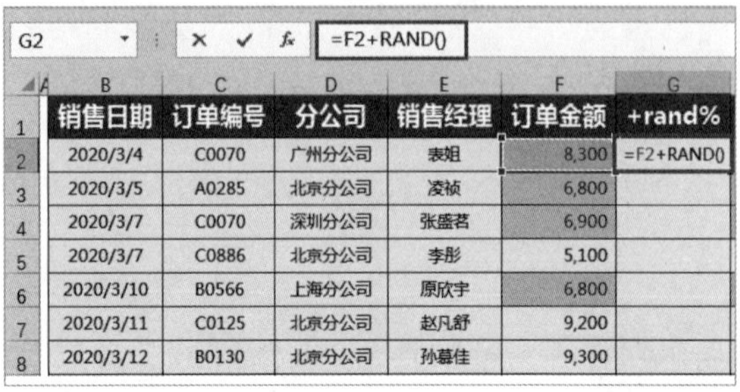

图 7-30

如果觉得数值较大，可以在 "RAND()" 后面添加 "%"，如图 7-31 所示。

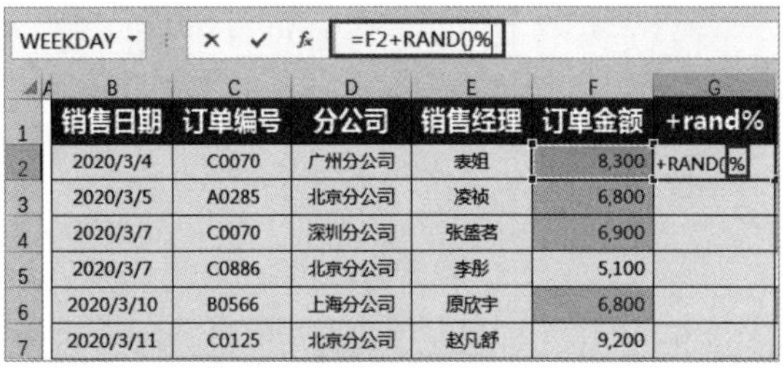

图 7-31

如果觉得数值还是比较大，可以在 "%" 后面再加一个 "%"，如图 7-32 所示。

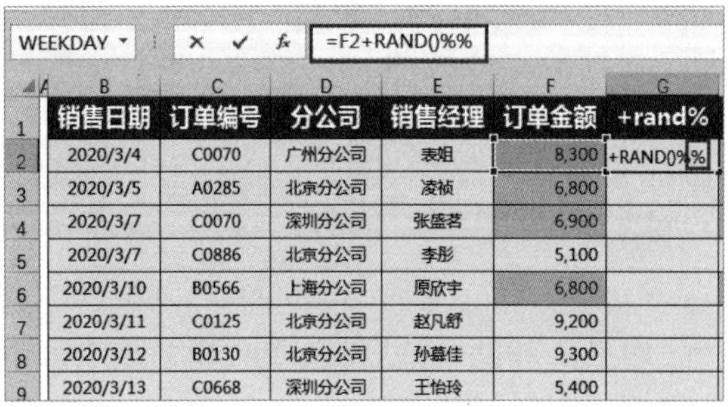

图 7-32

将光标放在【G2】单元格右下角，当其变成十字句柄时，双击鼠标将公式向下填充，这样

表面看似数据一样，实际都有微小的差别，如图 7-33 所示。

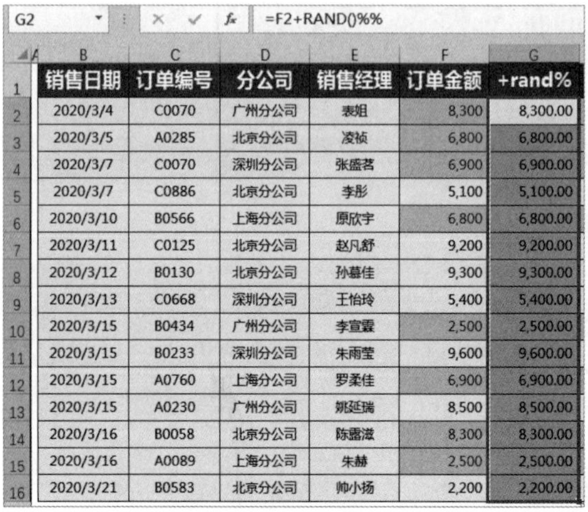

图 7-33

设置完辅助列再来重新排名。选中【H2】单元格→单击函数编辑区将其激活→按 <Delete> 键删除原来的公式→输入公式 "=RANK(G2, $G$2:$G$16)"，如图 7-34 所示→按 <Enter> 键确认。

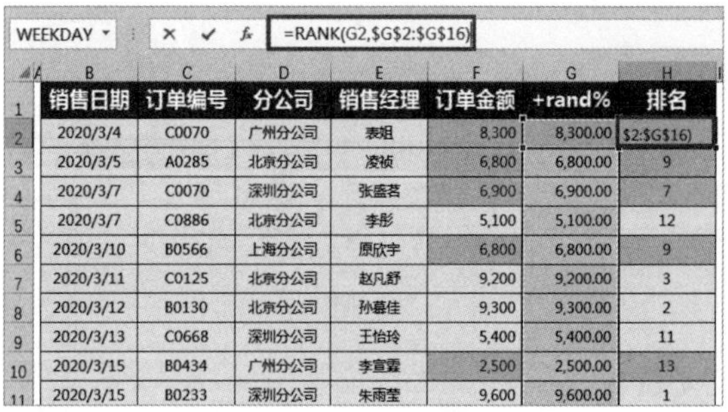

图 7-34

将光标放在【H2】单元格右下角，当其变成十字句柄时，双击鼠标将公式向下填充，如图 7-35 所示，就做好了排名。

	B	C	D	F	G	H
1	销售日期	订单编号	分公司	销售经理	订单金额	+rand%	排名
2	2020/3/4	C0070	广州分公司	表姐	8,300	8,300.00	5
3	2020/3/5	A0285	北京分公司	凌祯	6,800	6,800.00	10
4	2020/3/7	C0070	深圳分公司	张盛茗	6,900	6,900.00	7
5	2020/3/7	C0886	北京分公司	李彤	5,100	5,100.00	12
6	2020/3/10	B0566	北京分公司	原欣宇	6,800	6,800.00	9
7	2020/3/11	C0125	北京分公司	赵凡舒	9,200	9,200.00	3
8	2020/3/12	B0130	北京分公司	孙晨佳	9,300	9,300.00	2
9	2020/3/13	C0668	深圳分公司	王怡玲	5,400	5,400.00	11
10	2020/3/15	B0434	广州分公司	李宣宣	2,500	2,500.00	13
11	2020/3/15	B0233	深圳分公司	朱雨莹	9,600	9,600.00	1
12	2020/3/15	A0760	上海分公司	罗柔佳	6,900	6,900.00	8
13	2020/3/15	A0230	广州分公司	姚廷瑞	8,500	8,500.00	4
14	2020/3/16	B0058	北京分公司	陈鑫滋	8,300	8,300.00	6
15	2020/3/16	A0089	上海分公司	朱赫	2,500	2,500.00	14
16	2020/3/21	B0583	北京分公司	帅小扬	2,200	2,200.00	15

图 7-35

3. RANDBETWEEN 函数的应用

针对前文提到的数据不够用的问题，可以利用 RANDBETWEEN 函数模拟数据进行操作，接下来就具体看一下。

在"RANDBETWEEN 表姐经常这样用"工作表中，首先将【I4】单元格中的销售日期修改为"2020/5/5"，如图 7-36 所示。

	H	I	J	K	L
2		销售日期	分公司	销售经理	订单金额
3	1	2020/3/4	北京分公司	表姐	1,000
4	2	2020/5/5	上海分公司	凌祯	10,000
5	3		广州分公司	张盛茗	
6	4		深圳分公司	王大刀	
7	5			Ford	
8	6			Lisa Zhang	

图 7-36

选中【B2】单元格→输入"=RAN"→按 <↓> 键选中 RANDBETWEEN 函数，如图 7-37 所示→按 <Tab> 键补充函数名称和左括号。

WEEKDAY	×	✓	fx	=RAN
	销售日期	订单编号	分公司	销售经理	订单金
2	=RAN				
3	⬤RAND				
4	⬤RANDBETWEEN	返回一个介于指定的数字之间的随机数			
5	⬤RANK.AVG				
6	⬤RANK.EQ				
7	⬤RANK				

图 7-37

接着输入"$I$3,$I$4)"→按 <Enter> 键确认，

如图 7-38 所示，【B2】单元格中的"销售日期"就显示出来了。

图 7-38

接着选中【C2】单元格→输入公式"=CHAR(64+RANDBETWEEN(1,26))&TEXT(RANDBETWEEN(1,100),"0000")"→按 <Enter> 键确认，如图 7-39 所示。

C2	▼	×	✓	fx	=CHAR(64+RANDBETWEEN(1,26))&TEXT(RANDBETWEEN(1,100),"0000")
	B	C	D	E	F
1	销售日期	订单编号	分公司	销售经理	订单金额
2	2020/4/7	E0099			
3					
4					

图 7-39

其中 CHAR(64+RANDBETWEEN(1,26)) 代表随机生成 A~Z 的大写字母；TEXT(RANDBETWEEN(1,100),"0000") 代表随机生成 1~100 的数字，格式为四位数。

由于一共有四家分公司，所以需要在【D2】单元格中随机生成 1~4 的数字。选中【D2】单元格→输入公式"=RANDBETWEEN(1,4)"→按 <Enter> 键确认，如图 7-40 所示。

图 7-40

随机生成分公司号之后，如何让数值显示为分公司的名称？这里需要利用图 7-41 所示

的 VLOOKUP 查找函数来实现，VLOOKUP 函数在之后的章节中会具体介绍，这里不做过多介绍。

图 7-41

选中【D2】单元格→单击函数编辑区将其激活→选中 "RANDBETWEEN(1,4)" →右击，在弹出的快捷菜单中选择【剪切】选项，或者按 <Ctrl+X> 键剪切，如图 7-42 所示。

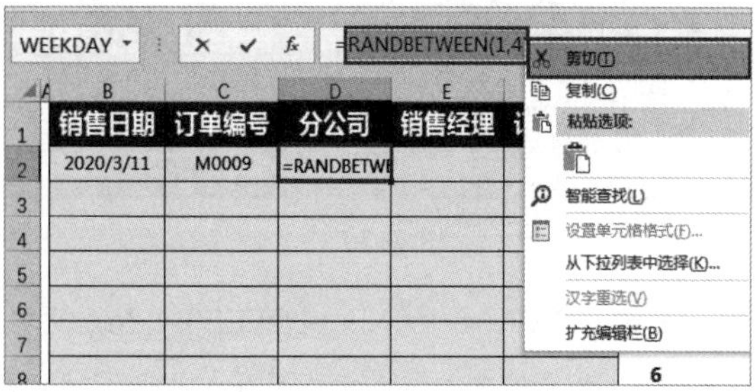

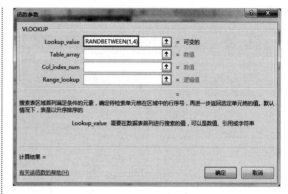

图 7-42

输入 "VL"，如图 7-43 所示→按 <Tab> 键补充函数名称和左括号。

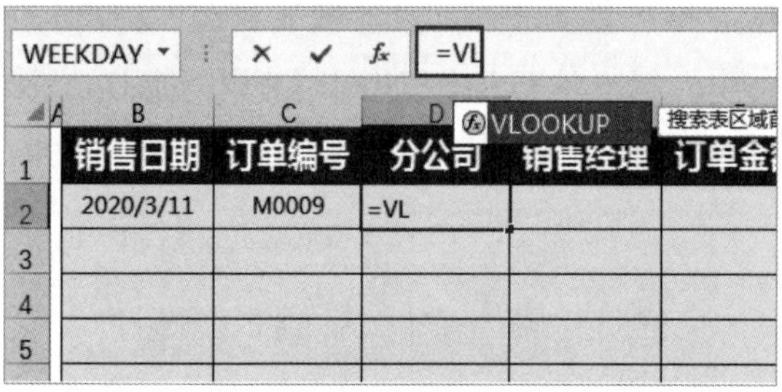

图 7-43

按 <Ctrl+A> 键→在弹出的【函数参数】对话框中单击第一个文本框将其激活→按 <Ctrl+V> 键粘贴，如图 7-44 所示。

图 7-44

单击第二个文本框将其激活→选中【H3:J6】单元格区域→按 <F4> 键切换为绝对引用 "$H$3:$J$6"，如图 7-45 所示。

图 7-45

选中第三个文本框将其激活→由于返回的值在所选区域的第三列，故输入 "3"，如图 7-46 所示。

图 7-46

单击第四个文本框将其激活→输入 "0" →单击【确定】按钮，如图 7-47 所示。

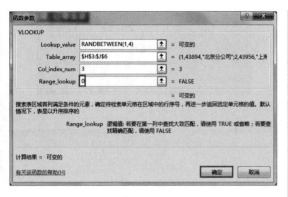

图 7-47

同理，完成【E2】单元格值的查找。选
中【E2】单 元 格→ 输 入 公 式 "=VLOOKUP
(RANDBETWEEN(1,6),$H$3:$K$8,4,0)"→按
<Enter>键确认，如图 7-48 所示。

图 7-48

选中【F2】单元格→输入公式 "=RANDBETWEEN
($L$3,$L$4)"→按 <Enter>键确认，如图 7-49
所示。

图 7-49

单击名称框→输入 "B2:F20000"，如图 7-50
所示。

图 7-50

按 <Enter>键确认→如图 7-51 所示，【B2：

F20000】单元格区域被选中→然后按 <Ctrl+D>
键可将公式快速向下填充至 20000 行。

图 7-51

按 <Ctrl+C>键复制→右击，在弹出的快
捷菜单中选择【粘贴选项】下的【值】选项，如
图 7-52 所示。

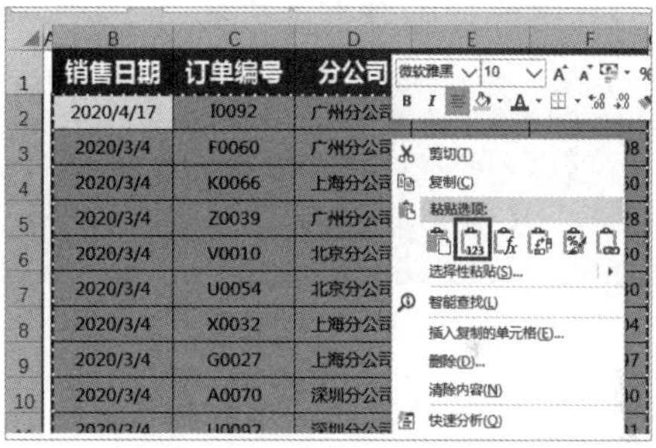

图 7-52

选中 "销售日期" 列中的任意单元格→右击，
在弹出的快捷菜单中选择【排序】中的【升序】选
项，如图 7-53 所示，就模拟出一份数据表了。

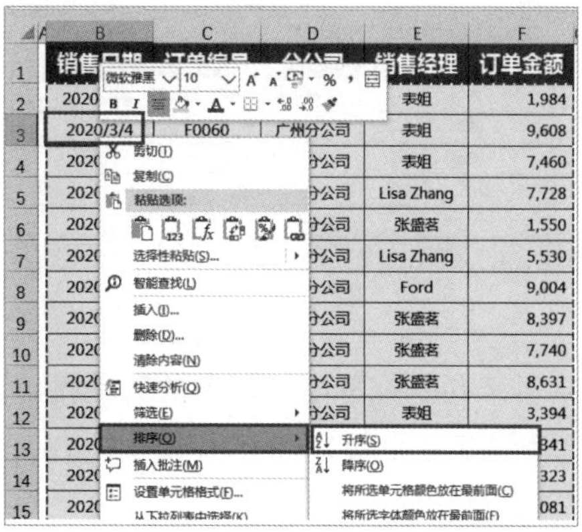

图 7-53

4. ABS 绝对值函数在图表中的应用

在"除余函数"工作表中，要根据身份证号码判断出每位员工的性别，如图 7-54 所示。

姓名	身份证号码	性别
表姐	360403198608307323	女
凌祯	110108197812010925	女
张盛茗	432321198212255319	男
王大刀	370102196804201871	男
Ford	110108198204173516	男
Lisa Zhang	110105197608251429	女

图 7-54

在身份证号码中，第 17 位数字表示性别，如果数字为"奇数"则为"男"，如果数字为"偶数"则为"女"。故想要判断性别，先要根据"身份证号码"提取出第 17 位数字，可以利用图 7-55 所示的 MID 函数来实现。

图 7-55

提取第 17 位数字。选中【D9】单元格→输入公式"=MID(C9,17,1)"→按 <Enter> 键确认，即可将身份证号码中的第 17 位数字提取出来，如图 7-56 所示。

姓名	身份证号码	性别
表姐	360403198608307323	2
凌祯	110108197812010925	
张盛茗	432321198212255319	
王大刀	370102196804201871	
Ford	110108198204173516	
Lisa Zhang	110105197608251429	

图 7-56

接下来判断提取出的数字的奇偶性，就要计算其除 2 后的余数，可以利用图 7-57 所示的 MOD 函数来实现。

图 7-57

温馨提示

MOD 函数经典用法：判断性别，如果身份证号码的第 17 位数字是奇数，则为男性；如果身份证号码的第 17 位数字是偶数，则为女性。

除余函数除 MOD 函数外，与其相对应的还有 QUOTIENT 函数，其计算结果返回的是除法的整数部分，忽略余数，如图 7-58 所示。

图 7-58

判断提取出的数字的奇偶性。将光标定位在"="后面→输入"MOD"→按 <Tab> 键补充左括号，如图 7-59 所示。

图 7-59

由于 MID 函数提取出来的是文本，需要 *1 将其转化为数值，所以在"MID(C9,17,1)"后面输入"*1,2)"，如图 7-60 所示→按 <Enter> 键确认。

姓名	身份证号码	性别
表姐	360403198608307323	7,1)*1,2)
凌祯	110108197812010925	

图 7-60

由于计算出来的结果是日期格式，所以选择【开始】选项卡→单击【数字格式】按钮→在下拉菜单中选择【常规】选项，如图 7-61 所示。

图 7-61

提取出第 17 位除 2 的余数后，最后就是根据余数判断性别。如果 MOD 函数结果为 "0"，则性别为 "女"；结果为 "1"，则性别为 "男"。像这样涉及 "如果…就…，否则…" 的问题，就用图 7-62 所示的 IF 函数来解决。

图 7-62

套用 IF 函数。将光标定位在 "=" 后面→输入 "IF("→在公式的最后输入 "=0," 女 "," 男 ")"→

按 <Enter> 键确认，如图 7-63 所示。

图 7-63

将光标放在【D9】单元格右下角，当其变成十字句柄时，双击鼠标将公式向下填充，如图 7-64 所示。

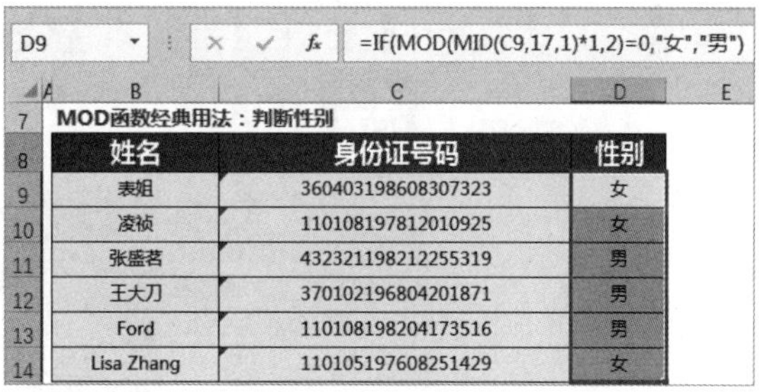

图 7-64

5. ABS 绝对值函数

在 "绝对值函数" 工作表中，图表中已用 "增减" "升降" 的文字描述了数据，那么后面的数值就应该使用绝对值的形式展示，如图 7-65 所示。

图 7-65

像这样的问题就可以使用 ABS 绝对值函数来解决。

首先制作工作表中的图表。选中【B8:D9】单元格区域→选择【插入】选项卡→单击【插入柱形图或条形图】按钮→选择【二维柱形图】下的【簇状柱形图】选项，如图 7-66 所示。

图 7-66

选中图表→选择【设计】选项卡→在【图表样式】功能组中选择一个喜欢的样式，如图7-67所示。

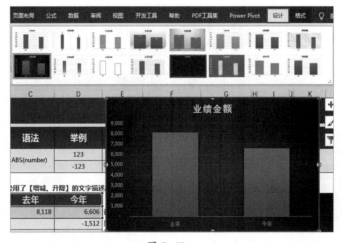

图 7-67

选中柱子→选择【格式】选项卡→在【形状样式】功能组中选择一个喜欢的样式，如图7-68所示。

图 7-68

选中图表→选择【开始】选项卡→单击【字体】按钮→选择【微软雅黑】选项,如图7-69所示。

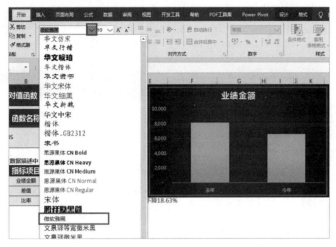

图 7-69

将图表移至合适的位置。选中图表→按<Alt>键将图表强制对齐单元格,如图7-70所示。

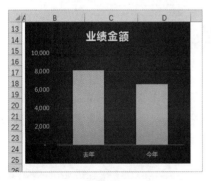

图 7-70

选中柱子→右击,在弹出的快捷菜单中选择【添加数据标签】选项,如图7-71所示。

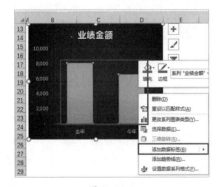

图 7-71

右击,在弹出的快捷菜单中选择【设置数据系列格式】选项,如图7-72所示。

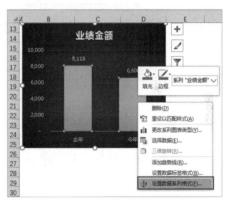

图 7-72

在右侧弹出的【设置数据系列格式】任务窗格中将【间隙宽度】调整为"364%",如图7-73所示。

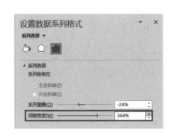

图 7-73

接着设置【差值】【比率】说明。选中【C10】单元格→输入公式 "=IF(D10>0," 同比增加 "," 同比减少 ")"→按 <Enter> 键确认，如图 7-74 所示。

图 7-74

选中【C11】单元格→输入公式 "=IF(D10>0," 同比上升 "," 同比下降 ")"→按 <Enter> 键确认，如图 7-75 所示。

图 7-75

接下来在 IF 函数后面利用 "&" 连接【D10】单元格的绝对值，绝对值可以利用图 7-76 所示的 ABS 函数来计算。

图 7-76

选中【C10】单元格→单击函数编辑区将其激活→在公式的最后输入 "&ABS(D10)&" 万元 ""→按 <Enter> 键确认，如图 7-77 所示。

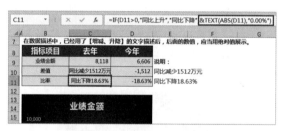

图 7-77

接下来选中【C11】单元格→单击函数编辑区将其激活→在公式的最后输入 "&TEXT(ABS(D11),"0.00%")"，TEXT函数将【D11】单元格的值转化为 0.00% 样式显示→按 <Enter> 键确认，如图 7-78 所示。

图 7-78

接着绘制图表中的文字。选择【插入】选项卡→单击【形状】按钮→选择【矩形】选项，如图 7-79 所示。

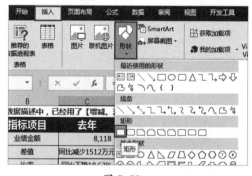

图 7-79

拖曳鼠标绘制矩形→选中绘制的矩形，然后单击函数编辑区将其激活→输入 "=$C$10"→按 <Enter> 键确认。如图 7-80 所示，矩形中已经关联【C10】单元格的数据，并且随着【C10

单元格值的变化而变化。

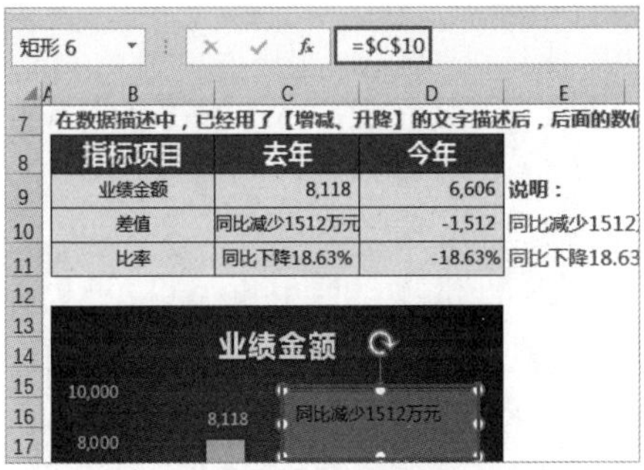

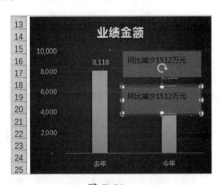

图 7-80

选中绘制的矩形→按 <Ctrl+Shift> 键可以快速复制一个相同的矩形，如图 7-81 所示。

图 7-81

选中复制出的矩形→单击函数编辑区将其激活→将原公式删除→重新输入"=$C$11"→按 <Enter> 键确认，如图 7-82 所示。

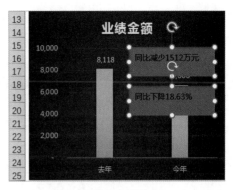

图 7-82

按 <Shift> 键可以同时选中两个矩形，如图 7-83 所示。

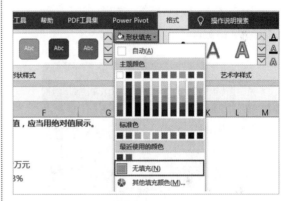

图 7-83

选择【格式】选项卡→单击【形状填充】按钮→选择【无填充】选项，如图 7-84 所示。

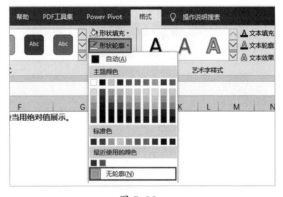

图 7-84

单击【形状轮廓】按钮→选择【无轮廓】选项，如图 7-85 所示。

图 7-85

选择【开始】选项卡→单击【字体颜色】按钮→选择【白色】→单击【加粗】按钮→单击【增

大字号】按钮，将字号调整为"10.5"，如图 7-86 所示。

图 7-86

选中图表中的网格线，如图 7-87 所示→按 <Delete> 键删除。

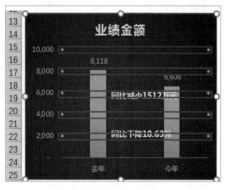

图 7-87

选中图表中的坐标轴，如图 7-88 所示→按 <Delete> 键删除。

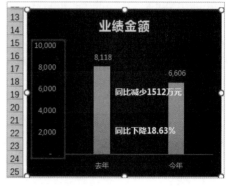

图 7-88

将两个形状移动到合适的位置，如图 7-89 所示，图表就制作完成了。

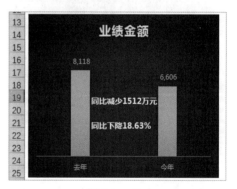

图 7-89

7.3　数学计算转换函数

接下来继续介绍一类数学计算转换函数，它常用于角度度量单位间的转换，是数字间相互转换类函数。

1. 主要应用场景介绍

数学计算转换函数的主要应用场景是设计计算，设计流程如图 7-90 所示。

图 7-90

（1）首先是设计原则，可以直接通过百度查询。

（2）根据客户需求结合产品理论制作材料单，如图 7-91 所示。

F11 =IF($BT$5/3>=F9,IF(F10<=30,SIN(F10*PI()/180)*$CB$5/SIN(120*PI()/180)/$DO$7,SIN((60-F10)*PI()/180)*$CB$5/SIN(120*PI()/180)/$DO$7),"")

1	LOGO	ZTSFG(H) - 280 / 6.3	风冷	出厂编号	-	图纸代号	1HB. 711. .JS											
2	用户	批号	协议号	合同编号	交货期													
3	铜	51400	铝	14400	A	11410	B	6100	正常	58	定额	风机	GFD	375 - 155N	右	铁心结构	6	
4	导线类型	1	8	级	A: × × × × × × × ×	T	1.72	×	0.0%	+	1.47	× 100.0% = 1.470	夹件形式	1	拉板	4	×	40
5	技术要求	6300 (、 5 、 - 5 、 -) / 15 × 710 / 380 V	1	(Y / △/yn)	2													
6	UK= 7-9%	P3= 8 KVA	海拔 1000 m	效率 ×	绝缘水平 20 / 20 (10) / 3	2	50 Hz (450)											
7	φ= 175	S= (222.600 - × - × + ×) × 0.97 = 215.92	$G_\triangle$ =	47.8	e_t = 7.049													
8	B= 1.469	(1.470 T)	最大片宽 170	铁心叠厚 156	夹件内距 172	夹件规格 80 × 1060 × 10 ( )												
9		1	3	2	3	3	3	4	3	5	3	6	7	8	9	10	15	
10	a	0.00		12.00		24.00		36.00		48.00							Σ	
11	Wy	0.0	0	24.2	24	47.3	47	47.3	47	24.2	24						142	
12	Wj	100.7	101	62.4	62	21.4	21	21.4	21	62.4	62						267	
13	U_3	712.0	0.3%	706.2	-0.5%	705.9	-0.6%	705.9	-0.6%	706.2	-0.5%						21	
14	a'	0.0	0.00	12.0	-0.03	24.0	-0.02	36.0	0.02	48.0	0.03						34	
15	配	33.7	20.4	33.9	20.5	32.9	19.9	32.9	19.9	33.9	20.5						两侧	
16	电阻	1.11793		1.13626		1.11427		1.11427		1.13626							3	

图 7-91

（3）材料单分为外购和自制，外购就会有采购订单、合同账、出入库和质检，自制就会有生产任务单、计件薪酬和工票管理。

（4）图纸参数可以通过 CAD 控制，自动出图。图纸类的出图就会涉及技术部的薪酬和文控管理。

2. 认识角度度量单位间、数字间转换类函数

打开“素材文件 /07- 数学计算函数 /07-03- 数学计算转换函数：角度度量单位间、数字间转换类函数 .xlsx”源文件。

（1）角度和弧度的转换。

在 Excel 中，π 写作 PI()；角度 360°= 弧度 2π，角度与弧度间的转换函数如图 7-92 所示。

角度、弧度转换函数

函数名称	语法	举例	公式结果	显示公式	功能说明
DEGREES	=DEGREES(angle)	30	1718.87339	=DEGREES(D5)	将弧度转化为角度
RADIANS	=RADIANS(angle)	30	0.52359878	=RADIANS(D6)	将角度转化为弧度

图 7-92

（2）罗马数字和阿拉伯数字的转换，如图 7-93 所示。

罗马数字、阿拉伯数字转换函数					
函数名称	语法	举例	公式结果	显示公式	功能说明
ROMAN	=ROMAN(number,form)	3	III	=ROMAN(D4)	将阿拉伯数字转化为罗马数字
ARABIC	=ARABIC(text)	XLV	45	=ARABIC(D5)	将罗马数字转化为阿拉伯数字

图 7-93

（3）最大公约数和最小公倍数的转换，如图 7-94 所示。

计算最大公约数、最小公倍数					
函数名称	语法	数据1	数据2	公式结果	显示公式	功能说明
GCD	=GCD(number1,number2,...)	5	115	5	=GCD(D4,E4)	返回N个整数的最大公约数
LCM	=LCM(number1,number2,...)	10	12	60	=LCM(D5,E5)	返回N个整数的最小公倍数

图 7-94

（4）确定数字符号函数。

SIGN(number) 函数：如果数字为正数，则返回"1"；如果数字为 0，则返回"0"；如果数字为负数，则返回"-1"，如图 7-95 所示。

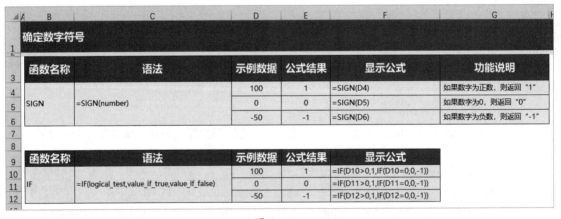

确定数字符号					
函数名称	语法	示例数据	公式结果	显示公式	功能说明
SIGN	=SIGN(number)	100	1	=SIGN(D4)	如果数字为正数，返回"1"
		0	0	=SIGN(D5)	如果数字为0，则返回"0"
		-50	-1	=SIGN(D6)	如果数字为负数，则返回"-1"

函数名称	语法	示例数据	公式结果	显示公式
IF	=IF(logical_test,value_if_true,value_if_false)	100	1	=IF(D10>0,1,IF(D10=0,0,-1))
		0	0	=IF(D11>0,1,IF(D11=0,0,-1))
		-50	-1	=IF(D12>0,1,IF(D12=0,0,-1))

图 7-95

（5）计算平方根和乘幂，如图 7-96 所示。

计算平方根、乘幂

函数名称	语法	示例数据	公式结果	显示公式	功能说明
SQRT	=SQRT(number)	81	9	=SQRT(D4)	计算某个数的平方根
POWER	=POWER(number,power)	2的4次方	16	=POWER(2,4)	计算某个数的乘幂
		125开立方	5	=POWER(125,1/3)	开N次方，power参数写作1/N
	^	2的4次方	16	=2^4	也可用"^"表示乘幂

图 7-96

温馨提示

POWER(number,power)：计算某个数的乘幂；开 N 次方，power 参数写作 1/N；也可用"^"表示乘幂，在英文状态下按 <Shift+6> 键可以输出乘幂的符号"^"。

（6）计算乘积，如图 7-97 所示。

计算乘积

函数名称	语法	示例数据	公式结果	显示公式	功能说明
PRODUCT	=PRODUCT(number1,number2,...)	1,100,123	12300	=PRODUCT(1,100,123)	返回所有参数的乘积

零件名称	包装箱尺寸（mm）	体积m³	显示公式
变压器主体	1200×1000×1500	1.800	=ROUND(PRODUCT(1*TRIM(MID(SUBSTITUTE(C8," × ",REPT(" ",99)),{1,99,198},99)))/10^9,3)
变压器配件	500×500×500	0.125	=ROUND(PRODUCT(1*TRIM(MID(SUBSTITUTE(C9," × ",REPT(" ",99)),{1,99,198},99)))/10^9,3)

图 7-97

7.4 数学计算函数综合实战：制作抽奖小系统

本章开头笔者提出过一个制作抽奖小系统的问题，本节就利用随机函数来制作年会抽奖小系统。

打开"素材文件 /07- 数学计算函数 /07-04- 随机函数应用：用 Excel 制作年会抽奖小系统 .xlsm"源文件。

在"抽奖"工作表中有 6 个姓名，首先利用 RANDBETWEEN 函数生成 1~6 的随机数字。

选中【H3】单元格→输入公式"=RANDBETWEEN (1,6)"→按 <Enter> 键确认，如图 7-98 所示。

图 7-98

接下来将数字转换成姓名，有两个方法可以实现。

方法 1：利用 INDEX 函数，后面的章节会详细讲解这个函数的用法。

选中【H5】单元格，输入公式 "=INDEX(A1:A6,H3)"，它的含义是在【A1:A6】单元格区域中提取第 5 个值→按 <Enter> 键确认，如图 7-99 所示。

图 7-99

方法 2：利用 INDIRECT 函数，后面的章节会详细讲解这个函数的用法。

选中【K3】单元格，输入公式 "="A"&H3"→按 <Enter> 键确认，如图 7-100 所示。

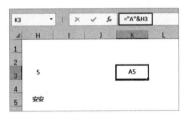

图 7-100

温馨提示

由于姓名所在列为【A】列，利用字母【A】&【H3】单元格可以定位所生成的随机数字显示单元格的位置。

选中【K5】单元格→输入公式 "=INDIRECT(K3)"→按 <Enter> 键确认，INDIRECT 函数是将单元格位置转化为区域的值，如图 7-101 所示。

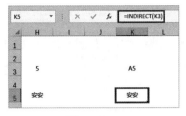

图 7-101

接下来还可以为抽奖小系统添加对应的照片。

在"带照片"工作表中，选择【公式】选项卡→单击【名称管理器】按钮→在弹出的【名称管理器】对话框中可以看到名称"pic"和一串已经写好的公式，这个公式表示要从"pic"工作表中提取照片，如图 7-102 所示。

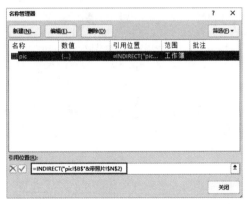

图 7-102

实际上公式就是 "=INDIRECT(B1)"。因为要从"pic"工作表中提取照片，所以先输入表名称"pic!"；因为照片在【B】列，所以输入"B"；因为照片是根据 RANDBETWEEN 函数的结果随机生成的，所以要利用"带照片"工作表中的【N2】单元格，注意要绝对引用。

其中【N2】单元格的函数公式为 "=RANDBETWEEN(1,6)"，故最终公式呈现的结果为 "=INDIRECT("pic!B"& 带照片 !$N$2)"。

接下来选中"pic"工作表中的【B1】单元格→按 <Ctrl+C> 键复制→回到"带照片"工作表中→右击，在弹出的快捷菜单中选择【选择

性粘贴】中的【链接的图片】选项，如图 7-103
所示。

图 7-103

温馨提示

需要注意的是，需要选中【B1】单元格进行
复制，而非选中【B1】单元格中的图片进行复制。
如果无法选中单元格，可以先选中【C1】单元
格→然后按 <←> 键→再按 <Ctrl+C> 键复制。

此时函数编辑区中的公式为 "=pic!$B$1"。
单击函数编辑区将其激活→选中 "!$B$1"，如
图 7-104 所示→按 <Delete> 键删除→按 <Enter>
键确认，照片会随着【N2】单元格的变化而
变化。

图 7-104

第**8**章　日期时间函数

人力资源工作者在工作中经常会遇到从身份证信息中提取"员工年龄"、计算"工龄"、计算"员工加班时间"、制作"时间管理甘特图"等情况。这些都可以利用日期函数自动计算。

本章就一起来认识日期函数，利用它解决各种与日期相关的问题。

8.1　理解日期函数

在制表时大家有没有遇到过筛选日期杂乱无章的情况？那些会自动分组为"年""月""日"的筛选是如何实现的？

1. 真日期与假日期

打开"素材文件/08-日期时间函数/08-01-读懂单词就GET：YEAR、MONTH、DAY、DATE、HOUR、MINUTE、SECOND、TIME、TODAY、NOW.xlsx"源文件。

日期的本质是数字，Excel将日期存储为整数序列值，一个日期对应一个数字。"1"对应"1900年1月1日"，其他数值表示当前日期到"1900年1月1日"之间的天数。而在工作中常常会遇到一些貌似是日期的数据无法进行计算，这是因为其本质是假日期，真假日期格式可以使用日期筛选功能来判定。

在"规范的日期格式"工作表中，选中【B3:E3】单元格区域→选择【数据】选项卡→单击【筛选】按钮，可以将筛选按钮调出来，如图8-1所示。

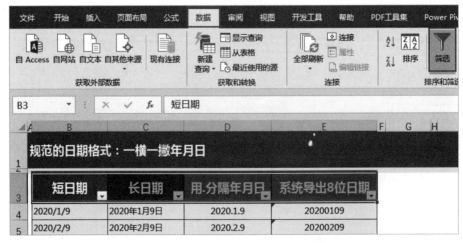

图 8-1

单击【C3】单元格的筛选按钮，如图 8-2 所示，可以看到日期是按照年、月、日进行分组的，并且筛选器为【日期筛选】。

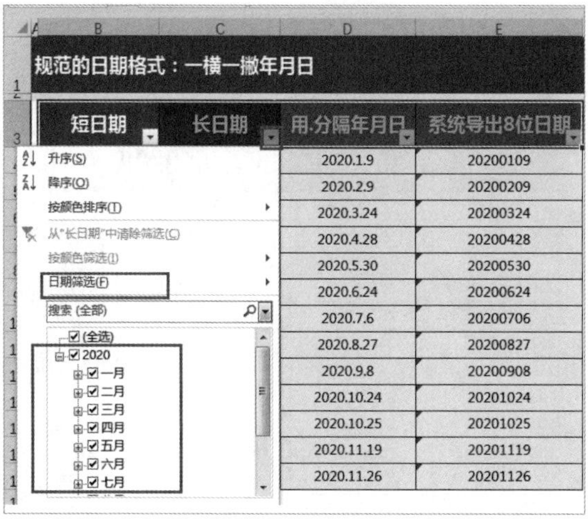

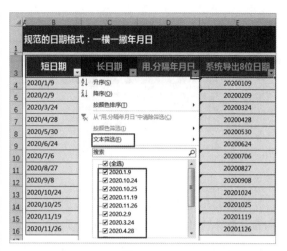

图 8-2

如图 8-3 所示，【D】列中的假日期格式只能利用文本筛选的功能，并不会自动分组为年、月、日。

图 8-3

（1）判断出错误日期后，如何将其修改为正确日期呢？

① 将【D】列修改为正确的日期格式。

选中【D4:D16】单元格区域→按 <Ctrl+H> 键打开【查找和替换】对话框→在【查找内容】文本框中输入“.”→在【替换为】文本框中输入“-”→单击【全部替换】按钮，如图 8-4 所示。

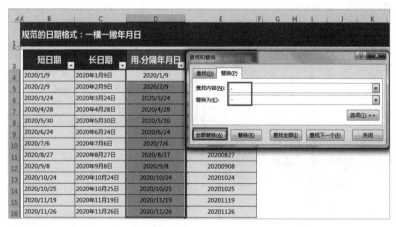

图 8-4

温馨提示

在单元格中输入“2020-1-9”→按 <Enter> 键确认，结果却显示为“2020/1/9”，这样的格式也是正确的日期格式。

② 将【E】列修改为正确的日期格式。

方法 1：选中【G4】单元格→单击函数编辑区将其激活→输入公式“=TEXT(E4,"0000-00-00")”→按 <Enter> 键确认，如图 8-5 所示。

图 8-5

输入的结果仍然为文本格式，所以在公式的最后输入"*1"→选择【开始】选项卡→单击【数字格式】按钮→在下拉菜单中选择【短日期】选项，如图 8-6 所示。

图 8-6

将光标放在【G4】单元格右下角，当其变成十字句柄时，向下拖曳填充至【G16】单元格，如图 8-7 所示。

图 8-7

方法 2：选中【E】列→选择【数据】选项卡→单击【分列】按钮→在弹出的【文本分列向导 – 第 1 步，共 3 步】对话框中单击【下一步】按钮，如图 8-8 所示。

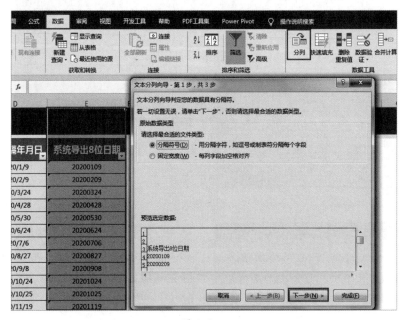

图 8-8

在【文本分列向导 – 第2步，共3步】对话框中继续单击【下一步】按钮，如图8-9所示。

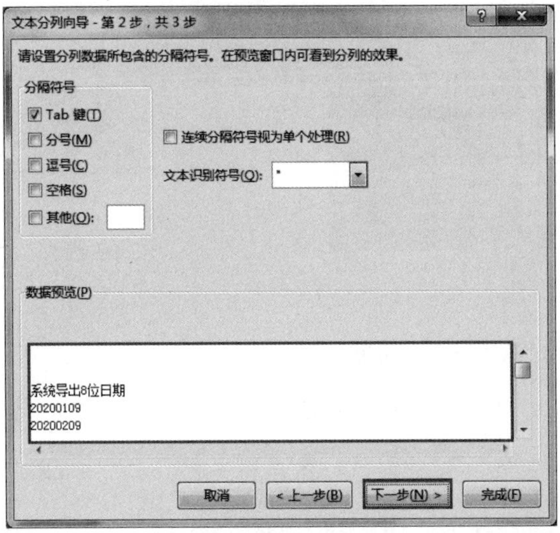

图 8-9

接下来在弹出的【文本分列向导 – 第3步，共3步】对话框中选中【日期】单选按钮→单击【目标区域】文本框将其激活→选中工作表中的【J1】单元格→按 <F4> 键切换为绝对引用→单击【完成】按钮，如图8-10所示。

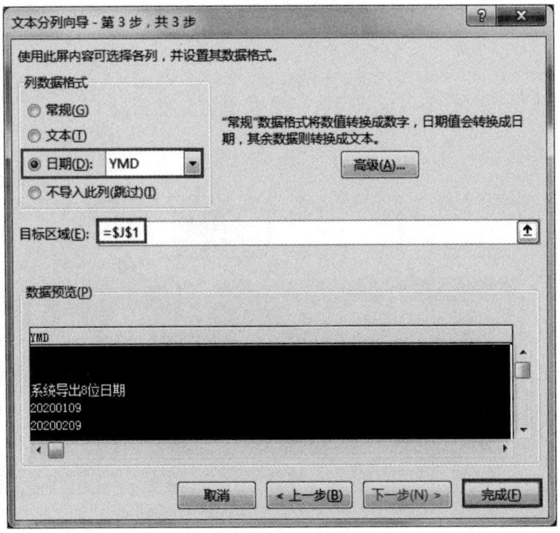

图 8-10

完成效果如图8-11所示。

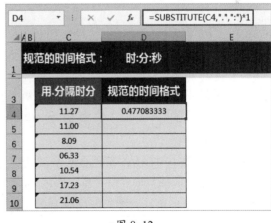

图 8-11

（2）认识正确的时间格式。

在"认识时间"工作表中，规范的时间格式为"时：分：秒"，中间是用英文状态下的冒号分隔的。而【C】列中是用小数点分隔的错误的时间格式，那么如何将其转化为正确的时间格式呢？

选中【D4】单元格→单击函数编辑区将其激活→输入公式"=SUBSTITUTE(C4,".",":")*1"→按 <Enter> 键确认，利用 SUBSTITUTE 函数将"."替换为"："，由于转化出的结果是文本格式，所以需要在公式的最后 *1，如图8-12所示。

图 8-12

将光标放在【D4】单元格右下角，当其变成十字句柄时，双击鼠标将公式向下填充，如图8-13所示。

图 8-13

图 8-14

选择【开始】选项卡→单击【数字格式】按钮→在下拉菜单中选择【时间】选项，如图 8-14 所示，就显示为正确的时间格式了。

2. 认识 10 个日期与时间函数

日期与时间函数的基本语法如图 8-15 所示。

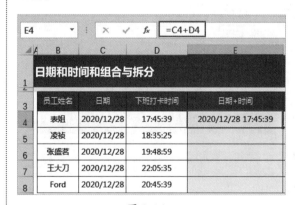

图 8-15

除以上函数外，还可以利用快捷键的方式快速生成当前日期与时间。

录入系统当前日期的快捷键是 <Ctrl+;>。

录入系统当前时间的快捷键是 <Ctrl+Shift+;>。

快捷键方法与 TODAY 和 NOW 函数的区别是，快捷键录入的日期与时间是固定不变的，而通过函数方法输出的日期与时间则可以随着系统时间的变化而变化。

3. 日期和时间的组合与拆分

在"日期和时间"工作表中，选中【E4】单元格→输入公式"=C4+D4"→按 <Enter> 键确认，如图 8-16 所示，就实现了日期和时间的组合。

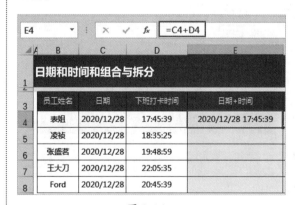

将光标放在【E4】单元格右下角，当其变

成十字句柄时，双击鼠标将公式向下填充，如图 8-17 所示。

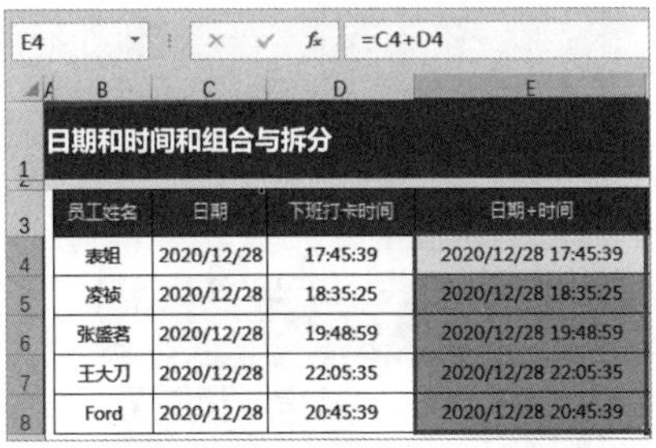

图 8-17

选中【E4】单元格→选择【开始】选项卡→单击【数字格式】按钮→在下拉菜单中选择【常规】选项，可以看到日期和时间变成了小数点样式的数字，这是因为日期是整数，时间是小数，如图 8-18 所示。

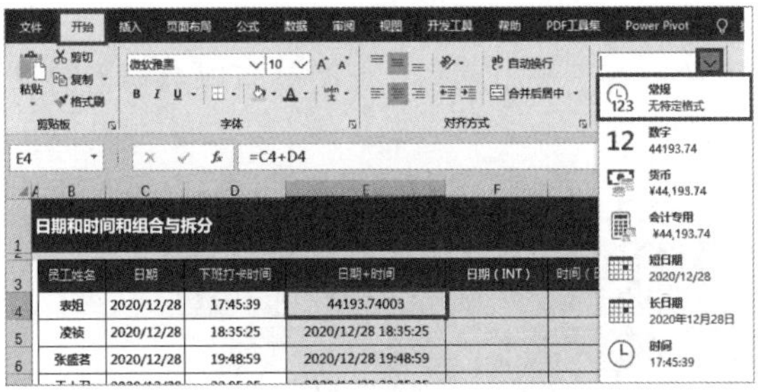

图 8-18

理解这个原理后，就可以利用 INT 取整函数将日期提取出来了。按 <Ctrl+Z> 撤销操作→选中【F4】单元格→单击函数编辑区将其激活→输入公式 "=INT(E4)"→按 <Enter> 键确认，如图 8-19 所示。

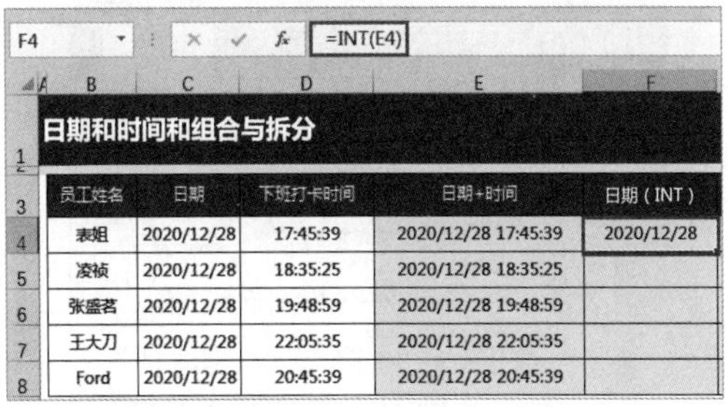

图 8-19

将光标放在【F4】单元格右下角，当其变成十字句柄时，双击鼠标将公式向下填充，如图 8-20 所示。

图 8-20

选中【G4】单元格→输入公式 "=E4-INT(E4)"→按 <Enter> 键确认，如图 8-21 所示。

图 8-21

将光标放在【G4】单元格右下角，当其变成十字句柄时，双击鼠标将公式向下填充，如图 8-22 所示，就完成了日期和时间的拆分。

图 8-22

4. 设置单元格只能选择当前日期和时间

选中【H】列→选择【数据】选项卡→单击【数据验证】按钮→弹出【数据验证】对话框→在【允许】下拉列表中选择【序列】选项→单击【来源】文本框将其激活→选中【J4】单元格→单

击【确定】按钮，如图 8-23 所示。

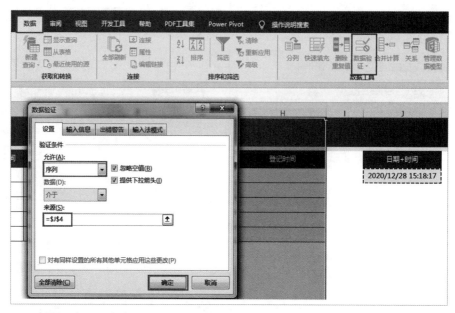

图 8-23

选中【H】列中的任意一个单元格→在单元格右下角会有下拉小三角，此时就可以选择当前日期和时间，如图 8-24 所示。

员工姓名	日期	下班打卡时间	日期+时间	日期（INT）	时间（日期时间-INT）	登记时间
表姐	2020/12/28	17:45:39	2020/12/28 17:45:39	2020/12/28	17:45:39	2020/12/28 15:18:17
凌祯	2020/12/28	18:35:25	2020/12/28 18:35:25	2020/12/28	18:35:25	
张盛者	2020/12/28	19:48:59	2020/12/28 19:48:59	2020/12/28	19:48:59	2020/12/28 15:23:28
王大刀	2020/12/28	22:05:35	2020/12/28 22:05:35	2020/12/28	22:05:35	
Ford	2020/12/28	20:45:39	2020/12/28 20:45:39	2020/12/28	20:45:39	2020/12/28 15:23:31

图 8-24

设置完成后只可以输入当前日期和时间，而无法自行任意修改。这样的好处是，提供下拉菜单，不仅无须输入一长串的日期和时间，还可以防止日期和时间作假，如图 8-25 所示。

图 8-25

8.2 日期计算函数

除快速录入系统当前日期和时间外，工作中"员工资料"中的"年龄"与"工龄"仍然可以自动生成，本节就介绍日期计算函数，一秒计算年龄和工龄。

1. 认识日期计算函数

打开"素材文件 /08- 日期时间函数 /08-02- 日期计算函数：DATEDIF、EDATE、EOMONTH、WEEKDAY、WORKDAY、WORKDAY. INTL、NETWORKDAYS、NETWORKDAYS. INTL、DAYS、DAYS360、YEARFRAC.xlsx"源文件。

DATEDIF 函数是日期计算函数中使用频率最高的，计算两个日期之间的天数、月数、年数。在 Excel 中属于隐藏函数，需要完全拼写，方可使用。

例如，在"基本语法"工作表中，【F4】单元格是计算两个日期之间相差的年份，DATEDIF 函数公式如图 8-26 所示。

图 8-26

所以，【F4】单元格中的函数公式为"=DATEDIF(D4,E4,"Y")"，如图 8-27 所示。

F4		× ✓ fx	=DATEDIF(D4,E4,"Y")			

日期计算函数：

函数名称	语法	数据1	数据2	公式结果
DATEDIF	=DATEDIF(start_date,end_date,basis)	2012/11/27	2020/12/28	8
EDATE	=EDATE(start_date,months)	2012/11/27	3	2013/2/27
EOMONTH	=EOMONTH(start_date,months)	2012/11/27	3	2013/2/28

图 8-27

日期计算函数的基本公式如图 8-27 所示。

日期计算函数：

函数名称	语法	数据1	数据2	公式结果	显示公式	功能说明
DATEDIF	=DATEDIF(start_date,end_date,basis)	2012/11/27	2022/6/7	9	=DATEDIF(D4,E4,"Y")	计算两个日期之间的天数、月数、年数 Excel隐藏函数，需要完全拼写，方可使用
EDATE	=EDATE(start_date,months)	2012/11/27	3	2013/2/27	=EDATE(D5,E5)	返回指定日期之前或之后指定月份的日期
EOMONTH	=EOMONTH(start_date,months)	2012/11/27	3	2013/2/28	=EOMONTH(D6,E6)	返回指定日期之前或指定月份的月末最后一天的日期
WEEKDAY	=WEEKDAY(serial_number,return_type)	2022/6/7	2	2	=WEEKDAY(D7,E7)	以数字形式返回指定日期是星期几 在中国习惯上，一般return_type填2，表示一周的第一天是星期一
WORKDAY	=WORKDAY(start_date,days,holidays)	2022/6/7	5	2022/6/14	=WORKDAY(D8,E8)	计算开始日期的之前或之后的N个工作日的日期；支持自定义假日holidays
WORKDAY.INTL	=WORKDAY.INTL(start_date,days,weekend,holidays)	2022/6/7	5	2022/6/13	=WORKDAY.INTL(D9,E9,17)	计算开始日期的之前或之后的N个工作日的日期；支持自定义休息日；支持自定义节假日holidays
NETWORKDAYS	=NETWORKDAYS(start_date,end_date,holidays)	2022/6/7	2020/3/6	-588	=NETWORKDAYS(D10,E10)	返回两个日期之间的完整工作日数
NETWORKDAYS.INTL	=NETWORKDAYS.INTL(start_date,end_date,weekend,holidays)	2022/6/7	2020/3/6	-706	=NETWORKDAYS.INTL(D11,E11,17)	返回两个日期之间的完整工作日数；支持自定义休息日
DAYS	=DAYS(end_date,start_date)	2012/11/27	2022/6/7	3479	=DAYS(E12,D12)	返回两个日期之间的天数，每月按实际天数计
DAYS360	=DAYS360(end_date,start_date)	2012/11/27	2022/6/7	3430	=DAYS360(D13,E13)	返回两个日期之间的天数，每月按30天计
YEARFRAC	=YEARFRAC(start_date,end_date,basis)	2012/11/27	2022/6/7	9.663889	=YEARFRAC(D14,E14,2)	计算开始日期与结束日期之间的天数占全年天数的百分比；basis为日计数基准类型

图 8-28

2. DATEDIF 函数：计算工龄与退休日期

（1）计算入职年数。

在“日期计算应用”工作表中，选中【E4】单元格→单击函数编辑区将其激活→输入公式“=DATEDIF(C4,D4,"Y")”→按 <Enter> 键确认→将光标放在【E4】单元格右下角，当其变成十字句柄时，双击鼠标将公式向下填充，如图 8-29 所示。

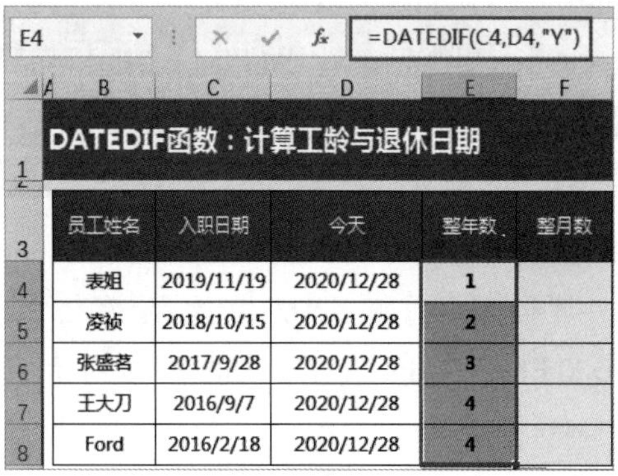
E4 =DATEDIF(C4,D4,"Y")

DATEDIF函数：计算工龄与退休日期

员工姓名	入职日期	今天	整年数	整月数
表姐	2019/11/19	2020/12/28	1	
凌祯	2018/10/15	2020/12/28	2	
张盛茗	2017/9/28	2020/12/28	3	
王大刀	2016/9/7	2020/12/28	4	
Ford	2016/2/18	2020/12/28	4	

图 8-29

（2）计算入职月数。

选中【F4】单元格→单击函数编辑区将其激活→输入公式“=DATEDIF(C4,D4,"M")”→按 <Enter> 键确认→将光标放在【F4】单元格右下角，当其变成十字句柄时，双击鼠标将公式向下填充，如图 8-30 所示。

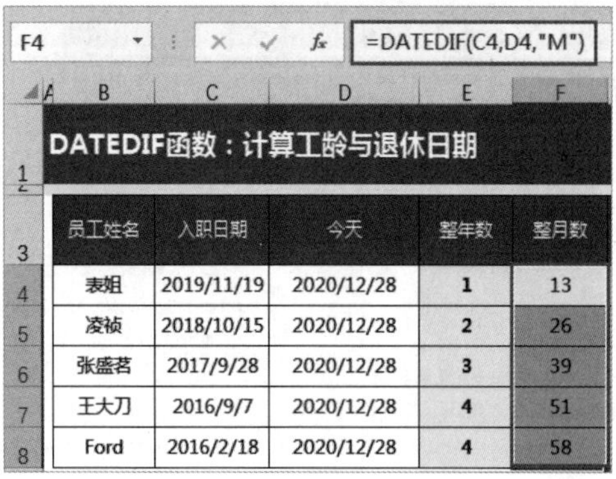
F4 =DATEDIF(C4,D4,"M")

DATEDIF函数：计算工龄与退休日期

员工姓名	入职日期	今天	整年数	整月数
表姐	2019/11/19	2020/12/28	1	13
凌祯	2018/10/15	2020/12/28	2	26
张盛茗	2017/9/28	2020/12/28	3	39
王大刀	2016/9/7	2020/12/28	4	51
Ford	2016/2/18	2020/12/28	4	58

图 8-30

（3）计算入职天数。

方法 1：选中【G4】单元格→单击函数编辑区将其激活→输入公式“=DATEDIF(C4,D4,"D")”→按 <Enter> 键确认→将光标放在【G4】单元格右下角，当其变成十字句柄时，双击鼠标将公式向下填充，如图 8-31 所示。

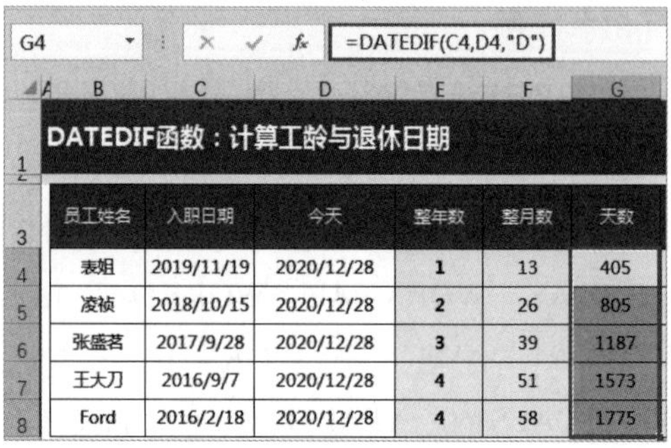
G4 =DATEDIF(C4,D4,"D")

DATEDIF函数：计算工龄与退休日期

员工姓名	入职日期	今天	整年数	整月数	天数
表姐	2019/11/19	2020/12/28	1	13	405
凌祯	2018/10/15	2020/12/28	2	26	805
张盛茗	2017/9/28	2020/12/28	3	39	1187
王大刀	2016/9/7	2020/12/28	4	51	1573
Ford	2016/2/18	2020/12/28	4	58	1775

图 8-31

方法 2：由于日期的本质是数字，所以可以直接进行相减计算。选中【H4】单元格→单击函数编辑区将其激活→输入公式“=D4−C4”→按 <Enter> 键确认→将光标放在【H4】单元格右下角，当其变成十字句柄时，双击鼠标将公式向下填充，如图 8-32 所示。

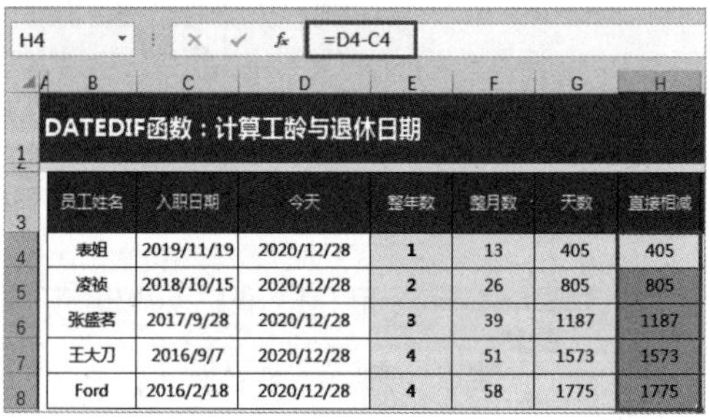
H4 =D4-C4

DATEDIF函数：计算工龄与退休日期

员工姓名	入职日期	今天	整年数	整月数	天数	直接相减
表姐	2019/11/19	2020/12/28	1	13	405	405
凌祯	2018/10/15	2020/12/28	2	26	805	805
张盛茗	2017/9/28	2020/12/28	3	39	1187	1187
王大刀	2016/9/7	2020/12/28	4	51	1573	1573
Ford	2016/2/18	2020/12/28	4	58	1775	1775

图 8-32

方法 3：选中【I4】单元格→单击函数编辑区将其激活→输入公式“=DAYS(D4,C4)”→按 <Enter> 键确认→将光标放在【I4】单元格右下角，当其变成十字句柄时，双击鼠标将公式向下填充，如图 8-33 所示。

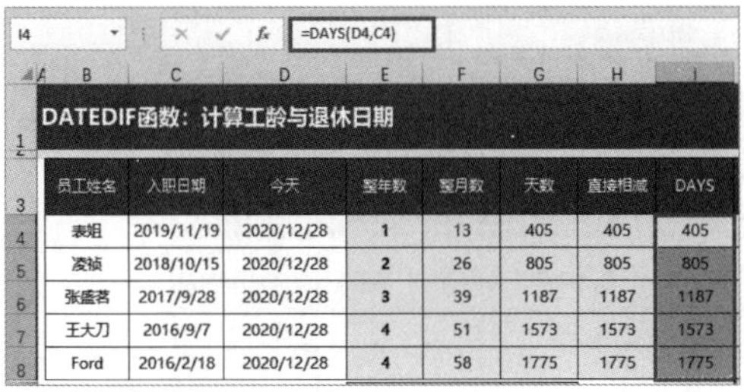

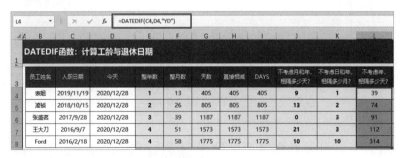

图 8-33

（4）忽略日期中的月和年，计算两个日期的天数差。

选中【J4】单元格→单击函数编辑区将其激活→输入公式 "=DATEDIF(C4,D4,"MD")" →按 <Enter> 键确认→将光标放在【J4】单元格右下角，当其变成十字句柄时，双击鼠标将公式向下填充，如图 8-34 所示。

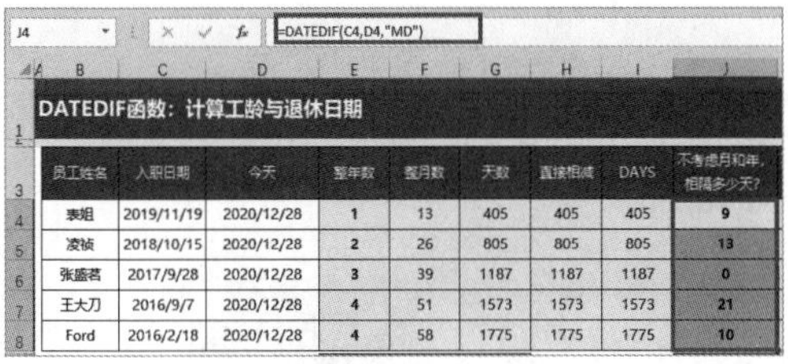

图 8-34

（5）忽略日期中的日和年，计算两个日期的月数差。

选中【K4】单元格→单击函数编辑区将其激活→输入公式 "=DATEDIF(C4,D4,"YM")" →按 <Enter> 键确认→将光标放在【K4】单元格右下角，当其变成十字句柄时，双击鼠标将公式向下填充，如图 8-35 所示。

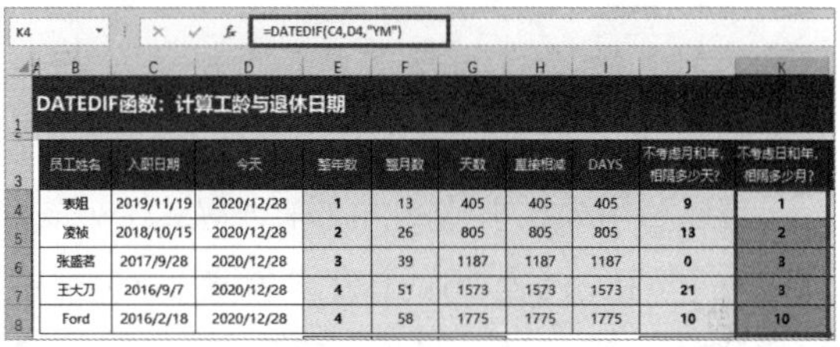

图 8-35

（6）忽略日期中的年，计算两个日期的天数差。

选中【L4】单元格→单击函数编辑区将其激活→输入公式 "=DATEDIF(C4,D4,"YD")" →按 <Enter> 键确认→将光标放在【L4】单元格右下角，当其变成十字句柄时，双击鼠标将公式向下填充，如图 8-36 所示。

图 8-36

（7）计算两个日期相隔多少年月日。

选中【M4】单元格→单击函数编辑区将其激活→输入公式 "=TEXT(SUM(DATEDIF(C4,D4,{"y","ym","md"})*10^{4,2,0}),"0 年 00 月 00 天 ")" →按 <Enter> 键确认→将光标放在【M4】单元格右下角，当其变成十字句柄时，双击鼠标将公式向下填充，如图 8-37 所示。

温馨提示

这个公式不需要背，用时直接复制即可。

图 8-37

可以利用公式求值的方法来理解这个公式。选中【M8】单元格→选择【公式】选项卡→单击【公式求值】按钮→在弹出的【公式求值】对话框中单击【求值】按钮，可以看到第一个是 DATEDIF 函数的开始日期，即【C8】单元格的值"2016/2/18"，求值的结果是"42418"，如图 8-38 所示。

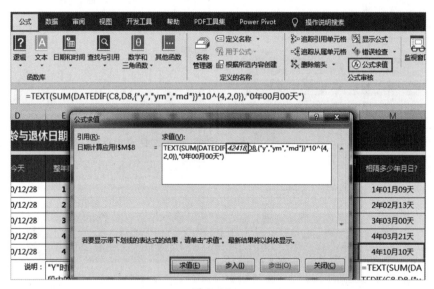

图 8-38

单击【求值】按钮，可以看到第二个是 DATEDIF 函数的结束日期，即【D8】单元格的值"2020/12/28"，求值的结果是"44193"，如图 8-39 所示。

温馨提示

因【D】列的值是随着系统日期变化的，所以大家的结果可能与这个结果不一样，但是不影响理解公式。

图 8-39

DATEDIF 函数做了 Y、YM、MD 的计算，就是转为年月日，单击【求值】按钮，可以看到 DATEDIF 函数的结果是三个数字。第一个数字是 4，即两个日期中间隔了 4 年；第二个数字是 10，即忽略日和年，两个日期中间隔了 10 个月；第三个数字是 10，即忽略月和年，两个日期中间隔了 10 天，如图 8-40 所示。

图 8-40

接着分别计算 10 的 4 次方、2 次方和 0 次方，也就是 10^4=10000、10^2=100、10^0=1，单击【求值】按钮，如图 8-41 所示。

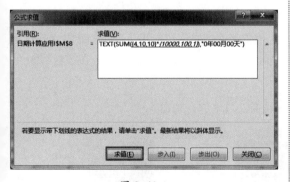

图 8-41

用 DATEDIF 函数的结果 {4,10,10} 分别乘 10 的 4 次方、2 次方和 0 次方，也就是 4*10^4=4*10000=40000、10*10^2=10*100=1000、10*10^0=10*1=10，单击【求值】按钮，如图 8-42 所示。

图 8-42

三个数值相加就是 SUM 函数的结果 40000+1000+10=41010，单击【求值】按钮，如图 8-43 所示。

图 8-43

最后嵌套一个 TEXT 函数，转换为年月日的格式，单击【关闭】按钮，如图 8-44 所示。

图 8-44

（8）计算退休日期。

选中【Q4】单元格→单击函数编辑区将其激活→输入公式 "=EDATE(O4,IF(P4=" 女 ",

55,60)*12)"→按 <Enter> 键确认→将光标放在【Q4】单元格右下角，当其变成十字句柄时，双击鼠标将公式向下填充，如图 8-45 所示。

Q4
=EDATE(O4,IF(P4="女",55,60)*12)
O P Q R S T
生日 性别 退休日期
1990/4/19 女 2045/04/19
1986/8/30 女 2041/08/30
1994/11/27 男 2054/11/27
1989/1/7 男 2049/01/07
1992/2/18 男 2052/02/18

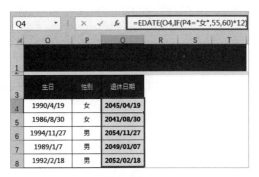

图 8-45

公式解析：利用出生日期加退休年龄乘 12 个月，就可以计算出退休日期。

EDATE(开始日期 , 加多少个月)，在第二个参数"加多少个月"中，需要做一个判断，如果性别是女，那就是 55 岁乘 12 个月，否则就是 60 岁乘 12 个月。

3. 综合实战：工商年报到期提醒

如图 8-46 所示，在"工商年报到期提醒"工作表中，工商年报申报类别分为两种方式，一种是成立周年两个月内，另一种是每年六月份之前。

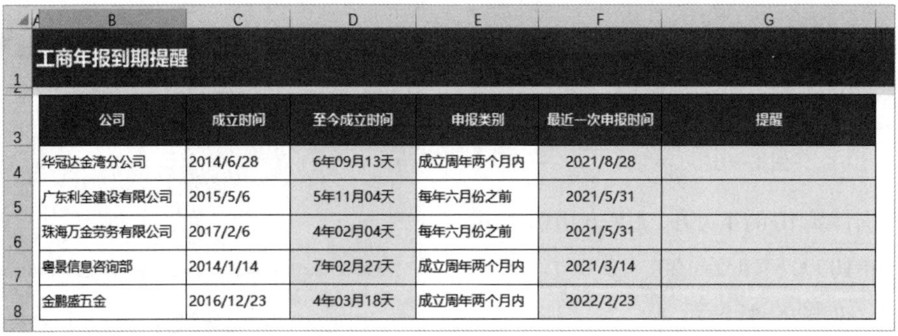

工商年报到期提醒
公司 成立时间 至今成立时间 申报类别 最近一次申报时间 提醒
华冠达金湾分公司 2014/6/28 6年09月13天 成立周年两个月内 2021/8/28
广东利全建设有限公司 2015/5/6 5年11月04天 每年六月份之前 2021/5/31
珠海万金劳务有限公司 2017/2/6 4年02月04天 每年六月份之前 2021/5/31
粤景信息咨询部 2014/1/14 7年02月27天 成立周年两个月内 2021/3/14
金鹏盛五金 2016/12/23 4年03月18天 成立周年两个月内 2022/2/23

图 8-46

可以先利用辅助列分别计算出申报类别为"成立周年两个月内"和申报类别为"每年六月份之前"的日期。

（1）设置辅助数据。

选中【F:G】列→右击，在弹出的快捷菜单中选择【插入】选项，如图 8-47 所示。

剪切(T)
复制(C)
粘贴选项:
选择性粘贴(S)...
插入(I)
删除(D)
清除内容(N)
设置单元格格式(F)...
列宽(W)...
隐藏(H)
取消隐藏(U)

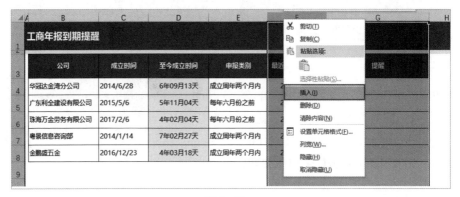

图 8-47

选中【E4:E5】单元格区域→右击，在弹出的快捷菜单中选择【复制】选项，如图 8-48 所示。

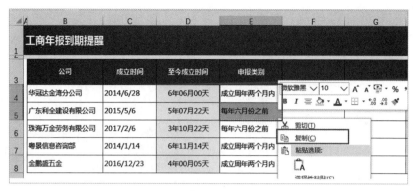

图 8-48

选中【F3】单元格→右击,在弹出的快捷菜单中选择【选择性粘贴】选项,如图 8-49 所示。

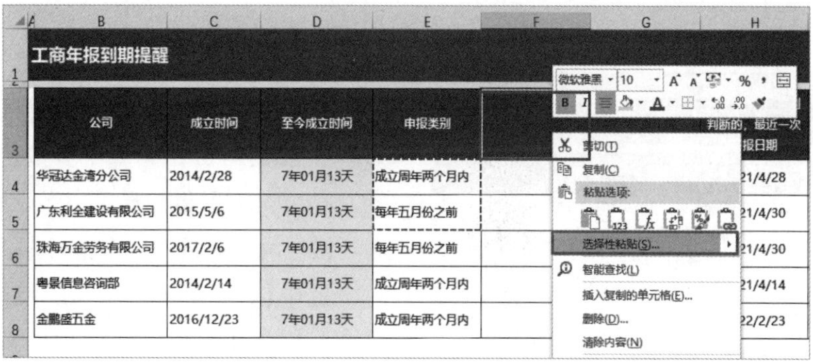

图 8-49

在弹出的【选择性粘贴】对话框中选中【数值】单选按钮→选中【转置】复选框→单击【确定】按钮,如图 8-50 所示。

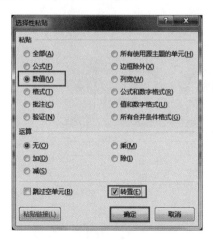

图 8-50

接下来选中【F4】单元格→单击函数编辑区

将其激活→输入公式 "=DATE(YEAR(TODAY()),MONTH(C4),DAY(C4))" →按 <Enter> 键确认→将光标放在【F4】单元格右下角,当其变成十字句柄时,双击鼠标将公式向下填充,即可计算出成立的周年日期,如图 8-51 所示。

图 8-51

公式解析:DATE 函数的第一个参数是年,如果直接填写 2020,那么每年都需要修改,所以做成动态的，用 TODAY 函数，参数不写，再嵌套一个 YEAR 函数，即可提取系统时间的年份；第二个参数是月，用 MONTH 函数提取成立时间的月份；第三个参数是日，用 DAY 函数提取成立时间的天数。

由于是成立周年两个月内，所以需要用成立周年日期再加 2 个月，在 "=" 后面输入 "EDATE(" →在公式的最后输入 ",2)" →按 <Enter> 键确认→将光标放在【F4】单元格右下角，当其变成十字句柄时，双击鼠标将公式向下填充，即可计算出成立周年两个月内的日期，如图 8-52 所示。

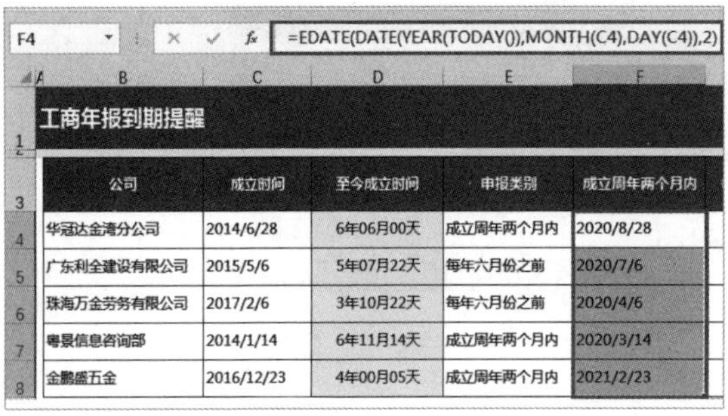

图 8-52

选中【G4】单元格→单击函数编辑区将其激活→输入公式 "=DATE(YEAR(TODAY()),5,31)" →按 <Enter> 键确认→将光标放在【G4】单元格右下角，当其变成十字句柄时，双击鼠标将公式向下填充，即可计算出每年六月份之前的日期，如图 8-53 所示。

图 8-53

公式解析：DATE 函数的第一个参数是年，按照前面的方法，用 YEAR 和 TODAY 函数提取系统当前年份；第二个参数是月和天，六月份之前就是五月份的最后一天，即 5 月 31 日。

（2）设置最近一次申报日期。

选中【H】列→右击，在弹出的快捷菜单中选择【插入】选项→选中【H3】单元格→输入 "今年根据申报类别判断的，最近一次申报日期" →选择【开始】选项卡→单击【自动换行】按钮，如图 8-54 所示。

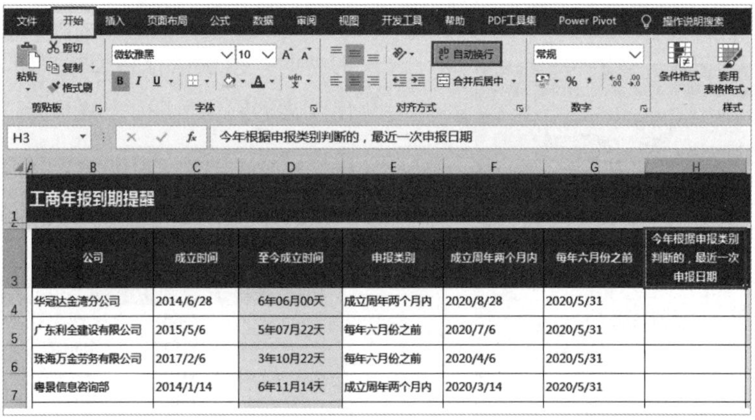

图 8-54

接下来判断，如果【E4】单元格的值是 "成立周年两个月内"，那么【H4】单元格就显示【F4】单元格的值，否则显示【G4】单元格的值。

选中【H4】单元格→单击函数编辑区将其激活→输入公式 "=IF(E4=" 成立周年两个月内 ",

F4,G4)"→按 <Enter> 键确认→将光标放在【H4】单元格右下角，当其变成十字句柄时，双击鼠标将公式向下填充，即可计算出不同类别下最近一次的申报日期，如图 8-55 所示。

图 8-55

完成判断后可以将公式合并到一起。选中【F4】单元格→单击函数编辑区将其激活→选中 "EDATE(DATE(YEAR(TODAY()),MONTH(C4),DAY(C4)),2)"→右击，在弹出的快捷菜单中选择【复制】选项→单击编辑栏左侧的【√】按钮，如图 8-56 所示。

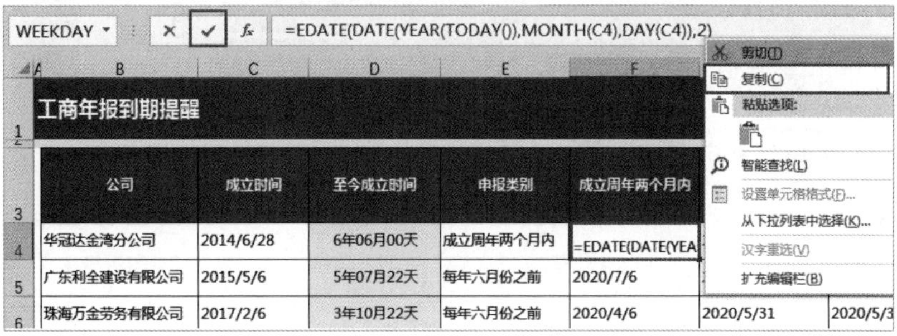

图 8-56

选中【H4】单元格→单击函数编辑区将其激活→选中公式中的 "F4"→右击，在弹出的快捷菜单中选择【粘贴】选项→单击编辑栏左侧的【√】按钮，如图 8-57 所示。

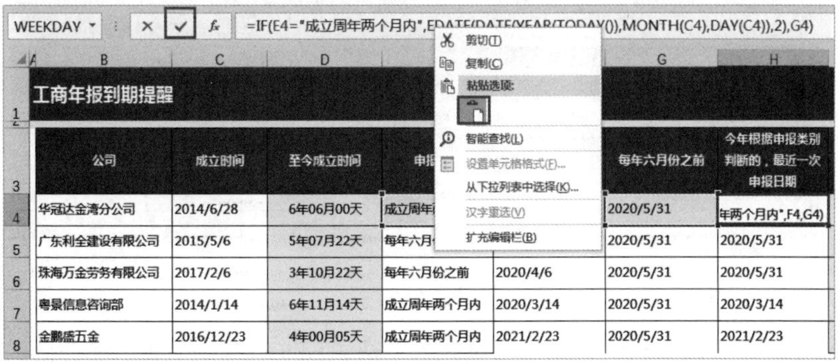

图 8-57

同理，完成【G4】单元格公式的套用。选中【G4】单元格→单击函数编辑区将其激活→选中

"DATE(YEAR(TODAY()),5,31)" →右击，在弹出的快捷菜单中选择【复制】选项→单击编辑栏左侧的【√】按钮，如图 8-58 所示。

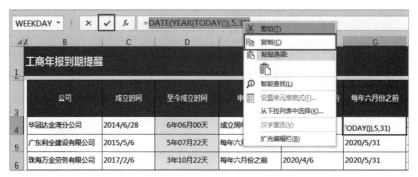

图 8-58

选中【H4】单元格→单击函数编辑区将其激活→选中公式中的 "G4" →右击，在弹出的快捷菜单中选择【粘贴】选项→单击编辑栏左侧的【√】按钮，如图 8-59 所示。

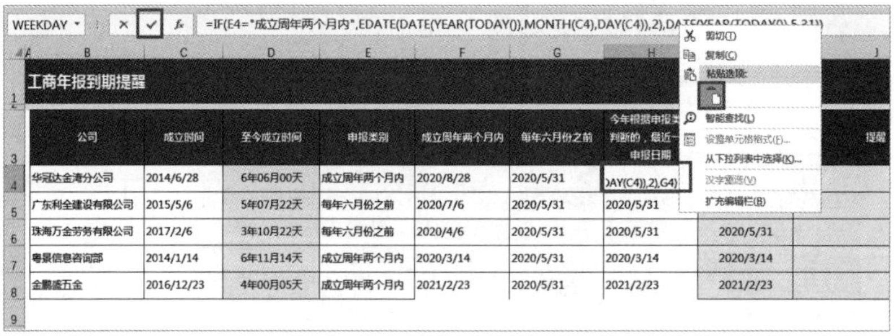

图 8-59

将光标放在【H4】单元格右下角，当其变成十字句柄时，双击鼠标将公式向下填充，即可完成最近一次申报日期的计算，如图 8-60 所示。

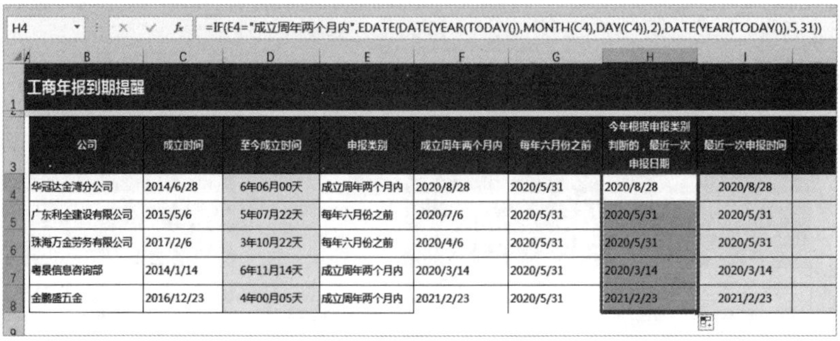

图 8-60

完成函数嵌套之后可以将【F:G】列辅助列删除。选中【F:G】列→右击，在弹出的快捷菜单中选择【删除】选项，如图 8-61 所示。

图 8-61

（3）设置申报提醒。

首先计算申报日期和当前日期相差的天数。选中【G】列→右击，在弹出的快捷菜单中选择【插入】选项→选中【G3】单元格→输入"申报提醒"，如图 8-62 所示。

图 8-62

选中【G4】单元格→单击函数编辑区将其激活→输入公式"=F4-TODAY()"→按 <Enter> 键确认，如图 8-63 所示。

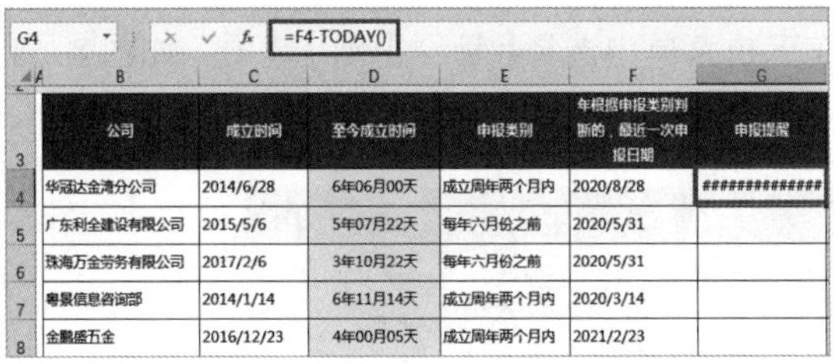

图 8-63

选择【开始】选项卡→单击【数字格式】按钮→在下拉菜单中选择【常规】选项，如图 8-64 所示。

图 8-64

将光标放在【G4】单元格右下角，当其变成十字句柄时，双击鼠标将公式向下填充，即可计算出最后一次申报日期至今相隔的天数，如图 8-65 所示。

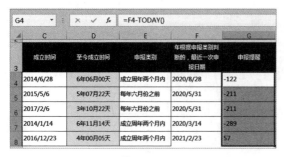

图 8-65

判断间隔天数，如果不大于 30 天就显示"1"，否则显示"0"。单击函数编辑区将其激活→将光标定位在"="后面→输入"IF("→在公

式的最后输入"<=30,1,0)"→按 <Ctrl+Enter> 键批量填充，如图 8-66 所示。

图 8-66

选择【开始】选项卡→单击【条件格式】按钮→在下拉菜单中选择【图标集】选项→选择【标记】组中的【三个符号（有圆圈）】选项，如图 8-67 所示。

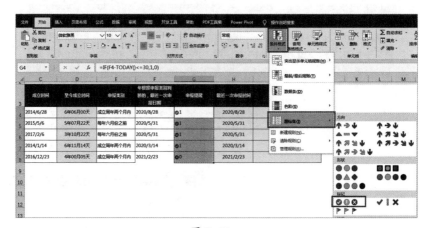

图 8-67

选择【开始】选项卡→单击【条件格式】按钮→在下拉菜单中选择【管理规则】选项，如图 8-68 所示。

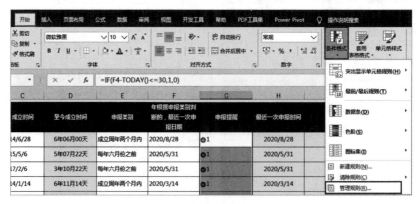

图 8-68

在弹出的【条件格式规则管理器】对话框中单击【编辑规则】按钮，如图 8-69 所示。

图 8-69

在弹出的【编辑格式规则】对话框中单击第一个【图标】按钮，选择【红旗】选项→在【类型】下拉列表中选择【数字】选项→修改第一个【值】为"1"，如图 8-70 所示。

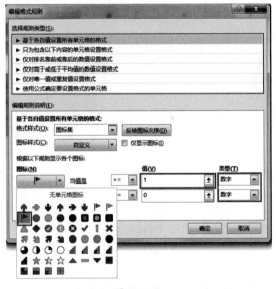

图 8-70

单击第二个【图标】按钮，选择【无单元格图标】选项→单击第三个【图标】按钮，选择【无单元格图标】选项→单击【确定】按钮，如图 8-71 所示。

图 8-71

最后调整字号大小。选择【开始】选项卡→单击【字号】按钮→将字号修改为"22"，如图 8-72 所示。

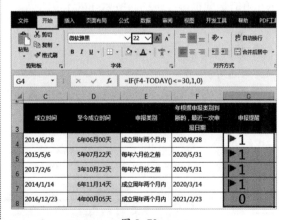

图 8-72

按 <Ctrl+1> 键打开【设置单元格格式】对话框→选择【分类】列表框中的【自定义】选项→在【类型】文本框中输入 ""请在 30 天内申报"；;"→单击【确定】按钮，如图 8-73 所示。

图 8-73

图 8-74

接下来考虑已经申报过了的情况。

例如，在【F4】单元格中，2020 年的申报日期应该在 8 月 28 日之前，但目前是 2020 年 12 月 28 日，所以是已经申报过了，可以不做提醒。因此，需要判断间隔天数，如果 <0，则不提醒。

单击函数编辑区将其激活→将光标定位在"="后面→输入"IF(F4-TODAY()<0,-1,"→在公式的最后输入")"→按 <Ctrl+Enter> 键批量填充，如图 8-75 所示。

温馨提示

双引号和分号均为英文状态下的。

两个英文状态下的分号，分别隔着的是大于 0、小于 0 和等于 0，即 >0;<0;=0。在本案例中，大于 0 的是要提醒申报的，所以在大于 0 的位置输入""请在 30 天内申报""，而小于 0 和等于 0 不需要做提示，所以直接输入两个英文状态下的分号即可。

调整合适的列宽，使得字体可以全部展示出来，如图 8-74 所示。

图 8-75

此时修改【C4】单元格中的日期为至今 30 天内。如图 8-76 所示，在【F4】单元格中即可显示出"请在 30 天内申报"样式。

	A	B	公司	成立时间	至今成立时间	申报类别	年根据申报类别到断的，最近一次申报日期	申报提醒
3								
4		华冠达金湾分公司		2014/10/28	6年06月00天	成立周年两个月内	2020/12/28	▶请在30天内申报
5		广东利全建设有限公司		2015/5/6	5年07月22天	每年六月份之前	2020/5/31	
6		珠海万金劳务有限公司		2017/2/6	3年10月22天	每年六月份之前	2020/5/31	
7		粤景信息咨询部		2014/1/14	6年11月14天	成立周年两个月内	2020/3/14	
8		金鹏盛五金		2016/12/23	4年00月05天	成立周年两个月内	2021/2/23	

图 8-76

最后调整表格的呈现效果。设置【F】列为居中对齐，删除【H】列和【I】列，补齐边框，此时就完成了工商年报到期提醒，如图 8-77 所示。

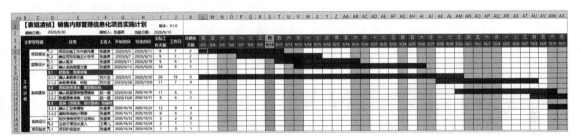

图 8-77

8.3 日期函数综合实战：制作项目管理甘特图

甘特图（Gantt Chart）又称为横道图、条状图（Bar Chart），其通过条状图来显示项目、进度和其他时间相关的系统进展的内在关系随着时间进展的情况。以提出者亨利·劳伦斯·甘特（Henry Laurence Gantt）先生的名字命名。

本节将利用统计函数知识，结合日期函数和条件格式，制作图 8-78 所示的项目管理甘特图。

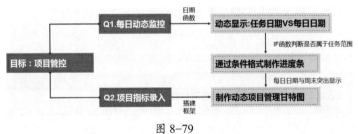

图 8-78

制作思路如图 8-77 所示。

图 8-79

打开"素材文件 /08- 日期时间函数 /08-03- 日期函数综合实战：制作项目管理甘特图 .xlsx"源文件。

（1）设置日期。

在"项目计划 – 空白"工作表中，选中【L4】单元格→单击函数编辑区将其激活→输入公式"=G5"→按 <Ctrl+1> 键打开【设置单元格格式】对话框→选择【分类】列表框中的【日期】选项→在【类型】列表框中选择【3/14】选项→单击【确定】按钮，如图 8-80 所示。

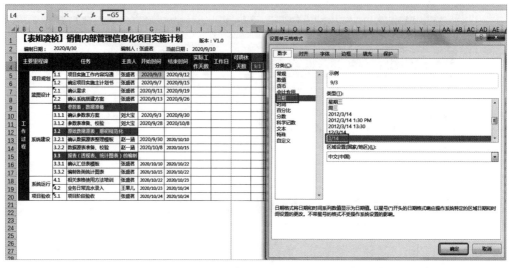

图 8-80

选中【M4】单元格→单击函数编辑区将其激活→输入公式"=L4+1"→按 <Enter> 键确认，如图 8-81 所示。

图 8-82

选中【L3】单元格→单击函数编辑区将其激活→输入公式"=TEXT(L4,"aaa")"→按 <Enter> 键确认→将光标放在【L3】单元格右下角，当其变成十字句柄时，向右拖曳填充至【BM3】单元格，如图 8-83 所示。

图 8-81

将光标放在【M4】单元格右下角，当其变成十字句柄时，向右拖曳填充至【BM4】单元格，如图 8-82 所示。

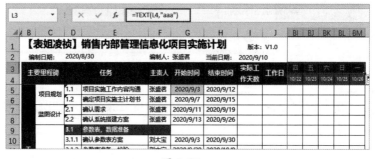

图 8-83

（2）完善数据。

选中【I5】单元格→单击函数编辑区将其激

活→ 输 入 公 式 "=IF(G5="","",DATEDIF(G5,H5,"D")+1)"→按 <Enter> 键确认→将光标放在【I5】

单元格右下角,当其变成十字句柄时,双击鼠标将公式向下填充,如图 8-84 所示。

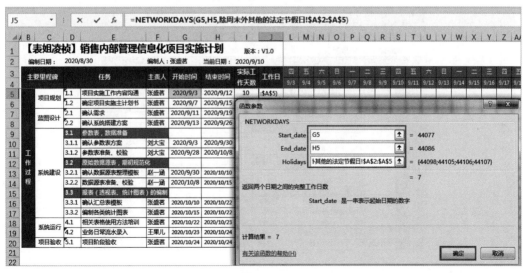

图 8-84

公式解析:首先计算两个日期之间相隔的天数可以利用 DATEDIF 函数。DATEDIF 函数的第一个参数是开始日期,即【G5】单元格;第二个参数是结束日期,即【H5】单元格;第三个参数是比较单位,计算天数,即""D"",DATEDIF 函数的结果是"9"。但这只是两个日期之间相隔的天数,实际工作天数应该把开始时间算上,即 3、4、5、6、7、8、9、10、11、12,共 10 天,所以在 DATEDIF 函数的后面加"1"。

由于有空单元格,所以需要嵌套 IF 函数,如果【G5】单元格为空,那么结果也为空,否则就是 DATEDIF+1。

选中【J5】单元格→单击函数编辑区将其激活→输入函数名称"=NET"→按 <Tab> 键补充函数名称和左括号→按 <Ctrl+A> 键→在弹出的【函数参数】对话框中单击第一个文本框将其激活,第一个参数是开始日期,所以选中【G5】单元格→单击第二个文本框将其激活,第二个参数是结束日期,所以选中【H5】单元格→单击第三个文本框将其激活,第三个参数是从工作日历中去除国家法定日,这个国家法定日已经整理到"除周末外其他的法定节假日"工作表中,所以选中"除周末外其他的法定节假日"工作表中的【A2:A5】单元格区域→按 <F4> 键切换为绝对引用→单击【确定】按钮,如图 8-85 所示。

图 8-85

同理，单击函数编辑区将其激活→将光标定位在“=”后面→输入“IF(G5="","",”→在公式的最后输入“)”→按 <Enter> 键确认→将光标放在【J5】单元格右下角，当其变成十字句柄时，双击鼠标将公式向下填充，如图 8-86 所示。

J5 =IF(G5="","",NETWORKDAYS(G5,H5,除周末外其他的法定节假日!$A$2:$A$5))

【表姐凌祯】销售内部管理信息化项目实施计划　版本：V1.0

编制日期：2020/8/30　编制人：张盛茗　当前日期：2020/9/10

行	主要里程碑		任务		主责人	开始时间	结束时间	实际工作天数	工作日	四 9/3	五 9/4	六 9/5	日 9/6	一 9/7	二 9/8	三 9/9
5	工作过程	项目规划	1.1	项目实施工作内容沟通	张盛茗	2020/9/3	2020/9/12	10	7							
6			1.2	确定项目实施主计划书	张盛茗	2020/9/7	2020/9/15	9	7							
7		蓝图设计	2.1	确认需求	张盛茗	2020/9/11	2020/9/19	9	6							
8			2.2	确认系统搭建方案	张盛茗	2020/9/13	2020/9/26	14	9							
9		系统建设	3.1	参数表，数据准备												
10			3.1.1	确认参数表方案	刘大宝	2020/9/3	2020/9/30	28	19							
11			3.1.2	参数表准备、校验	刘大宝	2020/9/28	2020/10/8	11	7							
12			3.2	原始数据源表，期初规范化												
13			3.2.1	确认数据源表整理模板	赵一涵	2020/9/30	2020/10/10	11	6							
14			3.2.2	数据源表准备、校验	赵一涵	2020/10/8	2020/10/15	8	6							
15			3.3	报表（透视表、统计图表）的编制												
16			3.3.1	确认汇总表模板	张盛茗	2020/10/10	2020/10/22	13	9							
17			3.3.2	编制各类统计图表	张盛茗	2020/10/15	2020/10/22	8	6							
18		系统运行	4.1	相关表格使用方法培训	张盛茗	2020/10/22	2020/10/23	2	2							
19			4.2	业务日常流水录入	王果儿	2020/10/23	2020/10/24	2	1							
20		项目验收	5.1	项目阶段验收	张盛茗	2020/10/24	2020/10/24	1	0							

图 8-86

由于项目时间紧迫，可能都在加班，所以需要计算可调休的天数，即实际工作天数－工作日。

选中【K5】单元格→单击函数编辑区将其激活→输入公式“=IF(G5="","",I5-J5)”→按 <Enter> 键确认→将光标放在【K5】单元格右下角，当其变成十字句柄时，双击鼠标将公式向下填充，如图 8-87 所示。

K5 =IF(G5="","",I5-J5)

【表姐凌祯】销售内部管理信息化项目实施计划　版本：V1.0

编制日期：2020/8/30　编制人：张盛茗　当前日期：2020/9/10

行	主要里程碑		任务		主责人	开始时间	结束时间	实际工作天数	工作日	可调休天数
5	工作过程	项目规划	1.1	项目实施工作内容沟通	张盛茗	2020/9/3	2020/9/12	10	7	3
6			1.2	确定项目实施主计划书	张盛茗	2020/9/7	2020/9/15	9	7	2
7		蓝图设计	2.1	确认需求	张盛茗	2020/9/11	2020/9/19	9	6	3
8			2.2	确认系统搭建方案	张盛茗	2020/9/13	2020/9/26	14	9	5
9		系统建设	3.1	参数表，数据准备						
10			3.1.1	确认参数表方案	刘大宝	2020/9/3	2020/9/30	28	19	9
11			3.1.2	参数表准备、校验	刘大宝	2020/9/28	2020/10/8	11	7	4
12			3.2	原始数据源表，期初规范化						
13			3.2.1	确认数据源表整理模板	赵一涵	2020/9/30	2020/10/10	11	6	5
14			3.2.2	数据源表准备、校验	赵一涵	2020/10/8	2020/10/15	8	6	2
15			3.3	报表（透视表、统计图表）的编制						
16			3.3.1	确认汇总表模板	张盛茗	2020/10/10	2020/10/22	13	9	4
17			3.3.2	编制各类统计图表	张盛茗	2020/10/15	2020/10/22	8	6	2
18		系统运行	4.1	相关表格使用方法培训	张盛茗	2020/10/22	2020/10/23	2	2	0
19			4.2	业务日常流水录入	王果儿	2020/10/23	2020/10/24	2	1	1
20		项目验收	5.1	项目阶段验收	张盛茗	2020/10/24	2020/10/24	1	0	1

图 8-87

（3）制作进度条。

接下来制作图 8-88 所示的项目时间进度条。

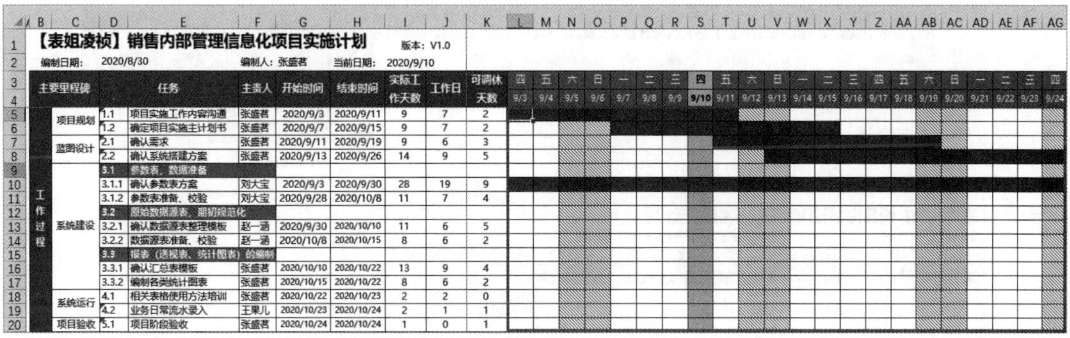

图 8-88

此时要判断第四行的日期是否满足大于等于开始时间，并且小于等于结束时间。两个条件是并且的关系，所以利用 AND 函数。再嵌套 IF 函数，如果满足条件就显示"1"，否则显示"0"。

选中【L5】单元格→单击函数编辑区将其激活→输入公式"=IF(AND(L$4>=$G5,L$4<=$H5),1,0)"→按<Enter>键确认，如图 8-89 所示。

公式需要向右填充和向下填充，所以需要注意单元格的引用方式。"L4"需要固定在第四行，所以按<F4>键切换为混合引用"L$4"，"G5"和"H5"需要分别固定在【G】列和【H】列，所以按<F4>键切换为混合引用"$G5"和"$H5"。

图 8-89

将光标放在【L5】单元格右下角，当其变成十字句柄时，向右拖曳填充至【BM5】单元格→将光标放在【BM5】单元格右下角，当其变成十字句柄时，向下拖曳填充至【BM20】单元格，如图 8-90 所示。

图 8-90

选择【开始】选项卡→单击【条件格式】按钮→在下拉菜单中选择【突出显示单元格规则】选项→选择【等于】选项，如图 8-91 所示。

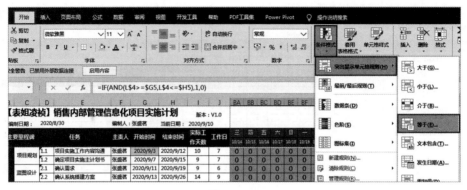

图 8-91

在弹出的【等于】对话框中单击【为等于以下值的单元格设置格式】文本框将其激活→输入"1"→单击【设置为】下拉按钮→选择【自定义格式】选项，如图 8-92 所示。

图 8-92

在弹出的【设置单元格格式】对话框中选择【填充】选项卡→单击【其他颜色】按钮，如图 8-93 所示。

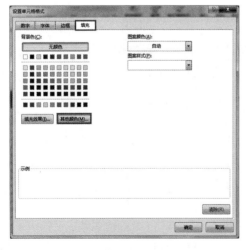

图 8-93

在弹出的【颜色】对话框中选择【绿色】，或者其他喜欢的颜色→单击【确定】按钮，如图 8-94 所示。

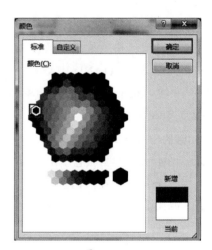

图 8-94

返回【设置单元格格式】对话框，选择【字体】选项卡→单击【颜色】下拉按钮→选择刚刚使用的颜色→单击【确定】按钮，如图 8-95 所示。

返回【等于】对话框，单击【确定】按钮，如图 8-96 所示。

图 8-95

图 8-96

设置完成后如图 8-97 所示，可以看到除绿色进度条外，其他单元格区域显示为 "0"。

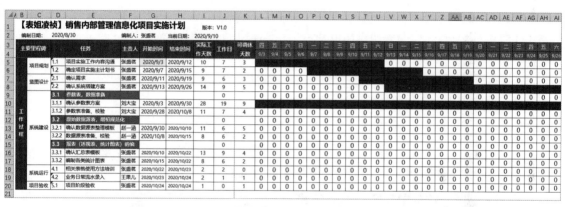

图 8-97

这样的数值可以通过设置单元格格式将其隐藏。按 <Ctrl+1> 键打开【设置单元格格式】对话框→选择【分类】列表框中的【自定义】选项→单击【类型】文本框将其激活→清除内容后输入 ";;;"，表示不管单元格的数值是大于 0、小于 0 还是等于 0，都显示为空值。注意，符号均为英文状态下的→单击【确定】按钮，如图 8-98 所示。

图 8-98

如图 8-99 所示，空白的"0"就隐藏掉了。

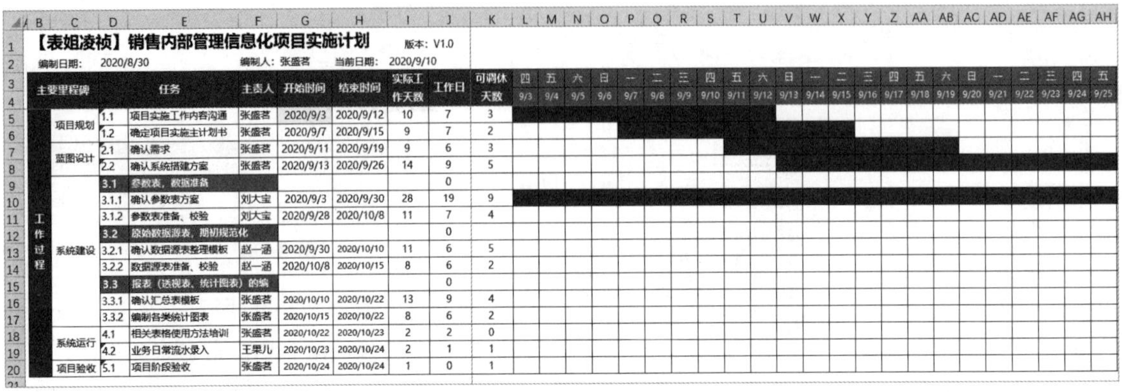

图 8-99

温馨提示

除通过设置单元格格式的方法隐藏"0"外，还可以在设置 IF 函数时直接将不满足的结果设置为空，那么【L5】单元格中的公式就是"=IF(AND(L$4>=$G5,L$4<=$H5),1,"")"。

（4）设置当前日期突出显示。

接下来制作图 8-100 所示的当前日期的颜色提示。

图 8-100

选中【L3:BM20】单元格区域→选择【开始】选项卡→单击【条件格式】按钮→在下拉菜单中选择【新建规则】选项，如图 8-101 所示。

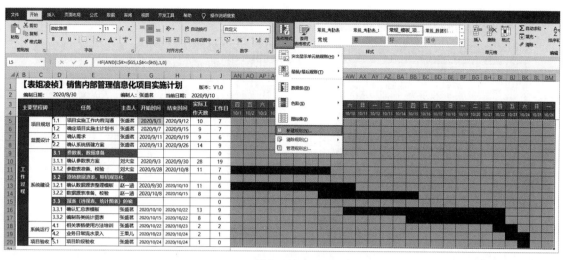

图 8-101

在弹出的【新建格式规则】对话框中选择【使用公式确定要设置格式的单元格】选项→单击【为符合此公式的值设置格式】文本框将其激活→输入"=L$4=$I$2"→单击【格式】按钮,如图 8-102 所示。

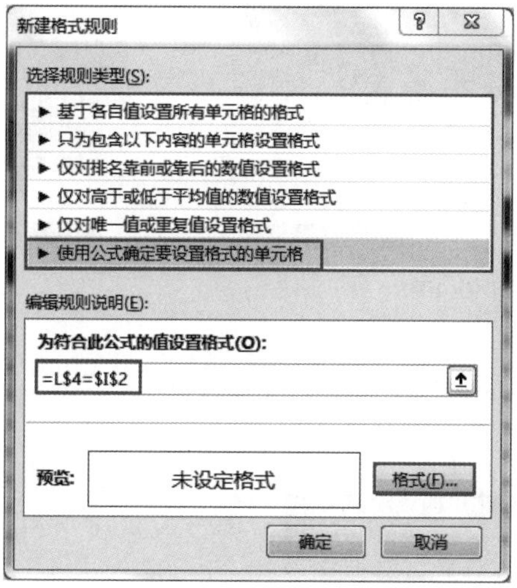

图 8-102

公式解析:要判断第四行的日期是否等于当前日期,第四行的日期是随着列变化,行不变,所以锁住"4",当前日期是固定在【I2】单元格,所以要绝对引用。

在弹出的【设置单元格格式】对话框中选择【填充】选项卡→选择【黄色】→单击【确定】按钮,如图 8-103 所示。

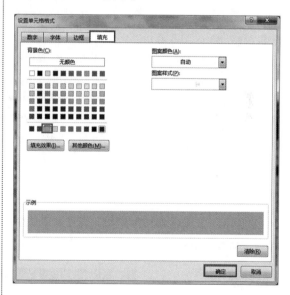

图 8-103

如图 8-104 所示,可以看到黄色填充颜色覆盖在绿色之上,这是因为条件格式是有优先级的,当前将【黄色】设置在【绿色】之上,所以黄色显示在上层。

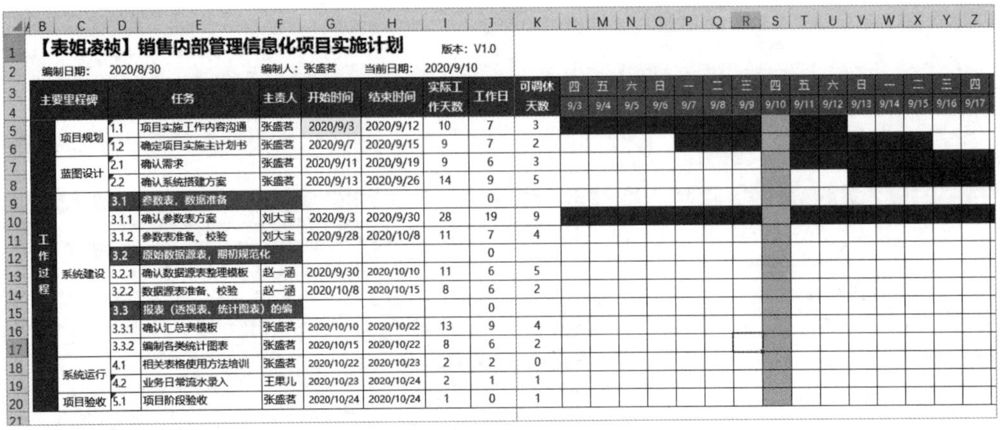

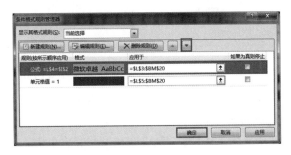

图 8-104

选择【开始】选项卡→单击【条件格式】按钮→在下拉菜单中选择【管理规则】选项，如图 8-105 所示。

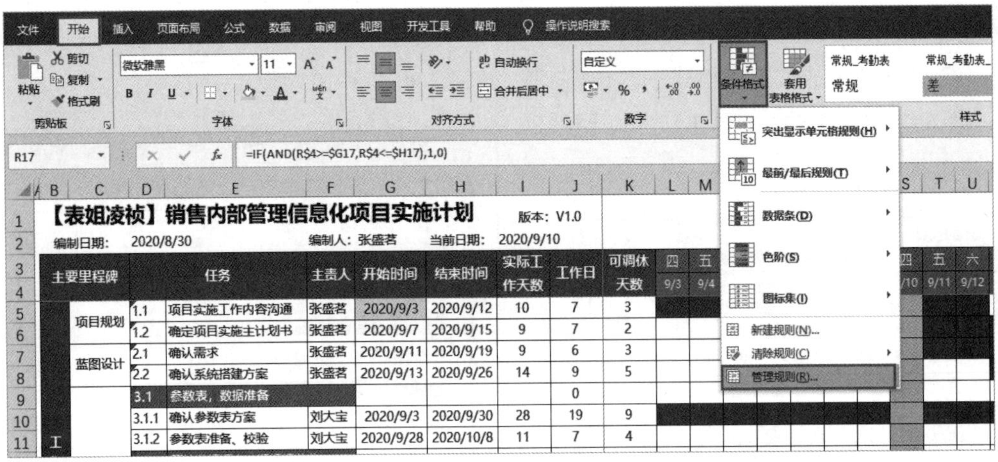

图 8-105

在弹出的【条件格式规则管理器】对话框中选中【黄色】规则→单击【下移】按钮→单击【确定】按钮，如图 8-106 所示。

图 8-106

如图 8-107 所示，黄色就位于绿色下层了。

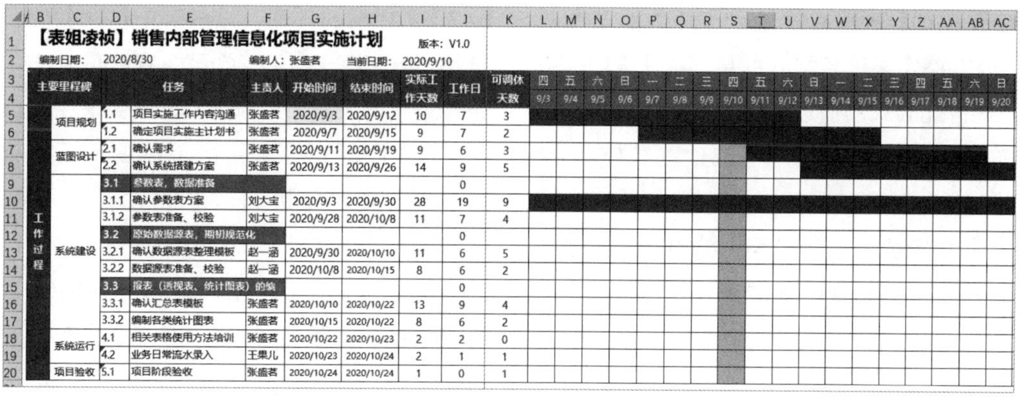

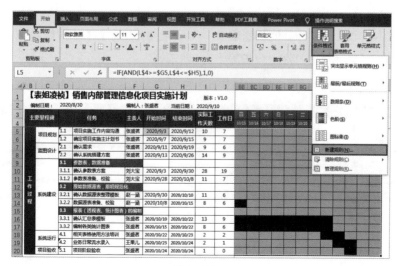

图 8-107

（5）制作休息日暗纹填充。

接下来将休息日设置为图 8-108 所示的斜纹格式。

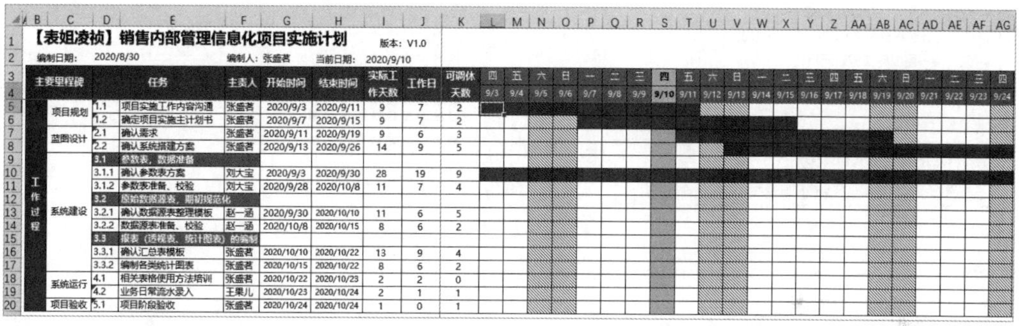

图 8-108

选中【L5:BM20】单元格区域→选择【开始】选项卡→单击【条件格式】按钮→在下拉菜单中选择【新建规则】选项，如图 8-109 所示。

图 8-109

在弹出的【新建格式规则】对话框中选择【使用公式确定要设置格式的单元格】选项→单击【为符合此公式的值设置格式】文本框将其激活→输入 "=OR(L$3=" 六 ",L$3=" 日 ",L$4= 除周末外其他的法定节假日 !$A$2,L$4= 除周末外其他的法定节假日 !$A$3,L$4= 除周末外其他的法定节假日 !$A$4,L$4= 除周末外其他的法定节假日 !$A$5)"→单击【格式】按钮，如图 8-110 所示。

图 8-110

公式解析：休息日有周六、周日和法定节假日，所以公式要写成：如果 L3="六"，或者 L3="日"，或者 L4="除周末外其他的法定节假日"工作表中【A2】单元格的日期，或者等于

【A3】单元格的日期，或者等于【A4】单元格的日期，或者等于【A5】单元格的日期，一共六个条件是或的关系，所以用 OR 函数来完成。

【L3】和【L4】单元格是列变而行不变的，所以要锁定 "3" 和 "4"，【A2:A5】单元格区域的四个日期固定不动，所以要绝对引用。

接下来在弹出的【设置单元格格式】对话框中选择【填充】选项卡→单击【图案样式】下拉按钮→选择第三行第三个的斜纹图案→单击【确定】按钮，如图 8-111 所示。

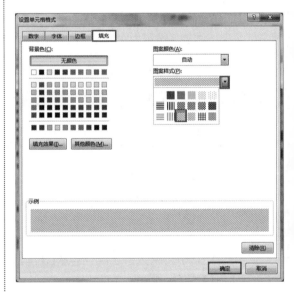

图 8-111

此时就完成了甘特图的制作，如图 8-112 所示。

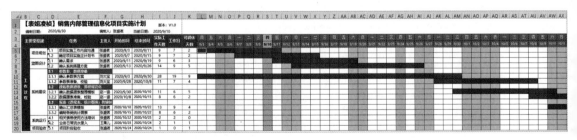

图 8-112

第9章 查找引用函数

工作中想要在工资表中查找出指定名单中每位员工的工资金额，如果使用“查找功能”的方法逐个搜索，不仅工作量大而且容易出错。那么，如何在众多的数据中根据某个条件查找出对应的结果呢？

本章将介绍一个可以实现自动化查找的神器 —— 查找引用函数。

9.1 高频的查找函数

1. VLOOKUP 函数的基本语法

打开“素材文件 /09- 查找函数 /09-01- 最高频的查找函数：VLOOKUP、COLUMN、ROW、HLOOKUP.xlsm”源文件。

在“工资一览表”工作表中，快速查询某位员工的岗位工资，如图 9-1 所示。

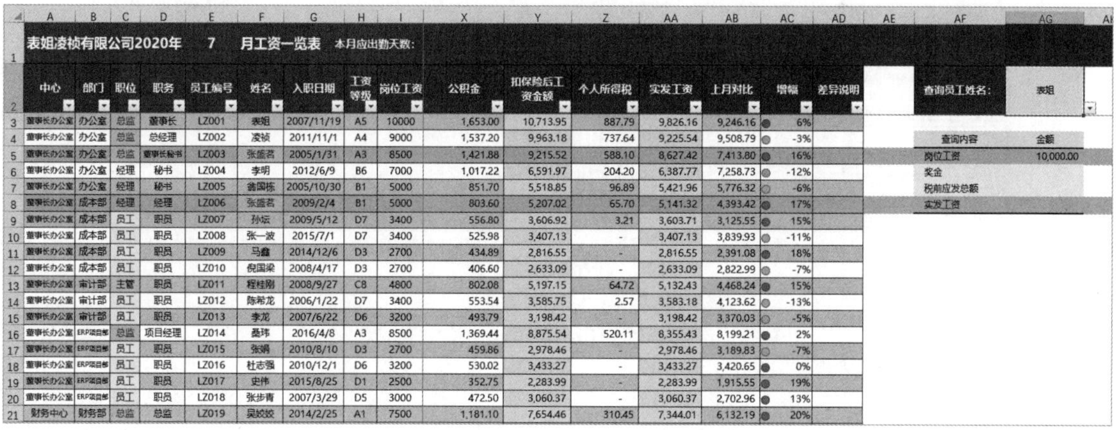

表姐凌祯有限公司2020年 7 月工资一览表 本月应出勤天数:

中心	部门	职位	职务	员工编号	姓名	入职日期	工资等级	岗位工资	公积金	扣保险后工资金额	个人所得税	实发工资	上月对比	增幅	差异说明
董事长办公室	办公室	总监	董事长	LZ001	表姐	2007/11/19	A5	10000	1,653.00	10,713.95	887.79	9,826.16	9,246.16	6%	
董事长办公室	办公室	总监	总经理	LZ002	凌祯	2011/11/1	A4	9000	1,537.20	9,963.18	737.64	9,225.54	9,508.79	-3%	
董事长办公室	办公室	总监	董事长秘书	LZ003	张盛茗	2005/1/31	A3	8500	1,421.88	9,215.52	588.10	8,627.42	7,413.80	16%	
董事长办公室	办公室	经理	秘书	LZ004	李明	2012/6/9	B6	7000	1,017.22	6,591.97	204.20	6,387.77	7,258.73	-12%	
董事长办公室	办公室	经理	秘书	LZ005	翁国栋	2005/10/30	B1	5000	851.70	5,518.85	96.89	5,421.96	5,776.32	-6%	
董事长办公室	成本部	经理	经理	LZ006	张盛茗	2009/2/4	B1	5000	803.60	5,207.02	65.70	5,141.32	4,393.42	17%	
董事长办公室	成本部	员工	职员	LZ007	孙坛	2009/5/12	D7	3400	556.80	3,606.92	3.21	3,603.71	3,125.55	15%	
董事长办公室	成本部	员工	职员	LZ008	张一波	2015/7/1	D7	3400	525.98	3,407.13	-	3,407.13	3,839.93	-11%	
董事长办公室	成本部	员工	职员	LZ009	马鑫	2014/12/6	D3	2700	434.89	2,816.55	-	2,816.55	2,391.08	18%	
董事长办公室	成本部	员工	职员	LZ010	倪国梁	2008/4/17	D3	2700	406.60	2,633.09	-	2,633.09	2,822.99	-7%	
董事长办公室	审计部	主管	职员	LZ011	程桂刚	2008/9/27	C8	4800	802.08	5,197.15	64.72	5,132.43	4,468.24	15%	
董事长办公室	审计部	员工	职员	LZ012	陈希龙	2006/1/22	D7	3400	553.54	3,585.75	2.57	3,583.18	4,123.62	-13%	
董事长办公室	审计部	员工	职员	LZ013	李龙	2007/6/22	D6	3200	493.79	3,198.42	-	3,198.42	3,370.03	-5%	
董事长办公室	ERP项目部	总监	项目经理	LZ014	桑玮	2016/4/8	A3	8500	1,369.44	8,875.54	520.11	8,355.43	8,199.21	2%	
董事长办公室	ERP项目部	员工	职员	LZ015	张娟	2010/8/10	D3	2700	459.86	2,978.46	-	2,978.46	3,189.83	-7%	
董事长办公室	ERP项目部	员工	职员	LZ016	杜志强	2010/12/1	D6	3200	530.02	3,433.27	-	3,433.27	3,420.65	0%	
董事长办公室	ERP项目部	员工	职员	LZ017	史伟	2015/8/25	D1	2500	352.75	2,283.99	-	2,283.99	1,915.55	19%	
董事长办公室	ERP项目部	员工	职员	LZ018	张步青	2007/3/29	D5	3000	472.50	3,060.37	-	3,060.37	2,702.96	13%	
财务中心	财务部	总监	总监	LZ019	吴姣姣	2014/2/25	A1	7500	1,181.10	7,654.46	310.45	7,344.01	6,132.19	20%	

查询员工姓名:	表姐
查询内容	金额
岗位工资	10,000.00
奖金	
税前应发总额	
实发工资	

图 9-1

VLOOKUP 函数公式如图 9-2 所示。

图 9-2

选中【M1】单元格→选择【数据】选项卡→单击【数据验证】按钮→弹出【数据验证】对话框→在【允许】下拉列表中选择【序列】选项→单击【来源】文本框将其激活→选中【F】列→单击【确定】按钮，如图 9-3 所示。

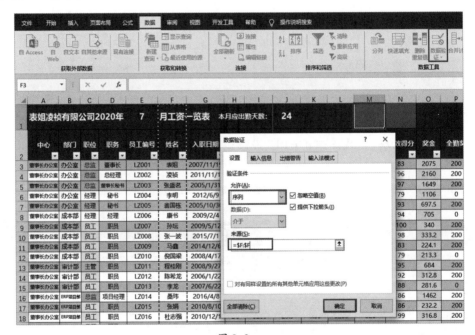

图 9-3

接着选中【N1】单元格→单击函数编辑区将其激活→输入函数名称 "=VL"→按 <Tab> 键补充函数名称和左括号，如图 9-4 所示。

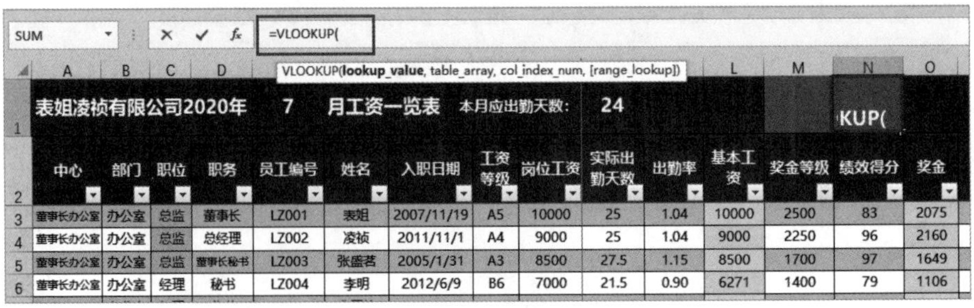

图 9-4

按 <Ctrl+A> 键→在弹出的【函数参数】对话框中单击第一个文本框将其激活→输入“M1”，如图 9–5 所示。

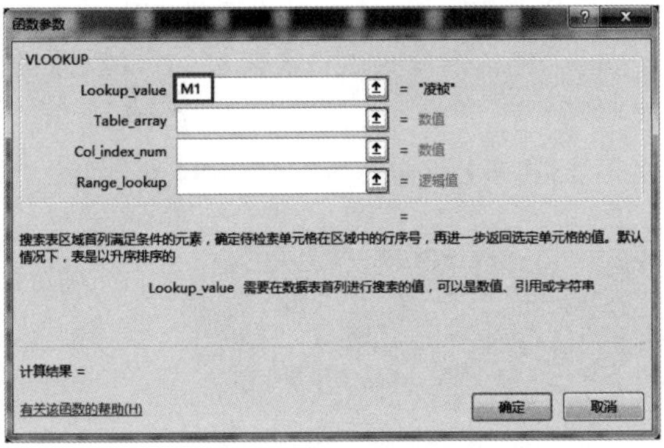

图 9–5

VLOOKUP 函数的第一个参数是“找谁”，本案例是查找“某员工的岗位工资”，所以选择前面制作的姓名数据验证，即【M1】单元格。

单击第二个文本框将其激活，选中【F:I】列区域，如图 9–6 所示。

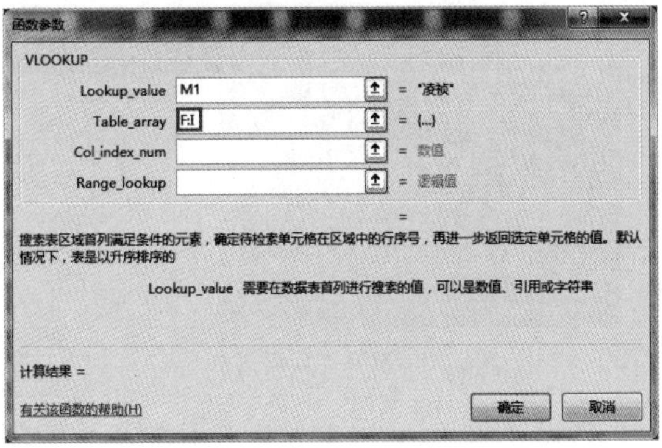

图 9–6

VLOOKUP 函数的第二个参数是“在哪找”，姓名在【F】列，岗位工资在【I】列，所以第二个参数一定要包含这两列数据。需要特别注意的是，要查找的值必须在首列。例如，姓名在【F】列，那么区域不可以是【A:I】或【A:AD】等，可以选择【F:I】或【F:AD】等。

VLOOKUP 函数的第三个参数是“在第几列找”，姓名在【F】列，岗位工资在【I】列，从【F】列到【I】列，从左往右数是第 4 列，如图 9–7 所示。

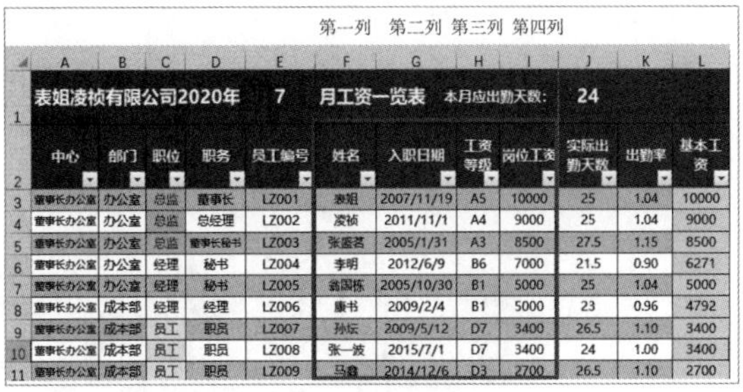

	A	B	C	D	E	F	G	H	I	J	K	L
1	表姐凌祯有限公司2020年				7	月工资一览表		本月应出勤天数:		24		
2	中心	部门	职位	职务	员工编号	姓名	入职日期	工资等级	岗位工资	实际出勤天数	出勤率	基本工资
3	董事长办公室	办公室	总监	董事长	LZ001	表姐	2007/11/19	A5	10000	25	1.04	10000
4	董事长办公室	办公室	总监	总经理	LZ002	凌祯	2011/11/1	A4	9000	25	1.04	9000
5	董事长办公室	办公室	总监	董事长秘书	LZ003	张盛茗	2005/1/31	A3	8500	27.5	1.15	8500
6	董事长办公室	办公室	经理	秘书	LZ004	李明	2012/6/9	B6	7000	21.5	0.90	6271
7	董事长办公室	办公室	经理	秘书	LZ005	翁国栋	2005/10/30	B1	5000	25	1.04	5000
8	董事长办公室	成本部	经理	经理	LZ006	康书	2009/2/4	B1	5000	23	0.96	4792
9	董事长办公室	成本部	员工	职员	LZ007	孙坛	2009/5/12	D7	3400	26.5	1.10	3400
10	董事长办公室	成本部	员工	职员	LZ008	张一波	2015/7/1	D7	3400	24	1.00	3400
11	董事长办公室	成本部	员工	职员	LZ009	马鑫	2014/12/6	D3	2700	26.5	1.10	2700

图 9–7

所以，单击第三个文本框将其激活→输入“4”，如图 9–8 所示。

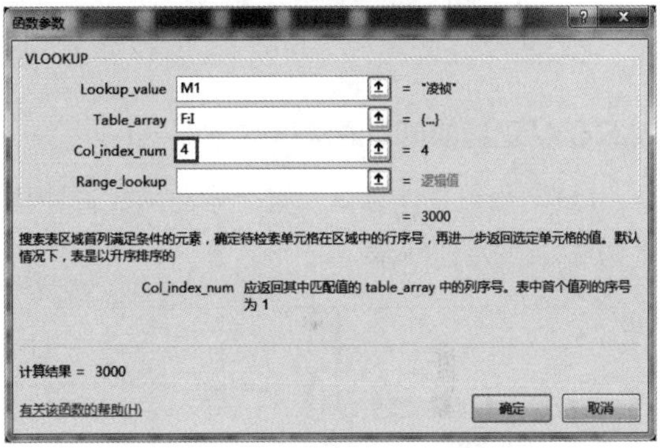

图 9–8

单击第四个文本框将其激活→输入“0”→单击【确定】按钮，如图 9–9 所示。

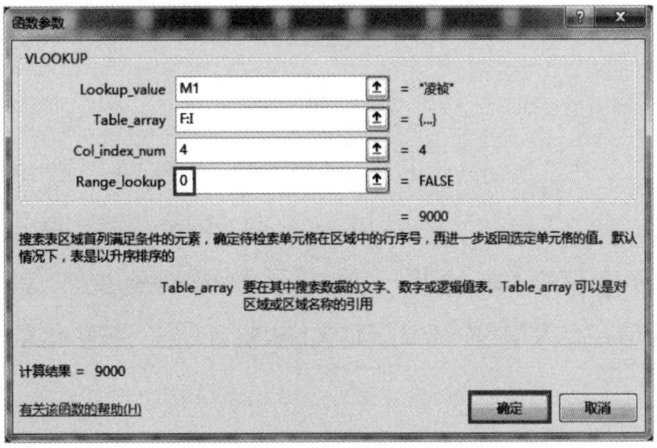

图 9–9

VLOOKUP 函数的第四个参数是逻辑值，

输入"0"表示精确匹配，输入"1"表示模糊匹配，此参数默认写 0 即可。

接下来选中【F8】单元格→将内容修改为"张盛茗"→单击【M1】单元格右下角的下拉小三角，可以看到两个【张盛茗】选项，如图 9-10 所示。无论选择哪个"张盛茗"，在【N1】单元格中都只会返回表格中第一个出现的"张盛茗"

的岗位工资"8500"。

原因分析：VLOOKUP 函数的特点是一对一查询，并且只能从左往右查询。

解决方案：把查找值修改为唯一值。

（1）将姓名修改为"张盛茗-1"和"张盛茗-2"。

（2）将查找值修改为"员工编号 & 姓名"。

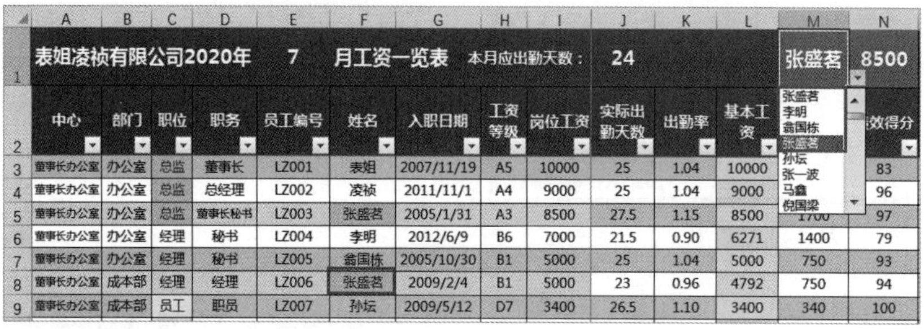

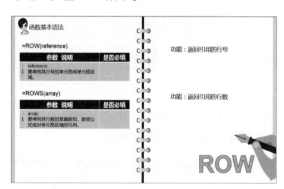

图 9-10

2. ROW 函数的基本语法

ROW 函数是计算单元格行号的函数，其基本语法如图 9-11 所示。

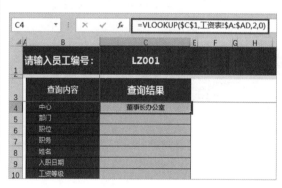

图 9-11

在"员工工资查询表"工作表中，选中【C4:C32】单元格区域→按 <Delete> 键删除→选中【C4】单元格→单击函数编辑区将其激活→输入公式"=VLOOKUP($C$1, 工资表 !$A:

$AD,2,0)"→按 <Enter> 键确认，如图 9-12 所示。

图 9-12

将光标放在【C4】单元格右下角，当其变成十字句柄时，双击鼠标将公式向下填充。如图 9-13 所示，可以发现每一行的填充结果都是"董事长办公室"，这是因为函数中第三个参数是固定的"2"，而实际向下填充后分别对应"3""4""5""6"……即随着行号的增加而增加的。

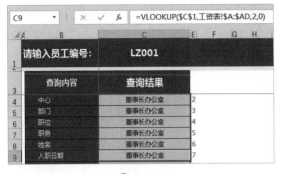

图 9-13

选中【C4】单元格→单击函数编辑区将其激活→选中公式中的"2"→输入"ROW(A2)"→按 <Enter> 键确认→将光标放在【C4】单元格右下角，当其变成十字句柄时，双击鼠标将公式向下填充，如图 9-14 所示。

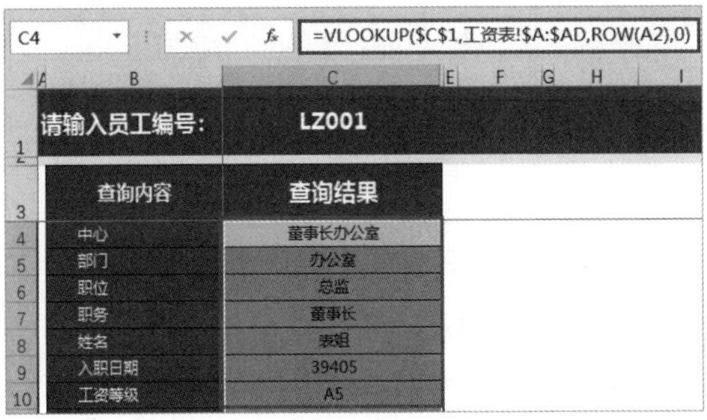

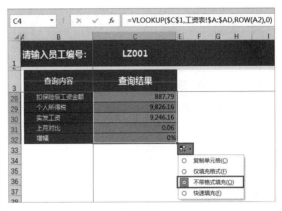

图 9-14

公式解析：ROW 函数的结果为当前单元格所在行号，ROW(A2) 的结果是"2"，当向下填充一行时，会变成 ROW(A3)，结果是"3"，以此类推。这里的 A2 并不是特定指某个单元格，可以是 B2、C2……ROW 函数的参数，字母不重要，数字是多少，结果就是多少。

填充完成后，单击单元格右下角出现的【自动填充选项】按钮→选择【不带格式填充】选项，此时就完成了员工工资查询表，如图 9-15 所示。

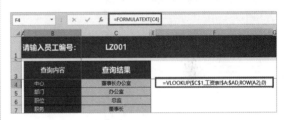

图 9-15

想要在【F】列显示【C】列中的函数公式，可以选中【F4】单元格→单击函数编辑区将其激活→输入"=FOR"→根据函数提示按 <↑+↓> 键选中【FORMULATEXT】→按 <Tab> 键补充左括号→选中【C4】单元格→补充英文状态下的")"→按 <Enter> 键确认，如图 9-16 所示，就显示出【C4】单元格对应的函数公式了。

图 9-16

3. VLOOKUP 函数纠错指南

使用 VLOOKUP 函数进行查找时常常会发生报错提示，"纠错指南"工作表中罗列出了常见的错误指南，接下来就一起来看一下。

（1）#N/A：查无此值，检查被查找值中是否包含冗余的空格。

选中【F4】单元格，在函数编辑区中可以看到公式并无错误，并且在【B】列中有"表姐"的信息存在，理论上是可以查找出其对应的结果的，但结果却报错了，如图 9-17 所示。

图 9-17

数据左上角都可以看到一个绿色三角，这代表着【E7】单元格与【C】列数据都为文本型数字，而【E8】单元格没有绿色三角，则是数值型数字，由于文本 1 ≠ 数字 1，因此【F8】单元格出现报错，提示查不到对应的值。

解决方案：选中【E4】单元格→按 <Ctrl+C>键复制→按 <Ctrl+F> 键打开【查找和替换】对话框→单击【查找内容】文本框将其激活→按 <Ctrl+V> 键粘贴，可以看到在"表姐"的后面有空格，只需要将【E4】单元格的空格删除即可，如图 9-18 所示。

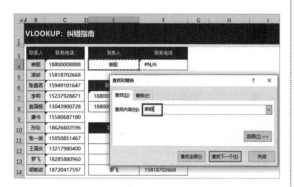

图 9-18

温馨提示

如果需要将整列数据中冗余的空格删除，可以使用 TRIM 函数或分列的方法批量处理将其删除。

（2）#N/A：注意被查找值，文本型数字与数值格式的问题。

利用同样的公式查找同样的号码，【F7】单元格显示出查找结果，而【F8】单元格却报错了。

如图 9-19 所示，在【E7】单元格和【C】列

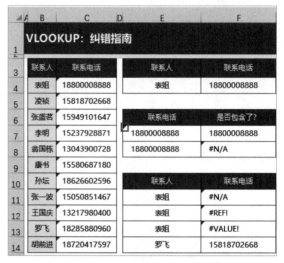

图 9-19

解决方案：只需将【C】列数据转换为数值型数字，或者将【E8】单元格转化为文本格式。

选中【C】列→单击单元格左侧弹出的黄色叹号图标→在弹出的菜单中选择【转换为数字】选项，如图 9-20 所示。

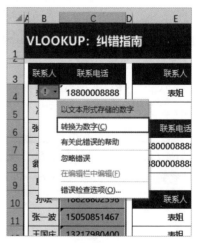

图 9-20

或者选中【E8】单元格→单击函数编辑区将其激活→在号码前面输入一个英文状态下的"'"→按 <Enter> 键确认,如图 9-21 所示。

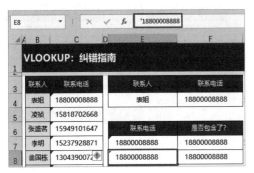

图 9-21

(3)#N/A:查无此值,检查被查找值是否包含在数据源表中。

【F11】单元格中的公式为"=VLOOKUP(E11, A11:C21,2,0)",第二个参数查找区域为【A11: C21】单元格区域,而实际上的查找对象"表姐"所在单元格为【B4】单元格,不在【A11:C21】单元格区域范围内,如图 9-22 所示。

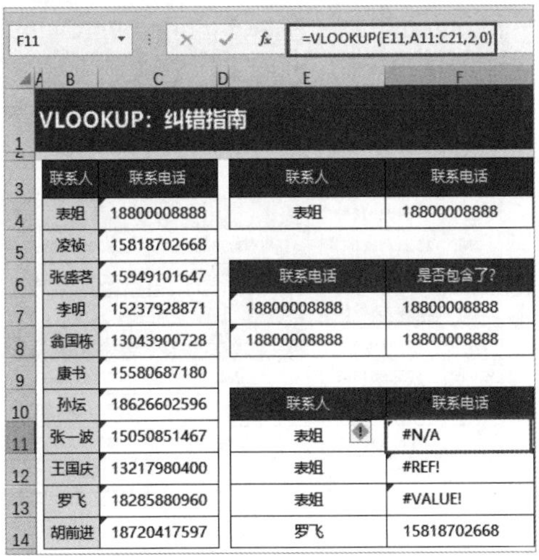

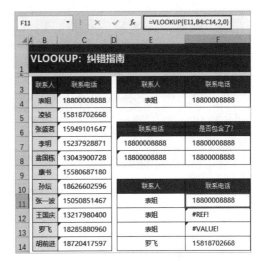

图 9-22

解决方案:将【F11】单元格中 VLOOKUP 函数的第二个参数"A11:C21"修改为"B4:C14",

如图 9-23 所示。

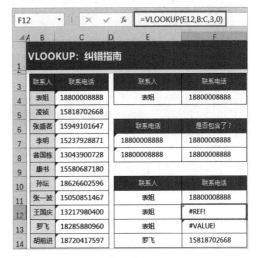

图 9-23

(4)#REF!:返回的列序号数,超出数据源表的列数总范围。

如图 9-24 所示,选中【F12】单元格,在函数编辑区中可以看到函数的第三个参数是"3",而查找区域是【B:C】列,一共只有两列,第 3 列超出了数据源区域范围。

图 9-24

解决方案:只需将"3"修改为"2"即可,如图 9-25 所示。

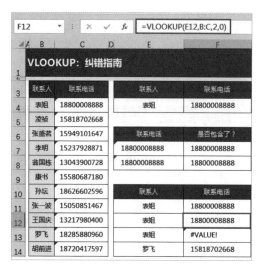

图 9-25

（5）#VALUE!：返回的列序号数 <1。

如图 9-26 所示，选中【F13】单元格，在函数编辑区中可以看到第三个参数是"0"，所以出现报错提醒。

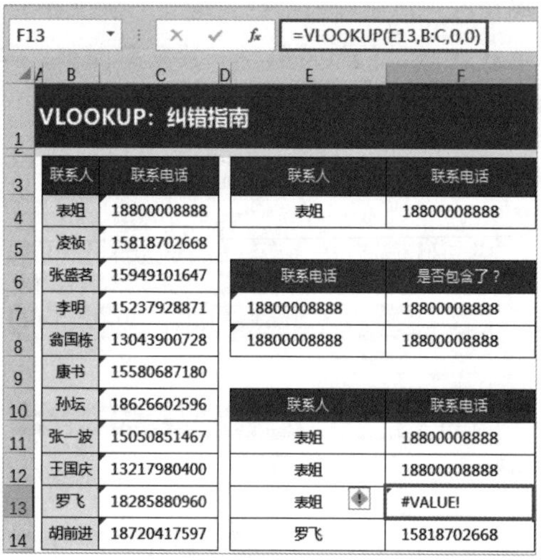

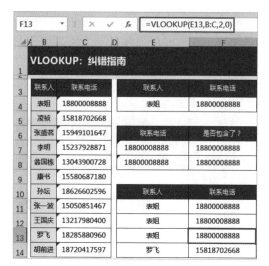

图 9-27

（6）返回非期望的值，检查是否采用了模糊匹配，修改为精确匹配。

如图 9-28 所示，选中【F14】单元格，在函数编辑区中可以看到最后一个参数是"1"，表示模糊匹配，所以造成结果不准确。

图 9-26

解决方案：选中【F13】单元格→单击函数编辑区将其激活→将函数公式的第三个参数"0"修改为"2"→按 <Enter> 键确认，如图 9-27 所示，结果就显示出来了。

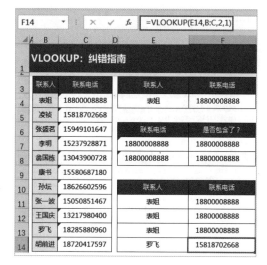

图 9-28

解决方案：选中【F14】单元格→单击函数编辑区将其激活→将函数公式的最后一个参数"1"修改为"0"→按 <Enter> 键确认，如图 9-29 所示。

F14 =VLOOKUP(E14,B:C,2,0)

	B	C	E	F
1	VLOOKUP：纠错指南			
3	联系人	联系电话	联系人	联系电话
4	表姐	18800008888	表姐	18800008888
5	凌祯	15818702668		
6	张盛茗	15949101647	联系电话	是否包含了？
7	李明	15237928871	18800008888	18800008888
8	翁国栋	13043900728	18800008888	18800008888
9	康书	15580687180		
10	孙坛	18626602596	联系人	联系电话
11	张一波	15050851467	表姐	18800008888
12	王国庆	13217980400	表姐	18800008888
13	罗飞	18285880960	表姐	18800008888
14	胡前进	18720417597	罗飞	18285880960

图 9–29

4. HLOOKUP 函数

如图 9–30 所示，通常我们都是纵向制表，即标题行在上、明细在下，当需要根据某个条件查找对应结果时就要做垂直查找，利用的就是 VLOOKUP 函数。

	A	B	C	D	E	F	G	H	I	J	K	L	M	N	O	P
1	表姐凌祯有限公司2020年				7	月工资一览表		本月应出勤天数：		24						
2	员工编号	中心	部门	职位	职务	姓名	入职日期	工资等级	岗位工资	实际出勤天数	出勤率	基本工资	奖金等级	绩效得分	奖金	全勤奖
3	LZ001	董事长办公室	办公室	总监	董事长	表姐	2007/11/19	A5	10000	25	1.04	10000	2500	83	2075	200
4	LZ002	董事长办公室	办公室	总监	总经理	凌祯	2011/11/1	A4	9000	25	1.04	9000	2250	96	2160	200
5	LZ003	董事长办公室	办公室	总监	董事长秘书	张盛茗	2005/1/31	A3	8500	27.5	1.15	8500	1700	97	1649	200
6	LZ004	董事长办公室	办公室	经理	秘书	李明	2012/6/9	B6	7000	21.5	0.90	6271	1400	79	1106	0
7	LZ005	董事长办公室	办公室	经理	秘书	翁国栋	2005/10/30	B1	5000	25	1.04	5000	750	93	697.5	200
8	LZ006	董事长办公室	成本部	经理	经理	康书	2009/2/4	B1	5000	23	0.96	4792	750	94	705	0
9	LZ007	董事长办公室	成本部	员工	职员	孙坛	2009/5/12	D7	3400	26.5	1.10	3400	340	100	340	200
10	LZ008	董事长办公室	成本部	员工	职员	张一波	2015/7/1	D7	3400	24	1.00	3400	340	98	333.2	200
11	LZ009	董事长办公室	成本部	员工	职员	马鑫	2014/12/6	D3	2700	26.5	1.10	2700	270	83	224.1	200
12	LZ010	董事长办公室	成本部	员工	职员	倪国梁	2008/4/17	D3	2700	22	0.92	2475	270	79	213.3	0
13	LZ011	董事长办公室	审计部	主管	职员	程桂刚	2008/9/27	C8	4800	27	1.13	4800	720	95	684	200
14	LZ012	董事长办公室	审计部	员工	职员	陈希龙	2006/1/22	D7	3400	25.5	1.06	3400	340	92	312.8	200
15	LZ013	董事长办公室	审计部	员工	职员	李龙	2007/6/22	D6	3200	23.5	0.98	3133	320	88	281.6	0

图 9–30

但如果遇到图 9–31 所示的标题列在左、明细在右，需要做水平查找的情况，就需要利用 HLOOKUP 函数来完成。

	A	B	C
1	单位名称	表姐凌祯商贸（上海）有限公司	表姐凌祯华南商贸物资有限公司
2	地址	上海市市经济开发区长江南路梅山路口	广州市黄埔区黄埔大道6号
3	开户行	交通银行	中国银行
4	银行行号	622 424 076 030 XXXX	688 424 076 030 XXXX
5	账号	6222 5307 1288 9455 8888	688 1234 5678 8888 XXXX
6	统一社会信用代码	91020400746061360Y	91080400767042580E
7	电话	021-8825 8888	020-88252084
8	传真	021-8825 6666	020-88177181
9			

图 9–31

在“HLOOKUP 打印界面”工作表中，选中【C4:C10】单元格区域→按 <Delete> 键删除→单击函数编辑区将其激活→输入公式“=HLOOKUP($C$3, 档案信息 !$A$1:$C$8,ROW(A2),0)”→按 <Ctrl+Enter> 键批量填充，如图 9–32 所示。

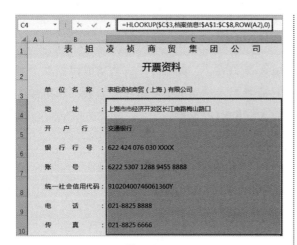

图 9-32

温馨提示

输入完公式不要按 <Enter> 键，直接按 <Ctrl+Enter> 键批量填充。

公式解析：HLOOKUP 函数的第一个参数是"找谁"，找的是单位名称，即【C3】单元格，向下填充时依然要固定【C3】单元格，所以要绝对引用；第二个参数是"在哪找"，在"档案信息"工作表中的【A1:C8】单元格区域找，向下填充时依然要固定，所以要绝对引用；第三个参数是"在第几行找"，在第 2、3、4……行找，所以套用 ROW 函数；第四个参数是逻辑值，0 表示精确匹配，1 表示模糊匹配，默认写 0 即可。

9.2 VLOOKUP 函数实战进阶 1：灵活多变的查找方式

前文介绍了 VLOOKUP 函数的特点是一对一查询，并且只能从左往右查询。但是，如果遇到图 9-33 所示的表格结构固定，不允许修改的情况，需要根据"联系人"从右往左查找对应的"客户名称"，又该如何解决？本节就来介绍利用 IF{1,0} 构建内置数组的方法，替换 VLOOKUP 函数中从右往左的查找区域来实现，接下来就一起来看一下。

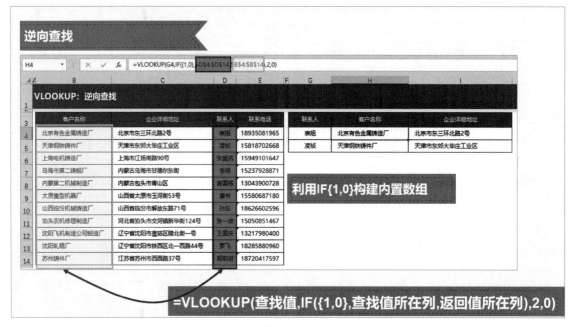

图 9-33

1. 逆向查找

打开"素材文件/09-查找函数/09-02-VLOOKUP 函数实战进阶1：灵活多变的查找方式 .xlsm"源文件。

在"逆向查找"工作表中，选中【H4】单元格→单击函数编辑区将其激活→输入公式"=VLOOKUP(G4,IF({1,0},$D$4:$D$14,$B$4:$B$14),2,0)"→按 <Enter> 键确认→将光标放在【H4】单元格右下角，当其变成十字句柄时，向下拖曳填充至【H5】单元格，如图 9-34 所示。

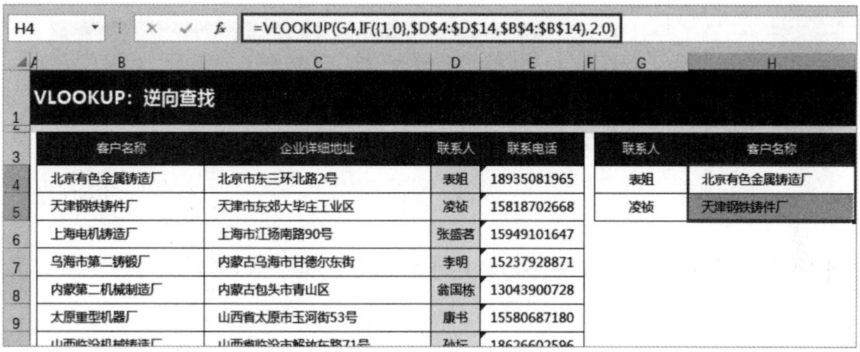

图 9-34

公式解析：VLOOKUP 函数的第一个参数是查找值，所以是【G4】单元格；第二个参数是IF({1,0},查找值所在列,返回值所在列)，"表姐"在【D4:D14】单元格区域，所以查找值所在列填上"D4:D14"，客户名称在【B4:B14】单元格区域，所以返回值所在列填上"B4:B14"；第三个参数固定写 2，因为查找区域只有 2 列；第四个参数写 0，表示精确匹配。

同理，完成"企业详细地址"的公式编写。选中【I4】单元格→单击函数编辑区将其激活→输入公式"=VLOOKUP(G4,IF({1,0},$D$4:$D$14,$C$4:$C$14),2,0)"→按 <Enter> 键确认→将光标放在【I4】单元格右下角，当其变成十字句柄时，向下拖曳填充至【I5】单元格，如图 9-35 所示。

图 9-35

2. 多条件查找

前面介绍的都是根据一个指定的条件在数据源区域中查找对应的结果，如果遇到有多个查找条件限制的情况，又该如何处理呢？接下来就一起来看一下。

（1）方法 1：将 N 个条件组合为 1 个条件，构建辅助列进行查找，如图 9-36 所示。

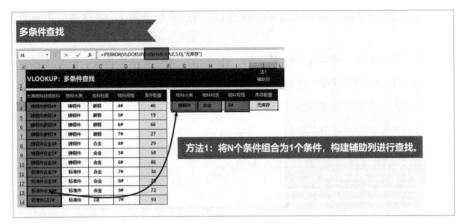

图 9-36

在 "多条件查找" 工作表中，选中【A3:A14】单元格区域→单击函数编辑区将其激活→输入公式 "=B3&C3&D3"→按 <Ctrl+Enter> 键批量填充，如图 9-37 所示。

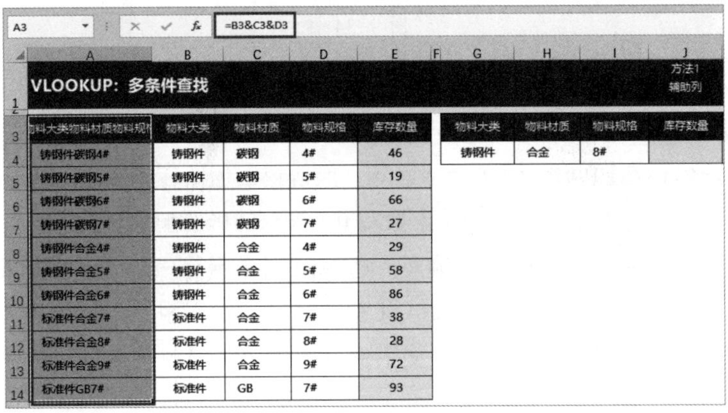

图 9-37

选中【J4】单元格→单击函数编辑区将其激活→输入公式 "=VLOOKUP(G4&H4&I4,A:E,5,0)"→按 <Enter> 建确认，如图 9-38 所示。

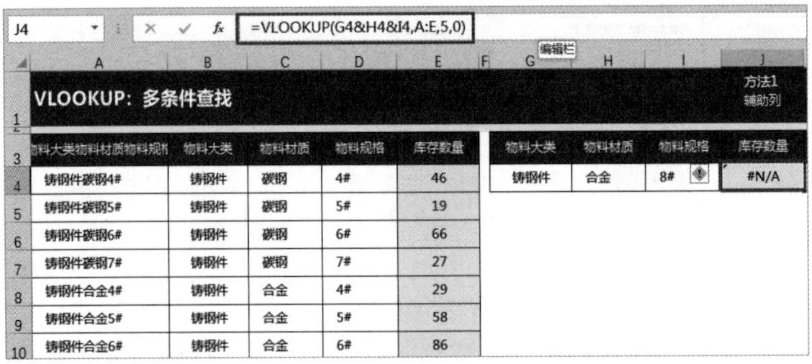

图 9-38

可以看到结果是 #N/A，根据前文 VLOOKUP 函数纠错指南介绍的，出现 #N/A 错误的原因是查无此值，需要检查被查找值是否包含在数据源表中。

如图 9-39 所示，在数据源中的"铸钢件"规格中没有"8#"。选中【I4】单元格→单击单元格右下角的下拉小三角→选择"4#"，结果就出来了。

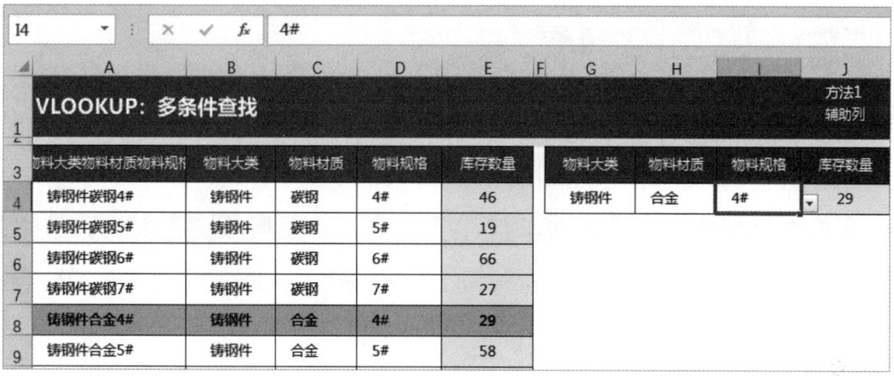

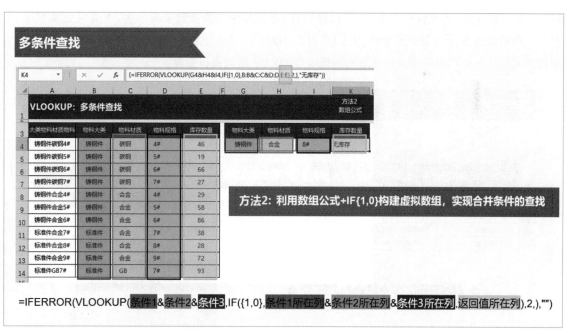

图 9-39

（2）方法 2：利用数组公式 +IF{1,0} 构建虚拟数组，实现合并条件的查找，公式结构如图 9-40 所示。

=IFERROR(VLOOKUP(条件1&条件2&条件3,IF({1,0},条件1所在列&条件2所在列&条件3所在列,返回值所在列),2,),"")

图 9-40

选中【K4】单元格→单击函数编辑区将其激活→输入公式"=VLOOKUP(G4&H4&I4,IF({1,0},B4:B14&C4:C14&D4:D14,E4:E14),2,0)"→按 <Ctrl+Shift+Enter> 键，如图 9-41 所示。

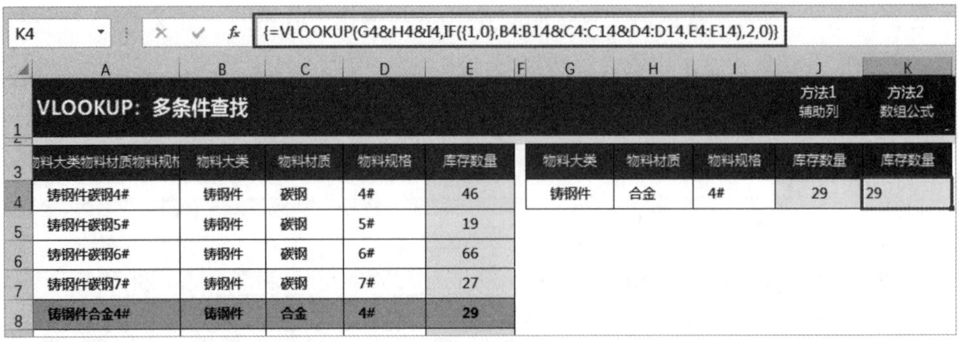

| K4 | | | | f_x | {=VLOOKUP(G4&H4&I4,IF({1,0},B4:B14&C4:C14&D4:D14,E4:E14),2,0)} |

图 9-41

数组公式要按 <Ctrl+Shift+Enter> 键确认，之后公式前后会自动加上"{}"，这个符号通过手动录入是没有用的，必须按 <Ctrl+Shift+Enter> 键才能形成真正的数组公式，在后面的章节会详细进行介绍。

3. 模糊查找

（1）通配符、连接符的妙用。

如图 9-42 所示，想要在【B:E】列数据源中查找含有"有色金属""沈阳××厂"字样的客户名称对应的"联系人"及"联系电话"，可以在【G4】单元格中将查找对象表示为"*有色金属*"，其中"*"表示任意 N 个字符。或者在【G5】单元格中用"?"表示任意一个字符，将其与所需要查找的字样"沈阳××厂"进行组合，然后再利用 VLOOKUP 函数进行查找。

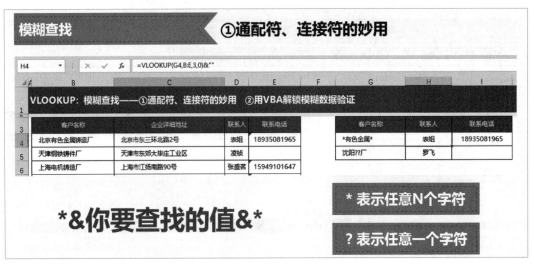

图 9-42

在"模糊查找"工作表中，选中【H4】单元格→单击函数编辑区将其激活→输入公式"=VLOOKUP(G4,$B$4:$E$14,3,0)"→按 <Enter> 键确认→将光标放在【H4】单元格右下角，当其变成十字句柄时，向下拖曳填充至【H5】单元格，如图 9-43 所示。

图 9-43

同理，完成联系电话的公式录入。选中【I4】单元格→单击函数编辑区将其激活→输入公式
"=VLOOKUP(G4,$B$4:$E$14,4,0)"→按 <Enter> 键确认→将光标放在【I4】单元格右下角，当其变
成十字句柄时，向下拖曳填充至【I5】单元格，如图 9-44 所示。

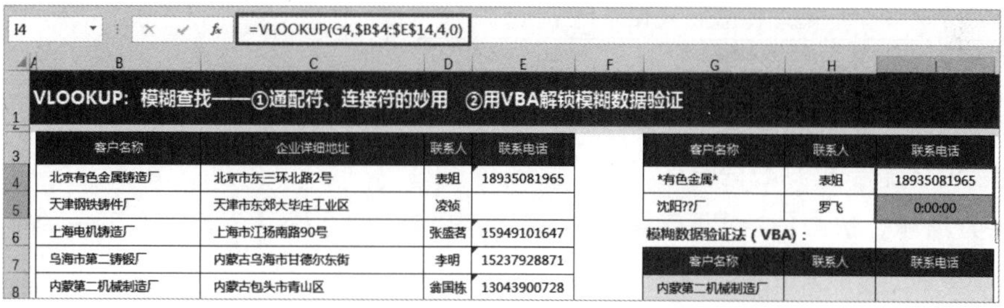

图 9-44

选中【I4:I5】单元格区域→选择【开始】选项卡→单击【数字格式】按钮→在下拉菜单中选择
【常规】选项。如图 9-45 所示，可以看到"罗飞"的联系电话结果是"0"，这是因为在数据源中"罗
飞"的联系电话为空。

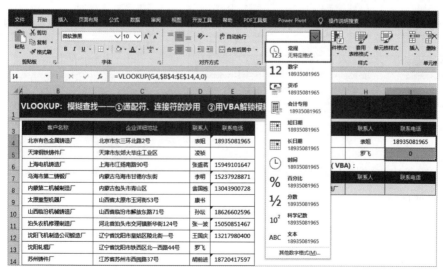

图 9-45

接着保证选中【I4:I5】单元格区域的状态不变→单击函数编辑区将其激活→在公式的最后输入"&"""→按 <Ctrl+Enter> 键批量填充，如图 9-46 所示。

图 9-46

（2）利用 VBA 解锁模糊数据验证。

如图 9-47 所示，选中【G8】单元格→输入"沈阳"→单击【G8】单元格右下角的下拉小三角，可以看到选项中包含了沈阳的客户名称。

图 9-47

同理，输入"北"→单击【G8】单元格右下角的下拉小三角，可以看到选项中包含了北的客户名称，如图 9-48 所示。

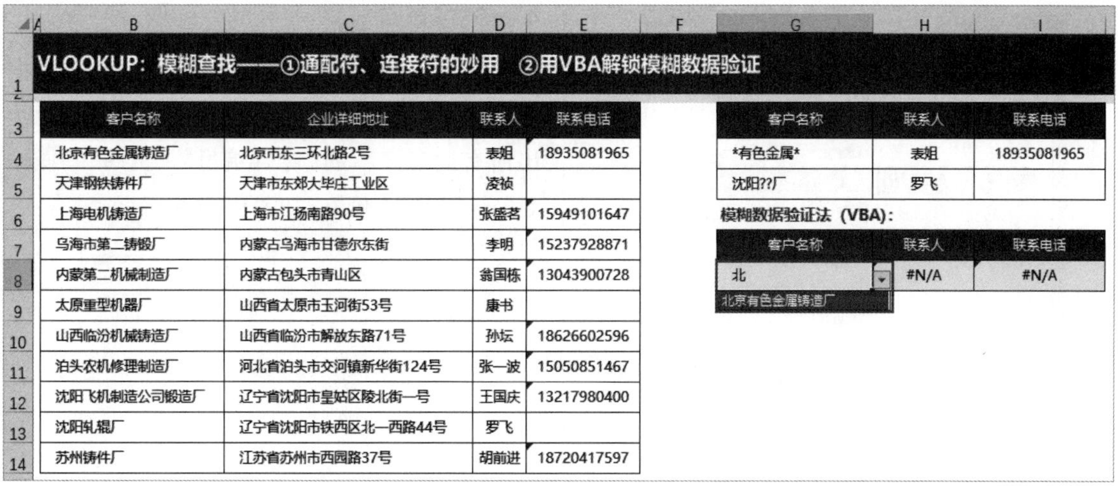

VLOOKUP：模糊查找——①通配符、连接符的妙用 ②用VBA解锁模糊数据验证

客户名称	企业详细地址	联系人	联系电话
北京有色金属铸造厂	北京市东三环北路2号	表姐	18935081965
天津钢铁铸件厂	天津市东郊大毕庄工业区	凌祯	
上海电机铸造厂	上海市江扬南路90号	张盛茗	15949101647
乌海市第二铸锻厂	内蒙古乌海市甘德尔东街	李明	15237928871
内蒙第二机械制造厂	内蒙古包头市青山区	翁国栋	13043900728
太原重型机器厂	山西省太原市玉河街53号	康书	
山西临汾机械铸造厂	山西省临汾市解放东路71号	孙坛	18626602596
泊头农机修理制造厂	河北省泊头市交河镇新华街124号	张一波	15050851467
沈阳飞机制造公司锻造厂	辽宁省沈阳市皇姑区陵北街一号	王国庆	13217980400
沈阳轧辊厂	辽宁省沈阳市铁西区北一西路44号	罗飞	
苏州铸件厂	江苏省苏州市西园路37号	胡前进	18720417597

客户名称	联系人	联系电话
有色金属	表姐	18935081965
沈阳??厂	罗飞	

模糊数据验证法（VBA）：

客户名称	联系人	联系电话
北	#N/A	#N/A

北京有色金属铸造厂

图 9-48

这样的效果就是利用 VBA 的方法来实现的。按 <Alt+F11> 键打开 VBA 后台，如图 9-49 所示，可以根据文字提示来理解这段代码，无须掌握，需要时直接复制即可。

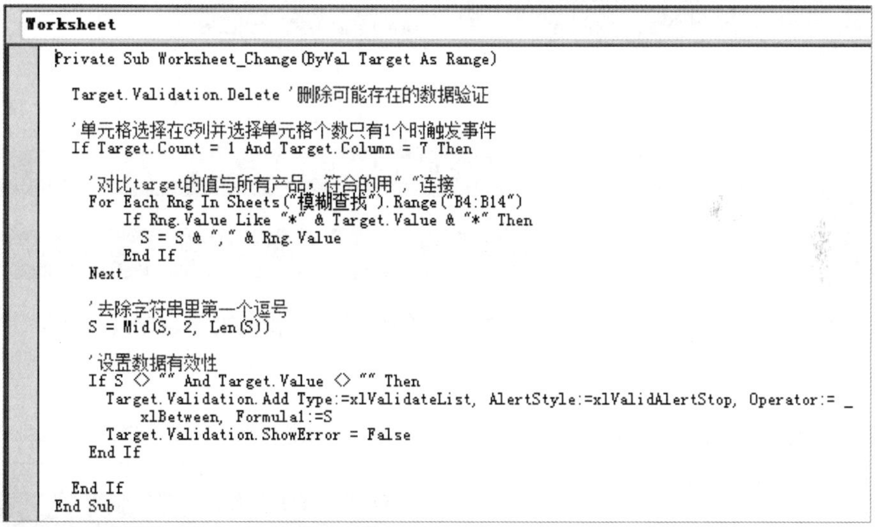

```
Worksheet
Private Sub Worksheet_Change(ByVal Target As Range)

  Target.Validation.Delete '删除可能存在的数据验证

  '单元格选择在G列并选择单元格个数只有1个时触发事件
  If Target.Count = 1 And Target.Column = 7 Then

    '对比target的值与所有产品，符合的用","连接
    For Each Rng In Sheets("模糊查找").Range("B4:B14")
        If Rng.Value Like "*" & Target.Value & "*" Then
          S = S & "," & Rng.Value
        End If
    Next

    '去除字符串里第一个逗号
    S = Mid(S, 2, Len(S))

    '设置数据有效性
    If S <> "" And Target.Value <> "" Then
      Target.Validation.Add Type:=xlValidateList, AlertStyle:=xlValidAlertStop, Operator:= _
          xlBetween, Formula1:=S
      Target.Validation.ShowError = False
    End If

  End If
End Sub
```

图 9-49

需要特别注意的是，在对【G8】单元格设置数据验证下拉菜单时，需要关闭出错警告，否则在已设置数据验证的单元格中是无法自行输入文字的。

选中【G8】单元格→选择【数据】选项卡→单击【数据验证】按钮→在弹出的【数据验证】对话框中选择【出错警告】选项卡→取消选中【输入无效数据时显示出错警告】复选框→单击【确定】按钮，如图 9-50 所示。

图 9-50

4. 一对多查询

在"一对多查询"工作表中，想要根据【G4】单元格中的"工序"，在右侧表格中显示出所有此工序下的"零件编号""工序""操作者"和"标准工价"，如图 9-51 所示。

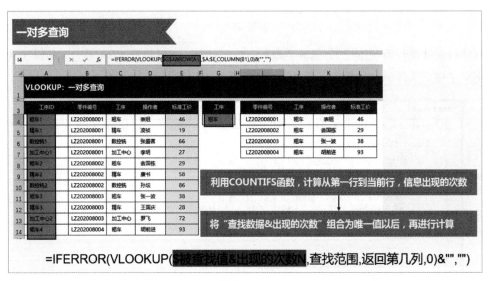

图 9-51

由于 VLOOKUP 函数只支持一对一查询，想要实现一对多查询就需要设置"工序"的唯一值，也就是"粗车1""粗车2"……序号1、2就是此工序出现的次数，第一个粗车是粗车1，第二个粗车是粗车2，以此类推。

计算次数可以利用 COUNTIFS 函数来实现。

选中【A4:A14】单元格区域→按 <Delete> 键删除原有公式→单击函数编辑区将其激活→输入公式"=C4&COUNTIFS($C$3:C4,C4)"→按 <Ctrl+Enter> 键批量填充，如图 9-52 所示。

图 9-52

公式解析：COUNTIFS 函数是计算从【C3】单元格到当前【C4】单元格，【C4】单元格的值一共出现了几次。

接下来设置辅助列。选中【H4】单元格→输入"1"，如图 9-53 所示。

图 9-53

将光标放在【H4】单元格右下角，当其变成十字句柄时，向下拖曳填充至【H12】单元格→单击单元格右下角出现的【自动填充选项】按钮→选择【填充序列】选项，如图 9-54 所示。

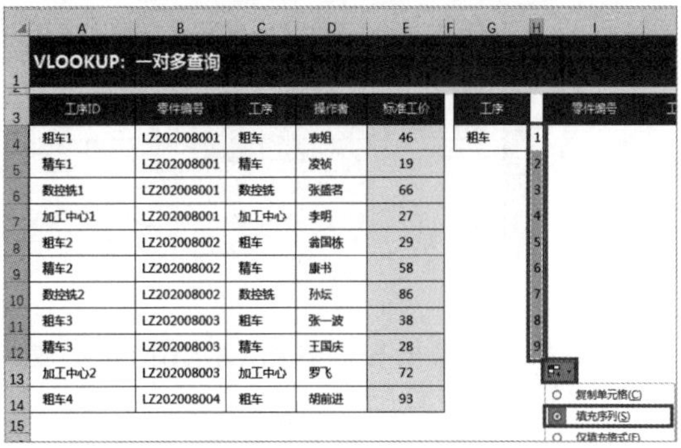

图 9-54

选中【I4】单元格→单击函数编辑区将其激活→输入公式"=VLOOKUP(G4&H4,A:E,2,0)"→按 <Enter> 键确认→将光标放在【I4】单元格右下角，当其变成十字句柄时，向右拖曳填充至【L4】单元格→将光标放在【L4】单元格右下角，当其变成十字句柄时，向下拖曳填充至【L12】单元格，如图 9-55 所示。

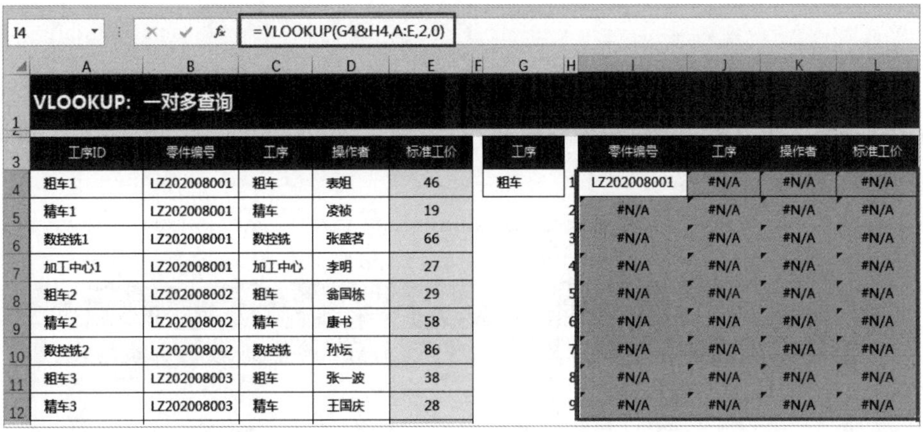

图 9-55

接下来考虑单元格的引用方式。查找值【G4】单元格应该固定不动，所以按 <F4> 键切换为绝对引用 "$G$4"。

查找值【H4】单元格应该固定【H】列不动，所以按 <F4> 键切换为混合引用 "$H4"。

查找区域【A:E】列区域应该固定不动，所以按 <F4> 键切换为绝对引用 "$A:$E"，如图 9-56 所示。

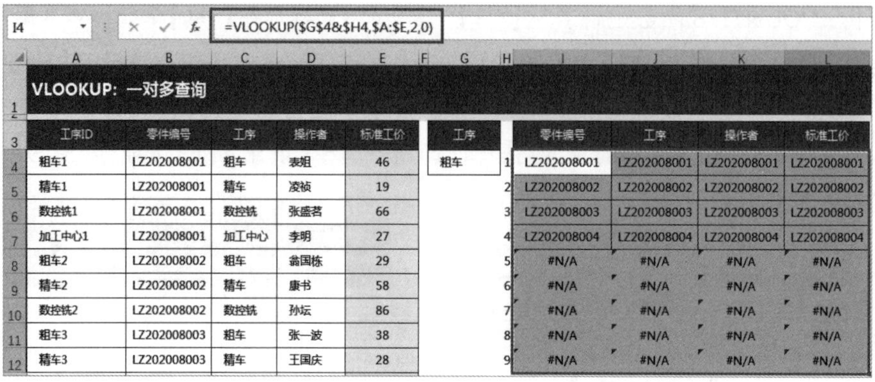

| I4 | | | × ✓ fx | =VLOOKUP($G$4&$H4,$A:$E,2,0) |

VLOOKUP：一对多查询

工序ID	零件编号	工序	操作者	标准工价		工序		零件编号	工序	操作者	标准工价
粗车1	LZ202008001	粗车	表姐	46		粗车	1	LZ202008001	LZ202008001	LZ202008001	LZ202008001
精车1	LZ202008001	精车	凌祯	19			2	LZ202008002	LZ202008002	LZ202008002	LZ202008002
数控铣1	LZ202008001	数控铣	张盛誉	66			3	LZ202008003	LZ202008003	LZ202008003	LZ202008003
加工中心1	LZ202008001	加工中心	李明	27			4	LZ202008004	LZ202008004	LZ202008004	LZ202008004
粗车2	LZ202008002	粗车	翁国栋	29			5	#N/A	#N/A	#N/A	#N/A
精车2	LZ202008002	精车	康书	58			6	#N/A	#N/A	#N/A	#N/A
数控铣2	LZ202008002	数控铣	孙坛	86			7	#N/A	#N/A	#N/A	#N/A
粗车3	LZ202008003	粗车	张一波	38			8	#N/A	#N/A	#N/A	#N/A
精车3	LZ202008003	精车	王国庆	28			9	#N/A	#N/A	#N/A	#N/A

图 9-56

最后将范围值所在列数用 COLUMN 函数来表示。COLUMN 函数的基本语法如图 9-57 所示。

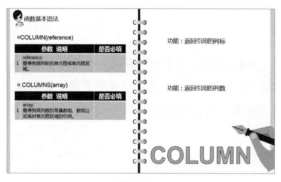

图 9-57

单击函数编辑区将其激活→选中公式中的"2"→输入"COLUMN(B1)"→按 <Ctrl+Enter> 键批量填充，如图 9-58 所示。

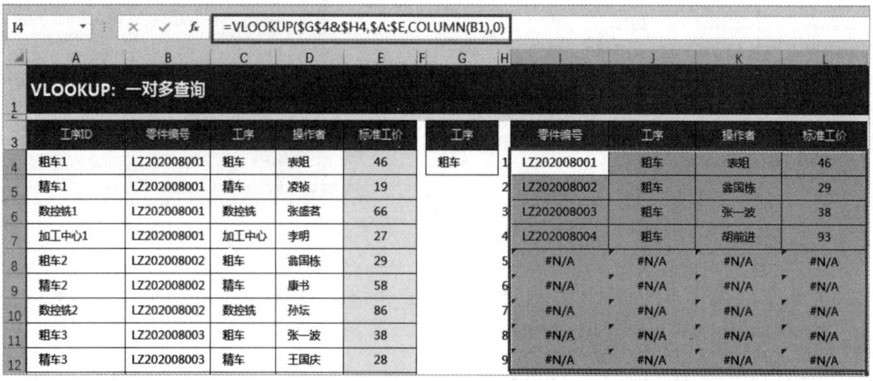

| I4 | | | × ✓ fx | =VLOOKUP($G$4&$H4,$A:$E,COLUMN(B1),0) |

VLOOKUP：一对多查询

工序ID	零件编号	工序	操作者	标准工价		工序		零件编号	工序	操作者	标准工价
粗车1	LZ202008001	粗车	表姐	46		粗车	1	LZ202008001	粗车	表姐	46
精车1	LZ202008001	精车	凌祯	19			2	LZ202008002	粗车	翁国栋	29
数控铣1	LZ202008001	数控铣	张盛誉	66			3	LZ202008003	粗车	张一波	38
加工中心1	LZ202008001	加工中心	李明	27			4	LZ202008004	粗车	胡前进	93
粗车2	LZ202008002	粗车	翁国栋	29			5	#N/A	#N/A	#N/A	#N/A
精车2	LZ202008002	精车	康书	58			6	#N/A	#N/A	#N/A	#N/A
数控铣2	LZ202008002	数控铣	孙坛	86			7	#N/A	#N/A	#N/A	#N/A
粗车3	LZ202008003	粗车	张一波	38			8	#N/A	#N/A	#N/A	#N/A
精车3	LZ202008003	精车	王国庆	28			9	#N/A	#N/A	#N/A	#N/A

图 9-58

公式解析：VLOOKUP 函数的第三个参数是返回第几列，在本案例中，"零件编号"返回第二列，"工序"返回第三列，以此类推。

利用 COLUMN 函数获取的列标来替代数字。例如，COLUMN(B1) 的结果是"2"，因为【B】

列是第二列，当向右填充时变成 COLUMN(C1)，结果是"3"，以此类推。这里的 B1 并不是特定指某个单元格，可以是 B2、B3……COLUMN 函数的参数，数字不重要，字母是第几列，结果就是多少。其原理与前文介绍过的兄弟函数 ROW 一样，ROW 函数用在向下填充时获取行号，而 COLUMN 函数则是向右填充时获取列标。

表格中查询不到的错误值"#N/A"可以套用错误美化函数 IFERROR 将其隐藏起来。

选中【I4:L12】单元格区域→单击函数编辑区将其激活→将光标定位在"="后面→输入"IFE"→按 <Tab> 键补充函数名称和左括号→在公式的最后输入"","")"→按 <Ctrl+Enter> 键批量填充，如图 9-59 所示，错误值就全都隐藏不见了。

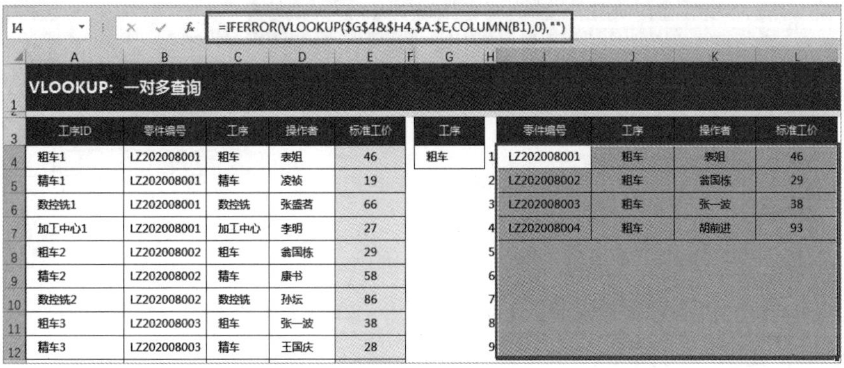

图 9-59

进一步美化公式，取消辅助列。单击函数编辑区将其激活→选中公式中的"$H4"→输入"ROW (A1)"→按 <Ctrl+Enter> 键批量填充，此时可以将【H】列的数值取消，同时完成了一对多查询，如图 9-60 所示。

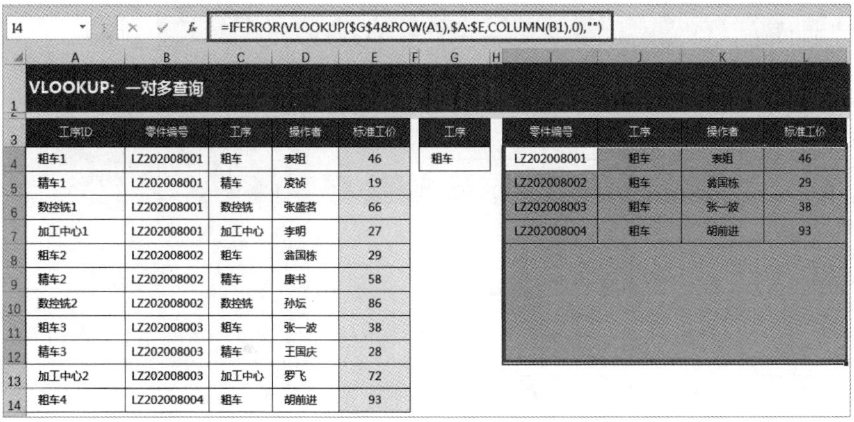

图 9-60

这里有一个问题，当【G4】单元格选择"粗车"时，右侧表格中显示出四条数据信息，Excel 会自动补全四条数据信息所在单元格的边框。而当【G4】单元格选择"加工中心"时，数据信息只有两条，边框同样会自动缩减为两行的边框，这样根据数据量的多少自动调节表格边框的效果是如何

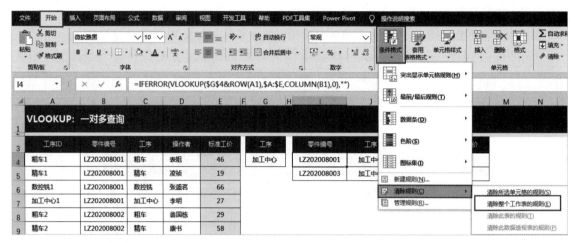

实现的呢？这是通过条件格式来实现的，接下来就一起来看一下。

首先清除原有的规则。选择【开始】选项卡→单击【条件格式】按钮→在下拉菜单中选择【清除规则】选项→选择【清除整个工作表的规则】选项，如图 9-61 所示。

图 9-61

选中【N4:Q14】单元格区域→选择【开始】选项卡→单击【条件格式】按钮→在下拉菜单中选择【新建规则】选项，如图 9-62 所示。

图 9-62

在弹出的【新建格式规则】对话框中选择【使用公式确定要设置格式的单元格】选项→单击【为符合此公式的值设置格式】文本框将其激活→输入 "=LEN(I4)>0" →单击【格式】按钮，如图 9-63 所示。

图 9-63

图 9-64

在弹出的【设置单元格格式】对话框中选择【边框】选项卡→选中【外边框】选项→单击【确定】按钮，如图 9-64 所示。

如图 9-65 所示，单击【G4】单元格右下角的下拉小三角，选择不同的选项，右侧表格就会随着数据量的多少自动调节表格的边框了。

图 9-65

5. 按指定次数重复数据

前面的章节介绍过排序的制作方法，现在来看看如何用 VLOOKUP 函数制作排序。

在"按指定次数重复数据"工作表中，选中【C4:C7】单元格区域→按 <Ctrl+C> 键复制→选中【H4】单元格→按 <Ctrl+V> 键粘贴，即可将工序的唯一值进行复制，如图 9-66 所示。

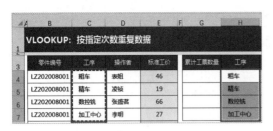

图 9-66

（1）计算要开工票数量。

想要显示出每个"工序"需要开票的数量，就是计算每个工序出现的次数。例如，"粗车"出现的次数可以利用 COUNTIFS 函数来计算。

选中【I4】单元格→单击函数编辑区将其激活→输入公式"=COUNTIFS(C:C,H4)"→按 <Enter> 键确认→将光标放在【I4】单元格右下角，当其变成十字句柄时，向下拖曳填充至【I7】单元格，如图 9-67 所示。

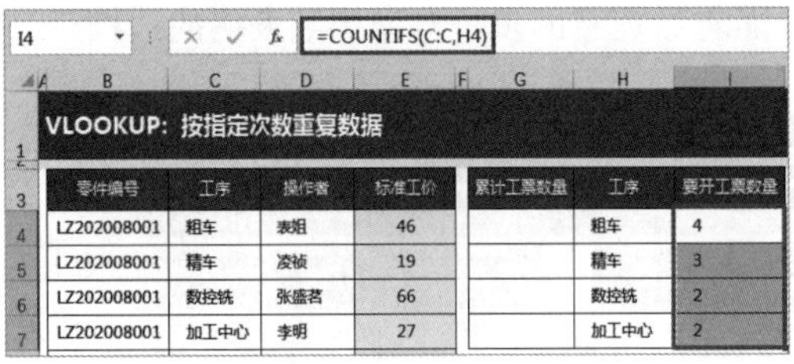

图 9-67

（2）计算累计工票数量。

累计工票数量即【I4】=4，【I4】+【I5】=7，以此类推。选中【G4】单元格→输入公式"=SUM($I$4:I4)"→按 <Enter> 键确认→将光标放在【G4】单元格右下角，当其变成十字句柄时，向下拖曳填充至【G7】单元格，如图 9-68 所示。

图 9-68

（3）根据"要开工票数量"将"工序"罗列出来。

由于前四项都是粗车，第五到第七是精车，以此类推。所以，利用 VLOOKUP 函数查找第一个参数就是 1、2、3……可以利用 ROW 函数来完成 1、2、3 的填充；第二个参数是数据源区域，即【G4:H7】单元格区域，按 <F4> 键切换为绝对引用 "$G$4:$H$7"。

选中【K4】单元格→单击函数编辑区将其激活→输入公式"=VLOOKUP(ROW(A1),$G$4:$H$7,2,0)"→按 <Enter> 键确认→将光标放在【K4】单元格右下角，当其变成十字句柄时，向下拖曳填充至【K14】单元格，如图 9-69 所示。

图 9-69

可以看到，由于"累计工票数量"只有 4、7、9 和 11，所以只有查找对象是这几个数字的才会显示出对应的"工序"结果。那么，#N/A 的结果其实与它下面第一个有字的单元格一样，所以需要套用一个错误美化函数 IFERROR。

选中【K4:K14】单元格区域→单击函数编辑区将其激活→将光标定位在"="后面→输入"IFERROR("→在公式的最后输入",K5)"→按 <Ctrl+Enter> 键批量填充，此时就完成了按指定次数重复数据，如图 9-70 所示。

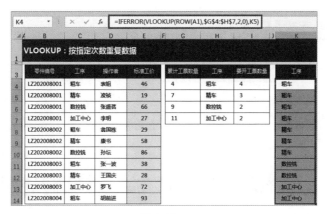

图 9-70

9.3 VLOOKUP 函数实战进阶 2：二维交叉人员名单汇总表

在实际工作中，大家有没有遇到过要把清单转换成二维交叉表的情况呢？本节将介绍如何快速制作二维交叉人员名单汇总表。

1. 实战需求展示

如图 9-71 所示，想要将清单表中的员工姓名，按照部门和培训意向汇总为一张二维表格。在实际工作中，需要将清单式的表格整理成二维交叉形式的汇报表。这个案例看似是文本处理，实际上是对于字段的查找，可以利用 VLOOKUP 函数来实现。

培训意向	员工姓名	部门
办公技能	表姐	采购部
办公技能	凌祯	采购部
办公技能	张盛茗	采购部
办公技能	许攀	采购部
办公技能	帅小扬	采购部
沟通技巧	王佳璇	采购部
沟通技巧	高琦	采购部
沟通技巧	冯佳佳	采购部
沟通技巧	庞家宝	采购部
沟通技巧	董莹雯	采购部
沟通技巧	翟俊杰	采购部
沟通技巧	杨睿娴	采购部
管理提升	廖姣	采购部
团队建设	常歌	采购部
团队建设	徐彤	采购部
团队建设	王争磊	采购部
团队建设	翟俊杰	采购部

图 9-71

2. 解析制作思路

首先用培训意向和部门做辅助列，用 VLOOKUP 函数把姓名拼接到一起，根据当前数据的内容向下查找，如果有内容，就把当前行的名称拼接起来，反之就显示空值，如图 9-72 所示。

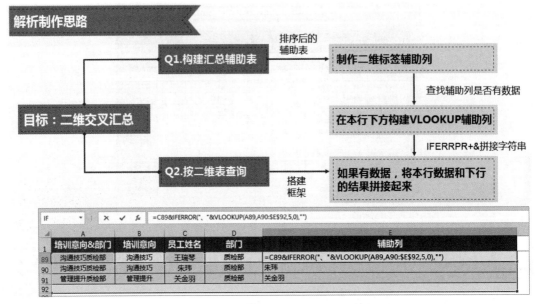

图 9-72

3. 实战应用制作

打开"素材文件/09-查找函数/09-03-VLOOKUP 函数实战进阶2：制作二维交叉人员名单汇总表（03-08）.xlsx"源文件。

在"员工培训需求清单"工作表中，选中【A】列→右击，在弹出的快捷菜单中选择【插入】选项，即可插入一列，如图9-73所示。

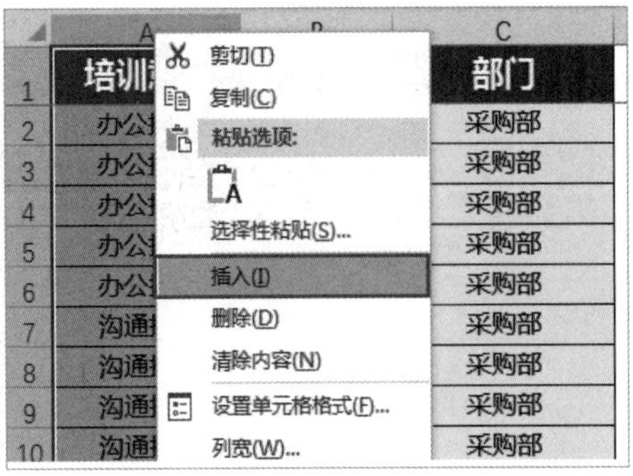

图 9-73

选中【B】列→选择【开始】选项卡→单击【格式刷】按钮→单击列标【A】，即可使【A】列的格式与【B】列相同，如图9-74所示。

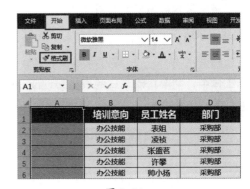

图 9-74

选中【A1】单元格→输入"培训意向 & 部门"，如图9-75所示。

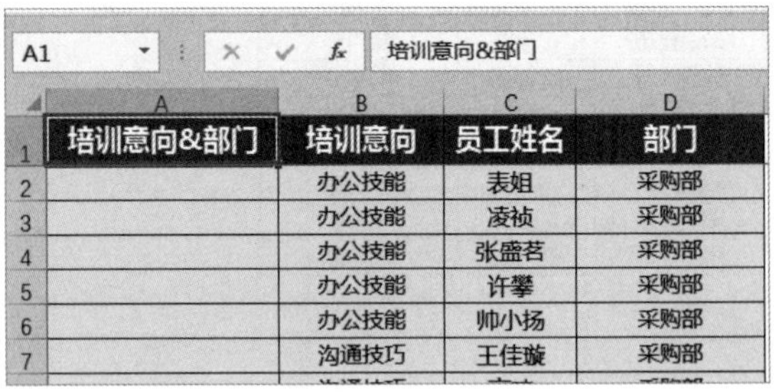

图 9-75

选中【A2】单元格→输入公式"=B2&D2"→按 <Enter> 键确认→将光标放在【A2】单

元格右下角，当其变成十字句柄时，双击鼠标将公式向下填充，如图 9-76 所示。

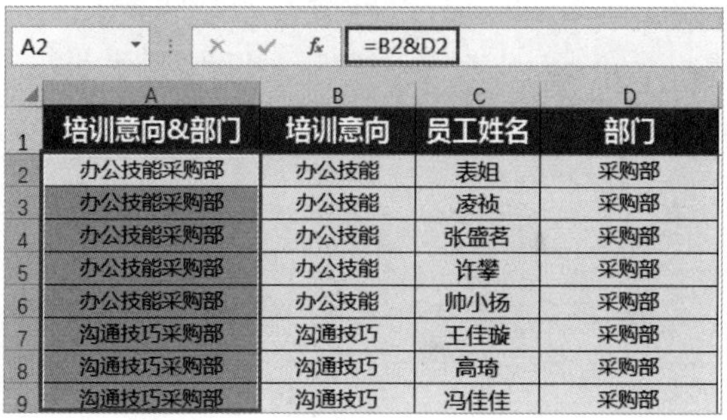

图 9-76

选中【D】列→选择【开始】选项卡→单击【格式刷】按钮→单击列标【E】，如图 9-77 所示。

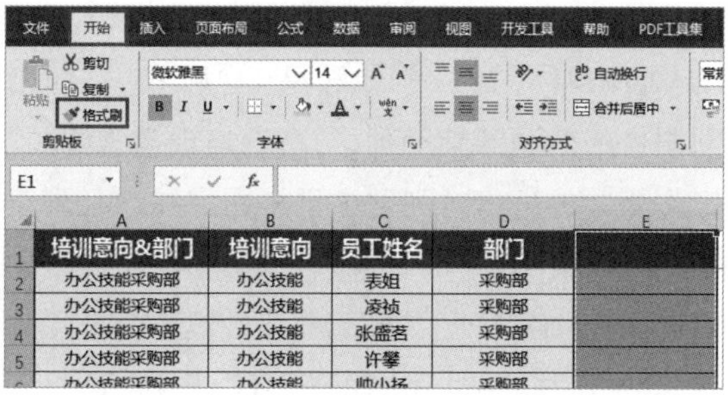

图 9-77

选中【E1】单元格→输入"辅助列"，如图 9-78 所示。

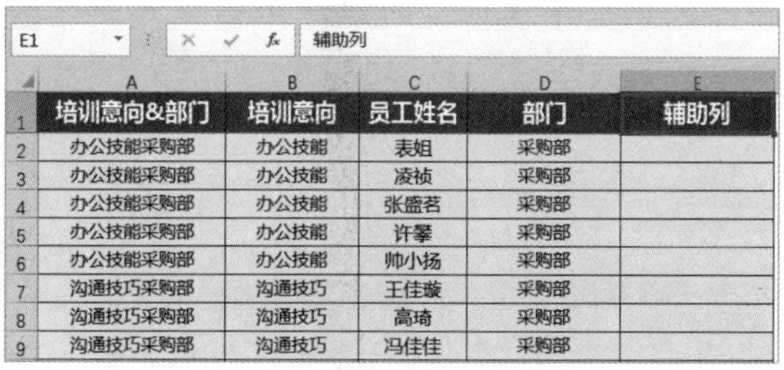

图 9-78

接着写辅助列的公式，从最后一个公式开始写，帮助理解公式。

选中【E91】单元格→输入公式"=C91&IFERROR(VLOOKUP(A91,A92:$E$92,5,0),"")"→按 <Enter> 键确认，如图 9-79 所示。

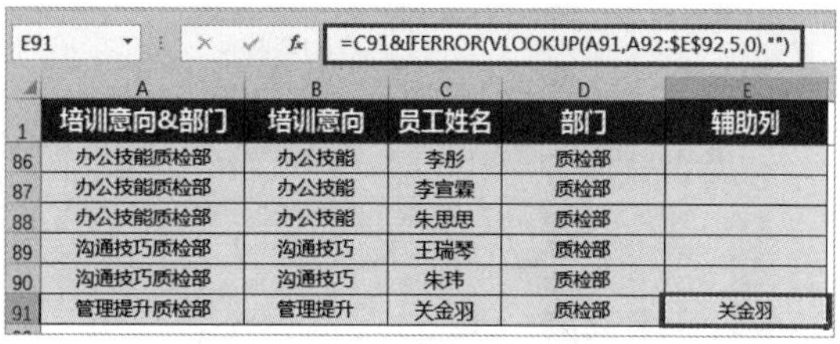

图 9-79

公式解析：首先这一行的姓名是"关金羽"，所以【E91】单元格肯定要有"关金羽"的姓名，用"C91"去连接。

下面的单元格有没有同样是管理提升质检部的，如果有，就连接上。所以，VLOOKUP 函数的第一个参数是"找谁"，找的是"管理提升质检部"，即【A91】单元格；第二个参数是"在哪找"，在下面找，即【A92:E92】单元格区域，由于向上填充时，要变成【A91:E92】单元格区域，所以"E92"要按 <F4> 键切换为绝对引用"$E$92"；第三个参数是"在第几列找"，从左往右数（A、B、C、D、E）是第 5 列，所以输入"5"。

由于下面的单元格没有名字，结果是错误值，所以套用错误美化函数 IFERROR，这样公式就完成了。

将光标放在【E91】单元格右下角，当其变成十字句柄时，向上拖曳填充至【E2】单元格，如图 9-80 所示，此时会发现名字都堆到一起了，所以再加个顿号分隔开。

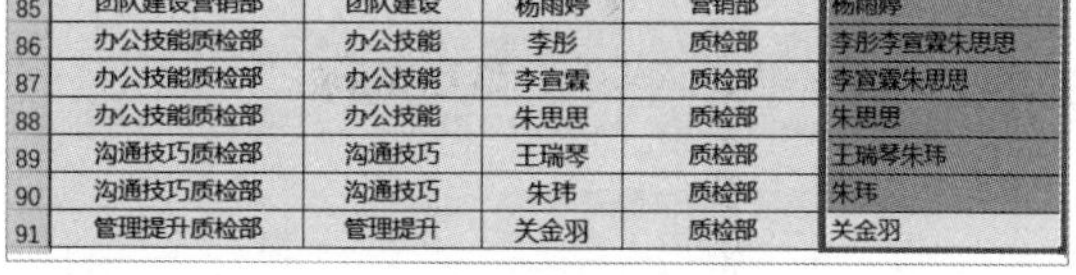

图 9-80

单击编辑栏中"=C91&IFERROR("后面的位置→输入"""、"&"→按 <Ctrl+Enter> 键批量填充，这样辅助列就构建完成了，如图 9-81 所示。

| | E91 | ▼ | : | × | ✓ | fx | =C91&IFERROR("、"&VLOOKUP(A91,A92:$E$92,5,0),"") |

	A	B	C	D	E
1	培训意向&部门	培训意向	员工姓名	部门	辅助列
80	管理提升营销部	管理提升	任婧	营销部	任婧
81	团队建设营销部	团队建设	宋晓洺	营销部	宋晓洺、赵梓睿、林珊、胡丽亚、杨雨婷
82	团队建设营销部	团队建设	赵梓睿	营销部	赵梓睿、林珊、胡丽亚、杨雨婷
83	团队建设营销部	团队建设	林珊	营销部	林珊、胡丽亚、杨雨婷
84	团队建设营销部	团队建设	胡丽亚	营销部	胡丽亚、杨雨婷
85	团队建设营销部	团队建设	杨雨婷	营销部	杨雨婷
86	办公技能质检部	办公技能	李彤	质检部	李彤、李宣霖、朱思思
87	办公技能质检部	办公技能	李宣霖	质检部	李宣霖、朱思思
88	办公技能质检部	办公技能	朱思思	质检部	朱思思
89	沟通技巧质检部	沟通技巧	王瑞琴	质检部	王瑞琴、朱玮
90	沟通技巧质检部	沟通技巧	朱玮	质检部	朱玮
91	管理提升质检部	管理提升	关金羽	质检部	关金羽

图 9-81

接下来只需要把辅助列的内容转到"培训人员名单"工作表中即可。

选中"培训人员名单"工作表→按 <Ctrl>键并拖曳鼠标向右移动，即可复制并新建一个一模一样的 Sheet 表，向右移动时，可以看到 Sheet 表名称中间有倒三角，这时松开鼠标即可，如图 9-82 所示。

辅助表　培训人员名单　员工

图 9-82

选中【B2:G5】单元格区域→按 <Delete> 键删除原有公式→单击函数编辑区将其激活→输入公式 "=IFERROR(VLOOKUP($A2&B$1,员工培训需求清单 !$A:$E,5,0),"")"→按 <Ctrl+Enter>键批量填充，如图 9-83 所示。

公式解析：VLOOKUP 函数的第一个参数是"找谁"，找的是"培训意向 & 部门"，即"A2&B1"，培训意向固定在【A】列，部门固定在第一行，所以按 <F4> 键切换为混合引用"$A2&B$1"；第二个参数是"在哪找"，即刚刚制作的数据源辅助列，"员工培训需求清单"工作表中的【A:E】列，由于是固定在这几列查找，所以按 <F4> 键切换为绝对引用"员工培训需求清单 !$A:$E"；第三个参数是"在第几列找"，从左往右数（A、B、C、D、E）是第 5 列，所以输入"5"；第四个参数固定写 0，表示精确匹配。

最后由于某些部门没有人员培训团队建设，结果是错误值，所以套用错误美化函数 IFERROR。

| | B2 | ▼ | : | × | ✓ | fx | =IFERROR(VLOOKUP($A2&B$1,员工培训需求清单!$A:$E,5,0),"") |

	A	B	C	D	E	F	G
1	部门／培训意向	营销部	生产部	技术部	研发部	质检部	采购部
2	办公技能	孙慕佳、纪瑜玲	童惠敏、刘佳磊、赵凡舒、韩兴权、潘文杰、胡洁、郑豪、李科、程皓、张岚	李积、曹晓瑞、陈露滢	周鸿、吉红日、李靖骑	李彤、李宣霖、朱思思	袁姐、凌祯、张盛若、许馨、帅小扬
3	沟通技巧	肖永健、郑颖	韦小丽、高琦、罗柔佳、郑杨莲	李梅丹、樊长欠、方芳、张子赫、李嘉贤、原欣宇、吴雨桐	苏艳雯、王冰、余俊茹、潘文杰、卢光原、郑颖、李婷婷	王瑞琴、朱玮	王佳皖、高琦、冯佳佳、庞家宝、董莹雯、瞿俊杰、杨睿娴
4	团队建设	宋晓洺、赵梓睿、林珊、胡丽亚、杨雨婷	李世杰、潘文杰、林筱然	杨雨莹、韩鸿娟、鲁桂芳	童惠敏、黄艳荣、潘文杰、王怡玲、水冰冰、张泠风		常歌、谷彤、王争磊、瞿俊杰
5	管理提升	杨依婷、李竹仙、任婧、杨佳琪		李宣霖	范汶志、杨全超、陈欣怡、廖丽、黄玫欣、姚延瑞、冯雅婷	关金羽	廖姣

图 9-83

9.4 VLOOKUP 函数实战进阶 3：模糊查找

本节继续学习 VLOOKUP 函数的实战进阶，要从数据源中根据 N 个筛选条件，并且可能是模糊条件，快速筛选出数据。

1. 实战需求展示

想要从数据源明细表中根据多个筛选条件将明细表快速筛选出来，可以利用 Query 的方法实现数据的快速查询，将结果展示出来，并且支持模糊匹配查找。例如，员工档案、合同明细、账目明细的快速查询，如图 9-84 所示。

	A	B	C	D	E	F	G	H	I	J	K
1	请输入查询条件：			中心：			人资中心		职务：	职员	
2											
3	中心 ▼	部门 ▼	职位 ▼	职务 ▼	员工编号 ▼	姓名 ▼	入职日期 ▼	工资等级 ▼	职员	勤率 ▼	基
4	人资中心	培训部	员工	职员	LZ492	王阳	2008/7/4 0:00	D6	项目经理 总监		1.125
5	人资中心	培训部	员工	职员	LZ491	宋学亮	2006/3/6 0:00	D6	主管		1.14583333
6	人资中心	培训部	员工	职员	LZ490	鲁晓宁	2007/12/13 0:00	D9	副经理 副总监		0.95833333
7	人资中心	培训部	员工	职员	LZ489	孔曼	2004/12/4 0:00	D1	分厂厂长 电气设备主管		1.02083333
8	人资中心	培训部	员工	职员	LZ488	王杰	2008/10/4 0:00	D10	4000	21	0.875
9	人资中心	培训部	员工	职员	LZ487	张亮	2005/6/27 0:00	D7	3400	23	0.95833333
10	人资中心	招聘部	员工	职员	LZ485	杨志宏	2010/8/13 0:00	D3	2700	21.5	0.89583333
11	人资中心	招聘部	员工	职员	LZ484	郭令仲	2007/3/22 0:00	D10	4000	22	0.91666667
12	人资中心	招聘部	员工	职员	LZ483	徐玉才	2008/9/17 0:00	D1	2500	23	0.95833333
13	人资中心	招聘部	员工	职员	LZ482	王巍	2008/6/28 0:00	D2	2600	26	1.08333333
14	人资中心	人事部	员工	职员	LZ480	祝桂英	2009/10/20 0:00	D1	2500	23.5	0.97916667
15	人资中心	人事部	员工	职员	LZ479	杨成庆	2011/5/8 0:00	D7	3400	24	1
16	人资中心	人事部	员工	职员	LZ478	胡红星	2014/4/18 0:00	D8	3600	26.5	1.10416667
17	人资中心	人事部	员工	职员	LZ477	王禹	2006/5/3 0:00	D8	3600	22	0.91666667

图 9-84

2. 实战应用制作

打开"素材文件 /09- 查找函数 /09-04-VLOOKUP 函数实战进阶 3：模糊条件下一对多查询明细表（Query）.xlsm"源文件。

在"即时查询"工作表中，首先查看表头，也就是查询条件，看看要做什么样的数据验证。接下来就来制作数据验证。

选择"参数表"工作表→选中【A2:A11】单元格区域→单击名称框→输入"中心"，即可将这个区域的内容定义为名称，如图 9-85 所示。

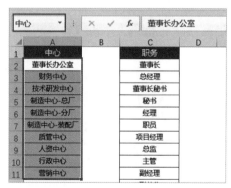

图 9-85

同理，将【C2:C27】单元格区域的内容定义为"职务"。

已经定义好的名称，可以通过单击【公式】选项卡下的【名称管理器】按钮查看，如图 9-86 所示。

图 9-86

在"即时查询"工作表中，选中【F1】单元格→选择【数据】选项卡→单击【数据验证】按钮→弹出【数据验证】对话框→在【允许】下拉列表中选择【序列】选项→单击【来源】文本框将其激活→输入"= 中心"，如图 9-87 所示。

图 9-87

选择【出错警告】选项卡→取消选中【输入无效数据时显示出错警告】复选框→单击【确定】按钮，如图 9-88 所示。

图 9-88

选中【F1】单元格→单击单元格右下角的下拉小三角，可以看到定义为"中心"的单元格区域的内容都在下拉列表中了，如图 9-89 所示。

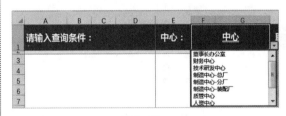

图 9-89

同理，完成职务的数据验证，选中【I1】单元格→选择【数据】选项卡→单击【数据验证】按钮→弹出【数据验证】对话框→在【允许】下拉列表中选择【序列】选项→单击【来源】文本框将其激活→输入"= 职务"，如图 9-90 所示。

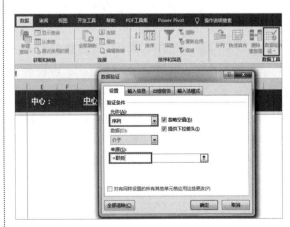

图 9-90

选择【出错警告】选项卡→取消选中【输入

无效数据时显示出错警告】复选框→单击【确定】按钮,如图 9-91 所示。

图 9-91

接着制作数据查询,选中【A3】单元格→选择【数据】选项卡→在【获取外部数据】功能组中单击【自其他来源】按钮→在下拉菜单中选择【来自 Microsoft Query】选项,如图 9-92 所示。

图 9-92

在弹出的【选择数据源】对话框中选择【Excel Files】选项→单击【确定】按钮,如图 9-93 所示。

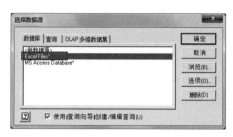

图 9-93

在弹出的【选择工作簿】对话框中从目录中找到本节文件放的位置,笔者是放在桌面,读者要找到自己放的位置→在左侧选中本节的课件→单击【确定】按钮,如图 9-94 所示。

图 9-94

在弹出的【查询向导–选择列】对话框中单击【选项】按钮→在弹出的【表选项】对话框中选中【系统表】复选框,如果其他的复选框没有自动选中,那么就把其他复选框也选中→单击【确定】按钮,如图 9-95 所示。

图 9-95

返回【查询向导–选择列】对话框,选择【工资一览表】选项,因为这是数据源表→单击中间的【>】按钮→单击【下一步】按钮,如图 9-96 所示。

图 9-96

在【查询向导－筛选数据】对话框中设置筛选条件，第一个筛选条件是"中心"，在【待筛选的列】列表框中选择【中心】选项→单击右侧第一个下拉按钮→选择【包含】选项→单击右侧第二个下拉按钮，这里可以随便选择一个，如选择【财务中心】选项，这个稍后可以更改，不管选择哪个中心，都只是起到占位符的作用，如图 9-97 所示。

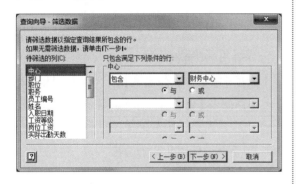

图 9-97

第二个筛选条件是"职务"，在【待筛选的列】列表框中选择【职务】选项→单击右侧第一个下拉按钮→选择【包含】选项→单击右侧第二个下拉按钮，这里同样随便选择一个，如选择【分厂厂长】选项→单击【下一步】按钮，如图 9-98 所示。

图 9-98

在【查询向导－排序顺序】对话框中可以设置数据的排序方式，单击【主要关键字】下拉按钮→选择【中心】选项→单击【次要关键字】下拉按钮→选择【职务】选项→单击【下一步】按钮，如图 9-99 所示。

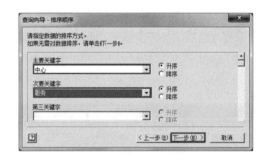

图 9-99

在【查询向导－完成】对话框中，因为要修改中心和职务，所以选中【在 Microsoft Query 中查看数据或编辑查询】单选按钮→单击【完成】按钮，如图 9-100 所示。

图 9-100

在弹出的【Microsoft Query】编辑器界面中单击【SQL】按钮，如图 9-101 所示。

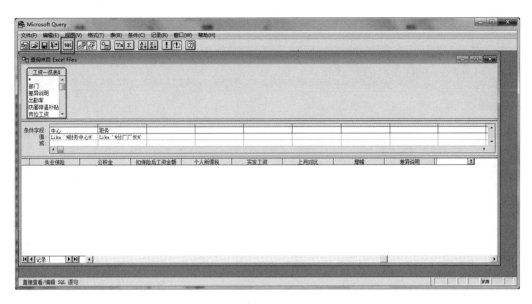

图 9-101

在弹出的【SQL】对话框中可以看到 SQL 语句：SELECT 谁，即标题行；FROM 工作表；WHERE 条件；ORDER BY 排序。

图 9-102

现在要修改的是条件，即 WHERE，原句是：WHERE (`工资一览表 $`.中心 Like '% 财务中心 %') AND (`工资一览表 $`.职务 Like '% 分厂厂长 %')。Like 就是包含，包含财务中心，这是固定的，现在要修改为动态的，即模糊条件，这里使用的是 SQL 中的通配符 "?"。

选中 WHERE 条件中的 "财务中心"→输入 "' & ? & '"→选中 WHERE 条件中的 "分厂厂长"→输入 "' & ? & '"→单击【确定】按钮，如图 9-103 所示。

注意，所有符号均为英文状态下的，依次

是小撇（切换为英文状态，按双引号键）、空格、连接符（按 <Shift+7> 键）、空格、问号、空格、连接符、空格、小撇。

图 9-103

在弹出的【插入参数值】对话框中什么都不用输入，直接单击【确定】按钮→单击【确定】按钮后会再次弹出【插入参数值】对话框，这是因为一共有两个条件，同样什么都不用输入，直接单击【确定】按钮，如图 9-104 所示。

图 9-104

返回【Microsoft Query】编辑器界面，单击【将数据返回到 Excel】按钮，如图 9-105 所示。

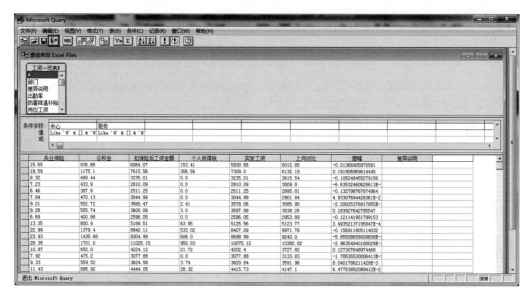

图 9-105

在弹出的【导入数据】对话框中单击【属性】按钮，如图 9-106 所示。

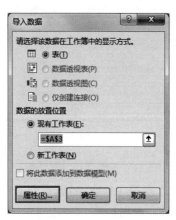

图 9-106

在弹出的【连接属性】对话框中选择【定义】选项卡→单击【参数】按钮，如图 9-107所示。

图 9-107

在弹出的【查询参数】对话框中选中【从下列单元格中获取数值】单选按钮→单击文本框将其激活→选中"即时查询"工作表中的【F1】单元格→选中【单元格值更改时自动刷新】复选框，如图 9-108 所示。

图 9-108

图 9-109

在【参数名称】列表框中选择【参数2】选项→选中【从下列单元格中获取数值】单选按钮→单击文本框将其激活→选中"即时查询"工作表中的【I1】单元格→选中【单元格值更改时自动刷新】复选框→单击【确定】按钮，如图 9-109 所示。

返回【连接属性】对话框，单击【确定】按钮→返回【导入数据】对话框，单击【确定】按钮，这样就完成了获取数据，可以通过【F1】和【I1】单元格进行筛选，如图 9-110 所示。

	A	B	C	D	E	F	G	H	I	J	K	L	M
1	请输入查询条件：				中心：		中心		职务：		经理		
2													
3	中心	部门	职位	职务	员工编号	姓名	入职日期	工资等级	岗位工资	实际出勤天数	出勤率	基本工资	奖金等级
4	财务中心	财务部	经理	经理	LZ020	任凭芳	2005/5/4 0:00	B1	5000	23	0.958333333	4791.666667	750
5	营销中心	销售一部	员工	营销经理	LZ537	闫基楣	2006/5/20 0:00	D7	3400	24.5	1.020833333	3400	340
6	营销中心	销售一部	员工	营销经理	LZ547	曹向红	2005/8/2 0:00	D5	3000	22.5	0.9375	2812.5	300
7	营销中心	销售一部	员工	营销经理	LZ546	王玉瑾	2015/4/8 0:00	D7	3400	21.5	0.895833333	3045.833333	340
8	营销中心	销售一部	员工	营销经理	LZ545	周杨宇	2009/7/21 0:00	D10	4000	26	1.083333333	4000	600
9	营销中心	销售一部	员工	营销经理	LZ544	张大军	2008/1/4 0:00	D2	2600	24.5	1.020833333	2600	260
10	营销中心	销售一部	员工	营销经理	LZ543	王硕	2013/12/9 0:00	D6	3200	25.5	1.0625	3200	320
11	营销中心	销售一部	员工	营销经理	LZ542	陈军	2009/10/30 0:00	D4	2800	23	0.958333333	2683.333333	280
12	营销中心	销售一部	员工	营销经理	LZ541	蒋春峰	2009/9/3 0:00	D10	4000	26	1.083333333	4000	600
13	营销中心	销售一部	员工	营销经理	LZ540	蒋敬彬	2013/6/27 0:00	D9	3800	22.5	0.9375	3562.5	380
14	营销中心	销售一部	员工	营销经理	LZ548	胡华	2006/6/14 0:00	D6	3200	27.5	1.145833333	3200	320
15	营销中心	销售一部	员工	营销经理	LZ538	王斌	2007/12/21 0:00	D10	4000	23	0.958333333	3833.333333	600

图 9-110

获取的数据会自动套用超级表，选择【设计】选项卡→在【表格样式】功能组中可以修改样式，使得表格风格一致，如图 9-111 所示。

	B	C	D	E	F	G	H	I	J	K	L	M	N
	条件：			中心：		中心		职务：		经理			
	部门	职位	职务	员工编号	姓名	入职日期	工资等级	岗位工资	实际出勤天数	出勤率	基本工资	奖金等级	绩效得分	奖金
	财务部	经理	经理	LZ020	任凭芳	2005/5/4 0:00	B1	5000	23	0.958333333	4791.666667	750	91	68
	销售一部	员工	营销经理	LZ537	闫基楣	2006/5/20 0:00	D7	3400	24.5	1.020833333	3400	340	91	30
	销售一部	员工	营销经理	LZ547	曹向红	2005/8/2 0:00	D5	3000	22.5	0.9375	2812.5	300	93	27
	销售一部	员工	营销经理	LZ546	王玉瑾	2015/4/8 0:00	D7	3400	21.5	0.895833333	3045.833333	340	82	27
	销售一部	员工	营销经理	LZ545	周杨宇	2009/7/21 0:00	D10	4000	26	1.083333333	4000	600	99	20

图 9-111

为了便于查看，选中【E4】单元格→选择【视图】选项卡→单击【冻结窗格】按钮→在下拉菜单中选择【冻结窗格】选项，如图 9-112 所示。

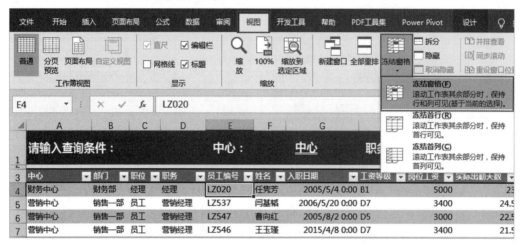

图 9-112

在筛选时，会发现列宽一直在变，选择【设计】选项卡→单击【属性】按钮→在弹出的【外部数据属性】对话框中取消选中【调整列宽】复选框→单击【确定】按钮，如图 9-113 所示。

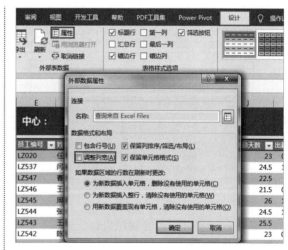

图 9-113

9.5 解锁阶梯查找函数：LOOKUP

在工作中计算提成时，还在用 IF 函数一层一层嵌套吗？这样太慢了，本节将用 LOOKUP 函数解锁新玩法。

1. LOOKUP 函数的基本语法

打开"素材文件 /09- 查找函数 /09-05- 解锁阶梯查找函数：LOOKUP.xlsx"源文件。

在"基础应用"工作表中，第一个案例是根据年龄返回对应的补贴金额。

LOOKUP 函数是满足某个起步线后，返回对应的值，所以首先要设置好起步线，起步线即下限值，比如第一档 80~84 周岁，起步线就是 80。

使用 LOOKUP 函数时，最重要的是设置好起步线的参考值，起步线有两个条件：（1）起步线必须是一组升序序列；（2）起步线代表≥起步值。

选中【H4】单元格→输入"=LOO"→按 <Tab> 键补充函数名称和左括号→按 <Ctrl+A> 键打开【选定参数】对话框，常用的是第一组，所以直接单击【确定】按钮即可，如图 9-114 所示。

图 9-114

在弹出的【函数参数】对话框中单击第一个文本框将其激活→选中【G4】单元格→单击第二个文本框将其激活→选中【B4:B7】单元格区域→单击第三个文本框将其激活→选中【D4:D7】单元格区域→单击【确定】按钮，如图 9-115 所示。

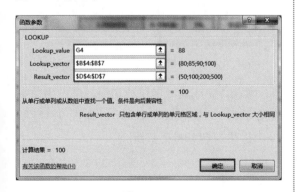

图 9-115

公式解析：LOOKUP 函数的第一个参数是"找谁"，是要根据年龄返回对应的补贴金额，所以找的是"年龄"，即【G4】单元格；第二个参数是查找向量，就是起步线，即【B4:B7】单元格区域，由于是固定在这几个单元格查找，所以要按 <F4> 键切换为绝对引用"$B$4:$B$7"；第三个参数是返回向量，就是补贴金额，即【D4:D7】单元格区域，由于返回的值固定在这几个单元格，所以要按 <F4> 键切换为绝对引用"$D$4:$D$7"。

将光标放在【H4】单元格右下角，当其变成十字句柄时，双击鼠标将公式向下填充，此时就完成了补贴金额的计算，如图 9-116 所示。

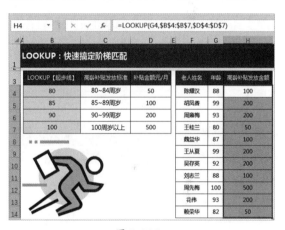

图 9-116

第二个案例是根据业绩总额计算提成金额。

首先看起步线，第一档就很好理解，0~1W（含），起步线是 0，第二档是 1~3W（含），这里不是 1，因为 1W 的业绩包含在第一档，所以返回的是第一档。只有一万零一元，或者一万零一分等，才会返回第二档，所以起步线可以设置为 1.0000001，以此类推。

选中【P4】单元格→输入公式"=LOOKUP(O4,$J$4:$J$9,$L$4:$L$9)"→按 <Enter> 键确认，此时即可得出营销经理表姐的提成比率是 0.08，如图 9-117 所示。

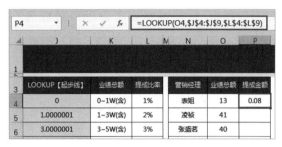

图 9-117

提成金额 = 提成比率 × 业绩总额，现在的结果只是提成比率，接着补充公式。单击编辑栏中公式的最后→输入 "*O4"，由于业绩总额的单位是万元，所以还要在公式的最后输入 "*10000"→按 <Enter> 键确认→将光标放在【P4】单元格右下角，当其变成十字句柄时，双击鼠标将公式向下填充，此时即可计算出提成金额，如图 9-118 所示。

图 9-118

如何去掉辅助表？

方法 1：选中【J:L】列区域→右击，在弹出的快捷菜单中选择【隐藏】选项，如图 9-119 所示。

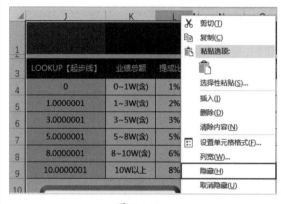

图 9-119

方法 2：将公式中的引用区域切换为数组形式，单击编辑栏中 ")" 前面的位置→单击函数参数提示框中的 "lookup_vector"，如图 9-120 所示→按 <F9> 键切换为数组。

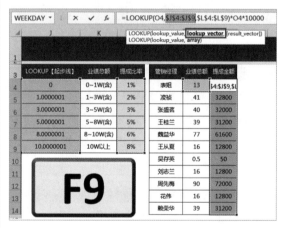

图 9-120

同理，完成返回向量的切换，单击函数参数提示框中的 "result_vector"，如图 9-121 所示→按 <F9> 键切换为数组。

WEEKDAY · : × ✓ fx =LOOKUP(O4,{0;1.0000001;3.0000001;5.0000001;8.0000001;10.0000001},$L$4:$L$9)*O4*10000

LOOKUP(lookup_value, lookup_vector, [result vector])
LOOKUP(lookup_value, array)

LOOKUP【起步线】	业绩总额	提成比率	营销经理	业绩总额	提成金额
0	0~1W(含)	1%	表姐	13	:4:$L$9)*(
1.0000001	1~3W(含)	2%	凌祯	41	32800
3.0000001	3~5W(含)	3%	张盛茗	40	32000
5.0000001	5~8W(含)	5%	王桂兰	39	31200
8.0000001	8~10W(含)	6%	魏益华	77	61600
10.0000001	10W以上	8%	王从夏	16	12800

图 9-121

此时就可以把辅助表删除，如果业绩总额发生变化，同样可以完成计算；如果档次发生变化，也可以直接修改公式，如图 9-122 所示。

=LOOKUP(L4,{0;1.0000001;3.0000001;5.0000001;8.0000001;10.0000001},{0.01;0.02;0.03;0.05;0.06;0.08})*L4*10000

营销经理	业绩总额	提成金额
表姐	10	6000
凌祯	41	32800
张盛茗	40	32000
王桂兰	39	31200
魏益华	77	61600
王从夏	16	12800

图 9-122

2. LOOKUP 函数模式化用法

（1）找到某个单元格区域的最后一个文本。

在"模式化用法"工作表中，选中【I4】单元格→输入公式 "=LOOKUP(" 座 ",B:B)"→按 <Enter> 键确认，如图 9-123 所示。

温馨提示

在计算机中，最大的文本符号是"々"，按 <Alt+41385> 键即可输入这个符号，可以用"座"代替这个符号，相关知识点可以通过"最大文本"工作表中的链接进行查看。

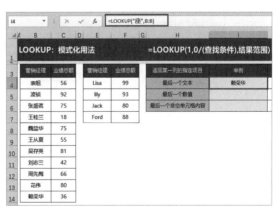

图 9-123

（2）找到某个单元格区域的最后一个数值。

选中【I5】单元格→输入公式 "=LOOKUP (9E+307,C:C)"→按 <Enter> 键确认，如图 9-124

所示。

图 9-124

温馨提示

在计算机中，最大的数值是"9E+307"。

（3）找到某个单元格区域的最后一个非空单元格内容。

选中【I6】单元格→输入"=LOO"→按 \<Tab\> 键补充函数名称和左括号→按 \<Ctrl+A\> 键打开【选定参数】对话框，单击【确定】按钮，如图 9-125 所示。

图 9-125

在弹出的【函数参数】对话框中单击第一个文本框将其激活→第一个参数固定输入"1"→单击第二个文本框将其激活→第二个参数是"0/(查找条件)"，条件就是【A】列中不是空白的，所以输入"0/(A:A\<\>"")"→单击第三个文本框将其激活→选中【A】列→单击【确定】按钮，如图 9-126 所示。

图 9-126

3. LOOKUP 函数实战用法精讲

实战 1：根据姓名查找到业绩总额。

在编写公式前，需要对营销经理进行升序排序，因为 LOOKUP 函数的第二个参数是这样要求的，如图 9-127 所示。在"实战用法 1"工作表中，已经排好顺序了，读者可自行打乱顺序再练习。

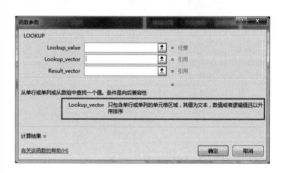

图 9-127

选中【F4】单元格→输入公式"=LOOKUP(1,0/($B$4:$B$14=E4),$C$4:$C$14)"→按 \<Enter\> 键确认→将光标放在【F4】单元格右下角，当其变成十字句柄时，双击鼠标将公式向下填充，此时就完成了用 LOOKUP 函数查找营销经理的业绩总额，如图 9-128 所示。

公式解析：模式化用法的格式是固定的，所以首先输入"1,0/"，要找的是【B4:B14】单元格区域，等于【E4】单元格的营销经理，第三个参数是返回向量，即业绩总额，最后注意绝对引用的问题。

图 9-128

接下来看看怎么用 LOOKUP 函数完成多条件的查找。在编写公式前，同样需要先进行排序，选中【I3:K14】单元格区域→选择【数据】选项卡→单击【排序】按钮，如图 9-129 所示。

图 9-129

弹出【排序】对话框→由于条件 1 是营销经理，所以【主要关键字】选择【营销经理】选项→条件 2 是产品类别，所以单击【添加条件】按钮→【次要关键字】选择【产品类别】选项→单击【确定】按钮，如图 9-130 所示。

图 9-130

LOOKUP 函数模式化用法多条件的基本语法是 "=LOOKUP(1,0/(查找条件 1)*(查找条件 2)*…*(查找条件 N), 结果范围)"。

了解语法之后，再根据前面所学的知识，相信到了这里，对读者来说已经很容易了。选中【O4】单元格→输入公式 "=LOOKUP(1,0/($I$4:$I$14=M4)*($J$4:$J$14=N4),$K$4:$K$14)"→按 <Enter> 键确认→将光标放在【O4】单元格右下角，当其变成十字句柄时，双击鼠标将公式向下填充，此时就完成了用 LOOKUP 函数完成多条件的查找，如图 9-131 所示。

图 9-131

实战 2：找到最大时间对应值。

同样先进行排序，根据订单日期查找，就要将订单日期进行升序排序。在"实战用法 2"工作表中，选中"订单日期"列中的任意一个单元格→右击，在弹出的快捷菜单中选择【排序】中的【升序】选项，如图 9-132 所示。

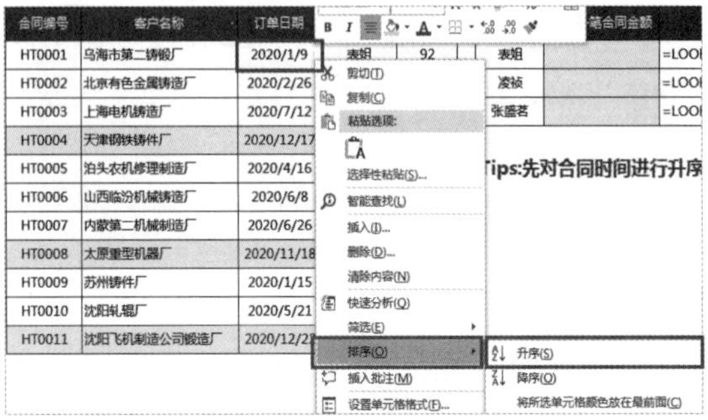

图 9-132

选中【I4】单元格→输入公式 "=LOOKUP(1,0/($E$4:$E$14=H4),$F$4:$F$14)"，这个公式格式已经不陌生了，读者可能会疑惑，为什么这个公式的结果不是第一个"表姐"，这是因为已经进行升序排序了，所以找到的是最后一个"表姐"→按 <Enter> 键确认→将光标放在【I4】单元格右下角，当其变成十字句柄时，双击鼠标将公式向下填充，此时就完成了用 LOOKUP函数找到最大时间对应值，如图 9-133 所示。

图 9-133

实战 3：根据关键词分组。

在"实战用法 3"工作表中，选中【D4】单元格→输入公式 "=LOOKUP(1,0/COUNTIF(C4,"*"&G4:G12&"*"),G4:G12)"→按 <Enter> 键确认，此时就计算出归属地了，如图 9-134 所示。

图 9-134

公式解析： 可以通过【G3:K12】单元格区域帮助理解公式，如图 9-135 所示。

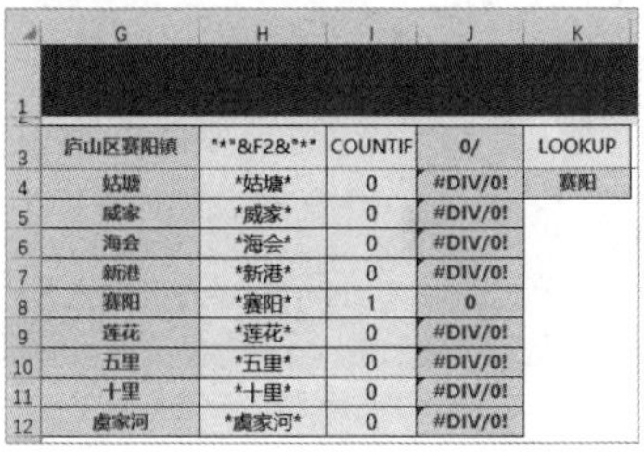

图 9-135

模式化用法的第二个参数是 0÷查找条件，在本案例中，查找条件用到的是 COUNTIF 函数，如果【C4】单元格在【G4:G12】单元格区域找到了，COUNTIF 函数返回结果就是 1，找不到就是 0，如图 9-135 所示的第三列；需要注意的是，"G4:G12"需要加上通配符"*"方可找到，如图 9-135 所示的第二列；因为是 0÷查找条件，所以查找条件的结果是非零的数值，才会返回正确的结果（分母不能为 0），反之为错误值，如图 9-135 所示的第四列；最后 LOOKUP函数返回有结果的值，即"赛阳"，如图 9-135 所示的第五列。

公式向下填充时要注意引用方式的问题，单击编辑栏→选中公式中的"G4:G12"→按 <F4> 键切换为绝对引用"$G$4:$G$12"→按

<Enter> 键确认→将光标放在【D4】单元格右下角，当其变成十字句柄时，双击鼠标将公式向下填充，如图 9-136 所示。

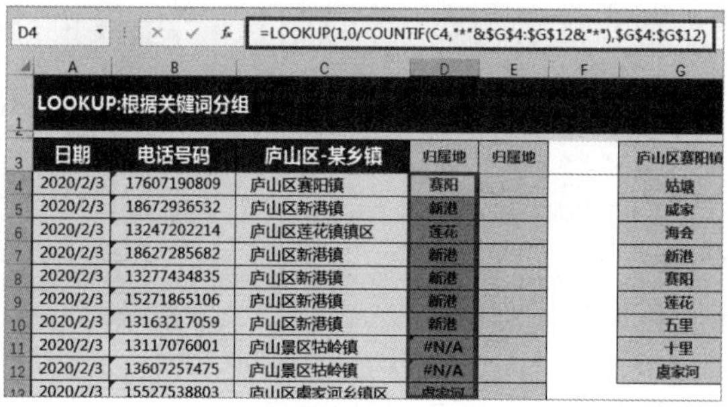

图 9-136

可以看到结果有 #N/A 错误值，表示查无此值，套用错误美化函数 IFERROR，单击编辑栏中 "=" 后面的位置，输入 "IFERROR("→在公式的最后输入 "," 非辖区 ")"→按 <Ctrl+Enter> 键批量填充，如图 9-137 所示。

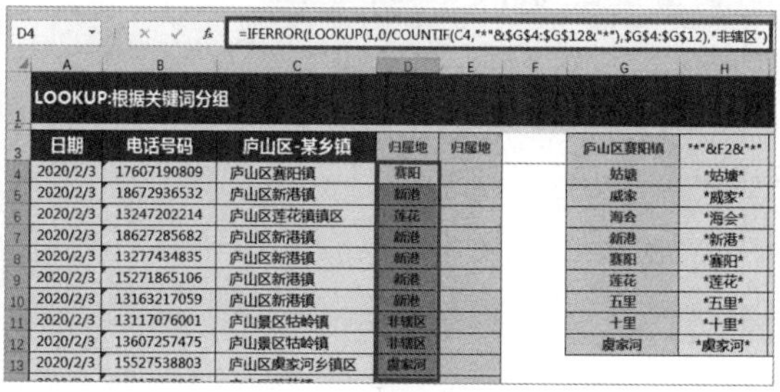

图 9-137

接下来看看如何用前面学过的文本函数 FIND 来完成公式。

选中【E4】单元格→输入公式 "=IFERROR(LOOKUP(1,0/FIND($G$4:$G$12,C4),$G$4:$G$12)," 非辖区 ")"→按 <Enter> 键确认→将光标放在【E4】单元格右下角，当其变成十字句柄时，双击鼠标将公式向下填充，如图 9-138 所示。

公式解析：查找条件用 FIND 函数，

FIND(要查找的字符串, 被查找的字符串)，要查找的字符串就是【G4:G12】单元格区域的内容，被查找的字符串就是【C4】单元格的内容，最后依然要注意公式中单元格的引用方式和套用错误美化函数的问题。

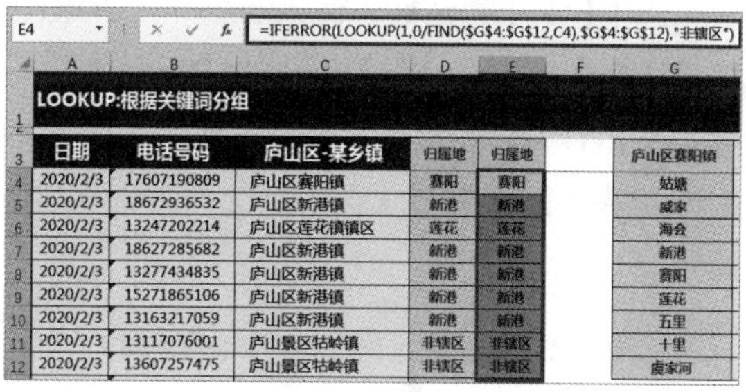

图 9-138

实战 4：解决合并单元格问题。

前面讲过，如果将合并单元格切换为非合并单元格，用的方法是取消合并单元格→定位空值→按 < = + ↑ > 键→按 <Ctrl+Enter> 键批量填充。

但这样的结果破坏了合并单元格，如果不允许破坏合并单元格，又该如何操作呢？

在 "实战用法 4" 工作表中，选中【E4】单元格→选择【开始】选项卡→单击【合并后居中】按钮，可以看到合并单元格的内容 "表姐" 是在【E4】单元格的，【E5:E7】单元格区域都是空白，如图 9-139 所示。

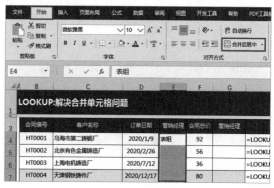

图 9-139

还记得前面讲过的用 LOOKUP 函数查找最后一个文本吗？【E4：E4】单元格区域的最后一个文本是"表姐"，【E4:E5】单元格区域的最后一个文本是"表姐"，因为【E5】单元格是空白的，以此类推。

选中【G4】单元格→输入公式 "=LOOKUP(" 座 ",$E$4:E4)"→按 <Enter> 键确认→将光标放在【G4】单元格右下角，当其变成十字句柄时，双击鼠标将公式向下填充，如图 9-140 所示。

图 9-140

接下来看看当单元格是合并单元格时，如何统计各营销经理的合同额。

选中【K4】单元格→输入公式 "=SUM((J4=LOOKUP(ROW($A$4:$A$14),IF($E$4:$E$14<>"", ROW($E$4:$E$14)),$E$4:$E$14))*$F$4:$F$14)"，如图 9-141 所示。

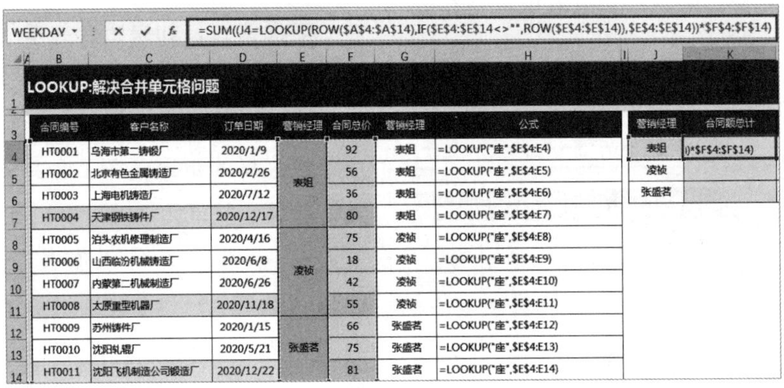

图 9-141

用本书最开始讲解的方法来解析公式，首先是 SUM 函数，单击编辑栏中的 "SUM"→单击函数参数提示框中的 "number1"，可以看到整个 SUM 函数就填了一个参数，如图 9-142 所示。

图 9-142

接着是 "J4=LOOKUP" 的结果，单击编辑栏中 "LOOKUP" 后面的括号→单击函数参数提示框中的 "lookup_value"，LOOKUP 函数的第一

个参数是"找谁"，找的是 ROW($A$4:$A$14)，即根据序号做查找匹配，如图 9-143 所示。

图 9-143

单击函数参数提示框中的 "lookup_vector"，LOOKUP 函数的第二个参数是查找向量，用 IF 函数做了嵌套，判断营销经理，即【E4:E14】单元格区域是否为空，如图 9-144 所示。

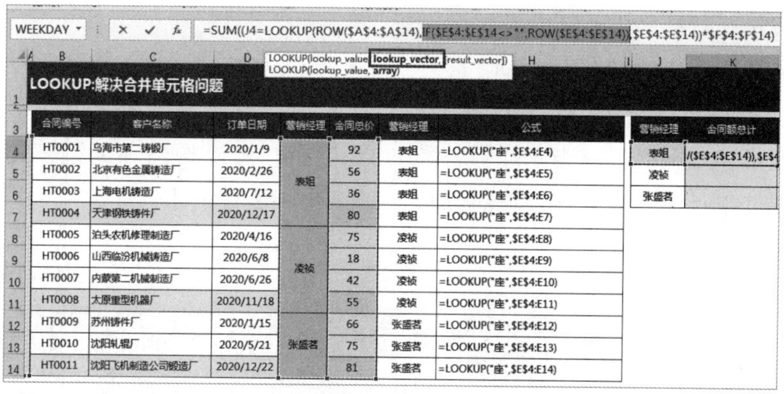

图 9-144

单击函数参数提示框中的"result_vector"，LOOKUP 函数的第三个参数是返回向量，就是营销经理，即【E4:E14】单元格区域，如图 9-145 所示。

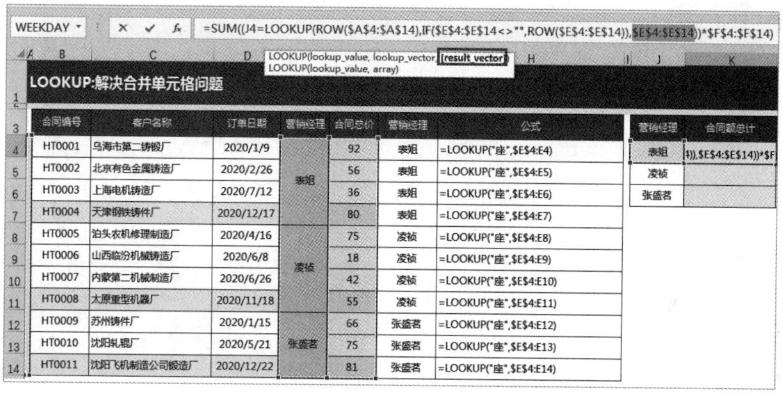

图 9-145

公式中 J4=LOOKUP 函数的结果会得到一串 TRUE 和 FALSE 的结果，用这个结果乘合同总计，即【F4:F14】单元格区域，如图 9-146 所示，得出的结果再用 SUM 求和，如表姐的结果是"=SUM({92;56;36;80;0;0;0;0;0;0;0})"。

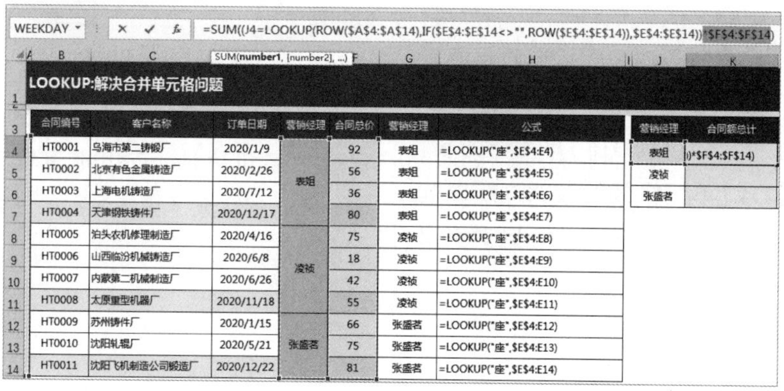

图 9-146

需要注意的是，这是一个数组公式，所以公式编辑完成之后，按 <Ctrl+Shift+Enter> 键可以得到数组结果→将光标放在【K4】单元格右下角，当其变成十字句柄时，双击鼠标将公式向下填充，此时就统计出了各营销经理的合同额，如图 9-147 所示。

这个公式是比较复杂的，所以数据源要规范，尽量避免合并单元格的存在，如果非要存在，可以构建辅助列，如【G】列，再用 SUMIFS 函数统计。

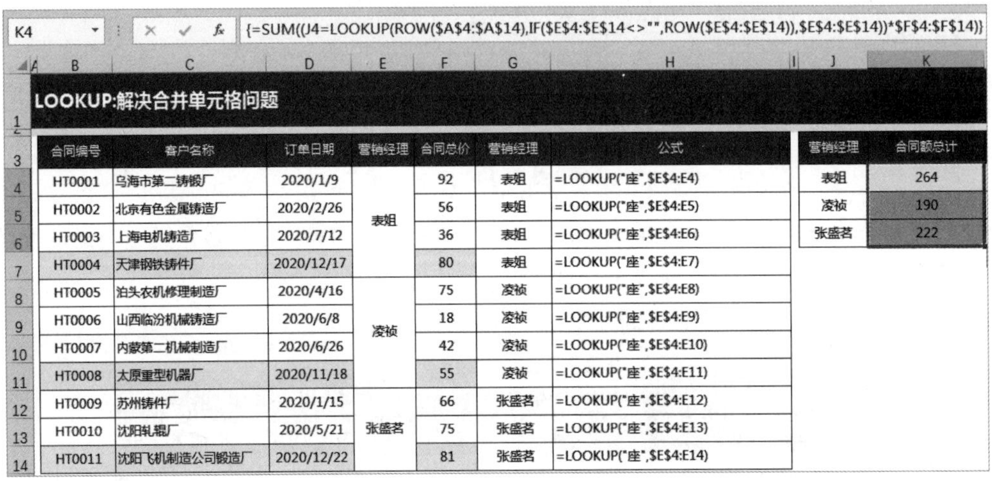

图 9-147

实战 5：解决合并单元格问题。

还记得前面讲过的用 LOOKUP 函数查找最后一个数值吗？

为了便于理解公式，从最后一个单元格开始写公式。在"实战用法 5"工作表中，选中【F14】单元格→输入公式"=LOOKUP(9E+307, $D$4:D14)*E14"→按 <Enter> 键确认，如图 9-148 所示。

公式解析：销售金额 = 产品单价 * 销售数量，LOOKUP 函数查找最后一个数值的基本语法是"=LOOKUP(9E+307, 查找范围)"，查找范围就是产品单价，即【D4:D14】单元格区域；由于是固定从【D4】单元格开始查找，所以选中公式中的"D4"，按 <F4> 键切换为绝对引用"$D$4"。

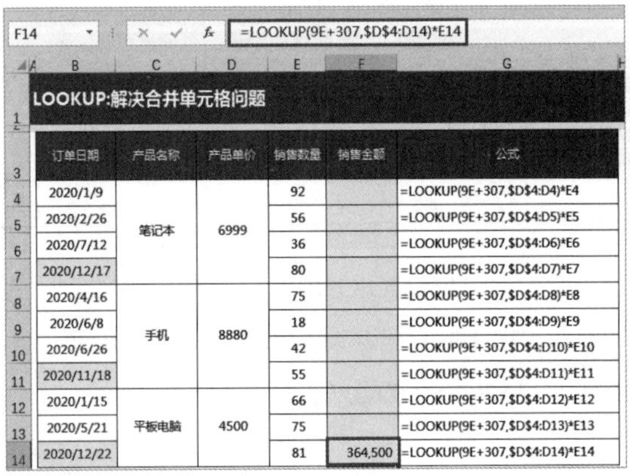

图 9-148

将光标放在【F14】单元格右下角，当其变成十字句柄时，向上拖曳填充至【F4】单元格，此时就完成了销售金额的计算，如图 9-149 所示。

| F14 | | × ✓ fx | =LOOKUP(9E+307,$D$4:D14)*E14 |

LOOKUP:解决合并单元格问题

订单日期	产品名称	产品单价	销售数量	销售金额	公式
2020/1/9	笔记本	6999	92	643,908	=LOOKUP(9E+307,$D$4:D4)*E4
2020/2/26			56	391,944	=LOOKUP(9E+307,$D$4:D5)*E5
2020/7/12			36	251,964	=LOOKUP(9E+307,$D$4:D6)*E6
2020/12/17			80	559,920	=LOOKUP(9E+307,$D$4:D7)*E7
2020/4/16	手机	8880	75	666,000	=LOOKUP(9E+307,$D$4:D8)*E8
2020/6/8			18	159,840	=LOOKUP(9E+307,$D$4:D9)*E9
2020/6/26			42	372,960	=LOOKUP(9E+307,$D$4:D10)*E10
2020/11/18			55	488,400	=LOOKUP(9E+307,$D$4:D11)*E11
2020/1/15	平板电脑	4500	66	297,000	=LOOKUP(9E+307,$D$4:D12)*E12
2020/5/21			75	337,500	=LOOKUP(9E+307,$D$4:D13)*E13
2020/12/22			81	364,500	=LOOKUP(9E+307,$D$4:D14)*E14

图 9-149

9.6 二维查找最佳拍档：INDEX+MATCH

本节继续学习查找引用函数，二维查找的最佳拍档是 INDEX+MATCH 函数。如果将 MATCH 函数比喻为瞄准手，用来定位坐标，那么 INDEX 函数就是狙击手，用来狙击目标，二者协同工作，精确查找目标数据，如图 9-150 所示。

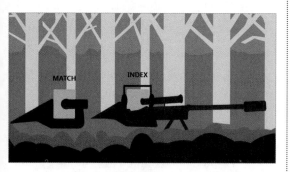

图 9-150

1. INDEX、MATCH 函数的基本语法

打开"素材文件/09-查找函数/09-06-二维查找最佳拍档：INDEX+MATCH.xlsx"源文件。

在"基础语法"工作表中，先将原公式删除，选中【F4:F6】单元格区域→按 <Delete> 键删除，如图 9-151 所示。

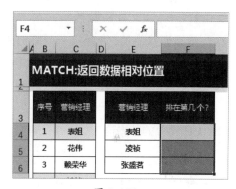

图 9-151

接着输入"=M"→按 <Tab> 键补充函数名称和左括号，如图 9-152 所示。

图 9-152

按 <Ctrl+A> 键→在弹出的【函数参数】对话框中单击第一个文本框将其激活→选中【E4】单元格→单击第二个文本框将其激活→选中

【C4:C14】单元格区域→按 <F4> 键切换为绝对引用 "$C$4:$C$14"→单击第三个文本框将其激活→输入 "0"→单击【确定】按钮，如图 9-153 所示。

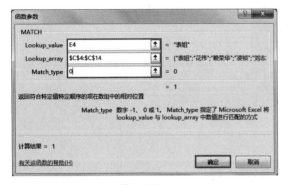

图 9-153

公式解析：MATCH 函数的第一个参数是"找谁"，本案例找的是"表姐"，即【E4】单元格；第二个参数是"在哪找"，在【C4:C14】单元格区域找；第三个参数默认写 0，表示精确匹配。

MATCH 函数的基本语法如图 9-154 所示。

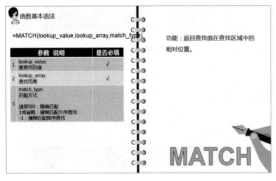

图 9-154

选中【F4】单元格→将光标放在【F4】单元格右下角，当其变成十字句柄时，双击鼠标将公式向下填充，此时就完成了用 MATCH 函数定位坐标，表姐排在第 1 个，凌祯排在第 4 个，张盛茗排在第 10 个，如图 9-155 所示。

图 9-155

接下来看看 MATCH 函数的搭档 INDEX 函数，选中【S4】单元格→按 <Delete> 键删除已经填写好的公式→输入 "=IN"→按 <Tab> 键补充函数名称和左括号，如图 9-156 所示。

图 9-156

按 <Ctrl+A> 键打开【选定参数】对话框→单击【确定】按钮，如图 9-157 所示。

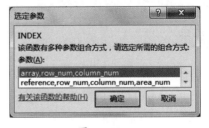

图 9-157

在弹出的【函数参数】对话框中单击第一个文本框将其激活→选中【K4:O13】单元格区域→单击第二个文本框将其激活→选中【Q4】单元格→单击第三个文本框将其激活→选中

【R4】单元格→单击【确定】按钮，如图 9-158 所示。

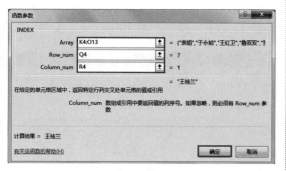

图 9-158

公式解析：INDEX 函数的第一个参数是"在哪找"，本案例找的是"姓名"，所以选中【K4:O13】单元格区域；第二个参数是"在第几行找"，即层数，所以选中【Q4】单元格；第三个参数是"在第几列找"，即房间号，所以选中【R4】单元格。

INDEX 函数的基本语法如图 9-159 所示。

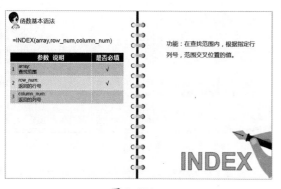

图 9-159

此时就完成了用 INDEX 函数查找交叉表中的姓名，由于【Q4】和【R4】单元格用了 RANDBETWEEN 函数，所以按 <F9> 键可以刷新结果，如图 9-160 所示。

图 9-160

2. MATCH 函数进阶用法

（1）统计不重复值的个数。

注意关键词：统计个数、不重复，有没有想到前面的条件统计函数 COUNTIF？下面来看一看如何用 COUNTIF 函数来统计不重复值的个数。

在"MATCH 进阶"工作表中，选中【C4】单元格，可以看到公式是"=IF(COUNTIF($B$4:B4,B4)=1,1,0)"，表示在这个单元格区域中，如果营销经理的名字是第一次出现就显示"1"，否则显示"0"，如图 9-161 所示。

图 9-161

最后用 SUM 函数计算 COUNTIF 函数的结果即可，如图 9-162 所示。

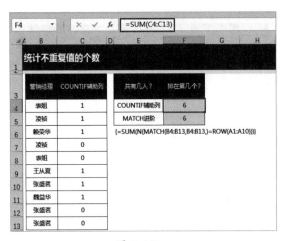

图 9-162

接下来看看如何用 MATCH 函数来统计不重复值的个数，选中【F5】单元格可以查看公式，如图 9-163 所示。

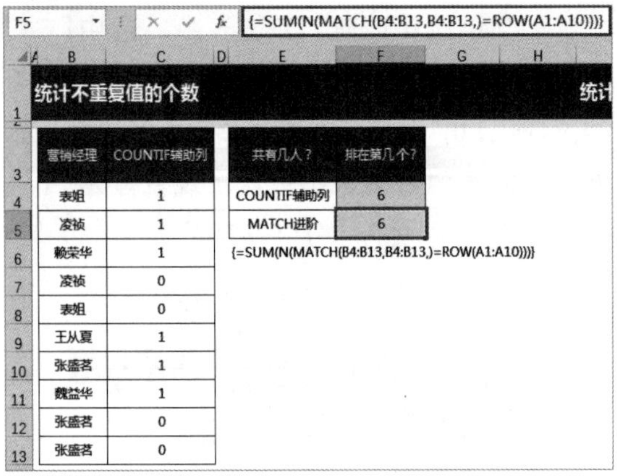

图 9-163

但这个公式相对比较复杂，还是用 COUNTIF+SUM 函数来统计比较简单。

下面通过【公式求值】来帮助理解公式。选择【公式】选项卡→单击【公式求值】按钮→在弹出的【公式求值】对话框中单击【求值】按钮，即可得出 MATCH 函数的结果 "{1;2;3; 2;1;6;7;8; 7;7}"，这个结果是怎么出来的呢？首先第一个是【B4】单元格的"表姐"，在【B4:B13】单元格

区域中，从上往下排第一个，所以返回 1；接着看第四个是【B7】单元格的"凌祯"，在【B4:B13】单元格区域中，从上往下排第二个，所以返回 2，以此类推，如图 9-164 所示。

图 9-164

单击【求值】按钮，可以计算出 ROW 函数的结果，ROW(A1:A10) 就是 1 到 10 的数字，如图 9-165 所示。

图 9-165

单击【求值】按钮，就可以得出 N 函数的结果，这个就是判断 MATCH 函数的结果是否等于 ROW 函数的结果，如 MATCH 函数的第一个值是 1，ROW 函数的第一个值也是 1，所以返回结果为 TRUE；MATCH 函数的第四个值是 2，ROW 函数的第四个值是 4，所以返回结果为 FALSE，如图 9-166 所示。

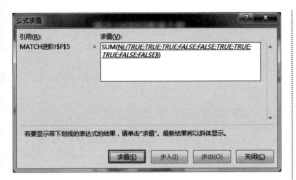

图 9-166

单击【求值】按钮，可以看到计算结果是"=SUM({1;1;1;0;0;1;1;1;0;0})"，表示如果营销经理的名字是第一次出现就显示"1"，否则显示"0"，这个就与 COUNTIF 辅助列是一样的意思，如图 9-167 所示。

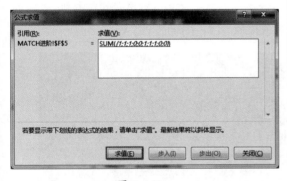

图 9-167

单击【求值】按钮，就可以计算出 SUM 函数的结果是 6，单击【关闭】按钮，如图 9-168 所示。

图 9-168

（2）统计两列相同数据的个数。

选中【N3】单元格可以查看公式，是用了 COUNT+MATCH 函数的数组公式，如图 9-169 所示。

图 9-169

同样通过【公式求值】来帮助理解公式。选择【公式】选项卡→单击【公式求值】按钮→在弹出的【公式求值】对话框中单击【求值】按钮，即可得出 MATCH 函数的结果"COUNT({#N/A;6;#N/A;#N/A;7;#N/A;#N/A;8;4;#N/A})"。首先第一个是【J4】单元格的"表姐"，在【K4:K13】单元格区域中没找到，所以返回 #N/A；第二个是【J5】单元格的"凌祯"，在【K4:K13】单元格区域中排第 6 个，所以返回 6，以此类推，最后的结果是四个有值，其他都返回 #N/A 错误值，如图 9-170 所示。

图 9-170

单击【求值】按钮，就可以计算出 COUNT 函数的结果是 4，单击【关闭】按钮，如图 9-171 所示。

图 9-171

9.7 INDEX+MATCH 函数实战：营业收入月度分析表

大家有没有遇到过要用二维表制作动态图表的情况？是不是想想都觉得很难，甚至很难实现，得转换成一维表才能制作？本节将介绍如何用 INDEX+MATCH 函数来制作动态图表。

1. 应用场景介绍

在工作中我们经常会面对一张简单的二维数据统计表，X 轴和 Y 轴分别是时间和类别，这样的数据源怎么才能制作出图 9-172 所示的动态图表？接下来的内容将揭晓这个答案。

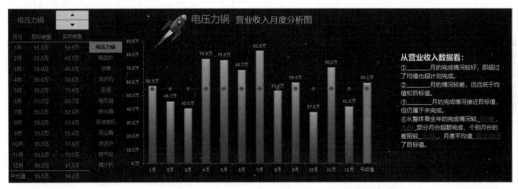

图 9-172

2. 解析制作思路

笔者把制作思路整理为图 9-173。

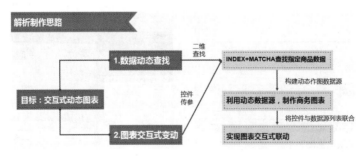

图 9-173

3. 实战应用技巧

打开"素材文件 /09- 查找函数 /09-07-INDEX+MATCH 函数实战：营业收入月度分析表 .xlsx"源文件。

在"动态图表分析"工作表中，可以单击【数值调节钮】按钮来查看不同产品不同月份的数据，可以看到数值和图表都发生了变化，如图 9-174 所示。

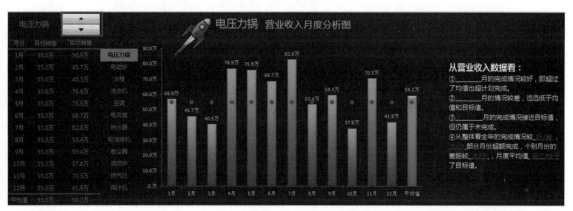

图 9-174

接下来看看如何制作这样的数据源和图表，选中【A2:C15】单元格区域→按 <Ctrl+C> 键复制→选择"营业收入统计"工作表→选中【R2】单元格→右击，在弹出的快捷菜单中选择【粘贴选项】下的【值】选项，如图 9-175 所示。

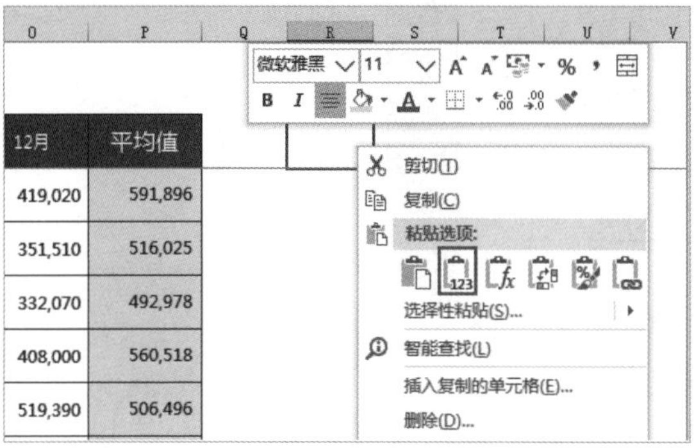

图 9-175

选中【S3:T15】单元格区域→按 <Delete> 键删除数值，留下标题即可，如图 9-176 所示。

图 9-176

由于是根据产品来查找每月的数据，所以产品是条件，先把条件做好，选中【S1】单元格→选择【数据】选项卡→单击【数据验证】按钮→弹出【数据验证】对话框→在【允许】下拉列表中选择【序列】选项→单击【来源】文本框将其激活→选中【B3:B14】单元格区域→单击【确定】按钮，如图 9-177 所示。

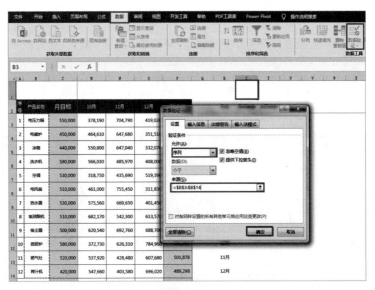

图 9-177

接着填写目标销售的值，选中【S3】单元格→输入公式 "=VLOOKUP($S$1,$B$3:$C$14,2,0)"→按 <Enter> 键确认→将光标放在【S3】单元格右下角，当其变成十字句柄时，向下拖曳填充至【S14】单元格，如图 9-178 所示。

序号	产品名称	月目标	10月	11月	12月	平均值		月份	目标销售	实际销售
									电压力锅	
1	电压力锅	550,000	378,190	704,790	419,020	591,896		1月	550000	
2	电磁炉	450,000	464,610	647,680	351,510	516,025		2月	550000	
3	冰箱	440,000	550,800	647,040	332,070	492,978		3月	550000	
4	洗衣机	580,000	566,030	485,970	408,000	560,518		4月	550000	
5	空调	530,000	318,750	435,690	519,390	506,496		5月	550000	
6	电风扇	510,000	461,000	755,450	311,830	580,293		6月	550000	
7	热水器	530,000	575,560	669,650	401,450	525,850		7月	550000	
8	吸油烟机	510,000	682,170	542,300	613,570	565,736		8月	550000	
9	吸尘器	500,000	620,540	692,760	688,700	554,957		9月	550000	
10	微波炉	580,000	372,730	626,310	784,960	581,363		10月	550000	
11	燃气灶	520,000	537,920	428,480	607,680	501,878		11月	550000	
12	榨汁机	420,000	547,660	403,580	696,020	489,298		12月	550000	
	合计	6,120,000	6,075,960	7,039,700	6,134,200	6,467,286		平均值		

图 9-178

公式解析：每个月份的目标销售都一样，只是不同产品的目标销售不一样，所以 VLOOKUP 函数的第一个参数是"找谁"，找的是产品，即【S1】单元格，且需要按 <F4> 键切换为绝对引用 "$S$1"；第二个参数是"在哪找"，即【B3:C14】单元格区域，按 <F4> 键切换为绝对引用 "$B$3: $C$14"；第三个参数是"在第几列找"，从左往右数是第 2 列，所以输入"2"；最后一个参数写 0，表示精确匹配。

接着计算平均值，选中【S15】单元格→选择【公式】选项卡→单击【自动求和】按钮→在下拉菜单中选择【平均值】选项→按 <Enter> 键确认，如图 9-179 所示。

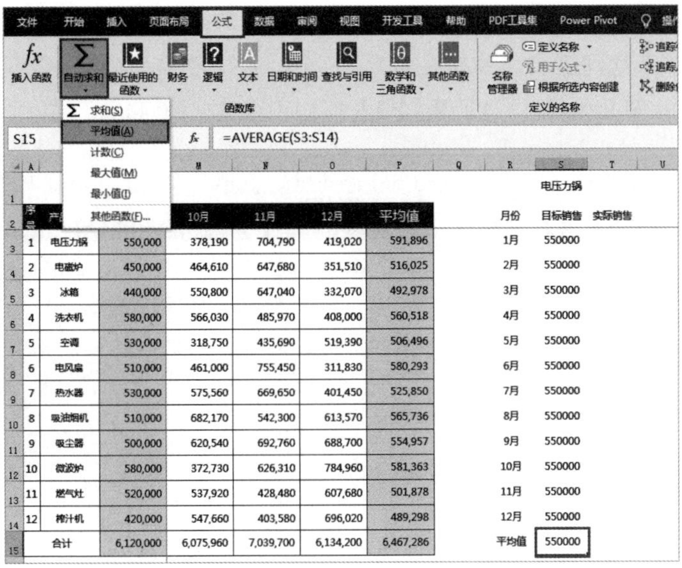

图 9-179

接着是实际销售的数据，在【D3:O14】单元格区域中匹配数据，如图 9-180 所示。有两个条件，第一个条件是产品，即要找到第几行的数据，如电压力锅是第一行；第二个条件是月份，即要找到第几列的数据，如一月就是第一列，那么电压力锅一月的实际销售数据就是【D3:O14】单元格区域中的第一行第一列。

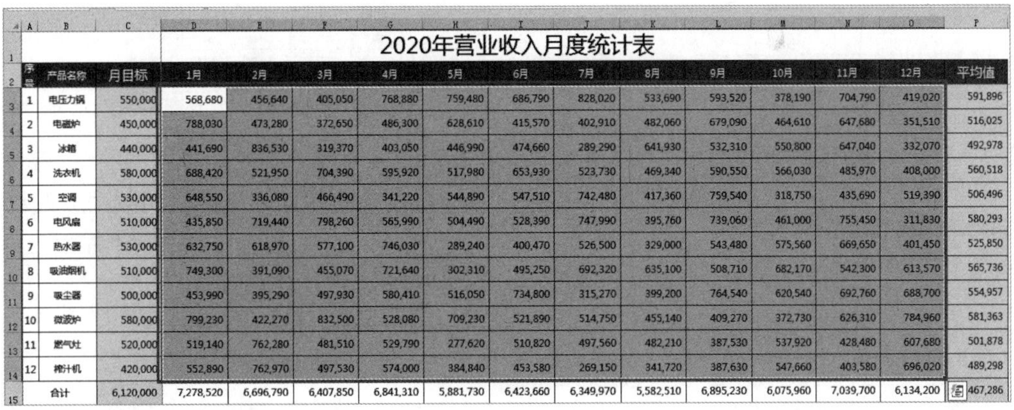

图 9-180

厘清逻辑后来编写公式，选中【T3】单元格→输入公式 "=INDEX($D$3:$O$14,MATCH($S$1, $B$3:$B$14,0),MATCH(R3,$D$2:$O$2,0))" →按 <Enter> 键确认→将光标放在【T3】单元格右下角，当其变成十字句柄时，向下拖曳填充至【T14】单元格，如图 9-181 所示。

这里用 INDEX+MATCH 函数的好处是不用担心数据源串行，MATCH 函数会自动匹配。

公式解析：INDEX 函数的第一个参数是 "在哪找"，即【D3:O14】单元格区域；第二个参数是 "在第几行找"，也就是【S1】单元格的产品在【B3:B14】单元格区域中排第几个，到这里读者是不是想到了 INDEX 函数的搭档 MATCH 函数，所以嵌套 MATCH 函数来找到这个产品排在第几行；第三个参数是"在第几列找"，也就是【R3】

单元格的月份在【D2:O2】单元格区域中排第几个，同样用 MATCH 函数匹配；最后注意公式中引用方式的问题。

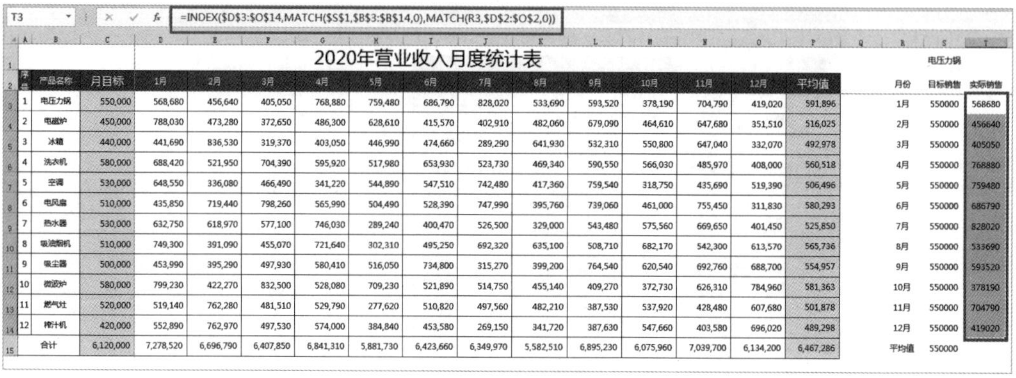

图 9-181

选中【S15】单元格→将光标放在【S15】单元格右下角，当其变成十字句柄时，向右拖曳填充至【T15】单元格，即可完成实际销售的平均值计算→选择【开始】选项卡→单击【减少小数位数】按钮，使得数值显示为整数，如图 9-182 所示。

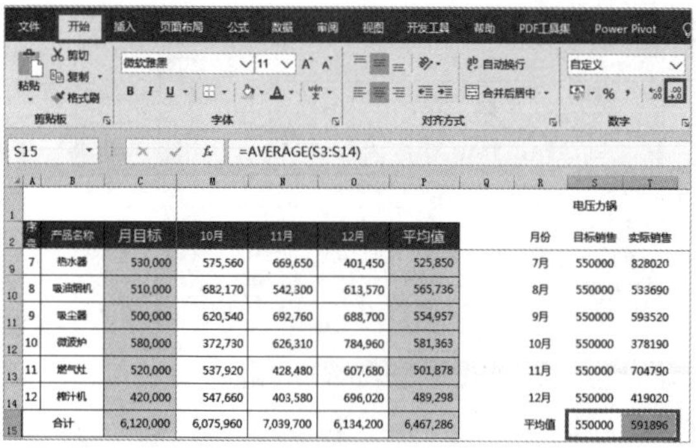

图 9-182

此时就完成了作图数据源，单击【S1】单元格右下角的下拉小三角，即可看到不同产品不同月份的数据变化，如图 9-183 所示。

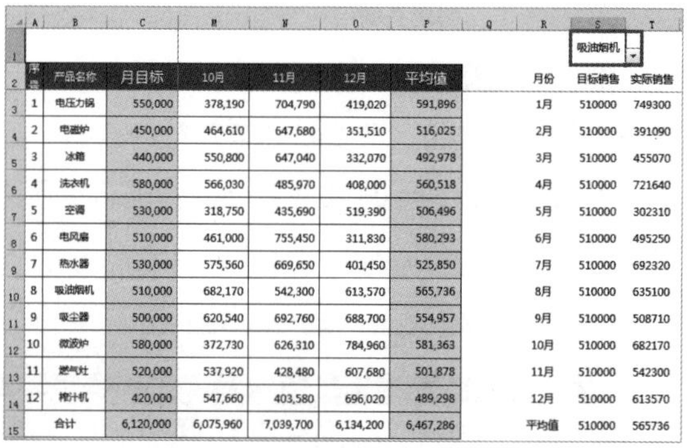

图 9-183

接下来看看如何把做好的数据放到新工作表中。首先单击 Sheet 表右侧的【新工作表】按钮，如图 9-184 所示。

图 9-184

选中"营业收入统计表"中的【R:T】列区域→按 <Ctrl+X> 键剪切→选中新工作表中的【A】列→右击，在弹出的快捷菜单中选择【插入剪切的单元格】选项，如图 9-185 所示。

图 9-185

图 9-186

此时可以看到数据依然是联动的，只是数据验证需要修改，选中"营业收入统计"工作表中的【B3:B14】单元格区域→按 <Ctrl+C> 键复制→选中"Sheet1"工作表中的【D3】单元格→按 <Ctrl+V> 键粘贴，如图 9-186 所示。

选中【B1】单元格→选择【数据】选项卡→单击【数据验证】按钮→在弹出的【数据验证】对话框中选中【来源】文本框，将原本的数据删除→选中【D3:D14】单元格区域→单击【确定】按钮，如图 9-187 所示。

图 9-187

接着来制作图表，选中【A2:C15】单元格区域→选择【插入】选项卡→单击【插入柱形图或条形图】按钮→选择【二维柱形图】下的【簇状柱形图】选项，如图 9-188 所示。

图 9-188

选中图表→选择【设计】选项卡→单击【更改图表类型】按钮→在弹出的【更改图表类型】对话框中选择【组合图】选项→单击【目标销售】右侧的下拉按钮→选择【折线图】下的【带数据标记的折线图】选项，如图 9-189 所示。

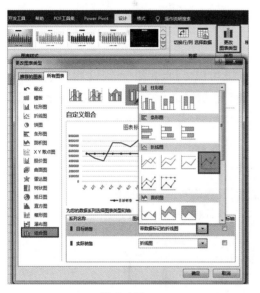

图 9-189

接着修改【实际销售】的图表类型，单击【实际销售】右侧的下拉按钮→选择【柱形图】下的【簇状柱形图】选项→单击【确定】按钮，如图 9-190 所示。

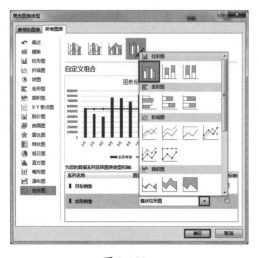

图 9-190

完成效果如图 9-191 所示，可以单击图表边框周围的小圆圈，调整图表大小。

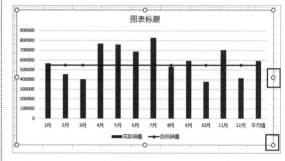

图 9-191

温馨提示

按 <Alt> 键可以让图表边框完美对齐网格线。

图表样式可以通过选择【设计】选项卡→单击【图表样式】功能组中的样式进行修改，如图 9-192 所示。

图 9-192

柱子的样式可以通过选择【格式】选项卡→单击【形状样式】功能组中的样式进行修改，如图 9-193 所示。

需要注意的是，不是选中图表就可以修改，而是需要单击任意一条柱子选中全部柱子，这样才可以修改。

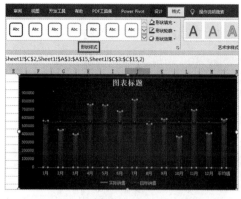

图 9-193

接下来设置平均值的柱子为不同颜色，单击平均值的柱子，此时可以看到只选中了一条柱子，选择【格式】选项卡→单击【形状样式】功能组中的样式进行修改，如图 9-194 所示。

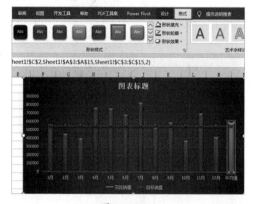

图 9-194

> **温馨提示**
>
> 首次单击柱子，是选中全部柱子，可以看到每条柱子的四个角有小圆点，再次单击任意一条柱子，即可单独修改一条柱子的样式，此时可以看到只有一条柱子的四个角有小圆点。

图表的美化在之后的章节会详细讲解，这里就先简单美化。

选中图表标题，修改为"年度销售业绩统计表"，如图 9-195 所示。

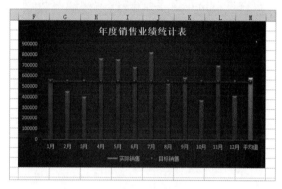

图 9-195

选中图表→选择【开始】选项卡→单击【字体】按钮→选择【微软雅黑】选项，即可对整个图表的字体进行修改，如图 9-196 所示。

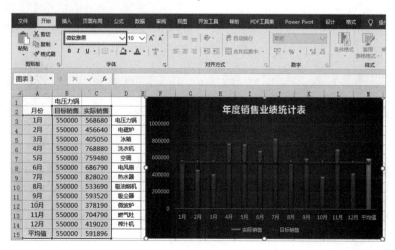

图 9-196

在"动态图表分析"工作表中，可以看到图表标题旁边的文字会随着产品的变化而变化，如图 9-197 所示。

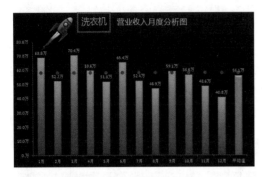

图 9-197

接着就来学习制作，选择【插入】选项卡→单击【形状】按钮→选择【矩形】选项，如图 9-198 所示。

图 9-198

将矩形绘制在标题旁边→选择【格式】选项卡→单击【形状填充】按钮→选择【无填充】选项，如图 9-199 所示。

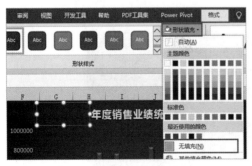

图 9-199

单击【形状轮廓】按钮→选择【无轮廓】选项，如图 9-200 所示。

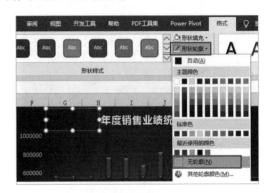

图 9-200

单击编辑栏→输入"="→选中【B1】单元格→按 <Enter> 键确认，此时修改【B1】单元格的值，会发现形状中的文字跟着变化，如图 9-201 所示。

图 9-201

接着调整形状中文字的样式，选择【开始】选项卡→单击【垂直居中】按钮→单击【右对齐】按钮→单击【加粗】按钮→修改字号为"18"→修改字体颜色为"白色"，如图 9-202 所示。

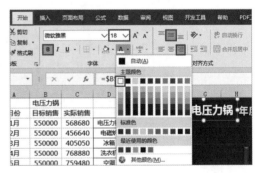

图 9-202

相信细心的读者还看到了"动态图表分析"工作表中的上下小按钮，单击可以选择不同产品，如图9-203所示。

图 9-203

这是一个表单控件，选择【开发工具】选项卡→单击【插入】按钮→选择【表单控件】中的【数值调节钮】选项，如图9-204所示。

图 9-204

温馨提示

要选择上半部分的表单控件，下半部分的控件看似相同，但它是在 VBA 中用的。

如果菜单栏中没有【开发工具】选项卡，则需要到【自定义功能区】中添加，选择【文件】选项卡，如图9-205所示。

图 9-205

选择【选项】选项，如图9-206所示。

图 9-206

在弹出的【Excel选项】对话框中选择左侧的【自定义功能区】选项→选中【开发工具】复选框→单击【确定】按钮，如图9-207所示。

图 9-207

在图表标题右侧拖曳鼠标绘制一个"数值调节钮"→右击，在弹出的快捷菜单中选择【设置控件格式】选项，如图9-208所示。

图 9-208

在弹出的【设置控件格式】对话框中选择【控制】选项卡→由于一共有12个产品，所以将【最小值】修改为"1"→将【最大值】为修改"12"→单击【单元格链接】文本框将其激活→选

中【C1】单元格→单击【确定】按钮，如图 9-209
所示。

图 9-209

此时单击【数值调节钮】按钮，可以看到
【C1】单元格会对应出现 1、2、3……接着设置
公式，如果【C1】单元格的值为 1，就显示电压
力锅；如果【C1】单元格的值为 2，就显示电
磁炉，以此类推。选中【B1】单元格→输入公
式"=INDEX(D3:D14,C1)"→按 <Enter> 键确认，

如图 9-210 所示。

图 9-210

在"动态图表分析"工作表中，当单击【数
值调节钮】按钮时，对应的产品会有"跳动"的
效果，如图 9-211 所示。

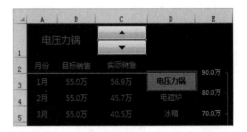

图 9-211

选中【D3:D14】单元格区域→选择【开始】
选项卡→单击【条件格式】按钮→在下拉菜单
中选择【突出显示单元格规则】选项→选择【等
于】选项，如图 9-212 所示。

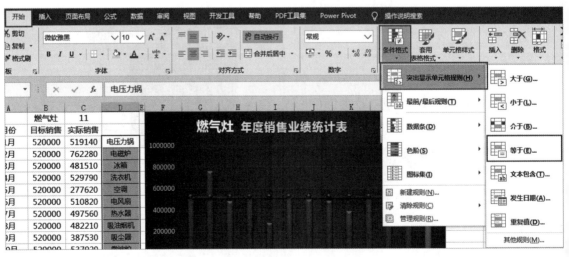

图 9-212

在弹出的【等于】对话框中单击【为等于以下值的单元格设置格式】文本框将其激活→选中【B1】单元格，表示当【D3:D14】单元格区域的值等于【B1】单元格时，触发格式→单击【设置为】下拉按钮→选择【自定义格式】选项，如图 9-213 所示。

图 9-213

在弹出的【设置单元格格式】对话框中选择【填充】选项卡→选择【黑色】，如图 9-214 所示。

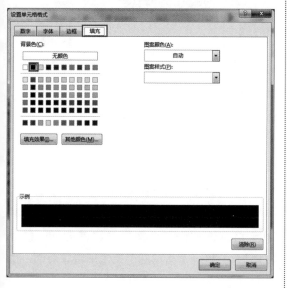

图 9-214

选择【字体】选项卡→在【字形】列表框中选择【加粗】选项→单击【颜色】下拉按钮→选择【白色】→单击【确定】按钮，如图 9-215 所示。

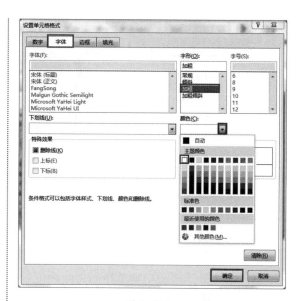

图 9-215

这时单击【数值调节钮】按钮，可以发现单击向上按钮，可是产品却往下选，如图 9-216 所示。

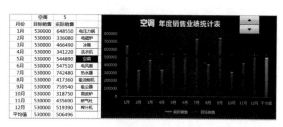

图 9-216

重新制作联动的数值，选中【A1】单元格→输入公式"=13-C1"→按 <Enter> 键确认，这样就可以让顺序反过来，如图 9-217 所示。

图 9-217

选中【B1】单元格→选中编辑栏中的"C1"→修改为"A1"→按 <Enter> 键确认，如图 9-218 所示。

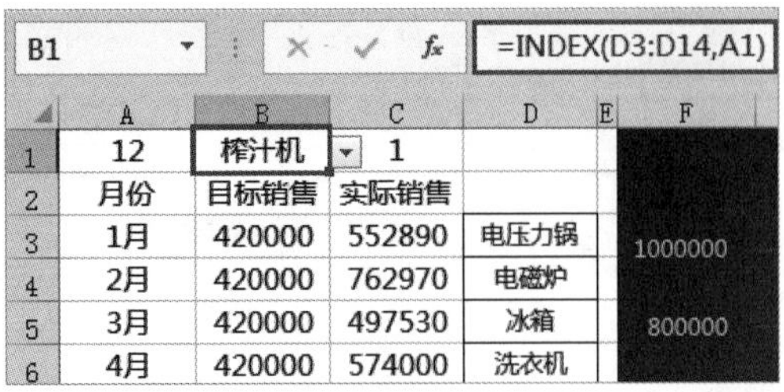

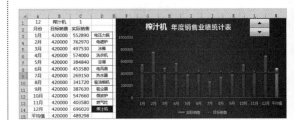

图 9-218

此时就完成了用 INDEX+MATCH 函数来制

作动态图表，如图 9-219 所示。

图 9-219

9.8 构建动态引用区域：OFFSET

本节接着学习查找引用函数：OFFSET。这是一个乾坤大挪移的神奇函数，经常在动态图表中使用到，下面就一起来看看怎么运用 OFFSET 函数来制作酷炫的动态图表。

1. OFFSET 函数的基本语法

打开"素材文件 /09- 查找函数 /09-08- 构建动态引用区域：OFFSET- 空白 .xlsx"源文件。

在"基础语法"工作表中，想要求的是从【B3】单元格开始，向下偏移 1 行，向右偏移 2 列的值是什么，如图 9-220 所示。

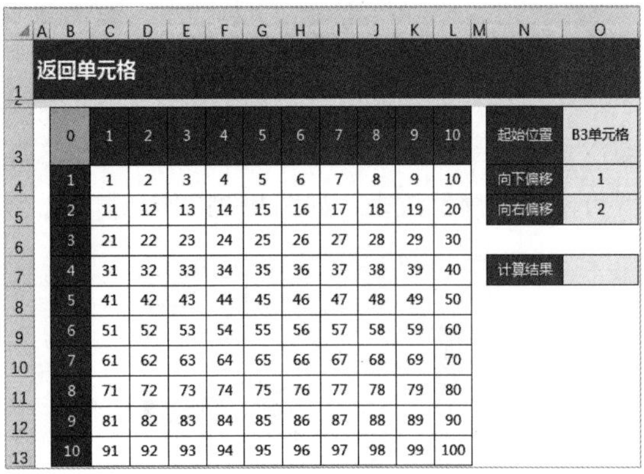

图 9-220

现在来编写公式，选中【O7】单元格→输入"=OF"→按 <Tab> 键补充函数名称和左括号，

如图 9-221 所示。

图 9-221

按 <Ctrl+A> 键→在弹出的【函数参数】对话框中单击第一个文本框将其激活→选中【B3】单元格→单击第二个文本框将其激活→选中【O4】单元格→单击第三个文本框将其激活→选中【O5】单元格→单击【确定】按钮，如图 9-222 所示。

公式解析：OFFSET 函数的第一个参数是起始位置，即【B3】单元格；第二个参数是从起始位置开始，向上或向下偏移的行数；第三个参数是从起始位置开始，向左或向右偏移的列数。

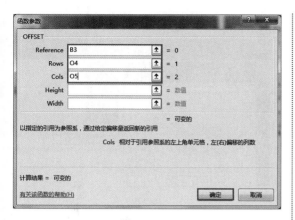

图 9-222

此时就计算出结果了，如图 9-223 所示。

图 9-223

正数表示向下或向右，对应的向上或向左用负数表示。

选中【O4】单元格→将其修改为"−2"→选中【O5】单元格→将其修改为"−1"→此时【O7】单元格会计算出新的结果"返回单元格"，即从【B3】单元格开始，向上走两行，向左走一列，就到了【A1】单元格"返回单元格"，如图 9-224 所示。

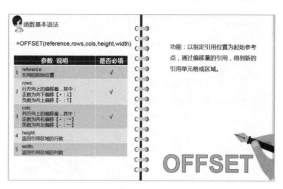

图 9-224

OFFSET 函数的基本语法如图 9-225 所示。

图 9-225

接下来看看如果想要返回的是一个单元格区域，又该如何操作。

选中【AE9】单元格→输入"=OF"→按 <Tab> 键补充函数名称和左括号，如图 9-226 所示。

图 9-226

按 <Ctrl+A> 键→在弹出的【函数参数】对话框中单击第一个文本框将其激活→选中【R3】单元格→单击第二个文本框将其激活→选中【AE4】单元格→单击第三个文本框将其激活→选中【AE5】单元格→单击第四个文本框将其激活→选中【AE6】单元格→单击第五个文本框将其激活→选中【AE7】单元格→单击【确定】按钮，如图 9-227 所示。

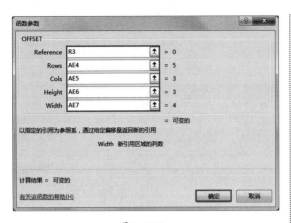

图 9-227

公式解析：OFFSET 函数的第四个参数是返回引用区域的行数，第五个参数是返回引用区域的列数。

可以看到，结果是错误值"#VALUE!"，这是因为 OFFSET 函数取的是区域，不是值，结果取的就是黄色部分的【U8:X10】单元格区域，如图 9-228 所示。

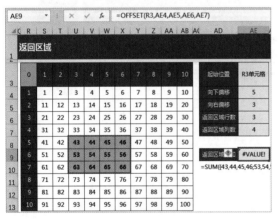

图 9-228

可以对这个区域进行求和，单击编辑栏中"="后面的位置→输入"SUM("→在公式的最后输入")"→按 <Enter> 键确认，此时就计算出【U8:X10】单元格区域的值了，如图 9-229 所示。

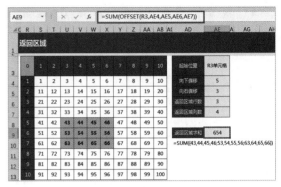

图 9-229

2. OFFSET 函数进阶用法

在"连续 5 个大于 10 的数字"工作表中，本案例是如果连续 5 个月销售业绩 >10，就标识出来。这里公式已经写出，通过【公式求值】来看看公式该怎么理解。

选中【K4】单元格→选择【公式】选项卡→单击【公式求值】按钮→在弹出的【公式求值】对话框中单击【求值】按钮，此时就计算出了 OFFSET 函数的结果，由于结果是单元格区域，所以都为错误值，如图 9-230 所示。

图 9-230

公式解析：OFFSET(K3,,{-4,-3,-2,-1,0},1,5)，第一个参数是起始位置；第二个参数是从起始位置开始，向上或向下偏移的行数，由于还在当前行，所以空着不写；第三个参数是从起始位置开始，向左或向右偏移的列数，这里写的是 {-4,-3,-2,-1,0}，表示一共取五个，向左偏移 4 格、3 格……第四个参数是返回引用区域的行数，由于业绩都在一行，所以输入"1"；第五个参数是返回引用区域的列数，由于是连续五个，所以输入"5"；OFFSET 函数取的就是【G3:K3】【H3:L3】【I3:M3】【J3:N3】【K3:O3】单元格区域。

单击【求值】按钮，即可计算出 COUNTIF 函数的结果"{5,5,4,4,4}"，如图 9-231 所示。

图 9-231

公式解析：COUNTIF(OFFSET(K3,,{-4,-3,-2,-1,0},1,5),">10")，就是判断在【G3:K3】【H3:L3】【I3:M3】【J3:N3】【K3:O3】这五个单元格区域中，分别有多少个数值大于 10，如【G3:K3】单元格区域的值是 11、20、22、16、12，有五个数值大于 10，所以第一个结果是 5；【I3:M3】单元格区域的值是 22、16、12、32、9，有四个数值大于 10，所以第三个结果是 4，以此类推。

接着判断 COUNTIF 函数的结果有几个数据等于 5，单击【求值】按钮，即可计算出结果"{TRUE,TRUE,FALSE,FALSE,FALSE}"，如图 9-232 所示。

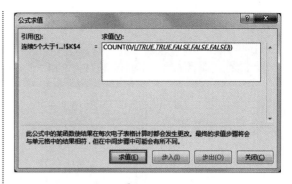

图 9-232

接着用 0 除结果，再用 COUNT 函数计数，在【G3:K3】【H3:L3】【I3:M3】【J3:N3】【K3:O3】这五个单元格区域中，一共有两组数据都大于 10，单击【关闭】按钮，如图 9-233 所示。

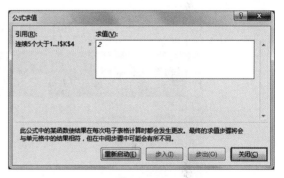

图 9-233

3. OFFSET 函数在动态图表中的应用

作图表前最关键的就是数据源，所以先来写作图数据源的公式，在本案例中，动态图表一共有三个条件，第一个条件是排序方式，先用 SMALL 函数来完成对合同金额的升序排序。

在"图表"工作表中，选中【W3】单元格→输入公式"=SMALL($C$3:$C$17,ROW(A1))"→按 <Enter> 键确认→将光标放在【W3】单元格右下角，当其变成十字句柄时，向下拖曳填充至【W17】单元格，如图 9-234 所示。

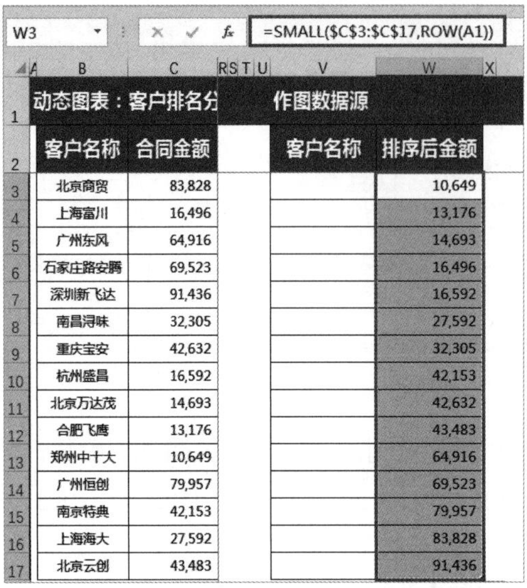

W3 =SMALL($C$3:$C$17,ROW(A1))

动态图表：客户排名分		作图数据源	
客户名称	合同金额	客户名称	排序后金额
北京商贸	83,828		10,649
上海富川	16,496		13,176
广州东风	64,916		14,693
石家庄路安腾	69,523		16,496
深圳新飞达	91,436		16,592
南昌浔味	32,305		27,592
重庆宝安	42,632		32,305
杭州盛昌	16,592		42,153
北京万达茂	14,693		42,632
合肥飞鹰	13,176		43,483
郑州中十大	10,649		64,916
广州恒创	79,957		69,523
南京特典	42,153		79,957
上海海大	27,592		83,828
北京云创	43,483		91,436

图 9-234

排序方式还有降序，所以用 IF 函数做嵌套，如果【L2】单元格为升序，就是上面 SMALL 的结果，反之就用 LARGE 函数做降序排序。

单击编辑栏中“=”后面的位置→输入“IF($L$2=" 升序 ",”→在公式的最后输入“, LARGE($C$3:$C$17,ROW(A1)))”→按 <Ctrl+Enter> 键批量填充，如图 9-235 所示。

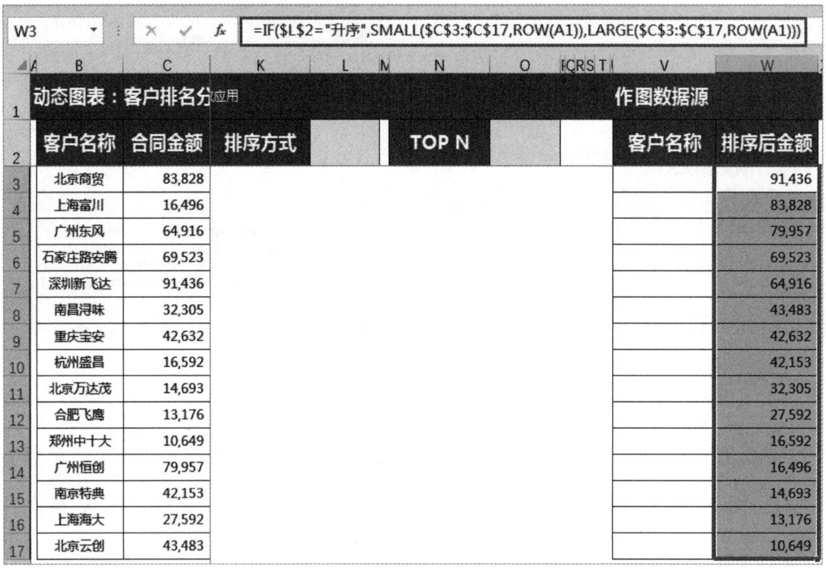

W3 =IF($L$2="升序",SMALL($C$3:$C$17,ROW(A1)),LARGE($C$3:$C$17,ROW(A1)))

动态图表：客户排名分应用					作图数据源	
客户名称	合同金额	排序方式	TOP N		客户名称	排序后金额
北京商贸	83,828					91,436
上海富川	16,496					83,828
广州东风	64,916					79,957
石家庄路安腾	69,523					69,523
深圳新飞达	91,436					64,916
南昌浔味	32,305					43,483
重庆宝安	42,632					42,632
杭州盛昌	16,592					42,153
北京万达茂	14,693					32,305
合肥飞鹰	13,176					27,592
郑州中十大	10,649					16,592
广州恒创	79,957					16,496
南京特典	42,153					14,693
上海海大	27,592					13,176
北京云创	43,483					10,649

图 9-235

第二个条件是排序依据，是按照合同金额、发货金额还是回款金额做排序，也就是 SMALL 和 LARGE 函数的第一个参数是变动的，同样用 IF 函数做嵌套。如果【I2】单元格的值为“合同金额”，就是【C3:C17】单元格区域；如果【I2】单元格的值为“发货金额”，就是【D3:D17】单元格区域；如果【I2】单元格的值为“回款金额”，就是【E3:E17】单元格区域。如果都不是，那就显示错误值，可以选择【A3:A17】单元格区域。

选中编辑栏中的“$C$3:$C$17”→按 <Delete> 键删除→输入“IF($I$2=" 合同金额 ",$C$3:$C$17,IF($I$2=" 发货金额 ",$D$3:$D$17,IF($I$2=" 回款金额 ",$E$3:$E$17,$A$3:$A$17)))”→按 <Ctrl+Enter> 键批量填充，到这里就完成了 SMALL 函数的第一个参数的输入，如图 9-236 所示。

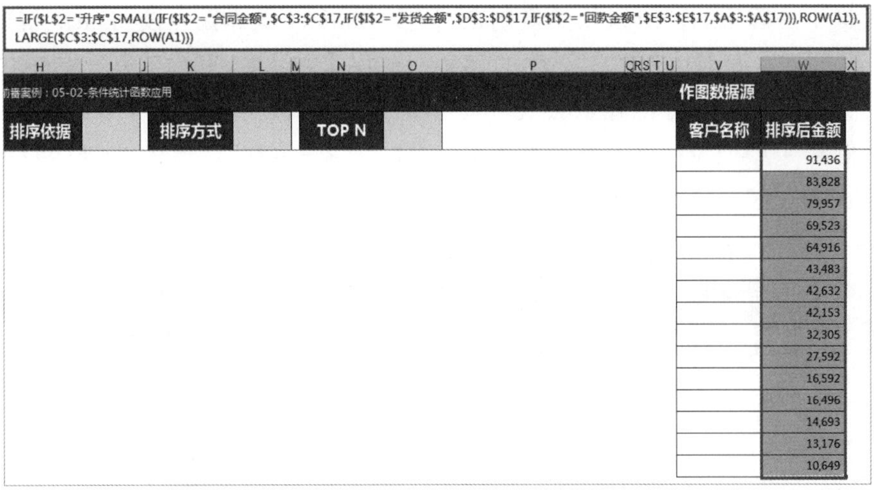

=IF($L$2="升序",SMALL(IF($I$2="合同金额",$C$3:$C$17,IF($I$2="发货金额",$D$3:$D$17,IF($I$2="回款金额",$E$3:$E$17,$A$3:$A$17))),ROW(A1)),
LARGE($C$3:$C$17,ROW(A1)))

图 9-236

同理，完成 LARGE 函数的第一个参数的输入，可以用复制粘贴的功能快速完成。选中编辑栏中刚刚写完的 IF 函数公式→按 <Ctrl+C> 键复制→选中 "LARGE(" 后面的 "$C$3:$C$17"→按 <Ctrl+V> 键粘贴→按 <Ctrl+Enter> 键批量填充，此时就完成了第二个条件下的公式，结果是错误值，这是因为满足了排序依据的最后一个条件，可以单击【I2】单元格选择不同的排序依据，如图 9-237 所示。

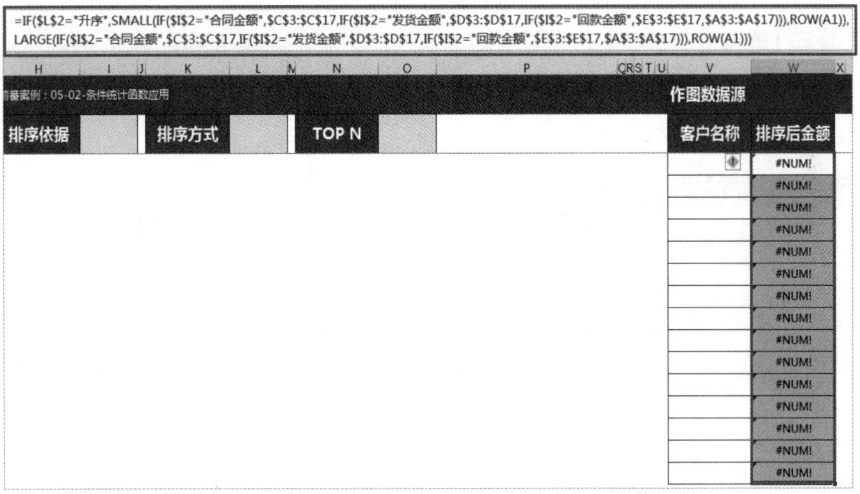

=IF($L$2="升序",SMALL(IF($I$2="合同金额",$C$3:$C$17,IF($I$2="发货金额",$D$3:$D$17,IF($I$2="回款金额",$E$3:$E$17,$A$3:$A$17))),ROW(A1)),
LARGE(IF($I$2="合同金额",$C$3:$C$17,IF($I$2="发货金额",$D$3:$D$17,IF($I$2="回款金额",$E$3:$E$17,$A$3:$A$17))),ROW(A1)))

图 9-237

接着根据金额查询客户名称，选中【V3】单元格→输入公式 "=INDEX($B$3:$B$17,MATCH(W3,$C$3:$C$17,0))"→按 <Enter> 键确认，如图 9-238 所示。

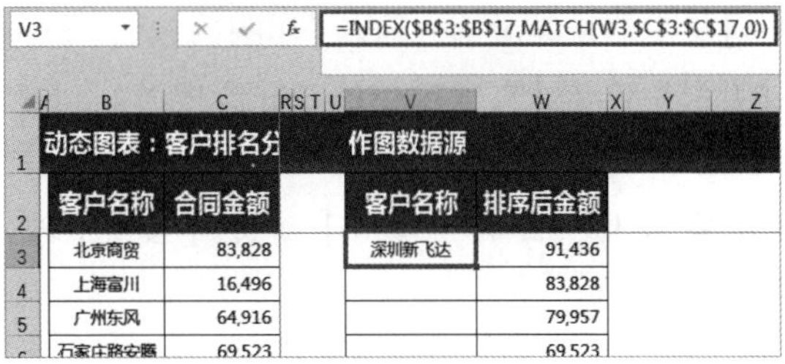

图 9-238

309

区域同样不是固定的，所以依然复制前面的 IF 函数公式，替换 MATCH 函数的第二个参数，选中刚刚写完的 IF 函数公式→按 <Ctrl+C> 键复制→选中【V3】单元格→选中编辑栏中 "MATCH(W3," 后面的 "$C$3:$C$17" →

按 <Ctrl+V> 键粘贴→按 <Enter> 键确认→将光标放在【V3】单元格右下角，当其变成十字句柄时，向下拖曳填充至【V17】单元格，此时就完成了 "客户名称" 的填充，如图 9-239 所示。

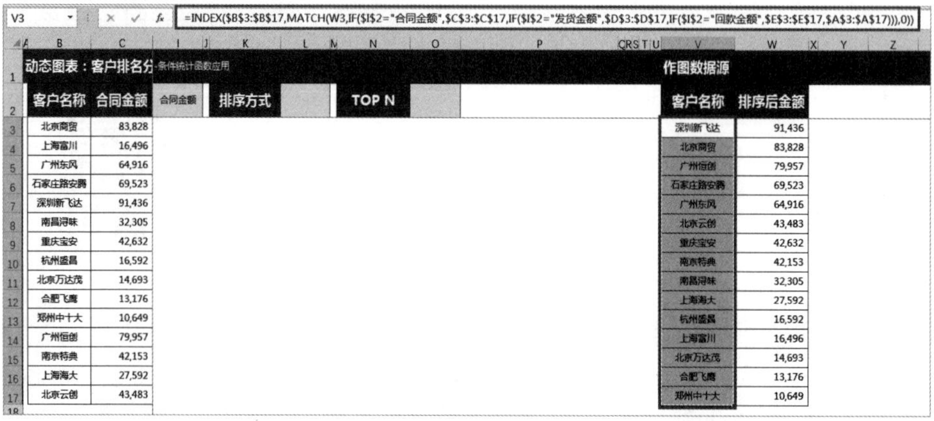

图 9-239

最后一个条件是 TOP N，来看看是怎么操作的。选择【公式】选项卡→单击【名称管理器】按钮→在弹出的【名称管理器】对话框中单击【新建】按钮，如图 9-240 所示。

图 9-240

在弹出的【编辑名称】对话框中单击【名称】文本框将其激活→输入 "作图的金额" →选中【引用位置】文本框中的 "图表 !$O$4" →按 <Delete> 键删除→输入 "OFFSET(图表 !$W$3,0,0, 图表 !$O$2,1)" →单击【确定】按钮，如

图 9-241 所示。

图 9-241

公式解析：OFFSET 函数的第一个参数是起始位置，即【W3】单元格；由于要取的是一个区域，不是某个单元格，所以第二个参数和第三个参数写 0；第四个参数是返回引用区域的行数，这个就是 TOP N 的值，即【O2】单元格；第五个参数是返回引用区域的列数，所以输入 "1"。

返回【名称管理器】对话框，单击【新建】按钮，如图 9-242 所示。

图 9-242

在弹出的【新建名称】对话框中单击【名称】
文本框将其激活→输入"作图的客户名称"→选
中【引用位置】文本框中的"图表 !$O$4"→按
<Delete> 键删除→输入"OFFSET(图表 !$V$3,
0,0, 图表 !$O$2,1)"→单击【确定】按钮，如
图 9-243 所示。

图 9-243

返回【名称管理器】对话框，单击【关闭】
按钮。

选中【O2】单元格→输入"10"，如图 9-244
所示。

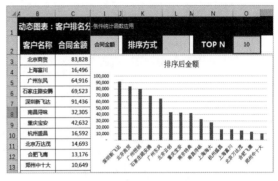

图 9-244

温馨提示

不是固定输入"10"，可以随意输入一个数
字，否则接下来的操作会报错。

选中【V2:W17】单元格区域→选择【插入】
选项卡→单击【插入柱形图或条形图】按钮→选
择【二维柱形图】下的【簇状柱形图】选项，如
图 9-245 所示。

图 9-245

选择【设计】选项卡→单击【选择数据】按钮→在弹出的【选择数据源】对话框中单击【图例项
(系列)】下的【编辑】按钮，如图 9-246 所示。

图 9-246

在弹出的【编辑数据系列】对话框中选中【系列值】文本框中的"$W$3:$W$17"→按 <Delete> 键删除→按 <F3> 键打开【粘贴名称】对话框→双击选中【作图的金额】选项→单击【确定】按钮，如图 9-247 所示。

图 9-247

返回【选择数据源】对话框，单击【水平（分类）轴标签】下的【编辑】按钮，如图 9-248 所示。

图 9-248

在弹出的【轴标签】对话框中选中【轴标签区域】文本框中的"$V$3:$V$17"→按 <Delete> 键删除→按 <F3> 键打开【粘贴名称】对话框→双击选中【作图的客户名称】选项→单击【确定】按钮，如图 9-249 所示。

图 9-249

此时动态图表就制作完成了，可以根据三个条件查看不同条件下的情况。

最后一步就是图表的美化，选中图表→选择【设计】选项卡→在【图表样式】功能组中选择一个合适的样式即可，如图 9-250 所示。

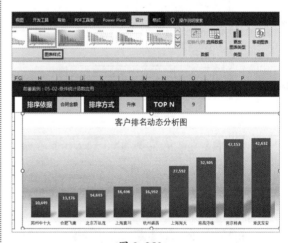

图 9-250

选择【开始】选项卡→单击【字体】按钮→选择【微软雅黑】选项，如图 9-251 所示。

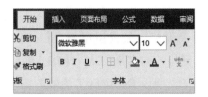

图 9-251

完成效果如图 9-252 所示。

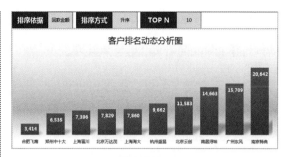

图 9-252

9.9 将文本转化为区域：INDIRECT、ADDRESS

本节将继续学习查找引用函数：INDIRECT、ADDRESS，这两个函数可以将文本转换为区域，以及获得单元格地址并引用。

1. INDIRECT、ADDRESS 函数的基本语法

打开"素材文件 /09- 查找函数 /09-09- 将文本转化为区域：INDIRECT、ADDRESS.xlsx"源文件。

在"基础语法"工作表中，选中【B4】单元格→单击【fx】按钮→在弹出的【函数参数】对话框中查看 ADDRESS 函数的每个参数分别代表什么，第一个参数是引用单元格的行号，如图 9-253 所示。

图 9-253

第二个参数是引用单元格的列标，如图 9-254 所示。

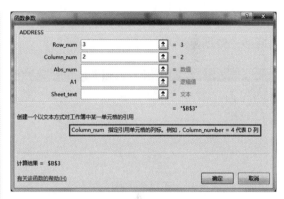

图 9-254

第三个参数是引用类型，是绝对引用、混合引用还是相对引用，不写就默认为绝对引用，如图 9-255 所示。

图 9-255

第四个参数是引用样式，是 A1 还是 R1C1，如果要引用的是【B3】单元格，A1 样式就是

"B3"，R1C1样式就是"R3C2"，如图9-256所示。

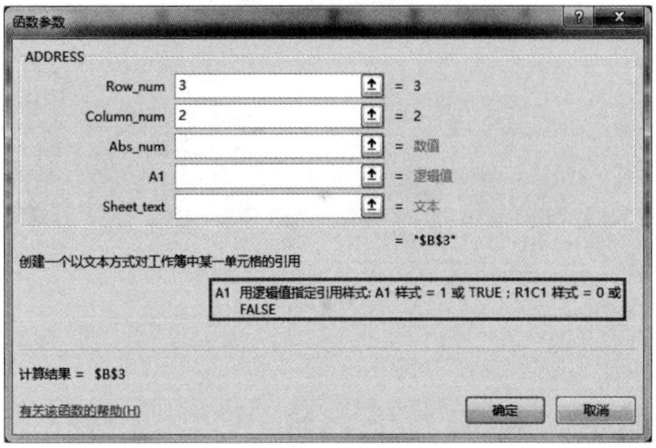

图 9-256

第五个参数是要引用外部工作表的名称，如图9-257所示。

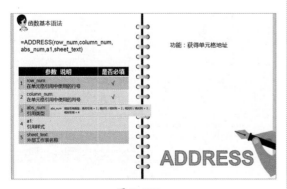

图 9-257

ADDRESS函数的基本语法如图9-258所示。

图 9-258

INDIRECT函数就是引用单元格地址的值，如【F4】单元格，公式引用的是【E4】单元格，【E4】单元格的内容是"B3"，【B3】单元格的值是"示例"，所以INDIRECT函数的结果是"示例"，如图9-259所示。

图 9-259

如果想要不通过单元格去获取【B3】单元格的值，那么INDIRECT函数的参数直接输入""B3""，就可以直接获取【B3】单元格的值，如图9-260所示。

图 9-260

如果想要跨表引用，则需要引用工作表名称加单元格地址，如图9-261所示。

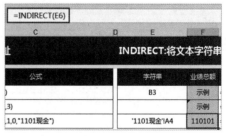

图 9-261

INDIRECT函数的基本语法如图9-262所示。

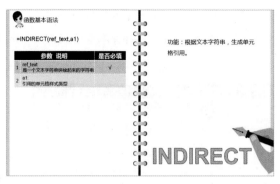

图 9-262

INDIRECT 函数的经典用法就是制作多级数据验证，接下来看看如何制作。

在"省市"工作表中，依次选中【A1:A22】【B1:B12】【C1:C12】【D1:D12】【E1:E15】【F1:F12】【G1:G18】【H1:H11】【I1:I14】单元格区域，按 <Ctrl> 键可以选中不连续区域→选择【公式】选项卡→单击【根据所选内容创建】按钮，如图 9-263 所示。

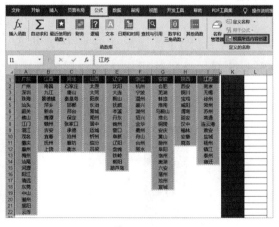

图 9-263

在弹出的【根据所选内容创建名称】对话框中单击【确定】按钮，如图 9-264 所示。

图 9-264

此时看似没有变化，但是单击名称框，可以选中不同名称的区域，如图 9-265 所示。

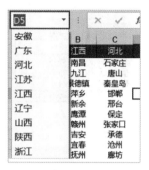

图 9-265

也可以通过选择【公式】选项卡→单击【名称管理器】按钮，在弹出的【名称管理器】对话框中查看定义的名称，如图 9-266 所示。

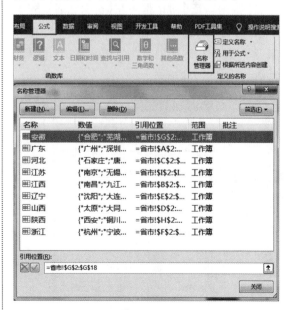

图 9-266

315

接下来制作第一级数据验证。选中【K】列→选择【数据】选项卡→单击【数据验证】按钮→弹出【数据验证】对话框→在【允许】下拉列表中选择【序列】选项→单击【来源】文本框将其激活→选中【A1:I1】单元格区域→单击【确定】按钮，如图 9-267 所示。

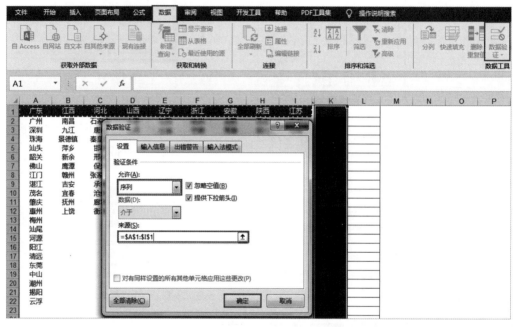

图 9-267

接着制作第二级数据验证。选中【L】列→选择【数据】选项卡→单击【数据验证】按钮→弹出【数据验证】对话框→在【允许】下拉列表中选择【序列】选项→单击【来源】文本框将其激活→输入"=INDIRECT(K1)"→单击【确定】按钮，如图 9-268 所示。

图 9-268

此时在【K1】单元格中选择任意省份，在【L1】单元格中就可以选择对应的市，如图 9-269 所示。

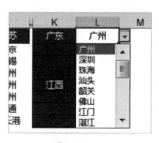

图 9-269

2. INDIRECT 函数跨表引用实战案例

"总账-indirect"工作表是一个科目余额表，核对余额是否有差异，第一个科目是现金，所以需要把"1101现金"工作表的【L1】单元格数值引用过来，如果直接输入，那么工作量是很大的，如图 9-270 所示。

图 9-270

这里有一个快捷的方法，用 INDIRECT 函数读取，这就用到了前面说的跨表引用，工作表名称加单元格地址，工作表名称即【B】列的科目，单元格地址固定为【L1】单元格。这里需要注意的是，工作表在引用时是一个单引号＋工作表名称＋单引号＋感叹号，符号均为英文状态下的。所以，选中【J6】单元格→输入公式 "=INDIRECT("'"&B6&"'!L1")"→按 <Enter> 键确认→将光标放在【J6】单元格右下角，当其变成十字句柄时，向下拖曳填充至【J9】单元格，如图 9-271 所示。

图 9-271

接下来看另一个实际案例。打开 "素材文件 /09- 查找函数 /09-09- 将文本转化为区域：INDIRECT- 实战案例：按月度自动汇总餐饮年报报表"，在这个文件夹中有 1~12 月的科目余额表，打开 "2016 年 1 月报表 – 凌祯 .xlsx" 源文件。

在 "资产负债" 工作表中，可以单击【数值调节钮】按钮来查看各个月份的数值，这些数值同样是运用 INDIRECT 函数制作完成的，如图 9-272 所示。

图 9-272

接下来看看 INDIRECT 函数公式引用的各个月份子表是如何制作的。选择【数据】选项卡→单击【新建查询】按钮→在下拉菜单中选择【从文件】选项→选择【从工作簿】选项，如图 9-273 所示。

图 9-273

在弹出的【导入数据】对话框中找到文件的目标位置，笔者放在了桌面，大家需要根据实际情况找到对应的位置，选中"8月.xlsx"文

件→单击【导入】按钮，如图 9-274 所示。

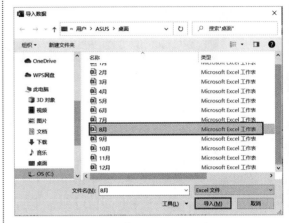

图 9-274

在弹出的【导航器】窗口中选择【Sheet1】选项→单击【加载】按钮，如图 9-275 所示。

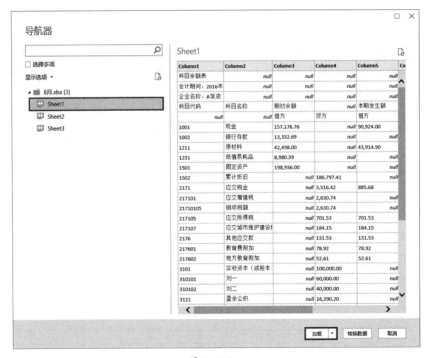

图 9-275

选择【查询】选项卡→单击【编辑】按钮→在弹出的【Sheet1 (4)- Power Query 编辑器】窗口中单击【将第一行用作标题】按钮→单击【关闭并上载】按钮，如图 9-276 所示。

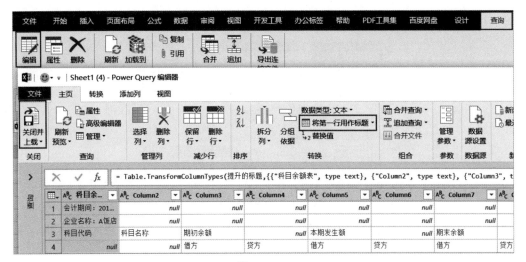

图 9-276

此时 8 月的子表就制作完成了，修改工作表名称为"8 月"，如图 9-277 所示。

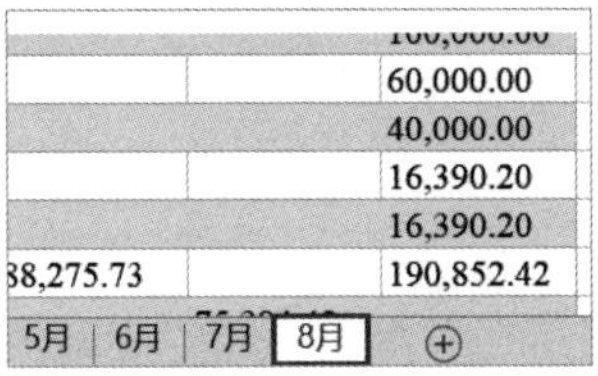

	100,000.00
	60,000.00
	40,000.00
	16,390.20
	16,390.20
88,275.73	190,852.42

| 5月 | 6月 | 7月 | 8月 | ⊕ |

图 9-277

此时回到"资产负债"工作表，单击【数值调节钮】按钮至 8，即可查看 8 月的数据，如图 9-278 所示。

	A	B	C	D	E	F	G	H	I	J
1				资 产 负 债 表					▲	8
2				2016年8月31日					▼	
3	编制单位							单位:元		
4	资　　　产	行次	期末余额	年初余额	负债和所有者权益　　（或股东权益）	行次	期末余额	年初余额		
5										
6	流动资产：				流动负债：					
7	货币资金	1	175,142.34	170,509.45	短期借款	31				
8	以公允价值计量且其变动计入当期损益的金融资产	2			以公允价值计量且其变动计入当期损益的金融负债	32				
9	应收票据	3			应付票据	33				
10	应收账款	4			应付账款	34				
11	预付账款	5			预收款项	35				
12	应收利息	6			应付职工薪酬	36				
13	应收股利	7			应交税费	37	6,355.98	3,700.57		
14	其它应收款	8			应付利息	38				
15	存货	9	50,870.29	51,478.39	应付股利	39				

图 9-278

如果 8 月的源文件有更改，不需要重新导入数据，只需要选中"8 月"工作表中的任意一个单元格→右击，在弹出的快捷菜单中选择【刷新】选项即可，如图 9-279 所示。

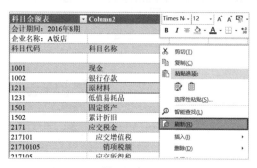

图 9-279

如果是刷新其他月份的子表则会报错，如图 9-280 所示，这是因为读者导入的路径与笔者的不同，此时更新路径即可。

图 9-280

9.10 其他查找引用函数

用 Word 做目录很容易，那大家有试过用 Excel 做目录吗？仔细一想好像可以，但是未免有些复杂，可能会很费时间。但其实一点也不会，学完本节内容你也可以！

1. CHOOSE、HYPERLINK、FORMULATEXT、TRANSPOSE 函数的基本语法

打开"素材文件 /09- 查找函数 /09-10- 其他查找引用函数：CHOOSE、HYPERLINK、FORMULATEXT、TRANSPOSE.xlsm"源文件。

在"CHOOSE FORMULATEXT"工作表中，统计各季度的业绩。首先删除原有公式，选中【I4:I7】单元格区域→按 <Delete> 键删除→输入"=CHO"，如图 9-281 所示→按 <Tab> 键补充函数名称和左括号。

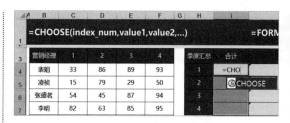

图 9-281

按 <Ctrl+A> 键→在弹出的【函数参数】对话框中单击第一个文本框将其激活，第一个参数是介于 1~254 的数值，所以选择季度值，选中【H4】单元格→单击第二个文本框将其激活，第二个参数表示当数值为 1 时，返回什么值，选中【C4:C13】单元格区域→按 <F4> 键切换为绝对引用"$C$4:$C$13"→单击第三个文本框将其激活，第三个参数表示当数值为 2 时，返回什么值，选中【D4:D13】单元格区域→按 <F4> 键切换为绝对引用"$D$4:$D$13"，以此类推，

完成另外两个季度的参数填写→单击第四个文本框将其激活，选中【E4:E13】单元格区域→按 <F4> 键切换为绝对引用 "$E$4:$E$13"→单击第五个文本框将其激活，选中【F4:F13】单元格区域→按 <F4> 键切换为绝对引用 "$F$4:$F$13"→单击【确定】按钮，如图 9–282 所示。

图 9–282

由于是求和统计，所以要搭配 SUM 函数，单击编辑栏中 "=" 后面的位置→输入 "SUM("→在公式的最后输入 ")"→按 <Ctrl+Enter> 键批量填充，此时就完成了各季度的业绩统计，如图 9–283 所示。

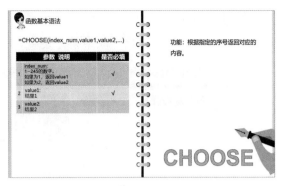

图 9–283

CHOOSE 函数的基本语法如图 9–284 所示。

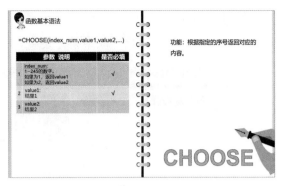

图 9–284

FORMULATEXT 函数是以字符串的形式显示公式的内容，这个函数只有一个参数，选中【J4】单元格，查看公式可以帮助理解这个函数，参数是【I4】，就显示了【I4】单元格的函数公式，如图 9–285 所示。

图 9–285

FORMULATEXT 函数的基本语法如图 9–286 所示。

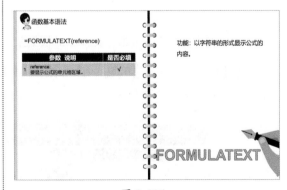

图 9–286

接下来介绍 TRANSPOSE 函数的用法，这个函数相当于选择性粘贴中的转置。

在"TRANSPOSE"工作表中，首先来看看选择性粘贴 – 转置的操作步骤。选中【H3:R7】单元格区域→按 <Delete> 键删除原有数值，如图 9–287 所示。

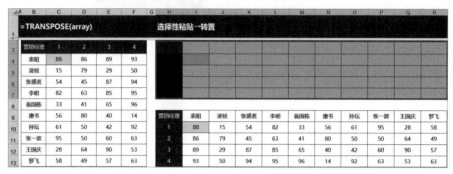

图 9–287

选中【B3:F13】单元格区域→右击，在弹出的快捷菜单中选择【复制】选项，如图 9–288 所示。

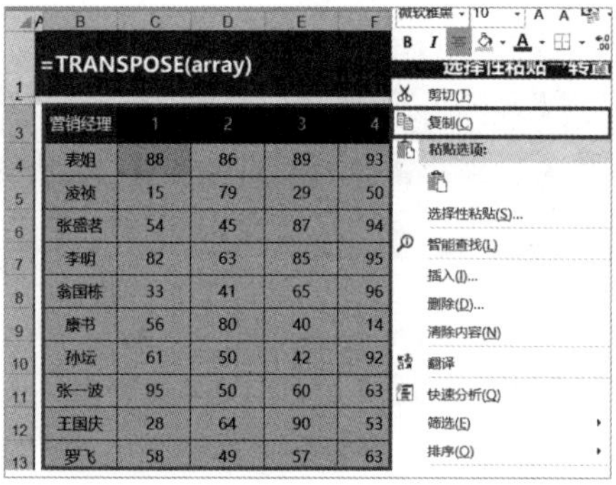

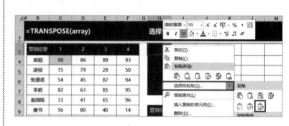

图 9–288

选中【H3】单元格→右击，在弹出的快捷菜

单中选择【选择性粘贴】中的【转置】选项，如图 9–289 所示。

图 9–289

完成效果如图 9–290 所示。

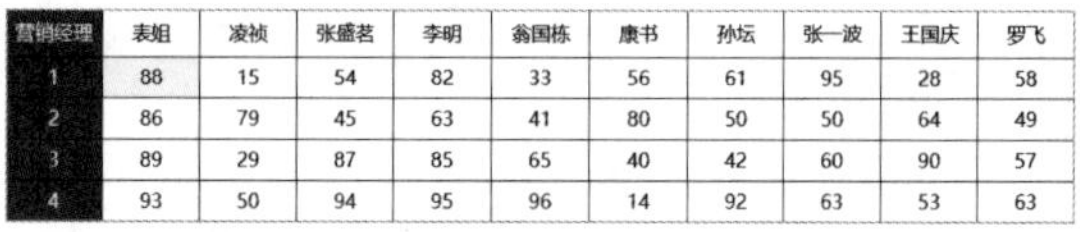

营销经理	表姐	凌祯	张盛茗	李明	翁国栋	康书	孙坛	张一波	王国庆	罗飞
1	88	15	54	82	33	56	61	95	28	58
2	86	79	45	63	41	80	50	50	64	49
3	89	29	87	85	65	40	42	60	90	57
4	93	50	94	95	96	14	92	63	53	63

图 9–290

选中【H9:R13】单元格区域→按 <Delete> 键删除原有公式→输入"=TR"，如图 9–291 所示→按 <Tab> 键补充函数名称和左括号。

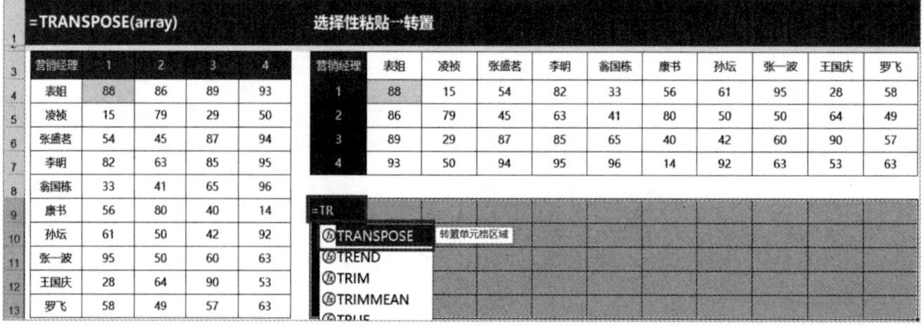

图 9–291

选中【B3:F13】单元格区域→按 <Ctrl+Shift+Enter> 键完成数组公式并批量填充，此时就完成了用 TRANSPOSE 函数做出转置的效果，如图 9-292 所示。

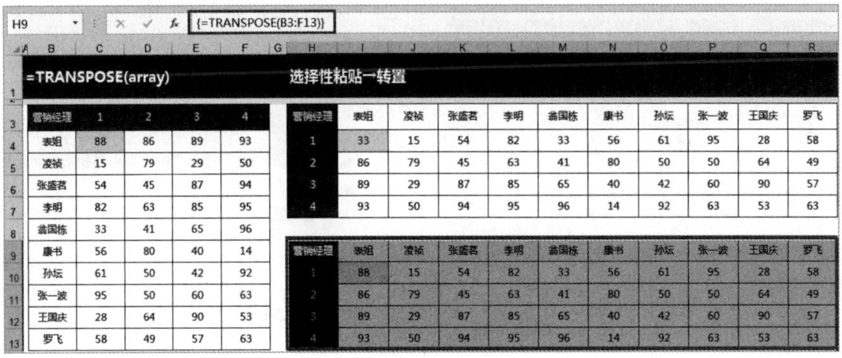

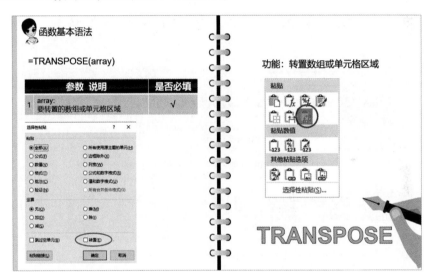

图 9-292

TRANSPOSE 函数的基本语法如图 9-293 所示。

图 9-293

2. HYPERLINK 函数实战案例精讲

HYPERLINK 函数的用法相当于超链接。

在 "HYPERLINK" 工作表中，选中任意一个单元格→右击，在弹出的快捷菜单中选择【链接】选项，或者按 <Ctrl+K> 键，如图 9-294 所示。

图 9-294

在弹出的【插入超链接】对话框中选择【本文档中的位置】选项，这里可以选择任意一个工作表中的任意一个单元格，如选择 "TRANSPOSE" 工作表中的【A1】单元格→单击

【确定】按钮，如图 9-295 所示，完成之后就可以通过单击单元格进行跳转。

图 9-295

接下来看看如何运用 HYPERLINK 函数来制作超链接。

选中【B4】单元格，此时会弹出【Microsoft Excel】对话框，提示"无法打开指定的文件"，因为这个单元格链接的路径是笔者的，如图 9-296 所示。

图 9-296

单击【fx】按钮打开【函数参数】对话框帮助理解函数，第一个参数是路径，第二个参数是这个超链接要显示的名称，如图 9-297 所示。

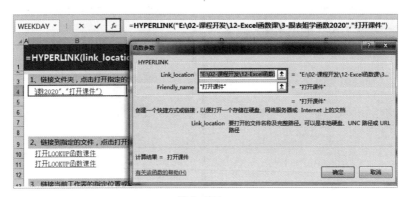

图 9-297

链接到指定位置或区域也是同样的做法，可通过查看【C14】单元格的字符串查看【B14】单元格中的公式，如图 9-298 所示。

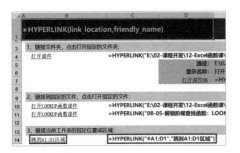

图 9-298

还可以运用名称管理器的功能链接到某个单元格或区域，同样通过查看【C15】单元格的字符串查看【B15】单元格中的公式，第一个参数写的是自定义名称，如图 9-299 所示。

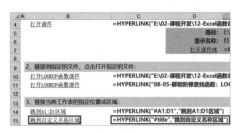

图 9-299

按 <Ctrl+F3> 键打开【名称管理器】对话框，可以查看 "title" 名称是定位【A1:D1】单元格区域，如图 9-300 所示。

图 9-300

链接当前工作簿中其他工作表的指定位置或区域，则第一个参数需要有工作表名称加单元格地址，如图 9-301 所示。

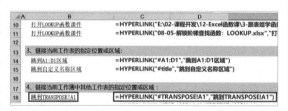

图 9-301

需要注意的是，"#" 放在工作表名称前代表当前工作簿。

如果工作表名称中含有特殊符号，如 "-" "&"、空格等，这时工作表名称两边要用单引号括起来才能被识别，如图 9-302 所示。

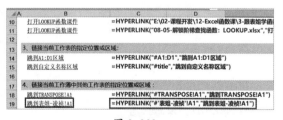

图 9-302

如果需要链接网页，则第一个参数输入网址，网址需要加英文状态下的双引号，如

图 9-303 所示。

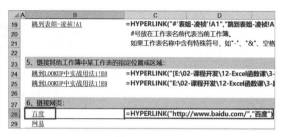

图 9-303

接下来介绍 HYPERLINK 函数的高级用法——制作目录。选择 "HYPERLINK 制作目录" 工作表，这是已经制作完成的，不做详细讲解，读者有需要可以直接复制进行使用。

这个目录是根据当前文件的路径制作的，如这个文件笔者放在桌面，那【C3】单元格会自动更改路径为桌面，如图 9-304 所示。

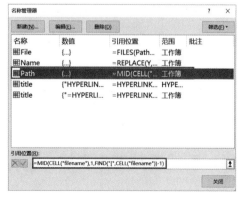

图 9-304

这是因为做了自定义名称，按 <Ctrl+F3> 键打开【名称管理器】对话框，可以查看名称为 "Path" 的公式，如图 9-305 所示。

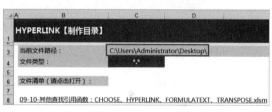

图 9-305

还可以通过单击【C4】单元格右下角的下拉小三角，选择不同的文件类型，如图 9-306 所示。

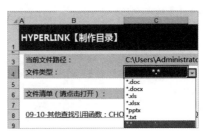

图 9-306

从【B8】单元格开始就填充了公式，如图 9-307 所示，单击任意一条目录即可打开文件。

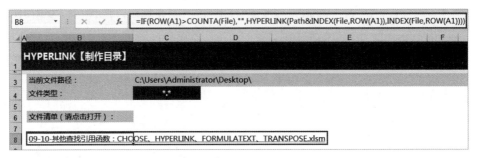

图 9-307

HYPERLINK 函数的基本语法如图 9-308 所示。

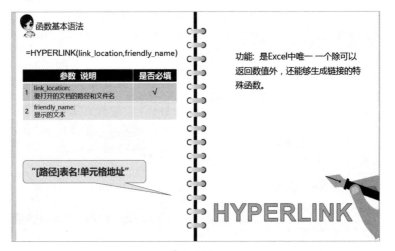

图 9-308

9.11 查找函数综合实战：制作客户拜访情况汇报系统

通过前面章节的学习，相信大家已经能够熟练使用查找引用类的常用函数，本节将进入本章的综合实战，制作客户拜访情况汇报系统。

1. 实战需求场景介绍

实战需求如图 9-309 所示。

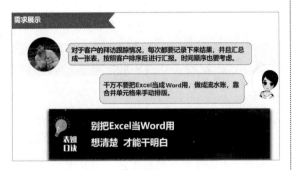

图 9-309

2. 解析制作思路

首先需要两张表，一张是数据源，即按照时间记录的拜访记录；另一张是参数表，即客户档案，然后运用这两张表的数据自动生成汇总表，如图 9-310 所示。在操作之前一定要想清楚再动手做，省时间，省精力。

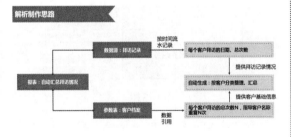

图 9-310

3. 实战应用制作

打开"素材文件 /09- 查找函数 /09-11- 查找函数实战应用：制作客户拜访情况汇报系统 - 空白 .xlsx"源文件，首先会有参数表"客户档案"工作表，有客户拜访会整理进"拜访记录"工作表，最后再整理到"汇报格式"工作表汇报给领导。

还记得前面讲的一对多查询要如何处理吗？没错，要先构建辅助列，把查找值调整为唯一值。选择"拜访记录"工作表，选中【A】

列→右击，在弹出的快捷菜单中选择【插入】选项，如图 9-311 所示。

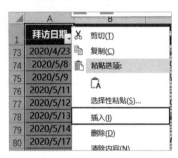

图 9-311

选中【B】列→选择【开始】选项卡→单击【格式刷】按钮→选中【A】列，即可使【A】列的格式与【B】列相同，如图 9-312 所示。

图 9-312

选中【A1】单元格→输入"每个客户第几次拜访"→调整至合适的列宽，如图 9-313 所示。

	A	B	C
1	每个客户第几次拜访	拜访日期	拜访客户名称
2		2020/1/1	北京有色金属铸造厂
3		2020/1/2	锦西铸钢厂
4		2020/1/5	南京汽车制造厂
5		2020/1/6	上海电机铸造厂
6		2020/1/7	内蒙第二机械制造厂
7		2020/1/9	上海灯具铸造厂
8		2020/1/13	南京汽车制造厂
9		2020/1/13	沈阳铸造厂

图 9-313

选 中【A2】单 元 格→ 输 入 公 式 "=C2&COUNTIF($C$2:C2,C2)"→按 <Enter> 键确认→将光标放在【A2】单元格右下角，当其变成十字句柄时，双击鼠标将公式向下填充至【A91】单元格，如图 9-314 所示。

图 9-314

在"客户档案"工作表中，选中【A:B】列区域→右击，在弹出的快捷菜单中选择【插入】选项，即可插入两列，如图 9-315 所示。

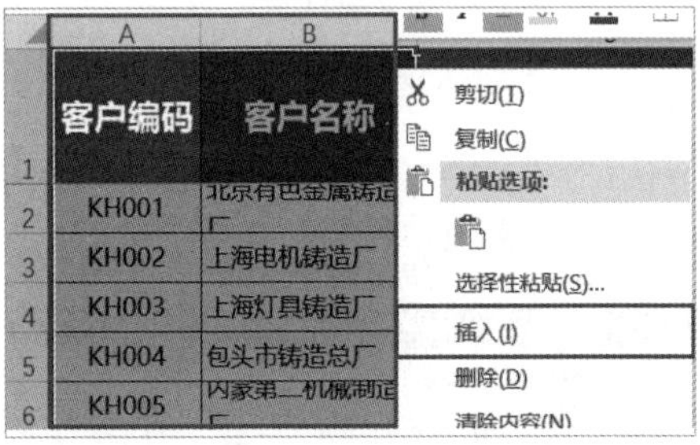

图 9-315

选中【D】列→选择【开始】选项卡→单击【格式刷】按钮→选中【A:B】列区域，即可使【A:B】两列的格式与【D】列相同，如图 9-316 所示。

图 9-316

选中【B1】单元格→选择【开始】选项卡→单击【自动换行】按钮→调整字号为"11"→输入"辅助列 1- 计算每个客户拜访了多少次"→按 <Enter> 键确认，如图 9-317 所示。

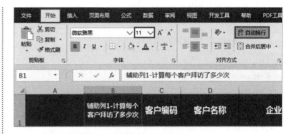

图 9-317

选中【B2】单元格→输入公式"=COUNTIF (拜访记录 !C:C,D2)"→按 <Enter> 键确认→将光标放在【B2】单元格右下角，当其变成十字句柄时，双击鼠标将公式向下填充至【B11】单元格，如图 9-318 所示。

图 9-318

选中【A1】单元格→输入"累计拜访次数"→按 <Enter> 键确认，如图 9-319 所示。

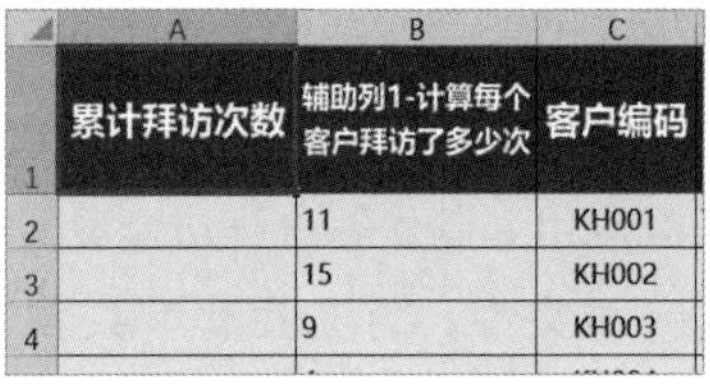

图 9-319

选中【A2】单元格→输入公式"=SUM($B$2: B2)"→按 <Enter> 键确认，将光标放在【A2】单元格右下角，当其变成十字句柄时，双击鼠标将公式向下填充至【A11】单元格，如图 9-320 所示。

A2 fx =SUM($B$2:B2)

累计拜访次数	辅助列1-计算每个客户拜访了多少次	客户编码
11	11	KH001
26	15	KH002
35	9	KH003
39	4	KH004
48	9	KH005
56	8	KH006
63	7	KH007
72	9	KH008
79	7	KH009
90	11	KH010

图 9–320

现在就可以来填写“汇报格式”工作表的内容了。在“汇报格式”工作表中，选中【A2】单元格→输入公式“=ROW(A1)”→按 <Enter> 键确认→将光标放在【A2】单元格右下角，当其变成十字句柄时，向下拖曳填充至【A91】单元格，如图 9–321 所示。

A2 fx =ROW(A1)

辅助列	拜访客户名称(按次数
1	
2	
3	
4	

图 9–321

选中【B2】单元格→输入公式“=VLOOKUP(A2, 客户档案 !A:D,4,0)”→按 <Enter> 键确认→将光标放在【B2】单元格右下角，当其变成十字句柄时，双击鼠标将公式向下填充至【B91】单元格，如图 9–322 所示。

B2 fx =VLOOKUP(A2,客户档案!A:D,4,0)

辅助列	拜访客户名称(按次数重复)	拜访日期
1	#N/A	
2	#N/A	
3	#N/A	
4	#N/A	
5	#N/A	
6	#N/A	
7	#N/A	
8	#N/A	
9	#N/A	
10	#N/A	
11	北京有色金属铸造厂	
12	#N/A	

图 9–322

可以看到结果中有很多错误值，还记得前面章节讲过的吗？前面的错误值实际是要等于下方的值，例如，前 11 个都是“北京有色金属铸造厂”。

单击编辑栏中“=”后面的位置→输入“IFERROR(”→在公式的最后输入“,B3)”→按 <Ctrl+Enter> 键批量填充，如图 9–323 所示。

B2 fx =IFERROR(VLOOKUP(A2,客户档案!A:D,4,0),B3)

辅助列	拜访客户名称(按次数重复)	拜访日期	拜访客户名称
1	北京有色金属铸造厂		
2	北京有色金属铸造厂		
3	北京有色金属铸造厂		
4	北京有色金属铸造厂		
5	北京有色金属铸造厂		
6	北京有色金属铸造厂		
7	北京有色金属铸造厂		
8	北京有色金属铸造厂		
9	北京有色金属铸造厂		
10	北京有色金属铸造厂		
11	北京有色金属铸造厂		
12	上海电机铸造厂		

图 9–323

接着将公式中的“A2”替换掉，选中编辑栏中的“A2”→输入“ROW(A1)”→按 <Ctrl+Enter> 键批量填充，如图 9–324 所示。

B2 fx =IFERROR(VLOOKUP(ROW(A1),客户档案!A:D,4,0),B3)

辅助列	拜访客户名称(按次数重复)	拜访日期	拜访客户名称
1	北京有色金属铸造厂		
2	北京有色金属铸造厂		
3	北京有色金属铸造厂		
4	北京有色金属铸造厂		
5	北京有色金属铸造厂		
6	北京有色金属铸造厂		
7	北京有色金属铸造厂		

图 9–324

那【A】列的数值就没用了，可以用来作查找唯一值，选中【A2】单元格→输入公式“=B2&COUNTIF($B$2:B2,B2)”→按 <Enter> 键确认→将光标放在【A2】单元格右下角，当其变成十字句柄时，双击鼠标将公式向下填充至【A91】单元格，如图 9–325 所示。

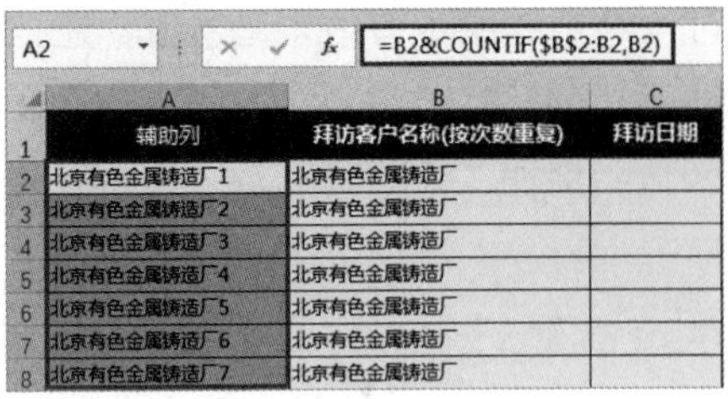

图 9-325

选中【C2】单元格→输入公式 "=VLOOKUP (A2, 拜访记录 !A:E,2,0)"→按 <Enter> 键确认，如图 9-326 所示。

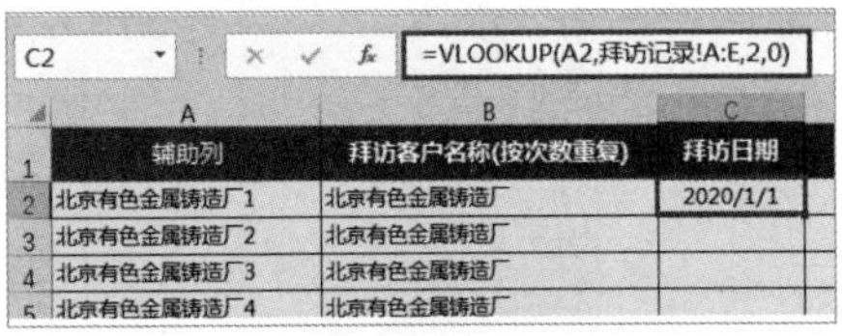

图 9-326

由于向右拖曳填充时，返回的值会变成第三列、第四列……所以第三个参数套用 COLUMN 函数。

查找值固定在【A】列，所以选中编辑栏中的 "A2"→按 <F4> 键切换为混合引用 "$A2"→查找区域固定在【A:E】列区域，所以选中编辑栏中的 "A:E"→按 <F4> 键切换为绝对引用 "$A:$E"→选中编辑栏中的 "2"→输入 "COLUMN(B1)"→按 <Enter> 键确认→将光标放在【C2】单元格右下角，当其变成十字句柄时，向右拖曳填充至【F2】单元格→将光标放在【F2】单元格右下角，当其变成十字句柄时，双击鼠标将公式向下填充至【F91】单元格，此时就完成了数据的查询，如图 9-327 所示。

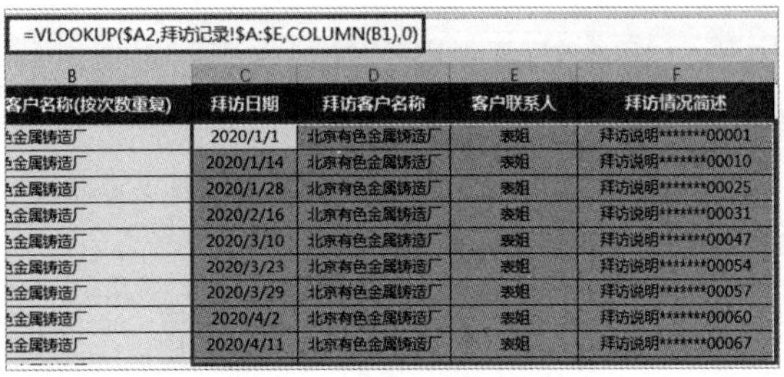

图 9-327

第 3 篇

实战应用篇

第10章 实战应用：揭秘系统级工资表

在进行了 Excel 函数知识的系统学习以后，本章将进行一次实战，系统地学习和制作工资表。

工资与每一位职场人士都息息相关，因此清楚个税的算法、工资的核定模式，充分了解工资的组成部分和来龙去脉，对每一位职场人士都是很有帮助的。

本章将制作新版个税表，掌握了这些知识点，今后在拿到工资时就知道我们是如何缴税的了。

通过对本章节的学习，相信读者同样可以做出图 10-1 所示的这样一张结构清晰、层次分明的新版个税表（本章所有工作表中的数据仅做练习使用）。

A	B	C	D	E	F	G	H	I	J	K	L	M	N	O	P	Q	R	S	T
1	2	3	4	5	6	7	8	9	10	11	12	13	14	15	16	17	18	19	20
	工资基本信息		4=2+3	1月至当月累计工资总额	起征点	三险一金专项扣除		专项附加扣除					Σ：6~13	1月至当月累计	累计薪资总额-累计减免总额	查表所得		除本月外,累计已缴个税总额	
月份	当月薪资	每月奖金	当月工资总额	累计薪资	基本减除费用	社保	公积金	子女教育	继续教育	住房贷款利息	住房租赁	赡养老人	本期减免额小计	累计减免总额	累计预扣预缴应纳税所得额	当月税率	速算扣除数	累计已预扣预缴税额	当月个税
1月	30,000.00		30,000.00	30,000.00	5,000	4,000.00	500	1,000	-	-	-	1,000	11,500	11,500.00	18,500.00	3%		-	555.00
2月	30,000.00		30,000.00	60,000.00	5,000	4,000.00	500	1,000	-	-	-	1,000	11,500	23,000.00	37,000.00	10%	2,520.00	555.00	625.00
3月	30,000.00		30,000.00	90,000.00	5,000	4,000.00	500	1,000	-	-	-	1,000	11,500	34,500.00	55,500.00	10%	2,520.00	1,180.00	1,850.00
4月	30,000.00		30,000.00	120,000.00	5,000	4,000.00	500	1,000	-	-	-	1,000	11,500	46,000.00	74,000.00	10%	2,520.00	3,030.00	1,850.00
5月	30,000.00		30,000.00	150,000.00	5,000	4,000.00	500	1,000	-	-	-	1,000	11,500	57,500.00	92,500.00	10%	2,520.00	4,880.00	1,850.00
6月	30,000.00		30,000.00	180,000.00	5,000	4,000.00	500	1,000	-	-	-	1,000	11,500	69,000.00	111,000.00	10%	2,520.00	6,730.00	1,850.00
7月	30,000.00		30,000.00	210,000.00	5,000	4,000.00	500	1,000	-	-	-	1,000	11,500	80,500.00	129,500.00	10%	2,520.00	8,580.00	1,850.00
8月	30,000.00		30,000.00	240,000.00	5,000	4,000.00	500	1,000	-	-	-	1,000	11,500	92,000.00	148,000.00	20%	16,920.00	10,430.00	2,250.00
9月	30,000.00		30,000.00	270,000.00	5,000	4,000.00	500	1,000	-	-	-	1,000	11,500	103,500.00	166,500.00	20%	16,920.00	12,680.00	3,700.00
10月	30,000.00		30,000.00	300,000.00	5,000	4,000.00	500	1,000	-	-	-	1,000	11,500	115,000.00	185,000.00	20%	16,920.00	16,380.00	3,700.00
11月	30,000.00		30,000.00	330,000.00	5,000	4,000.00	500	1,000	-	-	-	1,000	11,500	126,500.00	203,500.00	20%	16,920.00	20,080.00	3,700.00
12月	30,000.00		30,000.00	360,000.00	5,000	4,000.00	500	1,000	-	-	-	1,000	11,500	138,000.00	222,000.00	20%	16,920.00	23,780.00	3,700.00

图 10-1

10.1 梳理工资表结构

工资表的大体结构可以分为应发工资核算、当月社保公积金、个税核算和实发工资，如图 10-2 所示。

图 10-2

（1）应发工资核算。

应发工资核算可以具体划分为人员基本信息、计时类基本工资、计件类基本工资、各类津贴、考勤加扣、加班类核算和税前另补另扣，如图 10-3 所示。

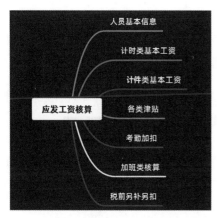

图 10-3

在应发工资核算中，如图 10-4 所示，"10-01-员工档案信息采集表.xlsx"工作簿中的人员基本信息最为重要。在"员工档案"工作表中包含了员工编号、姓名、身份证号、所属部门和入职时间等。身份证号用于确定员工的出生日期、年龄和性别，而入职时间则在后面核算工资时，用于确定员工的确切工龄。

	A	B	C	D	E	F	G	H	I	J	K	L
1	员工编号	姓名	所属公司	所属部门	岗位	用工来源	学历	是否二次入职	合同到期	转正到期	生日到期	所属费用
2	LZ0001	表姐	总公司	综合管理部	董事长	正式工	大专及以上	否				管理
3	LZ0002	凌祯	总公司	综合管理部	总经理	正式工	大专及以上	否				管理
4	LZ0003	张盛茗	总公司	综合管理部	分管副总	正式工	大专及以上	否				管理
5	LZ0004	史伟	子公司	人力资源部	总监	正式工	大专及以上	否				管理
6	LZ0005	姜滨	子公司	人力资源部	专职	短期借工	大专及以上	否				管理
7	LZ0006	迟爱学	总公司	财务部	经理	正式工	大专及以上	否				管理
8	LZ0007	练世明	子公司	财务部	专职	招聘工	大专及以上	否				管理
9	LZ0008	于永祯	总公司	财务部	专职	正式工	大专及以上	否				管理
10	LZ0009	梁新元	子公司	财务部	专职	正式工	大专及以上	否				管理
11	LZ0010	程磊	子公司	采购部	经理	正式工	大专及以上	否				管理
12	LZ0011	周碎武	子公司	采购部	专职	正式工	大专及以上	否				管理
13	LZ0012	周文浩	总公司	采购部	专职	正式工	大专及以上	否				管理
14	LZ0013	梁跃权	总公司	采购部	专职	正式工	大专及以上	否				管理
15	LZ0014	赵玮	子公司	采购部	专职	招聘工	大专及以上	否				管理
16	LZ0015	胡颖	子公司	采购部	专职	正式工	大专及以上	否				管理
17	LZ0016	刘滨	子公司	仓储部	专职	正式工	大专及以上	否				管理
18	LZ0017	肖玉	子公司	仓储部	专职	正式工	大专及以上	否				管理
19	LZ0018	雷振宇	子公司	仓储部	专职	正式工	大专及以上	否				管理
20	LZ0019	喻书	总公司	仓储部	专职	正式工	大专及以上	否				管理

框架与思路 | 本月报表 | 工资表模板 | 累计数据 | **员工档案** | 薪酬基础数据 | 津贴汇总 | 考勤数据 | 当月社保 | 其他免税收入 | 专项附加扣除

图 10-4

在"10-02-基本工资-职务工资-缴费基数核对.xlsx"工作簿中，根据基本工资和职务工资可以做出两个月份的数据对比。图 10-5 所示是"本月"工作表中的数据，由于调岗调薪或手动录入错误有可能造成数据发生变化，为了保证数据的准确性，需要利用查找对比函数做好基础数据的准备。

	A	B	C	D	E	F	G	H	I	J
1	工号	姓名	基本工资	职务工资	社保缴费基数	公积金缴费基数	核对-基本工资	核对-职务工资	核对-社保缴费基数	核对-公积金缴费基数
2	LZ0001	表姐	13240	5000	16200	16200	-	-	-	-
3	LZ0002	凌祯	4740	1500	13240	13240	-	-	-	-
4	LZ0003	张盛茗	9240	4550	4740	4740	-	-	-	-
5	LZ0004	史伟	16240	5000	9240	9240	-	-	-	-
6	LZ0005	姜滨	5490	1500	16240	16240	-	-	-	-
7	LZ0006	迟爱学	3180	600	5490	5490	-	-	-	-
8	LZ0007	练世明	3490	450	3180	3180	-	-	-	-
9	LZ0008	于永祯	3320	450	3490	3490	-	-	-	-
10	LZ0009	梁新元	3340	750	3320	3320	-	-	-	-
11	LZ0010	程磊	4090	1150	3340	3340	-	-	-	-
12	LZ0011	周碎武	3740	1300	4090	4090	-	-	-	-
13	LZ0012	周文浩	17240	7000	3740	3740	-	-	-	-
14	LZ0013	梁跃权	4340	100	16200	16200	-	-	-	-
15	LZ0014	赵玮	4190	650	4340	4340	-	-	-	-
16	LZ0015	胡硕	4040	450	4190	4190	-	-	-	-

图 10-5

在“10-03- 工龄津贴核算 .xlsx”工作簿中，“工龄津贴 - 核算演示表”工作表（图 10-6）右侧根据公司规定设定好了津贴的支付规则，构建好计算辅助区域，利用 LOOKUP 函数就能够快速地计算出每一位员工的工龄津贴，在后面的内容中将详细介绍制作方法。

员工编号	姓名	入职时间	入职月数	工龄津贴	工龄津贴
LZ0001	表姐	2009/5/23	127	800	工龄津贴
LZ0002	凌祯	2009/8/1	125	800	工龄津贴
LZ0003	张盛茗	2011/8/1	101	800	工龄津贴
LZ0004	史伟	2012/1/9	95	800	工龄津贴
LZ0005	姜滨	2012/6/18	90	800	工龄津贴
LZ0006	迟爱学	2012/7/31	89	800	工龄津贴
LZ0007	练世明	2012/8/27	88	800	工龄津贴
LZ0008	于永祯	2012/8/31	88	800	工龄津贴
LZ0009	梁新元	2012/9/17	87	800	工龄津贴

统计工龄截止日期	2020/1/1

津贴支付规则，入司月数	津贴计算辅助区域	
<12 0	0	0
>=12 <24 50	12	50
>=24 <36 100	24	100
>=36 <48 300	36	300
>=48 <60 500	48	500
>=60 800	60	800

图 10-6

接下来将前面几个表格与“10-04- 其他津贴核算（与绩效相关）.xlsx”工作簿中的数据（图 10-7）进行合并整理，通过数据透视统计后，得到“10-05- 加扣项核算【03-04-05 组合】.xlsx”工作簿。

工号	姓名	基本工资	绩效考核等级	津贴金额	绩效考核得分	津贴金额	其他津贴	其他津贴
LZ0001	表姐	13240	Q	-	95	1,324.00	1,324.00	其他津贴
LZ0002	凌祯	4740	E	-	54	-	-	其他津贴
LZ0003	张盛茗	9240	A	924.00	97	924.00	1,848.00	其他津贴
LZ0004	史伟	16240	Q	-	95	1,624.00	1,624.00	其他津贴
LZ0005	姜滨	5490	Q	-	59	-	-	其他津贴
LZ0006	迟爱学	3180	E	-	58	-	-	其他津贴
LZ0007	练世明	3490	B	261.75	86	262.00	523.75	其他津贴
LZ0008	于永祯	3320	E	-	53	-	-	其他津贴
LZ0009	梁新元	3340	A	334.00	91	334.00	668.00	其他津贴
LZ0010	程磊	4090	A	409.00	93	409.00	818.00	其他津贴
LZ0011	周碎武	3740	A	374.00	96	374.00	748.00	其他津贴
LZ0012	周文浩	17240	Q	-	95	1,724.00	1,724.00	其他津贴
LZ0013	梁跃权	4340	A	434.00	97	434.00	868.00	其他津贴

Tips:

A类：根据绩效等级，确认津贴

等级	比率
A	10%
B	7.5%
C	5%
D	2.5%
E	0%
Q	0%

B类：根据绩效得分所处区间，确认津贴

起步线	等级	比率
0	60以下	0%
60	60及以上70以下	2.5%
70	70及以上80以下	5%
80	80及以上90以下	7.5%
90	90及以上	10%

图 10-7

“10-06-考勤数据.xlsx”工作簿中的数据是笔者从系统中直接导出的考勤数据，如图 10-8 所示。

工号	姓名	入离缺勤 (H)	事假 (H)	病假 (H)	迟早假 (H)	旷工 (H)	延时加班 (H)	周末加班 (H)	法定节假日加班 (H)	夜班	A班个数	B班个数
LZ0001	表姐	0	0	0	0	0	0	0	0	0	0	0
LZ0002	凌祯	0	0	0	0	0	0	0	0	0	0	0
LZ0003	张盛茗	0	0	96	0	0	0	0	0	0	0	0
LZ0004	史伟	0	0	4	0	0	0	0	0	0	0	0
LZ0005	姜滨	0	0	0	0	0	37	20	0	0	0	0
LZ0006	迟爱学	0	0	0	0	0	39	21	19	0	0	0
LZ0007	练世明	0	0	0	0	0	40	18	17	0	0	0
LZ0008	于永祯	0	0	0	0.5	0	5	0	0	0	0	0
LZ0009	梁新元	0	0	0	0	0	25.5	19	4	0	0	0
LZ0010	程磊	0	0	0	0	0	41	22	0	0	0	0
LZ0011	周碎武	0	0	0	1	0	44	23	18	0	0	0
LZ0012	周文浩	0	0	0	0	0	0	0	0	0	0	0

图 10-8

在工资表核算中比较难处理的就是“10-05-加扣项核算【03-04-05 组合】.xlsx”工作簿的“核定标准”工作表中的税前另补、另扣项，如图 10-9 所示。

	A	B	C	D
1	大类	类别	备注	项目
2		加扣项	上月工资异常调整	另补1
3		加扣项	全月病假另补	另补1
4		加扣项	出差津贴	另补2
5		加扣项	高温津贴	另补2
6		加扣项	特殊岗位津贴等	另补2
7	税前应发调整项	加扣项	年终奖金	另补3
8		加扣项	销售奖金	另补3
9		加扣项	研发项目奖金	另补3
10		加扣项		另扣1
11		加扣项		另扣2
12		加扣项		另扣3
13		免税项	体检费	代补1
14		免税项	业绩表彰	代补1
15	税后工资调整项	免税项	其他	代补2
16		免税项	考勤卡	代扣1
17		免税项	工作服	代扣1
18		免税项	违章处罚扣款	代扣2
19		免税项	其他	代扣3

图 10-9

利用数据透视表功能可以完成图 10-10 所示的各类津贴明细。

工号	工的津贴	技能津贴	其他津贴	另补1	另补2	代补1	代扣1	代扣2
LZ0001	800.00		1,324.00					
LZ0002	800.00							
LZ0003	800.00		1,848.00					
LZ0004	800.00		1,624.00			200.00		
LZ0005	800.00	500.00						
LZ0006	800.00							

图 10-10

在企业中经常会遇到一种情况，由于员工的调薪调岗要经过多层审批，流程烦琐、周期长，因此部门领导会以福利补贴的形式将调整的薪资发放给员工。这样对 HR 来说，原本设置好的表头无疑会因这种不可预见的情况发生变动。在年底进行数据合并统计时，由于表头不统一会产生错行错列现象，针对这种情况可以设立"另补另扣项"来解决。

（2）当月社保公积金。

工资表的第二项是社保的核定，一般可以直接从后台导出数据。它的主要项目包括社保缴费基数、公积金缴费基数及社保中具体的几大项目，如图 10-11 所示。

图 10-11

但是，为了后面表格计算的方便，笔者建议采用单行的表头来制作。如图 10-12 所示，公司负责的社保可以简写为"司养老""司医疗""司生育""司失业""司工伤"和"总社保（司）"。这样的写法不仅简单易懂，而且便于对单行表头的表格进行处理。

工号	姓名	社保缴费基数	公积金缴费基数	司养老	司医疗	司生育	司失业	司工伤	总社保（司）	个人养老	个人医疗	个人失业	个人社保（总）	司公积金	个公积金	公积总	个人
LZ0001	表姐	16200	16200	3726	972	81	162	162	5103	1296	405	0	1701	1296	1296	6399	299
LZ0002	凌祯	13240	13240	2648	926.8	66.2	66.2	132.4	3839.6	1059.2	397.2	0	1456.4	1589	1589	5428.6	3045
LZ0003	张盛茂	4740	4740	1090.2	284.4	23.7	47.4	47.4	1493.1	379.2	118.5	0	497.7	379	379	1872.1	876
LZ0004	史伟	9240	9240	2032.8	739.2	46.2	92.4	92.4	3003	739.2	277.2	0	1016.4	924	924	3927	1940
LZ0005	姜滨	16240	16240	3572.8	1299.2	81.2	162.4	162.4	5278	1299.2	487.2	0	1786.4	1624	1624	6902	3410
LZ0006	迟爱学	5490	5490	1207.8	439.2	27.45	54.9	54.9	1784.25	439.2	164.7	0	603.9	549	549	2333.25	1152
LZ0007	练世明	3180	3180	636	222.6	15.9	15.9	31.8	922.2	254.4	95.4	0	349.8	382	382	1304.2	731
LZ0008	于永祯	3490	3490	767.8	279.2	17.45	34.9	34.9	1134.25	279.2	104.7	0	383.9	349	349	1483.25	732
LZ0009	梁新元	3320	3320	730.4	265.6	16.6	33.2	33.2	1079	265.6	99.6	0	365.2	332	332	1411	697
LZ0010	程磊	3340	3340	668	233.8	16.7	16.7	33.4	968.6	267.2	100.2	0	367.4	401	401	1365.6	768
LZ0011	周碎武	4090	4090	818	286.3	20.45	20.45	40.9	1186.1	327.2	122.7	0	449.9	491	491	1677.1	940
LZ0012	周文浩	3740	3740	748	261.8	18.7	18.7	37.4	1084.6	299.2	112.2	0	411.4	449	449	1533.6	860
LZ0013	梁新玖	16200	16200	3726	972	81	162	162	5103	1296	405	0	1701	1296	1296	6399	299
LZ0014	赵祎	4340	4340	998.2	260.4	21.7	43.4	43.4	1367.1	347.2	108.5	0	455.7	347	347	1714.1	802
LZ0015	胡硕	4190	4190	921.8	335.2	20.95	41.9	41.9	1361.75	335.2	125.7	0	460.9	419	419	1780.75	879
LZ0016	刘滨	4040	4040	888.8	323.2	20.2	40.4	40.4	1313	323.2	121.2	0	444.4	404	404	1717	848
LZ0017	肖玉	3940	3940	866.8	315.2	19.7	39.4	39.4	1280.5	315.2	118.2	0	433.4	394	394	1674.5	827
LZ0018	雷振宇	13040	13040	2999.2	782.4	65.2	130.4	130.4	4107.6	1043.2	326	0	1369.2	1043	1043	5150.6	2412
LZ0019	喻书	2680	2680	589.6	214.4	13.4	26.8	26.8	871	214.4	80.4	0	294.8	268	268	1139	562
LZ0020	石磊峰	4790	4790	335.3	23.95	23.95	1389.1	383.2	143.7	0	526.9	575	575	1964.1	1101

| 本月报表 | 工资表模板 | 员工档案 | 薪酬基础数据 | 津贴汇总 | 考勤数据 | 当月社保 | 其他免税收入 | 专项附加扣除 | 累计数据 | 个税税率表 | Sheet1 | ⊕ |

图 10-12

通过整理整张社保公积金数据得到"10-07- 当月社保导出数据 .xlsx"工作簿，如图 10-13 所示。

	A	B	C	D	E	F	G	H	I	J	K	L	M	N	O	P	Q	R
1	工号	姓名	社保缴费基数	公积金缴费基数	司养老	司医疗	司生育	司失业	司工伤	总社保(司)	个人养老	个人医疗	个人失业	个人社保(总)	司公积金	个公积金	公司总	个人总
2	LZ0001	秦姐	16200	16200	3726	972	81	162	162	5103	1296	405	0	1701	1296	1296	6399	2997
3	LZ0002	浪帧	13240	13240	2648	926.8	66.2	66.2	132.4	3839.6	1059.2	397.2	0	1456.4	1589	1589	5428.6	3045.4
4	LZ0003	张盛者	4740	4740	1090.2	284.4	23.7	47.4	47.4	1493.1	379.2	118.5	0	497.7	379	379	1872.1	876.7
5	LZ0004	史伟	9240	9240	2032.8	739.2	46.2	92.4	92.4	3003	739.2	277.2	0	1016.4	924	924	3927	1940.4
6	LZ0005	姜滨	16240	16240	3572.8	1299.2	81.2	162.4	162.4	5278	1299.2	487.2	0	1786.4	1624	1624	6902	3410.4
7	LZ0006	迟爱学	5490	5490	1207.8	439.2	27.45	54.9	54.9	1784.25	439.2	164.7	0	603.9	549	549	2333.25	1152.9
8	LZ0007	师世明	3180	3180	636	222.6	15.9	15.9	31.8	922.2	254.4	95.4	0	349.8	382	382	1304.2	731.8
9	LZ0008	于永帧	3490	3490	767.8	279.2	17.45	34.9	34.9	1134.25	279.2	104.7	0	383.9	349	349	1483.25	732.9
10	LZ0009	梁新元	3320	3320	730.4	265.6	16.6	33.2	33.2	1079	265.6	99.6	0	365.2	332	332	1411	697.2
11	LZ0010	程磊	3340	3340	668	233.8	16.7	16.7	33.4	968.6	267.2	100.2	0	367.4	401	401	1369.6	768.4
12	LZ0011	周郓武	4090	4090	818	286.3	20.45	20.45	40.9	1186.1	327.2	122.7	0	449.9	491	491	1677.1	940.9
13	LZ0012	周文浩	3740	3740	748	261.8	18.7	18.7	37.4	1084.6	299.2	112.2	0	411.4	449	449	1533.6	860.4
14	LZ0013	梁耿权	16200	16200	3726	972	81	162	162	5103	1296	405	0	1701	1296	1296	6399	2997
15	LZ0014	赵伟	4340	4340	998.2	260.4	21.7	43.4	43.4	1367.1	347.2	108.5	0	455.7	347	347	1714.1	802.7
16	LZ0015	胡硕	4190	4190	921.8	335.2	20.95	41.9	41.9	1361.75	335.2	125.7	0	460.9	419	419	1780.75	879.9
17	LZ0016	刘滨	4040	4040	888.8	323.2	20.2	40.4	40.4	1313	323.2	121.2	0	444.4	404	404	1717	848.4

图 10-13

（3）个税核算。

工资表的第三项是计算个人所得税。税前减免的项目包括专项扣除、固定减除（目前为 5000 元 / 月）、免税收入、子女教育和住房贷款利息等，如图 10-14 所示。

图 10-14

在进行个税计算时需要根据当地的政策要求，事先厘清应纳税所得额、预扣率、速算扣除数、预扣缴费额、减免税额和预缴个税。

关于这些复杂的数据，笔者在"10-00-新版个税测算表 .xlsx""10-08- 其他免税收入 .xlsx""10-09- 工资计算前导出专项附加扣除 .xlsx""10-10- 历史工资明细 - 计算累计用 .xlsx"工作簿中已经整理出来，这也是本章要重点介绍的内容。

（4）实发工资。

工资表的最后一项是实发工资，它包含了税后代补代扣和实发工资项。例如，代补包括体检费和业绩表彰，具体项目如图 10-15 所示。

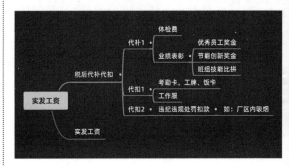

图 10-15

这样做的目的主要是不在工资表上过多地去体现违纪违规项，减少风险和争议。

完成四大项的表格的统计后，在"10- 揭秘系统级工资表 .xlsx"工作簿中就可以制作出图 10-16 所示的"工资表模板"工作表了。此工作簿还将前面介绍的 10 张表分别进行了汇总。

表姐凌祯科技有								单价：元/个班									
									10	15	20						年终奖金专
工号	姓名	病假(H)	迟早假(H)	旷工(H)	延时加班(H)	周末加班(H)	法定节假日加班（H）	夜班	A班个数	B班个数	入离职扣款	请假扣款	加班工资	轮班津贴	另补1	另补2	另补3
LZ0001	表姐	0	0	0	0	0	0	0	0	0	0	0	0	0	0	0	
LZ0002	凌祯	0	0	0	0	0	0	0	0	0	0	0	0	0	0	0	
LZ0003	张盛茗	96	0	0	0	0	0	0	0	0	0	3939.84	0	0	0	0	
LZ0004	史伟	4	0	0	0	0	0	0	0	0	0	252.86	0	0	0	0	
LZ0005	姜滨	0	0	0	37	20	0	0	0	0	0	0	3973.76	0	0	0	
LZ0006	迟爱学	0	0	0	39	21	19	0	0	0	0	0	3543.75	0	0	0	
LZ0007	练世明	0	0	0	40	18	17	0	0	0	0	0	3447.15	0	0	0	
LZ0008	于永祯	0	0.5	0	5	0	0	0	0	0	0	11.22	168.3	0	0	0	
LZ0009	梁新元	0	0	0	25.5	19	4	0	0	0	0	0	2148.89	0	0	60	
LZ0010	程磊	0	0	0	41	22	0	0	0	0	0	0	3290.55	0	0	0	
LZ0011	周碎武	0	1	0	44	23	18	0	0	0	0	30	4980	0	0	15	
LZ0012	周文浩	0	0	0	0	0	0	0	0	0	0	0	0	0	0	0	
LZ0013	梁跃权	0	0	0	44	18	20	0	0	0	0	0	4281.66	0	0	0	
LZ0014	赵玮	0	0	0	10	19	0	0	0	0	0	0	1526.93	0	0	0	
LZ0015	胡硕	0	2.5	0	0	0	0	0	0	0	0	708.35	0	0	0	0	
LZ0016	刘滨	0	0	0	36	17	15	0	0	0	0	0	3910.2	0	0	200	
LZ0017	肖玉	0	0	0	0	0	0	0	0	0	0	0	0	0	0	0	
LZ0018	雷振宇	0	0	0	27	24	0	1	0	0	0	0	1411.58	10	0	0	
LZ0019	喻书	0	3	0	1	0	0	0	0	0	0	103.38	51.69	0	0	0	

本月报表　工资表模板　员工档案　薪酬基础数据　津贴汇总　考勤数据　当月社保　其他免税收入　专项附加扣除　累计数据　个税税率 ...

图 10-16

并且通过工资表可以自动生成各种类别的统计报表，如图 10-17所示。

	A	B	C	D	E	F	G	H	I	J	K	L
3	用工来源	所属部门	工号	基本工资	职务工资	计件工资	技能津贴	工龄津贴	其他津贴	入离职扣款	请假扣款	加班工资
4	⊟正式工	财务部	3	9840	1800	0	500	2400	668	0	11.22	5860.94
5	正式工	采购部	5	33450	10000	0	0	4000	4360	0	738.35	12552.21
6	正式工	仓储部	7	39270	10650	0	0	5600	5649	0	347.18	11314.37
7	正式工	测试部	2	6810	1000	0	0	1600	1021.75	0	0	2675.37
8	正式工	辅助生产工人	34	0	0	135910	600	18750	19905.5	0	1791.56	73400.16
9	正式工	工艺部	1	3540	600	0	0	800	354	0	0	2069.76
10	正式工	后勤保洁	8	33560	6400	0	0	5600	5088.75	0	17.41	14208.42
11	正式工	基本生产工人	60	34300	6400	199070	2400	30350	35259	0	2555.07	116068.17
12	正式工	商务部	3	10050	2450	0	0	300	825.25	0	361.57	6599.87
13	正式工	设计部	5	20320	4500	0	0	4000	3898.25	0	350.45	12154.51
14	正式工	生产管理部	9	35760	6200	0	800	4800	5099.25	0	799.3	11138.73
15	正式工	市场部	3	10720	2250	0	0	150	1865.5	0	0	2978.61
16	正式工	售后服务部	5	20940	6900	0	500	150	3611.5	0	336.04	3186.59
17	正式工	司机保安	6	19770	700	0	0	4300	3682.25	0	406.56	7799.64
18	正式工	销售部	27	98190	16100	0	0	8100	16593.75	0	325.17	52354.86
19	正式工	研发部	2	9030	2100	0	0	1600	1806	0	233.03	1832.18
20	正式工	质量部	9	52800	11900	0	500	4800	8201.25	0	568.91	15422.95
21	正式工	综合管理部	3	27220	11050	0	0	2400	3172	0	3939.84	0
22	正式工 汇总		192	465570	101000	334980	5300	99700	121061	0	12781.66	351617.34

图 10-17

前面介绍了工资表的结构，接下来就正式进入本章的重点 —— 新版个税的核算。

10.2 核算新版个税

在进入个税核算之前，在“10-00- 新版个税测算表 .xlsx”工作簿中已经为读者整理好了个人税率表，同时还有相关的“个人所得税扣缴申报指引 .pdf”文件（本文件仅供参考，相关内容请以当地的正式文件为准）。

这里以表 10-1（居民个人工资、薪金所得预扣预缴适用）为例进行介绍。

表 10-1 个人所得税预扣率

级数	累计预扣预缴应纳税所得额	预扣率	速算扣除数
1	不超过 36000 元的部分	3%	0
2	超过 36000 元至 144000 元的部分	10%	2520
3	超过 144000 元至 300000 元的部分	20%	16920
4	超过 300000 元至 420000 元的部分	25%	31920
5	超过 420000 元至 660000 元的部分	30%	52920
6	超过 660000 元至 960000 元的部分	35%	85920
7	超过 960000 元的部分	45%	181920

本期应预扣预缴税额的计算公式如下。

本期应预扣预缴税额 =（累计预扣预缴应纳税所得额 × 预扣率 – 速算扣除数）–
累计减免税额 – 累计已预扣预缴税额

根据表 10–1 录入“个税税率表”工作表中的数据，并补充辅助数据，如图 10–18 所示。

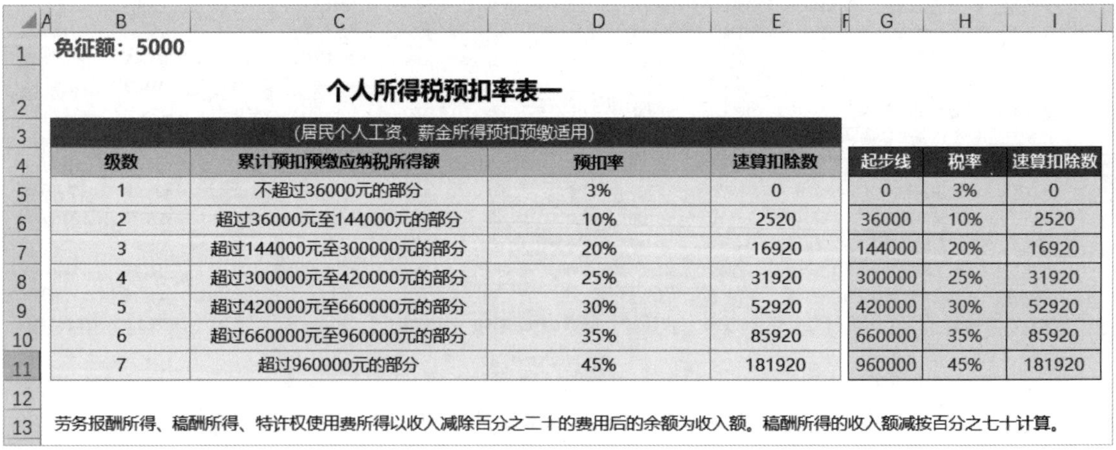
免征额：5000

个人所得税预扣率表一

(居民个人工资、薪金所得预扣预缴适用)

级数	累计预扣预缴应纳税所得额	预扣率	速算扣除数	起步线	税率	速算扣除数
1	不超过36000元的部分	3%	0	0	3%	0
2	超过36000元至144000元的部分	10%	2520	36000	10%	2520
3	超过144000元至300000元的部分	20%	16920	144000	20%	16920
4	超过300000元至420000元的部分	25%	31920	300000	25%	31920
5	超过420000元至660000元的部分	30%	52920	420000	30%	52920
6	超过660000元至960000元的部分	35%	85920	660000	35%	85920
7	超过960000元的部分	45%	181920	960000	45%	181920

劳务报酬所得、稿酬所得、特许权使用费所得以收入减除百分之二十的费用后的余额为收入额。稿酬所得的收入额减按百分之七十计算。

图 10–18

在辅助数据中，第一列数据“起步线”中的“0”指 0~36000 元的范围；“36000”指 36000~144000 元的范围；“144000”指 144000~300000 元的范围，以此类推，第一列辅助数据已经按照 0~960000 元升序阶梯排列好了，如图 10–19 所示。

起步线	税率	速算扣除数
0	3%	0
36000	10%	2520
144000	20%	16920
300000	25%	31920
420000	30%	52920
660000	35%	85920
960000	45%	181920

图 10-19

接下来就正式开始进行个税的核算。

根据例题中的描述信息，制作"测算表"工作表中的表格（图 10-20）。

例：某职员 2015 年入职，2019 年每月应发工资均为 30000 元，每月减除费用 5000 元，"三险一金"等专项扣除为 4500 元，享受子女教育、赡养老人两项专项附加扣除共计 2000 元，假设

没有减免收入及减免税额等情况。以前三个月为例，应当按照以下方法计算各月应预扣预缴税额。

1 月份：$(30000 - 5000 - 4500 - 2000) \times 3\% = 555$ 元。

2 月份：$(30000 \times 2 - 5000 \times 2 - 4500 \times 2 - 2000 \times 2) \times 10\% - 2520 - 555 = 625$ 元。

3 月份：$(30000 \times 3 - 5000 \times 3 - 4500 \times 3 - 2000 \times 3) \times 10\% - 2520 - 555 - 625 = 1850$ 元。

上述计算结果表明，由于 2 月份累计预扣预缴纳税所得额为 37000 元，已适用 10% 的税率，因此 2 月份和 3 月份应预扣预缴税额有所增加。

	工资基本信息		4=2+3	1月至当月累计工资总额	起征点	三险一金专项扣除		专项附加扣除						Σ: 5-13	1月至当月累计	累计薪资总额-累计减免总额	查表所得		除本月外，累计已缴个税额	
月份	当月薪资	每月奖金	当月工资总额	累计薪资	基本减除费用	社保	公积金	子女教育	继续教育	住房贷款利息	住房租赁	赡养老人	本期减免额小计	累计减免总额	累计预扣预缴应纳税所得额	当月税率	速算扣除数	累计已预扣预缴税额	当月个税
1月	30,000.00		30,000.00	30,000.00	5,000	4,000.00	500	1,000					1,000	11,500	11,500.00	18,500.00	3%			555.00
2月	30,000.00		30,000.00	60,000.00	5,000	4,000.00	500	1,000	-	-	-	-	1,000	11,500	23,000.00	37,000.00	10%	2,520.00	555.00	625.00
3月	30,000.00		30,000.00	90,000.00	5,000	4,000.00	500	1,000	-	-	-	-	1,000	11,500	34,500.00	55,500.00	10%	2,520.00	1,180.00	1,850.00
4月	30,000.00		30,000.00	120,000.00	5,000	4,000.00	500	1,000	-	-	-	-	1,000	11,500	46,000.00	74,000.00	10%	2,520.00	3,030.00	1,850.00
5月	30,000.00		30,000.00	150,000.00	5,000	4,000.00	500	1,000	-	-	-	-	1,000	11,500	57,500.00	92,500.00	10%	2,520.00	4,880.00	1,850.00
6月	30,000.00		30,000.00	180,000.00	5,000	4,000.00	500	1,000	-	-	-	-	1,000	11,500	69,000.00	111,000.00	10%	2,520.00	6,730.00	1,850.00
7月	30,000.00		30,000.00	210,000.00	5,000	4,000.00	500	1,000	-	-	-	-	1,000	11,500	80,500.00	129,500.00	10%	2,520.00	8,580.00	1,850.00
8月	30,000.00		30,000.00	240,000.00	5,000	4,000.00	500	1,000	-	-	-	-	1,000	11,500	92,000.00	148,000.00	20%	16,920.00	10,430.00	2,250.00
9月	30,000.00		30,000.00	270,000.00	5,000	4,000.00	500	1,000	-	-	-	-	1,000	11,500	103,500.00	166,500.00	20%	16,920.00	12,680.00	3,700.00
10月	30,000.00		30,000.00	300,000.00	5,000	4,000.00	500	1,000	-	-	-	-	1,000	11,500	115,000.00	185,000.00	20%	16,920.00	16,380.00	3,700.00
11月	30,000.00		30,000.00	330,000.00	5,000	4,000.00	500	1,000	-	-	-	-	1,000	11,500	126,500.00	203,500.00	20%	16,920.00	20,080.00	3,700.00
12月	30,000.00		30,000.00	360,000.00	5,000	4,000.00	500	1,000	-	-	-	-	1,000	11,500	138,000.00	222,000.00	20%	16,920.00	23,780.00	3,700.00

图 10-20

每月应发工资为 30000 元，就在"当月薪资"即【B5】单元格中输入"30000"，然后利用鼠标的十字填充句柄就可以填充整个【B】列。

【C】列中的"每月奖金"在这里可以暂不考虑。

【D】列为"当月工资总额"，即【B】列和【C】列的单元格求和。在【D5】单元格中输入公式"=SUM(B5:C5)"→按 <Enter> 键确认→将光标放在【D5】单元格右下角，当其变成十字句柄时，双击鼠标将公式向下填充，得到每月的当月工资总额，如图 10-21 所示。

D5　=SUM(B5:C5)

	工资基本信息		4=2+3	1月至当月累计工资总额	起征点
月份	当月薪资	每月奖金	当月工资总额	累计薪资	基本减除费用
1月	30,000.00		30,000.00		
2月	30,000.00		30,000.00		
3月	30,000.00		30,000.00		

图 10-21

因为个税的核算是根据累计应缴应扣来计算的，所以需要在【E】列计算出 1 月到当月的累计工资总额。这里需要输入累计求和的公式，选中【E5】单元格→单击函数编辑区将其激活→

输入公式"=SUM($D$5:D5)"→按<Enter>键确认→将光标放在【E5】单元格右下角，当其变成十字句柄时，双击鼠标将公式向下填充，如图10-22所示。

图10-22

可能有读者不理解这个公式的含义，为什么第一个"D5"要全部"锁定"，而第二个"D5"却"不管不顾"呢？

大家不妨想想，当拖动公式到第二个单元格时，公式就会变成"=SUM($D$5:D6)"，计算的就是1月和2月的累计工资总额；同理，当拖动到第12个单元格时，公式就会随之变成"=SUM($D$5:D16)"，用于求1月到12月的累计工资总额，也就是从1月到当月的累计工资

总额，如图10-23所示。

图10-23

接下来进入填写税前减免的步骤。

税收起征点为5000元，社保与公积金共4500元，子女教育和赡养老人各1000元，其余项目这里暂且不考虑，只需要列出项目标题，明细暂空就可以，有确切需要的读者也可以填写一些数据试一试。然后利用填充功能快速得到每一个月的税收减免明细，如图10-24所示，补充【F:M】列区域数据。

图10-24

选中【N5】单元格→单击函数编辑区将其激活→输入公式 "=SUM(F5:M5)" →按 <Enter> 键确认→将光标放在【N5】单元格右下角，当其变成十字句柄时，双击鼠标将公式向下填充，得到每月减免小计，如图 10-25 所示。

| | | | | 1月至当月累 | 起征点 | 三险一金专项扣除 | | | 专项附加扣除 | | | | | Σ: 5~13 |
月份	当月薪资	每月奖金	当月工资总额	计工资总额	基本减除费用	社保	公积金	子女教育	继续教育	住房贷款利息	住房租赁	赡养老人	本期减免额小计
1月	30,000.00		30,000.00	30,000.00	5,000	4,000.00	500	1,000				1,000	11,500
2月	30,000.00		30,000.00	60,000.00	5,000	4,000.00	500	1,000	-	-	-	1,000	11,500
3月	30,000.00		30,000.00	90,000.00	5,000	4,000.00	500	1,000	-	-	-	1,000	11,500
4月	30,000.00		30,000.00	120,000.00	5,000	4,000.00	500	1,000	-	-	-	1,000	11,500
5月	30,000.00		30,000.00	150,000.00	5,000	4,000.00	500	1,000	-	-	-	1,000	11,500
6月	30,000.00		30,000.00	180,000.00	5,000	4,000.00	500	1,000	-	-	-	1,000	11,500
7月	30,000.00		30,000.00	210,000.00	5,000	4,000.00	500	1,000	-	-	-	1,000	11,500
8月	30,000.00		30,000.00	240,000.00	5,000	4,000.00	500	1,000	-	-	-	1,000	11,500
9月	30,000.00		30,000.00	270,000.00	5,000	4,000.00	500	1,000	-	-	-	1,000	11,500
10月	30,000.00		30,000.00	300,000.00	5,000	4,000.00	500	1,000	-	-	-	1,000	11,500
11月	30,000.00		30,000.00	330,000.00	5,000	4,000.00	500	1,000	-	-	-	1,000	11,500
12月	30,000.00		30,000.00	360,000.00	5,000	4,000.00	500	1,000	-	-	-	1,000	11,500

图 10-25

然后在【O】列中需要计算累计减免总额。选中【O5】单元格→单击函数编辑区将其激活→输入公式 "=SUM($N$5:N5)" →按 <Enter> 键确认→将光标放在【O5】单元格右下角，当其变成十字句柄时，双击鼠标将公式向下填充，如图 10-26 所示。

当月工资总额	累计薪资	基本减除费用	社保	公积金	子女教育	继续教育	住房贷款利息	住房租赁	赡养老人	本期减免额小计	累计减免总额	累计计纳税
30,000.00	30,000.00	5,000	4,000.00	500	1,000				1,000	11,500	11,500.00	
30,000.00	60,000.00	5,000	4,000.00	500	1,000	-	-	-	1,000	11,500	23,000.00	
30,000.00	90,000.00	5,000	4,000.00	500	1,000	-	-	-	1,000	11,500	34,500.00	
30,000.00	120,000.00	5,000	4,000.00	500	1,000	-	-	-	1,000	11,500	46,000.00	
30,000.00	150,000.00	5,000	4,000.00	500	1,000	-	-	-	1,000	11,500	57,500.00	
30,000.00	180,000.00	5,000	4,000.00	500	1,000	-	-	-	1,000	11,500	69,000.00	
30,000.00	210,000.00	5,000	4,000.00	500	1,000	-	-	-	1,000	11,500	80,500.00	
30,000.00	240,000.00	5,000	4,000.00	500	1,000	-	-	-	1,000	11,500	92,000.00	
30,000.00	270,000.00	5,000	4,000.00	500	1,000	-	-	-	1,000	11,500	103,500.00	
30,000.00	300,000.00	5,000	4,000.00	500	1,000	-	-	-	1,000	11,500	115,000.00	
30,000.00	330,000.00	5,000	4,000.00	500	1,000	-	-	-	1,000	11,500	126,500.00	
30,000.00	360,000.00	5,000	4,000.00	500	1,000	-	-	-	1,000	11,500	138,000.00	

图 10-26

最后根据【E】列的累计薪资和【O】列的累计减免总额，计算文件中提到的"累计预扣预缴应纳税所得额"，也就是"累计薪资－累计减免总额"。选中【P5】单元格→单击函数编辑区将其激活→输入公式 "=E5-O5" →按 <Enter> 键确认→将光标放在【P5】单元格右下角，当其变成十字句柄时，双击鼠标将公式向下填充，如图 10-27 所示。

P5		× ✓ fx		=E5-O5								
	E	F	G	H	I	J	K	L	M	N	O	P	Q
1	5	6	7	8	9	10	11	12	13	14	15	16	17
2	1月至当月累计工资总额	起征点	三险一金专项扣除		专项附加扣除					Σ：5~13	1月至当月累计	累计薪资总额-累计减免总额	查
3	累计薪资	基本减除费用	社保	公积金	子女教育	继续教育	住房贷款利息	住房租赁	赡养老人	本期减免额小计	累计减免总额	累计预扣预缴应纳税所得额	当月税率
5	30,000.00	5,000	4,000.00	500	1,000	-	-	-	1,000	11,500	11,500.00	18,500.00	
6	60,000.00	5,000	4,000.00	500	1,000	-	-	-	1,000	11,500	23,000.00	37,000.00	
7	90,000.00	5,000	4,000.00	500	1,000	-	-	-	1,000	11,500	34,500.00	55,500.00	
8	120,000.00	5,000	4,000.00	500	1,000	-	-	-	1,000	11,500	46,000.00	74,000.00	
9	150,000.00	5,000	4,000.00	500	1,000	-	-	-	1,000	11,500	57,500.00	92,500.00	
10	180,000.00	5,000	4,000.00	500	1,000	-	-	-	1,000	11,500	69,000.00	111,000.00	
11	210,000.00	5,000	4,000.00	500	1,000	-	-	-	1,000	11,500	80,500.00	129,500.00	
12	240,000.00	5,000	4,000.00	500	1,000	-	-	-	1,000	11,500	92,000.00	148,000.00	
13	270,000.00	5,000	4,000.00	500	1,000	-	-	-	1,000	11,500	103,500.00	166,500.00	
14	300,000.00	5,000	4,000.00	500	1,000	-	-	-	1,000	11,500	115,000.00	185,000.00	
15	330,000.00	5,000	4,000.00	500	1,000	-	-	-	1,000	11,500	126,500.00	203,500.00	
16	360,000.00	5,000	4,000.00	500	1,000	-	-	-	1,000	11,500	138,000.00	222,000.00	

图 10-27

至此，得出了累计预扣预缴应纳税所得额，我们的任务就已经完成了一大半。

根据准备工作中制作的辅助表格，利用 LOOKUP 阶梯查找函数来匹配不同阶段的"累计预扣预缴应纳税所得额"对应的"税率"和"速算扣除数"。

LOOKUP 函数公式如图 10-28 所示。

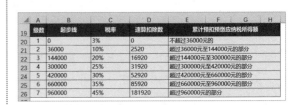

```
=LOOKUP(lookup_value,lookup_vector,result_vector)
=LOOKUP(查找值,查找区域,结果区域)
```
在 查找区域（起步线）中查找指定的值，并返回 结果区域 中对应位置的值。

图 10-28

查找值：根据【P】列"累计预扣预缴应纳税所得额"进行查找。

查找区域：起步线位于【B20:B26】单元格区域，如图 10-29 所示。

结果区域：税率位于【C20:C26】单元格区域，速算扣除数位于【D20:D26】单元格区域，

如图 10-29 所示。

	A	B	C	D	E	F	G	H
19	级数	起步线	税率	速算扣除数	累计预扣预缴应纳税所得额			
20	1	0	3%	0	不超过36000元的			
21	2	36000	10%	2520	超过36000元至144000元的部分			
22	3	144000	20%	16920	超过144000元至300000元的部分			
23	4	300000	25%	31920	超过300000元至420000元的部分			
24	5	420000	30%	52920	超过420000元至660000元的部分			
25	6	660000	35%	85920	超过660000元至960000元的部分			
26	7	960000	45%	181920	超过960000元的部分			

图 10-29

对于【Q5】单元格中税率的计算，带入 LOOKUP 函数公式，如图 10-30 所示。

```
=LOOKUP(P5,$B$20:$B$26,$C$20:$C$26)
```
查找值　查找范围　结果区域

图 10-30

选中【Q5】单元格→单击函数编辑区将其激活→输入公式"=LOOKUP(P5,$B$20:$B$26, $C$20:$C$26)"→按 <Enter> 键确认→将光标放在【Q5】单元格右下角，当其变成十字句柄时，双击鼠标将公式向下填充，如图 10-31 所示。

Q5 =LOOKUP(P5,$B$20:$B$26,$C$20:$C$26)

	6	7	8	9	10	11	12	13	14	15	16	17	18
1	起征点	三险一金专项扣除			专项附加扣除				Σ：5~13	1月至当月累计	累计薪资总额-累计减免总额		查表所得
2													
3	基本减除费用	社保	公积金	子女教育	继续教育	住房贷款利息	住房租赁	赡养老人	本期减免额小计	累计减免总额	累计预扣预缴应纳税所得额	当月税率	速算扣除数
5	5,000	4,000.00	500	1,000				1,000	11,500	11,500.00	18,500.00	3%	
6	5,000	4,000.00	500	1,000				1,000	11,500	23,000.00	37,000.00	10%	
7	5,000	4,000.00	500	1,000				1,000	11,500	34,500.00	55,500.00	10%	
8	5,000	4,000.00	500	1,000				1,000	11,500	46,000.00	74,000.00	10%	
9	5,000	4,000.00	500	1,000				1,000	11,500	57,500.00	92,500.00	10%	
10	5,000	4,000.00	500	1,000				1,000	11,500	69,000.00	111,000.00	10%	
11	5,000	4,000.00	500	1,000				1,000	11,500	80,500.00	129,500.00	10%	

图 10-31

同理，可查找出【R】列的"速算扣除数"。选中【R5】单元格→单击函数编辑区将其激活→输入公式"=LOOKUP(P5,$B$20:$B$26,$D$20:$D$26)"→按 <Enter> 键确认→将光标放在【R5】单元格右下角，当其变成十字句柄时，双击鼠标将公式向下填充，如图 10-32 所示。

R5 =LOOKUP(P5,$B$20:$B$26,$D$20:$D$26)

	6	7	8	9	10	11	12	13	14	15	16	17	18
1	起征点	三险一金专项扣除			专项附加扣除				Σ：5~13	1月至当月累计	累计薪资总额-累计减免总额		查表所得
2													
3	基本减除费用	社保	公积金	子女教育	继续教育	住房贷款利息	住房租赁	赡养老人	本期减免额小计	累计减免总额	累计预扣预缴应纳税所得额	当月税率	速算扣除数
5	5,000	4,000.00	500	1,000	-	-	-	1,000	11,500	11,500.00	18,500.00	3%	-
6	5,000	4,000.00	500	1,000	-	-	-	1,000	11,500	23,000.00	37,000.00	10%	2,520.00
7	5,000	4,000.00	500	1,000	-	-	-	1,000	11,500	34,500.00	55,500.00	10%	2,520.00
8	5,000	4,000.00	500	1,000	-	-	-	1,000	11,500	46,000.00	74,000.00	10%	2,520.00
9	5,000	4,000.00	500	1,000	-	-	-	1,000	11,500	57,500.00	92,500.00	10%	2,520.00
10	5,000	4,000.00	500	1,000	-	-	-	1,000	11,500	69,000.00	111,000.00	10%	2,520.00
11	5,000	4,000.00	500	1,000	-	-	-	1,000	11,500	80,500.00	129,500.00	10%	2,520.00
12	5,000	4,000.00	500	1,000	-	-	-	1,000	11,500	92,000.00	148,000.00	20%	16,920.00

图 10-32

【R5】单元格中的"速算扣除数"结果显示为"-"。这是因为【P5】单元格的值为 18500，18500 是大于 0 元但是小于 36000 元的，所以 LOOKUP 函数会将它匹配为 0 对应的速算扣除数，也就是"0"。

然后选中【R5:R16】单元格区域→右击，在弹出的快捷菜单中选择【设置单元格格式】选项→在弹出的【设置单元格格式】对话框中选择【分类】列表框中的【自定义】选项→在【类型】列表框中选择图 10-33 所示的选项，在【示例】中就显示为"-"→单击【确定】按钮。

图 10-33

温馨提示

LOOKUP 函数的第二个参数和第三个参数一般都是全部"锁定"的。

这里重温一下个税的计算公式，如图 10-34 所示。

图 10-34

由于 1 月份"累计已预扣预缴税额"为 0，故在【S5】单元格中先输入"0"，如图 10-35 所示。

	K	L	M	N	O	P	Q	R	S	T
1	11	12	13	14	15	16	17	18	19	20
2	项附加扣除			∑：5~13	1月至当月累计	累计薪资总额-累计减免总额	查表所得		除本月外，累计已付税总额	
3	住房贷款利息	住房租赁	赡养老人	本期减免额小计	累计减免总额	累计预扣预缴应纳税所得额	当月税率	速算扣除数	累计已预扣预缴税额	当月个税
5	-	-	1,000	11,500	11,500.00	18,500.00	3%	-	0	
6	-	-	1,000	11,500	23,000.00	37,000.00	10%	2,520.00		
7	-	-	1,000	11,500	34,500.00	55,500.00	10%	2,520.00		
8	-	-	1,000	11,500	46,000.00	74,000.00	10%	2,520.00		
9	-	-	1,000	11,500	57,500.00	92,500.00	10%	2,520.00		
10	-	-	1,000	11,500	69,000.00	111,000.00	10%	2,520.00		
11	-	-	1,000	11,500	80,500.00	129,500.00	10%	2,520.00		
12	-	-	1,000	11,500	92,000.00	148,000.00	20%	16,920.00		
13	-	-	1,000	11,500	103,500.00	166,500.00	20%	16,920.00		
14	-	-	1,000	11,500	115,000.00	185,000.00	20%	16,920.00		
15	-	-	1,000	11,500	126,500.00	203,500.00	20%	16,920.00		
16	-	-	1,000	11,500	138,000.00	222,000.00	20%	16,920.00		

图 10-35

接着在【T5】单元格中输入公式"=P5*Q5-R5-S5"，就得到了当月个税"555"元。然后将公式向下填充到整列的单元格中，如图 10-36 所示。

T5			fx	=P5*Q5-R5-S5						
	J	K	L	M	N	O	P	Q	R	S	T
1	10	11	12	13	14	15	16	17	18	19	20
2	专项附加扣除			∑：5~13	1月至当月累计	累计薪资总额-累计减免总额	查表所得		除本月外，累计已付税总额		
3	继续教育	住房贷款利息	住房租赁	赡养老人	本期减免额小计	累计减免总额	累计预扣预缴应纳税所得额	当月税率	速算扣除数	累计已预扣预缴税额	当月个税
5	-	-	1,000	11,500	11,500.00	18,500.00	3%	-			555.00
6	-	-	1,000	11,500	23,000.00	37,000.00	10%	2,520.00			1,180.00
7	-	-	1,000	11,500	34,500.00	55,500.00	10%	2,520.00			3,030.00
8	-	-	1,000	11,500	46,000.00	74,000.00	10%	2,520.00			4,880.00
9	-	-	1,000	11,500	57,500.00	92,500.00	10%	2,520.00			6,730.00
10	-	-	1,000	11,500	69,000.00	111,000.00	10%	2,520.00			8,580.00

图 10-36

从【S6】单元格开始，累计已预扣预缴税额就是前面月份"当月个税"的累计结果。选中【S6】单元格→输入公式"=SUM($T$5:T5)"→按

<Enter> 键确认→将光标放在【S6】单元格右下角，当其变成十字句柄时，双击鼠标将公式向下填充，如图 10-37 所示。

S6			fx	=SUM($T$5:T5)					
	K	L	M	N	O	P	Q	R	S
1	10	11	12	13	14	15	16	17	18	19
2	专项附加扣除			∑：5~13	1月至当月累计	累计薪资总额-累计减免总额	查表所得		除本月外，累计已付税总额	
3	继续教育	住房贷款利息	住房租赁	赡养老人	本期减免额小计	累计减免总额	累计预扣预缴应纳税所得额	当月税率	速算扣除数	累计已预扣预缴税额
5	-	-	1,000	11,500	11,500.00	18,500.00	3%	-	555.00
6	-	-	1,000	11,500	37,000.00	10%	2,520.00	1,180.00
7	-	-	1,000	11,500	34,500.00	55,500.00	10%	2,520.00	3,030.00
8	-	-	1,000	11,500	46,000.00	74,000.00	10%	2,520.00	4,880.00
9	-	-	1,000	11,500	57,500.00	92,500.00	10%	2,520.00	6,730.00
10	-	-	1,000	11,500	69,000.00	111,000.00	10%	2,520.00	

图 10-37

这里可以发现，在【T】列中，前面月份的个税比较低，后面月份的个税比较高，这是因为新版个税是根据全年累计工资金额对应阶梯税率的。由于年末累计金额较高，所以个税值高，如图 10-38 所示。

	J	K	L	M	N	O	P	Q	R	S	T
1	10	11	12	13	14	15	16	17	18	19	20
2	专项附加扣除			∑：5~13	1月至当月累计	累计薪资总额-累计减免总额	查表所得		除本月外，累计已付税总额		
3	继续教育	住房贷款利息	住房租赁	赡养老人	本期减免额小计	累计减免总额	累计预扣预缴应纳税所得额	当月税率	速算扣除数	累计已预扣预缴税额	当月个税
5	-	-	1,000	11,500	11,500.00	18,500.00	3%	-		555.00
6	-	-	1,000	11,500	23,000.00	37,000.00	10%	2,520.00	555.00	625.00
7	-	-	1,000	11,500	34,500.00	55,500.00	10%	2,520.00	1,180.00	1,850.00
8	-	-	1,000	11,500	46,000.00	74,000.00	10%	2,520.00	3,030.00	1,850.00
9	-	-	1,000	11,500	57,500.00	92,500.00	10%	2,520.00	4,880.00	1,850.00
10	-	-	1,000	11,500	69,000.00	111,000.00	10%	2,520.00	6,730.00	1,850.00
11	-	-	1,000	11,500	80,500.00	129,500.00	10%	2,520.00	8,580.00	1,850.00
12	-	-	1,000	11,500	92,000.00	148,000.00	20%	16,920.00	10,430.00	2,250.00
13	-	-	1,000	11,500	103,500.00	166,500.00	20%	16,920.00	12,680.00	3,700.00
14	-	-	1,000	11,500	115,000.00	185,000.00	20%	16,920.00	16,380.00	3,700.00
15	-	-	1,000	11,500	126,500.00	203,500.00	20%	16,920.00	20,080.00	3,700.00
16	-	-	1,000	11,500	138,000.00	222,000.00	20%	16,920.00	23,780.00	3,700.00

图 10-38

截至目前，我们已经成功地模拟出新版个税的测算表了。

在"测算表（2）"工作表中已经为读者准备了一份模板，读者可以将自己的工资和社保情况录入进去进行核算。

例如，假定当月薪资均为 20364 元，社保为 1701 元，公积金为 1296 元，子女教育为 1000 元，住房贷款利息为 530 元，代入"测算表（2）"工作表中，模拟当月需要缴纳的费用，如图 10-39 所示。

图 10-39

如图 10-40 所示，就是我们得到的模拟结果。

图 10-40

至此，新版个税核算就全部完成了，接下来将继续探讨工资表其他方面的制作，逐个制作每一张工资表，最终汇总到总表中。

10.3 工资核算前准备

工资表由四大项构成，在制作工资表时要先将所有的基础表都准备好，以备不时之需。基础表包括"10-01-员工档案信息采集表 .xlsx""10-02-基本工资-职务工资-缴费基数核对 .xlsx""10-03-工龄津贴核算 .xlsx""10-04-其他津贴核算（与绩效相关）.xlsx""10-05-加扣项核算【03-04-05 组合】.xlsx""10-06-考勤数据 .xlsx""10-07-当月社保导出数据 .xlsx""10-08-其他免税收入 .xlsx""10-09-工资计算前导出专项附加扣除 .xlsx""10-10-历史工资明细-计算累计用 .xlsx"。

接下来从 01 表开始来制作基础数据。打开"素材文件 /10-实战应用：揭秘系统级工资表 /10-01-员工档案信息采集表 .xlsx"源文件。

1. 员工档案信息采集

在"10-01-员工档案信息采集表 .xlsx"工作簿中一共包含了两张工作表："员工档案信息采集表"和"员工档案"。其中"员工档案信息采集表"工作表（图 10-41）用于打印出来让员工填写，而"员工档案"工作表（图 10-42）才是真正要处理的工作表。

表姐凌祯科技有限公司 员工档案表

员工编号		所属公司		所属部门		岗位		用工来源		在岗状态	
是否二次入职		合同到期		转正到期		生日到期		所属费用			

1.【员工基本信息】

【姓名】		曾用名		性别		民族		婚姻状况		政治面貌	
身份证号				出生日期		年龄		入职时间		司龄	
户籍地址				现居住地				户口性质			
地域省份				首次参加工作时间				工龄			
手机号码		固定电话		E-mail				血型		健康状况	

家庭关系	姓名	与本人关系	工作单位	职务	住址	联系电话	备注

紧急联系人	姓名	与本人关系	手机号码	固定电话	通信地址	备注

2.【教育履历】

普通教育情况	学历	入学时间	毕业时间	专业	学习形式	学校名称

职业教育情况	职称	等级	取证时间	发证单位	培训时间	证书有效期	证书截止日期

3.【社会履历】

过往工作履历	公司名称	所属行业	单位性质	入职时间	离职时间	任职部门	职位（工种）	工作内容

司内工作履历	面试日期		面试分数		体检日期		体检结果		入职日期	
	入职日期		试用期限		答辩日期		答辩结果		转正日期	
	调动时间	调入部门	调入职务	调出部门	调出职务	交接时间	交接人	审批人	审批日期	调岗类型

司内个人履历	日期	奖/罚	内容	备注

离职情况	离职时间	离职原因	是否解除关系	是否履行竞业限制	履行竞业限制联系方式

司内福利	福利名称	福利性质	支付形式	预算	期限	总预算

4.【合同/协议履行情况】

合同/协议名称	签订时间	到期时间	性质	履行期限	是否到期	签订次数	是否领取

5.【备注】

图 10-41

	A 员工编号	B 姓名	C 所属公司	D 所属部门	E 岗位	F 用工来源	G 学历	H 是否二次入职	I 合同到期	J 转正到期	K 生日到期	L 用居费用	M 管用名	N 性别	O 民族	P 婚姻状况	Q 政治面貌
2	LZ0001	表姐	总公司	综合管理部	董事长	正式工	大专及以上	否				管理		男		已婚	党员
3	LZ0002	凌祯	总公司	综合管理部	总经理	正式工	大专及以上	否				管理		男		未婚	党员
4	LZ0003	张盛茂	总公司	综合管理部	分管副总	正式工	大专及以上	否				管理		男		已婚	党员
5	LZ0004	史伟	子公司	人力资源部	总监	招聘工	大专及以上	否				管理		男		已婚	党员
6	LZ0005	姜滔	总公司	人力资源部	专职	短期临工	大专及以上	否				管理		男		已婚	党员
7	LZ0006	范黎宇	总公司	财务部	经理	正式工	大专及以上	否				管理		男		已婚	党员
8	LZ0007	杨志明	总公司	财务部	专职	招聘工	大专及以上	否				管理		男		已婚	党员
9	LZ0008	于永超	总公司	财务部	专职	正式工	大专及以上	否				管理		男		未婚	党员
10	LZ0009	梁泰元	总公司	财务部	专职	正式工	大专及以上	否				管理		女		离异	预备党员
11	LZ0010	程璐	总公司	采购部	经理	正式工	大专及以上	否				管理		女		未婚	党员
12	LZ0011	周妙诗	子公司	采购部	专职	正式工	大专及以上	否				管理		男		未婚	党员
13	LZ0012	周文驰	总公司	采购部	专职	正式工	大专及以上	否				管理		男		已婚	党员
14	LZ0013	廖彩权	子公司	采购部	专职	正式工	大专及以上	否				管理		男		已婚	预备党员
15	LZ0014	赵伟	总公司	采购部	专职	招聘工	大专及以上	否				管理		女		已婚	预备党员
16	LZ0015	胡丽	子公司	采购部	专职	正式工	大专及以上	否				管理		男		已婚	党员
17	LZ0016	刘骐	总公司	仓储部	专职	正式工	大专及以上	否				管理		男		已婚	党员
18	LZ0017	肖玉	子公司	仓储部	专职	正式工	大专及以上	否				管理		男		未婚	党员
19	LZ0018	霍新宇	总公司	仓储部	专职	正式工	大专及以上	否				管理		男		未婚	群众
20	LZ0019	喻书	总公司	仓储部	专职	正式工	大专及以上	否				管理		女		已婚	党员
21	LZ0020	倪静秋	总公司	仓储部	专职	短期临工	大专及以上	否				管理		男		已婚	党员
22	LZ0021	黄俊婷	总公司	仓储部	专职	劳务派遣	大专及以上	否				管理		男		未婚	党员
23	LZ0022	童玉	总公司	仓储部	专职	正式工	大专及以上	否				管理		女		离异	党员
24	LZ0023	童英	总公司	仓储部	专职	短期临工	大专及以上	否				管理		女		已婚	党员
25	LZ0024	王红	子公司	仓储部	专职	正式工	大专及以上	是				管理		女		已婚	预备党员
26	LZ0025	戴鑫	总公司	仓储部	总监	正式工	大专及以上	否				技术		男		离异	群众
27	LZ0026	汤婧	总公司	研发部	总监	正式工	大专及以上	否				技术		女		离异	党员
28	LZ0027	郁伟	子公司	研发部	专职	招聘工	大专及以上	否				技术		女		离异	党员

图 10-42

在实际情况下，既可以让员工填写"员工档案信息采集表"，然后再将其转化为台账式的表格，也可以直接让员工横向填写"员工档案"。总之，最后一定要得到"员工档案"工作表这样的表格清单，方便对数据进行处理。

（1）出生日期。

如图 10-43 所示，"员工档案"工作表中已经录入好了身份证号，如何根据身份证号来填写出生日期和年龄？

	A	B	O	P	Q	R	S	T
1	员工编号	姓名	民族	婚姻状况	政治面貌	身份证号	出生日期	年龄
2	LZ0001	表姐		已婚	党员	110108197812013870		
3	LZ0002	凌祯		已婚	党员	360403198608307313		
4	LZ0003	张盛若		未婚	党员	130103198112071443		
5	LZ0004	史伟		已婚	党员	420106197906176512		
6	LZ0005	姜滨		已婚	党员	150102197910255812		
7	LZ0006	迟爱学		已婚	党员	430204196812285016		
8	LZ0007	练世明		已婚	党员	370403197311092056		
9	LZ0008	于永祯		未婚	党员	142429197504075257		
10	LZ0009	梁新元		离异	预备党员	110108195704276314		
11	LZ0010	程磊		未婚	党员	110221198308251408		

图 10-43

这已经是一个老生常谈的问题了，那就是使用图 10-44 所示的 MID 函数。

=MID(text, start_num, num_chars)
=MID(文本字符串，第几位，取几位)

把一个文本字符串text，从第start_num位开始进行拆分，拆的位数是num_chars。

图 10-44

首先选中【S2】单元格→单击函数编辑区将其激活→输入公式"=MID(R2,7,8)"→按 <Enter> 键确认，就得到了出生日期字符串，如图 10-45 所示。

=MID(R2,7,8)

	A	B	O	P	Q	R	S	T
1	员工编号	姓名	民族	婚姻状况	政治面貌	身份证号	出生日期	年龄
2	LZ0001	表姐		已婚	党员	110108197812013870	19781201	
3	LZ0002	凌祯		已婚	党员	360403198608307313		
4	LZ0003	张盛若		未婚	党员	130103198112071443		
5	LZ0004	史伟		已婚	党员	420106197906176512		
6	LZ0005	姜滨		已婚	党员	150102197910255812		
7	LZ0006	迟爱学		已婚	党员	430204196812285016		
8	LZ0007	练世明		已婚	党员	370403197311092056		

图 10-45

仅仅这样显然是不够的，我们需要的是日期格式而不是 MID 函数返回的文本字符串。所以，需要利用图 10-46 所示的 TEXT 文本函数将得到的字符串转化为真正的日期。

=TEXT(value, format_text)
=TEXT(指定值，指定格式)

设置一个值，显示为指定的格式。
说明：指定格式两边需要加英文状态下的双引号

图 10-46

接下来在 MID 函数外部嵌套一个 TEXT 函数，得到公式"=TEXT(MID(R2,7,8),"0000-00-00")"，然后将公式向下填充，如图 10-47 所示。

=TEXT(MID(R2,7,8),"0000-00-00")

	A	B	O	P	Q	R	S
1	员工编号	姓名	民族	婚姻状况	政治面貌	身份证号	出生日期
2	LZ0001	表姐		已婚	党员	110108197812013870	1978-12-01
3	LZ0002	凌祯		已婚	党员	360403198608307313	1986-08-30
4	LZ0003	张盛若		未婚	党员	130103198112071443	1981-12-07
5	LZ0004	史伟		已婚	党员	420106197906176512	1979-06-17
6	LZ0005	姜滨		已婚	党员	150102197910255812	1979-10-25
7	LZ0006	迟爱学		已婚	党员	430204196812285016	1968-12-28

图 10-47

温馨提示

第二个参数""0000-00-00""是将文本字符串转化为常规的"年月日"型日期格式。

（2）计算年龄。

接下来计算年龄，这里使用 Excel 中的一个隐藏函数 DATEDIF，它的特点是没有语法提示，也无法通过按 <Tab> 键来补全函数名称。这里回顾一下 DATEDIF 函数的语法，如图 10-48 所示。

=DATEDIF (开始日期，结束日期，计算类型)

计算两个日期之间相隔的年数、月数和天数

图 10-48

出生日期代表初始日期，TODAY() 函数代表当前日期，所以在【T2】单元格中输入公式"=DATEDIF(S2,TODAY(),"Y")"，然后将公式向下填充，如图 10-49 所示。随着时间的不断变化，单元格中的年龄也是在不断变化的。

	T2	▾	:	×	✓	fx	=DATEDIF(S2,TODAY(),"Y")		

	A	B	C	P	Q	R	S	T
1	员工编号	姓名	民族	婚姻状况	政治面貌	身份证号	出生日期	年龄
2	LZ0001	表姐		已婚	党员	110108197812013870	1978-12-01	42
3	LZ0002	凌祯		已婚	党员	360403198608307313	1986-08-30	34
4	LZ0003	张盛茗		未婚	党员	130103198112071443	1981-12-07	39
5	LZ0004	史伟		已婚	党员	420106197906176512	1979-06-17	41
6	LZ0005	姜滨		已婚	党员	150102197910255812	1979-10-25	41
7	LZ0006	迟爱学		已婚	党员	430204196812285016	1968-12-28	52
8	LZ0007	练世明		已婚	党员	370403197311092056	1973-11-09	47
9	LZ0008	于永祯		未婚	党员	142429197504075257	1975-04-07	45

图 10-49

（3）计算司龄。

接下来使用同样的方法，根据员工的入职时间，利用 DATEDIF 函数计算每一位员工的司龄。选中【V2】单元格→单击函数编辑区将其激活→输入公式 "=DATEDIF(U2,TODAY(),"Y")"→按 <Enter> 键确认→将光标放在【V2】单元格右下角，当其变成十字句柄时，双击鼠标将公式向下填充，如图 10-50 所示。

	V2	▾	:	×	✓	fx	=DATEDIF(U2,TODAY(),"Y")			

	A	B	C	P	Q	R	S	T	U	V
1	员工编号	姓名	民族	婚姻状况	政治面貌	身份证号	出生日期	年龄	入职时间	司龄
2	LZ0001	表姐		已婚	党员	110108197812013870	1978-12-01	42	2009/5/23	11
3	LZ0002	凌祯		已婚	党员	360403198608307313	1986-08-30	34	2011/8/1	11
4	LZ0003	张盛茗		未婚	党员	130103198112071443	1981-12-07	39	2011/8/1	9
5	LZ0004	史伟		已婚	党员	420106197906176512	1979-06-17	41	2012/1/9	9
6	LZ0005	姜滨		已婚	党员	150102197910255812	1979-10-25	41	2012/6/18	8
7	LZ0006	迟爱学		已婚	党员	430204196812285016	1968-12-28	52	2012/7/31	8
8	LZ0007	练世明		已婚	党员	370403197311092056	1973-11-09	47	2012/8/27	8
9	LZ0008	于永祯		未婚	党员	142429197504075257	1975-04-07	45	2012/8/31	8
10	LZ0009	梁新元		离异	预备党员	110108195704276314	1957-04-27	63	2012/9/17	8
11	LZ0010	程磊		未婚	党员	110221198308251408	1983-08-25	37	2012/9/30	8
12	LZ0011	周碎武		未婚	党员	110108196308093896	1963-08-09	57	2012/11/20	8

图 10-50

（4）所属地区。

最后在员工档案中还需要根据公司需求进行其他处理。例如，根据员工所属地区判断是否属于北京地区，如果是 "北京市"，则返回 "北京"；如果不是 "北京市"，则返回 "其他"。

实际情况中也可以根据需求来改变地区，例如，判断是否为 "上海" 地区，或者是否为 "深圳" 地区等。

这里对基础函数熟悉的读者一眼就能够看出来，可以利用 IF 函数来做判断，如果符合就返回 "北京"，而如果不符合就返回 "其他"。

关于 IF 函数的基础语法，这里不再赘述，不清楚的读者可以去前面章节中回顾一下。

选中【Z2】单元格→单击函数编辑区将其激活→输入公式 "=IF(Y2="北京市","北京","其他")"→按 <Enter> 键确认→将光标放在【Z2】单元格右下角，当其变成十字句柄时，双击鼠标将公式向下填充，如图 10-51 所示。

	Z2	▾	:	×	✓	fx	=IF(Y2="北京市","北京","其他")	

	A	B	Y	Z	AA
1	员工编号	姓名	地域省份	是否北京地区	首次参加工作时
2	LZ0001	表姐	北京市	北京	2002/6/26
3	LZ0002	凌祯	江西省	其他	2009/4/22
4	LZ0003	张盛茗	河北省	其他	2006/12/9
5	LZ0004	史伟	湖北省	其他	2007/1/25
6	LZ0005	姜滨	内蒙古自治区	其他	2001/11/4

图 10-51

温馨提示

每一位员工的地域省份都已经填写在【Y】列中了。如果实际情况下没有填写，也可以使用 MID 函数截取身份证号的前两位，然后使用 VLOOKUP 函数去查询判断员工是属于哪一地区的（前提是已经准备了一张关于地域省份的参数表）。

如图 10–52 所示，通过函数对员工基本信息的处理，就完成了“10–01– 员工档案信息采集表 .xlsx”工作簿中的信息的完善。在“10– 揭秘系统级工资表 .xlsx”工作簿中，对应的就是“员工档案”工作表。

B	S	T	U	V	W	X	Y	Z	AA	AB
姓名	出生日期	年龄	入职时间	司龄	户籍地址	现居住地	地域省份	是否北京地区	首次参加工作时间	工龄
表姐	1978-12-01	41	2009/5/23	11			北京市	北京	2002/6/26	14
凌祯	1986-08-30	33	2009/8/1	10			江西省	其他	2009/4/22	8
张盛茗	1981-12-07	38	2011/8/1	8			河北省	其他	2006/12/9	10
史伟	1979-06-17	40	2012/1/9	8			湖北省	其他	2007/1/25	10
姜滨	1979-10-25	40	2012/6/18	7			内蒙古自治区	其他	2001/11/4	15
迟爱学	1968-12-28	51	2012/7/31	7			湖南省	其他	1993/5/2	24
练世明	1973-11-09	46	2012/8/27	7			山东省	其他	1998/6/8	18
于永祯	1975-04-07	45	2012/8/31	7			山西省	其他	2001/12/27	15
梁新元	1957-04-27	63	2012/9/17	7			北京市	北京	1981/2/4	36
程磊	1983-08-25	36	2012/9/30	7			北京市	北京	2009/5/5	8
周碎武	1963-08-09	56	2012/11/20	7			北京市	北京	1991/10/24	25
周文浩	1973-02-01	47	2012/11/26	7			山西省	其他	1995/9/6	21
梁跃权	1976-10-26	43	2012/11/30	7			北京市	北京	2003/7/13	13
赵玮	1961-10-05	58	2013/1/31	7			河北省	其他	1986/5/9	30

图 10–52

2. 缴费基数核对

在“10–02– 基本工资 – 职务工资 – 缴费基数核对 .xlsx”工作簿中，核对本月和上月的基本工资、职务工资、社保缴费基数和公积金缴费基数。

核对的目的当然是保证核算基数的准确性，如果核对中数据有出入，可能有两个原因：一是员工调档调薪；二是录入时不小心出错。

首先新建一张工作表，修改表名称为“两月核对 – 操作”，笔者已经在工作簿中为大家创建了一张“两月核对”工作表，读者可以在里面进行实操。

如图 10–53 所示，复制“本月”工作表中的【A:F】列区域数据，粘贴到“两月核对 – 操作”工作表中。

	A	B	C	D	E	F	G	H	I	J
1	工号	姓名	基本工资	职务工资	社保缴费基数	公积金缴费基数	核对-基本工资	核对-职务工资	核对-社保缴费基数	核对-公积金缴费基数
2	LZ0001	表姐	13240	5000	16200	16200	-	-	-	-
3	LZ0002	凌祯	4740	1500	13240	13240	-	-	-	-
4	LZ0003	张盛茗	9240	4550	4740	4740	-	-	-	-
5	LZ0004	史伟	16240	5000	9240	9240	-	-	-	-
6	LZ0005	姜滨	5490	1500	16240	16240	-	-	-	-
7	LZ0006	迟爱学	3180	600	5490	5490	-	-	-	-
8	LZ0007	练世明	3490	450	3180	3180	-	-	-	-
9	LZ0008	于永祯	3320	450	3490	3490	-	-	-	-
10	LZ0009	梁新元	3340	750	3320	3320	-	-	-	-
11	LZ0010	程磊	4090	1150	3340	3340	-	-	-	-
12	LZ0011	周碎武	3740	1300	4090	4090	-	-	-	-
13	LZ0012	周文浩	17240	7000	3740	3740	-	-	-	-
14	LZ0013	梁跃权	4340	100	16200	16200	-	-	-	-
15	LZ0014	赵玮	4190	650	4340	4340	-	-	-	-
16	LZ0015	胡硕	4040	450	4190	4190	-	-	-	-
17	LZ0016	刘滨	3940	1000	4040	4040	-	-	-	-
18	LZ0017	肖玉	13040	4550	3940	3940	-	-	-	-

图 10–53

　　这里介绍一个快捷的方法，选中上述标题，然后按 <Ctrl+Shift+↓> 键，可以全选这几列。

　　接下来使用"拼接"字符串的方法，快速生成如"核对 – 基本工资"这样的结构。

　　选中【G1】单元格→单击函数编辑区将其激活→输入公式 ="核对 -"&C1，如图 10-54 所示。

图 10-54

　　接着拖动鼠标将公式向右填充至【J1】单元格，就可以得到要核对的列标题，如图 10-55 所示。

图 10-55

　　这里可以使用格式刷，将原列标题的格式传递给【G:J】列区域的列标题，同时冻结第一行标题行，如图 10-56 所示。

图 10-56

　　接下来正式开始核对上月和本月的工资。利用 VLOOKUP 函数查找"上月"的数据，同时减去"本月"中对应的工资数据，来判断两月的基本工资是否一致。

　　这里我们从"表姐"的"核对 – 基本工资"开始，利用图 10-57 所示的 VLOOKUP 函数完成计算。

图 10-57

查找依据：在"两月核对 - 操作"工作表中，根据具有唯一性的"工号"来进行查找。

数据表：在"上月"工作表中的【A:F】列区域进行查找。

列序数：由于"基本工资"位于数据区域的第 3 列，所以第三个参数直接输入"3"。

匹配条件：精确匹配为"0"。

选中【G2】单元格→单击函数编辑区将其激活→输入公式"=VLOOKUP(A2,上月!A:F,3,0)-C2"→按 <Enter> 键确认，就得到了表姐在上月和本月的基本工资差额，如图 10-58 所示。

图 10-58

公式中的参数并不都是直接使用键盘录入的，尤其是第二个参数，需要先选择"上月"工作表，然后拖曳选中【A1:F369】单元格区域。在选中时也可以先选中【A】列到【F】列的表头，然后使用快捷键 <Ctrl+Shift+↓> 向下选择数据区域，如图 10-59 所示。

图 10-59

因为向右拖动时要引用的值还是"工号"而不是其他列，所以需要将 VLOOKUP 函数的第一个参数的列"锁定"，变成 $A2。

第二个参数的查找范围是固定的，所以切换为绝对引用"$A$1:$F$369"。

同时，将公式向右拖动到"核对 - 职务工资"和"核对 - 社保缴费基数"列时，VLOOKUP 函数的第三个参数，也就是"上月"工作表中要查找的数据所在列也会发生变化，依次变成第 4 列和第 5 列，如图 10-60 所示。

图 10-60

所以，这里 VLOOKUP 函数的第三个参数已经不再是一个固定的数字，而需要利用 COLUNM 函数来完成。

COLUNM 函数基础语法：返回单元格所在列的列标。例如，【A3】单元格在第 1 列就返回“1”，【H7】单元格在第 8 列就返回“8”，与单元格的行号没有关系。

我们要引用的列标是从第 3 列开始一直到第 6 列，所以可以将第三个参数修改为 COLUNM(C1)。

选中【G2】单元格，完善公式“=VLOOKUP($A2, 上月 !$A:$F, COLUMN(C1),0)−C2”，如图 10-61 所示。

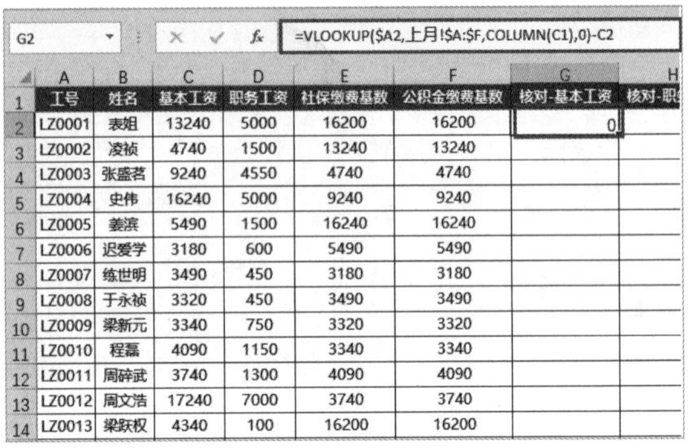

工号	姓名	基本工资	职务工资	社保缴费基数	公积金缴费基数	核对-基本工资
LZ0001	表姐	13240	5000	16200	16200	0
LZ0002	凌祯	4740	1500	13240	13240	
LZ0003	张盛茗	9240	4550	4740	4740	
LZ0004	史伟	16240	5000	9240	9240	
LZ0005	姜滨	5490	1500	16240	16240	
LZ0006	迟爱学	3180	600	5490	5490	
LZ0007	练世明	3490	450	3180	3180	
LZ0008	于永祯	3320	450	3490	3490	
LZ0009	梁新元	3340	750	3320	3320	
LZ0010	程磊	4090	1150	3340	3340	
LZ0011	周碎武	3740	1300	4090	4090	
LZ0012	周文浩	17240	7000	3740	3740	
LZ0013	梁跃权	4340	100	16200	16200	

图 10-61

最后将公式向右拖动到【J】列，再向下拖曳，将公式填充到整个表格区域，如图 10-62 所示。

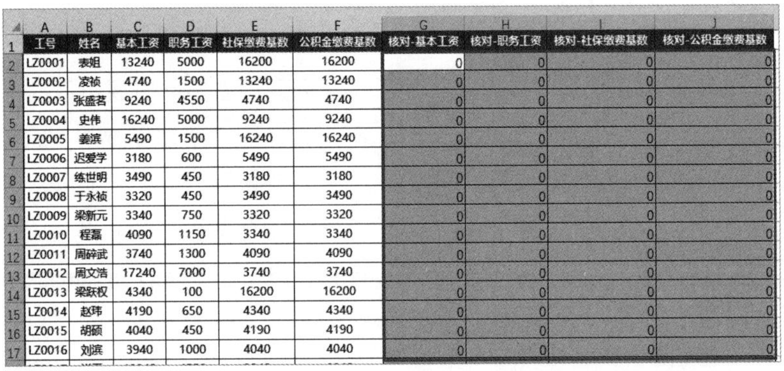

工号	姓名	基本工资	职务工资	社保缴费基数	公积金缴费基数	核对-基本工资	核对-职务工资	核对-社保缴费基数	核对-公积金缴费基数
LZ0001	表姐	13240	5000	16200	16200	0	0	0	0
LZ0002	凌祯	4740	1500	13240	13240	0	0	0	0
LZ0003	张盛茗	9240	4550	4740	4740	0	0	0	0
LZ0004	史伟	16240	5000	9240	9240	0	0	0	0
LZ0005	姜滨	5490	1500	16240	16240	0	0	0	0
LZ0006	迟爱学	3180	600	5490	5490	0	0	0	0
LZ0007	练世明	3490	450	3180	3180	0	0	0	0
LZ0008	于永祯	3320	450	3490	3490	0	0	0	0
LZ0009	梁新元	3340	750	3320	3320	0	0	0	0
LZ0010	程磊	4090	1150	3340	3340	0	0	0	0
LZ0011	周碎武	3740	1300	4090	4090	0	0	0	0
LZ0012	周文浩	17240	7000	3740	3740	0	0	0	0
LZ0013	梁跃权	4340	100	16200	16200	0	0	0	0
LZ0014	赵玮	4190	650	4340	4340	0	0	0	0
LZ0015	胡硕	4040	450	4190	4190	0	0	0	0
LZ0016	刘滨	3940	1000	4040	4040	0	0	0	0

图 10-62

为了突出显示非“0”的异常值，可以通过条件格式，将大于“0”的数值填充为【红色】，小于“0”的数值填充为【黄色】。

选中【G2:J2】单元格区域→按 <Ctrl+Shift+↓> 键选中整个区域→选择【开始】选项卡→单击【条件格式】按钮→在下拉菜单中选择【突出显示单元格规则】选项→选择【大于】选项，如图 10-63 所示。

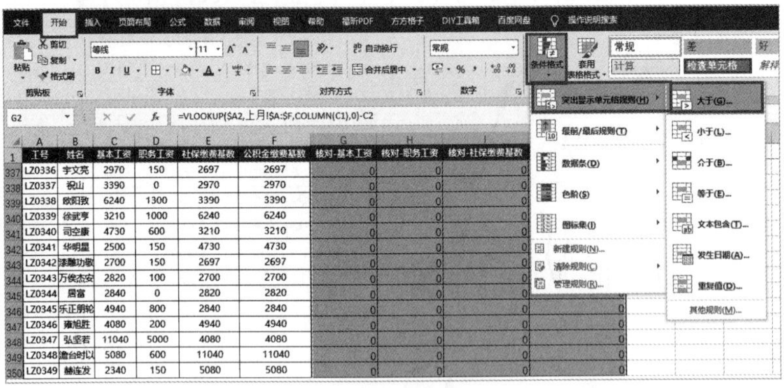

工号	姓名	基本工资	职务工资	社保缴费基数	公积金缴费基数	核对-基本工资	核对-职务工资	核对-社保缴费基数
LZ0336	宇文亮	2970	150	2697	2697	0	0	0
LZ0337	祝山	3390	0	2970	2970	0	0	0
LZ0338	欧阳致	6240	1300	3390	3390	0	0	0
LZ0339	徐武亨	3210	1000	6240	6240	0	0	0
LZ0340	司空康	4730	600	3210	3210	0	0	0
LZ0341	华明星	2500	150	4730	4730	0	0	0
LZ0342	漆雕功敬	2700	150	2697	2697	0	0	0
LZ0343	万俟杰安	2820	100	2700	2700	0	0	0
LZ0344	居富	2840	0	2820	2820	0	0	0
LZ0345	乐正朋轮	4940	800	2840	2840	0	0	0
LZ0346	雍旭胜	4080	200	4940	4940	0	0	0
LZ0347	弘坚若	11040	5000	4080	4080	0	0	0
LZ0348	澹台时以	5080	600	11040	11040	0	0	0
LZ0349	赫连发	2340	150	5080	5080	0	0	0

图 10-63

在弹出的【大于】对话框的【为大于以下值的单元格设置格式】文本框中输入"0"→单击【确定】按钮，如图 10-64 所示。

图 10-64

选择【开始】选项卡→单击【条件格式】按钮→在下拉菜单中选择【突出显示单元格规则】选项→选择【小于】选项，如图 10-65 所示。

图 10-65

在弹出的【小于】对话框的【为小于以下值的单元格设置格式】文本框中输入"0"→在【设置为】下拉列表中选择【黄填充色深黄色文本】选项→单击【确定】按钮，如图 10-66 所示。

图 10-66

至此，就成功地核对工资了，同时通过筛选功能可以进一步将异常值筛选出来，判断异常的原因。

选中第一行中的任意单元格，选择【开始】选项卡→单击【排序和筛选】按钮→在下拉菜单中选择【筛选】选项，如图 10-67 所示。

	工号	姓名	基本工资	职务工资	社保缴费基数	公积金缴费基数	核对-基本工资	核对-职务工资	核对-社保缴费基数	费基数
2	LZ0001	表姐	13240	5000	16200	16200	0	0		0
3	LZ0002	凌祯	4740	1500	13240	13240	0	0	0	0
4	LZ0003	张盛茗	9240	4550	4740	4740	0	0	0	0
5	LZ0004	史伟	16240	5000	9240	9240	0	0	0	0
6	LZ0005	姜滨	5490	1500	16240	16240	0	0	0	0
7	LZ0006	迟爱学	3180	600	5490	5490	0	0	0	0
8	LZ0007	练世明	3490	450	3180	3180	0	0	0	0
9	LZ0008	于永祯	3320	450	3490	3490	0	0	0	0

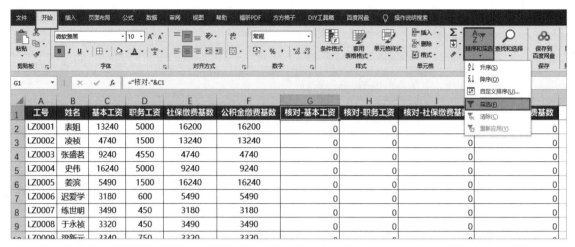

图 10-67

单击【核对－职务工资】下拉按钮→取消选中【0】复选框→单击【确定】按钮，如图 10-68 所示。

	工号	姓名	基本工资	职务工资	社保缴费基数	公积金缴费基数
11	LZ0010	程磊	4090	1150	3340	3340
12	LZ0011	周碎武	3740	1300	4090	4090
13	LZ0012	周文浩	17240	7000	3740	3740
14	LZ0013	梁跃权	4340	100	16200	16200
15	LZ0014	赵玮	4190	650	4340	4340
16	LZ0015	胡硕	4040	450	4190	4190
17	LZ0016	刘滨	3940	1000	4040	4040
18	LZ0017	肖玉	13040	4550	3940	3940
19	LZ0018	雷振宇	2680	0	13040	13040
20	LZ0019	喻书	4790	1000	2680	2680
21	LZ0020	倪静秋	3540	600	4790	4790
22	LZ0021	黄俊格	4090	1200	3540	3540
23	LZ0022	董玉	7340	2900	4090	4090
24	LZ0023	董爽	4140	1500	7340	7340
25	LZ0024	王红	3740	600	4140	4140

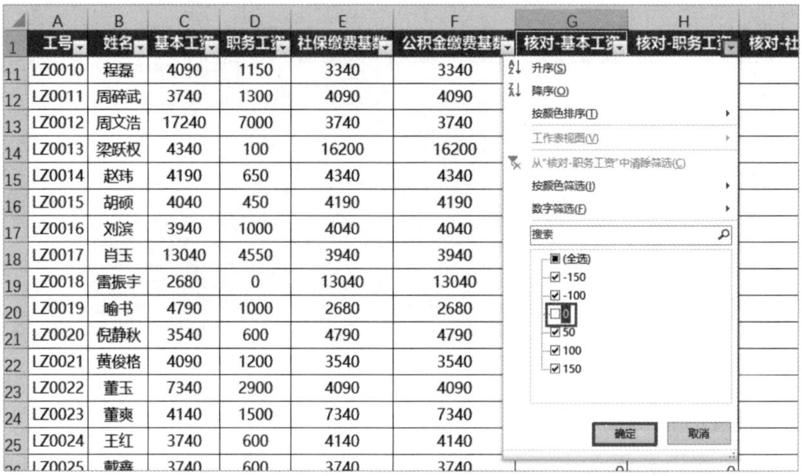

图 10-68

如图 10-69 所示，就可以快速地找到工资核对中的异常值，并根据情况逐个进行排除。

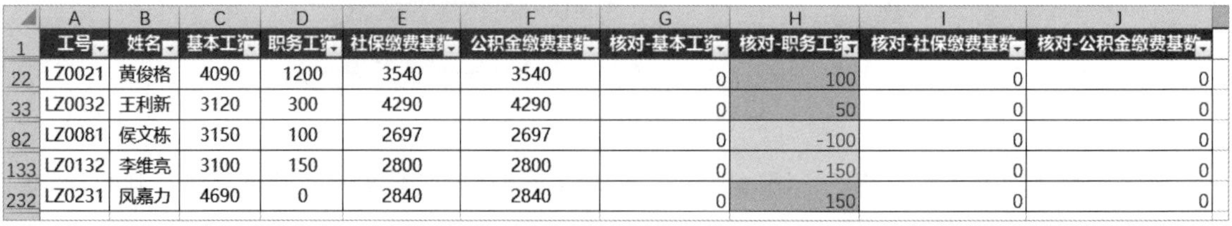

	工号	姓名	基本工资	职务工资	社保缴费基数	公积金缴费基数	核对-基本工资	核对-职务工资	核对-社保缴费基数	核对-公积金缴费基数
22	LZ0021	黄俊格	4090	1200	3540	3540	0	100	0	0
33	LZ0032	王利新	3120	300	4290	4290	0	50	0	0
82	LZ0081	侯文栋	3150	100	2697	2697	0	-100	0	0
133	LZ0132	李维亮	3100	150	2800	2800	0	-150	0	0
232	LZ0231	凤嘉力	4690	0	2840	2840	0	150	0	0

图 10-69

到这里工资核对表也已经完成了。这张工资核对表在"10- 揭秘系统级工资表 .xlsx"工作簿中对应的就是"薪酬基础数据"工作表，如图 10-70 所示。

工号	姓名	基本工资	职务工资	计件工资	社保缴费基数	公积金缴费基数	岗位
LZ0001	表姐	13240	5000		16200	16200	董事长
LZ0002	凌祯	4740	1500		13240	13240	总经理
LZ0003	张盛茗	9240	4550		4740	4740	分管副总
LZ0004	史伟	16240	5000		9240	9240	总监
LZ0005	姜滨	5490	1500		16240	16240	专职
LZ0006	迟爱学	3180	600		5490	5490	经理
LZ0007	练世明	3490	450		3180	3180	专职
LZ0008	于永祯	3320	450		3490	3490	专职
LZ0009	梁新元	3340	750		3320	3320	专职
LZ0010	程磊	4090	1150		3340	3340	经理
LZ0011	周碎武	3740	1300		4090	4090	专职
LZ0012	周文浩	17240	7000		3740	3740	专职
LZ0013	梁跃权	4340	100		16200	16200	专职
LZ0014	赵玮	4190	650		4340	4340	专职
LZ0015	胡硕	4040	450		4190	4190	专职
LZ0016	刘滨	3940	1000		4040	4040	专职
LZ0017	肖玉	13040	4550		3940	3940	专职
LZ0018	雷振宇	2680	0		13040	13040	专职
LZ0019	喻书	4790	1000		2680	2680	专职
LZ0020	倪静秋	3540	600		4790	4790	专职

框架与思路 | 本月报表 | 工资表模板 | 累计数据 | 员工档案 | 薪酬基础数据 | 津贴汇总 | 考勤数据 | 当月社保

图 10-70

3. 工龄津贴核算

打开“10-03- 工龄津贴核算 .xlsx”工作簿，在“工龄津贴 - 核算演示表”工作表中来计算每一位员工的工龄津贴，如图 10-71 所示。

员工编号	姓名	入职时间	入职月数	工龄津贴	工龄津贴
LZ0001	表姐	2009/5/23	127	800	工龄津贴
LZ0002	凌祯	2009/8/1	125	800	工龄津贴
LZ0003	张盛茗	2011/8/1	101	800	工龄津贴
LZ0004	史伟	2012/1/9	95	800	工龄津贴
LZ0005	姜滨	2012/6/18	90	800	工龄津贴
LZ0006	迟爱学	2012/7/31	89	800	工龄津贴
LZ0007	练世明	2012/8/27	88	800	工龄津贴
LZ0008	于永祯	2012/8/31	88	800	工龄津贴
LZ0009	梁新元	2012/9/17	87	800	工龄津贴
LZ0010	程磊	2012/9/30	87	800	工龄津贴
LZ0011	周碎武	2012/11/20	85	800	工龄津贴
LZ0012	周文浩	2012/11/26	85	800	工龄津贴
LZ0013	梁跃权	2012/11/30	85	800	工龄津贴
LZ0014	赵玮	2013/1/31	83	800	工龄津贴
LZ0015	胡硕	2013/3/27	81	800	工龄津贴
LZ0016	刘滨	2013/4/23	80	800	工龄津贴
LZ0017	肖玉	2013/5/1	80	800	工龄津贴
LZ0018	雷振宇	2013/7/1	78	800	工龄津贴
LZ0019	喻书	2013/7/2	77	800	工龄津贴

统计工龄截止日期	2020/1/1

津贴支付规则,入司月数
<12 0
>=12 <24 50
>=24 <36 100
>=36 <48 300
>=48 <60 500
>=60 800

津贴计算辅助区域	
0	0
12	50
24	100
36	300
48	500
60	800

图 10-71

这里需要用到“员工档案”工作表中的员工入职信息，不过笔者已经将“员工档案”工作表放在工作簿中了，因此直接根据“员工编号”，利用 VLOOKUP 函数查找对应数据即可，如图 10-72 所示。

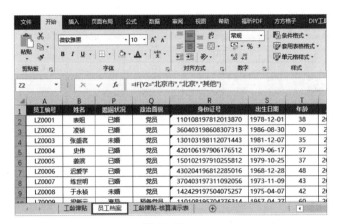

图 10-72

在"工龄津贴－核算演示表"工作表中，选中【C2】单元格→单击函数编辑区将其激活→输入公式 "=VLOOKUP(A2,员工档案!A:U,21,0)"→按 <Enter> 键确认→将光标放在【C2】单元格右下角，双击鼠标将公式向下填充，如图 10-73 所示。

图 10-73

温馨提示

在"员工档案"工作表中选择第二个参数的数据区域时，由于数据区域过大，不好辨认"入职时间"所在的列标。但是，在拖曳选择数据区域时，光标右侧会提示这一列的列数为"21"，如图 10-74 所示。

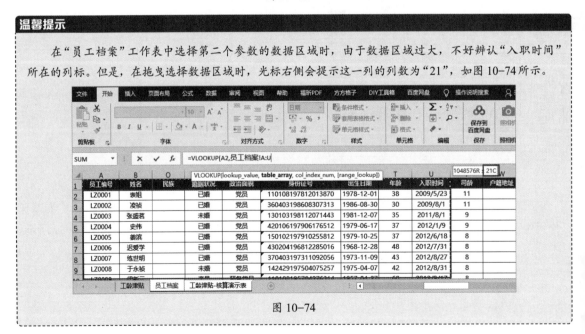

图 10-74

由于工龄津贴是按照入职以后的月数来计算的，所以需要计算从“入职时间”到“统计工龄截止日期”间每一位员工的入职月数，可以使用 DATEDIF 函数来进行计算。

选中【D2】单元格→单击函数编辑区将其激活→输入公式“=DATEDIF(C2,$I$1,"M")”→按 <Enter> 键确认→将光标放在【D2】单元格右下角，当其变成十字句柄时，双击鼠标将公式向下填充，如图 10-75 所示。

D2 =DATEDIF(C2,$I$1,"M")

	A	B	C	D	E	F	G	H	I
1	员工编号	姓名	入职时间	入职月数	工龄津贴	工龄津贴		统计工龄截止日期	2020/1/1
2	LZ0001	表姐	2009/5/23	127		工龄津贴			
3	LZ0002	凌祯	2009/8/1	125		工龄津贴		津贴支付规则,入司月数	
4	LZ0003	张盛茗	2011/8/1	101		工龄津贴		<12 0	
5	LZ0004	史伟	2012/1/9	95		工龄津贴		>=12 <24 50	
6	LZ0005	姜滨	2012/6/18	90		工龄津贴		>=24 <36 100	
7	LZ0006	迟爱学	2012/7/31	89		工龄津贴		>=36 <48 300	
8	LZ0007	练世明	2012/8/27	88		工龄津贴		>=48 <60 500	
9	LZ0008	于永祯	2012/8/31	88		工龄津贴		>=60 800	
10	LZ0009	梁新元	2012/9/17	87		工龄津贴			
11	LZ0010	程磊	2012/9/30	87		工龄津贴			

图 10-75

温馨提示

需要注意的是，这里没有将截止日期设置为 TODAY 函数，而是在【I1】单元格中确定了“统计工龄截止日期”，然后通过绝对引用该日期作为截止日期。这是因为一般公司规定在某一个确定的日期进行工龄统计，而不是一个随意变化的日期。

最后按照“工龄”，并根据规定的规则来计算“工龄津贴”。图 10-76 所示是根据计算规则建立的 LOOKUP 函数查找引用的辅助表格。

K	L	M
津贴计算辅助区域		
	0	0
	12	50
	24	100
	36	300
	48	500
	60	800

图 10-76

有没有觉得这个建立辅助数据，然后利用 LOOKUP 函数的方式很熟悉？没有错，在 10.2 节计算新版个税时，根据不同的“累计预扣预缴应纳税所得额”值返回与之对应的“税率”和“速算扣除数”就用到了这个方法。

选中【E2】单元格→单击函数编辑区将其激活→输入公式“=LOOKUP(D2,$L$4:$L$9,$M$4:$M$9)”→按 <Enter> 键确认→将光标放在【E2】单元格右下角，当其变成十字句柄时，双击鼠标将公式向下填充，如图 10-77 所示。

E2 =LOOKUP(D2,$L$4:$L$9,$M$4:$M$9)

	A	B	C	D	E	F
1	员工编号	姓名	入职时间	入职月数	工龄津贴	工龄津贴
2	LZ0001	表姐	2009/5/23	127	800	工龄津贴
3	LZ0002	凌祯	2009/8/1	125	800	工龄津贴
4	LZ0003	张盛茗	2011/8/1	101	800	工龄津贴

图 10-77

4. 其他津贴核算

打开“10-04- 其他津贴核算（与绩效相关）.xlsx”工作簿，接下来核算其他津贴，读者在“其他津贴 - 核算演示表”工作表中实操即可。

与工龄津贴一样，笔者已经按照规定制作了 A 类和 B 类的辅助表，根据不同的等级和起步线考核得分返回不同的数值，如图 10-78 所示。

图 10-78

相信完成前两张表的制作以后，读者能够清楚地知道这里需要使用哪些函数。

在计算 A 类津贴金额时，需要使用 VLOOKUP 函数，根据考核等级匹配 A 类表格中的比率，用该比率乘基本工资就是 A 类津贴金额。

而在计算 B 类津贴金额时，需要使用 LOOKUP 函数，根据考核得分匹配 B 类表格中的比率，用该比率乘基本工资就是 B 类津贴金额。

最后利用图 10-79 所示的 ROUND 四舍五入函数对数据保留两位小数。

ROUND基础语法

☞ 第一个参数，需要进行**修约**的数值；

☞ 第二个参数，要通过**四舍五入**保留的小数，如果为2，就是保留**两位小数**；如果为0，就是保留为**整数**。

图 10-79

首先计算 A 类津贴。选中【E2】单元格→单击函数编辑区将其激活→输入公式 "=ROUND(VLOOKUP(D2,$K$4:$L$9,2,0)*C2,2)" →按 <Enter> 键确认→将光标放在【E2】单元格右下角，当其变成十字句柄时，双击鼠标将公式向下填充，即可得到一列的 A 类津贴金额，如图 10-80 所示。

图 10-80

这里 VLOOKUP(D2,$K$4:$L$9,2,0) 返回的是对应考核等级的比率，再乘基本工资，将结果四舍五入保留两位小数后就得到了 A 类津贴。

温馨提示

VLOOKUP 函数的第二个参数需要绝对引用。

在计算 B 类津贴时，我们采用同样的思路，选中【G2】单元格→单击函数编辑区将其激活→输入公式 “=ROUND(LOOKUP(F2,$N$4:$N$8,$P$4:$P$8)*C2,2)” → 按 <Enter> 键确认→将光标放在【G2】单元格右下角，当其变成十字句柄时，双击鼠标将公式向下填充，如图 10–81 所示。

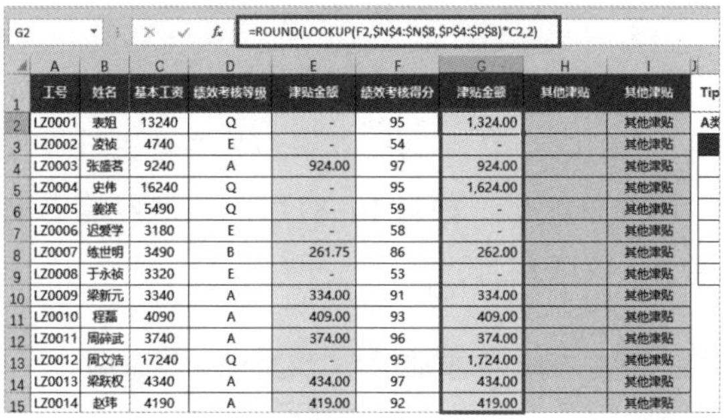

G2 =ROUND(LOOKUP(F2,$N$4:$N$8,$P$4:$P$8)*C2,2)

工号	姓名	基本工资	绩效考核等级	津贴金额	绩效考核得分	津贴金额	其他津贴	其他津贴
LZ0001	裘姐	13240	Q	-	95	1,324.00		其他津贴
LZ0002	凌祯	4740	E	-	54	-		其他津贴
LZ0003	张盛茗	9240	A	924.00	97	924.00		其他津贴
LZ0004	史伟	16240	Q	-	95	1,624.00		其他津贴
LZ0005	姜滨	5490	Q	-	59	-		其他津贴
LZ0006	迟爱学	3180	E	-	58	-		其他津贴
LZ0007	练世明	3490	B	261.75	86	262.00		其他津贴
LZ0008	于永祯	3320	E	-	53	-		其他津贴
LZ0009	梁新元	3340	A	334.00	91	334.00		其他津贴
LZ0010	程磊	4090	A	409.00	93	409.00		其他津贴
LZ0011	周碎武	3740	A	374.00	96	374.00		其他津贴
LZ0012	周文浩	17240	Q	-	95	1,724.00		其他津贴
LZ0013	梁跃权	4340	A	434.00	97	434.00		其他津贴
LZ0014	赵玮	4190	A	419.00	92	419.00		其他津贴

图 10–81

温馨提示

LOOKUP 函数的第二个参数和第三个参数同样需要绝对引用。

最后在【H】列上将两类津贴求和，同样利用 ROUND 函数保留两位小数。

选中【H2】单元格→单击函数编辑区将其激活→输入公式 “=ROUND(E2+G2,2)” →按 <Enter> 键确认→将光标放在【H2】单元格右下角，当其变成十字句柄时，双击鼠标将公式向下填充，如图 10–82 所示。

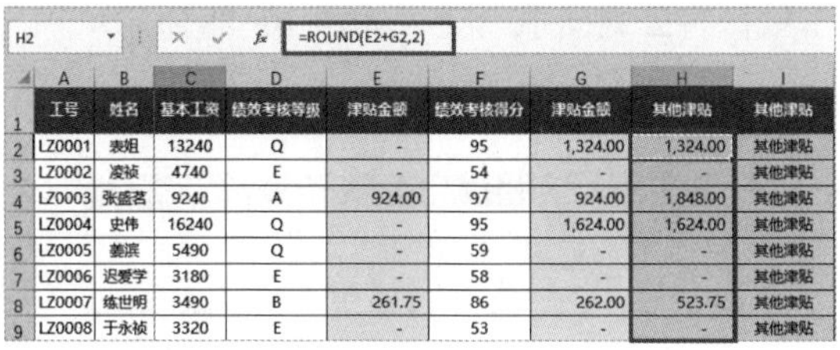

H2 =ROUND(E2+G2,2)

工号	姓名	基本工资	绩效考核等级	津贴金额	绩效考核得分	津贴金额	其他津贴	其他津贴
LZ0001	裘姐	13240	Q	-	95	1,324.00	1,324.00	其他津贴
LZ0002	凌祯	4740	E	-	54	-	-	其他津贴
LZ0003	张盛茗	9240	A	924.00	97	924.00	1,848.00	其他津贴
LZ0004	史伟	16240	Q	-	95	1,624.00	1,624.00	其他津贴
LZ0005	姜滨	5490	Q	-	59	-	-	其他津贴
LZ0006	迟爱学	3180	E	-	58	-	-	其他津贴
LZ0007	练世明	3490	B	261.75	86	262.00	523.75	其他津贴
LZ0008	于永祯	3320	E	-	53	-	-	其他津贴

图 10–82

在实际情况中根据不同企业的规章，保留不同小数位数，只需要调节 ROUND 函数的第二个参数就可以了。

5. 加扣项核算

完成 “10–03– 工龄津贴核算 .xlsx” 和 “10–04– 其他津贴核算（与绩效相关）.xlsx” 工作簿的统计之后，结合业务部门提供的津贴表将所有的津贴全部整合起来，并做成数据透视表形式。

之所以要使用数据透视表而不使用函数进行统计，是因为一旦数据量变大之后，单元格公式的运行会变得异常卡顿，而数据透视表却不会出现这样的问题，而且还可以根据不同需求进行多维度分析，以及能够实时更新数据。因此，在本节中我们最终采用数据透视表的形式来统计所有津贴。

打开 “10–05– 加扣项核算【03–04–05 组合】.xlsx” 工作簿，在 “核定标准” 工作表中，列出了规定的项目津贴所属性质（后面作为 VLOOKUP 函数的第二个参数引用），如图 10–83 所示。

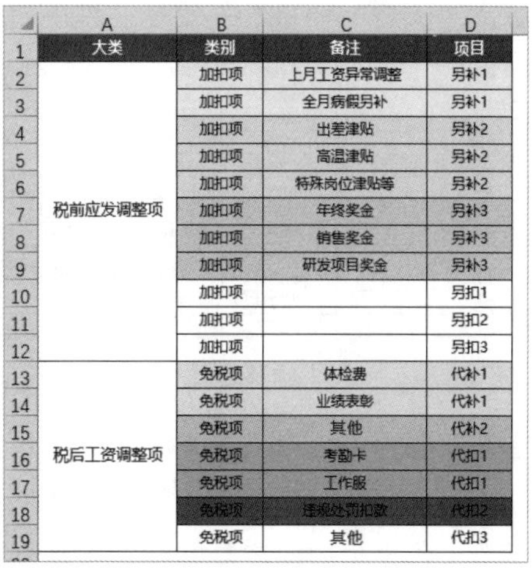

大类	类别	备注	项目
税前应发调整项	加扣项	上月工资异常调整	另补1
	加扣项	全月病假另补	另补1
	加扣项	出差津贴	另补2
	加扣项	高温津贴	另补2
	加扣项	特殊岗位津贴等	另补2
	加扣项	年终奖金	另补3
	加扣项	销售奖金	另补3
	加扣项	研发项目奖金	另补3
	加扣项		另扣1
	加扣项		另扣2
	加扣项		另扣3
税后工资调整项	免税项	体检费	代补1
	免税项	业绩表彰	代补1
	免税项	其他	代补2
	免税项	考勤卡	代扣1
	免税项	工作服	代扣1
	免税项	违规处罚扣款	代扣2
	免税项	其他	代扣3

图 10–83

同时在 “业务部分发来的原始表” 工作表中，包含从业务部门得来的原始表，如图 10–84 所示。

图 10-84

在使用数据透视表统计前，首先需要对所有数据进行整合，最后将"业务部分发来的原始表"工作表、"员工档案"工作表和"核定标准"工作表整合为"加扣项明细"工作表，结果如图 10-85 所示。根据"员工档案"工作表和"核定标准"工作表查询员工的"所属公司""用工来源"及员工项目津贴的"归属工资科目"。

图 10-85

首先新建一张工作表并命名为"制作核算用加扣项明细表"，然后将"业务部门发来的原始表"工作表中的内容复制粘贴到新创建的"制作核算用加扣项明细表"工作表中。这里笔者已经创建好"制作核算用加扣项明细表"工作表了，大家只需要在里面复制数据即可。完整版数据可以参考"加扣项明细"工作表，如

图 10-86 所示。

图 10-86

在列标题中添加"归属工资科目""所属公司""用工来源"字段，这些都是需要进行查找引用的单元格。如图 10-87 所示，这里笔者已经为大家填写上了。

图 10-87

首先选中【E2】单元格→单击函数编辑区将其激活→输入公式"=VLOOKUP(D2, 核定标准!C:D,2,0)"→按 <Enter> 键确认→将光标放在【E2】单元格右下角，当其变成十字句柄时，双击鼠标将公式向下填充，如图 10-88 所示。

图 10-88

向下填充之后会发现从【E130】单元格开始返回的是错误值，如图 10-89 所示。

	A	B	C	D	E	F	G
	工号	姓名	金额	项目	归属工资科目	所属公司	用工来源
128	LZ0205	孙惜雪	30	考勤卡	代扣1	总公司	正式工
129	LZ0104	俞金燕	15	工作服	代扣1	子公司	正式工
130	LZ0092	霍志峰	300	技能津贴	#N/A	子公司	劳务派遣
131	LZ0294	宗政星	300	技能津贴	#N/A	总公司	正式工
132	LZ0144	石明霞	300	技能津贴	#N/A	总公司	正式工
133	LZ0107	袁智能	300	技能津贴	#N/A	子公司	招聘工
134	LZ0278	强雨竹	300	技能津贴	#N/A	子公司	正式工

图 10-89

这并不是公式编写错误所造成的，而是由于在"核定标准"工作表中没有"技能津贴"一项存在，这应该是业务部门的特殊津贴，所以函数返回错误值。但是，又不能随便将"技能津贴"在"核定标准"工作表中强行加入，因为这样显然不符合公司要求，如图 10-90 所示。

	A	B	C	D
1	大类	类别	备注	项目
2		加扣项	上月工资异常调整	另补1
3		加扣项	全月病假月补	另补1
4		加扣项	出差津贴	另补2
5		加扣项	高温津贴	另补2
6	税前应发调整项	加扣项	特殊岗位津贴等	另补2
7		加扣项	年终奖金	另补3
8		加扣项	销售奖金	另补3
9		加扣项	研发项目奖金	另补3
10		加扣项		另扣1
11		加扣项		另扣2
12		加扣项		另扣3
13		免税项	体检费	代扣1
14		免税项	业务表彰	代扣1
15		免税项	其他	代扣2
16	税后工资调整项	免税项	考勤卡	代扣1
17		免税项	工作服	代扣1
18		免税项	违规处罚扣款	代扣2
19		免税项	其他	代扣3
20				

图 10-90

这种情况可以在 VLOOKUP 函数外部再嵌套一个 IFERROR 函数来屏蔽错误值。当 VLOOKUP 函数返回的是错误值时，使用 IFERROR 函数返回一个特定值。

这里规定将错误值显示为津贴项目本身。选中【E2】单元格→单击函数编辑区将其激活→输入公式 "=IFERROR(VLOOKUP(D2, 核定标准 !C:D,2,0),D2)"→按 <Enter> 键确认→将光标放在【E2】单元格右下角，当其变成十字句柄

时，双击鼠标将公式向下填充，如图 10-91 所示。

E2 : × ✓ fx =IFERROR(VLOOKUP(D2,核定标准!C:D,2,0),D2)

	A	B	C	D	E	F	G
1	工号	姓名	金额	项目	归属工资科目	所属公司	用工来源
2	LZ0364	申屠安	600	出差津贴	另补2	子公司	招聘工
3	LZ0257	解一诺	30	出差津贴	另补2	总公司	正式工
4	LZ0202	严满娜	30	出差津贴	另补2	子公司	劳务派遣
5	LZ0030	梁大朋	30	出差津贴	另补2	子公司	短期借工
6	LZ0041	赫征	15	出差津贴	另补2	子公司	正式工
7	LZ0095	姜镇江	30	出差津贴	另补2	子公司	正式工
8	LZ0179	王斌	15	出差津贴	另补2	子公司	正式工
9	LZ0065	江飞	600	出差津贴	另补2	子公司	招聘工
10	LZ0169	任雄	15	出差津贴	另补2	总公司	正式工

图 10-91

如图 10-92 所示，【E130】单元格就显示为"技能津贴"了。

E130 : × ✓ fx =IFERROR(VLOOKUP(D130,核定标准!C:D,2,0),D130)

	A	B	C	D	E	F	G
1	工号	姓名	金额	项目	归属工资科目	所属公司	用工来源
128	LZ0205	孙惜雪	30	考勤卡	代扣1	总公司	正式工
129	LZ0104	俞金燕	15	工作服	代扣1	子公司	正式工
130	LZ0092	霍志峰	300	技能津贴	技能津贴	子公司	劳务派遣
131	LZ0294	宗政星	300	技能津贴	技能津贴	总公司	正式工
132	LZ0144	石明霞	300	技能津贴	技能津贴	总公司	正式工
133	LZ0107	袁智能	300	技能津贴	技能津贴	子公司	招聘工
134	LZ0278	强雨竹	300	技能津贴	技能津贴	子公司	正式工
135	LZ0166	杨志宏	300	技能津贴	技能津贴		

图 10-92

接下来处理"所属公司"和"用工来源"就比较简单了。根据员工的"工号"在"员工档案"工作表中查询"所属公司"和"用工来源"。其中【F2】单元格中的公式为"=VLOOKUP(A2, 员工档案 !A:D,3,0)"，【G2】单元格中的公式为"=VLOOKUP(A2, 员工档案 !A:D,4,0)"，得到图 10-93 所示的工作表。

	A	B	C	D	E	F	G
1	工号	姓名	金额	项目	归属工资科目	所属公司	用工来源
2	LZ0364	申屠安	600	出差津贴	另补2	子公司	招聘工
3	LZ0257	解一诺	30	出差津贴	另补2	总公司	正式工
4	LZ0202	严满娜	30	出差津贴	另补2	子公司	劳务派遣
5	LZ0030	梁大朋	30	出差津贴	另补2	子公司	短期借工
6	LZ0041	赫征	15	出差津贴	另补2	子公司	正式工
7	LZ0095	姜镇江	30	出差津贴	另补2	子公司	正式工
8	LZ0179	王斌	15	出差津贴	另补2	子公司	正式工
9	LZ0065	江飞	600	出差津贴	另补2	子公司	招聘工
10	LZ0169	任雄	15	出差津贴	另补2	总公司	正式工
11	LZ0104	俞金燕	15	出差津贴	另补2	子公司	正式工
12	LZ0035	张明霞	15	出差津贴	另补2	子公司	招聘工
13	LZ0125	蒋明	15	出差津贴	另补2	总公司	正式工

图 10-93

这时工作表还不完整，下面要将前面的"10-03- 工龄津贴核算 .xlsx"和"10-04- 其他

津贴核算(与绩效相关).xlsx”工作簿也一并整合进来。

直接将前两张工作表中的结果复制过来，然后继续向下填充公式，就可以得到完整的数据。

(1)复制工龄津贴。

在“10-03-工龄津贴核算.xlsx”工作簿中选择“工龄津贴”工作表，选中【A2:B2】单元格区域→按 <Ctrl+Shift+↓> 键即可快速将下面的数据全部选中→按 <Ctrl+C> 键复制，如图 10-94 所示。

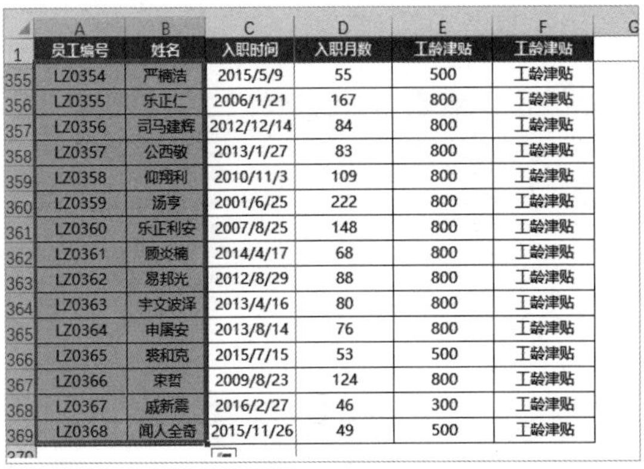

	A	B	C	D	E	F
1	员工编号	姓名	入职时间	入职月数	工龄津贴	工龄津贴
355	LZ0354	严楠洁	2015/5/9	55	500	工龄津贴
356	LZ0355	乐正仁	2006/1/21	167	800	工龄津贴
357	LZ0356	司马建辉	2012/12/14	84	800	工龄津贴
358	LZ0357	公西敬	2013/1/27	83	800	工龄津贴
359	LZ0358	仰翔利	2010/11/3	109	800	工龄津贴
360	LZ0359	汤亨	2001/6/25	222	800	工龄津贴
361	LZ0360	乐正利安	2007/8/25	148	800	工龄津贴
362	LZ0361	颜炎楠	2014/4/17	68	800	工龄津贴
363	LZ0362	易邦光	2012/8/29	88	800	工龄津贴
364	LZ0363	宇文波泽	2013/4/16	80	800	工龄津贴
365	LZ0364	申屠安	2013/8/14	76	800	工龄津贴
366	LZ0365	裘和克	2015/7/15	53	500	工龄津贴
367	LZ0366	束哲	2009/8/23	124	800	工龄津贴
368	LZ0367	戚新震	2016/2/27	46	300	工龄津贴
369	LZ0368	闻人全奇	2015/11/26	49	500	工龄津贴

图 10-94

然后回到“10-05-加扣项核算【03-04-05组合】.xlsx”工作簿中的“制作核算用加扣项明细表”工作表，选中【A150】单元格→右击，在弹出的快捷菜单中选择【粘贴选项】下的【值】选项，这样做可以避免将格式一同复制进来，如图 10-95 所示。

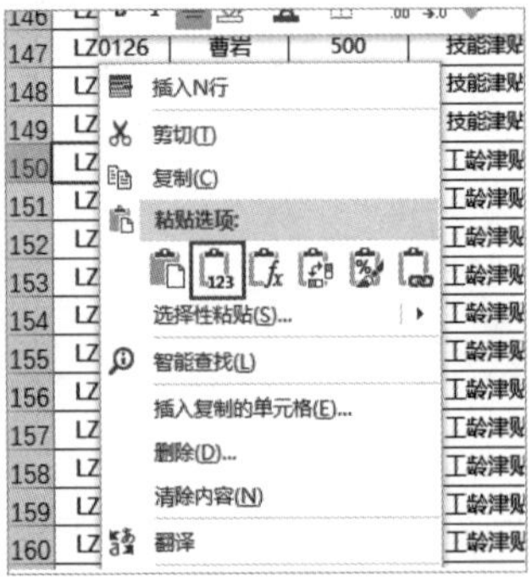

图 10-95

使用同样的方法，在“10-03-工龄津贴核算.xlsx”工作簿中选择“工龄津贴”工作表，选中【E2:F2】单元格区域→按 <Ctrl+Shift+↓> 键即可快速将下面的数据全部选中→按 <Ctrl+C> 键复制，如图 10-96 所示。

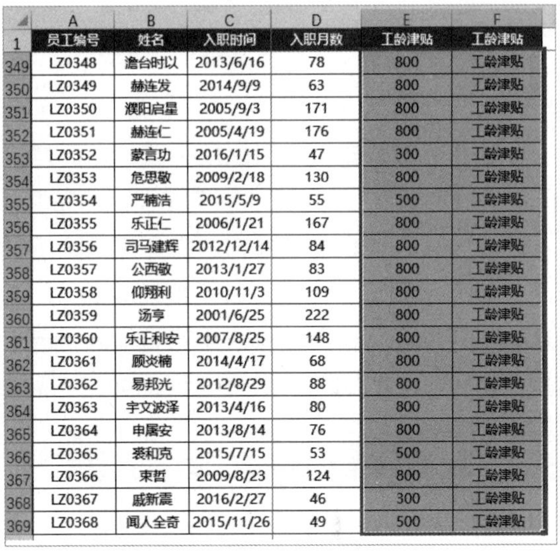

	A	B	C	D	E	F
1	员工编号	姓名	入职时间	入职月数	工龄津贴	工龄津贴
349	LZ0348	澹台时以	2013/6/16	78	800	工龄津贴
350	LZ0349	赫连发	2014/9/9	63	800	工龄津贴
351	LZ0350	濮阳启星	2005/9/3	171	800	工龄津贴
352	LZ0351	赫连仁	2005/4/19	176	800	工龄津贴
353	LZ0352	蒙言功	2016/1/15	47	300	工龄津贴
354	LZ0353	危思敬	2009/2/18	130	800	工龄津贴
355	LZ0354	严楠洁	2015/5/9	55	500	工龄津贴
356	LZ0355	乐正仁	2006/1/21	167	800	工龄津贴
357	LZ0356	司马建辉	2012/12/14	84	800	工龄津贴
358	LZ0357	公西敬	2013/1/27	83	800	工龄津贴
359	LZ0358	仰翔利	2010/11/3	109	800	工龄津贴
360	LZ0359	汤亨	2001/6/25	222	800	工龄津贴
361	LZ0360	乐正利安	2007/8/25	148	800	工龄津贴
362	LZ0361	颜炎楠	2014/4/17	68	800	工龄津贴
363	LZ0362	易邦光	2012/8/29	88	800	工龄津贴
364	LZ0363	宇文波泽	2013/4/16	80	800	工龄津贴
365	LZ0364	申屠安	2013/8/14	76	800	工龄津贴
366	LZ0365	裘和克	2015/7/15	53	500	工龄津贴
367	LZ0366	束哲	2009/8/23	124	800	工龄津贴
368	LZ0367	戚新震	2016/2/27	46	300	工龄津贴
369	LZ0368	闻人全奇	2015/11/26	49	500	工龄津贴

图 10-96

然后回到“10-05-加扣项核算【03-04-05组合】.xlsx”工作簿中的“制作核算用加扣项明细表”工作表，选中【C150】单元格→右击，在弹出的快捷菜单中选择【粘贴选项】下的【值】选项，如图 10-97 所示。

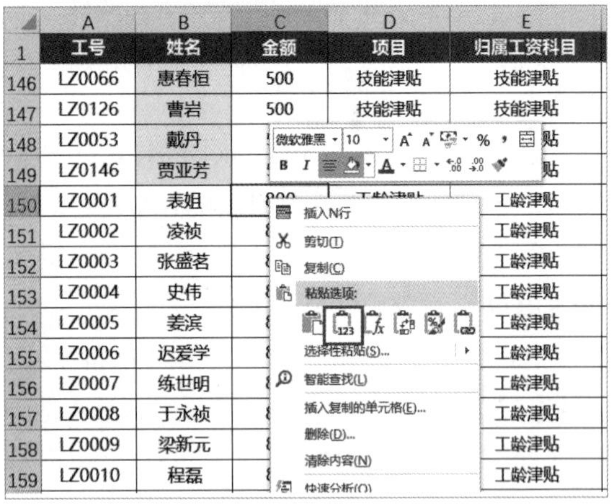

图 10-97

（2）复制其他津贴。

将"10-03-工龄津贴核算.xlsx"工作簿中的相关数据粘贴进来之后，使用同样的方法将"10-04-其他津贴核算（与绩效相关）.xlsx"工作簿中的"工号"与"姓名"两列不包含标题在内的具体数据，粘贴到"10-05-加扣项核算【03-04-05组合】.xlsx"工作簿中的"制作核算用加扣项明细表"工作表的【A518】单元格。

将"10-04-其他津贴核算（与绩效相关）.xlsx"工作簿中的【H:I】两列不包含标题在内的具体数据，粘贴到"10-05-加扣项核算【03-04-05组合】.xlsx"工作簿中的"制作核算用加扣项明细表"工作表的【C518】单元格。

此时"制作核算用加扣项明细表"工作表中仍然存在三列不完整的数据，这里直接选中【E150:G150】单元格区域→双击鼠标将公式向下填充，如图10-98所示。

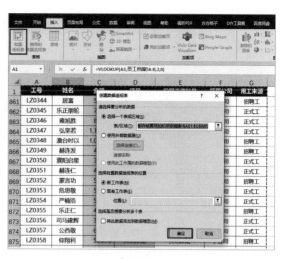

图 10-99

首先创建以"个人"为维度的数据透视表。将"工号"字段拖曳到【行】区域，将"归属工资科目"字段拖曳到【列】区域，将"金额"字段拖曳到【值】区域，如图10-100所示。

	A	B	C	D	E	F	G
1	工号	姓名	金额	项目	归属工资科目	所属公司	用工来源
149	LZ0146	贾亚芳	500	技能津贴	技能津贴	总公司	正式工
150	LZ0001	表姐	800	工龄津贴	工龄津贴	总公司	正式工
151	LZ0002	凌祯	800	工龄津贴	工龄津贴	总公司	正式工
152	LZ0003	张盛茗	800	工龄津贴	工龄津贴	总公司	正式工
153	LZ0004	史伟	800	工龄津贴	工龄津贴	子公司	招聘工
154	LZ0005	姜滨	800	工龄津贴	工龄津贴	子公司	短期借工
155	LZ0006	迟爱学	800	工龄津贴	工龄津贴	总公司	正式工
156	LZ0007	练世明	800	工龄津贴	工龄津贴	子公司	招聘工
157	LZ0008	于永祯	800	工龄津贴	工龄津贴	总公司	正式工
158	LZ0009	梁新元	800	工龄津贴	工龄津贴	子公司	正式工
159	LZ0010	程磊	800	工龄津贴	工龄津贴	子公司	正式工
160	LZ0011	周碎武	800	工龄津贴	工龄津贴	子公司	正式工
161	LZ0012	周文浩	800	工龄津贴	工龄津贴	总公司	正式工
162	LZ0013	梁跃权	800	工龄津贴	工龄津贴	总公司	正式工

图 10-98

构建好整张工作表后就开始建立数据透视表。选中"制作核算用加扣项明细表"工作表中的任意一个单元格→选择【插入】选项卡→单击【数据透视表】按钮→在弹出的【创建数据透视表】对话框中单击【确定】按钮，如图10-99所示。

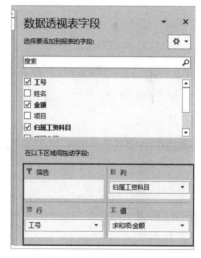

图 10-100

选择【设计】选项卡→单击【报表布局】按钮→在下拉菜单中选择【以表格形式显示】选项，如图10-101所示。

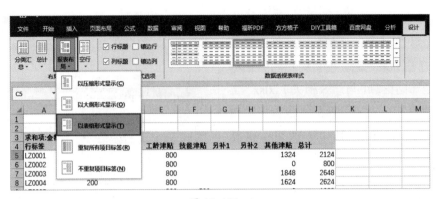

图 10-101

选择【设计】选项卡→单击【总计】按钮→在下拉菜单中选择【对行和列禁用】选项，如图 10-102 所示。

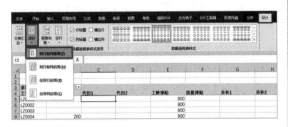

图 10-102

选择【设计】选项卡→在【数据透视表样式】功能组中选择一个合适的样式，如图 10-103 所示。

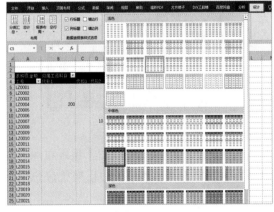

图 10-103

最后拖曳字段调整顺序，如图 10-104 所示，就制作好了以"个人"为维度的数据透视表，最后将工作表名称修改为"个人"。

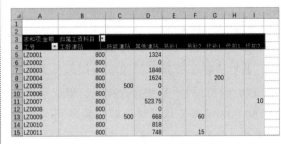

图 10-104

如果还需要一张以"公司"为维度的工作表，应该如何制作呢？

可以直接选中"个人"工作表标签→然后按 <Ctrl> 键向右拖曳，这样就复制出一张"个人（2）"工作表，这里直接将名称修改为"公司"，如图 10-105 所示。

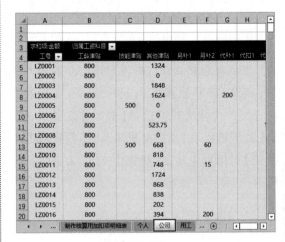

图 10-105

接着只需要简单地拖曳调整数据透视表字段。将"所属公司"字段拖曳到一级【行】区域→将"项目"字段拖曳到二级【行】区域→将"工号"字段拖曳出去，如图 10-106 所示。

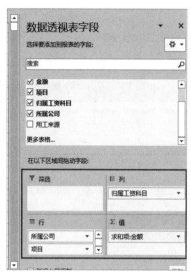

图 10-106

接下来选中数据透视表中的任意单元格→右击，在弹出的快捷菜单中选择【数据透视表选项】选项，如图 10-107 所示。

图 10-107

在弹出的【数据透视表选项】对话框中选中【合并且居中排列带标签的单元格】复选框→单

击【确定】按钮，如图 10-108 所示。

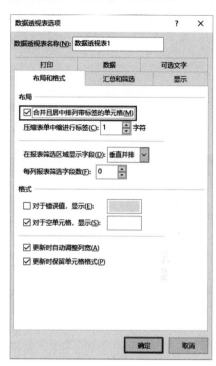

图 10-108

合并后的效果如图 10-109 所示。

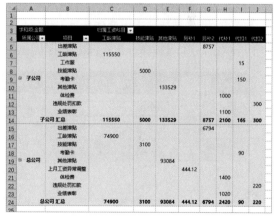

图 10-109

接着选择【分析】选项卡→单击【+/- 按钮】按钮即可将展开 / 收缩按钮关闭，如图 10-110 所示。

图 10-110

选择【设计】选项卡→单击【总计】按钮→在下拉菜单中选择【对行和列启用】选项，如图 10-111 所示。

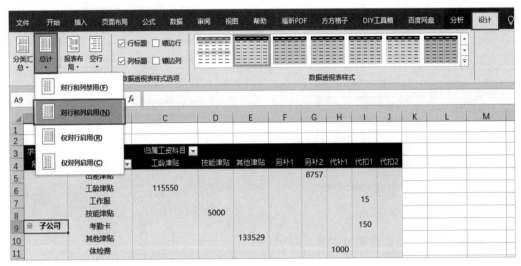

图 10-111

最后选中数据透视表中的任意单元格→按 <Ctrl+A> 键将数据透视表全部选中→选择【开始】选项卡→单击【字体】按钮→选择【微软雅黑】选项，如图 10-112 所示。

图 10-112

大家可以根据自己的喜好去套用数据透视表的格式，设置小数点位数，等等，这里没有硬性规定。

接下来制作一张以"用工"为维度的工作表。

这里大家可以根据前面两张数据透视表的制作方法尝试着做一下，相信很快就会得到正确的结果，最后的效果如图 10-113 所示。

求和项:金额		归属工资科目								
用工来源	项目	工龄津贴	技能津贴	其他津贴	另补1	另补2	代补1	代扣1	代扣2	总计
正式工	出差津贴					7809				7809
	工龄津贴	99700								99700
	工作服							15		15
	技能津贴		5300							5300
	考勤卡							120		120
	其他津贴			121061						121061
	上月工资异常调整				444.12					444.12
	体检费						1600			1600
	违规处罚扣款								220	220
	业绩表彰						1320			1320
正式工 汇总		**99700**	**5300**	**121061**	**444.12**	**7809**	**2920**	**135**	**220**	**237589.12**
招聘工	出差津贴					5452				5452
	工龄津贴	48750								48750
	技能津贴		600							600
	考勤卡							120		120
	其他津贴			57539.25						57539.25
	体检费						400			400
	违规处罚扣款								270	270
	业绩表彰						400			400
招聘工 汇总		**48750**	**600**	**57539.25**		**5452**	**800**	**120**	**270**	**113531.25**
短期借工	出差津贴					710				710
	工龄津贴	22300								22300
	技能津贴		500							500
	其他津贴			21499.5						21499.5
	体检费						200			200
	违规处罚扣款								20	20

图 10-113

温馨提示

将“用工来源”和“项目”字段拖曳到【行】区域，将“归属工资科目”字段拖曳到【列】区域，最后将个人维度的数据透视表复制粘贴到汇总表“10- 揭秘系统级工资表 .xlsx”工作簿中即可。

6. 其他工资子表

在“10-06- 考勤数据 .xlsx”工作簿中记录了每一位员工的考勤信息。这里的信息是可以直接从后台导出的，因此不需要做任何处理，直接将这整张表格复制粘贴到“10- 揭秘系统级工资表 .xlsx”工作簿的“考勤数据”工作表中就可以了，如图 10-114 所示。

工号	姓名	入离缺勤(H)	事假(H)	病假(H)	迟早假(H)	旷工(H)	延时加班(H)	周末加班(H)	法定节假日加班(H)	夜班	A班个数	B班个数
LZ0001	表姐	0	0	0	0	0	0	0	0	0	0	0
LZ0002	凌祯	0	0	0	0	0	0	0	0	0	0	0
LZ0003	张盛茗	0	0	96	0	0	0	0	0	0	0	0
LZ0004	史伟	0	0	4	0	0	0	0	0	0	0	0
LZ0005	姜滨	0	0	0	0	0	37	20	0	0	0	0
LZ0006	迟爱学	0	0	0	0	0	39	21	19	0	0	0
LZ0007	练世明	0	0	0	0	0	40	18	17	0	0	0
LZ0008	于永祯	0	0	0	0.5	0	5	0	0	0	0	0
LZ0009	梁新元	0	0	0	0	0	25.5	19	4	0	0	0
LZ0010	程磊	0	0	0	0	0	41	22	0	0	0	0
LZ0011	周碎武	0	0	0	1	0	44	23	18	0	0	0
LZ0012	周文浩	0	0	0	0	0	0	0	0	0	0	0

薪酬基础数据 | 津贴汇总 | 考勤数据 | 当月社保 | 其他免税收入 | 专项附加扣除 | 累计数据 | 个税税率表

图 10-114

在“10-07- 当月社保导出数据 .xlsx”工作簿中是每一位员工的社保导出数据，这里仍然无须做任何处理，直接将它复制粘贴到“10- 揭秘系统级工资表 .xlsx”工作簿的“当月社保”工作表中就可以了，如图 10-115 所示。

	A	B	C	D	E	F	G	H	I	J	K	L	M
1	工号	姓名	社保缴费基数	公积金缴费基数	司养老	司医疗	司生育	司失业	司工伤	总社保 (司)	个人养老	个人医疗	个人失业
2	LZ0001	表姐	16200	16200	3726	972	81	162	162	5103	1296	405	0
3	LZ0002	凌祯	13240	13240	2648	926.8	66.2	66.2	132.4	3839.6	1059.2	397.2	0
4	LZ0003	张盛茗	4740	4740	1090.2	284.4	23.7	47.4	47.4	1493.1	379.2	118.5	0
5	LZ0004	史伟	9240	9240	2032.8	739.2	46.2	92.4	92.4	3003	739.2	277.2	0
6	LZ0005	姜滨	16240	16240	3572.8	1299.2	81.2	162.4	162.4	5278	1299.2	487.2	0
7	LZ0006	迟爱学	5490	5490	1207.8	439.2	27.45	54.9	54.9	1784.25	439.2	164.7	0
8	LZ0007	练世明	3180	3180	636	222.6	15.9	15.9	31.8	922.2	254.4	95.4	0
9	LZ0008	于永祯	3490	3490	767.8	279.2	17.45	34.9	34.9	1134.25	279.2	104.7	0
10	LZ0009	梁新元	3320	3320	730.4	265.6	16.6	33.2	33.2	1079	265.6	99.6	0
11	LZ0010	程磊	3340	3340	668	233.8	16.7	16.7	33.4	968.6	267.2	100.2	0
12	LZ0011	周辞武	4090	4090	818	286.3	20.45	20.45	40.9	1186.1	327.2	122.7	0
13	LZ0012	周文浩	3740	3740	748	261.8	18.7	18.7	37.4	1084.6	299.2	112.2	0
14	LZ0013	梁跃权	16200	16200	3726	972	81	162	162	5103	1296	405	0
15	LZ0014	赵伟	4340	4340	998.2	260.4	21.7	43.4	43.4	1367.1	347.2	108.5	0

薪酬基础数据　津贴汇总　考勤数据　**当月社保**　其他免税收入　专项附加扣除　累计数据 …

图 10-115

在"10-08- 其他免税收入 .xlsx"工作簿中详细展示了每一位员工的本期免税收入和免税的类别，同时为大家介绍了可列为免税收入的类别，包括生育津贴（工资薪金所得模板中本期免税收入）、企业（职业）年金、商业健康保险、税延养老保险、外籍住房补贴（本期免税收入）、外籍语言训练费（本期免税收入）、外籍子女教育费（本期免税收入）和捐赠免税额等，如图 10-116 所示。

	A	B	C	D	E	F G H I J K
1	工号	姓名	类别	备注	Tips:
2	LZ0028	李静	本期免税收入	生育津贴	可列为免税收入的包括：
3	LZ0001	表姐	企业(职业)年金		生育津贴（工资薪金模板中本期免税收入）
4	LZ0002	凌祯	企业(职业)年金		企业(职业)年金
5	LZ0003	张盛茗	企业(职业)年金		商业健康保险
6	LZ0004	史伟	企业(职业)年金		税延养老保险
7	LZ0005	姜滨	企业(职业)年金		外籍住房补贴（本期免税收入）
8	LZ0006	迟爱学	企业(职业)年金		外籍语言训练费（本期免税收入）
9	LZ0007	练世明	企业(职业)年金		外籍子女教育费（本期免税收入）
10	LZ0008	于永祯	企业(职业)年金		捐赠免税额
11	LZ0009	梁新元	企业(职业)年金		以及新个税法第四条
12	LZ0010	程磊	企业(职业)年金		第四条　下列各项个人所得，免征个人所得税：
13	LZ0011	周辞武	企业(职业)年金		（一）省级人民政府、国务院部委和中国人民解放军军以上单位
14	LZ0012	周文浩	企业(职业)年金		（二）国债和国家发行的金融债券利息；
15	LZ0013	梁跃权	企业(职业)年金		（三）按照国家统一规定发给的补贴、津贴；

图 10-116

与前面的加扣项核算一样，为这个表制作出相应的数据透视表。选择【插入】选项卡→单击【数据透视表】按钮→在弹出的【创建数据透视表】对话框中单击【确定】按钮，如图 10-117 所示。

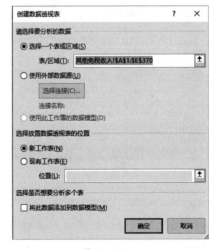

图 10-117

将"工号"字段拖曳到【行】区域，将"类别"字段拖曳到【列】区域，将"本期免税收入"字段拖曳到【值】区域，如图 10-118 所示。

图 10-118

选择【设计】选项卡→单击【总计】按钮→在下拉菜单中选择【对行和列禁用】选项，如图 10-119 所示。

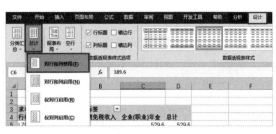

图 10-119

选择【设计】选项卡→单击【报表布局】按钮→在下拉菜单中选择【以表格形式显示】选项，如图 10-120 所示。

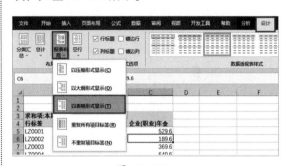

图 10-120

选择【设计】选项卡→在【数据透视表样式】功能组中选择一个合适的样式，如图 10-121 所示。

图 10-121

按 <Ctrl+A> 键将数据透视表全部选中→选择【开始】选项卡→单击【字体】按钮→选择【微软雅黑】选项，如图 10-122 所示。

图 10-122

最后将这张表复制粘贴到"10- 揭秘系统级工资表 .xlsx"工作簿的"其他免税收入"工作表中，如图 10-123 所示。

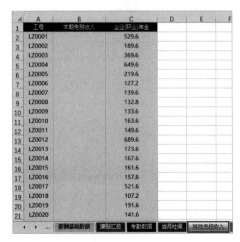

图 10-123

在“10-09- 工资计算前导出专项附加扣除 .xlsx”工作簿中介绍了每一位员工需要进行专项附加扣除的费用，如图 10-124 所示。这里笔者注明了证件号码，是为了将工作表复制粘贴到“10- 揭秘系统级工资表 .xlsx”工作簿时，方便根据身份证号来引用“10-09- 工资计算前导出专项附加扣除 .xlsx”工作簿中的专项附加扣除的费用。

	A	B	C	D	E	F	G	H	I	J	K	L	M	N	O	P	Q	R
1	工号	姓名	证件类型	证件号码	所得期间起	所得期间止	本期收入	本期免税收入	基本养老保险	基本医疗保险	失业保险费	住房公积金	累计子女教育	累计住房贷款利息	累计住房租金	累计赡养老人	累计继续教育	企业(职业)年
2			身份证	110108197812013870									0	1000	0	0	0	0
3			身份证	360403198608307313									2000	1000	0	2000	0	0
4			身份证	130103198112071443									2000	0	0	0	400	0
5			身份证	420106197906176512									500	0	0	0	0	0
6			身份证	150102197910255812									1000	0	1100	1000	0	0
7			身份证	430204196812285016									500	0	0	1000	0	0
8			身份证	370403197311092056									1000	0	1100	0	0	0
9			身份证	142429197504075257									1000	0	800	0	0	0
10			身份证	110108195704276314									500	1000	0	2000	400	0
11			身份证	110221198308251408									500	0	1500	2000	0	0
12			身份证	110108196308093896									2000	500	0	1000	0	0
13			身份证	142202197302011718									1000	0	1500	0	0	0
14			身份证	110105197610262516									2000	0	800	0	0	0
15			身份证	130102196110053726									2000	500	0	0	0	0
16			身份证	110108198412210317									0	0	1100	1000	0	0
17			身份证	420106198010130216									500	0	1100	0	0	0
18			身份证	110102197803022018									1000	0	0	0	0	0
19			身份证	110108196905286018									500	500	0	0	400	0
20			身份证	360103197306108428									0	0	800	0	400	0
21			身份证	330226196110211317									0	1000	0	0	0	0
22			身份证	110108197702154919									0	500	0	1000	0	0
23			身份证	110108196310010855									0	0	0	0	0	0
24			身份证	372301196807175327									1000	0	0	0	0	0
25			身份证	110108196407086363									500	500	0	0	0	0
26			身份证	210403196410147616									500	0	800	2000	400	0
27			身份证	34080219650617301X									0	0	1100	0	0	0
28			身份证	110102195702041420									0	1000	0	2000	400	0
29			身份证	110108196604063338									0	1000	0	0	0	0
30			身份证	140104197904142297									0	500	0	2000	0	0
31			身份证	510702197907171513									2000	1000	0	0	0	0
32			身份证	379012198111233672									1000	500	0	0	0	0
33			身份证	320404196505299726									1000	500	0	0	0	0
34			身份证	110108196003201822									0	1000	0	1000	0	0

图 10-124

同样直接将数据复制粘贴到“10- 揭秘系统级工资表 .xlsx”工作簿的“专项附加扣除”工作表中就可以了，如图 10-125 所示。

	A	B	C	F	G	H	I	J	K	L	M	N	O
1	工号	姓名	证件类型	所得期间止	本期收入	本期免税收入	基本养老保险	基本医疗保险	失业保险费	住房公积金	累计子女教育	累计住房贷款利息	累计住房租金
2			身份证								0	1000	0
3			身份证								2000	1000	0
4			身份证								2000	0	0
5			身份证								500	0	0
6			身份证								1000	0	1100
7			身份证								500	0	0
8			身份证								1000	0	1100
9			身份证								1000	0	800
10			身份证								500	1000	0
11			身份证								500	0	1500
12			身份证								2000	500	0
13			身份证								1000	0	1500
14			身份证								2000	0	800
15			身份证								2000	500	0
16			身份证								0	0	1100
17			身份证								500	0	1100
18			身份证								1000	0	0
19			身份证								500	500	0
20			身份证								0	0	800
21			身份证								0	1000	0
22			身份证								0	500	0
23			身份证								0	0	0
24			身份证								1000	0	0
25			身份证								500	500	0
26			身份证								500	0	800
27			身份证								0	0	1100
28			身份证								0	1000	0

… 薪酬基础数据 津贴汇总 考勤数据 当月社保 其他免税收入 专项附加扣除 个税税率表

图 10-125

在“10-10- 历史工资明细 - 计算累计用 .xlsx”工作簿中模拟了 1~6 月的工资情况，如图 10-126 所示。

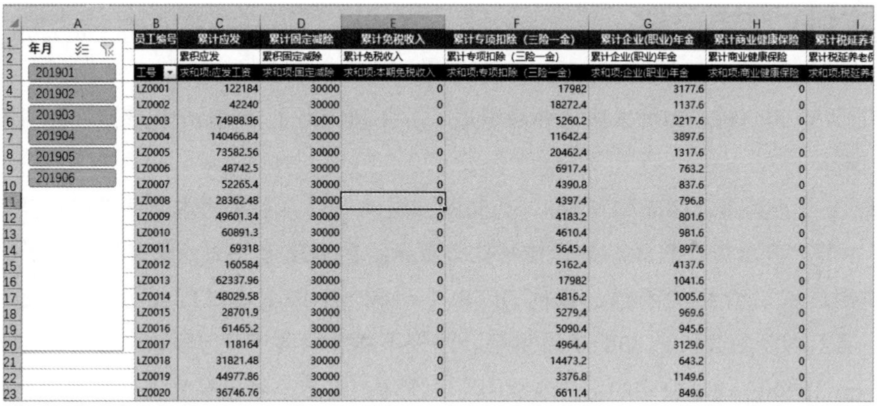

	A	B	C	D	E	F	G	H	I
1	年月	员工编号	累计应发	累计固定减除	累计免税收入	累计专项扣除（三险一金）	累计企业(职业)年金	累计商业健康保险	累计税延养老
2			累积应发	累积固定减除	累计免税收入	累计专项扣除（三险一金）	累计企业(职业)年金	累计商业健康保险	累计税延养老保
3	201901	工号	求和项:应发工资	求和项:固定减除	求和项:本期免税收入	求和项:专项扣除（三险一金）	求和项:企业(职业)年金	求和项:商业健康保险	求和项:税延养老
4	201902	LZ0001	122184	30000	0	17982	3177.6	0	
5	201903	LZ0002	42240	30000	0	18272.4	1137.6	0	
6	201904	LZ0003	74988.96	30000	0	5260.2	2217.6	0	
7	201905	LZ0004	140466.84	30000	0	11642.4	3897.6	0	
8	201906	LZ0005	73582.56	30000	0	20462.4	1317.6	0	
9		LZ0006	48742.5	30000	0	6917.4	763.2	0	
10		LZ0007	52265.4	30000	0	4390.8	837.6	0	
11		LZ0008	28362.48	30000	0	4397.4	796.8	0	
12		LZ0009	49601.34	30000	0	4183.2	801.6	0	
13		LZ0010	60891.3	30000	0	4610.4	981.6	0	
14		LZ0011	69318	30000	0	5645.4	897.6	0	
15		LZ0012	160584	30000	0	5162.4	4137.6	0	
16		LZ0013	62337.96	30000	0	17982	1041.6	0	
17		LZ0014	48029.58	30000	0	4816.2	1005.6	0	
18		LZ0015	28701.9	30000	0	5279.4	969.6	0	
19		LZ0016	61465.2	30000	0	5090.4	945.6	0	
20		LZ0017	118164	30000	0	4964.4	3129.6	0	
21		LZ0018	31821.48	30000	0	14473.2	643.2	0	
22		LZ0019	44977.86	30000	0	3376.8	1149.6	0	
23		LZ0020	36746.76	30000	0	6611.4	849.6	0	

图 10-126

"历史工资明细"工作表则是将每月工资表汇总在一起，构成了历史工资明细汇总表，如图 10-127 所示。只要将来工资明细有增补，累计数据的数据透视表就会发生变化。

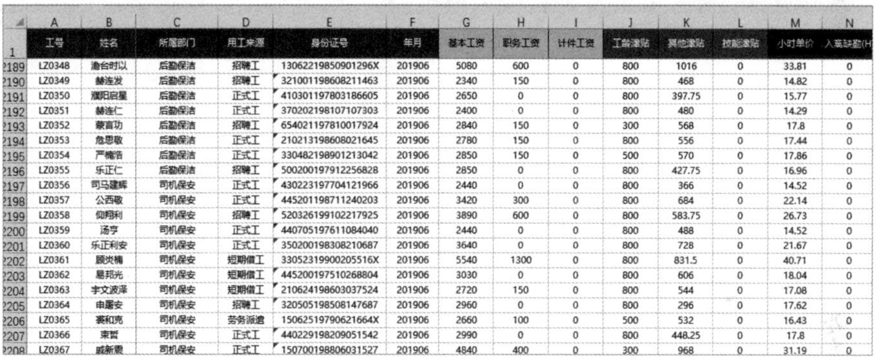

	A	B	C	D	E	F	G	H	I	J	K	L	M	N
1	工号	姓名	所属部门	用工来源	身份证号	年月	基本工资	职务工资	计件工资	工龄津贴	其他津贴	技能津贴	小时单价	入离缺勤(H
2189	LZ0348	澹台时以	后勤保洁	招聘工	13062219850901296X	201906	5080	600	0	800	1016	0	33.81	0
2190	LZ0349	赫连发	后勤保洁	招聘工	321001198608211463	201906	2340	150	0	800	468	0	14.82	0
2191	LZ0350	濮阳启星	后勤保洁	正式工	410301197803186605	201906	2650	0	0	800	397.75	0	15.77	0
2192	LZ0351	赫连仁	后勤保洁	正式工	370202198107107303	201906	2400	0	0	800	480	0	14.29	0
2193	LZ0352	蒙言功	后勤保洁	招聘工	654021197810017924	201906	2840	150	0	300	568	0	17.8	0
2194	LZ0353	危思敬	后勤保洁	正式工	210213198608021645	201906	2780	150	0	800	556	0	17.44	0
2195	LZ0354	严楠浩	后勤保洁	正式工	330482198901213042	201906	2850	150	0	500	570	0	17.86	0
2196	LZ0355	乐正仁	后勤保洁	招聘工	500200197912256828	201906	2850	0	0	800	427.75	0	16.96	0
2197	LZ0356	司马建辉	司机保安	正式工	430223197704121966	201906	2440	0	0	800	366	0	14.52	0
2198	LZ0357	公西敬	司机保安	正式工	445201198711240203	201906	3420	300	0	800	684	0	22.14	0
2199	LZ0358	仰翔利	司机保安	招聘工	520326199102217925	201906	3890	600	0	800	583.75	0	26.73	0
2200	LZ0359	汤亨	司机保安	正式工	440705197611084040	201906	2440	0	0	800	488	0	14.52	0
2201	LZ0360	乐正利安	司机保安	正式工	350200198308210687	201906	3640	0	0	800	728	0	21.67	0
2202	LZ0361	顾炎楠	司机保安	短期借工	33052319900205516X	201906	5540	1300	0	800	831.5	0	40.71	0
2203	LZ0362	易邦光	司机保安	短期借工	445200197510268804	201906	3030	0	0	800	606	0	18.04	0
2204	LZ0363	宇文波泽	司机保安	短期借工	210624198603037524	201906	2720	150	0	800	544	0	17.08	0
2205	LZ0364	申屠安	司机保安	招聘工	320505198508147687	201906	2960	0	0	800	296	0	17.62	0
2206	LZ0365	裘和亮	司机保安	劳务派遣	15062519790621664X	201906	2660	100	0	500	532	0	16.43	0
2207	LZ0366	束哲	司机保安	正式工	440229198209051542	201906	2990	0	0	800	448.25	0	17.8	0
2208	LZ0367	戚新震	司机保安	正式工	150700198806031527	201906	4840	400	0	300	968	0	31.19	0

图 10-127

最后将数据复制粘贴到"10- 揭秘系统级工资表 .xlsx"工作簿的"累计数据"工作表中，如图 10-128 所示。

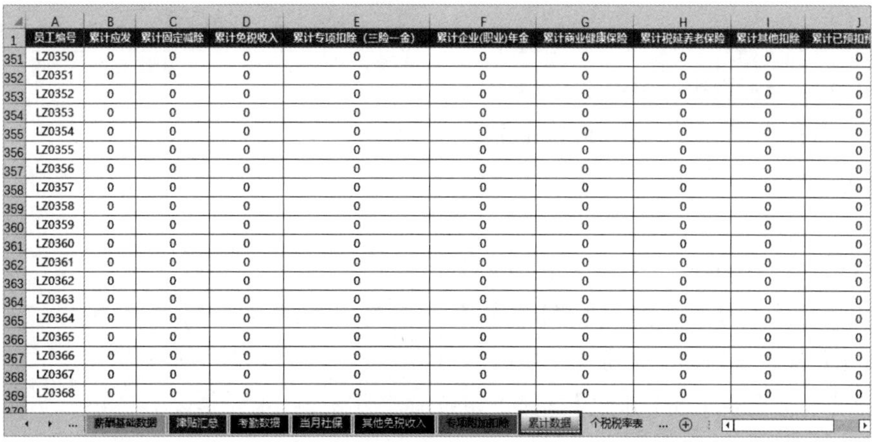

	A	B	C	D	E	F	G	H	I	J
1	员工编号	累计应发	累计固定减除	累计免税收入	累计专项扣除（三险一金）	累计企业(职业)年金	累计商业健康保险	累计税延养老保险	累计其他扣除	累计已预扣预
351	LZ0350	0	0	0	0	0	0	0	0	0
352	LZ0351	0	0	0	0	0	0	0	0	0
353	LZ0352	0	0	0	0	0	0	0	0	0
354	LZ0353	0	0	0	0	0	0	0	0	0
355	LZ0354	0	0	0	0	0	0	0	0	0
356	LZ0355	0	0	0	0	0	0	0	0	0
357	LZ0356	0	0	0	0	0	0	0	0	0
358	LZ0357	0	0	0	0	0	0	0	0	0
359	LZ0358	0	0	0	0	0	0	0	0	0
360	LZ0359	0	0	0	0	0	0	0	0	0
361	LZ0360	0	0	0	0	0	0	0	0	0
362	LZ0361	0	0	0	0	0	0	0	0	0
363	LZ0362	0	0	0	0	0	0	0	0	0
364	LZ0363	0	0	0	0	0	0	0	0	0
365	LZ0364	0	0	0	0	0	0	0	0	0
366	LZ0365	0	0	0	0	0	0	0	0	0
367	LZ0366	0	0	0	0	0	0	0	0	0
368	LZ0367	0	0	0	0	0	0	0	0	0
369	LZ0368	0	0	0	0	0	0	0	0	0

图 10-128

10.4 制作完整工资表

经过前面两节的介绍，相信大家已经清楚地了解并制作出了"新版个税核定"及"10张工资表"中的基础数据。

正所谓"工欲善其事，必先利其器"，前文所介绍的一切，都是为本节所做的铺垫。这里强调一点，由于本节内容难度比较大，知识体系比较复杂，所以笔者将重点聚焦操作和计算原理。本节将大量使用到前文介绍的函数，包括 OFFSET 函数、INDEX+MATCH 函数、IFERROR 函数、MAX 函数、ROUND 函数和 LOOKUP 函数等，建议不熟悉的读者自行回顾函数基础语法。

首先打开"10-00- 代写公式的空白表 .xlsx"工作簿，这里笔者已经整理好了前面处理的所有工资表子表，如图 10-129 所示。

图 10-129

1. 名称定义

首先为工资表中每一张子表的数据区域分别设置一个名称。当后面需要引用数据区域时，可以通过输入名称直接引用数据，避免由于数据量庞大造成拖曳数据区域时过于烦琐而产生错误。

以"员工档案"工作表为例，选中"员工档案"工作表中的【A1】单元格→选择【公式】选项卡→单击【名称管理器】按钮→在弹出的【名称管理器】对话框中单击【新建】按钮，如图 10-130 所示。

图 10-130

为了保证以名称确定对应数据区域的规范性，这里规定所取名称与对应的工作表名称保持一致，所以这里命名为"员工档案"，如图 10-131 所示。

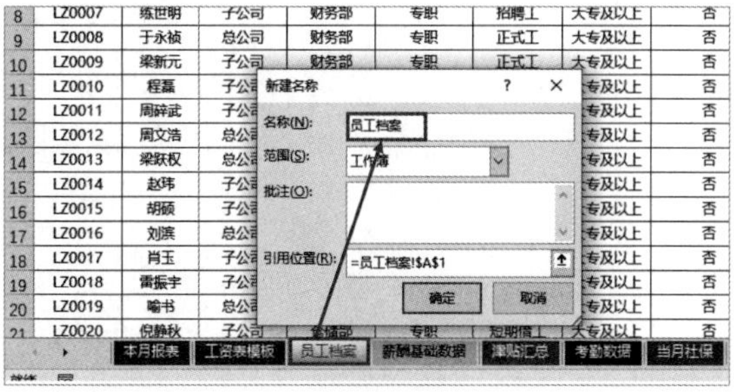

图 10-131

接下来是比较关键的【引用位置】，这里需要使用 OFFSET 函数。选择使用 OFFSET 函数而不框选数据区域，是因为 OFFSET 函数能够引用动态变化的数据区域，如果有人员增减，数据区域也会随着发生变化。

单击【引用位置】文本框→输入公式 "=OFFSET(员工档案 !$A$1,0,0,COUNTA(员工档案 !$A:$A),COUNTA(员工档案 !$1:$1))"→单击【确定】按钮，如图 10-132 所示。

图 10-132

公式的含义：从【A1】单元格开始，向下、向右框选非空单元格构成的矩形数据区域。

向下框选的行数由公式中的 "COUNTA(员工档案 !$A:$A)" 来确定，向右框选的列数由公式中的 "COUNTA(员工档案 !$1:$1)" 来确定。

温馨提示

在定义名称时，书写的公式没有 Excel 函数公式书写窗口和参数提示，所以对函数掌握程度的要求比较高。

如图 10-133 所示，就是定义为"员工档案"的数据区域，单击【关闭】按钮。

图 10-133

如果想确定已经定义的位置是不是和自己想要的位置一致，可以单击公式旁边的向上箭头，如图 10-134 所示。

图 10-134

前面定义的数据区域边缘出现了一圈绿色的虚线（也称为"蚂蚁线"）。如果发现数据区域边缘并没有虚线，例如，少框选了几行或几列，就需要返回检查公式是否书写错误并改正。

完成了定义"员工档案"名称以后，使用相同的方法将剩余的工作表逐一定义名称。需要特别注意的是，在定义名称时要选中【A1】单元格，使定义的名称与对应工作表名称保持一致，方便后续对数据区域的引用。

这里需要额外说明的是，“专项附加扣除”工作表和“个税税率表”工作表，如图 10-135 所示。

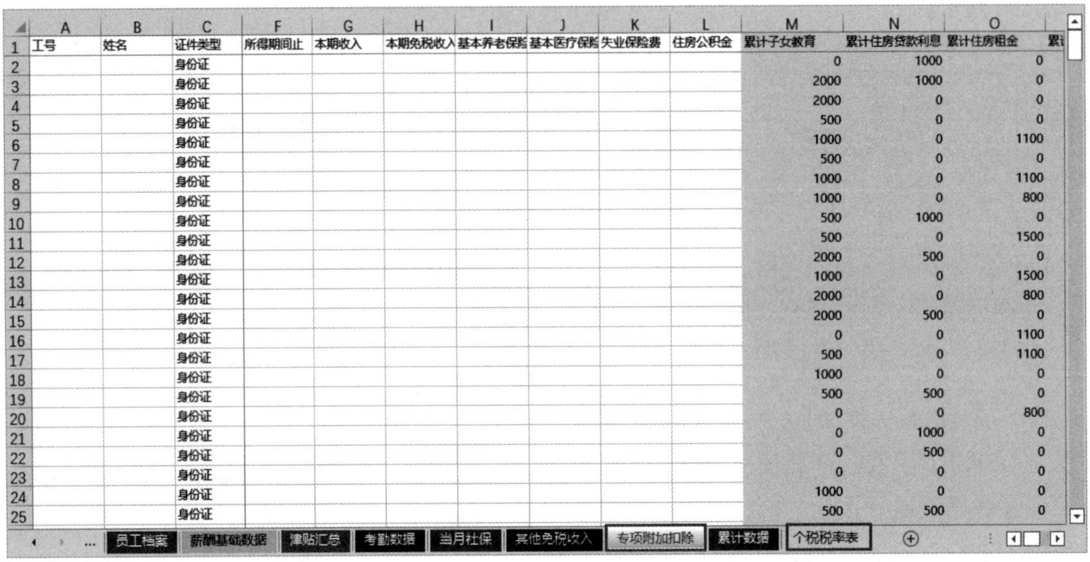

	A	B	C	F	G	H	I	J	K	L	M	N	O
1	工号	姓名	证件类型	所得期间止	本期收入	本期免税收入	基本养老保险	基本医疗保险	失业保险费	住房公积金	累计子女教育	累计住房贷款利息	累计住房租金
2			身份证								0	1000	0
3			身份证								2000	1000	0
4			身份证								2000	0	0
5			身份证								500	0	0
6			身份证								1000	0	1100
7			身份证								500	0	0
8			身份证								1000	0	1100
9			身份证								1000	0	800
10			身份证								500	1000	0
11			身份证								500	0	1500
12			身份证								2000	500	0
13			身份证								1000	0	1500
14			身份证								2000	0	800
15			身份证								2000	500	0
16			身份证								0	0	1100
17			身份证								500	0	1100
18			身份证								1000	0	0
19			身份证								500	500	0
20			身份证								0	0	800
21			身份证								0	1000	0
22			身份证								0	500	0
23			身份证								0	0	0
24			身份证								1000	0	0
25			身份证								500	500	0

图 10-135

在“专项附加扣除”工作表中，是根据证件号码去查询“累计子女教育”“累计住房贷款利息”等内容的。如图 10-136 所示，证件号码位于【D】列，因此在建立名称时需要从【D1】单元格开始。

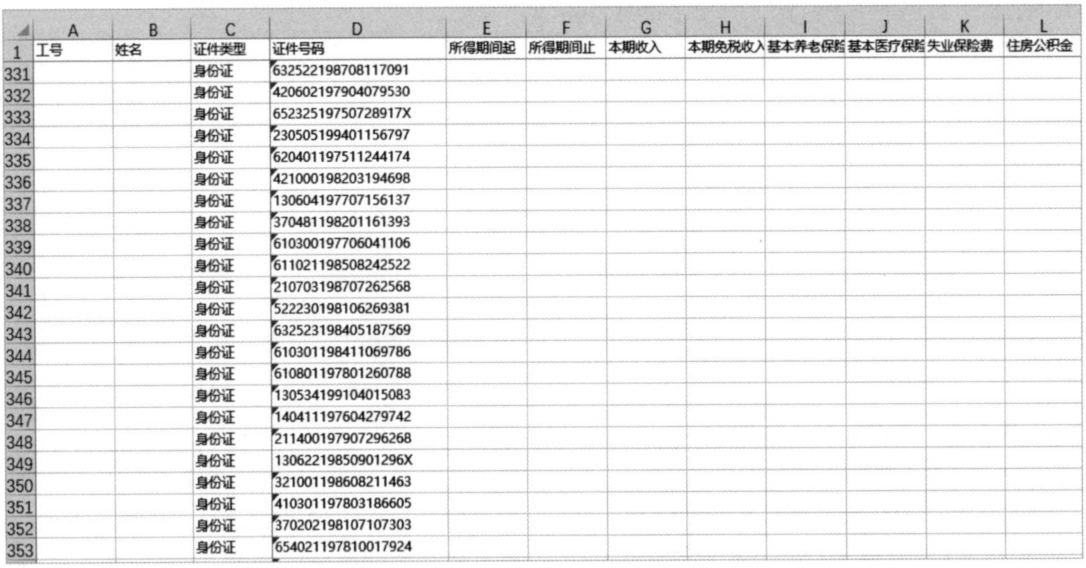

	A	B	C	D	E	F	G	H	I	J	K	L
1	工号	姓名	证件类型	证件号码	所得期间起	所得期间止	本期收入	本期免税收入	基本养老保险	基本医疗保险	失业保险费	住房公积金
331			身份证	632522198708117091								
332			身份证	420602197904079530								
333			身份证	65232519750728917X								
334			身份证	230505199401156797								
335			身份证	620401197511244174								
336			身份证	421000198203194698								
337			身份证	130604197707156137								
338			身份证	370481198201161393								
339			身份证	610300197706041106								
340			身份证	611021198508242522								
341			身份证	210703198707262568								
342			身份证	522230198106269381								
343			身份证	632523198405187569								
344			身份证	610301198411069786								
345			身份证	610801197801260788								
346			身份证	130534199104015083								
347			身份证	140411197604279742								
348			身份证	211400197907296268								
349			身份证	13062219850901296X								
350			身份证	321001198608211463								
351			身份证	410301197803186605								
352			身份证	370202198107107303								
353			身份证	654021197810017924								

图 10-136

选中【D1】单元格→选择【公式】选项卡→单击【名称管理器】按钮→在弹出的【名称管理器】对话框中单击【新建】按钮，如图 10-137 所示。

图 10-137

在弹出的【新建名称】对话框中单击【名称】文本框→输入"专项附加扣除"→单击【引用位置】文本框→输入公式"=OFFSET(专项附加扣除!$D$1,0,0,COUNTA(专项附加扣除!$D:$D),COUNTA(专项附加扣除!$1:$1)-3)"→单击【确定】按钮，如图 10-138 所示。

图 10-138

返回【名称管理器】对话框，单击【关闭】

按钮，如图 10-139 所示。

图 10-139

这里使用"COUNTA(专项附加扣除!$D:$D)"来计算行数，使用"COUNTA(专项附加扣除!$1:$1)-3"来计算列数。这里要减 3 是因为我们是从【D1】单元格向右框选列的，所以要将【D】列前的 A、B、C 三列减掉。

通过这个方法就成功创建了"专项附加扣除"工作表的名称。

在"个税税率表"工作表中，需要对"个人所得税预扣率表一"建立的辅助表格进行名称定义。这里可以采取一种更加便捷的名称定义方式。

辅助表格中的第一行为标题行，下面的内容都是待引用和待查询的数字，如图 10-140所示。

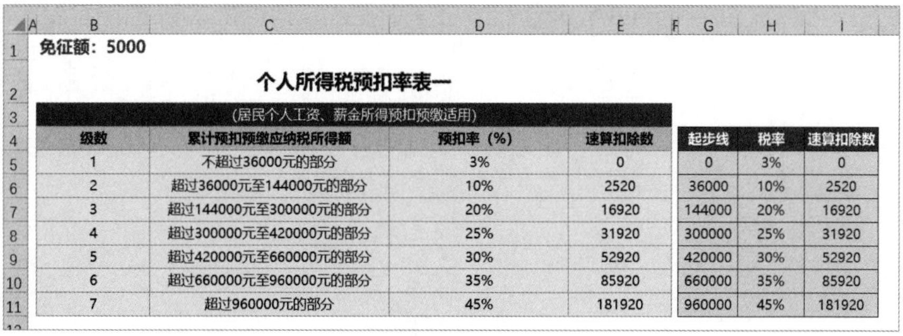

免征额: 5000								
	个人所得税预扣率表一							
	(居民个人工资、薪金所得预扣预缴适用)							
级数	累计预扣预缴应纳税所得额		预扣率（%）	速算扣除数		起步线	税率	速算扣除数
1	不超过36000元的部分		3%	0		0	3%	0
2	超过36000元至144000元的部分		10%	2520		36000	10%	2520
3	超过144000元至300000元的部分		20%	16920		144000	20%	16920
4	超过300000元至420000元的部分		25%	31920		300000	25%	31920
5	超过420000元至660000元的部分		30%	52920		420000	30%	52920
6	超过660000元至960000元的部分		35%	85920		660000	35%	85920
7	超过960000元的部分		45%	181920		960000	45%	181920

图 10-140

首先选中辅助表格的整个区域，然后选择【公式】选项卡→单击【根据所选内容创建】按钮，如图 10-141 所示。

图 10-141

在弹出的【根据所选内容创建名称】对话框中选中【首行】复选框→单击【确定】按钮，利用这样的方式统一将数据命名为"起步线""税率""速算扣除数"，如图 10-142 所示。

图 10-142

当所有工作表的名称都定义好之后，可以打开【名称管理器】对话框进行检查，如图 10-143 所示，可以查看定义好的名称是否有疏漏，可以对遗漏的工作表进行补充命名。

图 10-143

至此，基础准备工作就完成了。

2. 工资表制作

接下来就正式开始制作工资表，在"工资表模板"工作表中，只需将对应数据引用过来就可以了，如图 10-144 所示。

	A	B	C	D	E	F	G	H	I	J	K	L
1	表姐凌祯科技有限公司			工资核算一览表		201901		标准工作日	21			
2												
3	工号	姓名	所属部门	用工来源	身份证号	年月	基本工资	职务工资	计件工资	工龄津贴	其他津贴	技能津贴
4												
5												
6												
7												
8												
9												
10												
11												
12												
13												
14												
15												
16												
17												
18												

图 10-144

首先是"工号"，工号来自"员工档案"工作表，所以可以直接将"员工档案"工作表中的"工号"列数据复制到"工资表模板"工作表的【A】列；由于"工资表模板"工作表中预设了格式，所以粘贴"工号"内容后直接向下套用了格式，如图 10-145 所示。

图 10-145

导入"工号"后，就可以根据"工号"在"员工档案"工作表中查找对应的"姓名""所属部门""用工来源"和"身份证号"了。这里涉及的函数组合就是 INDEX+MATCH 函数。

接下来就以第一个工号（LZ0001）的姓名为例进行公式的编写和查询。选中【B4】单元格→单击函数编辑区将其激活→输入公式"=INDEX(员工档案 ,MATCH($A4, 员工档案 !$A:$A,0),MATCH(B$3, 员工档案 !$1:$1,0))"→按 <Enter> 键确认，如图 10-146 所示。

图 10-146

公式解析：INDEX 函数让我们在一个名称为"员工档案"的数据区域中查找，行为"LZ0001"在"员工档案"工作表中所在的行，列为"姓名"在"员工档案"工作表中所在的列，两者相交的单元格内容。

由于前面已经定义了名称，用"员工档案"这个名称将需要查询的数据区域封装起来，所以可以直接输入"员工档案"，作为 INDEX 函数的第一个参数，就得到了我们需要查找的数据区域。

"MATCH($A4, 员工档案 !$A:$A,0)"作为 INDEX 函数的第二个参数，用于返回 A4 单元格的内容在员工档案中 A 列的位置，"MATCH(B$3, 员工档案 !$1:$1,0)"作为 INDEX 函数的第三个参数，用于返回"姓名"在员工档案中第一行的位置。这两个数字确定了第一个参数数据区域的行与列，返回需要的交叉值。

同时，考虑到编写公式之后要向右拖曳到"身份证号"列，所以需要对查找值进行混合引用。由于要将"工号"及上方的列标题作为返回数值的依据，所以将"工号"（如 A4）的列"锁定"，成为 \$A4；将列标题（如 B3）的行"锁定"，成为 B\$3，防止向下拖曳时出现错误。

对单元格进行锁定后，将公式向右、向下拖曳填充，如图 10-147 所示，得到前 5 列的结果。

图 10-147

【F】列的"年月"记录的是工资对应的年月。出于良好的习惯，笔者已经在"年月"列标题上方标注好了时间，直接引用就可以。

选中【F4】单元格→输入"="→选中【F1】单元格。因为所有员工的工资日期一致，所以将其绝对引用→按 <Enter> 键确认，如图 10-148 所示，然后将公式向下填充。

图 10-148

如图 10-149 所示，最后得到了"年月"列标题下方的内容。

图 10-149

接下来继续使用 INDEX 和 MATCH 函数来计算后面的工资。这里给大家分享一个小技巧，因为工资表就是前面做过的多张工作表的整合，所以为了便于读者区分哪些列标题属于哪些工资表子表，笔者已经将它们填充上了相应的颜色。

例如，"基本工资""职务工资"和"计件工资"属于"薪酬基础数据"工作表（黄色填充），而"工龄津贴""其他津贴"和"技能津贴"则属于"津贴汇总"工作表（浅蓝色填充），如图 10-150 所示。

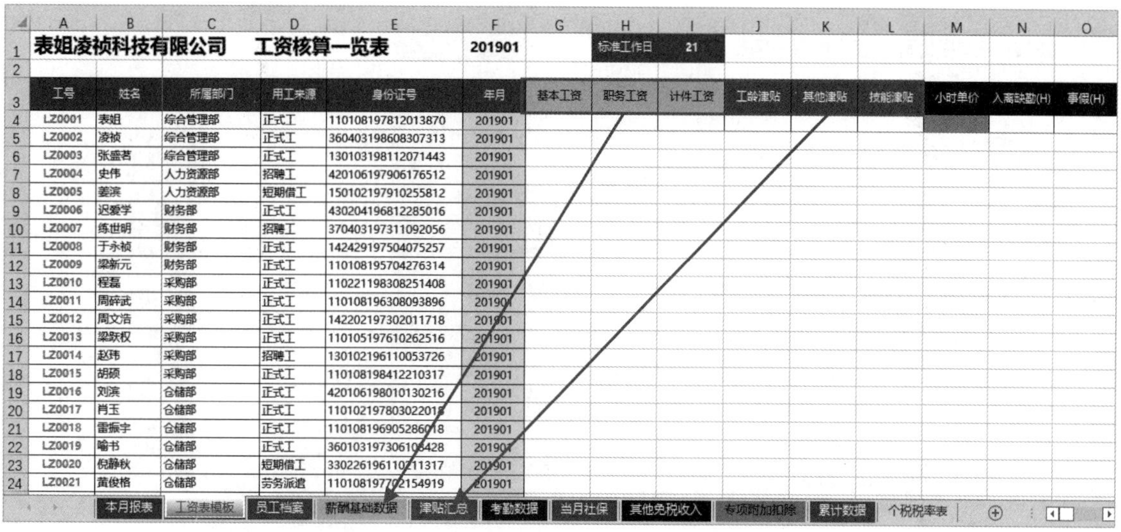

	A	B	C	D	E	F	G	H	I	J	K	L	M	N	O
1	表姐凌祯科技有限公司　工资核算一览表					201901		标准工作日	21						
2															
3	工号	姓名	所属部门	用工来源	身份证号	年月	基本工资	职务工资	计件工资	工龄津贴	其他津贴	技能津贴	小时单价	入离缺勤(H)	事假(H)
4	LZ0001	表姐	综合管理部	正式工	110108197812013870	201901									
5	LZ0002	凌祯	综合管理部	正式工	360403198608307313	201901									
6	LZ0003	张盛茗	综合管理部	正式工	130103198112071443	201901									
7	LZ0004	史伟	人力资源部	招聘工	420106197906176512	201901									
8	LZ0005	姜滨	人力资源部	短期借工	150102197910255812	201901									
9	LZ0006	迟爱学	财务部	正式工	430204196812285016	201901									
10	LZ0007	练世明	财务部	招聘工	370403197311092056	201901									
11	LZ0008	于永祯	财务部	正式工	142429197504075257	201901									
12	LZ0009	梁新元	财务部	正式工	110108195704276314	201901									
13	LZ0010	程磊	采购部	正式工	110221198308251408	201901									
14	LZ0011	周碎武	采购部	正式工	110108196308093896	201901									
15	LZ0012	周文浩	采购部	正式工	142202197302011718	201901									
16	LZ0013	梁跃权	采购部	正式工	110105197610262516	201901									
17	LZ0014	赵玮	采购部	招聘工	130102196110053726	201901									
18	LZ0015	胡硕	采购部	正式工	110108198412210317	201901									
19	LZ0016	刘滨	仓储部	正式工	420106198010130216	201901									
20	LZ0017	肖玉	仓储部	正式工	110102197803022018	201901									
21	LZ0018	雷振宇	仓储部	正式工	110108196905286018	201901									
22	LZ0019	喻书	仓储部	正式工	360103197306108428	201901									
23	LZ0020	倪静秋	仓储部	短期借工	330226196110211317	201901									
24	LZ0021	黄俊格	仓储部	劳务派遣	110108197702154919	201901									

图 10-150

选中【G4】单元格→单击函数编辑区将其激活→输入公式“=INDEX(薪酬基础数据,MATCH($A4,薪酬基础数据!$A:$A,0),MATCH(G$3,薪酬基础数据!$1:$1,0))”→按 <Enter> 键确认→将光标放在【G4】单元格右下角，当其变成十字句柄时，将公式向右、向下拖曳，就得到了图 10-151 所示的“基本工资”“职务工资”和“计件工资”三项内容。

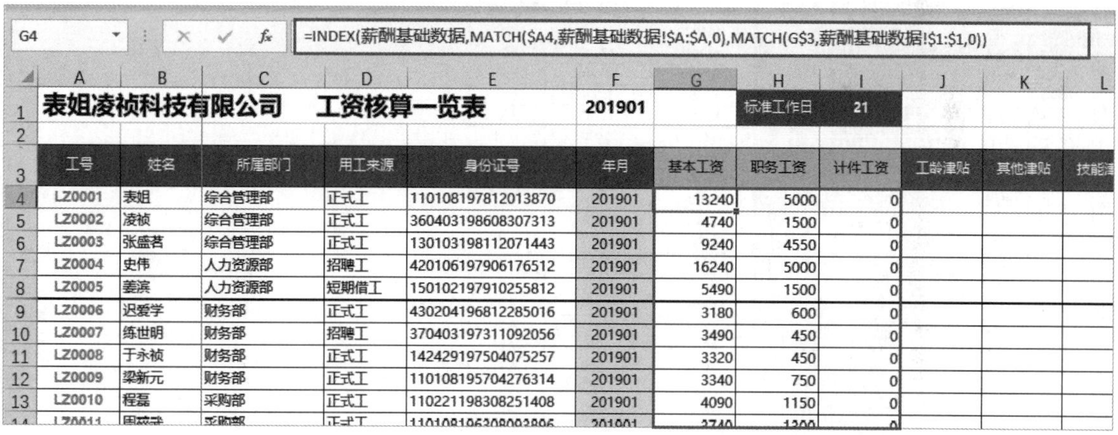

	A	B	C	D	E	F	G	H	I	J	K	L
1	表姐凌祯科技有限公司　工资核算一览表					201901		标准工作日	21			
2												
3	工号	姓名	所属部门	用工来源	身份证号	年月	基本工资	职务工资	计件工资	工龄津贴	其他津贴	技能津
4	LZ0001	表姐	综合管理部	正式工	110108197812013870	201901	13240	5000	0			
5	LZ0002	凌祯	综合管理部	正式工	360403198608307313	201901	4740	1500	0			
6	LZ0003	张盛茗	综合管理部	正式工	130103198112071443	201901	9240	4550	0			
7	LZ0004	史伟	人力资源部	招聘工	420106197906176512	201901	16240	5000	0			
8	LZ0005	姜滨	人力资源部	短期借工	150102197910255812	201901	5490	1500	0			
9	LZ0006	迟爱学	财务部	正式工	430204196812285016	201901	3180	600	0			
10	LZ0007	练世明	财务部	招聘工	370403197311092056	201901	3490	450	0			
11	LZ0008	于永祯	财务部	正式工	142429197504075257	201901	3320	450	0			
12	LZ0009	梁新元	财务部	正式工	110108195704276314	201901	3340	750	0			
13	LZ0010	程磊	采购部	正式工	110221198308251408	201901	4090	1150	0			

图 10-151

有读者会问，如果公式输入的不正确，匹配的数据不对怎么办？不用担心，可以利用下面这个方法来验证数据总和是否正确。

将“基本工资”“职务工资”和“计件工资”三列数据全部选中，在 Excel 右下角可以看到它们的总和（可以先选中第一行，然后按 <Ctrl+Shift+↓> 键同时选中三列数据），如图 10-152 所示。

	A	B	C	D	E	F	G	H	I	J	K	L	M	N	O
1	表姐凌祯科技有限公司			工资核算一览表		201901		标准工作日	21						
2															
3	工号	姓名	所属部门	用工来源	身份证号	年月	基本工资	职务工资	计件工资	工龄津贴	其他津贴	技能津贴	小时单价	入离缺勤(H)	事假(H)
4	LZ0001	表姐	综合管理部	正式工	110108197812013870	201901	13240	5000	0						
353	LZ0350	濮阳良星	后勤保洁	正式工	410301197803186605	201901	2650	0	0	800	397.75	0	15.77	0	
354	LZ0351	赫连仁	后勤保洁	正式工	370202198107107303	201901	2400	0	0	800	480	0	14.29	0	
355	LZ0352	蒙言功	后勤保洁	招聘工	654021197810017924	201901	2840	150	0	300	568	0	17.8	0	
356	LZ0353	危思敬	后勤保洁	正式工	210213198608021645	201901	2780	150	0	800	556	0	17.44	0	
357	LZ0354	严楠洁	后勤保洁	正式工	330482198901213042	201901	2850	150	0	500	570	0	17.86	0	
358	LZ0355	乐正仁	后勤保洁	招聘工	500200197912256828	201901	2850	0	0	800	427.75	0	16.96	0	2
359	LZ0356	司马建辉	司机保安	正式工	430223197704121966	201901	2440	0	0	800	366	0	14.52	0	2
360	LZ0357	公西敬	司机保安	正式工	445201198711240203	201901	3420	300	0	800	684	0	22.14	0	
361	LZ0358	仰翔利	司机保安	招聘工	520326199102217925	201901	3890	600	0	800	583.75	0	26.73	0	
362	LZ0359	汤亨	司机保安	正式工	440705197611084040	201901	2440	0	0	800	488	0	14.52	0	
363	LZ0360	乐正利安	司机保安	正式工	350200198308210687	201901	3640	0	0	800	728	0	21.67	0	
364	LZ0361	顾炎楠	司机保安	短期借	33052319900205516X	201901	5540	1300	0	800	831.5	0	40.71	0	
365	LZ0362	易邦光	司机保安	短期借	445200197510268804	201901	3030	0	0	800	606	0	18.04	0	
366	LZ0363	宇文波泽	司机保安	短期借	210624198603037524	201901	2720	150	0	800	544	0	17.08	0	
367	LZ0364	申屠安	司机保安	招聘工	320505198508147687	201901	2960	0	0	800	296	0	17.62	0	
368	LZ0365	袁和亮	司机保安	劳务派遣	15062519790621664X	201901	2660	100	0	500	532	0	16.43	0	
369	LZ0366	束哲	司机保安	正式工	440229198209051542	201901	2590	0	0	800	448.25	0	17.8	0	
370	LZ0367	威新震	司机保安	正式工	150700198806031527	201901	4840	400	0	500	968	0	31.19	0	
371	LZ0368	闻人全奇	司机保安	招聘工	510601199010217361	201901	2800	400	0	500	0	0	19.05	0	

框架与思路　本月报表　**工资表模板**　累计数据　员工档案　薪酬基础数据　津贴汇总　考勤数据　当月社保　其他免税收 …

平均值：1496.349638　计数：1104　求和：1651970

图 10-152

使用同样的方法，回到查询的"薪酬基础数据"工作表，将"基本工资""职务工资"和"计件工资"三列数据全部选中，在右下角找到所选单元格的求和项，进行比对，就很容易发现我们所引用的数据是否有疏漏，如图 10-153 所示。

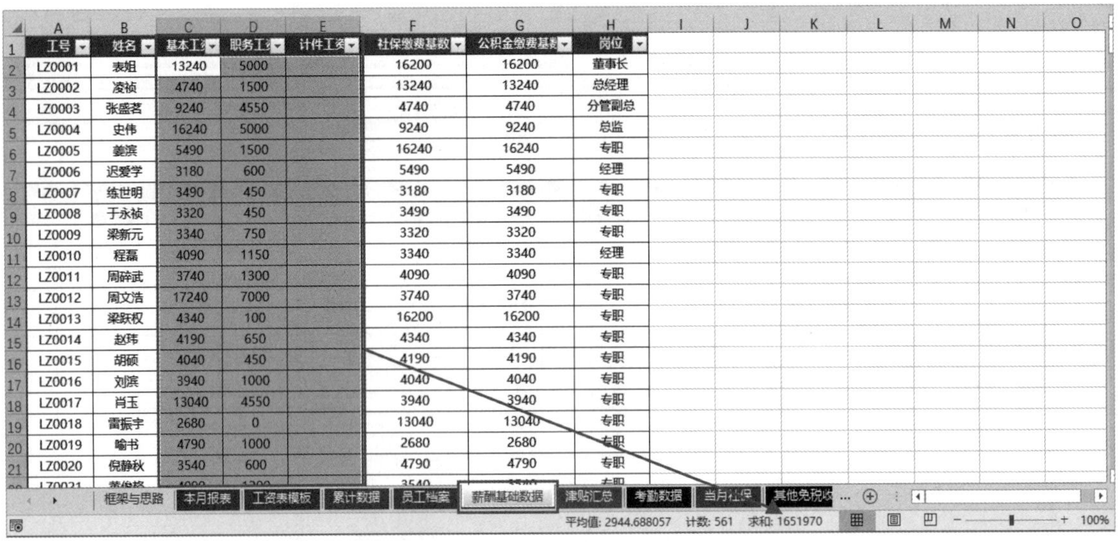

	A	B	C	D	E	F	G	H	I	J	K	L	M	N	O
1	工号	姓名	基本工资	职务工资	计件工资	社保缴费基数	公积金缴费基数	岗位							
2	LZ0001	表姐	13240	5000		16200	16200	董事长							
3	LZ0002	凌祯	4740	1500		13240	13240	总经理							
4	LZ0003	张盛茗	9240	4550		4740	4740	分管副总							
5	LZ0004	史伟	16240	5000		9240	9240	总监							
6	LZ0005	姜滨	5490	1500		16240	16240	专职							
7	LZ0006	迟爱学	3180	600		5490	5490	经理							
8	LZ0007	练世明	3490	450		3180	3180	专职							
9	LZ0008	于永祯	3320	450		3490	3490	专职							
10	LZ0009	梁新元	3340	750		3320	3320	专职							
11	LZ0010	程磊	4090	1150		3340	3340	经理							
12	LZ0011	周辞武	3740	1300		4090	4090	专职							
13	LZ0012	周跃洁	17240	7000		3740	3740	专职							
14	LZ0013	梁跃权	4340	100		16200	16200	专职							
15	LZ0014	赵玮	4190	650		4340	4340	专职							
16	LZ0015	胡硕	4040	450		4190	4190	专职							
17	LZ0016	刘滨	3940	1000		4040	4040	专职							
18	LZ0017	肖玉	13040	4550		3940	3940	专职							
19	LZ0018	雷振宇	2680	0		13040	13040	专职							
20	LZ0019	喻书	4790	1000		2680	2680	专职							
21	LZ0020	倪静秋	3540	600		4790	4790	专职							
22	LZ0021	姜俊格	4090	1300		3540	3540	专职							

框架与思路　本月报表　工资表模板　累计数据　员工档案　**薪酬基础数据**　津贴汇总　考勤数据　当月社保　其他免税收 …

平均值：2944.688057　计数：561　求和：1651970

图 10-153

完成了"薪酬基础数据"工作表工资列的引用，接下来继续进行各类津贴的查询匹配。同样是根据"工号"和对应的列标题使用 INDEX 和 MATCH 函数来进行查询。

选中【J4】单元格→单击函数编辑区将其激活→输入公式“=INDEX(津贴汇总,MATCH($A4,津贴汇总!$A:$A,0),MATCH(J$3,津贴汇总!$1:$1,0))”→按 <Enter> 键确认→将光标放在【J4】单元格右下角，当其变成十字句柄时，将公式向右、向下拖曳，就得到了图 10-154 所示的“工龄津贴”“其他津贴”和“技能津贴”三项内容。

J4 =INDEX(津贴汇总,MATCH($A4,津贴汇总!$A:$A,0),MATCH(J$3,津贴汇总!$1:$1,0))

表姐凌祯科技有限公司　工资核算一览表　201901　标准工作日 21

工号	姓名	所属部门	用工来源	身份证号	年月	基本工资	职务工资	计件工资	工龄津贴	其他津贴	技能津贴
LZ0001	表姐	综合管理部	正式工	110108197812013870	201901	13240	5000	0	800	1324	0
LZ0002	凌祯	综合管理部	正式工	360403198608307313	201901	4740	1500	0	800	0	0
LZ0003	张盛茗	综合管理部	正式工	130103198112071443	201901	9240	4550	0	800	1848	0
LZ0004	史伟	人力资源部	招聘工	420106197906176512	201901	16240	5000	0	800	1624	0
LZ0005	姜滨	人力资源部	短期借工	150102197910255812	201901	5490	1500	0	800	0	500
LZ0006	迟爱学	财务部	正式工	430204196812285016	201901	3180	600	0	800	0	0
LZ0007	练世明	财务部	招聘工	370403197311092056	201901	3490	450	0	800	523.75	0
LZ0008	于永祯	财务部	正式工	142429197504075257	201901	3320	450	0	800	0	0
LZ0009	梁新元	财务部	正式工	110108195704276314	201901	3340	750	0	800	668	500
LZ0010	程磊	采购部	正式工	110221198308251408	201901	4090	1150	0	800	818	0
LZ0011	周碎武	采购部	正式工	110108196308093896	201901	3740	1300	0	800	748	0
LZ0012	周文浩	采购部	正式工	142202197302011718	201901	17240	7000	0	800	1724	0

图 10-154

接下来计算【M】列——“小时单价”。与前文介绍的其他工作表的查询不同，“小时单价”有固定的算法，计算公式如下。

小时单价 =(基础工资 + 职务工资 + 计件工资)/(标准工作日 × 8 小时)

标准工作日模拟的是每个月 21 天，以防忘记，也如同前面的“年月”一样，放在列标题上方，如图 10-155 所示。

表姐凌祯科技有限公司　工资核算一览表　201901　标准工作日 21

工号	姓名	所属部门	用工来源	身份证号	年月	基本工资	职务工资	计件工资	工龄津贴	其他津贴	技能津贴	小时单价	入离缺勤(H)
LZ0001	表姐	综合管理部	正式工	110108197812013870	201901	13240	5000	0	800	1324	0		
LZ0002	凌祯	综合管理部	正式工	360403198608307313	201901	4740	1500	0	800	0	0		
LZ0003	张盛茗	综合管理部	正式工	130103198112071443	201901	9240	4550	0	800	1848	0		
LZ0004	史伟	人力资源部	招聘工	420106197906176512	201901	16240	5000	0	800	1624	0		
LZ0005	姜滨	人力资源部	短期借工	150102197910255812	201901	5490	1500	0	800	0	500		
LZ0006	迟爱学	财务部	正式工	430204196812285016	201901	3180	600	0	800	0	0		
LZ0007	练世明	财务部	招聘工	370403197311092056	201901	3490	450	0	800	523.75	0		
LZ0008	于永祯	财务部	正式工	142429197504075257	201901	3320	450	0	800	0	0		
LZ0009	梁新元	财务部	正式工	110108195704276314	201901	3340	750	0	800	668	500		
LZ0010	程磊	采购部	正式工	110221198308251408	201901	4090	1150	0	800	818	0		
LZ0011	周碎武	采购部	正式工	110108196308093896	201901	3740	1300	0	800	748	0		
LZ0012	周文浩	采购部	正式工	142202197302011718	201901	17240	7000	0	800	1724	0		
LZ0013	梁跃权	采购部	正式工	110105197610262516	201901	4340	100	0	800	868	0		
LZ0014	赵玮	采购部	招聘工	130102196110053726	201901	4190	650	0	800	838	0		
LZ0015	胡硕	采购部	正式工	110108198412210317	201901	4040	450	0	800	202	0		
LZ0016	刘滨	仓储部	正式工	420106198010130216	201901	3940	1000	0	800	394	0		
LZ0017	肖玉	仓储部	正式工	110102197803022018	201901	13040	4550	0	800	1304	0		
LZ0018	雷振宇	仓储部	正式工	110108196905286018	201901	2680	0	0	800	402	0		
LZ0019	喻书	仓储部	正式工	360103197306108428	201901	4790	1000	0	800	958	0		

图 10-155

选中【M4】单元格→单击函数编辑区将其激活→输入公式“=ROUND(SUM(G4:I4)/$I$1/8,2)”→按 <Enter> 键确认→将光标放在【M4】单元格右下角，当其变成十字句柄时，双击鼠标将公式向下填充，如图 10-156 所示。

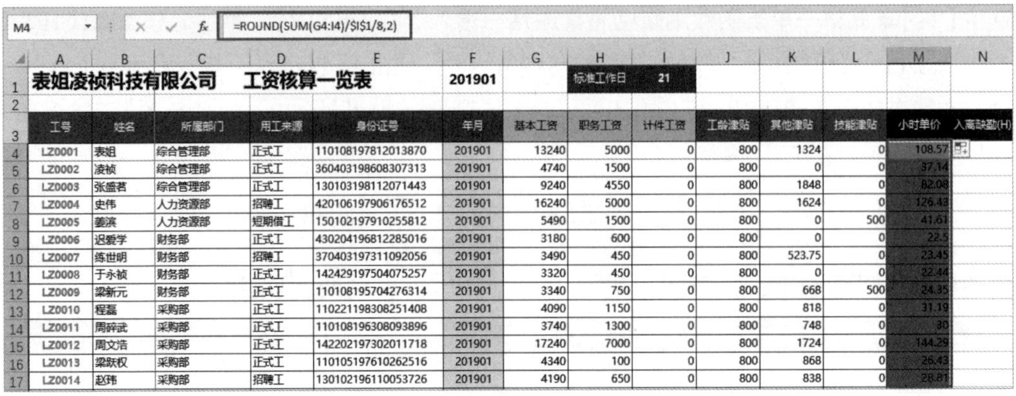

图 10-156

公式解析："SUM(G4:I4)"表示员工"基础工资""职务工资""计件工资"的总和，除以 $I$1 表示标准工作日和每天的 8 小时；为了防止出现过多小数位，可以在外面嵌套一个 ROUND 函数，用于将"SUM(G4:I4)/$I$1/8"返回的小时单价进行小数修约，保留两位小数。

接下来进入考勤数据的查询，从"入离缺勤"一直到"B 班个数"（【N】列到【X】列）都需要在"考勤数据"工作表中进行查询，如图 10-157 所示。

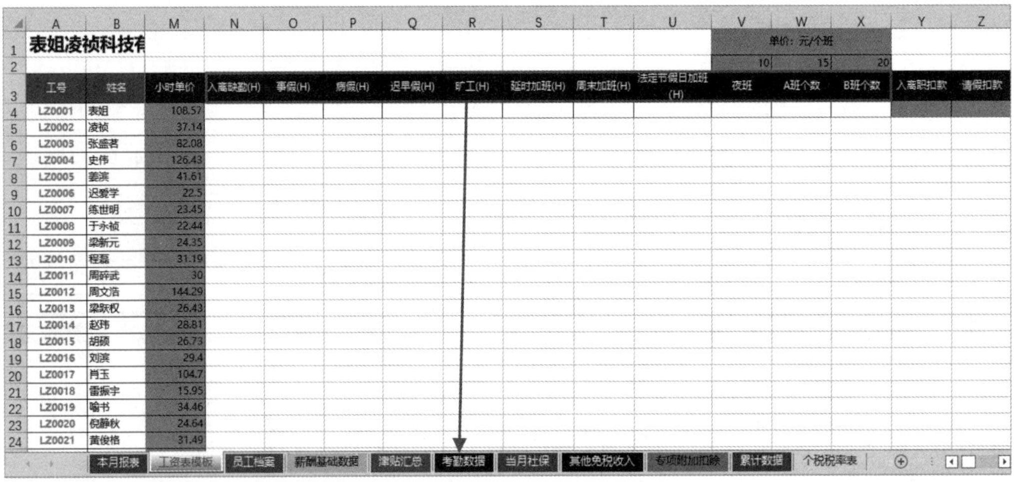

图 10-157

以"入离缺勤"为例，与前文介绍的思路相同，依然利用 INDEX 和 MATCH 函数的组合公式来完成。

选中【N4】单元格→单击函数编辑区将其激活→输入公式 "=INDEX(考勤数据 ,MATCH($A4, 考勤数据 !$A:$A,0),MATCH(N$3, 考勤数据 !$1:$1,0))"→按 <Enter> 键确认，将光标放在【N4】单元格右下角，当其变成十字句柄时，将公式向右、向下拖曳，就得到了相应的数据，如图 10-158 所示。

N4 =INDEX(考勤数据,MATCH($A4,考勤数据!$A:$A,0),MATCH(N$3,考勤数据!$1:$1,0))

	A	B	M	N	O	P	Q	R	S	T	U	V	W	X
1	表姐凌祯科技有											单价：元/个班		
2												10	15	20
3	工号	姓名	小时单价	入离缺勤(H)	事假(H)	病假(H)	迟早假(H)	旷工(H)	延时加班(H)	周末加班(H)	法定节假日加班(H)	夜班	A班个数	B班个数
4	LZ0001	表姐	108.57	0	0	0	0	0	0	0	0	0	0	0
5	LZ0002	凌祯	37.14	0	0	0	0	0	0	0	0	0	0	0
6	LZ0003	张盛茗	82.08	0	0	96	0	0	0	0	0	0	0	0
7	LZ0004	史伟	126.43	0	0	4	0	0	0	0	0	0	0	0
8	LZ0005	姜滨	41.61	0	0	0	0	0	37	20	0	0	0	0
9	LZ0006	迟爱学	22.5	0	0	0	0	0	39	21	19	0	0	0
10	LZ0007	练世明	23.45	0	0	0	0	0	40	18	17	0	0	0
11	LZ0008	于永祯	22.44	0	0	0	0.5	0	5	0	0	0	0	0
12	LZ0009	梁新元	24.35	0	0	0	0	0	25.5	19	4	0	0	0
13	LZ0010	程磊	31.19	0	0	0	0	0	41	22	0	0	0	0
14	LZ0011	周碎武	30	0	0	0	1	0	44	23	18	0	0	0
15	LZ0012	周文浩	144.29	0	0	0	0	0	0	0	0	0	0	0

图 10-158

如果没有定义名称，可能做到这里不知道要选择多少次偌大的数据区域，大家见识到事先定义名称的威力了吧！

查找引用结束后，需要根据前面计算得到的“小时单价”和查询得到的考勤数据来进行进一步计算，通过计算得到“入离职扣款”“请假扣款”“加班工资”和“轮班津贴”，如图 10-159 所示。

	A	B	M	N	O	P	Q	R	S	T	U	V	W	X	Y	Z	AA	AB
1	表姐凌祯科技有											单价：元/个班						
2												10	15	20				
3	工号	姓名	小时单价	入离缺勤(H)	事假(H)	病假(H)	迟早假(H)	旷工(H)	延时加班(H)	周末加班(H)	法定节假日加班(H)	夜班	A班个数	B班个数	入离职扣款	请假扣款	加班工资	轮班津贴
4	LZ0001	表姐	108.57	0	0	0	0	0	0	0	0	0	0	0	0	0	0	0
5	LZ0002	凌祯	37.14	0	0	0	0	0	0	0	0	0	0	0	0	0	0	0
6	LZ0003	张盛茗	82.08	0	0	96	0	0	0	0	0	0	0	0	0	3939.84	0	0
7	LZ0004	史伟	126.43	0	0	4	0	0	0	0	0	0	0	0	0	252.86	0	0
8	LZ0005	姜滨	41.61	0	0	0	0	0	37	20	0	0	0	0	0	0	3973.76	0
9	LZ0006	迟爱学	22.5	0	0	0	0	0	39	21	19	0	0	0	0	0	3543.75	0
10	LZ0007	练世明	23.45	0	0	0	0	0	40	18	17	0	0	0	0	0	3447.15	0
11	LZ0008	于永祯	22.44	0	0	0	0.5	0	5	0	0	0	0	0	0	11.22	168.3	0
12	LZ0009	梁新元	24.35	0	0	0	0	0	25.5	19	4	0	0	0	0	0	2148.89	0
13	LZ0010	程磊	31.19	0	0	0	0	0	41	22	0	0	0	0	0	0	3290.55	0
14	LZ0011	周碎武	30	0	0	0	1	0	44	23	18	0	0	0	0	30	4980	0
15	LZ0012	周文浩	144.29	0	0	0	0	0	0	0	0	0	0	0	0	0	0	0
16	LZ0013	梁跃权	26.43	0	0	0	0	0	44	18	20	0	0	0	0	0	4281.66	0
17	LZ0014	赵玮	28.81	0	0	0	0	0	10	19	0	0	0	0	0	0	1526.93	0
18	LZ0015	胡硕	26.73	0	24	0	2.5	0	0	0	0	0	0	0	0	708.35	0	0
19	LZ0016	刘滨	29.4	0	0	0	0	0	36	17	15	0	0	0	0	0	3910.2	0
20	LZ0017	肖玉	104.7	0	0	0	0	0	0	0	0	0	0	0	0	0	0	0
21	LZ0018	雷振宇	15.95	0	0	0	0	0	27	24	0	1	0	0	0	0	1411.58	10
22	LZ0019	喻书	34.46	0	0	0	3	0	1	0	0	0	0	0	0	103.38	51.69	0
23	LZ0020	倪静秋	24.64	0	0	0	0.5	0	2	12	0	0	0	0	0	12.32	665.28	0
24	LZ0021	黄俊格	31.49	0	0	0	0	0	18.5	17	0	0	0	0	0	0	1944.51	0
25	LZ0022	董玉	60.95	0	0	8	0	0	0	0	0	0	0	0	0	243.8	0	0
26	LZ0023	董爽	33.57	0	0	0	0	0	39	19	18	0	0	0	0	0	5052.29	0
27	LZ0024	王红	25.83	0	0	0	0	0	32	16	6	0	0	0	0	0	2531.34	0
28	LZ0025	戴鑫	25.83	0	0	0	0	0	40	21	10	10	0	0	0	0	3409.56	100

图 10-159

每个公司关于计算这些项目的算法可能不同，这里笔者列出了自己的工资算法，如表 10-2 所示。

表 10-2 工资算法

项目	计算方法
入离职扣款	小时单价 × 入离缺勤次数
请假扣款	(事假 + 病假 × 50% + 迟早假 + 旷工)× 小时单价
加班工资	(延时加班 × 1.5 + 周末加班 × 2 + 法定节假日加班 × 3) × 小时单价
轮班津贴	夜班 × 10 + A 班个数 × 15 + B 班个数 × 20

其中关于轮班的具体计算单价也已经列在它们标题的正上方作为备注；同时为了防止计算时出现过多的小数，在编写完每一个公式后都要利用 ROUND 函数保留两位小数。

厘清了算法和思路后，按照工作表中的单元格所在位置，表 10-2 中的四种计算方法就可以写成表 10-3 所示的公式（以工号 LZ0001 为例）。

表 10-3　四个项目公式

项目	公式书写
入离职扣款	=ROUND(M4*N4,2)
请假扣款	=ROUND(M4*(O4+P4*50%+Q4+R4),2)
加班工资	=ROUND(M4*(S4*1.5+T4*2+U4*3),2)
轮班津贴	=SUMPRODUCT($V$2:$X$2,V4:X4)

输入完每一个公式后，双击十字填充句柄向下填充公式。

由于这些工资项目没有涉及数据引用，而是相对较复杂的公式点选和计算，所以请大家仔细点选对应的单元格，保证公式编写不要出错。

图 10-160 所示是计算后的数据，可以进行对比，如果有问题，请检查公式是否有纰漏。

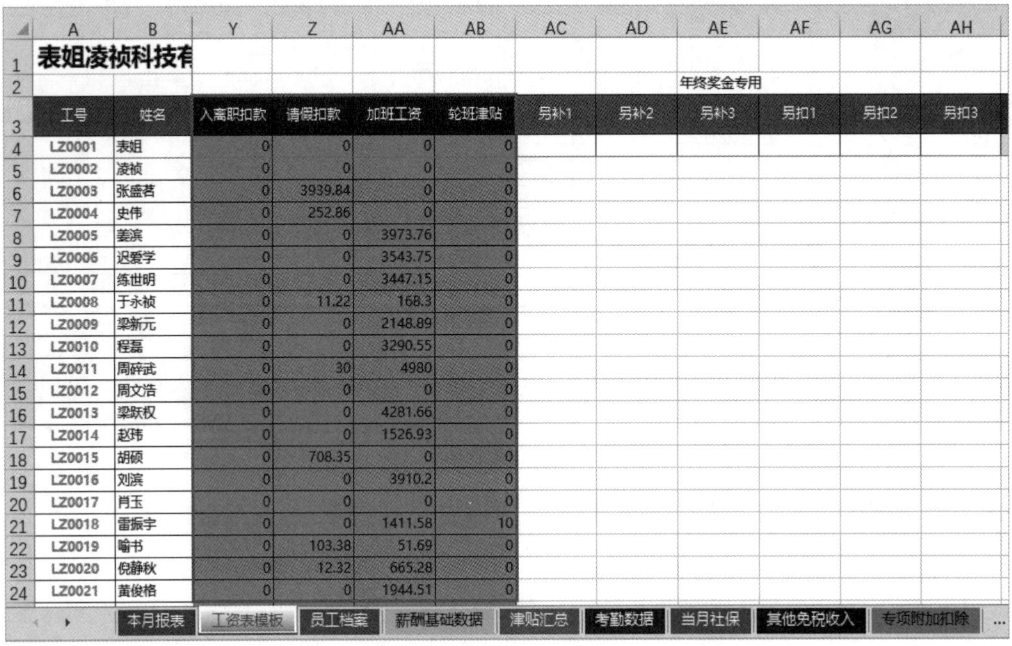

图 10-160

接下来到了"另补"和"另扣"的数据查询，从"津贴汇总"工作表中可以查询到它们对应的数据。

选中【AC4】单元格→单击函数编辑区将其激活→输入公式"=INDEX(津贴汇总 ,MATCH($A4, 津贴汇总 !$A:$A,0),MATCH(AC$3, 津贴汇总 !$1:$1,0))"→按 <Enter> 键确认，如图 10-161 所示。

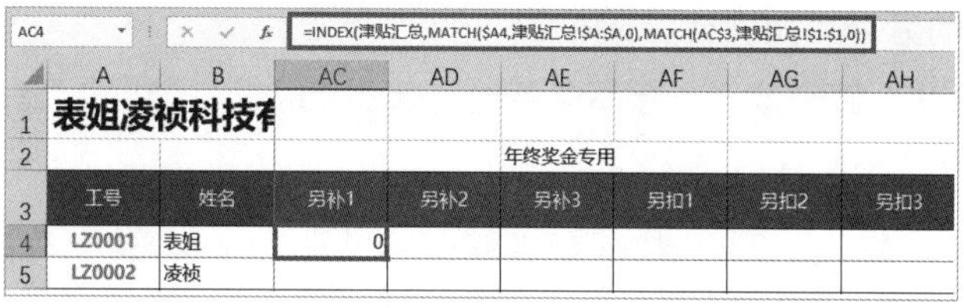

图 10-161

将光标放在【AC4】单元格右下角，当其变成十字句柄时，向右、向下拖曳将公式进行填充。如图 10-162 所示，"另补 3"和"另扣 1""另扣 2""另扣 3"都是错误值，这是因为"津贴汇总"工作表中并没有"另补 3"和另扣项，这种情况应该怎样处理呢？

图 10-162

接下来在函数外部套用一个错误美化函数 IFERROR，将错误值显示为"0"。

选中【AC4】单元格→单击函数编辑区将其激活→输入公式"=IFERROR(INDEX(津贴汇总，MATCH($A4, 津贴汇总 !$A:$A,0),MATCH(AC$3, 津贴汇总 !$1:$1,0)),0)"→ 按 <Enter> 键确认→将光标放在【AC4】单元格右下角，当其变成十字句柄时，向右、向下拖曳将公式进行填充，如图 10-163 所示。

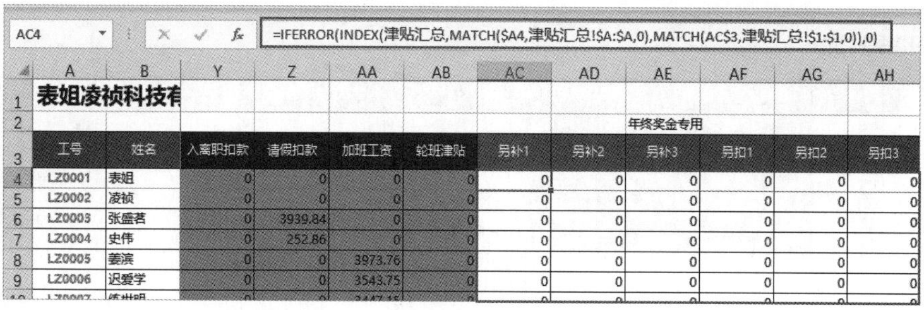

图 10-163

这样如果在"工资表模板"工作表中有，而在"津贴汇总"工作表中没有的项，就让它返回数值

“0”，防止以后有新增的另补另扣项目。

至此，应发工资项就全部完成了，接下来整合计算出“应发工资”和“累计应发”。“应发工资”涉及的内容，图 10-164 已经展示出来了。

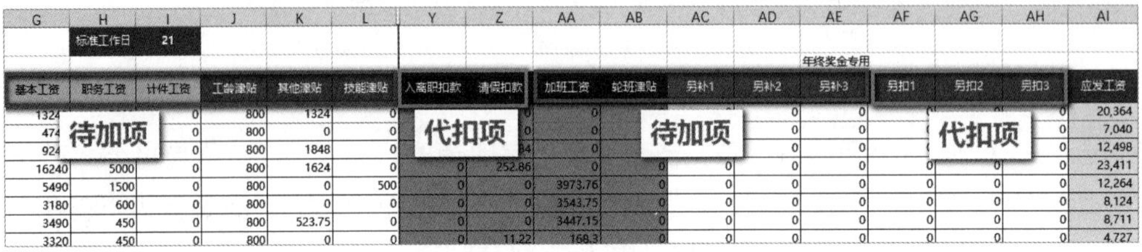

图 10-164

选中【AI4】单元格→单击函数编辑区将其激活→输入公式“=ROUND(G4+H4+I4+J4+K4+L4-Y4-Z4+AA4+AB4+AC4+AD4+AE4-AF4-AG4-AH4,2)”→按 <Enter> 键确认→将光标放在【AI4】单元格右下角，当其变成十字句柄时，双击鼠标将公式向下填充，如图 10-165 所示。

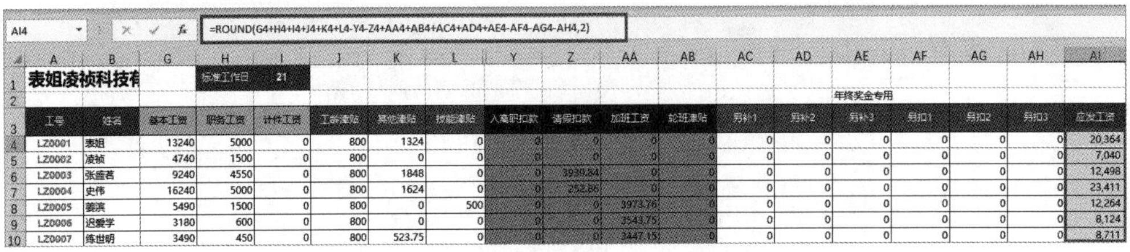

AI4 =ROUND(G4+H4+I4+J4+K4+L4-Y4-Z4+AA4+AB4+AC4+AD4+AE4-AF4-AG4-AH4,2)

	A	B	G	H	I	J	K	L	Y	Z	AA	AB	AC	AD	AE	AF	AG	AH	AI
1	表姐凌祯科技有			标准工作日	21														
2															年终奖金专用				
3	工号	姓名	基本工资	职务工资	计件工资	工龄津贴	其他津贴	技能津贴	入离职扣款	请假扣款	加班工资	轮班津贴	另补1	另补2	另补3	另扣1	另扣2	另扣3	应发工资
4	LZ0001	表姐	13240	5000	0	800	1324	0	0	0	0	0	0	0	0	0	0	0	20,364
5	LZ0002	凌祯	4740	1500	0	800	0	0	0	0	0	0	0	0	0	0	0	0	7,040
6	LZ0003	张盛茗	9240	4550	0	800	1848	0	0	3939.84	0	0	0	0	0	0	0	0	12,498
7	LZ0004	史伟	16240	5000	0	800	1624	0	0	252.86	0	0	0	0	0	0	0	0	23,411
8	LZ0005	姜滨	5490	1500	0	800	0	500	0	0	3973.76	0	0	0	0	0	0	0	12,264
9	LZ0006	迟爱学	3180	600	0	800	0	0	0	0	3543.75	0	0	0	0	0	0	0	8,124
10	LZ0007	练世明	3490	450	0	800	523.75	0	0	0	3447.15	0	0	0	0	0	0	0	8,711

图 10-165

“累计应发”是根据“工号”在“累计数据”工作表中查询到的累计应发数据，再加上本月的“应发工资”（为了保证工资的精确性，还是要保留两位小数）。

选中【AJ4】单元格→单击函数编辑区将其激活→输入公式“=ROUND(AI4+IFERROR(INDEX(累计数据,MATCH($A4,累计数据!$A:$A,0),MATCH(AJ$3,累计数据!$1:$1,0)),0),2)”→按 <Enter> 键确认→将光标放在【AJ4】单元格右下角，当其变成十字句柄时，双击鼠标将公式向下填充，如图 10-166 所示。

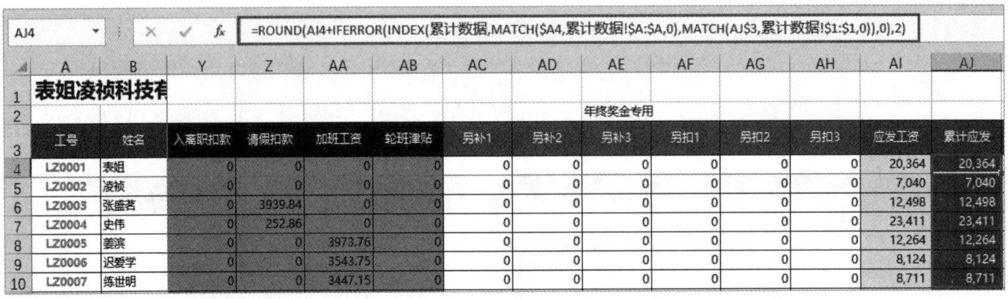

AJ4 =ROUND(AI4+IFERROR(INDEX(累计数据,MATCH($A4,累计数据!$A:$A,0),MATCH(AJ$3,累计数据!$1:$1,0)),0),2)

	A	B	Y	Z	AA	AB	AC	AD	AE	AF	AG	AH	AI	AJ
1	表姐凌祯科技有													
2									年终奖金专用					
3	工号	姓名	入离职扣款	请假扣款	加班工资	轮班津贴	另补1	另补2	另补3	另扣1	另扣2	另扣3	应发工资	累计应发
4	LZ0001	表姐	0	0	0	0	0	0	0	0	0	0	20,364	20,364
5	LZ0002	凌祯	0	0	0	0	0	0	0	0	0	0	7,040	7,040
6	LZ0003	张盛茗	0	3939.84	0	0	0	0	0	0	0	0	12,498	12,498
7	LZ0004	史伟	0	252.86	0	0	0	0	0	0	0	0	23,411	23,411
8	LZ0005	姜滨	0	0	3973.76	0	0	0	0	0	0	0	12,264	12,264
9	LZ0006	迟爱学	0	0	3543.75	0	0	0	0	0	0	0	8,124	8,124
10	LZ0007	练世明	0	0	3447.15	0	0	0	0	0	0	0	8,711	8,711

图 10-166

公式解析：“INDEX(累计数据,MATCH($A4,累计数据!$A:$A,0),MATCH(AJ$3,累计数据!$1:$1,0)”表示根据员工的“工号”查询对应的“累计应发”工资数据，IFERROR 函数用于屏蔽在查询中遇到的错误，然后加上本月的"应发工资"，最后使用 ROUND 函数进行小数位数修约。

经过前面两个相对较复杂的公式后，接下来就比较轻松了。使用 INDEX 和 MATCH 函数计算当月社保数据，如图 10-167 所示。

累计应发	司养老	司医疗	司生育	司失业	司工伤	司公积金	个人养老	个人医疗	个人失业	个公积金	司法定福利	专项扣除（三险一金）	累计专项扣除（三险一金）	固定减除
				各参数表列标题与计算表列标题要相同										个税起征 5000
20,364	3726	972	81	162	162	1296	1296	405	0	1296	6399	2997	2,997	5000
7,040	2648	926.8	66.2	66.2	132.4	1589	1059.2	397.2	0	1589	5428.6	3045.4	3,045	5000
12,498	1090.2	284.4	23.7	47.4	47.4	379	379.2	118.5	0	379	1872.1	876.7	877	5000
23,411	2032.8	739.2	46.2	92.4	92.4	924	739.2	277.2	0	924	3927	1940.4	1,940	5000
12,264	3572.8	1299.2	81.2	162.4	162.4	1624	1299.2	487.2	0	1624	6902	3410.4	3,410	5000
8,124	1207.8	439.2	27.45	54.9	54.9	549	439.2	164.7	0	549	2333.25	1152.9	1,153	5000
8,711	636	222.6	15.9	15.9	31.8	382	254.4	95.4	0	382	1304.2	731.8	732	5000
4,727	767.8	279.2	17.45	34.9	34.9	349	279.2	104.7	0	349	1483.25	732.9	733	5000
8,267	730.4	265.6	16.6	33.2	33.2	332	265.6	99.6	0	332	1411	697.2	697	5000
10,149	668	233.8	16.7	16.7	33.4	401	267.2	100.2	0	401	1369.6	768.4	768	5000
11,553	818	286.3	20.45	20.45	40.9	491	327.2	122.7	0	491	1677.1	940.9	941	5000
26,764	748	261.8	18.7	18.7	37.4	449	299.2	112.2	0	449	1533.6	860.4	860	5000
10,390	3726	972	81	162	162	1296	1296	405	0	1296	6399	2997	2,997	5000
8,005	998.2	260.4	21.7	43.4	43.4	347	347.2	108.5	0	347	1714.1	802.7	803	5000
4,784	921.8	335.2	20.95	41.9	41.9	419	335.2	125.7	0	419	1780.75	879.9	880	5000
10,244	888.8	323.2	20.2	40.4	40.4	404	323.2	121.2	0	404	1717	848.4	848	5000
19,694	866.8	315.2	19.7	39.4	39.4	394	315.2	118.2	0	394	1674.5	827.4	827	5000
5,304	2999.2	782.4	65.2	130.4	130.4	1043	1043.2	326	0	1043	5150.6	2412.2	2,412	5000
7,496	589.6	214.4	13.4	26.8	26.8	268	214.4	80.4	0	268	1139	562.8	563	5000
6,124	958	335.3	23.95	23.95	47.9	575	383.2	143.7	0	575	1964.1	1101.9	1,102	5000
8,853	708	247.8	17.7	17.7	35.4	425	283.2	106.2	0	425	1451.6	814.4	814	5000
12,264	940.7	245.4	20.45	40.9	40.9	327	327.2	102.25	0	327	1615.35	756.45	756	5000

图 10-167

从"司养老"一直到"个公积金"都可以直接使用查找引用函数来从"当月社保"工作表中进行查询。

选中【AK4】单元格→单击函数编辑区将其激活→输入公式"=IFERROR(INDEX(当月社保 ,MATCH($A4, 当月社保 !$A:$A,0),MATCH(AK$3, 当月社保 !$1:$1,0)),0)"→按 <Enter> 键确认→将光标放在【AK4】单元格右下角，当其变成十字句柄时，向右、向下拖曳将公式进行填充，如图 10-168 所示。

AK4			fx	=IFERROR(INDEX(当月社保,MATCH($A4,当月社保!$A:$A,0),MATCH(AK$3,当月社保!$1:$1,0)),0)							
	A	B	AJ	AK	AL	AM	AN	AO	AP	AQ	AR	AS	AT
1	表姐凌祯科技有											
2					各参数表列标题与计算表列标题要相同							
3	工号	姓名	累计应发	司养老	司医疗	司生育	司失业	司工伤	司公积金	个人养老	个人医疗	个人失业	个公积金
4	LZ0001	表姐	20,364	3726	972	81	162	162	1296	1296	405	0	1296
5	LZ0002	凌祯	7,040	2648	926.8	66.2	66.2	132.4	1589	1059.2	397.2	0	1589
6	LZ0003	张盛誉	12,498	1090.2	284.4	23.7	47.4	47.4	379	379.2	118.5	0	379
7	LZ0004	史伟	23,411	2032.8	739.2	46.2	92.4	92.4	924	739.2	277.2	0	924
8	LZ0005	姜滨	12,264	3572.8	1299.2	81.2	162.4	162.4	1624	1299.2	487.2	0	1624
9	LZ0006	迟爱学	8,124	1207.8	439.2	27.45	54.9	54.9	549	439.2	164.7	0	549
10	LZ0007	练世明	8,711	636	222.6	15.9	15.9	31.8	382	254.4	95.4	0	382

图 10-168

"司法定福利"是"司养老""司医疗""司生育""司失业""司工伤"和"司公积金"数据的总和，"专项扣除（三险一金）"是"个人养老""个人医疗""个人失业"和"个公积金"数据的总和；这两项仅需要对前面引用的"当月社保"工作表中的数据使用 SUM 函数进行求和即可，这里不再赘述，如图 10-169 所示。

工号	姓名	累计应发	司养老	司医疗	司生育	司失业	司工伤	司公积金	个人养老	个人医疗	个人失业	个公积金	司法定福利	专项扣除（三险一金）	累计专项扣除（三险一金）	
LZ0001	表姐	20,364	3726	972	81	162	162	1296	1296	405	0	1296	6399	2997		
LZ0002	凌祯	7,040	2648	926.8	66.2	132.4	132.4	1589	1059.2	397.2	0	1589	5428.6	3045.4		
LZ0003	张盛茗	12,498	1090.2	284.4	23.7	47.4	47.4	379	379.2	118.5	0	379	1872.1	876.7		
LZ0004	史伟	23,411	2032.8	739.2	46.2	92.4	92.4	924	739.2	277.2	0	924	3927	1940.4		
LZ0005	姜滨	12,264	3572.8	1299.2	81.2	162.4	162.4	1624	1299.2	487.2	0	1624	6902	3410.4		
LZ0006	迟爱学	8,124	1207.8	439.2	27.45	54.9	54.9	549	439.2	164.7	0	549	2333.25	1152.9		
LZ0007	练世明	8,711	636	222.6	15.9	15.9	31.8	382	254.4	95.4	0	382	1304.2	731.8		
LZ0008	于永祯	4,727	767.8	279.2	17.45	34.9	34.9	349	279.2	104.7	0	349	1483.25	732.9		
LZ0009	梁新元	8,267	730.4	265.6	16.6	33.2	33.2	332	265.6	99.6	0	332	1411	697.2		
LZ0010	程磊	10,149	668	233.8	16.7	16.7	33.4	401	267.2	100.2	0	401	1369.6	768.4		
LZ0011	周辞武	11,553	818	286.3	20.45	20.45	40.9	491	327.2	122.7	0	491	1677.1	940.9		
LZ0012	周文浩	26,764	748	261.8	18.7	18.7	37.4	449	299.2	112.2	0	449	1533.6	860.4		

图 10-169

【AW】列中的"累计专项扣除（三险一金）"与【AJ】列计算"累计应发"的算法是一样的，是在前面计算出的"专项扣除（三险一金）"的基础上，再加上"累计数据"工作表中查询到的对应的"累计专项扣除（三险一金）"的值，如果后者查询不到，可以利用 IFERROR 函数来屏蔽错误值，同时返回数值"0"，最后四舍五入得到数值。

选中【AW4】单元格→单击函数编辑区将其激活→输入公式"=ROUND(AV4+IFERROR(INDEX(累计数据 ,MATCH($A4, 累计数据 !$A:$A,0),MATCH(AW$3, 累计数据 !$1:$1,0)),0),2)"→按 <Enter> 键确认→将光标放在【AW4】单元格右下角，当其变成十字句柄时，双击鼠标将公式向下填充，如图 10-170 所示。

										个税起征	
										5000	
工号	姓名	司工伤	司公积金	个人养老	个人医疗	个人失业	个公积金	司法定福利	专项扣除（三险一金）	累计专项扣除（三险一金）	固定减除	累计固定减除
LZ0001	表姐	162	1296	1296	405	0	1296	6399	2997	2,997	
LZ0002	凌祯	132.4	1589	1059.2	397.2	0	1589	5428.6	3045.4	3,045	
LZ0003	张盛茗	47.4	379	379.2	118.5	0	379	1872.1	876.7	877	
LZ0004	史伟	92.4	924	739.2	277.2	0	924	3927	1940.4	1,940	
LZ0005	姜滨	162.4	1624	1299.2	487.2	0	1624	6902	3410.4	3,410	
LZ0006	迟爱学	54.9	549	439.2	164.7	0	549	2333.25	1152.9	1,153	
LZ0007	练世明	31.8	382	254.4	95.4	0	382	1304.2	731.8	732	

公式栏：=ROUND(AV4+IFERROR(INDEX(累计数据,MATCH($A4,累计数据!$A:$A,0),MATCH(AW$3,累计数据!$1:$1,0)),0),2)

图 10-170

像这样要求我们在计算当月某项工资数据后，又让我们计算累计某项数据的情况，在"工资表模板"工作表中出现了很多次。例如，图 10-171 所示的"累计固定减除""累计免税收入""累计企业（职业）年金""累计商业健康保险"等。

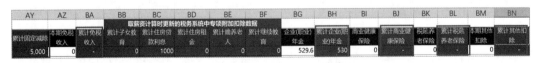

图 10-171

当遇到这些需要计算累计项的数据时，可以使用左侧计算出的当月的数据加上"累计数据"工作表中相应的累计数据，最后保留两位小数。

【AX】列的"固定减除"规定为"5000 元"，笔者已经在【AX2】单元格中录入了"5000"。

选中【AX4】单元格→单击函数编辑区将其激活→输入公式"=$AX$2"→按 <Enter> 键确认→将光标放在【AX4】单元格右下角，当其变成十字句柄时，双击鼠标将公式向下填充，如图 10-172 所示。

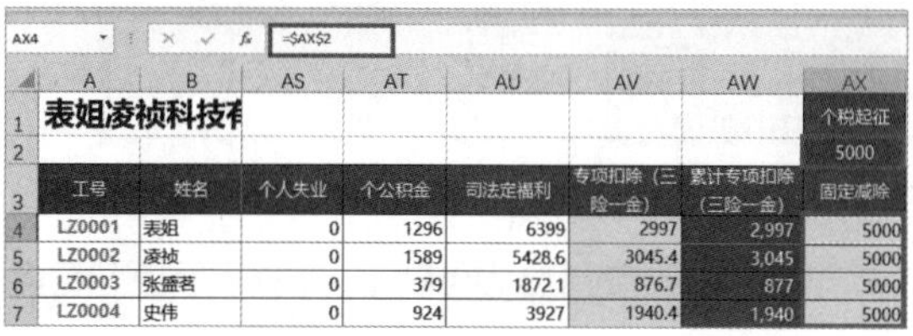

图 10-172

后面的工资项可以按照前面的方法依次在相应的工资表中进行查询。如图 10-173 所示，实线框处的列标题工资明细数据可以使用 INDEX+MATCH 函数在"其他免税收入"工作表中查询，如果查询出错（如"商业健康保险""税延养老保险"和"本期其他扣除"），则证明在工资表子表中暂时没有此项，可以使用 IFERROR 函数屏蔽并返回"0"值即可。

同理，虚线框处的列标题工资明细数据也可以使用 INDEX+MATCH 函数在"专项附加扣除"工作表中查询到对应的数据。

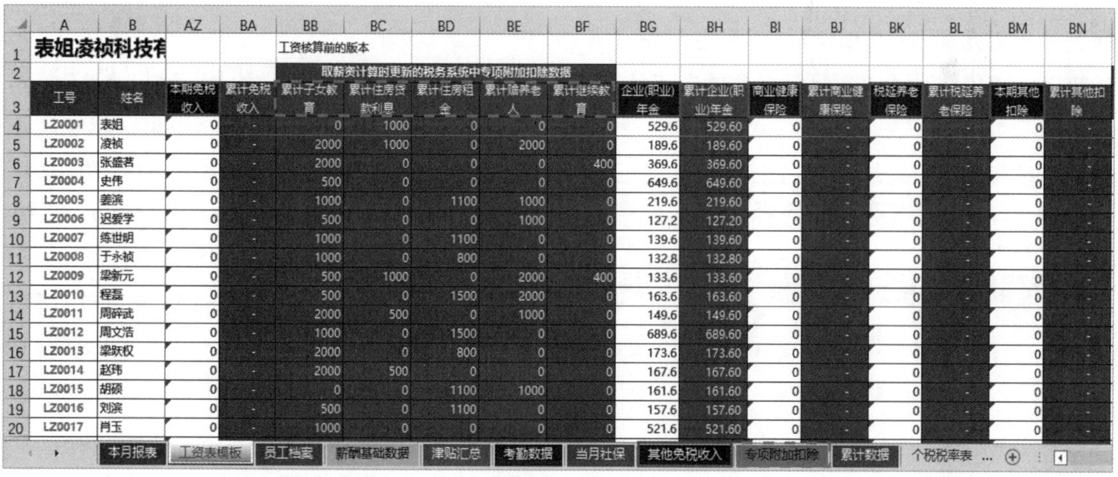

图 10-173

当我们查询到这些数据时，对应的累计数据也就能够一并计算出来了。

这里的"员工类别"模拟的是"居民"。在【BO2】单元格中输入"居民"→选中【BO4】单元格→单击函数编辑区将其激活→输入公式"=$BO$2"→按 <Enter> 键确认→将光标放在【BO4】单元格右下角，当其变成十字句柄时，双击鼠标将公式向下填充，如图 10-174 所示。

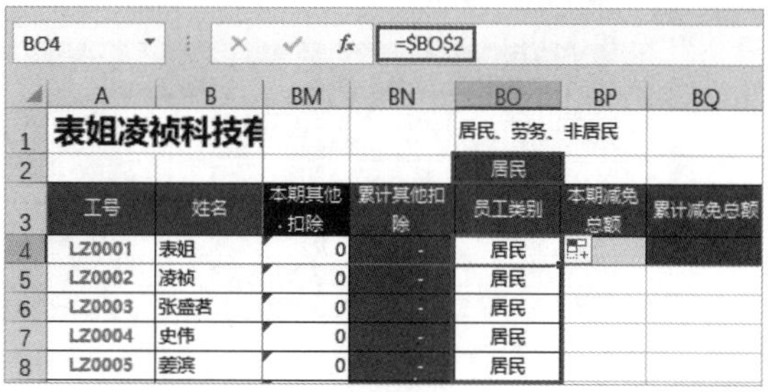

图 10-174

最后可以计算本期减免费用总额，为了便于读者查看，笔者已经将减免额的项目全部标注出来了，如图 10-175 所示。具体包括"专项扣除（三险一金）""固定减除""本期免税收入”“累计子女教育”“累计住房贷款利息”“累计住房租金”“累计赡养老人”“累计继续教育”“企业 (职业) 年金”“商业健康保险”“税延养老保险”和“本期其他扣除”。

AV	AX	AZ	BB	BC	BD	BE	BF	BG	BI	BK	BM
	个税起征		工资核算前的版本								
	5000		取薪资计算时更新的税务系统中专项附加扣除数据								
专项扣除（三险一金）	固定减除	本期免税收入	累计子女教育	累计住房贷款利息	累计住房租金	累计赡养老人	累计继续教育	企业(职业)年金	商业健康保险	税延养老保险	本期其他扣除
2997	5000	0	0	1000	0	0	0	529.6	0	0	0
3045.4	5000	0	2000	1000	0	2000	0	189.6	0	0	0
876.7	5000	0	2000	0	0	0	400	369.6	0	0	0

图 10–175

选中【BP4】单元格→单击函数编辑区将其激活→输入公式“=AV4+AX4+AZ4+SUM(BB4:BF4)+SUM(BG4,BI4,BK4)+BM4”→ 按 <Enter> 键确认→将光标放在【BP4】单元格右下角，当其变成十字句柄时，双击鼠标将公式向下填充，如图 10–176 所示。

BP4　=AV4+AX4+AZ4+SUM(BB4:BF4)+SUM(BG4,BI4,BK4)+BM4

	A	B	BJ	BK	BL	BM	BN	BO	BP
1	表姐凌祯科技有							居民、劳务、非居民	
2								居民	
3	工号	姓名	累计商业健康保险	税延养老保险	累计税延养老保险	本期其他扣除	累计其他扣除	员工类别	本期减免总额
4	LZ0001	表姐	-	0	-	0	-	居民	9,527
5	LZ0002	凌祯	-	0	-	0	-	居民	13,235
6	LZ0003	张盛茗	-	0	-	0	-	居民	8,646

图 10–176

温馨提示

这里的公式不唯一，只要能够将上述所有项相加就可以了。

接着在【BQ4】单元格中计算“累计减免总额”。选中【BQ4】单元格→单击函数编辑区将其激活→输入公式“=ROUND(BP4+INDEX(累计数据 ,MATCH($A4, 累计数据 !$A:$A,0),MATCH(BQ$3, 累 计 数 据 !$1:$1,0)),2)”→ 按 <Enter> 键确认→将光标放在【BQ4】单元格右下角，当其变成十字句柄时，双击鼠标将公式向下填充，如图 10–177 所示。

BQ4　=ROUND(BP4+INDEX(累计数据,MATCH($A4,累计数据!$A:$A,0),MATCH(BQ$3,累计数据!$1:$1,0)),2)

	A	B	BG	BH	BI	BJ	BK	BL	BM	BN	BO	BP	BQ
1	表姐凌祯科技有										居民、劳务、非居民		
2											居民		
3	工号	姓名	企业(职业)年金	累计企业(职业)年金	商业健康保险	累计商业健康保险	税延养老保险	累计税延养老保险	本期其他扣除	累计其他扣除	员工类别	本期减免总额	累计减免总额
4	LZ0001	表姐	529.6	529.60	0	-	0	-	0	-	居民	9,527	9,526.60
5	LZ0002	凌祯	189.6	189.60	0	-	0	-	0	-	居民	13,235	13,235.00
6	LZ0003	张盛茗	369.6	369.60	0	-	0	-	0	-	居民	8,646	8,646.30
7	LZ0004	史伟	649.6	649.60	0	-	0	-	0	-	居民	8,090	8,090.00
8	LZ0005	姜滨	219.6	219.60	0	-	0	-	0	-	居民	11,730	11,730.00
9	LZ0006	迟爱学	127.2	127.20	0	-	0	-	0	-	居民	7,780	7,780.10
10	LZ0007	练世明	139.6	139.60	0	-	0	-	0	-	居民	7,971	7,971.40

图 10–177

“累计应发”和“累计减免总额”都计算出来后，下一步就是根据它们计算“累计预扣预缴应纳税所得额”。

选中【BR4】单元格→单击函数编辑区将其激活→输入公式“=MAX(AJ4–BQ4,0)”→按 <Enter> 键确认→将光标放在【BR4】单元格右下角，当其变成十字句柄时，双击鼠标将公式向下填充，如图 10–178 所示。

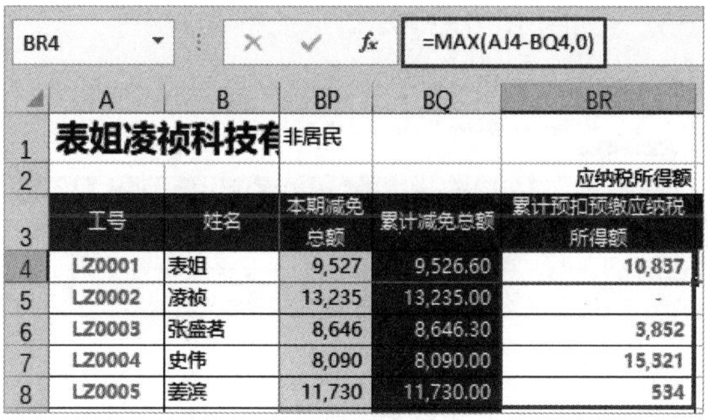

BR4 =MAX(AJ4-BQ4,0)

	A	B	BP	BQ	BR
1	表姐凌祯科技有		非居民		
2					应纳税所得额
3	工号	姓名	本期减免总额	累计减免总额	累计预扣预缴应纳税所得额
4	LZ0001	表姐	9,527	9,526.60	10,837
5	LZ0002	凌祯	13,235	13,235.00	-
6	LZ0003	张盛茗	8,646	8,646.30	3,852
7	LZ0004	史伟	8,090	8,090.00	15,321
8	LZ0005	姜滨	11,730	11,730.00	534

图 10-178

如果“累积应发”－“累计减免总额”<0，则 MAX 函数返回“0”；如果“累积应发”－“累计减免总额”>0，则 MAX 函数返回其结果。

接下来计算“预扣率”，10.1 节介绍过，可以使用 LOOKUP 函数结合辅助表格来进行查询。这里由于事先定义好了名称，所以 LOOKUP 函数的第二个参数和第三个参数可以直接输入对应的名称。

选中【BS4】单元格→单击函数编辑区将其激活→输入公式“=LOOKUP(BR4, 起步线 , 税率)”→按 <Enter> 键确认→将光标放在【BS4】单元格右下角，当其变成十字句柄时，双击鼠标将公式向下填充，如图 10-179 所示。

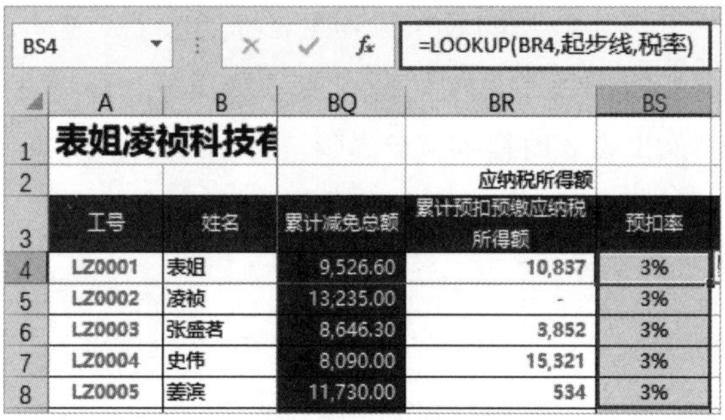

BS4 =LOOKUP(BR4,起步线,税率)

	A	B	BQ	BR	BS
1	表姐凌祯科技有				
2				应纳税所得额	
3	工号	姓名	累计减免总额	累计预扣预缴应纳税所得额	预扣率
4	LZ0001	表姐	9,526.60	10,837	3%
5	LZ0002	凌祯	13,235.00	-	3%
6	LZ0003	张盛茗	8,646.30	3,852	3%
7	LZ0004	史伟	8,090.00	15,321	3%
8	LZ0005	姜滨	11,730.00	534	3%

图 10-179

选中【BT4】单元格→单击函数编辑区将其激活→输入公式“=LOOKUP(BR4, 起步线 , 速算扣除数)”→按 <Enter> 键确认→将光标放在【BT4】单元格右下角，当其变成十字句柄时，双击鼠标将公式向下填充，如图 10-180 所示。

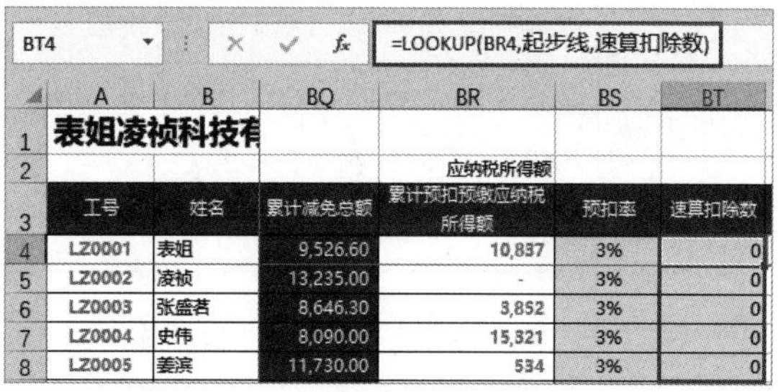

BT4 =LOOKUP(BR4,起步线,速算扣除数)

	A	B	BQ	BR	BS	BT
1	表姐凌祯科技有					
2				应纳税所得额		
3	工号	姓名	累计减免总额	累计预扣预缴应纳税所得额	预扣率	速算扣除数
4	LZ0001	表姐	9,526.60	10,837	3%	0
5	LZ0002	凌祯	13,235.00	-	3%	0
6	LZ0003	张盛茗	8,646.30	3,852	3%	0
7	LZ0004	史伟	8,090.00	15,321	3%	0
8	LZ0005	姜滨	11,730.00	534	3%	0

图 10-180

对于“累计已预扣预缴税额”，由于多了一个“已”字，所以不需要加上本月的累计预扣预缴应纳税所得额。

选中【BU4】单元格→单击函数编辑区将其激活→输入公式“=INDEX(累计数据 ,MATCH($A4, 累计数据 !$A:$A,0),MATCH(BU$3, 累计数据 !$1:$1,0))”→按 <Enter> 键确认→将光标放在【BU4】单元格右下角，当其变成十字句柄时，双击鼠标将公式向下填充，如图 10-181 所示。

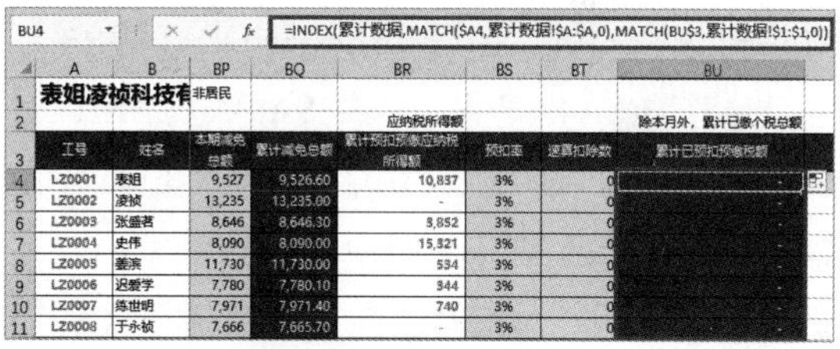

BU4 =INDEX(累计数据,MATCH($A4,累计数据!$A:$A,0),MATCH(BU$3,累计数据!$1:$1,0))

	A	B	BP	BQ	BR	BS	BT	BU
1	表姐凌祯科技有		非居民					
2					应纳税所得额			除本月外，累计已缴个税总额
3	工号	姓名	本期减免总额	累计减免总额	累计预扣预缴应纳税所得额	预扣率	速算扣除数	累计已预扣预缴税额
4	LZ0001	表姐	9,527	9,526.60	10,837	3%	0	-
5	LZ0002	凌祯	13,235	13,235.00	-	3%	0	-
6	LZ0003	张盛茗	8,646	8,646.30	3,852	3%	0	-
7	LZ0004	史伟	8,090	8,090.00	15,321	3%	0	-
8	LZ0005	姜滨	11,730	11,730.00	534	3%	0	-
9	LZ0006	迟爱学	7,780	7,780.10	344	3%	0	-
10	LZ0007	练世明	7,971	7,971.40	740	3%	0	-
11	LZ0008	于永祯	7,666	7,665.70	-	3%	0	-

图 10-181

“当月个税”“实发工资”和“收入总额”的计算公式如表 10-4 所示。大家可以根据这些算法自己动手完成计算，这里不再赘述。图 10-182 所示是书写公式后的对照值，大家可以对照参考。

表 10-4　计算公式

项目	计算方法（保留两位小数）
当月个税	累计预扣预缴应纳税所得额 × 预扣率－速算扣除数－累计已预扣预缴税额
实发工资	应发工资－专项扣除（三险一金）－当月个税
收入总额	应发工资＋司法定福利

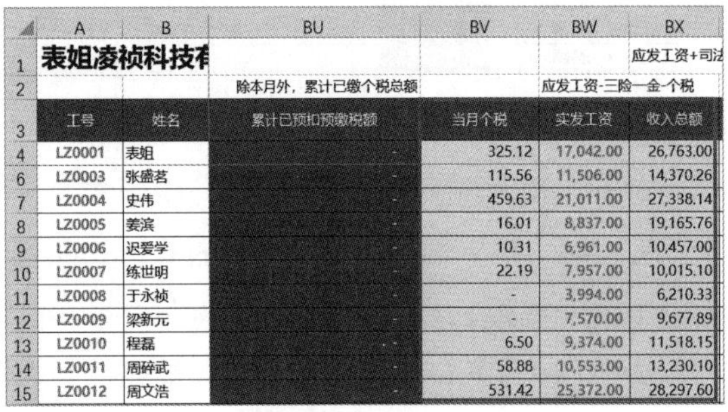

	A	B	BU	BV	BW	BX
1	表姐凌祯科技有					应发工资+司法
2			除本月外，累计已缴个税总额		应发工资-三险一金-个税	
3	工号	姓名	累计已预扣预缴税额	当月个税	实发工资	收入总额
4	LZ0001	表姐	-	325.12	17,042.00	26,763.00
6	LZ0003	张盛茗	-	115.56	11,506.00	14,370.26
7	LZ0004	史伟	-	459.63	21,011.00	27,338.14
8	LZ0005	姜滨	-	16.01	8,837.00	19,165.76
9	LZ0006	迟爱学	-	10.31	6,961.00	10,457.00
10	LZ0007	练世明	-	22.19	7,957.00	10,015.10
11	LZ0008	于永祯	-	-	3,994.00	6,210.33
12	LZ0009	梁新元	-	-	7,570.00	9,677.89
13	LZ0010	程磊	-	6.50	9,374.00	11,518.15
14	LZ0011	周碎武	-	58.88	10,553.00	13,230.10
15	LZ0012	周文浩	-	531.42	25,372.00	28,297.60

图 10-182

代补代扣项可以在“津贴汇总”工作表中查找到对应数据，使用 INDEX+MATCH 函数查询数据，再将 IFERROR 函数嵌套在外面。

选中【BY4】单元格→单击函数编辑区将其激活→输入公式“=IFERROR(INDEX(津贴汇总,MATCH($A4,津贴汇总!$A:$A,0),MATCH(BY$3,津贴汇总!$1:$1,0)),0)”→按 <Enter> 键确认→将光标放在【BY4】单元格右下角，当其变成十字句柄时，向右、向下拖曳将公式进行填充，如图 10-183 所示。

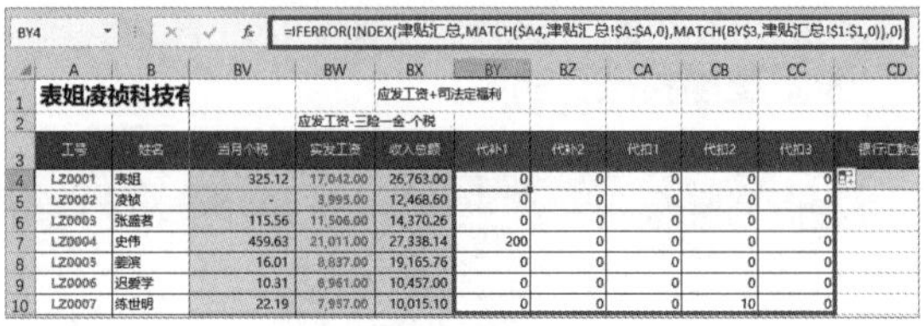

BY4　=IFERROR(INDEX(津贴汇总,MATCH($A4,津贴汇总!$A:$A,0),MATCH(BY$3,津贴汇总!$1:$1,0)),0)

	A	B	BV	BW	BX	BY	BZ	CA	CB	CC	CD
1	表姐凌祯科技有				应发工资+司法定福利						
2				应发工资-三险一金-个税							
3	工号	姓名	当月个税	实发工资	收入总额	代补1	代补2	代扣1	代扣2	代扣3	银行汇款金
4	LZ0001	表姐	325.12	17,042.00	26,763.00	0	0	0	0	0	
5	LZ0002	凌祯	-	3,995.00	12,468.60	0	0	0	0	0	
6	LZ0003	张盛茗	115.56	11,506.00	14,370.26	0	0	0	0	0	
7	LZ0004	史伟	459.63	21,011.00	27,338.14	200	0	0	0	0	
8	LZ0005	姜滨	16.01	8,837.00	19,165.76	0	0	0	0	0	
9	LZ0006	迟爱学	10.31	6,961.00	10,457.00	0	0	0	0	0	
10	LZ0007	练世明	22.19	7,957.00	10,015.10	0	0	0	10	0	

图 10-183

“银行汇款金额”由“实发工资”和代补代扣项组成。选中【CD4】单元格→单击函数编辑区将其激活→输入公式“=BW4+BY4+BZ4-CA4-CB4-CC4”→按 <Enter> 键确认→将光标放在【CD4】单元格右下角，当其变成十字句柄时，双击鼠标将公式向下填充，如图 10-184 所示。

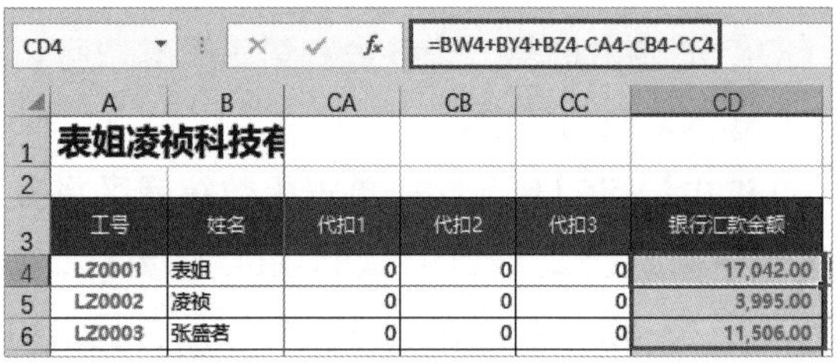

CD4　=BW4+BY4+BZ4-CA4-CB4-CC4

	A	B	CA	CB	CC	CD
1	表姐凌祯科技有					
2						
3	工号	姓名	代扣1	代扣2	代扣3	银行汇款金额
4	LZ0001	表姐	0	0	0	17,042.00
5	LZ0002	凌祯	0	0	0	3,995.00
6	LZ0003	张盛茗	0	0	0	11,506.00

图 10-184

至此，整张工资表就全部搭建完成了。虽然工资表涉及的表格和项目都十分复杂，但毕竟和我们每个人的切身利益息息相关，所以在制作工资表时需要万分谨慎。

10.5 快速制作与统计汇总

完成了工资表的整体核算后，就要将各月度工资进行汇总统计了。在“10- 实战应用：揭秘系统级工资表”文件夹中，笔者模拟了 5 个月的工资表（可以通过复制粘贴数据的方法完成）。

首先将模拟月份的“工资表模板”工作表中的数据全部复制，然后在“10-10- 历史工资明细－计算累计用 .xlsx”工作簿的“历史工资明细”工作表中选择性粘贴为【数值】，粘贴后效果如图 10-185 所示。

	A	B	C	D	E	F	G	H	I	J	K	L	M
1	工号	姓名	所属部门	用工来源	身份证号	年月	基本工资	职务工资	计件工资	工龄津贴	其他津贴	技能津贴	小时单价
2	LZ0001	表姐	综合管理部	正式工	110108197812013870	201901	13240	5000	0	800	1324	0	108.57
3	LZ0002	凌祯	综合管理部	正式工	360403198608307313	201901	4740	1500	0	800	0	0	37.14
4	LZ0003	张盛君	综合管理部	正式工	130103198112071443	201901	9240	4550	0	800	1848	0	82.08
5	LZ0004	史伟	人力资源部	招聘工	420106197906176512	201901	16240	5000	0	800	1624	0	126.43
6	LZ0005	姜滨	人力资源部	短期借工	150102197910255812	201901	5490	1500	0	800	0	500	41.61
7	LZ0006	迟爱学	财务部	正式工	430204196812285016	201901	3180	600	0	800	0	0	22.5
8	LZ0007	练世明	财务部	招聘工	370403197311092056	201901	3490	450	0	800	523.75	0	23.45
9	LZ0008	于永祯	财务部	正式工	142429197504075257	201901	3320	450	0	800	0	0	22.44
10	LZ0009	梁新元	财务部	正式工	110108195704276314	201901	3340	750	0	800	668	500	24.35
11	LZ0010	程磊	采购部	正式工	102221198308251408	201901	4090	1150	0	800	818	0	31.19
12	LZ0011	周碎武	采购部	正式工	110108196308093896	201901	3740	1300	0	800	748	0	30
13	LZ0012	周文浩	采购部	正式工	142202197302011718	201901	17240	7000	0	800	1724	0	144.29

图 10-185

由于在"历史工资明细"工作表中已经利用 OFFSET 函数设置了动态的区域，因此当数据追加或更新时，在"累计数据"工作表中的数据透视表中可以实现一键刷新同步数据。选择【公式】选项卡→单击【名称管理器】按钮，在【名称管理器】对话框中可以查看利用函数设置的动态区域，如图 10-186 所示。

图 10-186

在"累计数据"工作表中，选中数据透视表中的任意单元格→右击，在弹出的快捷菜单中选择【刷新】选项，如图 10-187 所示。

图 10-187

如图 10-188 所示，年月已经更新进来了。

	A	B	C	D	E	F
1	年月	员工编号	累计应发	累计固定减除	累计免税收入	累计专项扣除
2			累积应发	累积固定减除	累计免税收入	累计专项扣除
3	201901	工号	求和项:应发工资	求和项:固定减除	求和项:本期免税收入	求和项:专项扣除
4	201902	LZ0001	122184	30000		
5	201903	LZ0002	42240	30000		
6	201904	LZ0003	74988.96	30000		
7	201905	LZ0004	140466.84	30000		
8	201906	LZ0005	73582.56	30000		
9		LZ0006	48742.5	30000		
10		LZ0007	52265.4	30000		
11		LZ0008	28362.48	30000		
12		LZ0009	49601.34	30000		
13		LZ0010	60891.3	30000		
14		LZ0011	69318	30000		
15		LZ0012	160584	30000		
16		LZ0013	62337.96	30000		

图 10-188

接下来在"10-11- 模拟 6 月 .xlsx"工作簿的"本月报表"工作表中制作本月报表。

选中"工资表模板"工作表中的任意有字单元格→选择【插入】选项卡→单击【数据透视表】按钮→在弹出的【创建数据透视表】对话框中单击【表 / 区域】文本框，将其默认的固定区域内容删除→按 <F3> 键调出【粘贴名称】对话框，可以选择已定义好区域的名称→选择【当月工资表】选项→单击【确定】按钮，如图 10-189 所示。

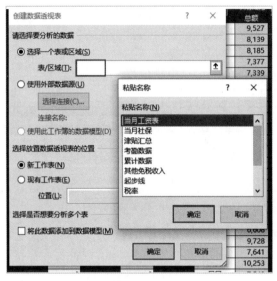

图 10-189

选中【现有工作表】单选按钮→单击【位置】文本框将其激活→选中"本月报表"工作表中的【A6】单元格→单击【确定】按钮，如图 10-190 所示。

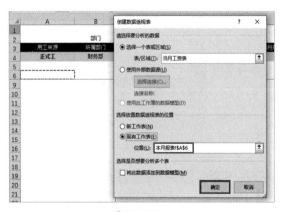

图 10-190

将"用工来源"字段拖曳到【行】区域，然后调整数据透视表中的字段顺序，将"正式工""招聘工"移动到前面，如图 10-191 所示。

图 10-191

将"所属部门"字段拖曳到【行】区域，如图 10-192 所示。

图 10-192

选中数据透视表中的任意单元格→选择【设计】选项卡→单击【报表布局】按钮→在下拉菜单中选择【以表格形式显示】选项，如图 10-193 所示。

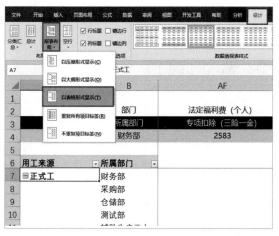

图 10-193

选中数据透视表中的任意单元格→选择【设计】选项卡→单击【报表布局】按钮→在下拉菜单中选择【重复所有项目标签】选项，如图 10-194 所示。

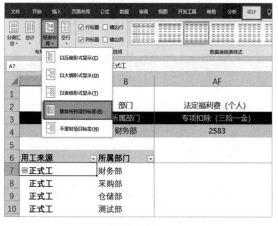

图 10-194

如图 10-195 所示，所有"用工来源"就全都补充完整了。

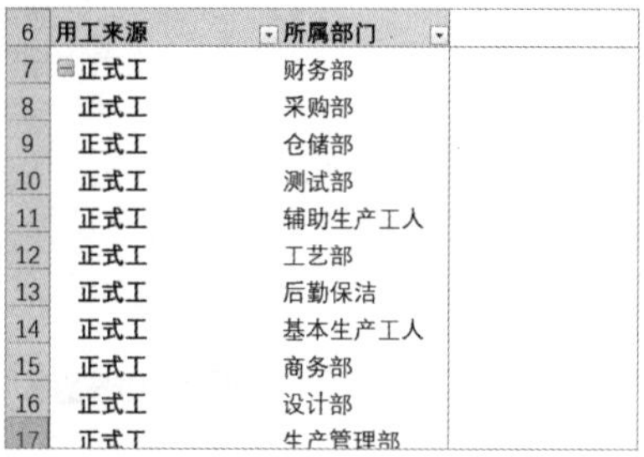

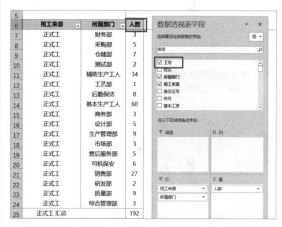

图 10-195

接下来将"工号"字段拖曳到【值】区域→修改数据透视表中的字段名称为"人数"，如图 10-196 所示。

图 10-196

继续根据表头项目将数据透视表中的对应字段选中，并将其与所在列对应，如图 10-197 所示。

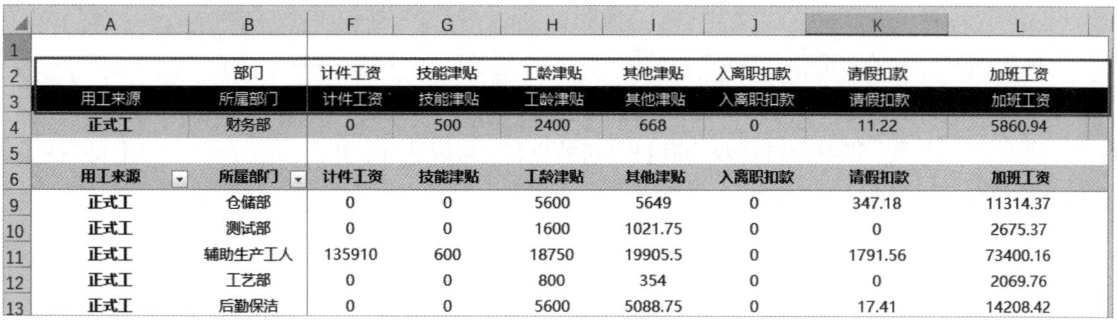

	部门	计件工资	技能津贴	工龄津贴	其他津贴	入离职扣款	请假扣款	加班工资
用工来源	所属部门	计件工资	技能津贴	工龄津贴	其他津贴	入离职扣款	请假扣款	加班工资
正式工	财务部	0	500	2400	668	0	11.22	5860.94
用工来源	所属部门	计件工资	技能津贴	工龄津贴	其他津贴	入离职扣款	请假扣款	加班工资
正式工	仓储部	0	0	5600	5649	0	347.18	11314.37
正式工	测试部	0	0	1600	1021.75	0	0	2675.37
正式工	辅助生产工人	135910	600	18750	19905.5	0	1791.56	73400.16
正式工	工艺部	0	0	800	354	0	0	2069.76
正式工	后勤保洁	0	0	5600	5088.75	0	17.41	14208.42

图 10-197

选中数据透视表中的任意单元格→按 <Ctrl+A> 键将数据透视表全部选中→选择【开始】选项卡→单击【字体】按钮→选择【微软雅黑】选项，如图 10-198 所示。

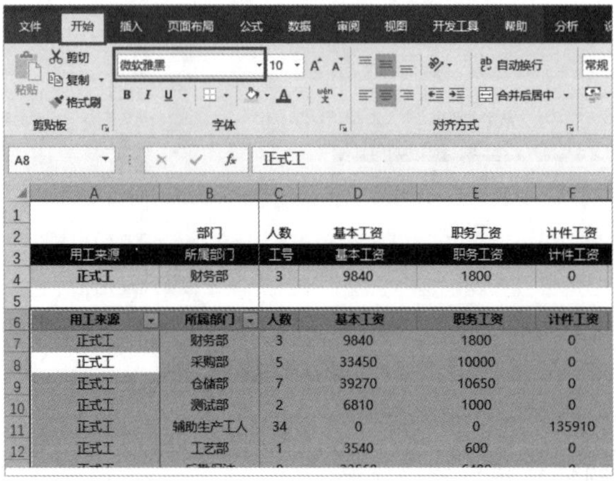

图 10-198

选中数据透视表中的任意单元格→选择【设计】选项卡→在【数据透视表样式】功能组中选择一个合适的样式，如图 10-199 所示。

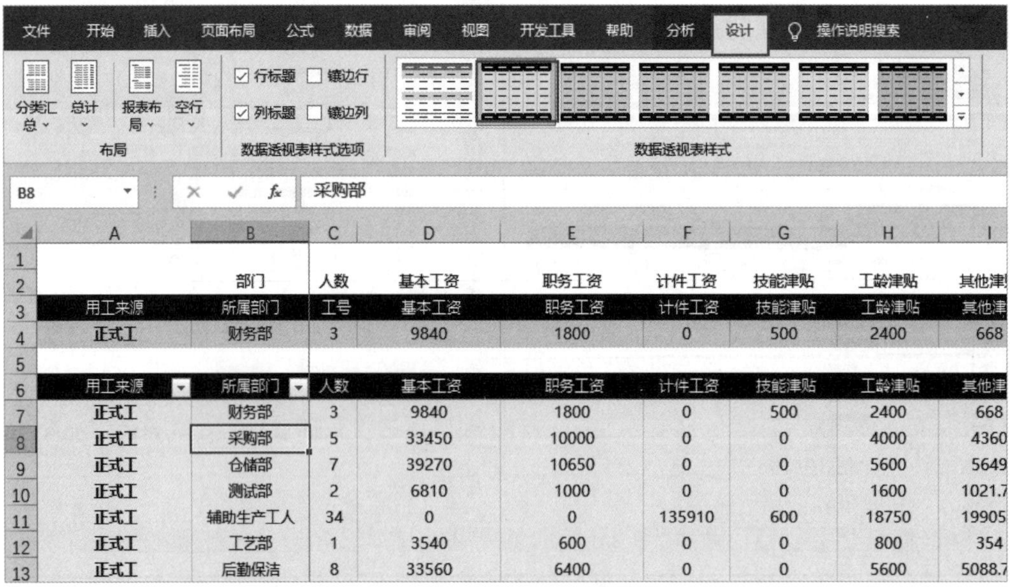

图 10-199

接下来可以看到，在数据透视表中有【+】按钮存在，可以选择【分析】选项卡→单击【+/– 按钮】按钮取消显示，如图 10-200 所示。

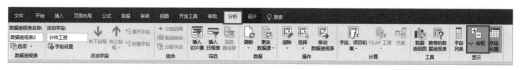

图 10-200

可以看到，每个字段名称前面都有一个“求和项：”字样，选中【D6】单元格→单击函数编辑区将其激活→选中“求和项:”→按 <Ctrl+C> 键复制→然后按 <Ctrl+H> 键调出【查找和替换】对话框→单击【查找内容】文本框将其激活→按 <Ctrl+V> 键粘贴→单击【替换为】文本框将其激活→按键盘上的空格键→单击【全部替换】按钮，如图 10-201 所示。

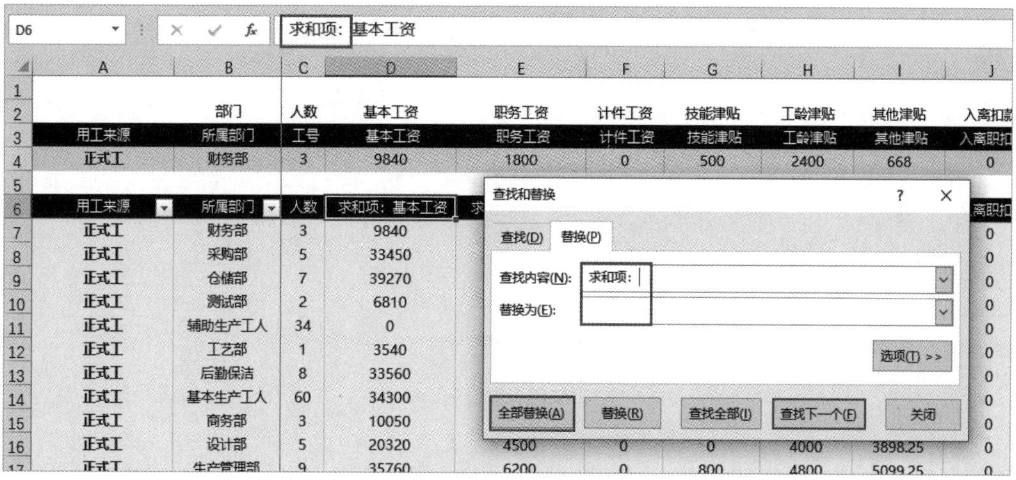

图 10-201

如图 10-202 所示，“求和项：”字样全都不见了。至此，工资表就制作完成了。

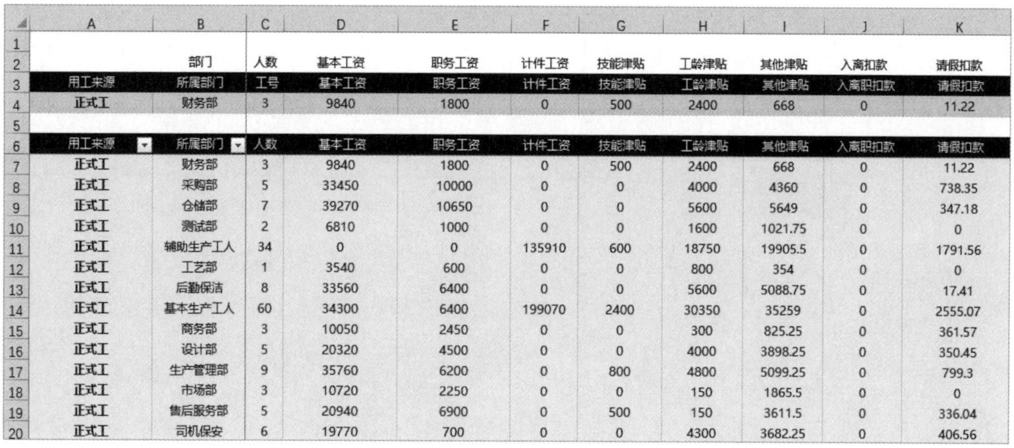

	A	B	C	D	E	F	G	H	I	J	K
1											
2		部门	人数	基本工资	职务工资	计件工资	技能津贴	工龄津贴	其他津贴	入离扣款	请假扣款
3	用工来源	所属部门	工号	基本工资	职务工资	计件工资	技能津贴	工龄津贴	其他津贴	入离职扣款	请假扣款
4	正式工	财务部	3	9840	1800	0	500	2400	668	0	11.22
5											
6	用工来源	所属部门	人数	基本工资	职务工资	计件工资	技能津贴	工龄津贴	其他津贴	入离职扣款	请假扣款
7	正式工	财务部	3	9840	1800	0	500	2400	668	0	11.22
8	正式工	采购部	5	33450	10000	0	0	4000	4360	0	738.35
9	正式工	仓储部	7	39270	10650	0	0	5600	5649	0	347.18
10	正式工	测试部	2	6810	1000	0	0	1600	1021.75	0	0
11	正式工	辅助生产工人	34	0	0	135910	600	18750	19905.5	0	1791.56
12	正式工	工艺部	1	3540	600	0	0	800	354	0	0
13	正式工	后勤保洁	8	33560	6400	0	0	5600	5088.75	0	17.41
14	正式工	基本生产工人	60	34300	6400	199070	2400	30350	35259	0	2555.07
15	正式工	商务部	3	10050	2450	0	0	300	825.25	0	361.57
16	正式工	设计部	5	20320	4500	0	0	4000	3898.25	0	350.45
17	正式工	生产管理部	9	35760	6200	0	800	4800	5099.25	0	799.3
18	正式工	市场部	3	10720	2250	0	0	150	1865.5	0	0
19	正式工	售后服务部	5	20940	6900	0	500	150	3611.5	0	336.04
20	正式工	司机保安	6	19770	700	0	0	4300	3682.25	0	406.56

图 10-202

关于工资表的制作，需要先搭建好框架，了解整个工资表的结构及所包含的几大项，然后从新版个税的核算开始进行复杂的计算。之所以说工资表比较复杂，不仅仅是因为要运用丰富的函数组合，同时还要了解具体的相关政策和公司规定中关于每一项"工资""税款"的具体算法，稍有疏忽，得到的往往就是另外一个结果。而且有时函数不会报错，这就更加需要我们用心地对待经手的每一个项目了。

"员工档案""工龄津贴""其他津贴""考勤""代补代扣"等一系列的项目，只有当我们逐个完善并汇总了各种工资子表后，制作起来才比较轻松。大部分内容都可以使用查找函数直接引用数据，而剩余的数据根据事先做好的一些基本规定及工资算法也能够得到正确的计算结果。

本章内容不仅集合了多种组合函数、名称定义、数据透视表、选择性粘贴等功能，还包括实际公司规定、政策要求和工资算法的大融合，其中介绍的数据思维相信大家以后都会受益。